영양사 · 위생사 등의 국가시험 대비

최신 식품위생 관계법규

제30판

한국식품영양학회

2025 개정

실전 완벽대비

- 최근 개정된 법규 내용 수록
- 한눈에 들어오는 핵심내용 수록

문운당

머리말

이 책은 대학 또는 대학교에서 식품영양학, 식품조리학, 식품공학을 전공하는 학생들이 교재로 사용하기에 적합하도록 많은 교수들이 다년간의 강의 경험을 토대로 하여 꼭 필요한 내용만 엄선하여 공부하기 쉽게 편찬하였다.

책의 내용은 제1편은 식품위생법과 그 하부법령들이고, 제2편은 식품등의 기준 및 규격, 즉 식품공전을 발췌한 것이며, 제3편은 영양사 및 위생사 시험에 필요한 기타의 법령들이다. 따라서 조리사, 조리산업기사, 식품산업기사, 식품기사 등의 시험을 대비하는 학생은 제1편 및 제2편을 공부하면 되고, 영양사, 위생사 등의 시험을 대비하는 학생은 제1편, 제2편 및 제3편을 모두 공부해야 한다.

2025년 7월까지의 개정 내용을 모두 포함하였으며, 참신하게 꾸미려고 노력하였지만 미비한 점이 많을 것으로 여겨지므로 앞으로 보완해 나갈 예정이다. 이 책이 학습자들에게 많은 도움이 되기를 바라며, 책이 발행될 수 있도록 도와주신 여러 교수님, 이성범 사장님 및 편집부 여러분께 깊이 감사드린다.

2025년 8월

한국식품영양학회 일동

목 차

The Food Sanitation Act 제 1 편 식품위생법 및 관련법규

The Food Sanitation Act 제 2 편 식품의 기준 및 규격

The Food Sanitation Act

제 3 편 기타 관계법규

제 1 편

The Food Sanitation Act

식품위생법 및 관련법규

01 식품위생법의 개요
02 식품위생법·시행령·시행규칙
03 식품위생 분야 종사자의 건강진단 규칙
04 식품 및 축산물 안전관리인증기준

01 식품위생법의 개요

식생활 환경의 변화에 따라 식품의 안전성 및 건전성 확보가 국가적인 과제이다. 식품위생법은 식품의 안전성 및 건전성을 확보하기 위하여 식품의 생산, 채취, 가공, 조리, 저장. 운반 및 판매하는 사람들이 지켜야 할 사항을 규정한 국무총리실 소관의 법률이며, 이를 시행하기 위한 시행령, 시행규칙, 고시 등으로 이루어져 있다.

1. 법의 분류

① 헌 법

국가의 기본법으로서, 국가 통치 조직의 구성과 통치 작용의 원칙을 정하고, 국민의 기본권을 보장하고 국민과 국가의 관계를 규정하거나 형성하는 최고의 법이다.

헌법이 국가 최고의 법이라 함은 성질과 효력에서 법률·명령·규칙 또는 여러 국가권력기관의 처분이나 지시보다 상위에 있다는 뜻이다. 헌법은 국가의 기본 조직을 정하는 법이므로 헌법의 규정은 원칙적으로 법률·명령·규칙·처분 등 이를 구체화하는 단계를 거쳐 비로소 국민의 개별적 권리·의무에 실제로 영향을 미치게 된다. 따라서 법률·명령 이하의 모든 국가 활동은 헌법의 규정에 위배되어서는 아니 되며 만일 이에 위배하는 때에는 위헌으로서 무효가 된다. 헌법을 개정하기 위해서는 국회 재적의원 3분의 2 이상의 찬성을 얻고, 국민투표에서 선거권자 과반수의 투표와 투표자 과반수의 찬성을 얻어야 한다.

② 법 률

국회의 의결을 거치고, 대통령이 서명하고 공포함으로써 성립하는 국법을 말하며, 법이라고도 한다. 식품위생법 등이 이에 해당된다. 헌법의 다음 단계에 놓이며, 행정부의 명령이나 입법부와 사법부의 규칙보다 상위에 놓인다. 명령·규칙이 법률에 위반되면 법원에서 그 규칙이나 명령의 적용은 거부되고 법률이 헌법에 위반되면 법원은 그 법률의 적용을 거부한다.

③ 시 행 령

법률을 시행하는 데 필요한 사항을 규정한 명령으로, 법률에 근거한 위임입법이다. 일반적으로 대통령령으로 제정되며, 식품위생법 시행령 등이 이에 해당된다.

④ 시행규칙

법령의 시행에 관한 사항을 상세히 규정한 규칙으로. 법률 또는 대통령령의 시행에 필요한 구체적인 사항을 규정한 총리령 또는 부령(部令) 등을 말한다. 해당 행정부서에서 제정하여 법제처의 심의를 거쳐 시행한다. 식품위생법 시행규칙 등이 이에 해당된다.

⑤ 고 시

행정기관이 법령의 시행에 필요한 세부적인 사항을 정하여 국민들에게 게시하여 널리 알리는 글을 말한다. 총리 및 보건복지부 고시, 식품의약품안전처 고시 등이 이에 해당된다.

2. 법의 체계

(1) 헌법 ⇨ (식품위생법)/법률 ⇨ (식품위생법 시행령)/대통령령 ⇨ (식품위생법 시행규칙)/총리령 ⇨ (각종 고시)/시행세칙

(2) 법 등의 조항에서 제1항 제1호 가목의 뜻은 다음과 같다.

제1조	①	1	가
	(제1항)	(제1호)	(가목)

(3) 법에 나오는 용어의 해석은 다음과 같다.

① 이상, 이하, 이전, 이후, 이내는 그 수치를 포함한다.

② 초과, 미만, 넘는은 그 수치를 포함하지 않는다.

③ 준용한다는 것은 그 조항에 필요한 사항만을 적용한다는 뜻이다.

④ 전 2항, 제2항이란 전 2항은 2항을 포함하지 않는 그 항의 앞에 있는 2개항을 가리키고, 제2항은 제1항 다음에 오는 제2항만을 가리킨다.

⑤ 각 호에, 각 호의 1이란 각 호는 각 호에서 게재된 호의 전부를 가리키고, 각 호의 1은 게재되어 있는 호 중 어느 하나의 호만 가리킨다.

⑥ 내지란 ~에서 ~까지를 뜻하며, 제1항 내지 제4항이란 제1항에서 제4항까지의 전체를 말한다.

⑦ 공하는이란, 사용되는 또는 쓰이는 것을 말한다.

⑧ 그러하지 아니하다, 하여서는 아니된다라는 것은 그러하지 아니하다는 허용을 말하며, 하여서는 아니 된다는 불허를 말한다.

⑨ 갈음할 수 있다라는 것은 대신할 수 있다는 뜻이다.

⑩ 병과한다라는 것은 범칙사항에 대하여 징역형과 벌금형을 동시에 과한다는 뜻이다.

3. 법의 효력과 벌칙

법의 효력이라고 하는 것은 법이 적용되는 범위를 말하는 것인데, 법의 효력 요건은 다음과 같다.

① 때에 관한 효력

그 법에 특별한 규정이 없는 한 20일이 경과함으로써 효력을 발하는 것과 같이 법의 유효기간, 폐지, 경과, 규정 등을 말한다.

② 사람에 관한 효력

법 적용을 받는 사람의 범위를 말한다. 공무원법은 공무원에게만 적용된다.

③ 장소에 관한 효력

국적의 여하를 불문하고 그 영역에 있는 사람은 다 같이 적용되는 법 등이 있다. 그러나 법의 효력을 벌칙으로 결과 지을 때, 법이 요구하는 사항을 이행하지 않으면 처벌대상이 된다. 이러할 때에는 그 의무위반에 상당하는 책임요건이 처벌요건으로 결부된다.

The Food Sanitation Act

02 식품위생법·시행령·시행규칙

식품위생법

구분	일자	번호
공포	1962. 1. 20	법률 제 1007호
개정	1999. 1. 21	법률 제 5671호
개정	2000. 1. 12	법률 제 6154호
개정	2005. 3. 31	법률 제 7450호
개정	2007. 12. 21	법률 제 8779호
개정	2008. 2. 29	법률 제 8852호
개정	2009. 12. 29	법률 제 9847호
개정	2010. 1. 18	법률 제 9937호
개정	2010. 2. 4	법률 제10022호
개정	2010. 3. 26	법률 제10191호
개정	2011. 6. 7	법률 제10787호
개정	2011. 8. 4	법률 제11000호
개정	2014. 5. 28	법률 제12719호
개정	2015. 5. 18	법률 제13332호
개정	2017. 4. 18	법률 제14835호
개정	2017. 12. 19	법률 제15277호
개정	2018. 12. 11	법률 제15943호
개정	2020. 3. 24	법률 제17091호
개정	2020. 12. 29	법률 제17809호
개정	2022. 6. 10	법률 제18967호
개정	2024. 2. 20	법률 제20307호
개정	2025. 4. 1	법률 제20898호

식품위생법 시행령

구분	일자	번호
공포	1962. 6. 12	각 령 제 181 호
개정	1986. 11. 11	대통령령 제12000호
개정	1992. 12. 19	대통령령 제13782호
개정	1994. 4. 30	대통령령 제14224호
개정	1994. 12. 31	대통령령 제14495호
개정	2011. 4. 22	대통령령 제22906호
개정	2011. 12. 19	대통령령 제23380호
개정	2012. 1. 6	대통령령 제23488호
개정	2012. 7. 4	대통령령 제23928호
개정	2013. 3. 23	대통령령 제24454호
개정	2016. 1. 22	대통령령 제26936호
개정	2018. 5. 15	대통령령 제28892호
개정	2019. 6. 25	대통령령 제29886호
개정	2020. 3. 2	대통령령 제30545호
개정	2021. 2. 19	대통령령 제31472호
개정	2022. 6. 7	대통령령 제32686호
개정	2024. 5. 14	대통령령 제34515호
개정	2024 12 31	대통령령 제35173호

식품위생법 시행규칙

구분	일자	번호
공포	1962. 10. 10	보건사회부령 제 19호
개정	1970. 11. 23	보건사회부령 제362호
개정	1990. 12. 22	보건사회부령 제859호
개정	1991. 12. 28	보건사회부령 제885호
개정	2007. 11. 30	보건복지부령 제423호
개정	2010. 12. 30	보건복지부령 제32호
개정	2011. 4. 7	보건복지부령 제 50호
개정	2012. 1. 1	보건복지부령 제100호
개정	2012. 5. 31	보건복지부령 제125호
개정	2012. 6. 29	보건복지부령 제131호
개정	2016. 6. 30	총리령 제1297호
개정	2018. 6. 28	총리령 제1472호
개정	2019. 6. 12	총리령 제1543호
개정	2020. 4. 13	총리령 제1610호
개정	2021. 5. 27	총리령 제1702호
개정	2022. 6. 30	총리령 제1813호
개정	2024. 7. 08	총리령 제1971호
개정	2025. 1. 10	총리령 제2008호

제 1 장 총 칙

제1조 【목 적】 이 법은 식품으로 인하여 생기는 위생상의 위해(危害)를 방지하고 식품영양의 질적 향상을 도모하며 식품에 관한 올바른 정보를 제공함으로써 국민 건강의 보호·증진에 이바지함을 목적으로 한다. 〈개정 2022. 6. 10.〉

영 **제1조 【목 적】** 이 영은 「식품위생법」에서 위임된 사항과 그 시행에 관하여 필요한 사항을 규정함을 목적으로 한다.

규칙 **제1조 【목 적】** 이 규칙은 「식품위생법」 및 같은 법 시행령에서 위임된 사항과 그 시행에 관하여 필요한 사항을 규정함을 목적으로 한다.

제2조 【정 의】 이 법에서 사용하는 용어의 뜻은 다음과 같다.

1. "식품"이란 모든 음식물(의약으로 섭취하는 것은 제외한다)을 말한다.
2. "식품첨가물"이란 식품을 제조·가공·조리 또는 보존하는 과정에서 감미(甘味), 착색(着色), 표백(漂白) 또는 산화방지 등을 목적으로 식품에 사용되는 물질을 말한다. 이 경우 기구(器具)·용기·포장을 살균·소독하는 데에 사용되어 간접적으로 식품으로 옮아갈 수 있는 물질을 포함한다.
3. "화학적 합성품"이란 화학적 수단으로 원소(元素) 또는 화합물에 분해 반응 외의 화학 반응을 일으켜서 얻은 물질을 말한다.
4. "기구"란 다음 각 목의 어느 하나에 해당하는 것으로서 식품 또는 식품첨가물에 직접 닿는 기계·기구나 그 밖의 물건(농업과 수산업에서 식품을 채취하는 데에 쓰는 기계·기구나 그 밖의 물건 및 「위생용품 관리법」 제2조 제1호에 따른 위생용품은 제외한다)을 말한다.
   가. 음식을 먹을 때 사용하거나 담는 것
   나. 식품 또는 식품첨가물을 채취·제조·가공·조리·저장·소분[(小分) : 완제품을 나누어 유통을 목적으로 재포장하는 것을 말한다. 이하 같다]·운반·진열할 때 사용하는 것
5. "용기·포장"이란 식품 또는 식품첨가물을 넣거나 싸는 것으로서 식품 또는 식품 첨가물을 주고받을 때 함께 건네는 물품을 말한다.

5의2. "공유주방"이란 식품의 제조·가공·조리·저장·소분·운반에 필요한 시설 또는 기계·기구 등을 여러 영업자가 함께 사용하거나, 동일한 영업자가 여러 종류의 영업에 사용할 수 있는 시설 또는 기계·기구 등이 갖춰진 장소를 말한다.

6. "위해"란 식품, 식품첨가물, 기구 또는 용기·포장에 존재하는 위험요소로서 인체의 건강을 해치거나 해칠 우려가 있는 것을 말한다.
7. "영업"이란 식품 또는 식품첨가물을 채취·제조·가공·조리·저장·소분·운반 또는 판매하거나 기구 또는 용기·포장을 제조·운반·판매하는 업(농업과 수산업에 속하는 식품

채취업은 제외한다. 이하 이 호에서 "식품제조업등"이라 한다)을 말한다. 이 경우 공유주방을 운영하는 업과 공유주방에서 식품제조업등을 영위하는 업을 포함한다

8. "영업자"란 제37조 제1항에 따라 영업허가를 받은 자나 같은 조 제4항에 따라 영업신고를 한 자 또는 같은 조 제5항에 따라 영업등록을 한 자를 말한다.
9. "식품위생"이란 식품, 식품첨가물, 기구 또는 용기·포장을 대상으로 하는 음식에 관한 위생을 말한다.
10. "집단급식소"란 영리를 목적으로 하지 아니하면서 특정 다수인에게 계속하여 음식물을 공급하는 다음 각 목의 어느 하나에 해당하는 곳의 급식시설로서 대통령령으로 정하는 시설을 말한다.
    가. 기숙사
    나. 학교, 유치원, 어린이집
    다. 병원
    라. 「사회복지사업법」 제2조 제4호의 사회복지시설
    마. 산업체
    바. 국가, 지방자치단체 및 「공공기관의 운영에 관한 법률」 제4조 제1항에 따른 공공기관
    사. 그 밖의 후생기관 등
11. "식품이력추적관리"란 식품을 제조·가공단계부터 판매단계까지 각 단계별로 정보를 기록·관리하여 그 식품의 안전성 등에 문제가 발생할 경우 그 식품을 추적하여 원인을 규명하고 필요한 조치를 할 수 있도록 관리하는 것을 말한다.
12. "식중독"이란 식품 섭취로 인하여 인체에 유해한 미생물 또는 유독물질에 의하여 발생하였거나 발생한 것으로 판단되는 감염성 질환 또는 독소형 질환을 말한다.
13. "집단급식소에서의 식단"이란 급식대상 집단의 영양섭취기준에 따라 음식명, 식재료, 영양성분, 조리방법, 조리인력 등을 고려하여 작성한 급식계획서를 말한다.

영 **제2조 【집단급식소의 범위】** 「식품위생법」(이하 "법"이라 한다) 제2조 제12호에 따른 집단급식소는 1회 50명 이상에게 식사를 제공하는 급식소를 말한다.

제3조 【식품등의 취급】 ① 누구든지 판매판매 외의 불특정 다수인에 대한 제공을 포함한다. 이하 같다)를 목적으로 식품 또는 식품첨가물을 채취·제조·가공·사용·조리·저장·소분·운반 또는 진열을 할 때에는 깨끗하고 위생적으로 하여야 한다.

② 영업에 사용하는 기구 및 용기·포장은 깨끗하고 위생적으로 다루어야 한다.

③ 제1항 및 제2항에 따른 식품, 식품첨가물, 기구 또는 용기·포장(이하 "식품등"이라 한다)의 위생적인 취급에 관한 기준은 총리령으로 정한다.

규칙 **제2조 【식품등의 위생적인 취급에 관한 기준】** 「식품위생법」(이하 "법"이라 한다) 제3조 제3항에 따른 식품, 식품첨가물, 기구 또는 용기·포장(이하 "식품등"이라 한다)의 위생적인 취급에 관한 기준은 별표 1과 같다.

제 2 장 식품과 식품첨가물

제4조 【위해식품등의 판매 등 금지】 누구든지 다음 각 호의 어느 하나에 해당하는 식품등을 판매하거나 판매할 목적으로 채취·제조·수입·가공·사용·조리·저장·소분·운반 또는 진열하여서는 아니 된다.

1. 썩거나 상하거나 설익어서 인체의 건강을 해칠 우려가 있는 것
2. 유독·유해물질이 들어 있거나 묻어 있는 것 또는 그러할 염려가 있는 것. 다만, 식품의약품안전처장이 인체의 건강을 해칠 우려가 없다고 인정하는 것은 제외한다.
3. 병(病)을 일으키는 미생물에 오염되었거나 그러할 염려가 있어 인체의 건강을 해칠 우려가 있는 것
4. 불결하거나 다른 물질이 섞이거나 첨가(添加)된 것 또는 그 밖의 사유로 인체의 건강을 해칠 우려가 있는 것
5. 제18조에 따른 안전성 심사 대상인 농·축·수산물 등 가운데 안전성 심사를 받지 아니하였거나 안전성 심사에서 식용(食用)으로 부적합하다고 인정된 것
6. 수입이 금지된 것 또는 「수입식품안전관리 특별법」 제20조 제1항에 따른 수입신고를 하지 아니하고 수입한 것
7. 영업자가 아닌 자가 제조·가공·소분한 것

규칙 **제3조 【판매 등이 허용되는 식품등】** 유독·유해물질이 들어 있거나 묻어 있는 식품등 또는 그러할 염려가 있는 식품등으로서 법 제4조 제2호 단서에 따라 인체의 건강을 해칠 우려가 없다고 식품의약품안전처장이 인정하여 판매 등의 금지를 하지 아니할 수 있는 것은 다음 각 호의 어느 하나에 해당하는 것으로 한다.

1. 법 제7조 제1항·제2항 또는 법 제9조 제1항·제2항에 따른 식품등의 제조·가공 등에 관한 기준 및 성분에 관한 규격(이하 "식품등의 기준 및 규격"이라 한다)에 적합한 것
2. 제1호의 식품등의 기준 및 규격이 정해지지 아니한 것으로서 식품의약품안전처장이 법 제57조에 따른 식품위생심의위원회(이하 "식품위생심의위원회"라 한다)의 심의를 거쳐 유해의 정도가 인체의 건강을 해칠 우려가 없다고 인정한 것

제5조 【병든 동물 고기 등의 판매 등 금지】 누구든지 총리령으로 정하는 질병에 걸렸거나 걸렸을 염려가 있는 동물이나 그 질병에 걸려 죽은 동물의 고기·뼈·젖·장기 또는 혈액을 식품으로 판매하거나 판매할 목적으로 채취·수입·가공·사용·조리·저장·소분 또는 운반하거나 진열하여서는 아니 된다.

규칙 **제4조【판매 등이 금지되는 병든 동물 고기 등】** 법 제5조에서 "총리령으로 정하는 질병"이란 다음 각 호의 질병을 말한다.

1. 「축산물 위생관리법 시행규칙」 별표 3 제1호 다목에 따라 도축이 금지되는 가축전염병(다. 검사관 또는 책임수의사는 가축의 검사 결과 다음에 해당되는 가축에 대해서는 도축을 금지하도록 하여야 한다.)
2. 리스테리아병, 살모넬라병, 파스튜렐라병 및 선모충증

제6조【기준·규격이 정하여지지 아니한 화학적 합성품 등의 판매 등 금지】 누구든지 다음 각 호의 어느 하나에 해당하는 행위를 하여서는 아니 된다. 다만, 식품의약품안전처장이 제57조에 따른 식품위생심의위원회이하 "심의위원회"라 한다)의 심의를 거쳐 인체의 건강을 해칠 우려가 없다고 인정하는 경우에는 그러하지 아니하다.

1. 제7조 제1항 및 제2항에 따라 기준·규격이 정하여지지 아니한 화학적 합성품인 첨가물과 이를 함유한 물질을 식품첨가물로 사용하는 행위
2. 제1호에 따른 식품첨가물이 함유된 식품을 판매하거나 판매할 목적으로 제조·수입·가공·사용·조리·저장·소분·운반 또는 진열하는 행위

제7조【식품 또는 식품첨가물에 관한 기준 및 규격】 ① 식품의약품안전처장은 국민 건강을 보호·증진하기 위하여 필요하면 판매를 목적으로 하는 식품 또는 식품첨가물에 관한 다음 각 호의 사항을 정하여 고시한다.

1. 제조·가공·사용·조리·보존 방법에 관한 기준
2. 성분에 관한 규격

② 식품의약품안전처장은 제1항에 따라 기준과 규격이 고시되지 아니한 식품 또는 식품첨가물의 기준과 규격을 인정받으려는 자에게 제1항 각 호의 사항을 제출하게 하여 「식품·의약품분야 시험·검사 등에 관한 법률」 제6조 제3항 제1호에 따라 식품의약품안전처장이 지정한 식품전문 시험·검사기관 또는 같은 조 제4항 단서에 따라 총리령으로 정하는 시험·검사기관의 검토를 거쳐 제1항에 따른 기준과 규격이 고시될 때까지 그 식품 또는 식품첨가물의 기준과 규격으로 인정할 수 있다.

③ 수출할 식품 또는 식품첨가물의 기준과 규격은 제1항 및 제2항에도 불구하고 수입자가 요구하는 기준과 규격을 따를 수 있다.

④ 제1항 및 제2항에 따라 기준과 규격이 정하여진 식품 또는 식품첨가물은 그 기준에 따라 제조·수입·가공·사용·조리·보존하여야 하며, 그 기준과 규격에 맞지 아니하는 식품 또는 식품첨가물은 판매하거나 판매할 목적으로 제조·수입·가공·사용·조리·저장·소분·운반·보존 또는 진열하여서는 아니 된다.

⑤ 식품의약품안전처장은 거짓이나 그 밖의 부정한 방법으로 제2항에 따른 기준 및 규격의 인정을 받은 자에 대하여 그 인정을 취소하여야 한다. 〈신설 2024. 2. 13.〉

[규칙] 제5조 【식품등의 한시적 기준 및 규격의 인정 등】 ① 법 제7조 제2항 또는 법 제9조 제2항에 따라 한시적으로 제조·가공 등에 관한 기준과 성분에 관한 규격을 인정받을 수 있는 식품등은 다음 각 호와 같다.

1. 식품(원료로 사용되는 경우만 해당한다)
   가. 국내에서 새로 원료로 사용하려는 농산물·축산물·수산물 등
   나. 농산물·축산물·수산물 등으로부터 추출·농축·분리 등의 방법으로 얻은 것으로서 식품으로 사용하려는 원료
   다. 세포 · 미생물 배양 등 새로운 기술을 이용하여 얻은 것으로서 식품으로 사용하려는 원료
2. 식품첨가물 : 법 제7조 제1항에 따라 개별 기준 및 규격이 정하여지지 아니한 식품첨가물
3. 기구 또는 용기·포장 : 법 제9조 제1항에 따라 개별 기준 및 규격이 고시되지 아니한 식품 및 식품첨가물에 사용되는 기구 또는 용기·포장

② 식품의약품안전처장은 「식품·의약품분야 시험·검사 등에 관한 법률」 제6조 제3항 제1호에 따라 지정된 식품전문 시험·검사기관 또는 같은 조 제4항 단서에 따라 총리령으로 정하는 시험·검사기관(이하 이 조에서 "식품등 시험·검사기관"이라 한다)이 한시적으로 인정하는 식품등의 제조·가공 등에 관한 기준과 성분의 규격에 대하여 검토한 내용이 제4항에 따른 검토기준에 적합하지 아니하다고 인정하는 경우에는 그 식품등 시험·검사기관에 시정을 요청할 수 있다.

③ 식품등 시험·검사기관은 제2항에 따른 검토를 하는 데에 필요한 경우에는 그 검토를 의뢰한 자에게 관계 문헌, 원료 및 시험에 필요한 특수시약의 제출을 요청할 수 있다.

④ 한시적으로 인정하는 식품등의 제조·가공 등에 관한 기준과 성분의 규격에 관하여 필요한 세부 검토기준 등에 대해서는 식품의약품안전처장이 정하여 고시한다.

제7조의 2 【권장규격 예시 등】 ① 식품의약품안전처장은 판매를 목적으로 하는 제7조 및 제9조에 따른 기준 및 규격이 설정되지 아니한 식품등이 국민 건강에 위해를 미칠 우려가 있어 예방조치가 필요하다고 인정하는 경우에는 그 기준 및 규격이 설정될 때까지 위해 우려가 있는 성분 등의 안전관리를 권장하기 위한 규격(이하 "권장규격"이라 한다)을 정할 수 있다. 〈개정 2013. 3. 23., 2022. 6. 10.〉

② 식품의약품안전처장은 제1항에 따라 권장규격을 정할 때에는 국제식품규격위원회 및 외국의 규격 또는 다른 식품등에 이미 규격이 신설되어 있는 유사한 성분 등을 고려하여야 하고 심의위원회의 심의를 거쳐야 한다.

③ 식품의약품안전처장은 영업자가 제1항에 따른 권장규격을 준수하도록 요청할 수 있으며 이행하지 아니한 경우 그 사실을 공개할 수 있다.

제7조의 3【농약 등의 잔류허용기준 설정 요청 등】 ① 식품에 잔류하는 「농약관리법」에 따른 농약, 「약사법」에 따른 동물용 의약품의 잔류허용기준 설정이 필요한 자는 식품의약품안전처장에게 신청하여야 한다.

② 수입식품에 대한 농약 및 동물용 의약품의 잔류허용기준 설정을 원하는 자는 식품의약품안전처장에게 관련 자료를 제출하여 기준 설정을 요청할 수 있다.

③ 식품의약품안전처장은 제1항의 신청에 따라 잔류허용기준을 설정하는 경우 관계 행정기관의 장에게 자료제공 등의 협조를 요청할 수 있다. 이 경우 요청을 받은 관계 행정기관의 장은 특별한 사유가 없으면 이에 따라야 한다.

④ 제1항 및 제2항에 따른 신청 절차·방법 및 자료제출의 범위 등 세부사항은 총리령으로 정한다.

제7조의 4【식품등의 기준 및 규격 관리계획 등】 ① 식품의약품안전처장은 관계 중앙행정기관의 장과의 협의 및 심의위원회의 심의를 거쳐 식품등의 기준 및 규격 관리 기본계획이하 "관리계획"이라 한다)을 5년마다 수립·추진할 수 있다.

② 관리계획에는 다음 각 호의 사항이 포함되어야 한다.

1. 식품등의 기준 및 규격 관리의 기본 목표 및 추진방향
2. 식품등의 유해물질 노출량 평가
3. 식품등의 유해물질의 총 노출량 적정관리 방안
4. 식품등의 기준 및 규격의 재평가에 관한 사항
5. 그 밖에 식품등의 기준 및 규격 관리에 필요한 사항

③ 식품의약품안전처장은 관리계획을 시행하기 위하여 해마다 관계 중앙행정기관의 장과 협의하여 식품등의 기준 및 규격 관리 시행계획(이하 "시행계획"이라 한다)을 수립하여야 한다.

④ 식품의약품안전처장은 관리계획 및 시행계획을 수립·시행하기 위하여 필요한 때에는 관계 중앙행정기관의 장 및 지방자치단체의 장에게 협조를 요청할 수 있다. 이 경우 협조를 요청받은 관계 중앙행정기관의 장 등은 특별한 사유가 없으면 이에 따라야 한다.

⑤ 관리계획에 포함되는 노출량 평가·관리의 대상이 되는 유해물질의 종류, 관리계획 및 시행계획의 수립·시행 등에 필요한 사항은 총리령으로 정한다.

제7조의 5【식품등의 기준 및 규격의 재평가 등】 ① 식품의약품안전처장은 관리계획에 따라 식품등에 관한 기준 및 규격을 주기적으로 재평가하여야 한다.

② 식품의약품안전처장은 제1항에 따른 재평가 결과에 따라 식품등의 기준 및 규격을 개정하는 등 필요한 조치를 하여야 한다.

③ 제1항에 따른 재평가 대상, 방법 및 절차 등에 필요한 사항은 총리령으로 정한다.

규칙 **제5조의 2【농약 또는 동물용 의약품 잔류허용기준의 설정】** ① 식품에 대하여 법 제7조의3제1항에 따라 농약 또는 동물용 의약품 잔류허용기준(이하 "잔류허용기준"

이라 한다)의 설정을 신청하려는 자는 별지 제1호서식의 국내식품 중 농약 · 동물용 의약품 잔류허용기준 설정 신청서(전자문서로 된 신청서를 포함한다)에 다음 각 호의 자료(전자문서를 포함한다)를 첨부하여 식품의약품안전처장에게 제출해야 한다.

1. 농약 또는 동물용 의약품의 독성에 관한 자료와 그 요약서
2. 농약 또는 동물용 의약품의 식품 잔류에 관한 자료와 그 요약서
3. 농약 또는 동물용 의약품의 표준품

② 법 제7조의3제2항에 따라 수입식품에 대한 잔류허용기준의 설정을 요청하려는 자는 별지 제1호의2서식의 설정 요청서(전자문서로 된 요청서를 포함한다)에 다음 각 호의 자료(전자문서를 포함한다)를 첨부하여 식품의약품안전처장에게 제출하여야 한다.

1. 농약 또는 동물용 의약품의 독성에 관한 자료와 그 요약서
2. 농약 또는 동물용 의약품의 식품 잔류에 관한 자료와 그 요약서
3. 국제식품규격위원회의 잔류허용기준에 관한 자료와 잔류허용기준의 설정에 관한 자료
4. 수출국의 잔류허용기준에 관한 자료와 잔류허용기준의 설정에 관한 자료
5. 수출국의 농약 또는 동물용 의약품의 표준품

③ 식품의약품안전처장은 제1항에 따른 신청이나 제2항에 따른 요청 내용이 타당한 경우에는 잔류허용기준을 설정할 수 있으며, 잔류허용기준 설정 여부가 결정되면 지체 없이 그 사실을 별지 제1호의3서식에 따라 신청인 또는 요청인에게 통보하여야 한다.

④ 제1항부터 제3항까지에서 규정한 사항 외에 잔류허용기준 설정의 신청 또는 요청 등에 필요한 사항은 식품의약품안전처장이 정하여 고시한다

【규칙】 제5조의 3 【잔류허용기준의 변경 등】 ① 제5조의2 제1항 또는 제2항에 따라 잔류허용기준의 설정을 받은 자가 그 기준을 변경할 필요가 있는 경우에는 별지 제1호서식의 변경신청서 또는 별지 제1호의2 서식의 변경 요청서를 식품의약품안전처장에게 제출하여야 한다.

② 제5조의2 제1항 또는 제2항에 따라 잔류허용기준 설정을 신청 또는 요청하는 대신 잔류허용기준을 설정할 필요가 없음을 확인받으려는 자는 별지 제1호서식의 설정면제 신청서 또는 별지 제1호의2 서식의 설정면제 요청서를 식품의약품안전처장에게 제출하여야 한다.

③ 잔류허용기준의 변경·설정면제 및 통보에 관하여는 제5조의2 제3항을 준용한다.

【규칙】 제5조의 4 【식품등의 기준 및 규격 관리 기본계획 등의 수립·시행】 ① 법 제7조의 4 제1항에 따른 식품등의 기준 및 규격 관리 기본계획(이하 "관리계획"이라 한다)에 포함되는 노출량 평가·관리의 대상이 되는 유해물질의 종류는 다음 각 호와 같다.

1. 중금속

2. 곰팡이 독소
3. 유기성오염물질
4. 제조·가공 과정에서 생성되는 오염물질
5. 그 밖에 식품등의 안전관리를 위하여 식품의약품안전처장이 노출량 평가·관리가 필요하다고 인정한 유해물질

② 식품의약품안전처장은 관리계획 및 법 제7조의4 제3항에 따른 식품등의 기준 및 규격 관리 시행계획을 수립·시행할 때에는 다음 각 호의 자료를 바탕으로 하여야 한다.

1. 식품등의 유해물질 오염도에 관한 자료
2. 식품등의 유해물질 저감화(低減化)에 관한 자료
3. 총식이조사(TDS, Total Diet Study)에 관한 자료
4. 「국민영양관리법」 제7조 제2항 제2호 다목에 따른 영양 및 식생활 조사에 관한 자료

규칙 **제5조의 5【식품등의 기준 및 규격의 재평가 등】** ① 법 제7조의5 제1항에 따른 재평가 대상은 다음 각 호와 같다.

1. 법 제7조 제1항에 따라 정해진 식품 또는 식품첨가물의 기준 및 규격
2. 법 제9조 제1항에 따라 정해진 기구 및 용기·포장의 기준 및 규격

② 식품의약품안전처장은 법 제7조의5 제1항에 따라 재평가를 할 때에는 미리 그 계획서를 작성하여 식품위생심의위원회의 심의를 받아야 한다.

③ 법 제7조의5 제1항에 따른 재평가의 방법 및 절차에 관한 세부 사항은 식품의약품안전처장이 정하여 고시한다.

규칙 **제6조【기구 및 용기 · 포장에 사용하는 재생원료에 관한 인정 절차 등】** ① 법 제9조의2제2항 단서에서 "가열 · 화학반응 등에 의해 분해 · 정제 · 중합하는 등 총리령으로 정하는 공정"이란 합성수지를 가열 · 화학반응 등에 의해 원료물질로 분해한 후 증류, 결정화 등을 거쳐 순수하게 정제한 것을 다시 중합(重合)하는 공정을 말한다.

② 법 제9조의2제3항에 따라 기구 및 용기 · 포장의 원재료로 사용할 재생원료가 같은 조 제1항에 따른 기준에 적합한지에 관하여 인정을 받으려는 자는 별지 제1호의4 서식의 기구 및 용기 · 포장의 재생원료 인정 신청서에 다음 각 호의 서류를 첨부하여 식품의약품안전처장에게 제출해야 한다.

1. 재생공정에 투입하는 원료에 관한 서류
2. 재생공정에 관한 서류
3. 오염물질 제거방법에 관한 서류
4. 그 밖에 법 제9조의2제1항에 따른 기준에 적합한지 판단하기 위하여 필요하다고 식품의약품안전처장이 정하여 고시하는 서류

③ 식품의약품안전처장은 제2항에 따라 인정 신청한 재생원료가 법 제9조의2제1항에

따른 기준에 적합한 경우에는 신청인에게 별지 제1호의5서식의 기구 및 용기 · 포장의 재생원료 인정서를 발급해야 한다.

제 3 장 기구와 용기·포장

제8조【유독기구 등의 판매·사용 금지】 유독·유해물질이 들어 있거나 묻어 있어 인체의 건강을 해할 우려가 있는 기구 및 용기·포장과 식품 또는 식품첨가물에 직접 닿으면 해로운 영향을 끼쳐 인체의 건강을 해칠 우려가 있는 기구 및 용기·포장을 판매하거나 판매할 목적으로 제조·수입·저장·운반·진열하거나 영업에 사용하여서는 아니 된다.

제9조【기구 및 용기·포장에 관한 기준 및 규격】 ① 식품의약품안전처장은 국민보건을 위하여 필요한 경우에는 판매하거나 영업에 사용하는 기구 및 용기·포장에 관하여 다음 각 호의 사항을 정하여 고시한다.

1. 제조 방법에 관한 기준
2. 기구 및 용기·포장과 그 원재료에 관한 규격

② 식품의약품안전처장은 제1항에 따라 기준과 규격이 고시되지 아니한 기구 및 용기·포장의 기준과 규격을 인정받으려는 자에게 제1항 각 호의 사항을 제출하게 하여 「식품·의약품분야 시험·검사 등에 관한 법률」 제6조 제3항 제1호에 따라 식품의약품안전처장이 지정한 식품전문 시험·검사기관 또는 같은 조 제4항 단서에 따라 총리령으로 정하는 시험·검사기관의 검토를 거쳐 제1항에 따라 기준과 규격이 고시될 때까지 해당 기구 및 용기·포장의 기준과 규격으로 인정할 수 있다.

③ 수출할 기구 및 용기·포장과 그 원재료에 관한 기준과 규격은 제1항 및 제2항에도 불구하고 수입자가 요구하는 기준과 규격을 따를 수 있다.

④ 제1항 및 제2항에 따라 기준과 규격이 정하여진 기구 및 용기·포장은 그 기준에 따라 제조하여야 하며, 그 기준과 규격에 맞지 아니한 기구 및 용기·포장은 판매하거나 판매할 목적으로 제조·수입·저장·운반·진열하거나 영업에 사용하여서는 아니 된다.

⑤ 식품의약품안전처장은 거짓이나 그 밖의 부정한 방법으로 제2항에 따른 기준 및 규격의 인정을 받은 자에 대하여 그 인정을 취소하여야 한다. 〈신설 2024. 2. 13.〉

제9조의 2【기구 및 용기·포장에 사용하는 재생원료에 관한 인정】 ① 식품의약품안전처장은 기구 및 용기 · 포장을 제조할 때 원재료로 사용하기에 적합한 재생원료(이미 사용한 기구 및 용기 · 포장을 다시 사용할 수 있도록 처리한 원료물질을 말한다. 이하 같다)의 기준을 정하여 고시한다.

② 기구 및 용기 · 포장의 원재료로 사용할 재생원료를 제조하려는 자는 해당 재생원료가 제1항에 따른 기준에 적합한지에 관하여 식품의약품안전처장의 인정을 받아야 한다. 다만, 가열 · 화학반응 등에 의해 분해 · 정제 · 중합하는 등 총리령으로 정하는 공정을 거친 재생원료의 경

우에는 그러하지 아니하다.

③ 제2항에 따라 인정을 받으려는 자는 총리령으로 정하는 서류를 첨부하여 식품의약품안전처장에게 신청하여야 한다.

④ 제3항에 따라 신청을 받은 식품의약품안전처장은 인정을 신청한 자에게 재생원료의 안전성 확인 등 인정에 필요한 자료를 제출하게 할 수 있다.

⑤ 식품의약품안전처장은 제3항에 따라 인정을 신청한 재생원료가 제1항에 따른 기준에 적합하면 제2항에 따라 재생원료에 관한 인정을 하고, 총리령으로 정하는 바에 따라 인정서를 발급하여야 한다.

⑥ 식품의약품안전처장은 거짓이나 그 밖의 부정한 방법으로 제5항에 따른 재생원료에 관한 인정을 받은 자에 대하여 그 인정을 취소하여야 한다. 〈신설 2024. 2. 13.〉

⑦ 제1항부터 제5항까지에서 규정한 사항 외에 재생원료의 인정 절차, 인정서 발급 절차 등에 필요한 세부사항은 총리령으로 정한다.

제9조의 3【인정받지 않은 재생원료의 기구 및 용기·포장에의 사용 등 금지】 누구든지 제9조의2 제2항에 따른 인정을 받지 아니한 재생원료를 사용한 기구 및 용기·포장을 판매하거나 판매할 목적으로 제조·수입·저장·운반·진열하거나 영업에 사용하여서는 아니 된다.

제 4 장 표 시

제12조의 2【유전자변형식품등의 표시】 ① 다음 각 호의 어느 하나에 해당하는 생명공학기술을 활용하여 재배·육성된 농산물·축산물·수산물 등을 원재료로 하여 제조·가공한 식품 또는 식품첨가물이하 "유전자변형식품등"이라 한다)은 유전자변형식품임을 표시하여야 한다. 다만, 제조·가공 후에 유전자변형 디엔에이DNA, Deoxyribonucleic acid) 또는 유전자변형 단백질이 남아 있는 유전자변형식품등에 한정한다.

1. 인위적으로 유전자를 재조합하거나 유전자를 구성하는 핵산을 세포 또는 세포 내 소기관으로 직접 주입하는 기술
2. 분류학에 따른 과(科)의 범위를 넘는 세포융합기술

② 제1항에 따라 표시하여야 하는 유전자변형식품등은 표시가 없으면 판매하거나 판매할 목적으로 수입·진열·운반하거나 영업에 사용하여서는 아니 된다.

③ 제1항에 따른 표시의무자, 표시대상 및 표시방법 등에 필요한 사항은 식품의약품안전처장이 정한다.

제 5 장 식품등의 공전(公典)

제14조【식품등의 공전】 식품의약품안전처장은 다음 각 호의 기준 등을 실은 식품등의 공전을 작성·보급하여야 한다.

1. 제7조 제1항에 따라 정하여진 식품 또는 식품첨가물의 기준과 규격
2. 제9조 제1항에 따라 정하여진 기구 및 용기·포장의 기준과 규격

제 6 장 검사 등

제15조 【위해평가】 ① 식품의약품안전처장은 국내외에서 유해물질이 함유된 것으로 알려지는 등 위해의 우려가 제기되는 식품등이 제4조 또는 제8조에 따른 식품등에 해당한다고 의심되는 경우에는 그 식품등의 위해요소를 신속히 평가하여 그것이 위해식품등인지를 결정하여야 한다.

② 식품의약품안전처장은 제1항에 따른 위해평가가 끝나기 전까지 국민건강을 위하여 예방조치가 필요한 식품등에 대하여는 판매하거나 판매할 목적으로 채취·제조·수입·가공·사용·조리·저장·소분·운반 또는 진열하는 것을 일시적으로 금지할 수 있다. 다만, 국민건강에 급박한 위해가 발생하였거나 발생할 우려가 있다고 식품의약품안전처장이 인정하는 경우에는 그 금지조치를 하여야 한다.

③ 식품의약품안전처장은 제2항에 따른 일시적 금지조치를 하려면 미리 심의위원회의 심의·의결을 거쳐야 한다. 다만, 국민건강을 급박하게 위해할 우려가 있어서 신속히 금지조치를 하여야 할 필요가 있는 경우에는 먼저 일시적 금지조치를 한 뒤 지체 없이 심의위원회의 심의·의결을 거칠 수 있다.

④ 심의위원회는 제3항 본문 및 단서에 따라 심의하는 경우 대통령령으로 정하는 이해관계인의 의견을 들어야 한다.

⑤ 식품의약품안전처장은 제1항에 따른 위해평가나 제3항 단서에 따른 사후 심의위원회의 심의·의결에서 위해가 없다고 인정된 식품등에 대하여는 지체 없이 제2항에 따른 일시적 금지조치를 해제하여야 한다.

⑥ 제1항에 따른 위해평가의 대상, 방법 및 절차, 그 밖에 필요한 사항은 대통령령으로 정한다.

제15조의 2 【위해평가 결과 등에 관한 공포】 ① 식품의약품안전처장은 제15조에 따른 위해평가 결과에 관한 사항을 공표할 수 있다.

② 중앙행정기관의 장, 특별시장·광역시장·도지사·특별자치도지사(이하 "시·도지사"라 한다), 시장·군수·구청장(자치구의 구청장을 말한다. 이하 같다) 또는 대통령령으로 정하는 공공기관의 장은 식품의 위해 여부가 의심되는 경우나 위해와 관련된 사실을 공표하려는 경우로서 제15조에 따른 위해평가가 필요한 경우에는 반드시 식품의약품안전처장에게 그 사실을 미리 알리고 협의하여야 한다.

③ 제1항에 따른 공표방법 등 공표에 필요한 사항은 대통령령으로 정한다.

영 **제4조 【위해평가의 대상 등】** ① 법 제15조 제1항에 따른 식품, 식품첨가물, 기구 또는 용기·포장(이하 "식품등"이라 한다)의 위해평가(이하 "위해평가"라 한다) 대상은 다

음 각 호로 한다.

1. 국제식품규격위원회 등 국제기구 또는 외국 정부가 인체의 건강을 해칠 우려가 있다고 인정하여 판매하거나 판매할 목적으로 채취·제조·수입·가공·사용·조리·저장·소분(小分 : 완제품을 나누어 유통을 목적으로 재포장하는 것을 말한다. 이하 같다)·운반 또는 진열을 금지하거나 제한한 식품등
2. 국내외의 연구·검사기관에서 인체의 건강을 해칠 우려가 있는 원료 또는 성분 등이 검출된 식품등
3. 「소비자기본법」 제29조에 따라 등록한 소비자단체 또는 식품 관련학회가 위해평가를 요청한 식품등으로서 법 제57조에 따른 식품위생심의위원회(이하 "심의위원회"라 한다)가 인체의 건강을 해칠 우려가 있다고 인정한 식품등
4. 새로운 원료·성분 또는 기술을 사용하여 생산·제조·조합되거나 안전성에 대한 기준 및 규격이 정하여지지 아니하여 인체의 건강을 해칠 우려가 있는 식품등

② 위해평가에서 평가하여야 할 위해요소는 다음 각 호의 요인으로 한다.

1. 잔류농약, 중금속, 식품첨가물, 잔류 동물용 의약품, 환경오염물질 및 제조·가공·조리과정에서 생성되는 물질 등 화학적 요인
2. 식품등의 형태 및 이물(異物) 등 물리적 요인
3. 식중독 유발세균 등 미생물적 요인

③ 위해평가는 다음 각 호의 과정을 순서대로 거친다. 다만, 식품의약품안전처장이 현재의 기술수준이나 위해요소의 특성에 따라 따로 방법을 정한 경우에는 그에 따를 수 있다.

1. 위해요소의 인체 내 독성을 확인하는 위험성 확인과정
2. 위해요소의 인체노출 허용량을 산출하는 위험성 결정과정
3. 위해요소가 인체에 노출된 양을 산출하는 노출평가과정
4. 위험성 확인과정, 위험성 결정과정 및 노출평가과정의 결과를 종합하여 해당 식품등이 건강에 미치는 영향을 판단하는 위해도(危害度) 결정과정

④ 심의위원회는 제3항 각 호에 따른 각 과정별 결과 등에 대하여 심의·의결하여야 한다. 다만, 해당 식품등에 대하여 국제식품규격위원회 등 국제기구 또는 국내외의 연구·검사기관에서 이미 위해평가를 실시하였거나 위해요소에 대한 과학적 시험·분석자료가 있는 경우에는 심의·의결을 한 것으로 본다.

⑤ 삭제

⑥ 제1항부터 제4항까지의 규정에 따른 위해평가의 방법, 기준 및 절차 등에 관한 세부 사항은 식품의약품안전처장이 정하여 고시한다.

영 **제5조 【위해평가에 관한 이해관계인의 범위】** 법 제15조 제4항에서 "대통령령으로 정하는 이해관계인"이란 법 제15조 제2항에 따른 일시적 금지조치로 인하여 영업상의 불이익을 받았거나 받게 되는 영업자를 말한다.

영 **제5조의 2【위해평가 결과의 공포】** ① 식품의약품안전처장은 법 제15조의2 제1항에 따라 위해평가의 결과를 인터넷 홈페이지, 신문, 방송 등을 통하여 공표할 수 있다.

② 법 제15조의 2 제2항에서 "대통령령으로 정하는 공공기관"이란 「공공기관의 운영에 관한 법률」 제4조에 따른 공공기관을 말한다.

第16조【소비자 등의 위생검사 등 요청】 ① 식품의약품안전처장대통령령으로 정하는 그 소속 기관의 장을 포함한다. 이하 이 조에서 같다), 시·도지사 또는 시장·군수·구청장은 대통령령으로 정하는 일정 수 이상의 소비자, 소비자단체 또는 「식품·의약품분야 시험·검사 등에 관한 법률」 제6조에 따른 시험·검사기관 중 총리령으로 정하는 시험·검사기관이 식품등 또는 영업시설 등에 대하여 제22조에 따른 출입·검사·수거 등이하 이 조에서 "위생검사 등"이라 한다)을 요청하는 경우에는 이에 따라야 한다. 다만, 다음 각 호의 어느 하나에 해당하는 경우에는 그러하지 아니하다.

1. 같은 소비자, 소비자단체 또는 시험·검사기관이 특정 영업자의 영업을 방해할 목적으로 같은 내용의 위생검사등을 반복적으로 요청하는 경우
2. 식품의약품안전처장, 시·도지사 또는 시장·군수·구청장이 기술 또는 시설, 재원(財源) 등의 사유로 위생검사 등을 할 수 없다고 인정하는 경우

② 식품의약품안전처장, 시·도지사 또는 시장·군수·구청장은 제1항에 따라 위생검사 등의 요청에 따르는 경우 14일 이내에 위생검사 등을 하고 그 결과를 대통령령으로 정하는 바에 따라 위생검사 등의 요청을 한 소비자, 소비자단체 또는 시험·검사기관에 알리고 인터넷 홈페이지에 게시하여야 한다.

③ 위생검사 등의 요청 요건 및 절차, 그 밖에 필요한 사항은 대통령령으로 정한다.

영 **제6조【소비자의 위생검사 등 요청】** ① 법 제16조 제1항 각 호 외의 부분 본문에서 "대통령령으로 정하는 그 소속 기관의 장"이란 지방식품의약품안전청장을 말하고, "대통령령으로 정하는 일정 수 이상의 소비자"란 같은 영업소에 의하여 같은 피해를 입은 5명 이상의 소비자를 말한다.

② 법 제16조 제1항에 따라 법 제22조에 따른 출입·검사·수거 등(이하 이 조에서 "위생검사등"이라 한다)을 요청하려는 자는 총리령으로 정하는 요청서를 식품의약품안전처장(지방식품의약품안전청장을 포함한다. 이하 이 조에서 같다), 특별시장·광역시장·특별자치시장·도지사·특별자치도지사(이하 "시·도지사"라 한다) 또는 시장·군수·구청장(자치구의 구청장을 말한다. 이하 같다)에게 제출하되, 소비자의 대표자, 「소비자기본법」 제29조에 따른 소비자단체의 장 또는 「식품·의약품분야 시험·검사 등에 관한 법률」 제6조에 따른 시험·검사기관의 장을 통하여 제출하여야 한다.

③ 식품의약품안전처장, 시·도지사 또는 시장·군수·구청장은 법 제16조 제2항에 따라

위생검사등의 결과를 알리는 경우에는 소비자의 대표자, 소비자단체의 장 또는 시험·검사기관의 장이 요청하는 방법으로 하되, 따로 정하지 아니한 경우에는 문서로 한다.

규칙 **제9조 【위생검사 등 요청서】** 「식품위생법 시행령」(이하 "영"이라 한다) 제6조 제2항에 따라 출입·검사·수거 등(이하 "위생검사 등"이라 한다)을 요청하려는 자는 별지 제1호의4 서식의 요청서에 요청인의 신분을 확인할 수 있는 증명서를 첨부하여 식품의약품안전처장, 지방식품의약품안전청장, 특별시장·광역시장·특별자치시장·도지사·특별자치도지사(이하 "시·도지사"라 한다) 또는 시장·군수·구청장(자치구의 구청장을 말한다. 이하 같다)에게 제출하여야 한다.

규칙 **제9조의 2 【위생검사 등 요청기관】** 법 제16조 제1항 각 호 외의 부분 본문에서 "총리령으로 정하는 식품위생검사기관"이란 다음 각 호의 기관을 말한다.

1. 식품의약품안전평가원
2. 지방식품의약품안전청
3. 「보건환경연구원법」 제2조 제1항에 따른 보건환경연구원

제17조 【위해식품등에 대한 긴급대응】 ① 식품의약품안전처장은 판매하거나 판매할 목적으로 채취·제조·수입·가공·조리·저장·소분 또는 운반이하 이 조에서 "제조·판매 등"이라 한다) 되고 있는 식품등이 다음 각 호의 어느 하나에 해당하는 경우에는 긴급대응방안을 마련하고 필요한 조치를 하여야 한다.

1. 국내외에서 식품등 위해발생 우려가 총리령으로 정하는 과학적 근거에 따라 제기되었거나 제기된 경우
2. 그 밖에 식품등으로 인하여 국민건강에 중대한 위해가 발생하거나 발생할 우려가 있는 경우로서 대통령령으로 정하는 경우

② 제1항에 따른 긴급대응방안은 다음 각 호의 사항이 포함되어야 한다.

1. 해당 식품등의 종류
2. 해당 식품등으로 인하여 인체에 미치는 위해의 종류 및 정도
3. 제3항에 따른 제조·판매 등의 금지가 필요한 경우 이에 관한 사항
4. 소비자에 대한 긴급대응요령 등의 교육·홍보에 관한 사항
5. 그 밖에 식품등의 위해 방지 및 확산을 막기 위하여 필요한 사항

③ 식품의약품안전처장은 제1항에 따른 긴급대응이 필요하다고 판단되는 식품등에 대하여 그 위해 여부가 확인되기 전까지 해당 식품등의 제조·판매 등을 금지하여야 한다.

④ 영업자는 제3항에 따른 식품등에 대하여는 제조·판매 등을 하여서는 아니 된다.

⑤ 식품의약품안전처장은 제3항에 따라 제조·판매 등을 금지하려면 미리 대통령령으로 정하는 이해관계인의 의견을 들어야 한다.

⑥ 영업자는 제3항에 따른 금지조치에 대하여 이의가 있는 경우에는 대통령령으로 정하는 바에 따라 식품의약품안전처장에게 해당 금지의 전부 또는 일부의 해제를 요청할 수 있다.
⑦ 식품의약품안전처장은 식품등으로 인하여 국민건강에 위해가 발생하지 아니하였거나 발생할 우려가 없어졌다고 인정하는 경우에는 제3항에 따른 금지의 전부 또는 일부를 해제하여야 한다.
⑧ 식품의약품안전처장은 국민건강에 급박한 위해가 발생하거나 발생할 우려가 있다고 인정되는 위해식품에 관한 정보를 국민에게 긴급하게 전달하여야 하는 경우로서 대통령령으로 정하는 요건에 해당하는 경우에는 「방송법」 제2조 제3호에 따른 방송사업자 중 대통령령으로 정하는 방송사업자에 대하여 이를 신속하게 방송하도록 요청하거나 「전기통신사업법」 제5조에 따른 기간통신사업자 중 대통령령으로 정하는 기간통신사업자에 대하여 이를 신속하게 문자 또는 음성으로 송신하도록 요청할 수 있다.
⑨ 제8항에 따라 요청을 받은 방송사업자 및 기간통신사업자는 특별한 사유가 없는 한 이에 응하여야 한다.

영 **제7조 【위해식품등에 대한 긴급대응】** ① 법 제17조 제1항 제2호에서 "대통령령으로 정하는 경우"란 다음 각 호의 어느 하나에 해당하는 경우를 말한다.

1. 국내외에서 위해식품등의 섭취로 인하여 사상자가 발생한 경우
2. 국내외의 연구·검사기관에서 인체의 건강을 해칠 심각한 우려가 있는 원료 또는 성분이 식품등에서 검출된 경우
3. 법 제93조 제1항에 따른 질병에 걸린 동물을 사용하였거나 같은 조 제2항에 따른 원료 또는 성분 등을 사용하여 제조·가공 또는 조리한 식품등이 발견된 경우

② 법 제17조 제5항에서 "대통령령으로 정하는 이해관계인"이란 법 제17조 제3항에 따른 금지조치로 인하여 영업상의 불이익을 받거나 받게 되는 영업자를 말한다.
③ 법 제17조 제6항에 따라 해당 금지의 전부 또는 일부의 해제를 요청하려는 영업자는 총리령으로 정하는 해제 요청서를 식품의약품안전처장에게 제출하여야 한다.
④ 제3항에 따른 해제 요청서를 받은 식품의약품안전처장은 검토 결과를 지체 없이 해당 요청자에게 알려야 한다.

규칙 **제10조 【긴급대응의 대상 등】** 법 제17조 제1항 제1호에 따른 "국내외에서 식품등 위해 발생 우려가 총리령으로 정하는 과학적 근거에 따라 제기되었거나 제기된 경우"란 식품위생심의위원회가 과학적 시험 및 분석자료 등을 바탕으로 조사·심의하여 인체의 건강을 해칠 우려가 있다고 인정한 경우를 말한다.

규칙 **제11조 【금지 해제 요청서】** 영 제7조 제3항에 따라 해당 금지의 전부 또는 일부의 해제를 요청하려는 영업자는 별지 제2호서식의 해제 요청서에 「식품·의약품분야 시험·검사 등에 관한 법률」 제6조 제3항 제1호에 따라 지정된 식품전문 시험·검사기관 또는 같은 조 제4항 단서에 따라 총리령으로 정하는 시험·검사기관이 발행한 시험·검사성적서(이하 "검사성적서"라 한다)를 첨부하여 식품의약품안전처장에게 제출하여야 한다.

영 **제8조【위해식품 긴급정보 발송】** ① 법 제17조 제8항에서 "대통령령으로 정하는 요건에 해당하는 경우"란 제7조 제1항 각 호의 어느 하나에 해당하는 경우를 말한다.

② 법 제17조 제8항에서 "대통령령으로 정하는 방송사업자"란 「방송법 시행령」 제1조의2 제1호의 지상파텔레비전방송사업자 및 같은 조 제2호의 지상파라디오방송사업자를 말한다.

③ 법 제17조 제8항에서 "대통령령으로 정하는 기간통신사업자"란 「전기통신사업법」 제6조에 따라 기간통신사업의 등록을 한 자로서 주파수를 할당받아 제공하는 역무 중 이동전화 역무 또는 개인휴대통신 역무를 제공하는 자를 말한다.

④ 법 제17조 제8항에 따른 방송 및 송신의 구체적인 방법과 절차는 제2항 및 제3항에 따른 각각의 방송사업자 및 기간통신사업자가 자율적으로 결정한다.

제18조【유전자변형식품등의 안전성 심사 등】 ① 유전자변형식품등을 식용(食用)으로 수입·개발·생산하는 자는 최초로 유전자변형식품등을 수입하는 경우 등 대통령령으로 정하는 경우에는 식품의약품안전처장에게 해당 식품등에 대한 안전성 심사를 받아야 한다.

② 식품의약품안전처장은 제1항에 따른 유전자변형식품등의 안전성 심사를 위하여 식품의약품안전처에 유전자변형식품등 안전성심사위원회(이하 "안전성심사위원회"라 한다)를 둔다.

③ 안전성심사위원회는 위원장 1명을 포함한 20명 이내의 위원으로 구성한다. 이 경우 공무원이 아닌 위원이 전체 위원의 과반수가 되도록 하여야 한다.

④ 안전성심사위원회의 위원은 유전자변형식품등에 관한 학식과 경험이 풍부한 사람으로서 다음 각 호의 어느 하나에 해당하는 사람 중에서 식품의약품안전처장이 위촉하거나 임명한다.

1. 유전자변형식품 관련 학회 또는 「고등교육법」 제2조 제1호 및 제2호에 따른 대학 또는 산업대학의 추천을 받은 사람
2. 「비영리민간단체 지원법」 제2조에 따른 비영리민간단체의 추천을 받은 사람
3. 식품위생 관계 공무원

⑤ 안전성심사위원회의 위원장은 위원 중에서 호선한다.

⑥ 위원의 임기는 2년으로 한다. 다만, 공무원인 위원의 임기는 해당 직(職)에 재직하는 기간으로 한다.

⑦ 식품의약품안전처장은 거짓이나 그 밖의 부정한 방법으로 제1항에 따른 안전성 심사를 받은 자에 대하여 그 심사에 따른 안전성 승인을 취소하여야 한다.

⑧ 제2항부터 제6항까지에서 규정한 사항 외에 안전성심사위원회의 구성 · 기능 · 운영에 필요한 사항은 대통령령으로 정한다.

⑨ 제1항에 따른 안전성 심사의 대상, 안전성 심사를 위한 자료제출의 범위 및 심사절차 등에 관하여는 식품의약품안전처장이 정하여 고시한다.

영 **제9조【유전자변형품등의 안전성 심사】** 법 제18조 제1항에서 "최초로 유전자변형식품등을 수입하는 경우 등 대통령령으로 정하는 경우"란 다음 각 호의 어느 하나에

해당하는 경우를 말한다.

1. 최초로 유전자변형식품등[인위적으로 유전자를 재조합하거나 유전자를 구성하는 핵산을 세포나 세포 내 소기관으로 직접 주입하는 기술 또는 분류학에 따른 과(科)의 범위를 넘는 세포융합기술에 해당하는 생명공학기술을 활용하여 재배·육성된 농산물·축산물·수산물 등을 원재료로 하여 제조·가공한 식품 또는 식품첨가물을 말한다. 이하 이 조에서 같다]을 수입하거나 개발 또는 생산하는 경우
2. 법 제18조에 따른 안전성 심사를 받은 후 10년이 지난 유전자변형식품등으로서 시중에 유통되어 판매되고 있는 경우
3. 그 밖에 법 제18조에 따른 안전성 심사를 받은 후 10년이 지나지 아니한 유전자변형식품등으로서 식품의약품안전처장이 새로운 위해요소가 발견되었다는 등의 사유로 인체의 건강을 해칠 우려가 있다고 인정하여 심의위원회의 심의를 거쳐 고시하는 경우

영 제10조【유전자변형식품등 안전성심사위원회의 구성·운영 등】

① 삭제

② 삭제

③ 삭제

④ 법 제18조제2항에 따른 유전자변형식품등 안전성심사위원회(이하 "안전성심사위원회"라 한다)의 위원(공무원인 위원은 제외한다)이 궐위(闕位)된 경우 그 보궐위원의 임기는 전임위원 임기의 남은 기간으로 한다.

⑤ 위원장은 안전성심사위원회를 대표하며, 안전성심사위원회의 업무를 총괄한다.

⑥ 안전성심사위원회에 출석한 위원에게는 예산의 범위에서 수당과 여비를 지급할 수 있다. 다만, 공무원인 위원이 그 소관 업무와 직접 관련하여 출석하는 경우에는 그러하지 아니하다.

⑦ 제4항부터 제6항까지, 제10조의2 및 제10조의3에서 규정한 사항 외에 안전성심사위원회의 운영에 필요한 사항은 안전성심사위원회의 의결을 거쳐 위원장이 정한다

영 제10조의 2【위원의 제척·기피·회피】 ① 안전성심사위원회의 위원이 다음 각 호의 어느 하나에 해당하는 경우에는 안전성심사위원회의 심의·의결에서 제척(除斥)된다.

1. 위원 또는 그 배우자나 배우자이었던 사람이 해당 안건의 당사자(당사자가 법인·단체 등인 경우에는 그 임원 또는 직원을 포함한다. 이하 이 호 및 제2호에서 같다)가 되거나 그 안건의 당사자와 공동권리자 또는 공동의무자인 경우
2. 위원이 해당 안건의 당사자와 친족이거나 친족이었던 경우
3. 위원 또는 위원이 속한 법인·단체 등이 해당 안건에 대하여 증언, 진술, 자문, 연구, 용역 또는 감정을 한 경우

4. 위원이나 위원이 속한 법인·단체 등이 해당 안건의 당사자의 대리인이거나 대리인이었던 경우
5. 위원이 해당 안건의 당사자인 법인·단체 등에 최근 3년 이내에 임원 또는 직원으로 재직하였던 경우

② 해당 안건의 당사자는 위원에게 공정한 심의·의결을 기대하기 어려운 사정이 있는 경우에는 안전성심사위원회에 기피 신청을 할 수 있고, 안전성심사위원회는 의결로 이를 결정한다. 이 경우 기피 신청의 대상인 위원은 그 의결에 참여하지 못한다.

③ 위원이 제1항 각 호에 따른 제척 사유에 해당하는 경우에는 스스로 해당 안건의 심의·의결에 회피(回避)하여야 한다.

영 **제10조의 3 【위원의 해촉】** 식품의약품안전처장은 위원이 다음 각 호의 어느 하나에 해당하는 경우에는 해당 위원을 해촉(解囑) 할 수 있다.

1. 심신장애로 인하여 직무를 수행할 수 없게 된 경우
2. 직무태만, 품위손상이나 그 밖의 사유로 인하여 위원으로 적합하지 아니하다고 인정되는 경우
3. 제10조의 2 제1항 각 호의 어느 하나에 해당하는 데에도 불구하고 회피하지 아니한 경우

제19조의 4 【검사명령 등】 ① 식품의약품안전처장은 다음 각 호의 어느 하나에 해당하는 식품등을 채취·제조·수입·가공·사용·조리·저장·소분·운반 또는 진열하는 영업자에 대하여 「식품·의약품분야 시험·검사 등에 관한 법률」 제6조 제3항 제1호에 따른 식품전문 시험·검사기관 또는 같은 법 제8조에 따른 국외시험·검사기관에서 검사를 받을 것을 명(이하 "검사명령"이라 한다) 할 수 있다. 다만, 검사로써 위해성분을 확인할 수 없다고 식품의약품안전처장이 인정하는 경우에는 관계 자료 등으로 갈음할 수 있다.

1. 국내외에서 유해물질이 검출된 식품등
2. 삭제 : 「수입식품안전관리 특별법」으로 이관됨.
3. 그 밖에 국내외에서 위해발생의 우려가 제기되었거나 제기된 식품등

② 검사명령을 받은 영업자는 총리령으로 정하는 검사기한 내에 검사를 받거나 관련 자료 등을 제출하여야 한다.

③ 제1항 및 제2항에 따른 검사명령 대상 식품등의 범위, 제출 자료 등 세부사항은 식품의약품안전처장이 정하여 고시한다.

규칙 **제15조의 8 【검사명령 이행기한】** 법 제19조의 4 제2항에 따른 검사기한은 같은 조 제1항에 따른 검사명령을 받은 날부터 20일 이내로 한다.

제21조 【특정 식품등의 수입·판매 등 금지】 ① 식품의약품안전처장은 특정 국가 또는 지역에서 채취·제조·가공·사용·조리 또는 저장된 식품등이 그 특정 국가 또는 지역에서 위해한 것

으로 밝혀졌거나 위해의 우려가 있다고 인정되는 경우에는 그 식품등을 수입·판매하거나 판매할 목적으로 제조·가공·사용·조리·저장·소분·운반 또는 진열하는 것을 금지할 수 있다.

② 식품의약품안전처장은 제15조 제1항에 따른 위해평가 또는 「수입식품안전관리 특별법」 제21조 제1항에 따른 검사 후 식품등에서 제4조 제2호에 따른 유독·유해물질이 검출된 경우에는 해당 식품등의 수입을 금지하여야 한다. 다만, 인체의 건강을 해칠 우려가 없다고 식품의약품안전처장이 인정하는 경우는 그러하지 아니하다.

③ 식품의약품안전처장은 제1항 및 제2항에 따른 금지를 하려면 미리 관계 중앙행정기관의 장의 의견을 듣고 심의위원회의 심의·의결을 거쳐야 한다. 다만, 국민건강을 급박하게 위해할 우려가 있어서 신속히 금지 조치를 하여야 할 필요가 있는 경우 먼저 금지조치를 한 뒤 지체 없이 심의위원회의 심의·의결을 거칠 수 있다.

④ 제3항 본문 및 단서에 따라 심의위원회가 심의하는 경우 대통령령으로 정하는 이해관계인은 심의위원회에 출석하여 의견을 진술하거나 문서로 의견을 제출할 수 있다.

⑤ 식품의약품안전처장은 직권으로 또는 제1항 및 제2항에 따라 수입·판매 등이 금지된 식품등에 대하여 이해관계가 있는 국가 또는 수입한 영업자의 신청을 받아 그 식품등에 위해가 없는 것으로 인정되면 심의위원회의 심의·의결을 거쳐 제1항 및 제2항에 따른 금지의 전부 또는 일부를 해제할 수 있다.

⑥ 식품의약품안전처장은 제1항 및 제2항에 따른 금지나 제5항에 따른 해제를 하는 경우에는 고시하여야 한다.

⑦ 식품의약품안전처장은 제1항 및 제2항에 따라 수입·판매 등이 금지된 해당 식품등의 제조업소, 이해관계가 있는 국가 또는 수입한 영업자가 원인 규명 및 개선사항을 제시할 경우에는 제1항 및 제2항에 따른 금지의 전부 또는 일부를 해제할 수 있다. 이 경우 개선사항에 대한 확인이 필요한 때에는 현지 조사를 할 수 있다.

영 **제11조 【특정 식품등의 수입·판매 등 금지조치에 관한 이해관계인의 범위】** 법 제21조 제4항에서 "대통령령으로 정하는 이해관계인"이란 법 제21조 제1항에 따른 금지조치로 인하여 영업상의 불이익을 받았거나 받게 되는 영업자를 말한다.

제22조 【출입·검사·수거 등】 ① 식품의약품안전처장대통령령으로 정하는 그 소속 기관의 장을 포함한다. 이하 이 조에서 같다), 시·도지사 또는 시장·군수·구청장은 식품등의 위해방지·위생관리와 영업질서의 유지를 위하여 필요하면 다음 각 호의 구분에 따른 조치를 할 수 있다.

1. 영업자나 그 밖의 관계인에게 필요한 서류나 그 밖의 자료의 제출 요구
2. 관계 공무원으로 하여금 다음 각 목에 해당하는 출입·검사·수거 등의 조치
   가. 영업소(사무소, 창고, 제조소, 저장소, 판매소, 그 밖에 이와 유사한 장소를 포함한다)에 출입하여 판매를 목적으로 하거나 영업에 사용하는 식품등 또는 영업시설 등에 대하여 하는 검사
   나. 가목에 따른 검사에 필요한 최소량의 식품등의 무상 수거

다. 영업에 관계되는 장부 또는 서류의 열람

② 식품의약품안전처장은 시·도지사 또는 시장·군수·구청장이 제1항에 따른 출입·검사·수거 등의 업무를 수행하면서 식품등으로 인하여 발생하는 위생 관련 위해방지 업무를 효율적으로 하기 위하여 필요한 경우에는 관계 행정기관의 장, 다른 시·도지사 또는 시장·군수·구청장에게 행정응원(行政應援)을 하도록 요청할 수 있다. 이 경우 행정응원을 요청받은 관계 행정기관의 장, 시·도지사 또는 시장·군수·구청장은 특별한 사유가 없으면 이에 따라야 한다.

③ 제1항 및 제2항의 경우에 출입·검사·수거 또는 열람하려는 공무원은 그 권한을 표시하는 증표 및 조사기간, 조사범위, 조사담당자, 관계 법령 등 대통령령으로 정하는 사항이 기재된 서류를 지니고 이를 관계인에게 내보여야 한다.

④ 제2항에 따른 행정응원의 절차, 비용 부담 방법, 그밖에 필요한 사항은 대통령령으로 정한다.

영 **제12조【출입·검사·수거 등】** 법 제22조 제1항 각 호 외의 부분에서 "대통령령으로 정하는 그 소속 기관의 장"이란 지방식품의약품안전청장을 말한다.

영 **제13조【행정응원의 절차 등】** ① 법 제22조 제2항에 따라 식품의약품안전처장(지방식품의약품안전청장을 포함한다. 이하 이 조에서 같다)이 관계 행정기관의 장, 다른 관할구역의 시·도지사 또는 시장·군수·구청장에게 행정응원을 요청할 때에는 응원이 필요한 지역, 업무 수행의 내용, 위생점검반의 편성 및 운영에 관한 계획을 수립하여 통보하여야 한다.

② 제1항에 따른 행정응원 업무를 수행하는 공무원은 식품의약품안전처장의 지휘·감독을 받는다.

③ 제1항에 따른 행정응원에 드는 비용은 식품의약품안전처장이 부담한다.

영 **제13조의 2【출입·검사·수거 등의 조치 시 제시하는 서류의 기재사항】** 법 제22조 제3항에서 "조사기간, 조사범위, 조사담당자, 관계 법령 등 대통령령으로 정하는 사항"이란 다음 각 호의 사항을 말한다.

1. 조사목적
2. 조사기간 및 대상
3. 조사의 범위 및 내용
4. 조사담당자의 성명 및 소속
5. 제출자료의 목록
6. 조사 관계 법령
7. 그 밖에 해당 조사에 필요한 사항

규칙 **제19조【출입·검사·수거 등】** ① 법 제22조에 따른 출입·검사·수거 등은 국민의 보건위생을 위하여 필요하다고 판단되는 경우에는 수시로 실시한다.

② 제1항에도 불구하고 제89조에 따라 행정처분을 받은 업소에 대한 출입·검사·수거

등은 그 처분일부터 6개월 이내에 1회 이상 실시하여야 한다. 다만, 행정처분을 받은 영업자가 그 처분의 이행 결과를 보고하는 경우에는 그러하지 아니하다.

규칙 **제20조 【수거량 및 검사 의뢰 등】** ① 법 제22조 제1항 제2호 나목에 따라 무상으로 수거할 수 있는 식품등의 대상과 그 수거량은 별표 8과 같다.

② 관계 공무원이 제1항에 따라 식품등을 수거한 경우에는 「별지 제16호」 서식의 수거증(전자문서를 포함한다)을 발급하여야 한다.

③ 제1항에 따라 식품등을 수거한 관계 공무원은 그 수거한 식품등을 그 수거 장소에서 봉함하고 관계 공무원 및 피수거자의 인장 등으로 봉인하여야 한다.

④ 식품의약품안전처장, 시·도지사 또는 시장·군수·구청장은 제1항에 따라 수거한 식품등에 대해서는 지체 없이 「식품·의약품분야 시험·검사 등에 관한 법률」 제6조 제3항 제1호에 따라 식품의약품안전처장이 지정한 식품전문 시험·검사기관 또는 같은 조 제4항 단서에 따라 총리령으로 정하는 시험·검사기관에 검사를 의뢰하여야 한다.

⑤ 식품의약품안전처장, 시·도지사 또는 시장·군수·구청장은 법 제22조 제1항에 따라 관계 공무원으로 하여금 출입·검사·수거를 하게 한 경우에는 「별지 제17호」 서식의 수거검사 처리대장(전자문서를 포함한다)에 그 내용을 기록하고 이를 갖춰 두어야 한다.

⑥ 법 제22조 제3항에 따른 출입·검사·수거 또는 열람하려는 공무원의 권한을 표시하는 증표는 「별지 제18호」 서식과 같다.

제22조의 3 【영업소 등에 대한 비대면 조사 등】 식품의약품안전처장은 다음 각 호의 어느 하나에 해당하는 경우 제22조제1항에 따른 출입 · 검사 등의 조치 또는 제48조의3에 따른 조사 · 평가를 컴퓨터 · 화상통신 등 정보통신기술을 활용하여 비대면으로 실시할 수 있다.

1. 천재지변, 감염병 발생 등의 사유로 출입 · 검사 · 조사 등이 어렵다고 판단되는 경우
2. 신속한 점검 등 효율적인 검사 · 조사 등을 위하여 필요한 경우

[본조신설 2024. 1. 2.]

제23조 【식품등의 재검사】 ① 식품의약품안전처장 (대통령령으로 정하는 그 소속 기관의 장을 포함한다. 이하 이 조에서 같다), 시·도지사 또는 시장·군수·구청장은 제22조, 「수입식품안전관리 특별법」 제21조 또는 제25조에 따라 식품등을 검사한 결과 해당 식품등이 제7조 또는 제9조에 따른 식품등의 기준이나 규격에 맞지 아니하면 대통령령으로 정하는 바에 따라 해당 영업자에게 그 검사 결과를 통보하여야 한다.

② 제1항에 따른 통보를 받은 영업자가 그 검사 결과에 이의가 있으면 검사한 제품과 같은 제품(같은 날에 같은 영업시설에서 같은 제조 공정을 통하여 제조·생산된 제품에 한정한다)을 식품의약품안전처장이 인정하는 국내외 검사기관 2곳 이상에서 같은 검사 항목에 대하여 검사를 받아 그 결과가 제1항에 따라 통보받은 검사 결과와 다를 때에는 그 검사기관의 검사성적

서 또는 검사증명서를 첨부하여 식품의약품안전처장, 시·도지사 또는 시장·군수·구청장에게 재검사를 요청할 수 있다. 다만, 시간이 경과함에 따라 검사 결과가 달라질 수 있는 검사항목 등 총리령으로 정하는 검사항목은 재검사 대상에서 제외한다.

③ 제2항에 따른 재검사 요청을 받은 식품의약품안전처장, 시·도지사 또는 시장·군수·구청장은 영업자가 제출한 검사 결과가 제1항에 따른 검사 결과와 다르다고 확인되거나 같은 항의 검사에 따른 검체(檢體)의 채취·취급방법, 검사방법·검사과정 등이 제7조 제1항 또는 제9조 제1항에 따른 식품등의 기준 및 규격에 위반된다고 인정되는 때에는 지체 없이 재검사하고 해당 영업자에게 재검사 결과를 통보하여야 한다. 이 경우 재검사 수수료와 보세창고료 등 재검사에 드는 비용은 영업자가 부담한다.

④ 제2항 및 제3항에 따른 재검사 요청 절차, 재검사 방법 및 결과 통보 등에 필요한 사항은 총리령으로 정한다

영 **제14조 【식품등의 재검사】** ① 법 제23조 제1항에서 "대통령령으로 정하는 그 소속 기관의 장"이란 지방식품의약품안전청장을 말한다.

② 법 제23조 제1항에 따라 식품의약품안전처장(지방식품의약품안전청장을 포함한다. 이하 이 조에서 같다), 시·도지사 또는 시장·군수·구청장은 해당 영업자에게 해당 검사에 적용한 검사방법, 검체의 채취·취급방법 및 검사 결과를 해당 검사성적서 또는 검사증명서가 작성된 날부터 7일 이내에 통보하여야 한다.

규칙 **제20조의 2 【식품등의 재검사 요청 절차 및 방법 등】** ① 법 제23조 제2항 본문에 따라 식품등의 재검사를 요청하려는 영업자는 법 제23조 제1항에 따른 검사 결과를 통보받은 날부터 60일 이내에 별지 제17호의2 서식의 식품등 재검사 신청서(전자문서로 된 신청서를 포함한다)에 다음 각 호의 서류를 첨부하여 식품의약품안전처장(지방식품의약품안전청장을 포함한다. 이하 이 조에서 같다), 시·도지사 또는 시장·군수·구청장에게 제출해야 한다.

1. 법 제23조 제1항에 따른 검사 결과에 관한 서류
2. 법 제23조 제2항 본문에 따른 검사성적서 또는 검사증명서
3. 제2호에 따른 검사 제품이 제1호에 따른 검사 제품과 같은 제품(같은 날에 같은 영업시설에서 같은 제조 공정을 통해 제조·생산된 제품에 한정한다)임을 증명하는 자료

② 식품의약품안전처장, 시·도지사 또는 시장·군수·구청장은 제1항에 따른 재검사 요청이 법 제23조 제3항 전단에 따른 재검사 요건에 부합하면 다음 각 호의 구분에 따라 재검사를 해야 한다.

1. 「보건환경연구원법」 제2조 제1항에 따른 보건환경연구원에서 실시한 검사에 대해서는 지방식품의약품안전청장에게 의뢰하여 검사할 것
2. 「식품·의약품분야 시험·검사 등에 관한 법률」 제6조 제3항 제1호에 따른 식품

전문 시험·검사기관에서 실시한 검사에 대해서는 지방식품의약품안전청장에게 의뢰하여 검사할 것

3. 지방식품의약품안전청장이 실시한 검사에 대해서는 식품의약품안전평가원장에게 의뢰하여 검사할 것

③ 법 제23조 제3항에 따른 식품등의 재검사는 법 제23조 제1항에 따른 검사를 하고 남아 있는 제품을 대상으로 실시한다. 다만, 남아 있는 제품이 없는 경우에는 법 제23조 제1항에 따라 검사한 제품과 같은 제품(같은 날에 같은 영업시설에서 같은 제조 공정을 통해 제조·생산된 제품에 한정한다)을 대상으로 실시한다.

④ 식품의약품안전처장, 시·도지사 또는 시장·군수·구청장은 법 제23조 제3항에 따라 재검사를 완료한 경우에는 별지 제17호의3 서식에 따라 그 결과를 신청인에게 알려야 한다. 이 경우 그 통보기간은 제1항에 따라 재검사를 요청받은 날부터 20일로 한다.

⑤ 제1항부터 제4항까지에서 규정한 사항 외에 식품등의 재검사 요청 절차 및 재검사 방법 등에 필요한 세부 사항은 식품의약품안전처장이 정하여 고시한다.

규칙 **제21조 【식품등의 재검사 제외대상】** 법 제23조 제2항 단서에 따라 재검사 대상에서 제외하는 검사항목은 이물, 미생물, 곰팡이독소, 잔류농약 및 잔류동물용의약품에 관한 검사로 한다.

제31조 【자가품질검사 의무】 ① 식품등을 제조·가공하는 영업자는 총리령으로 정하는 바에 따라 제조·가공하는 식품등이 제7조 또는 제9조에 따른 기준과 규격에 맞는지를 검사하여야 한다.

② 식품등을 제조·가공하는 영업자는 제1항에 따른 검사를 「식품·의약품분야 시험·검사 등에 관한 법률」 제6조 제3항 제2호에 따른 자가품질위탁 시험·검사기관에 위탁하여 실시할 수 있다.

③ 제1항에 따른 검사를 직접 행하는 영업자는 제1항에 따른 검사 결과 해당 식품등이 제4조부터 제6조까지, 제7조 제4항, 제8조, 제9조 제4항 또는 제9조의3을 위반하여 국민 건강에 위해가 발생하거나 발생할 우려가 있는 경우에는 지체 없이 식품의약품안전처장에게 보고하여야 한다.

④ 제1항에 따른 검사의 항목·절차, 그 밖에 검사에 필요한 사항은 총리령으로 정한다.

제31조의 2 【자가품질검사 의무의 면제】 식품의약품안전처장 또는 시·도지사는 제48조 제3항에 따른 식품안전관리인증기준적용업소가 다음 각 호에 해당하는 경우에는 제31조 제1항에도 불구하고 총리령으로 정하는 바에 따라 자가품질검사를 면제할 수 있다.

1. 제48조 제3항에 따른 식품안전관리인증기준적용업소가 제31조 제1항에 따른 검사가 포함된 식품안전관리인증기준을 지키는 경우
2. 제48조 제8항에 따른 조사·평가 결과 그 결과가 우수하다고 총리령으로 정하는 바에 따라 식품의약품안전처장이 인정하는 경우

제31조의 3【자가품질검사의 확인검사】 ① 제31조 제2항에 따라 자가품질검사를 위탁하여 실시한 영업자가 「식품·의약품분야 시험·검사 등에 관한 법률」 제11조 제3항에 따라 부적합으로 통보받은 검사 결과에 이의가 있으면 자가품질검사를 실시한 제품과 같은 제품(같은 날에 같은 영업시설에서 같은 제조 공정을 통하여 제조·생산된 제품에 한정한다. 이하 이 조에서 같다)에 대한 확인검사를 2곳 이상의 다른「식품·의약품분야 시험·검사 등에 관한 법률」 제6조 제2항 제1호에 따른 식품 등 시험·검사기관에 요청할 수 있다. 이 경우 영업자는 식품의약품안전처장, 시·도지사 또는 시장·군수·구청장에게 확인검사 요청 사실을 지체 없이 보고하여야 한다.

② 제1항에 따라 확인검사를 요청받은 식품 등 시험·검사기관은 자가품질검사를 실시한 제품과 같은 제품에 대하여 같은 검사 항목, 기준 및 방법에 따라 확인검사를 실시한 후 영업자에게 시험·검사성적서를 발급하여야 한다. 다만, 시간이 경과함에 따라 검사 결과가 달라질 수 있는 검사항목 등 총리령으로 정하는 검사항목은 확인검사 대상에서 제외한다.

③ 제2항에 따라 시험·검사성적서를 발급받은 영업자는 해당 시험·검사의 결과가 모두 적합인 경우에는 관할 지방식품의약품안전청장에게 그 시험·검사성적서를 첨부하여 최종 확인검사를 요청할 수 있다. 이 경우 확인검사에 드는 비용은 영업자가 부담한다.

④ 제3항에 따라 최종 확인검사를 요청받은 지방식품의약품안전청장은 제2항에 따른 검사 항목, 기준 및 방법에 따라 검사를 실시하고 영업자에게 시험·검사성적서를 발급하여야 한다.

⑤ 식품의약품안전처장, 시·도지사 또는 시장·군수·구청장은 제1항에 따른 확인검사를 요청한 영업자가 제4항에 따른 검사 결과 적합으로 판정된 시험·검사성적서를 제출하는 경우에는 제45조에 따른 회수조치, 제73조 제1항에 따른 공표 명령을 철회하는 등 지체없이 필요한 조치를 하여야 한다.

⑥ 제1항에 따른 확인검사 요청·보고 절차, 제2항에 따른 시험검사성적서의 발급, 제3항에 따른 최종 확인검사의 요청 및 제4항에 따른 지방식품의약품안전청장의 시험·검사성적서 발급 등에 필요한 사항은 총리령으로 정한다.

규칙 **제31조【자가품질검사】** ① 법 제31조 제1항에 따른 자가품질검사는 별표 12의 자가품질검사기준에 따라 하여야 한다.

② 자가품질검사에 관한 기록서는 2년간 보관하여야 한다.

규칙 **제31조의 2【자가품질검사의무의 면제】** 법 제31조의2제2호에 따라 식품안전관리인증기준적용업소의 자가품질검사 의무를 면제하는 경우는 해당 식품안전관리인증기준적용업소에 대하여 제66조제1항에 따른 조사 · 평가를 한 결과가 만점의 90퍼센트 이상인 경우로 한다.

제32조 【식품위생감시원】 ① 제22조 제1항에 따른 관계 공무원의 직무와 그 밖에 식품위생에 관한 지도 등을 하기 위하여 식품의약품안전처대통령령으로 정하는 그 소속 기관을 포함한다), 특별시·광역시·특별자치시·도·특별자치도이하 "시·도"라 한다) 또는 시·군·구자치구를 말한다. 이하 같다)에 식품위생감시원을 둔다.
② 제1항에 따른 식품위생감시원의 자격·임명·직무범위, 그밖에 필요한 사항은 대통령령으로 정한다.

영 **제16조 【식품위생감시원의 자격 및 임명】** ① 법 제32조 제1항에서 "대통령령으로 정하는 그 소속 기관"이란 지방식품의약품안전청을 말한다.
② 법 제32조 제1항에 따른 식품위생감시원(이하 "식품위생감시원"이라 한다)은 식품의약품안전처장(지방식품의약품안전청장을 포함한다), 시·도지사 또는 시장·군수·구청장이 다음 각 호의 어느 하나에 해당하는 소속 공무원 중에서 임명한다.
1. 위생사, 식품기술사·식품기사·식품산업기사·수산제조기술사·수산제조기사·수산제조산업기사 또는 영양사
2. 「고등교육법」 제2조 제1호 및 제4호에 따른 대학 또는 전문대학에서 의학·한의학·약학·한약학·수의학·축산학·축산가공학·수산제조학·농산제조학·농화학·화학·화학공학·식품가공학·식품화학·식품제조학·식품공학·식품과학·식품영양학·위생학·발효공학·미생물학·조리학·생물학 분야의 학과 또는 학부를 졸업한 자 또는 이와 같은 수준 이상의 자격이 있는 자
3. 외국에서 위생사 또는 식품제조기사의 면허를 받은 자나 제2호와 같은 과정을 졸업한 자로서 식품의약품안전처장이 적당하다고 인정하는 자
4. 1년 이상 식품위생행정에 관한 사무에 종사한 경험이 있는 자

③ 식품의약품안전처장(지방식품의약품안전청장을 포함한다), 시·도지사 또는 시장·군수·구청장은 제2항 각 호의 요건에 해당하는 자만으로는 식품위생감시원의 인력 확보가 곤란하다고 인정될 경우에는 식품위생행정에 종사하는 자 중 소정의 교육을 2주 이상 받은 자에 대하여 그 식품위생행정에 종사하는 기간 동안 식품위생감시원의 자격을 인정할 수 있다.

영 **제17조 【식품위생감시원의 직무】** 법 제32조에 따른 식품위생감시원의 직무는 다음 각 호와 같다.
1. 식품등의 위생적인 취급에 관한 기준의 이행 지도
2. 수입·판매 또는 사용 등이 금지된 식품등의 취급 여부에 관한 단속
3. 「식품등의 표시·광고에 관한 법률」 제4조부터 제8조까지의 규정에 따른 표시 또는 광고기준의 위반 여부에 관한 단속
4. 출입·검사 및 검사에 필요한 식품등의 수거

5. 시설기준의 적합 여부의 확인·검사
6. 영업자 및 종업원의 건강진단 및 위생교육의 이행 여부의 확인·지도
7. 조리사 및 영양사의 법령 준수사항 이행 여부의 확인·지도
8. 행정처분의 이행 여부 확인
9. 식품등의 압류·폐기 등
10. 영업소의 폐쇄를 위한 간판 제거 등의 조치
11. 그밖에 영업자의 법령 이행 여부에 관한 확인·지도

영 **제17조의 2 【식품위생감시원의 교육】** ① 식품의약품안전처장, 시·도지사 또는 시장·군수·구청장은 식품위생감시원을 대상으로 제17조에 따른 직무 수행에 필요한 전문지식과 역량을 강화하는 교육 프로그램을 운영하여야 한다.

② 식품의약품안전처장, 시·도지사 또는 시장·군수·구청장은 제1항에 따른 교육 프로그램을 국내외 교육기관 등에 위탁하여 실시할 수 있다.

③ 식품위생감시원은 제1항에 따른 교육을 받아야 한다. 이 경우 교육의 방법·시간·내용 및 그 밖에 교육에 필요한 사항은 총리령으로 정한다.

규칙 **제31조의 3 【확인검사 등의 보고 절차 등】** ① 법 제31조의3제1항 전단에 따라 확인검사를 요청한 영업자는 별지 제17호의4서식의 확인검사 요청 사실 보고서에 다음 각 호의 서류를 첨부하여 관할 지방식품의약품안전청장, 시 · 도지사 또는 시장 · 군수 · 구청장에게 보고해야 한다.

1. 법 제31조의3제1항에 따른 자가품질검사 검사성적서
2. 확인검사 의뢰서

② 제1항에 따라 확인검사 요청 사실을 보고받은 관할 지방식품의약품안전청장, 시 · 도지사 또는 시장 · 군수 · 구청장은 식품의약품안전처장에게 그 사실을 통보해야 한다.

③ 법 제31조의3제2항 본문에 따라 확인검사를 실시한 「식품 · 의약품분야 시험 · 검사 등에 관한 법률」 제6조제2항제1호에 따른 식품 등 시험 · 검사기관은 별지 제17호의5서식의 확인검사 검사성적서를 발급해야 한다.

규칙 **제31조의 4 【확인검사 제외대상 검사항목】** 법 제31조의3제2항 단서에서 "시간이 경과함에 따라 검사 결과가 달라질 수 있는 검사항목 등 총리령으로 정하는 검사항목"이란 이물, 미생물, 곰팡이독소, 잔류농약 및 잔류동물용의약품을 말한다.

규칙 **제31조의 5 【최종 확인검사 요청 절차 등】** ① 법 제31조의3제3항에 따라 최종 확인검사를 요청하려는 영업자는 법 제31조의3제2항에 따른 확인검사 결과를 통보받은 날부터 60일 이내에 별지 제17호의6서식의 최종 확인검사 신청서에 다음 각 호의 서류를 첨부하여 관할 지방식품의약품안전청장에게 제출해야 한다.

1. 법 제31조의3제1항에 따른 자가품질검사 검사성적서
2. 법 제31조의3제2항에 따른 확인검사 검사성적서
3. 자가품질검사를 실시한 제품과 확인검사를 실시한 제품이 같은 제품(같은 날에 같은 영업시설에서 같은 제조 공정을 통해 제조·생산된 제품을 말한다)임을 증명하는 자료

② 제1항에 따라 최종 확인검사를 요청받은 지방식품의약품안전청장은 요청받은 날부터 20일 이내에 최종 확인검사를 완료하고 별지 제17호의7서식의 최종 확인검사 검사성적서를 발급해야 한다.

규칙 **제31조의 6【식품위생감시원의 교육시간 등】** ① 법 제32조 제1항에 따른 식품위생감시원(이하 이 조에서 "식품위생감시원"이라 한다)은 영 제17조의2에 따라 매년 7시간 이상 식품위생감시원 직무교육을 받아야 한다. 다만, 식품위생감시원으로 임명된 최초의 해에는 21시간 이상을 받아야 한다.

② 영 제17조의2에 따른 식품위생감시원 직무교육에는 다음 각 호의 내용이 포함되어야 한다.

1. 식품안전 법령에 관한 사항
2. 식품등의 기준 및 규격에 관한 사항
3. 영 제17조에 따른 식품위생감시원의 직무에 관한 사항
4. 그 밖에 제1호부터 제3호까지에 준하는 사항으로서 식품의약품안전처장, 시·도지사 또는 시장·군수·구청장이 식품위생감시원의 전문성 및 직무역량 강화를 위해 필요하다고 인정하는 사항

③ 제1항 및 제2항에서 규정한 사항 외에 식품위생감시원의 교육 운영 등에 필요한 세부 사항은 식품의약품안전처장이 정하여 고시한다.

제33조【소비자식품위생감시원】 ① 식품의약품안전처장대통령령으로 정하는 그 소속 기관의 장을 포함한다. 이하 이 조에서 같다), 시·도지사 또는 시장·군수·구청장은 식품위생관리를 위하여 「소비자기본법」 제29조에 따라 등록한 소비자단체의 임직원 중 해당 단체의 장이 추천한 자나 식품위생에 관한 지식이 있는 자를 소비자식품위생감시원으로 위촉할 수 있다.

② 제1항에 따라 위촉된 소비자식품위생감시원(이하 "소비자식품위생감시원"이라 한다)의 직무는 다음 각 호와 같다.

1. 제36조 제1항 제3호에 따른 식품접객업을 하는 자(이하 "식품접객영업자"라 한다)에 대한 위생관리 상태 점검
2. 유통 중인 식품등이 「식품등의 표시·광고에 관한 법률」 제4조부터 제7조까지에 따른 표시·광고의 기준에 맞지 아니하거나 같은 법 제8조에 따른 부당한 표시 또는 광고행위의 금지 규정을 위반한 경우 관할 행정관청에 신고하거나 그에 관한 자료 제공
3. 제32조에 따른 식품위생감시원이 하는 식품등에 대한 수거 및 검사 지원

4. 그 밖에 식품위생에 관한 사항으로서 대통령령으로 정하는 사항

③ 소비자식품위생감시원은 제2항 각 호의 직무를 수행하는 경우 그 권한을 남용하여서는 아니 된다.

④ 제1항에 따라 소비자식품위생감시원을 위촉한 식품의약품안전처장, 시·도지사 또는 시장·군수·구청장은 소비자식품위생감시원에게 직무 수행에 필요한 교육을 하여야 한다.

⑤ 식품의약품안전처장, 시·도지사 또는 시장·군수·구청장은 소비자식품위생감시원이 다음 각 호의 어느 하나에 해당하면 그 소비자식품위생감시원을 해촉(解囑)하여야 한다.

1. 추천한 소비자단체에서 퇴직하거나 해임된 경우
2. 제2항 각 호의 직무와 관련하여 부정한 행위를 하거나 권한을 남용한 경우
3. 질병이나 부상 등의 사유로 직무 수행이 어렵게 된 경우

⑥ 소비자식품위생감시원이 제2항 제1호의 직무를 수행하기 위하여 식품접객영업자의 영업소에 단독으로 출입하려면 미리 식품의약품안전처장, 시·도지사 또는 시장·군수·구청장의 승인을 받아야 한다.

⑦ 소비자식품위생감시원이 제6항에 따른 승인을 받아 식품접객영업자의 영업소에 단독으로 출입하는 경우에는 승인서와 신분을 표시하는 증표 및 조사기간, 조사범위, 조사담당자, 관계 법령 등 대통령령으로 정하는 사항이 기재된 서류를 지니고 이를 관계인에게 내보여야 한다.

⑧ 소비자식품위생감시원의 자격, 직무 범위 및 교육, 그 밖에 필요한 사항은 대통령령으로 정한다.

영 **제18조 【소비자식품위생감시원의 자격 등】** ① 법 제33조 제1항에서 "대통령령으로 정하는 그 소속 기관의 장"이란 지방식품의약품안전청장을 말한다.

② 법 제33조 제1항에 따른 소비자식품위생감시원(이하 "소비자식품위생감시원"이라 한다)으로 위촉될 수 있는 자는 다음 각 호의 어느 하나에 해당하는 자로 한다.

1. 식품의약품안전처장이 정하여 고시하는 교육과정을 마친 자
2. 제16조 제2항 각 호의 어느 하나에 해당하는 자

③ 법 제33조 제2항 제4호에서 "대통령령으로 정하는 사항"이란 제17조에 따른 식품위생감시원의 직무 중 같은 조 제8호에 따른 행정처분의 이행 여부 확인을 지원하는 업무를 말한다.

④ 법 제33조 제4항에 따라 식품의약품안전처장(지방식품의약품안전청장을 포함한다. 이하 제5항에서 같다), 시·도지사 또는 시장·군수·구청장은 소비자식품위생감시원에 대하여 반기(半期) 마다 식품위생법령 및 위해식품등 식별 등에 관한 교육을 실시하고, 소비자식품위생감시원이 직무를 수행하기 전에 그 직무에 관한 교육을 실시하여야 한다.

⑤ 식품의약품안전처장, 시·도지사 또는 시장·군수·구청장은 소비자식품위생감시원의 활동을 지원하기 위하여 예산 또는 법 제89조에 따른 식품진흥기금(이하 "기금"이라 한다)의 범위에서 식품의약품안전처장이 정하는 바에 따라 수당 등을 지급할

수 있다.

⑥ 법 제33조 제6항에 따른 단독출입의 승인 절차와 그 밖에 소비자식품위생감시원의 운영에 필요한 사항은 식품의약품안전처장이 정하여 고시한다.

⑦ 법 제33조 제7항에서 "조사기간, 조사범위, 조사담당자 및 관계 법령 등 대통령령으로 정하는 사항"이란 다음 각 호의 사항을 말한다.

1. 조사목적
2. 조사기간 및 대상
3. 조사의 범위 및 내용
4. 소비자식품위생감시원의 성명 및 위촉기관
5. 소비자식품위생감시원의 소속 단체(단체에 소속된 경우만 해당한다)
6. 그 밖에 해당 조사에 필요한 사항

⑧ 법 제33조 제7항에 따라 영업소를 단독으로 출입할 때 지니는 승인서 및 증표의 서식은 총리령으로 정한다.

규칙 **제32조 【소비자식품위생감시원의 단독 출입시 승인서 및 증표】** 영 제18조 제7항에 따라 소비자식품위생감시원이 영업소를 단독으로 출입할 때 지니는 승인서 및 증표는 각각 「별지 제24호」 서식 및 「별지 제25호」 서식과 같다.

제35조 【소비자 위생점검 참여 등】 ① 대통령령으로 정하는 영업자는 식품위생에 관한 전문적인 지식이 있는 자 또는 「소비자기본법」 제29조에 따라 등록한 소비자단체의 장이 추천한 자로서 식품의약품안전처장이 정하는 자에게 위생관리 상태를 점검받을 수 있다.

② 제1항에 따른 점검 결과 식품의약품안전처장이 정하는 기준에 적합하여 합격한 경우 해당 영업자는 그 합격사실을 총리령으로 정하는 바에 따라 해당 영업소에서 제조·가공한 식품등에 표시하거나 광고할 수 있다.

③ 식품의약품안전처장(대통령령으로 정하는 그 소속 기관의 장을 포함한다. 이하 이 조에서 같다), 시·도지사 또는 시장·군수·구청장은 제1항에 따라 위생점검을 받은 영업소 중 식품의약품안전처장이 정하는 기준에 따른 우수 등급의 영업소에 대하여는 관계 공무원으로 하여금 총리령으로 정하는 일정 기간 동안 제22조에 따른 출입·검사·수거 등을 하지 아니하게 할 수 있다.

④ 식품의약품안전처장, 시·도지사 또는 시장·군수·구청장은 제22조 제1항에 따른 출입·검사·수거 등에 참여를 희망하는 소비자를 참여하게 하여 위생 상태를 점검할 수 있다.

⑤ 제1항에 따른 위생점검의 시기 등은 대통령령으로 정한다.

영 **제20조 【소비자 위생점검 참여 등】** ① 법 제35조 제1항에서 "대통령령으로 정하는 영업자"란 다음 각 호의 영업자를 말한다.

1. 제21조 제1호의 식품제조·가공업자
2. 제21조 제3호의 식품첨가물제조업자

3. 제21조 제5호 나목 6)의 기타식품판매업자
4. 제21조 제8호의 식품접객업자 중 법 제47조 제1항에 따라 모범업소로 지정받은 영업자

② 법 제35조 제3항에서 "대통령령으로 정하는 그 소속 기관의 장"이란 지방식품의약품안전청장을 말한다.

③ 제1항에 따른 영업자가 법 제35조 제1항에 따라 위생관리상태 점검을 신청하는 경우에는 1개월 이내에 위생점검을 하여야 한다. 이 경우 같은 업소에 대한 위생점검은 연 1회로 한정한다.

④ 제3항에 따른 위생점검 방법 및 절차는 총리령으로 정한다.

규칙 **제35조 【위생점검의 절차 및 결과 표시 등】** ① 법 제35조 제1항에 따른 위생관리상태의 점검을 신청하려는 영업자는 「별지 제28호」 서식의 소비자 위생점검 참여신청서(전자문서로 된 신청서를 포함한다)에 다음 각 호의 구분에 따른 서류(전자문서를 포함한다)를 첨부하여 식품의약품안전처장에게 제출하여야 한다.

1. 영 제21조 제1호의 식품제조·가공업자 및 영 제21조 제3호의 식품첨가물제조업자의 경우 : 제품명, 사용한 원재료명 및 성분 배합비율, 제조·가공의 방법, 사용한 식품첨가물의 명칭·사용량 등에 관한 서류
2. 영 제21조 제5호 나목 6)의 기타 식품판매업자의 경우 : 제품의 안전성 및 위생적 관리, 보존 및 보관에 관한 서류
3. 영 제21조 제8호의 식품접객업자 중 법 제47조 제1항에 따라 모범업소로 지정받은 영업자의 경우 : 취수원, 배수시설 등 건물의 구조 및 환경, 주방시설 및 기구, 원재료의 보관 및 운반시설, 종업원의 서비스, 제공반찬과 가격 표시, 남은 음식을 처리할 수 있는 시설 및 설비에 관한 서류

② 식품의약품안전처장은 제1항에 따라 신청을 받은 경우에는 신청 받은 날부터 1개월 이내에 식품위생에 관한 전문적인 지식이 있는 사람 또는 소비자단체의 장이 추천한 사람 중에서 해당 영업소의 업종 등을 고려하여 적합한 전문가들로 점검단을 구성하여 위생점검을 실시하게 하여야 한다.

③ 식품의약품안전처장은 제2항에 따른 위생점검 결과 합격한 영업자에게는 「별지 제29호」 서식의 위생점검 합격증서를 발급하고, 그 영업자는 그 합격사실을 별표 13에 따라 표시하거나 광고할 수 있다. 이 경우 그 표시사항은 제품·포장·용기 및 주변의 도안 등을 고려하여 소비자가 알아보기 쉽게 표시하여야 한다.

④ 법 제35조 제3항에 따라 식품의약품안전처장, 시·도지사 또는 시장·군수·구청장은 우수 등급의 영업소에 대하여는 우수 등급이 확정된 날부터 2년 동안 법 제22조에 따른 출입·검사·수거 등을 하지 아니할 수 있다.

제 7 장 영 업

제36조 【시설기준】 ① 다음의 영업을 하려는 자는 총리령으로 정하는 시설기준에 맞는 시설을 갖추어야 한다.

1. 식품 또는 식품첨가물의 제조업, 가공업, 운반업, 판매업 및 보존업
2. 기구 또는 용기·포장의 제조업
3. 식품접객업
4. 공유주방 운영업(제2조 제5호의2에 따라 여러 영업자가 함께 사용하는 공유주방을 운영하는 경우로 한정한다. 이하 같다)

② 제1항에 따른 시설은 영업을 하려는 자별로 구분되어야 한다. 다만, 공유주방을 운영하는 경우에는 그러하지 아니하다.

③ 제1항 각 호에 따른 영업의 세부 종류와 그 범위는 대통령령으로 정한다.

영 **제21조 【영업의 종류】** 법 제36조제1항 각 호에 따른 영업의 세부 종류와 그 범위는 다음 각 호와 같다.

1. 식품제조·가공업: 식품을 제조·가공하는 영업
2. 즉석판매제조·가공업: 총리령으로 정하는 식품을 제조·가공업소에서 직접 최종소비자에게 판매하는 영업
3. 식품첨가물제조업
   가. 감미료·착색료·표백제 등의 화학적 합성품을 제조·가공하는 영업
   나. 천연 물질로부터 유용한 성분을 추출하는 등의 방법으로 얻은 물질을 제조·가공하는 영업
   다. 식품첨가물의 혼합제재를 제조·가공하는 영업
   라. 기구 및 용기·포장을 살균·소독할 목적으로 사용되어 간접적으로 식품에 이행(移行)될 수 있는 물질을 제조·가공하는 영업
4. 식품운반업: 직접 마실 수 있는 유산균음료(살균유산균음료를 포함한다)나 어류·조개류 및 그 가공품 등 부패·변질되기 쉬운 식품을 전문적으로 운반하는 영업. 다만, 해당 영업자의 영업소에서 판매할 목적으로 식품을 운반하는 경우와 해당 영업자가 제조·가공한 식품을 운반하는 경우는 제외한다.
5. 식품소분·판매업
   가. 식품소분업: 총리령으로 정하는 식품 또는 식품첨가물의 완제품을 나누어 유통할 목적으로 재포장·판매하는 영업
   나. 식품판매업
      1) 식용얼음판매업: 식용얼음을 전문적으로 판매하는 영업
      2) 식품자동판매기영업: 식품을 자동판매기에 넣어 그대로 판매하거나 내부에서의 자동적인 혼합·처리과정을 거친 식품을 판매하는 영업. 다

만, 소비기한이 1개월 이상인 완제품만을 자동판매기에 넣어 판매하는 경우는 제외한다.

3) 유통전문판매업: 식품 또는 식품첨가물을 스스로 제조·가공하지 아니하고 제1호의 식품제조·가공업자 또는 제3호의 식품첨가물제조업자에게 의뢰하여 제조·가공한 식품 또는 식품첨가물을 자신의 상표로 유통·판매하는 영업

4) 집단급식소 식품판매업: 집단급식소에 식품을 판매하는 영업

5) 삭제

6) 기타 식품판매업: 1)부터 4)까지를 제외한 영업으로서 총리령으로 정하는 일정 규모 이상의 백화점, 슈퍼마켓, 연쇄점 등에서 식품을 판매하는 영업

6. 식품보존업

가. 식품조사처리업: 방사선을 쬐어 식품의 보존성을 물리적으로 높이는 것을 업(業)으로 하는 영업

나. 식품냉동·냉장업: 식품을 얼리거나 차게 하여 보존하는 영업. 다만, 수산물의 냉동·냉장은 제외한다.

7. 용기·포장류제조업

가. 용기·포장지제조업: 식품 또는 식품첨가물을 넣거나 싸는 물품으로서 식품 또는 식품첨가물에 직접 접촉되는 용기(옹기류는 제외한다)·포장지를 제조하는 영업

나. 옹기류제조업: 식품을 제조·조리·저장할 목적으로 사용되는 독, 항아리, 뚝배기 등을 제조하는 영업

8. 식품접객업

가. 휴게음식점영업: 주로 다류(茶類), 아이스크림류 등을 조리·판매하거나 패스트푸드점, 분식점 형태의 영업 등 음식류를 조리·판매하는 영업으로서 음주행위가 허용되지 아니하는 영업. 다만, 편의점, 슈퍼마켓, 휴게소, 그 밖에 음식류를 판매하는 장소(만화가게 및 「게임산업진흥에 관한 법률」 제2조제7호에 따른 인터넷컴퓨터게임시설제공업을 하는 영업소 등 음식류를 부수적으로 판매하는 장소를 포함한다)에서 컵라면, 일회용 다류 또는 그 밖의 음식류에 물을 부어 주는 경우는 제외한다.

나. 일반음식점영업: 음식류를 조리·판매하는 영업으로서 식사와 함께 부수적으로 음주행위가 허용되는 영업

다. 단란주점영업: 주로 주류를 조리·판매하는 영업으로서 손님이 노래를 부르는 행위가 허용되는 영업

라. 유흥주점영업: 주로 주류를 조리·판매하는 영업으로서 유흥종사자를 두거나 유흥시설을 설치할 수 있고 손님이 노래를 부르거나 춤을 추는 행위

가 허용되는 영업

마. 위탁급식영업: 집단급식소를 설치·운영하는 자와의 계약에 따라 그 집단급식소에서 음식류를 조리하여 제공하는 영업

바. 제과점영업: 주로 빵, 떡, 과자 등을 제조·판매하는 영업으로서 음주행위가 허용되지 아니하는 영업

9. 공유주방 운영업: 여러 영업자가 함께 사용하는 공유주방을 운영하는 영업

규칙 **제36조【업종별 시설기준】** 법 제36조에 따른 업종별 시설기준은 별표 14와 같다.

규칙 **제37조【즉석판매제조·가공업의 대상】** 영 제21조 제2호에서 "총리령으로 정하는 식품"이란 별표 15와 같다.

규칙 **제38조【식품소분업의 신고대상】** ① 영 제21조 제5호 가목에서 "총리령으로 정하는 식품 또는 식품첨가물"이란 영 제21조 제1호 및 제3호에 따른 영업의 대상이 되는 식품 또는 식품첨가물(수입되는 식품 또는 식품첨가물을 포함한다)과 벌꿀[영업자가 자가채취하여 직접 소분(小分)·포장하는 경우를 제외한다]을 말한다. 다만, 다음 각 호의 어느 하나에 해당하는 경우에는 소분·판매해서는 안 된다.

1. 어육 제품
2. 특수용도식품(체중조절용 조제식품은 제외한다)
3. 통·병조림 제품
4. 레토르트식품
5. 전분
6. 장류 및 식초(제품의 내용물이 외부에 노출되지 않도록 개별 포장되어 있어 위해가 발생할 우려가 없는 경우는 제외한다)

② 식품 또는 식품첨가물제조업의 신고를 한 자가 자기가 제조한 제품의 소분·포장만을 하기 위하여 신고를 한 제조업소 외의 장소에서 식품소분업을 하려는 경우에는 그 제품이 제1항의 식품소분업 신고대상 품목이 아니더라도 식품소분업 신고를 할 수 있다.

규칙 **제39조【기타식품판매업의 신고대상】** 영 제21조 제5호 나목 6)의 기타식품판매업에서 "총리령으로 정하는 일정 규모 이상의 백화점, 슈퍼마켓, 연쇄점 등"이란 백화점, 슈퍼마켓, 연쇄점 등의 영업장의 면적이 300 제곱미터 이상인 업소를 말한다.

영 **제22조【유흥종사자의 범위】** ① 제21조 제8호 라목에서 "유흥종사자"란 손님과 함께 술을 마시거나 노래 또는 춤으로 손님의 유흥을 돋우는 부녀자인 유흥접객원을 말한다.

② 제21조 제8호 라목에서 "유흥시설"이란 유흥종사자 또는 손님이 춤을 출 수 있도록 설치한 무도장을 말한다.

제37조 【영업허가 등】 ① 제36조 제1항 각 호에 따른 영업 중 대통령령으로 정하는 영업을 하려는 자는 대통령령으로 정하는 바에 따라 영업 종류별 또는 영업소별로 식품의약품안전처장 또는 특별자치시장·특별자치도지사·시장·군수·구청장의 허가를 받아야 한다. 허가받은 사항 중 대통령령으로 정하는 중요한 사항을 변경할 때에도 또한 같다.

② 식품의약품안전처장 또는 특별자치시장·특별자치도지사·시장·군수·구청장은 제1항에 따른 영업허가를 하는 때에는 필요한 조건을 붙일 수 있다.

③ 제1항에 따라 영업허가를 받은 자가 폐업하거나 허가받은 사항 중 같은 항 후단의 중요한 사항을 제외한 경미한 사항을 변경할 때에는 식품의약품안전처장 또는 특별자치시장·특별자치도지사·시장·군수·구청장에게 신고하여야 한다.

④ 제36조 제1항 각 호에 따른 영업 중 대통령령으로 정하는 영업을 하려는 자는 대통령령으로 정하는 바에 따라 영업 종류별 또는 영업소별로 식품의약품안전처장 또는 특별자치시장·특별자치도지사·시장·군수·구청장에게 신고하여야 한다. 신고한 사항 중 대통령령으로 정하는 중요한 사항을 변경하거나 폐업할 때에도 또한 같다.

⑤ 제36조 제1항 각 호에 따른 영업 중 대통령령으로 정하는 영업을 하려는 자는 대통령령으로 정하는 바에 따라 영업 종류별 또는 영업소별로 식품의약품안전처장 또는 특별자치시장·특별자치도지사·시장·군수·구청장에게 등록하여야 하며, 등록한 사항 중 대통령령으로 정하는 중요한 사항을 변경할 때에도 또한 같다. 다만, 폐업하거나 대통령령으로 정하는 중요한 사항을 제외한 경미한 사항을 변경할 때에는 식품의약품안전처장 또는 특별자치시장·특별자치도지사·시장·군수·구청장에게 신고하여야 한다.

⑥ 제1항, 제4항 또는 제5항에 따라 식품 또는 식품첨가물의 제조업·가공업(공유주방에서 식품을 제조·가공하는 영업을 포함한다)의 허가를 받거나 신고 또는 등록을 한 자가 식품 또는 식품첨가물을 제조·가공하는 경우에는 총리령으로 정하는 바에 따라 식품의약품안전처장 또는 특별자치시장·특별자치도지사·시장·군수·구청장에게 그 사실을 보고하여야 한다. 보고한 사항 중 총리령으로 정하는 중요한 사항을 변경하는 경우에도 또한 같다.

⑦ 식품의약품안전처장 또는 특별자치시장·특별자치도지사·시장·군수·구청장은 영업자(제4항에 따른 영업신고 또는 제5항에 따른 영업등록을 한 자만 해당한다)가 「부가가치세법」 제8조에 따라 관할세무서장에게 폐업신고를 하거나 관할세무서장이 사업자등록을 말소한 경우에는 신고 또는 등록 사항을 직권으로 말소할 수 있다.

⑧ 제3항부터 제5항까지의 규정에 따라 폐업하고자 하는 자는 제71조부터 제76조까지의 규정에 따른 영업정지 등 행정 제재처분기간과 그 처분을 위한 절차가 진행 중인 기간(「행정절차법」 제21조에 따른 처분의 사전 통지 시점부터 처분이 확정되기 전까지의 기간을 말한다) 중에는 폐업신고를 할 수 없다.

⑨ 식품의약품안전처장 또는 특별자치시장·특별자치도지사·시장·군수·구청장은 제7항의 직권말소를 위하여 필요한 경우 관할 세무서장에게 영업자의 폐업여부에 대한 정보 제공을 요청할 수 있다. 이 경우 요청을 받은 관할 세무서장은 「전자정부법」 제39조에 따라 영업자의 폐업

여부에 대한 정보를 제공한다.

⑩ 식품의약품안전처장 또는 특별자치시장·특별자치도지사·시장·군수·구청장은 제1항에 따른 허가 또는 변경허가의 신청을 받은 날부터 총리령으로 정하는 기간 내에 허가 여부를 신청인에게 통지하여야 한다.

⑪ 식품의약품안전처장 또는 특별자치시장·특별자치도지사·시장·군수·구청장이 제10항에서 정한 기간 내에 허가 여부 또는 민원 처리 관련 법령에 따른 처리기간의 연장을 신청인에게 통지하지 아니하면 그 기간(민원 처리 관련 법령에 따라 처리기간이 연장 또는 재연장된 경우에는 해당 처리기간을 말한다)이 끝난 날의 다음 날에 허가를 한 것으로 본다.

⑫ 식품의약품안전처장 또는 특별자치시장·특별자치도지사·시장·군수·구청장은 다음 각 호의 어느 하나에 해당하는 신고 또는 등록의 신청을 받은 날부터 3일 이내에 신고수리 여부 또는 등록 여부를 신고인 또는 신청인에게 통지하여야 한다.

1. 제3항에 따른 변경신고
2. 제4항에 따른 영업신고 또는 변경신고
3. 제5항에 따른 영업의 등록·변경등록 또는 변경신고

⑬ 식품의약품안전처장 또는 특별자치시장·특별자치도지사·시장·군수·구청장이 제12항에서 정한 기간 내에 신고수리 여부, 등록 여부 또는 민원 처리 관련 법령에 따른 처리기간의 연장을 신고인이나 신청인에게 통지하지 아니하면 그 기간(민원 처리 관련 법령에 따라 처리기간이 연장 또는 재연장된 경우에는 해당 처리기간을 말한다)이 끝난 날의 다음 날에 신고를 수리하거나 등록을 한 것으로 본다.

영 **제23조 【허가를 받아야 하는 영업 및 허가관청】** 법 제37조 제1항 전단에 따라 허가를 받아야 하는 영업 및 해당 허가관청은 다음 각 호와 같다.

1. 제21조 제6호 가목의 식품조사처리업 : 식품의약품안전처장
2. 제21조 제8호 다목의 단란주점영업과 같은 호 라목의 유흥주점영업 : 특별자치시장·특별자치도지사 또는 시장·군수·구청장

규칙 **제40조 【영업허가의 신청】** ① 법 제37조 제1항 전단에 따라 영업허가를 받으려는 자는 별지 제30호서식의 영업허가신청서(전자문서로 된 신청서를 포함한다)에 다음 각 호의 서류(전자문서를 포함한다)를 첨부하여 영 제23조에 따른 허가관청(이하 "허가관청"이라 한다)에 제출하여야 한다.

1. 삭제
2. 교육이수증(법 제41조 제2항에 따라 미리 교육을 받은 경우만 해당한다)
3. 유선 및 도선사업 면허증 또는 신고필증(수상구조물로 된 유선장 또는 도선장에서 영 제21조 제8호 다목의 단란주점영업 및 같은 호 라목의 유흥주점영업을 하려는 경우만 해당한다)
4. 「먹는물관리법」에 따른 먹는 물 수질검사기관이 발행한 수질검사(시험)성적서

(수돗물이 아닌 지하수 등을 먹는 물 또는 식품등의 제조과정이나 식품의 조리·세척 등에 사용하는 경우만 해당한다)

② 제1항에 따라 신청서를 제출받은 허가관청은 「전자정부법」 제36조 제1항에 따른 행정정보의 공동이용을 통하여 다음 각 호의 서류를 확인하여야 한다. 다만, 신청인이 제3호부터 제6호까지의 확인에 동의하지 아니하는 경우에는 그 사본을 첨부하도록 하여야 한다.

1. 토지이용계획확인서
2. 건축물대장
3. 액화석유가스 사용시설완성검사증명서(영 제21조 제8호 다목의 단란주점영업 및 같은 호 라목의 유흥주점영업을 하려는 자 중 「액화석유가스의 안전관리 및 사업법」 제27조 제2항에 따라 액화석유가스 사용시설의 완성검사를 받아야 하는 경우만 해당한다)
4. 「전기사업법」 제66조의 2 제1항 제3호 및 같은 법 시행규칙 제38조 제3항에 따른 전기안전점검확인서(영 제21조 제8호 다목의 단란주점영업 및 같은 호 라목의 유흥주점영업을 하려는 경우만 해당한다)
5. 건강진단결과서(제49조에 따른 건강진단대상자의 경우만 해당한다)
6. 「다중이용업소의 안전관리에 관한 특별법」 제9조 제5항에 따라 소방본부장 또는 소방서장이 발급하는 안전시설등 완비증명서(영 제21조 제8호 다목의 단란주점영업 및 같은 호 라목의 유흥주점영업을 하려는 경우만 해당한다)

③ 허가관청은 신청인이 법 제38조 제1항 제8호에 해당하는지 여부를 내부적으로 확인할 수 없는 경우에는 제1항 각 호의 서류 외에 신원 확인에 필요한 자료를 제출하게 할 수 있다. 이 경우 신청인이 외국인인 경우에는 해당 국가의 정부나 그 밖의 권한 있는 기관이 발행한 서류 또는 공증인이 공증한 신청인의 진술서로서 「재외공관 공증법」에 따라 해당 국가에 주재하는 대한민국공관의 영사관이 확인한 서류를 제출하게 할 수 있다.

④ 허가관청은 영업허가를 할 경우에는 영 제21조 제6호 가목의 영업의 경우에는 「별지 제31호」 서식, 영 제21조 제8호 다목 및 라목의 영업의 경우에는 「별지 제32호」 서식의 영업허가증을 각각 발급하여야 한다. 이 경우 허가관청은 영 제21조 제6호 가목의 영업의 경우에는 「별지 제33호」 서식, 영 제21조 제8호 다목 및 라목의 영업의 경우에는 「별지 제34호」 서식의 영업허가 관리대장을 각각 작성하여 보관하거나 같은 서식으로 전산망에 입력하여 관리하여야 한다.

⑤ 영업자가 허가증을 잃어버렸거나 허가증이 헐어 못 쓰게 되어 허가증을 재발급 받으려는 경우에는 「별지 제35호」 서식의 재발급신청서(허가증이 헐어 못 쓰게 된 허가증을 첨부하여야 한다)를 허가관청에 신청하여야 한다.

【영】 **제24조 【허가를 받아야 하는 변경사항】** 법 제37조 제1항 후단에 따라 변경할 때 허가를 받아야 하는 사항은 영업소 소재지로 한다.

【규칙】 **제41조 【허가사항의 변경】** ① 법 제37조 제1항 후단에 따라 변경허가를 받으려는 자는 별지 제36호서식의 허가사항 변경 신청·신고서에 허가증과 다음 각 호의 서류를 첨부하여 변경한 날부터 7일 이내에 허가관청에 제출하여야 한다.

1. 삭제
2. 유선 및 도선사업 면허증 또는 신고필증(수상구조물로 된 유선장 또는 도선장에서 영 제21조 제8호 다목의 단란주점영업 및 같은 호 라목의 유흥주점영업을 하려는 경우만 해당한다)
3. 「먹는물관리법」에 따른 먹는 물 수질검사기관이 발행한 수질검사(시험) 성적서(수돗물이 아닌 지하수 등을 먹는 물 또는 식품등의 제조과정이나 식품의 조리·세척 등에 사용하는 경우만 해당한다)

② 제1항에 따라 신청서를 제출받은 허가관청은 「전자정부법」 제36조 제1항에 따른 행정정보의 공동이용을 통하여 다음 각 호의 서류를 확인하여야 한다. 다만, 신청인이 제3호 및 제4호의 확인에 동의하지 아니하는 경우에는 그 사본을 첨부하도록 하여야 한다.

1. 토지이용계획확인서
2. 건축물대장
3. 액화석유가스 사용시설완성검사증명서(영 제21조 제8호 다목의 단란주점영업 및 같은 호 라목의 유흥주점영업을 하려는 자 중 「액화석유가스의 안전관리 및 사업법」 제27조 제2항에 따라 액화석유가스 사용시설의 완성검사를 받아야 하는 경우만 해당한다)
4. 「전기사업법」 제66조의 2 제1항 제3호 및 같은 법 시행규칙 제38조 제3항에 따른 전기안전점검확인서(영 제21조 제8호 다목의 단란주점영업 및 같은 호 라목의 유흥주점영업을 하려는 경우만 해당한다)
5. 「다중이용업소의 안전관리에 관한 특별법」 제9조 제5항에 따라 소방본부장 또는 소방서장이 발급하는 안전시설등 완비증명서(영 제21조 제8호 다목의 단란주점영업 및 같은 호 라목의 유흥주점영업만 해당한다)

③ 영업허가를 받은 자가 다음 각 호의 사항을 변경한 경우에는 법 제37조 제3항에 따라 변경한 날부터 7일 이내에 허가관청에 별지 제36호서식의 허가사항 변경 신청·신고서에 허가증을 첨부하여 신고하여야 한다. 다만, 제48조의 영업자 지위승계에 따른 변경의 경우는 제외한다.

1. 영업자의 성명(영업자가 법인인 경우에는 그 대표자의 성명을 말한다)
2. 영업소의 명칭 또는 상호

3. 영업장의 면적

④ 제3항에 따라 신고서를 제출 받은 허가관청은 「전자정부법」 제36조 제1항에 따른 행정정보의 공동이용을 통해 「다중이용업소의 안전관리에 관한 특별법」 제9조 제5항에 따라 소방본부장 또는 소방서장이 발급하는 안전시설등 완비증명서(영업장 면적을 변경하는 경우로서 영 제21조 제8항 다목의 단란주점영업 및 같은 호 라목의 유흥주점영업만 해당한다)를 확인해야 한다. 다만, 신고인이 확인에 동의하지 않는 경우에는 그 사본을 첨부하도록 해야 한다.

영 **제25조 【영업신고를 하여야 하는 업종】** ① 법 제37조 제4항 전단에 따라 특별자치시장·특별자치도지사 또는 시장·군수·구청장에게 신고를 하여야 하는 영업은 다음 각 호와 같다.

1. 삭제
2. 제21조 제2호의 즉석판매제조·가공업
3. 삭제
4. 제21조 제4호의 식품운반업
5. 제21조 제5호의 식품소분·판매업
6. 제21조 제6호 나목의 식품냉동·냉장업
7. 제21조 제7호의 용기·포장류제조업(자신의 제품을 포장하기 위하여 용기·포장류를 제조하는 경우는 제외한다)
8. 제21조 제8호 가목의 휴게음식점영업, 같은 호 나목의 일반음식점영업, 같은 호 마목의 위탁급식영업 및 같은 호 바목의 제과점영업

② 제1항에도 불구하고 다음 각 호의 어느 하나에 해당하는 경우에는 신고하지 아니한다.

1. 「양곡관리법」 제19조에 따른 양곡가공업 중 도정업을 하는 경우
2. 「수산식품산업의 육성 및 지원에 관한 법률」 제16조에 따라 수산물가공업[수산동물유(水産動物油) 가공업, 냉동·냉장업 및 선상가공업만 해당한다]의 신고를 하고 해당 영업을 하는 경우
3. 삭제
4. 「축산물 위생관리법」 제22조에 따라 축산물가공업의 허가를 받아 해당 영업을 하거나 같은 법 제24조 및 같은 법 시행령 제21조 제8호에 따라 식육즉석 판매가공업 신고를 하고 해당 영업을 하는 경우
5. 「건강기능식품에 관한 법률」 제5조 및 제6조에 따라 건강기능식품제조업, 건강기능식품수입업 및 건강기능식품판매업의 영업허가를 받거나 영업신고를 하고 해당 영업을 하는 경우
6. 식품첨가물이나 다른 원료를 사용하지 아니하고 농산물·임산물·수산물을 단순히 자르거나, 껍질을 벗기거나, 말리거나, 소금에 절이거나, 숙성하거나, 가열

(살균의 목적 또는 성분의 현격한 변화를 유발하기 위한 목적의 경우는 제외한다. 이하 같다) 하는 등의 가공과정 중 위생상 위해가 발생할 우려가 없고 식품의 상태를 관능검사(官能檢査)로 확인할 수 있도록 가공하는 경우. 다만, 다음 각 목의 어느 하나에 해당하는 경우는 제외한다.

가. 집단급식소에 식품을 판매하기 위하여 가공하는 경우

나. 식품의약품안전처장이 법 제7조 제1항에 따라 기준과 규격을 정하여 고시한 신선편의식품(과일, 야채, 채소, 새싹 등을 식품첨가물이나 다른 원료를 사용하지 아니하고 단순히 자르거나, 껍질을 벗기거나, 말리거나, 소금에 절이거나, 숙성하거나, 가열하는 등의 가공과정을 거친 상태에서 따로 씻는 등의 과정 없이 그대로 먹을 수 있게 만든 식품을 말한다)을 판매하기 위하여 가공하는 경우

7. 「농업·농촌 및 식품산업 기본법」 제3조 제2호에 따른 농업인과 「수산업·어촌 발전 기본법」 제3조 제3호에 따른 어업인 및 「농어업경영체 육성 및 지원에 관한 법률」 제16조에 따른 영농조합법인과 영어조합법인이 생산한 농산물·임산물·수산물을 집단급식소에 판매하는 경우. 다만, 다른 사람으로 하여금 생산하거나 판매하게 하는 경우는 제외한다.

규칙 **제42조 【영업의 신고 등】** ① 법 제37조제4항 전단에 따라 영업신고를 하려는 자는 영업에 필요한 시설을 갖춘 후 별지 제37호서식의 영업신고서(전자문서로 된 신고서를 포함한다)에 다음 각 호의 서류(전자문서를 포함한다)를 첨부하여 영 제25조제1항에 따른 신고관청(이하 "신고관청"이라 한다)에 제출하여야 한다.

1. 교육이수증(법 제41조제2항에 따라 미리 교육을 받은 경우만 해당한다)
2. 제조·가공하려는 식품의 유형 및 제조방법설명서(영 제21조제2호의 영업만 해당한다)
3. 시설사용계약서(영 제21조제4호의 식품운반업을 하려는 자 중 차고 또는 세차장을 임대할 경우만 해당한다)
4. 「먹는물관리법」에 따른 먹는물 수질검사기관이 발행한 수질검사(시험)성적서(수돗물이 아닌 지하수 등을 먹는 물 또는 식품등의 제조과정이나 식품의 조리·세척 등에 사용하는 경우만 해당한다)
5. 삭제
6. 유선 및 도선사업 면허증 또는 신고필증(수상구조물로 된 유선장 및 도선장에서 영 제21조제8호가목의 휴게음식점영업, 같은 호 나목의 일반음식점영업 및 같은 호 바목의 제과점영업을 하려는 경우만 해당한다)
7. 삭제
8. 식품자동판매기의 종류 및 설치장소가 기재된 서류(2대 이상의 식품자동판매기를 설치하고 일련관리번호를 부여하여 일괄 신고를 하는 경우만 해당한다)

9. 수상레저사업 등록증(수상구조물로 된 수상레저사업장에서 영 제21조제8호가목의 휴게음식점영업 및 같은 호 바목의 제과점영업을 하려는 경우만 해당한다)
10. 「국유재산법 시행규칙」 제14조제3항에 따른 국유재산 사용허가서(군사시설 또는 국유철도의 정거장시설에서 영 제21조제2호의 즉석판매제조·가공업의 영업, 같은 조 제5호의 식품소분·판매업의 영업, 같은 조 제8호가목의 휴게음식점영업, 같은 호 나목의 일반음식점영업 또는 같은 호 바목의 제과점영업을 하려는 경우만 해당한다)
11. 해당 도시철도사업자와 체결한 도시철도시설 사용계약에 관한 서류(도시철도의 정거장시설에서 영 제21조제2호의 즉석판매제조·가공업의 영업, 같은 조 제5호의 식품소분·판매업의 영업, 같은 조 제8호가목의 휴게음식점영업, 같은 호 나목의 일반음식점영업 또는 같은 호 바목의 제과점영업을 하려는 경우만 해당한다)
12. 예비군식당 운영계약에 관한 서류(군사시설에서 영 제21조제8호나목의 일반음식점영업을 하려는 경우만 해당한다)
13. 영업장과 연접하는 외부 장소를 영업장으로 사용하려는 경우에는 해당 외부 장소에 대해 정당한 사용 권한이 있음을 증명하는 서류(영 제21조제8호가목의 휴게음식점영업, 같은 호 나목의 일반음식점영업 또는 같은 호 바목의 제과점영업을 하려는 자가 해당 외부 장소에서 음식류 등을 제공하는 경우만 해당한다)
14. 「자동차관리법 시행규칙」 별표 1 제1호·제2호 및 비고 제1호가목에 따른 이동용 음식판매 용도인 소형·경형화물자동차 또는 같은 표 제2호에 따른 이동용 음식판매 용도인 특수작업형 특수자동차(이하 "음식판매자동차"라 한다)를 사용하여 영 제21조제8호가목의 휴게음식점영업 또는 같은 호 바목의 제과점영업을 하려는 경우는 별표 15의2에 따른 서류
15. 「어린이놀이시설 안전관리법」 제12조제1항 및 같은 법 시행령 제7조제4항에 따른 어린이놀이시설 설치검사합격증 또는 「어린이놀이시설 안전관리법」 제12조제2항 및 같은 법 시행령 제8조제5항에 따른 어린이놀이시설 정기시설검사합격증(영 제21조제8호가목, 나목, 마목 또는 바목의 영업을 하려는 경우로서 해당 영업장에 어린이놀이시설을 설치하는 경우만 해당한다)
16. 공유주방 소재지, 면적 등이 기재된 공유주방 사용계약에 관한 서류(영 제21조제9호의 공유주방 운영업자의 공유주방을 사용하는 경우만 해당한다)
17. 「마리나항만의 조성 및 관리 등에 관한 법률 시행규칙」 제22조제5항에 따른 마리나선박 대여업 등록증(「마리나항만의 조성 및 관리 등에 관한 법률」에 따른 마리나선박에서 영 제21조제8호가목, 나목 또는 바목에 따른 영업을 하려는 경우만 해당한다)

② 제1항에 따라 신고서를 제출받은 신고관청은 「전자정부법」 제36조제1항에 따른

행정정보의 공동이용을 통하여 다음 각 호의 서류를 확인하여야 한다. 다만, 신고인이 제3호부터 제7호까지의 확인에 동의하지 아니하는 경우에는 그 사본을 첨부하도록 하여야 한다.

1. 토지이용계획확인서(제1항제10호에 따른 국유재산 사용허가서를 제출한 경우에는 제외한다)
2. 건축물대장 또는 「건축법」 제22조제3항제2호에 따른 건축물의 임시사용 승인서(제1항제10호에 따른 국유재산 사용허가서를 제출한 경우에는 제외한다)
3. 액화석유가스 사용시설완성검사증명서(영 제21조제8호가목의 휴게음식점영업, 같은 호 나목의 일반음식점영업 및 같은 호 바목의 제과점영업을 하려는 자 중 「액화석유가스의 안전관리 및 사업법」 제44조제2항에 따라 액화석유가스 사용시설의 완성검사를 받아야 하는 경우만 해당한다)
4. 자동차등록증(음식판매자동차를 사용하여 영 제21조제8호가목의 휴게음식점영업 또는 같은 호 바목의 제과점영업을 하려는 경우만 해당한다)
5. 사업자등록증(「고등교육법」 제2조에 따른 학교에서 해당 학교의 경영자가 음식판매자동차를 사용하여 영 제21조제8호가목의 휴게음식점영업 또는 같은 호 바목의 제과점영업을 하려는 경우만 해당한다)
6. 건강진단결과서(제49조에 따른 건강진단 대상자만 해당한다)
7. 「다중이용업소의 안전관리에 관한 특별법」 제9조제5항에 따라 소방본부장 또는 소방서장이 발급하는 안전시설등 완비증명서(「다중이용업소의 안전관리에 관한 특별법 시행령」 제2조제1호가목에 따른 영업을 하려는 경우만 해당한다)

③ 제1항에도 불구하고 신고한 영업소 외의 다른 장소(제2호의 경우에는 별표 14 제8호가목5)에 따른 장소만 해당한다)에서 1개월의 범위에서 한시적으로 영업을 하려는 자는 다음 각 호의 구분에 따른 서류를 관할 신고관청에 제출해야 한다.

1. 영 제21조제2호에 따른 즉석판매제조·가공업자: 영업신고증 및 자가품질검사결과서(자가품질검사가 필요한 영업만 해당한다)
2. 영 제21조제8호에 따른 휴게음식점영업자, 일반음식점영업자 또는 제과점영업자(음식판매자동차를 사용하여 영업을 하는 경우는 제외한다): 영업신고증

④ 제1항에도 불구하고 음식판매자동차를 사용하는 영 제21조제8호가목의 휴게음식점영업자 또는 같은 호 바목의 제과점영업자가 신고한 영업소의 소재지 외의 장소에서 해당 영업을 하려는 경우에는 영업을 하려는 지역의 관할 행정관청에 영업신고증 및 별표 15의2에 따른 서류(전자문서를 포함한다)를 제출하여야 한다. [신설 2016.7.12]

⑤ 제4항에 따라 영업신고증 및 서류를 제출받은 관할 행정관청은 지체 없이 제출된 영업신고증의 뒷면에 제출일 및 새로운 영업소의 소재지를 적어 발급하고 그 사실을 신고관청에 통보하여야 하며, 신고관청은 통보받은 내용을 영업신고 관리대장에 작성·보관하거나 전산망에 입력하여 관리하여야 한다. [신설 2016.7.12]

⑥ 제1항에 따른 영업신고를 할 경우 같은 사람이 같은 시설 안에서 영 제21조제5호 나목의 식품판매업 중 식용얼음판매업, 식품자동판매기영업 및 기타 식품판매업을 하려는 경우에도 영업별로 각각 영업신고를 하여야 한다.

⑦ 제1항에 따른 식품자동판매기영업을 신고할 때 같은 특별자치시 · 시(제주특별자치도의 경우에는 행정시를 말한다) · 군 · 구(자치구를 말한다)에서 식품자동판매기를 2대 이상 설치하여 영업을 하려는 경우에는 해당 식품자동판매기에 일련관리번호를 부여하여 일괄 신고를 할 수 있다.

⑧ 제1항에 따라 신고를 받은 신고관청은 지체 없이 영 제21조제2호 및 제7호의 영업의 경우에는 별지 제38호서식의 영업신고증을 발급하고, 영 제21조제4호 · 제5호 · 제6호나목 및 제8호가목 · 나목 · 마목 및 바목의 영업의 경우에는 별지 제39호서식의 영업신고증을 발급하여야 한다.

⑨ 제8항에 따라 신고증을 발급한 신고관청은 영 제21조제2호, 제4호, 제5호, 제6호나목 및 제7호의 영업의 경우에는 별지 제33호서식의 영업신고 관리대장을, 영 제21조제8호가목 · 나목 · 마목 및 바목의 영업의 경우에는 별지 제34호서식의 영업신고 관리대장을 각각 작성 · 보관하거나 같은 서식으로 전산망에 입력하여 관리하여야 한다.

⑩ 제1항에 따라 신고를 받은 신고관청은 해당 영업소의 시설에 대한 확인이 필요한 경우에는 신고증 발급 후 15일 이내에 신고받은 사항을 확인하여야 한다. 다만, 영 제21조제8호의 식품접객업 영업신고를 받은 경우에는 반드시 1개월 이내에 해당 영업소의 시설에 대하여 신고받은 사항을 확인하여야 한다.

⑪ 영업자가 신고증을 잃어버렸거나 헐어 못 쓰게 되어 신고증을 재발급받으려는 경우에는 별지 제35호서식의 재발급신청서에 신고증(신고증이 헐어 못 쓰게 되어 재발급을 신청하는 경우만 해당한다)을 첨부하여 신고관청에 신청하여야 한다.

영 **제26조 【신고를 하여야 하는 변경사항】** 법 제37조 제4항 후단에 따라 변경할 때 신고를 하여야 하는 사항은 다음 각 호와 같다.

1. 영업자의 성명(법인인 경우에는 그 대표자의 성명을 말한다)
2. 영업소의 명칭 또는 상호
3. 영업소의 소재지
4. 영업장의 면적
5. 삭제
6. 제21조 제2호의 즉석판매제조·가공업을 하는 자가 같은 호에 따른 즉석판매제조·가공 대상 식품 중 식품의 유형을 달리하여 새로운 식품을 제조·가공하려는 경우(변경 전 식품의 유형 또는 변경하려는 식품의 유형이 법 제31조에 따른 자가품질검사 대상인 경우만 해당한다)
7. 삭제

8. 제21조 제4호의 식품운반업을 하는 자가 냉장·냉동차량을 증감하려는 경우
9. 제21조 제5호 나목 2)의 식품자동판매기영업을 하는 자가 같은 특별자치시·시(「제주특별자치도 설치 및 국제자유도시 조성을 위한 특별법」에 따른 행정시를 포함한다)·군·구(자치구를 말한다. 이하 같다)에서 식품자동판매기의 설치 대수를 증감하려는 경우

규칙 **제43조 【신고사항의 변경】** ① 법 제37조 제4항 후단에 따라 변경신고를 하려는 자는 별지 제41호 서식의 영업신고사항 변경신고서에 영업신고증 및 다음 각 호의 구분에 따른 서류를 첨부하여 변경한 날부터 7일 이내에 신고관청에 제출해야 한다.

1. 영 제26조 제3호의 영업소 소재지를 변경하려는 경우: 제42조 제1항 제3호부터 제12호까지 및 제14호부터 제16호까지의 서류
2. 건물 외부에 영업장과 연접하는 외부장소를 영업장으로 사용하기 위하여 영 제26조 제4호의 영업장 면적을 변경하려는 경우: 사용하려는 장소에 대한 정당한 사용 권한이 있음을 증명하는 서류
3. 영 제26조 제6호의 사항을 변경하려는 경우: 제조·가공하려는 식품의 유형 및 제조방법설명서

② 제1항에 따라 신고서를 제출받은 신고관청은 「전자정부법」 제36조 제1항에 따른 행정정보의 공동이용을 통하여 다음 각 호의 서류를 확인해야 한다. 다만, 신고인이 제3호부터 제6호까지의 서류의 확인에 동의하지 않는 경우에는 그 사본을 첨부하도록 해야 한다.

1. 토지이용계획확인서(제42조 제1항 제10호에 따른 국유재산 사용허가서를 제출한 경우에는 제외한다)
2. 건축물대장 또는 「건축법」 제22조 제3항 제2호에 따른 건축물의 임시사용 승인서(제42조 제1항 제10호에 따른 국유재산 사용허가서를 제출한 경우에는 제외한다)
3. 액화석유가스 사용시설완성검사증명서(영 제21조 제8호 가목의 휴게음식점영업, 같은 호 나목의 일반음식점영업 및 같은 호 바목의 제과점영업을 하는 자 중 「액화석유가스의 안전관리 및 사업법」 제44조 제2항에 따라 액화석유가스 사용시설의 완성검사를 받아야 하는 경우만 해당한다)
4. 자동차등록증(신고한 음식판매자동차의 면적을 변경하려는 경우만 해당한다)
5. 「다중이용업소의 안전관리에 관한 특별법」 제9조 제5항에 따라 소방본부장 또는 소방서장이 발급하는 안전시설등 완비증명서(영업소 소재지 또는 영업장 면적을 변경하는 경우로서 「다중이용업소의 안전관리에 관한 특별법 시행령」 제2조 제1호 가목에 따른 영업만 해당한다)
6. 사업자등록증(「고등교육법」 제2조에 따른 학교에서 해당 학교의 경영자가 음식판매자동차를 사용하여 영 제21조 제8호 가목의 휴게음식점영업 또는 같은 호

바목의 제과점영업을 하는 경우만 해당한다)

영 제26조의 2 【등록하여야 하는 영업】 ① 법 제37조 제5항 본문에 따라 특별자치시장·특별자치도지사 또는 시장·군수·구청장에게 등록하여야 하는 영업은 다음 각 호와 같다. 다만, 제1호에 따른 식품제조·가공업 중 「주세법」 제2조 제1호의 주류를 제조하는 경우에는 식품의약품안전처장에게 등록하여야 한다

1. 제21조 제1호의 식품제조·가공업
2. 제21조 제3호의 식품첨가물제조업
3. 제21조 제9호의 공유주방 운영업

② 제1항에도 불구하고 다음 각 호의 어느 하나에 해당하는 경우에는 등록하지 아니한다.

1. 「양곡관리법」 제19조에 따른 양곡가공업 중 도정업을 하는 경우
2. 「수산식품산업의 육성 및 지원에 관한 법률」 제16조에 따라 수산물가공업(수산동물유 가공업, 냉동·냉장업 및 선상가공업만 해당한다)의 신고를 하고 해당 영업을 하는 경우
3. 삭제
4. 「축산물 위생관리법」 제22조에 따라 축산물가공업의 허가를 받아 해당 영업을 하는 경우
5. 「건강기능식품에 관한 법률」 제5조에 따라 건강기능식품제조업의 영업허가를 받아 해당 영업을 하는 경우
6. 식품첨가물이나 다른 원료를 사용하지 아니하고 농산물·임산물·수산물을 단순히 자르거나, 껍질을 벗기거나, 말리거나, 소금에 절이거나, 숙성하거나, 가열하는 등의 가공과정 중 위생상 위해가 발생할 우려가 없고 식품의 상태를 관능검사로 확인할 수 있도록 가공하는 경우. 다만, 다음 각 목의 어느 하나에 해당하는 경우에는 제외한다.
   가. 집단급식소에 식품을 판매하기 위하여 가공하는 경우
   나. 식품의약품안전처장이 법 제7조 제1항에 따라 기준과 규격을 정하여 고시한 신선편의식품(과일, 야채, 새싹 등을 식품첨가물이나 다른 원료를 사용하지 아니하고 단순히 자르거나, 껍질을 벗기거나, 말리거나, 소금에 절이거나, 숙성하거나, 가열하는 등의 가공과정을 거친 상태에서 따로 씻는 등의 과정 없이 그대로 먹을 수 있게 만든 식품을 말한다)을 판매하기 위하여 가공하는 경우

영 제26조의 3 【등록하여야 하는 변경사항】 ① 법 제37조 제5항 본문에 따라 변경할 때 등록하여야 하는 사항은 다음 각 호와 같다.

1. 영업소의 소재지
2. 제21조 제1호의 식품제조·가공업을 하는 자가 추가로 시설을 갖추어 새로운 식

품군(법 제7조 제1항에 따라 식품의약품안전처장이 정하여 고시하는 식품의 기준 및 규격에 따른 식품군을 말한다)에 해당하는 식품을 제조·가공하려는 경우
3. 제21조 제3호의 식품첨가물제조업을 하는 자가 추가로 시설을 갖추어 새로운 식품첨가물(법 제7조 제1항에 따라 식품의약품안전처장이 정하여 고시하는 식품의 기준 및 규격에 따른 식품첨가물을 말한다)을 제조하려는 경우
4. 공유주방을 사용하는 영업의 종류(제21조 제9호의 공유주방 운영업만 해당한다)

규칙 **제43조의 2 【영업의 등록】** ① 법 제37조제5항 본문에 따라 영업등록을 하려는 자는 영업에 필요한 시설을 갖춘 후 별지 제41호의2서식의 영업등록신청서에 다음 각 호에서 정하는 바에 따른 서류를 첨부하여 영 제26조의2에 따른 등록관청(이하 "등록관청"이라 한다)에 제출해야 한다.

1. 공통서류
   가. 법 제41조 제2항에 따라 미리 교육을 받은 경우: 교육이수증
   나. 수돗물이 아닌 지하수 등을 먹는 물 또는 식품등의 제조과정 등에 사용하는 경우: 「먹는물관리법」에 따른 먹는물 수질검사기관이 발행한 수질검사(시험)성적서
2. 영 제21조 제1호의 식품제조·가공업 및 같은 조 제3호의 식품첨가물제조업을 하려는 경우
   가. 제조·가공하려는 식품 또는 식품첨가물의 종류 및 제조방법 설명서
   나. 공유주방 소재지, 면적 등이 기재된 공유주방 사용계약에 관한 서류(영 제21조 제9호의 공유주방 운영업자의 공유주방을 사용하는 경우만 해당한다)
3. 영 제21조 제9호의 공유주방 운영업을 하려는 경우
   가. 제55조 제1항에 따른 위생관리책임자 선임신고서
   나. 법 제44조의2 및 영 제30조에 따른 책임보험에 가입하였음을 증명하는 서류

② 제1항에 따라 신청서를 제출받은 등록관청은 「전자정부법」 제36조 제1항에 따른 행정정보의 공동이용을 통하여 다음 각 호의 서류를 확인해야 한다. 다만, 신청인이 제3호 및 제4호의 서류의 확인에 동의하지 않는 경우에는 그 사본을 첨부하도록 해야 한다.

1. 토지이용계획확인서
2. 건축물대장 또는 「건축법」 제22조 제3항 제2호에 따른 건축물의 임시사용 승인서
3. 「다중이용업소의 안전관리에 관한 특별법」 제9조 제5항에 따라 소방본부장 또는 소방서장이 발급하는 안전시설등 완비증명서(「다중이용업소의 안전관리에 관한 특별법 시행령」 제2조 제1호의2의 영업을 하려는 경우만 해당한다)
4. 건강진단결과서(제49조에 따른 건강진단대상자만 해당한다)

③ 제1항에 따른 등록신청을 받은 등록관청은 해당 영업소의 시설을 확인한 후 별지 제41호의3 서식의 영업등록증을 발급하여야 한다.

④ 제3항에 따라 등록증을 발급한 등록관청은 별지 제33호 서식의 영업등록 관리대장을 작성·보관하거나 같은 서식으로 전산망에 입력하여 관리하여야 한다.

⑤ 영업자가 등록증을 잃어버렸거나 등록증이 헐어 못 쓰게 되어 등록증을 재발급받으려는 경우에는 별지 제35호 서식의 재발급신청서(등록증이 헐어 못 쓰게 된 경우에는 못 쓰게 된 등록증을 첨부하여야 한다)를 등록관청에 제출하여야 한다.

규칙 **43조의 3 【등록사항의 변경】** ① 법 제37조제5항 본문에 따라 변경등록을 하려는 자는 별지 제41호의4서식의 변경등록신청서에 등록증과 다음 각 호의 구분에 따른 서류를 첨부하여 변경한 날부터 7일 이내에 등록관청에 제출해야 한다

1. 영 제26조의3 제1호의 영업소 소재지를 변경하여 수돗물이 아닌 지하수 등을 먹는 물 또는 식품등의 제조과정 등에 사용하려는 경우: 「먹는물관리법」에 따른 먹는물 수질검사기관이 발행한 수질검사(시험)성적서
2. 영 제21조 제9호의 공유주방 운영업자가 영 제26조의3 제1호의 영업소 소재지를 변경하려는 경우: 법 제44조의2 및 영 제30조에 따른 책임보험에 가입하였음을 증명하는 서류
3. 영 제26조의3 제2호 또는 제3호의 사항을 변경하려는 경우: 새롭게 제조·가공하려는 식품 또는 식품첨가물의 종류 및 제조방법설명서
4. 영 제26조의3 제4호의 공유주방을 사용하는 영업의 종류를 변경하려는 경우: 공유주방을 사용하는 영업의 종류가 기재된 공유주방 사용계약에 관한 서류

② 제1항에 따라 신청서를 제출받은 등록관청은 「전자정부법」 제36조 제1항에 따른 행정정보의 공동이용을 통하여 다음 각 호의 서류를 확인해야 한다. 다만, 신청인이 제3호의 서류의 확인에 동의하지 않는 경우에는 그 사본을 첨부하도록 해야 한다.

1. 토지이용계획확인서
2. 건축물대장 또는 「건축법」 제22조 제3항 제2호에 따른 건축물의 임시사용 승인서
3. 「다중이용업소의 안전관리에 관한 특별법」 제9조 제5항에 따라 소방본부장 또는 소방서장이 발급하는 안전시설등 완비증명서(「다중이용업소의 안전관리에 관한 특별법 시행령」 제2조 제1호의2의 영업만 해당한다)

③ 영업등록을 한 자가 다음 각 호의 사항을 변경한 경우에는 법 제37조 제5항 단서에 따라 별지 제41호의4 서식의 변경신고서에 등록증과 변경내용을 기재한 서류를 첨부하여 변경한 날부터 7일 이내에 등록관청에 신고하여야 한다. 다만, 제48조의 영업자 지위승계에 따른 변경의 경우는 제외한다.

1. 영업자의 성명(법인의 경우에는 그 대표자의 성명을 말한다)
2. 영업소의 명칭 또는 상호
3. 영업장의 면적

규칙 **제44조 【폐업신고】** ① 법 제37조 제3항부터 5항까지의 규정에 따라 폐업신고를 하려는 자는 별지 제42호서식의 영업의 폐업신고서(전자문서로 된 신고서를 포함한다)에

영업허가증, 영업신고증 또는 영업등록증을 첨부하여 허가관청, 신고관청 또는 등록관청에 제출하여야 한다.

② 제1항에 따라 폐업신고를 하려는 자가 「부가가치세법」 제8조 제6항에 따른 폐업신고를 같이 하려는 경우에는 제1항에 따른 폐업신고서에 「부가가치세법 시행규칙」 별지 제9호서식의 폐업신고서를 함께 제출하여야 한다. 이 경우 허가관청, 신고관청 또는 등록관청은 함께 제출받은 폐업신고서를 지체 없이 관할 세무서장에게 송부(정보통신망을 이용한 송부를 포함한다. 이하 이 조에서 같다)하여야 한다.

③ 관할 세무서장이 「부가가치세법 시행령」 제13조 제5항에 따라 제1항에 따른 폐업신고를 받아 이를 해당 허가관청, 신고관청 또는 등록관청에 송부한 경우에는 제1항에 따른 폐업신고서가 제출된 것으로 본다.

【규칙】 **제45조【품목제조의 보고 등】** ① 법 제37조 제6항에 따라 식품 또는 식품첨가물의 제조·가공에 관한 보고를 하려는 자는 별지 제43호 서식의 품목제조보고서(전자문서로 된 보고서를 포함한다)에 다음 각 호의 서류(전자문서를 포함한다)를 첨부하여 제품생산 시작 전이나 제품생산 시작 후 7일 이내에 등록관청에 제출하여야 한다. 이 경우 식품제조·가공업자가 식품을 위탁 제조·가공하는 경우에는 위탁자가 보고를 하여야 한다.

1. 제조방법설명서
2. 「식품·의약품분야 시험·검사 등에 관한 법률」 제6조 제3항 제1호에 따라 식품의약품안전처장이 지정한 식품전문 시험·검사기관 또는 같은 조 제4항 단서에 따라 총리령으로 정하는 시험·검사기관이 발급한 식품등의 한시적 기준 및 규격 검토서(제5조 제1항에 따른 식품등의 한시적 기준 및 규격의 인정 대상이 되는 식품등만 해당한다)
3. 식품의약품안전처장이 정하여 고시한 기준에 따라 설정한 소비기한의 설정사유서(「식품등의 표시·광고에 관한 법률」 제4조 제1항의 표시기준에 따른 소비기한 표시 대상 식품 외에 소비기한을 표시하려는 식품을 포함한다)
4. 삭제

② 등록관청은 제1항에 따른 보고를 받은 경우에는 그 내용을 별지 제44호 서식의 품목제조보고 관리대장(전자문서로 된 관리대장을 포함한다)에 기록·보관하여야 한다.

【규칙】 **제46조【품목제조보고사항 등의 변경】** ① 제45조에 따라 보고를 한 자가 해당 품목에 대하여 다음 각 호의 어느 하나에 해당하는 사항을 변경하려는 경우에는 별지 제45호 서식의 품목제조보고사항 변경보고서(전자문서로 된 보고서를 포함한다)에 품목제조보고서 사본 및 유통기한 연장사유서(제3호의 사항을 변경하려는 경우만 해당한다)를 첨부하여 제품생산 시작 전이나 제품생산 시작일부터 7일 이내에 등록관청에 제출하여야 한다. 다만, 수출용 식품등을 제조하기 위하여 변경하는 경우는 그러하지 아니하다

1. 제품명
2. 원재료명 또는 성분명 및 배합비율(제45조 제1항에 따라 품목제조보고시 신고관청에 제출한 원재료성분 및 배합비율을 변경하려는 경우만 해당한다)
3. 소비기한(제45조제1항에 따라 품목제조보고를 한 자가 해당 품목의 소비기한을 연장하려는 경우만 해당한다)

【규칙】 **제47조 【영업허가 등의 보고】** ① 지방식품의약품안전청장 또는 특별자치시장·특별자치도지사·시장·군수·구청장은 법 제37조 제1항 또는 제5항에 따른 영업허가(영 제21조 제6호 가목의 식품조사처리업만 해당한다)를 하였거나 영업등록을 한 경우에는 그 날부터 15일 이내에 별지 제47호서식에 따라 지방식품의약품안전청장 또는 특별자치시장·특별자치도지사의 경우에는 식품의약품안전처장에게, 시장·군수·구청장의 경우에는 시·도지사에게 보고하여야 한다. 이 경우 시·도지사는 시장·군수·구청장으로부터 보고받은 사항을 분기별로 분기 종료 후 20일 이내에 식품의약품안전처장에게 보고하여야 한다.

【규칙】 **제47조2 【영업 신고 또는 등록 사항의 직권말소 절차】** 지방식품의약품안전청장, 특별자치시장·특별자치도지사·시장·군수·구청장은 법 제37조 제7항에 따라 직권으로 신고 또는 등록 사항을 말소하려는 경우에는 다음 각 호의 절차에 따른다.

1. 신고 또는 등록 사항 말소 예정사실을 해당 영업자에게 사전 통지할 것
2. 신고 또는 등록 사항 말소 예정사실을 해당 기관 게시판과 인터넷 홈페이지에 10일 이상 예고할 것

제38조 【영업허가 등의 제한】 ① 다음 각 호의 어느 하나에 해당하면 제37조제1항에 따른 영업허가를 하여서는 아니 된다.〈개정 2014. 3. 18., 2018. 3. 13., 2019. 4. 30., 2020. 12. 29., 2024. 2. 6.〉

1. 해당 영업 시설이 제36조에 따른 시설기준에 맞지 아니한 경우
2. 제75조제1항 또는 제2항에 따라 영업허가가 취소(제44조제2항제1호를 위반하여 영업허가가 취소된 경우와 제75조제1항제19호 및 제20호에 따라 영업허가가 취소된 경우는 제외한다)되거나 「식품 등의 표시 · 광고에 관한 법률」 제16조제1항 · 제2항에 따라 영업허가가 취소되고 6개월이 지나기 전에 같은 장소에서 같은 종류의 영업을 하려는 경우. 다만, 영업시설 전부를 철거하여 영업허가가 취소된 경우에는 그러하지 아니하다.
3. 제44조제2항제1호를 위반하여 영업허가가 취소되거나 제75조제1항제19호 및 제20호에 따라 영업허가가 취소되고 2년이 지나기 전에 같은 장소에서 제36조제1항제3호에 따른 식품접객업을 하려는 경우
4. 제75조제1항 또는 제2항에 따라 영업허가가 취소(제4조부터 제6조까지, 제8조 또는 제44조제2항제1호를 위반하여 영업허가가 취소된 경우와 제75조제1항제19호 및 제20호

에 따라 영업허가가 취소된 경우는 제외한다)되거나 「식품 등의 표시 · 광고에 관한 법률」 제16조제1항 · 제2항에 따라 영업허가가 취소되고 2년이 지나기 전에 같은 자(법인인 경우에는 그 대표자를 포함한다)가 취소된 영업과 같은 종류의 영업을 하려는 경우. 다만, 영업시설 전부를 철거(행정 제재처분을 회피하기 위하여 영업시설을 철거한 경우는 제외한다)하여 영업허가가 취소된 경우에는 그러하지 아니하다.

5. 제44조제2항제1호를 위반하여 영업허가가 취소되거나 제75조제1항제19호 및 제20호에 따라 영업허가가 취소된 후 3년이 지나기 전에 같은 자(법인인 경우에는 그 대표자를 포함한다)가 제36조제1항제3호에 따른 식품접객업을 하려는 경우
6. 제4조부터 제6조까지 또는 제8조를 위반하여 영업허가가 취소되고 5년이 지나기 전에 같은 자(법인인 경우에는 그 대표자를 포함한다)가 취소된 영업과 같은 종류의 영업을 하려는 경우
7. 제36조제1항제3호에 따른 식품접객업 중 국민의 보건위생을 위하여 허가를 제한할 필요가 뚜렷하다고 인정되어 시 · 도지사가 지정하여 고시하는 영업에 해당하는 경우
8. 영업허가를 받으려는 자가 피성년후견인이거나 파산선고를 받고 복권되지 아니한 자인 경우

② 다음 각 호의 어느 하나에 해당하는 경우에는 제37조제4항에 따른 영업신고 또는 같은 조 제5항에 따른 영업등록을 할 수 없다. 〈개정 2024.8.7.〉

1. 제75조제1항 또는 제2항에 따른 등록취소 또는 영업소 폐쇄명령(제44조제2항제1호를 위반하여 영업소 폐쇄명령을 받은 경우와 제75조제1항제19호 및 제20호에 따라 영업소 폐쇄명령을 받은 경우는 제외한다)이나 「식품 등의 표시 · 광고에 관한 법률」 제16조제1항부터 제4항까지에 따른 등록취소 또는 영업소 폐쇄명령을 받고 6개월이 지나기 전에 같은 장소에서 같은 종류의 영업을 하려는 경우. 다만, 영업시설 전부를 철거하여 등록취소 또는 영업소 폐쇄명령을 받은 경우에는 그러하지 아니하다.
2. 제44조제2항제1호를 위반하여 영업소 폐쇄명령을 받거나 제75조제1항제19호 및 제20호에 따라 영업소 폐쇄명령을 받은 후 1년이 지나기 전에 같은 장소에서 제36조제1항제3호에 따른 식품접객업을 하려는 경우
3. 제75조제1항 또는 제2항에 따른 등록취소 또는 영업소 폐쇄명령(제4조부터 제6조까지, 제8조 또는 제44조제2항제1호를 위반하여 등록취소 또는 영업소 폐쇄명령을 받은 경우와 제75조제1항제19호 및 제20호에 따라 영업소 폐쇄명령을 받은 경우는 제외한다)이나 「식품 등의 표시 · 광고에 관한 법률」 제16조제1항부터 제4항까지에 따른 등록취소 또는 영업소 폐쇄명령을 받고 2년이 지나기 전에 같은 자(법인인 경우에는 그 대표자를 포함한다)가 등록취소 또는 폐쇄명령을 받은 영업과 같은 종류의 영업을 하려는 경우. 다만, 영업시설 전부를 철거(행정 제재처분을 회피하기 위하여 영업시설을 철거한 경우는 제외한다)하여 등록취소 또는 영업소 폐쇄명령을 받은 경우에는 그러하지 아니하다.

4. 제44조제2항제1호를 위반하여 영업소 폐쇄명령을 받거나 제75조제1항제19호 및 제20호에 따라 영업소 폐쇄명령을 받고 2년이 지나기 전에 같은 자(법인인 경우에는 그 대표자를 포함한다)가 제36조제1항제3호에 따른 식품접객업을 하려는 경우
5. 제4조부터 제6조까지 또는 제8조를 위반하여 등록취소 또는 영업소 폐쇄명령을 받고 5년이 지나지 아니한 자(법인인 경우에는 그 대표자를 포함한다)가 등록취소 또는 폐쇄명령을 받은 영업과 같은 종류의 영업을 하려는 경우

제39조【영업 승계】 ① 영업자가 영업을 양도하거나 사망한 경우 또는 법인이 합병한 경우에는 그 양수인·상속인 또는 합병 후 존속하는 법인이나 합병에 따라 설립되는 법인은 그 영업자의 지위를 승계한다.

② 다음 각 호의 어느 하나에 해당하는 절차에 따라 영업 시설의 전부를 인수한 자는 그 영업자의 지위를 승계한다. 이 경우 종전의 영업자에 대한 영업 허가·등록 또는 그가 한 신고는 그 효력을 잃는다.

1. 「민사집행법」에 따른 경매
2. 「채무자 회생 및 파산에 관한 법률」에 따른 환가(換價)
3. 「국세징수법」, 「관세법」 또는 「지방세징수법」에 따른 압류재산의 매각
4. 그 밖에 제1호부터 제3호까지의 절차에 준하는 절차

③ 제1항 또는 제2항에 따라 그 영업자의 지위를 승계한 자는 총리령으로 정하는 바에 따라 1개월 이내에 그 사실을 식품의약품안전처장 또는 특별자치시장·특별자치도지사·시장·군수·구청장에게 신고하여야 한다.

④ 식품의약품안전처장 또는 특별자치시장·특별자치도지사·시장·군수·구청장은 제3항에 따른 신고를 받은 날부터 3일 이내에 신고수리 여부를 신고인에게 통지하여야 한다.

⑤ 식품의약품안전처장 또는 특별자치시장·특별자치도지사·시장·군수·구청장이 제4항에서 정한 기간 내에 신고수리 여부 또는 민원 처리 관련 법령에 따른 처리기간의 연장을 신고인에게 통지하지 아니하면 그 기간(민원 처리 관련 법령에 따라 처리기간이 연장 또는 재연장된 경우에는 해당 처리기간을 말한다)이 끝난 날의 다음 날에 신고를 수리한 것으로 본다.

⑥ 제1항 및 제2항에 따른 승계에 관하여는 제38조를 준용한다. 다만, 상속인이 제38조 제1항 제8호에 해당하면 상속받은 날부터 3개월 동안은 그러하지 아니하다.

규칙, 제48조【영업자 지위승계 신고】 ① 법 제39조 제3항에 따른 영업자의 지위승계 신고를 하려는 자는 별지 제49호 서식의 영업자 지위승계 신고서에 다음 각 호에서 정하는 바에 따른 서류를 첨부하여 허가관청, 신고관청 또는 등록관청에 제출해야 한다.

1. 공통서류
   가. 영업허가증, 영업신고증 또는 영업등록증
   나. 영업자 지위 승계를 증명할 수 있는 다음의 서류

1) 양도의 경우: 양도·양수를 증명할 수 있는 서류 사본
2) 상속의 경우: 상속인임을 증명하는 서류
3) 그 밖에 해당 사유별로 영업자의 지위를 승계하였음을 증명할 수 있는 서류

다. 법 제41조 제2항 본문에 따라 미리 식품위생교육을 받은 경우: 교육이수증
라. 양수인이 영업자 지위승계 신고를 위임한 경우: 위임인의 자필서명이 있는 위임인의 신분증명서 사본 및 위임장

2. 「다중이용업소의 안전관리에 관한 특별법 시행령」 제2조 제1호 및 제1호의2의 영업: 「다중이용업소의 안전관리에 관한 특별법」 제13조의2에 따른 화재배상책임보험에 가입하였음을 증명하는 서류
3. 영 제21조 제9호의 공유주방 운영업: 법 제44조의2 및 영 제30조에 따른 책임보험에 가입하였음을 증명하는 서류

② 제1항에 따라 신청서를 제출받은 허가관청, 신고관청 또는 등록관청은 「전자정부법」 제36조 제1항에 따른 행정정보의 공동이용을 통해 다음 각 호의 구분에 따른 행정정보를 확인해야 한다. 다만, 신청인이 확인에 동의하지 않는 경우에는 그 사본을 첨부하도록 해야 한다.
1. 제49조에 따른 건강진단 대상자의 경우: 건강진단결과서
2. 상속의 경우: 상속인의 가족관계증명서

③ 제1항에 따라 영업자의 지위승계 신고를 하려는 상속인이 제44조 제1항에 따른 폐업신고를 함께 하려는 경우에는 제1항 각 호의 첨부서류 중 제1항 제1호 가목 및 같은 호 나목 2)의 서류(상속인이 영업자 지위승계 신고를 위임한 경우에는 같은 항 제1호 라목의 서류를 포함한다)만을 첨부하여 제출할 수 있다.

④ 허가관청은 신청인이 법 제38조 제1항 제8호에 해당하는지 여부를 내부적으로 확인할 수 없는 경우에는 제1항의 서류 외에 신원 확인에 필요한 자료를 제출하게 할 수 있다.

⑤ 제1항에 따라 영업자 지위승계 신고를 하는 자가 제41조 제2항 제2호 및 제43조에 따라 영업소의 명칭 또는 상호를 변경하려는 경우에는 이를 함께 신고할 수 있다.

제40조 【건강진단】 ① 총리령으로 정하는 영업자 및 그 종업원은 건강진단을 받아야 한다. 다만, 다른 법령에 따라 같은 내용의 건강진단을 받는 경우에는 이 법에 따른 건강진단을 받은 것으로 본다.

② 제1항에 따라 건강진단을 받은 결과 타인에게 위해를 끼칠 우려가 있는 질병이 있다고 인정된 자는 그 영업에 종사하지 못한다.

③ 영업자는 제1항을 위반하여 건강진단을 받지 아니한 자나 제2항에 따른 건강진단 결과 타인에게 위해를 끼칠 우려가 있는 질병이 있는 자를 그 영업에 종사시키지 못한다.

④ 제1항에 따른 건강진단의 실시방법 등과 제2항 및 제3항에 따른 타인에게 위해를 끼칠 우려가 있는 질병의 종류는 총리령으로 정한다.

규칙 **제49조 【건강진단 대상자】** ① 법 제40조 제1항 본문에 따라 건강진단을 받아야 하는 사람은 식품 또는 식품첨가물(화학적 합성품 또는 기구 등의 살균·소독제는 제외한다)을 채취·제조·가공·조리·저장·운반 또는 판매하는 일에 직접 종사하는 영업자 및 종업원으로 한다. 다만, 완전 포장된 식품 또는 식품첨가물을 운반하거나 판매하는 일에 종사하는 사람은 제외한다.

② 제1항에 따라 건강진단을 받아야 하는 영업자 및 그 종업원은 영업 시작 전 또는 영업에 종사하기 전에 미리 건강진단을 받아야 한다.

③ 제1항에 따른 건강진단은 「식품위생 분야 종사자의 건강진단 규칙」에서 정하는 바에 따른다.

규칙 **제50조 【영업에 종사하지 못하는 질병의 종류】** 법 제40조 제4항에 따라 영업에 종사하지 못하는 사람은 다음의 질병에 걸린 사람으로 한다.

1. 「감염병의 예방 및 관리에 관한 법률」 제2조 제3호 가목에 따른 결핵(비감염성인 경우는 제외한다)
2. 「감염병의 예방 및 관리에 관한 법률 시행규칙」 제33조 제1항 각 호의 어느 하나에 해당하는 감염병
3. 피부병 또는 그 밖의 고름형성(화농성) 질환
4. 후천성면역결핍증(「감염병의 예방 및 관리에 관한 법률」 제19조에 따라 성매개감염병에 관한 건강진단을 받아야 하는 영업에 종사하는 사람만 해당한다)

제41조 【식품위생교육】 ① 대통령령으로 정하는 영업자 및 유흥종사자를 둘 수 있는 식품접객업 영업자의 종업원은 매년 식품위생에 관한 교육이하 "식품위생교육"이라 한다)을 받아야 한다.

② 제36조 제1항 각 호에 따른 영업을 하려는 자는 미리 식품위생교육을 받아야 한다. 다만, 부득이한 사유로 미리 식품위생교육을 받을 수 없는 경우에는 영업을 시작한 뒤에 식품의약품안전처장이 정하는 바에 따라 식품위생교육을 받을 수 있다.

③ 제1항 및 제2항에 따라 교육을 받아야 하는 자가 영업에 직접 종사하지 아니하거나 두 곳 이상의 장소에서 영업을 하는 경우에는 종업원 중에서 식품위생에 관한 책임자를 지정하여 영업자 대신 교육을 받게 할 수 있다. 다만, 집단급식소에 종사하는 조리사 및 영양사(「국민영양관리법」 제15조에 따라 영양사 면허를 받은 사람을 말한다. 이하 같다)가 식품위생에 관한 책임자로 지정되어 제56조 제1항 단서에 따라 교육을 받은 경우에는 제1항 및 제2항에 따른 해당 연도의 식품위생교육을 받은 것으로 본다.

④ 제2항에도 불구하고 다음 각 호의 어느 하나에 해당하는 면허를 받은 자가 제36조 제1항 제3

호에 따른 식품접객업을 하려는 경우에는 식품위생교육을 받지 아니하여도 된다.

1. 제53조에 따른 조리사 면허
2. 「국민영양관리법」 제15조에 따른 영양사 면허
3. 「공중위생관리법」 제6조의 2에 따른 위생사 면허

⑤ 영업자는 특별한 사유가 없는 한 식품위생교육을 받지 아니한 자를 그 영업에 종사하게 하여서는 아니 된다.

⑥ 식품위생교육은 집합교육 또는 정보통신매체를 이용한 원격교육으로 실시한다. 다만, 제2항(제88조 제3항에서 준용하는 경우를 포함한다)에 따라 영업을 하려는 자가 미리 받아야 하는 식품위생교육은 집합교육으로 실시한다.

⑦ 제6항에도 불구하고 식품위생교육을 받기 어려운 도서·벽지 등의 영업자 및 종업원인 경우 또는 식품의약품안전처장이 「감염병의 예방 및 관리에 관한 법률」 제2조에 따른 감염병이 유행하여 국민건강을 해칠 우려가 있다고 인정하는 경우 등 불가피한 사유가 있는 경우에는 총리령으로 정하는 바에 따라 식품위생교육을 실시할 수 있다 〈신설 2020.12.29.〉

⑧ 제1항 및 제2항에 따른 교육의 내용, 교육비 및 교육 실시 기관 등에 관하여 필요한 사항은 총리령으로 정한다.

영 **제27조 【식품위생교육의 대상】** 법 제41조 제1항에서 "대통령령으로 정하는 영업자"란 다음 각 호의 영업자를 말한다.

1. 제21조 제1호의 식품제조·가공업자
2. 제21조 제2호의 즉석판매제조·가공업자
3. 제21조 제3호의 식품첨가물제조업자
4. 제21조 제4호의 식품운반업자
5. 제21조 제5호의 식품소분·판매업자(식용 얼음판매업자 및 식품자동판매기영업자는 제외한다)
6. 제21조 제6호의 식품보존업자
7. 제21조 제7호의 용기·포장류제조업자
8. 제21조 제8호의 식품접객업자
9. 제21조 제9호의 공유주방 운영업자

규칙 **제51조 【식품위생교육기관 등】** ① 법 제41조 제1항에 따른 식품위생교육을 실시하는 기관은 식품의약품안전처장이 지정·고시하는 식품위생교육전문기관, 법 제59조 제1항에 따른 동업자조합 또는 법 제64조 제1항에 따른 한국식품산업협회로 한다.

② 식품위생교육의 내용은 식품위생, 개인위생, 식품위생시책, 식품의 품질관리 등으로 한다.

③ 식품위생교육전문기관의 운영과 식품교육내용에 관한 세부 사항은 식품의약품안전처장이 정한다.

규칙 **제52조 【교육시간】** ① 법 제41조제1항(제88조제3항에 따라 준용되는 경우를 포함한다)에 따라 영업자와 종업원이 받아야 하는 식품위생교육 시간은 다음 각 호와 같다.

1. 영 제21조제1호부터 제9호까지의 영업자[같은 조 제5호나목1)의 식용얼음판매업자와 같은 목 2)의 식품자동판매기영업자는 제외한다]: 3시간
2. 영 제21조제8호라목에 따른 유흥주점영업의 유흥종사자: 2시간
3. 법 제88조제2항에 따라 집단급식소를 설치·운영하는 자: 3시간

② 법 제41조제2항(법 제88조제3항에 따라 준용되는 경우를 포함한다)에 따라 영업을 하려는 자가 받아야 하는 식품위생교육 시간은 다음 각 호와 같다

1. 영 제21조제1호, 제3호 및 제9호의 영업을 하려는 자: 8시간
2. 영 제21조제4호부터 제7호까지의 영업을 하려는 자: 4시간
3. 영 제21조제2호 및 제8호의 영업을 하려는 자: 6시간
4. 법 제88조제1항에 따라 집단급식소를 설치·운영하려는 자: 6시간

③ 제1항 및 제2항에 따라 식품위생교육을 받은 자가 다음 각 호의 어느 하나에 해당하는 경우에는 해당 영업에 대한 신규 식품위생교육을 받은 것으로 본다.

1. 신규 식품위생교육을 받은 날부터 2년이 지나지 않은 자 또는 제1항에 따른 교육을 받은 날부터 1년이 지나지 아니한 자가 교육받은 업종과 같은 업종으로 영업을 하려는 경우
2. 신규 식품위생교육을 받은 날부터 2년이 지나지 않은 자 또는 제1항에 따른 교육을 받은 날부터 1년이 지나지 아니한 자가 다음 각 목의 어느 하나에 해당하는 업종 중에서 같은 목의 다른 업종으로 영업을 하려는 경우
   가. 영 제21조제1호의 식품제조·가공업, 같은 조 제2호의 즉석판매제조·가공업 및 같은 조 제3호의 식품첨가물제조업
   나. 영 제21조제5호가목의 식품소분업, 같은 호 나목의 식용얼음판매업, 유통전문판매업, 집단급식소 식품판매업 및 기타 식품판매업
   다. 영 제21조제8호가목의 휴게음식점영업, 같은 호 나목의 일반음식점영업 및 같은 호 바목의 제과점영업
   라. 영 제21조제8호다목의 단란주점영업 및 같은 호 라목의 유흥주점영업
3. 영 제21조제1호부터 제3호까지의 어느 하나에 해당하는 영업에서 같은 조 제4호부터 제7호까지의 어느 하나에 해당하는 영업으로 업종을 변경하거나 그 업종을 함께하려는 경우
4. 영 제21조제1호부터 제8호까지의 어느 하나에 해당하는 영업을 하는 자가 영 제21조제5호나목2)의 식품자동판매기영업으로 업종을 변경하거나 그 업종을 함께 하려는 경우

④ 제1항에 따라 식품위생교육을 받은 자가 다음 각 호의 어느 하나에 해당하는 경우에는 해당 영업에 대하여 제1항에 따른 식품위생교육을 받은 것으로 본다.

1. 해당 연도에 제1항에 따른 교육을 받은 자가 기존 영업의 영업소가 속한 특별시 · 광역시 · 특별자치시 · 도 · 특별자치도의 관할 구역에서 교육받은 업종과 같은 업종으로 영업을 하고 있는 경우
2. 해당 연도에 제1항에 따른 교육을 받은 자가 기존 영업의 허가관청 · 신고관청 · 등록관청과 같은 관할 구역에서 다음 각 목의 어느 하나에 해당하는 업종 중에서 같은 목의 다른 업종으로 영업을 하고 있는 경우
   가. 영 제21조제1호에 따른 식품제조 · 가공업, 같은 조 제2호에 따른 즉석판매제조 · 가공업 및 같은 조 제3호에 따른 식품첨가물제조업
   나. 영 제21조제5호가목의 식품소분업, 같은 호 나목의 유통전문판매업, 집단급식소 식품판매업 및 기타 식품판매업
   다. 영 제21조제8호가목에 따른 휴게음식점영업, 같은 호 나목에 따른 일반음식점영업 및 같은 호 바목에 따른 제과점영업
   라. 영 제21조제8호다목에 따른 단란주점영업 및 같은 호 라목에 따른 유흥주점영업

⑤ 제1항 및 제2항에 따라 식품위생교육을 받은 공유주방 운영업자가 법 제41조의2제1항 단서에 따라 위생관리책임자의 자격기준을 갖추고 해당 직무를 수행하는 경우에는 위생관리책임자가 받아야 하는 식품위생에 관한 교육을 받은 것으로 본다. [신설 2024.7.3]

⑥ 법 제41조제1항에 따른 식품위생교육 대상자가 「부가가치세법」 제8조제8항에 따른 휴업신고로 해당 연도 전체 기간 동안 휴업한 경우에는 해당 연도의 식품위생교육을 받지 않을 수 있다. [신설 2022.4.28, 2024.7.3]

【규칙】 제53조 【교육교재 등】 ① 제51조 제1항에 따른 식품위생교육기관은 교육교재를 제작하여 교육 대상자에게 제공하여야 한다.

② 식품위생교육기관은 식품위생교육을 수료한 사람에게 수료증을 발급하고, 교육 실시 결과를 교육 후 1개월 이내에 허가관청, 신고관청 또는 등록관청에, 해당 연도 종료 후 1개월 이내에 식품의약품안전처장에게 각각 보고하여야 하며, 수료증 발급대장 등 교육에 관한 기록을 2년 이상 보관·관리하여야 한다.

【규칙】 제54조 【도서·벽지 등의 영업자 등에 대한 식품위생교육】 ① 법 제41조 제7항에 따라 식품위생교육을 실시하는 경우에는 다음 각 호의 구분에 따른다.

1. 도서·벽지 등의 영업자 및 종업원의 경우: 제53조에 따른 교육교재를 배부하여 학습하도록 하는 방법(법 제41조 제1항에 따라 식품위생교육을 받아야 하는 사람으로서 허가관청·신고관청 또는 등록관청이 인정하는 경우만 해당한다)
2. 그 밖의 경우: 정보통신매체를 이용한 원격교육의 방법

② 법 제41조 제2항에 따른 식품위생교육 대상자 중 영업준비상 사전교육을 받기가 곤란하다고 허가관청, 신고관청 또는 등록관청이 인정하는 자에 대해서는 영업허

가를 받거나 영업신고 또는 영업등록을 한 후 3개월 이내에 허가관청, 신고관청 또는 등록관청이 정하는 바에 따라 식품위생교육을 받게 할 수 있다.

제41조의 2 【위생관리책임자】 ① 제36조 제1항에 따라 공유주방 운영업을 하려는 자는 대통령령으로 정하는 자격기준을 갖춘 위생관리책임자(이하 "위생관리책임자"라 한다)를 두어야 한다. 다만, 공유주방 운영업을 하려는 자가 위생관리책임자의 자격기준을 갖추고 해당 직무를 수행하는 경우에는 그러하지 아니하다.

② 위생관리책임자는 공유주방에서 상시적으로 다음 각 호의 직무를 수행한다.

1. 공유주방의 위생적 관리 및 유지
2. 공유주방 사용에 관한 기록 및 유지
3. 식중독 등 식품사고의 원인 조사 및 피해 예방 조치에 관한 지원
4. 공유주방 이용자에 대한 위생관리 지도 및 교육

③ 공유주방을 운영 또는 이용하는 자는 위생관리책임자의 업무를 방해하여서는 아니 되며, 그로부터 업무 수행에 필요한 요청을 받았을 때에는 정당한 사유가 없으면 요청에 따라야 한다.

④ 제1항에 따라 공유주방 운영업을 하는 자가 위생관리책임자를 선임하거나 해임할 때에는 총리령으로 정하는 바에 따라 식품의약품안전처장에게 신고하여야 한다.

⑤ 식품의약품안전처장은 제4항에 따른 신고를 받은 날부터 3일 이내에 신고수리 여부를 신고인에게 통지하여야 한다.

⑥ 식품의약품안전처장이 제5항에서 정한 기간 내에 신고수리 여부나 민원 처리 관련 법령에 따른 처리기간의 연장을 신고인에게 통지하지 아니하면 그 기간(민원 처리 관련 법령에 따라 처리기간이 연장 또는 재연장된 경우에는 해당 처리기간을 말한다)이 끝난 날의 다음 날에 신고를 수리한 것으로 본다.

⑦ 위생관리책임자는 제2항에 따른 직무 수행내역 등을 총리령으로 정하는 바에 따라 기록·보관하여야 한다.

⑧ 위생관리책임자는 매년 식품위생에 관한 교육을 받아야 한다.

⑨ 제8항에 따른 교육의 내용, 시간, 교육 실시 기관 등에 관하여 필요한 사항은 총리령으로 정한다.

제42조 【실적보고】

① 삭제

② 식품 또는 식품첨가물을 제조·가공하는 영업자는 총리령으로 정하는 바에 따라 식품 및 식품첨가물을 생산한 실적 등을 식품의약품안전처장 또는 시·도지사에게 보고하여야 한다.

제43조 【영업 제한】 ① 특별자치시장·특별자치도지사·시장·군수·구청장은 영업 질서와 선량한 풍속을 유지하는 데에 필요한 경우에는 영업자 중 식품접객영업자와 그 종업원에 대하여 영업시간 및 영업행위를 제한할 수 있다.

② 제1항에 따른 제한 사항은 대통령령으로 정하는 범위에서 해당 특별자치시·특별자치도·시·군·구의 조례로 정한다.

영 **제28조 【영업의 제한 등】** 법 제43조 제2항에 따라 특별자치시·특별자치도·시·군·구의 조례로 영업을 제한하는 경우 영업시간의 제한은 1일당 8시간 이내로 하여야 한다.

제44조 【영업자 등의 준수사항】 ① 제36조 제1항 각 호의 영업을 하는 자 중 대통령령으로 정하는 영업자와 그 종업원은 영업의 위생관리와 질서유지, 국민의 보건위생 증진을 위하여 영업의 종류에 따라 다음 각 호에 해당하는 사항을 지켜야 한다.

1. 「축산물 위생관리법」 제12조에 따른 검사를 받지 아니한 축산물 또는 실험 등의 용도로 사용한 동물은 운반·보관·진열·판매하거나 식품의 제조·가공에 사용하지 말 것
2. 「야생생물 보호 및 관리에 관한 법률」을 위반하여 포획·채취한 야생생물은 이를 식품의 제조·가공에 사용하거나 판매하지 말 것
3. 소비기한이 경과된 제품·식품 또는 그 원재료를 제조·가공·조리·판매의 목적으로 소분·운반·진열·보관하거나 이를 판매 또는 식품의 제조·가공·조리에 사용하지 말 것
4. 수돗물이 아닌 지하수 등을 먹는 물 또는 식품의 조리·세척 등에 사용하는 경우에는 「먹는물관리법」 제43조에 따른 먹는물 수질검사기관에서 총리령으로 정하는 바에 따라 검사를 받아 마시기에 적합하다고 인정된 물을 사용할 것. 다만, 둘 이상의 업소가 같은 건물에서 같은 수원(水源)을 사용하는 경우에는 하나의 업소에 대한 시험결과로 나머지 업소에 대한 검사를 갈음할 수 있다.
5. 제15조 제2항에 따라 위해평가가 완료되기 전까지 일시적으로 금지된 식품등을 제조·가공·판매·수입·사용 및 운반하지 말 것
6. 식중독 발생 시 보관 또는 사용 중인 식품은 역학조사가 완료될 때까지 폐기하거나 소독 등으로 현장을 훼손하여서는 아니 되고 원상태로 보존하여야 하며, 식중독 원인규명을 위한 행위를 방해하지 말 것
7. 손님을 꾀어서 끌어들이는 행위를 하지 말 것
8. 그 밖에 영업의 원료관리, 제조공정 및 위생관리와 질서유지, 국민의 보건위생 증진 등을 위하여 총리령으로 정하는 사항

② 식품접객영업자는 「청소년 보호법」 제2조에 따른 청소년(이하 이 항에서 "청소년"이라 한다)에게 다음 각 호의 어느 하나에 해당하는 행위를 하여서는 아니 된다.

1. 청소년을 유흥접객원으로 고용하여 유흥행위를 하게 하는 행위
2. 「청소년 보호법」 제2조 제5호 가목 3)에 따른 청소년출입·고용 금지업소에 청소년을 출입시키거나 고용하는 행위
3. 「청소년 보호법」 제2조 제5호 나목 3)에 따른 청소년고용금지업소에 청소년을 고용하는 행위
4. 청소년에게 주류(酒類)를 제공하는 행위

③ 누구든지 영리를 목적으로 제36조 제1항 제3호의 식품접객업을 하는 장소(유흥종사자를 둘 수 있도록 대통령령으로 정하는 영업을 하는 장소는 제외한다)에서 손님과 함께 술을 마시거나 노래 또는 춤으로 손님의 유흥을 돋우는 접객행위(공연을 목적으로 하는 가수, 악사, 댄서, 무용수 등이 하는 행위는 제외한다)를 하거나 다른 사람에게 그 행위를 알선하여서는 아니 된다.
④ 제3항에 따른 식품접객영업자는 유흥종사자를 고용·알선하거나 호객행위를 하여서는 아니 된다.

영 **제29조【준수사항 적용대상 영업자의 범위】** ① 법 제44조 제1항 각 호 외의 부분에서 "대통령령으로 정하는 영업자"란 다음 각 호의 영업자를 말한다. 〈개정 2018.5.15.〉

1. 제21조 제1호의 식품제조·가공업자
2. 제21조 제2호의 즉석판매제조·가공업자
3. 제21조 제3호의 식품첨가물제조업자
4. 제21조 제4호의 식품운반업자
5. 제21조 제5호의 식품소분·판매업자
6. 제21조 제6호 가목의 식품조사처리업자
7. 제21조 제8호의 식품접객업자
8. 제21조 제9호의 공유주방 운영업자

② 법 제44조 제3항에서 "대통령령으로 정하는 영업"이란 제21조 제8호 라목의 유흥주점영업을 말한다.

규칙 **제55조【위생관리책임자의 선임·해임 신고】** ① 법 제41조의2 제1항에 따른 위생관리책임자(이하 "위생관리책임자"라 한다)를 선임하려는 영업자는 별지 제49호의2 서식의 위생관리책임자 선임신고서에 위생관리책임자의 자격증빙서류를 첨부하여 식품의약품안전처장에게 제출해야 한다. 다만, 다른 영업소에 위생관리책임자로 선임된 경력이 있는 사람을 선임하는 경우에는 자격증빙서류를 제출하지 않을 수 있다.
② 법 제41조의2 제4항에 따라 위생관리책임자를 해임하려는 영업자는 별지 제49호의2 서식의 위생관리책임자 해임신고서를 제출해야 한다.

규칙 **제55조의 2【위생관리책임자의 기록·보관】** 위생관리책임자는 법 제41조의2 제7항에 따라 직무수행 일자·내용·결과를 기록하여 6개월간 보관해야 한다.

규칙 **제55조의 3【위생관리책임자의 교육훈련】** ① 법 제41조의2제8항에 따라 위생관리책임자가 받아야 하는 교육은 새로 선임되고 받는 신규교육(이하 이 조에서 "신규교육"이라 한다)과 신규교육 후 매년 받는 보수교육(이하 이 조에서 "보수교육"이라 한다)으로 구분한다.
② 신규교육과 보수교육의 교육시간은 각각 3시간으로 한다.
③ 신규교육과 보수교육의 교육주기는 다음 각 호와 같다.

1. 신규교육: 정당한 사유가 없는 한 신규로 선임된 날부터 3개월 이내. 다만, 선임된 날 이전 1년 이내에 신규 또는 보수교육을 받은 경우에는 신규교육을 받은 것으로 본다.
2. 보수교육: 제1호 본문에 따라 신규교육을 받은 연도 또는 제1호 단서에 따라 신규교육을 받은 것으로 보는 연도의 다음 연도부터 매년 1회

규칙 **제56조 【생산실적 등의 보고】** ① 법 제42조 제2항에 따른 식품 및 식품첨가물의 생산실적 등에 관한 보고(전자문서를 포함한다)는 별지 제50호 서식에 따라 하되, 해당 연도 종료 후 1개월 이내에 하여야 한다.

② 영업자가 제1항에 따른 보고를 할 때에는 등록관청을 거쳐 식품의약품안전처장 또는 시·도지사(특별자치시장·특별자치도지사를 제외한다)에게 보고하여야 한다.

규칙 **제57조 【식품접객영업자 등의 준수사항 등】** 법 제44조 제1항에 따라 식품접객영업자 등이 지켜야 할 준수사항은 별표 17과 같다.

영 **제30조 【책임보험의 종류 등】** ① 법 제44조의2 제1항에 따른 책임보험(이하 "책임보험"이라 한다)의 종류는 공유주방 운영업자가 등록한 소재지에서 식품등의 위해로 인하여 소비자에게 발생한 손해를 배상하기 위한 사고배상책임보험 또는 그와 같은 내용이 포함된 보험으로 한다.

② 책임보험은 다음 각 호의 어느 하나에 해당하는 경우에 가입하거나 재가입해야 한다.

1. 법 제37조 제5항에 따라 영업등록을 하려는 경우
2. 법 제37조 제5항에 따라 영업소의 소재지 변경등록을 하려는 경우
3. 법 제39조 제3항에 따라 영업자의 지위승계 신고를 하려는 경우
4. 책임보험이 만료된 경우

③ 책임보험의 보상한도액은 다음 각 호의 기준 금액 이상으로 한다. 다만, 지급 보험금액은 제1호 단서의 경우를 제외하고는 실손해액을 초과할 수 없다.

1. 사망의 경우에는 1인당 1억5천만원. 다만, 사망에 따른 실손해액이 2천만원 미만인 경우에는 2천만원으로 한다.
2. 부상을 입은 경우에는 1인당 3천만원
3. 부상의 경우 그 치료가 완료된 후 그 부상이 원인이 되어 신체장애(이하 "후유장애"라 한다)가 생긴 경우에는 1인당 1억5천만원
4. 하나의 사건으로 제1호부터 제3호까지의 손해 중 둘 이상에 해당하는 경우에는 다음 각 목의 구분에 따른 금액
   가. 부상자가 치료 중 그 부상이 원인이 되어 사망한 경우에는 제1호 및 제2호의 금액을 더한 금액
   나. 부상자에게 그 부상이 원인이 되어 후유장애가 생긴 경우에는 제2호 및 제3호의 금액을 더한 금액

다. 나목에 따른 금액을 지급한 후 그 부상이 원인이 되어 사망한 경우에는 제1호의 금액에서 제3호에 따라 지급한 금액 중 사망한 날 이후에 해당하는 손해액을 뺀 금액

제44조의 2【보험 가입】 ① 제36조 제1항에 따라 공유주방 운영업을 하는 자는 식품등의 위해로 인하여 소비자에게 발생할 수 있는 손해를 배상하기 위하여 책임보험에 가입하여야 한다.
② 제1항에 따른 책임보험의 종류 등 보험 가입에 필요한 사항은 대통령령으로 정한다.

제45조【위해식품등의 회수】 ① 판매의 목적으로 식품등을 제조·가공·소분·수입 또는 판매한 영업자(「수입식품안전관리 특별법」 제15조에 따라 등록한 수입식품등 수입·판매업자를 포함한다. 이하 이 조에서 같다)는 해당 식품등이 제4조부터 제6조까지, 제7조 제4항, 제8조, 제9조 제4항, 제9조의3 또는 제12조의2 제2항을 위반한 사실(식품등의 위해와 관련이 없는 위반사항을 제외한다)을 알게 된 경우에는 지체 없이 유통 중인 해당 식품등을 회수하거나 회수하는 데에 필요한 조치를 하여야 한다. 이 경우 영업자는 회수계획을 식품의약품안전처장, 시·도지사 또는 시장·군수·구청장에게 미리 보고하여야 하며, 회수결과를 보고받은 시·도지사 또는 시장·군수·구청장은 이를 지체 없이 식품의약품안전처장에게 보고하여야 한다. 다만, 해당 식품등이 「수입식품안전관리 특별법」에 따라 수입한 식품등이고, 보고의무자가 해당 식품등을 수입한 자인 경우에는 식품의약품안전처장에게 보고하여야 한다.
② 식품의약품안전처장, 시·도지사 또는 시장·군수·구청장은 제1항에 따른 회수에 필요한 조치를 성실히 이행한 영업자에 대하여 해당 식품등으로 인하여 받게 되는 제75조 또는 제76조에 따른 행정처분을 대통령령으로 정하는 바에 따라 감면할 수 있다.
③ 제1항에 따른 회수대상 식품등·회수계획·회수절차 및 회수결과 보고 등에 관하여 필요한 사항은 총리령으로 정한다.

영 **제31조【위해식품등을 회수한 영업자에 대한 행정처분의 감면】** 법 제45조 제1항에 따라 위해식품등의 회수에 필요한 조치를 성실히 이행한 영업자에 대하여 같은 조 제2항에 따라 행정처분을 감면하는 경우 그 감면기준은 다음 각 호의 구분에 따른다.

1. 법 제45조 제1항 후단의 회수계획에 따른 회수계획량(이하 이 조에서 "회수계획량"이라 한다) 의 5분의 4 이상을 회수한 경우 : 그 위반행위에 대한 행정처분을 면제
2. 회수계획량 중 일부를 회수한 경우 : 다음 각목의 어느 하나에 해당하는 기준에 따라 행정처분을 경감
   가. 회수계획량의 3분의 1 이상을 회수한 경우(제1호의 경우는 제외한다)
      1) 법 제75조 제4항 및 제76조 제2항에 따른 행정처분의 기준(이하 이 조에서 "행정처분기준"이라 한다) 이 영업허가 취소, 등록취소 또는 영업소 폐쇄인 경우에는 영업정지 2개월 이상 6개월 이하의 범위에서 처분

2) 행정처분기준이 영업정지 또는 품목·품목류의 제조정지인 경우에는 정지처분기간의 3분의 2 이하의 범위에서 경감

나. 회수계획량의 4분의 1 이상 3분의 1 미만을 회수한 경우

1) 행정처분기준이 영업허가 취소, 등록취소 또는 영업소 폐쇄인 경우에는 영업정지 3개월 이상 6개월 이하의 범위에서 처분

2) 행정처분기준이 영업정지 또는 품목·품목류의 제조정지인 경우에는 정지처분기간의 2분의 1 이하의 범위에서 경감

규칙 **제58조【회수대상 식품등의 기준】** ① 법 제45조 제1항 및 법 제72조 제3항에 따른 회수대상 식품등의 기준은 별표 18과 같다.

② 법 제45조 제1항 전단에서 "위반한 사실(식품등의 위해와 관련이 없는 위반사항을 제외한다)을 알게 된 경우"란 법 제31조에 따른 자가품질검사 또는 「식품·의약품분야 시험·검사 등에 관한 법률」 제6조에 따른 식품등 시험·검사기관의 위탁검사 결과 해당 식품등이 제1항에 따른 기준을 위반한 사실을 확인한 경우를 말한다.

규칙 **제59조【위해식품등의 회수계획 및 절차 등】** ① 법 제45조 제1항에 따른 회수계획에 포함되어야 할 사항은 다음 각 호와 같다.

1. 제품명, 거래업체명, 생산량(수입량을 포함한다) 및 판매량
2. 회수계획량(위해식품등으로 판명 당시 해당 식품등의 소비량 및 소비기한 등을 고려하여 산출하여야 한다)
3. 회수 사유
4. 회수방법
5. 회수기간 및 예상 소요기간
6. 회수되는 식품등의 폐기 등 처리방법
7. 회수 사실을 국민에게 알리는 방법

② 허가관청, 신고관청 또는 등록관청은 영업자로부터 회수계획을 보고받은 경우에는 지체 없이 다음 각 호에 따른 조치를 하여야 한다.

1. 식품의약품안전처장에게 회수계획을 통보할 것. 이 경우 허가관청, 신고관청 또는 등록관청이 시장·군수·구청장인 경우에는 시·도지사를 거쳐야 한다.
2. 법 제73조 제1항에 따라 해당 영업자에게 회수계획의 공표를 명할 것
3. 유통 중인 해당 회수 식품등에 대하여 해당 위반 사실을 확인하기 위한 검사를 실시할 것

③ 제2항 제2호에 따라 공표명령을 받은 영업자는 해당 위해식품등을 회수하고, 그 회수결과를 지체 없이 허가관청, 신고관청 또는 등록관청에 보고하여야 한다. 이 경우 회수결과 보고서에는 다음 각 호의 사항이 포함되어야 한다.

1. 식품등의 제조·가공량, 판매량, 회수량 및 미회수량 등이 포함된 회수실적
2. 미회수량에 대한 조치계획

3. 재발 방지를 위한 대책

④ 제1항부터 제3항까지의 규정에 따른 회수계획, 허가관청 등의 조치, 회수 및 회수 결과 보고에 관한 세부사항은 식품의약품안전처장이 정하여 고시한다.

제46조 【식품등의 이물 발견보고 등】 ① 판매의 목적으로 식품등을 제조·가공·소분·수입 또는 판매하는 영업자는 소비자로부터 판매제품에서 식품의 제조·가공·조리·유통 과정에서 정상적으로 사용된 원료 또는 재료가 아닌 것으로서 섭취할 때 위생상 위해가 발생할 우려가 있거나 섭취하기에 부적합한 물질[이하 "이물異物) "이라 한다]을 발견한 사실을 신고 받은 경우 지체 없이 이를 식품의약품안전처장, 시·도지사 또는 시장·군수·구청장에게 보고하여야 한다.

② 「소비자기본법」에 따른 한국소비자원 및 소비자단체와 「전자상거래 등에서의 소비자보호에 관한 법률」에 따른 통신판매중개업자로서 식품접객업소에서 조리한 식품의 통신판매를 전문적으로 알선하는 자는 소비자로부터 이물 발견의 신고를 접수하는 경우 지체 없이 이를 식품의약품안전처장에게 통보하여야 한다. 〈개정 2019.1.15.〉

③ 시·도지사 또는 시장·군수·구청장은 소비자로부터 이물 발견의 신고를 접수하는 경우 이를 식품의약품안전처장에게 통보하여야 한다.

④ 식품의약품안전처장은 제1항부터 제3항까지의 규정에 따라 이물 발견의 신고를 통보받은 경우 이물혼입 원인 조사를 위하여 필요한 조치를 취하여야 한다.

⑤ 제1항에 따른 이물 보고의 기준·대상 및 절차 등에 필요한 사항은 총리령으로 정한다.

제46조의 2 【식품등의 오염사고의 보고 등】 ① 식품등을 제조 · 가공하는 영업자는 식품등의 제조 · 가공 과정에서 「산업안전보건법」 제2조제1호에 따른 산업재해로 인하여 식품등에 이물이 섞이거나 섞일 우려가 있는 등 대통령령으로 정하는 경우에는 해당 식품등의 폐기, 시설 개선 또는 세척 등 오염 예방을 위한 필요한 조치(이하 "오염예방조치"라 한다)를 취하고 지체 없이 식품의약품안전처장에게 보고하여야 한다.

② 제1항에 따른 보고를 받은 식품의약품안전처장은 현장조사를 실시하여야 한다.

③ 제1항에 따른 보고 방법 · 절차 및 오염예방조치 등에 필요한 사항은 총리령으로 정한다.[본조신설 2024.1.2] [[시행일 2025.1.3]]

규칙 제60조 【이물 보고의 대상 등】 ① 법 제46조 제1항에 따라 영업자가 지방식품의약품안전청장, 시·도지사 또는 시장·군수·구청장에게 보고하여야 하는 이물(異物)은 다음 각 호의 어느 하나에 해당하는 물질을 말한다.

1. 금속성 이물, 유리조각 등 섭취과정에서 인체에 직접적인 위해나 손상을 줄 수 있는 재질 또는 크기의 물질
2. 기생충 및 그 알, 동물의 사체 등 섭취과정에서 혐오감을 줄 수 있는 물질
3. 그밖에 인체의 건강을 해칠 우려가 있거나 섭취하기에 부적합한 물질로서 식품

의약품안전처장이 인정하는 물질

② 법 제46조 제1항에 따라 이물의 발견 사실을 보고하려는 자는 별지 제51호서식의 이물보고서(전자문서로 된 보고서를 포함한다)에 사진, 해당 식품등 증거자료를 첨부하여 관할 지방식품의약품안전청장, 시·도지사 또는 시장·군수·구청장에게 제출하여야 한다.

③ 제2항에 따라 이물 보고를 받은 관할 지방식품의약품안전청장, 시·도지사 또는 시장·군수·구청장은 다음 각 호에 따라 구분하여 식품의약품안전처장에게 통보하여야 한다.

1. 제1항 제1호에 해당하는 이물 또는 같은 항 제2호·제3호 중 식품의약품안전처장이 위해 우려가 있다고 정하는 이물의 경우 : 보고받은 즉시 통보
2. 제1호 외의 이물의 경우 : 월별로 통보

④ 제1항부터 제3항까지의 규정에 따른 보고 대상 이물의 범위, 크기, 재질 및 보고방법 등 세부적인 사항은 식품의약품안전처장이 정하여 고시한다.

규칙 제60조의2 【식품등의 오염사고의 보고 방법 등】 ① 식품 또는 식품첨가물을 제조 · 가공하는 영업자는 법 제46조의2제1항에 따른 오염사고가 발생하거나 발생 우려가 있는 경우 별지 제51호의2서식의 식품 또는 식품첨가물 오염사고보고서(전자문서로 된 보고서를 포함한다)에 증거물 또는 이물 사진 등 관련 증명자료를 첨부하여 관할 지방식품의약품안전청장에게 제출해야 한다.

② 제1항에 따라 오염사고의 보고를 받은 관할 지방식품의약품안전청장은 이를 지체 없이 식품의약품안전처장에게 통보해야 한다.

③ 법 제46조의2제1항에 따라 영업자가 취하는 오염 예방을 위한 필요한 조치(이하 "오염예방조치"라 한다)는 다음 각 호와 같다.

1. 영 제32조제1호 또는 제2호에 해당하는 식품 또는 식품첨가물의 폐기(계획수립을 포함한다)
2. 영 제32조제1호 또는 제2호에 해당하는 식품 또는 식품첨가물의 제조 · 가공시설 또는 기계 · 기구 등에 대한 소독 · 교체 및 세척(계획수립을 포함한다)
3. 종업원 대상 오염예방조치와 관련된 안내 및 지도

[본조신설 2025. 1. 10.]

제47조 【모범업소의 지정 등】 ① 특별자치시장 · 특별자치도지사 · 시장 · 군수 · 구청장은 총리령으로 정하는 위생등급 기준에 따라 위생관리 상태 등이 우수한 식품접객업소(공유주방에서 조리 · 판매하는 업소를 포함한다) 또는 집단급식소를 모범업소로 지정할 수 있다. 〈개정 2010. 1. 18., 2013. 3. 23., 2016. 2. 3., 2020. 12. 29., 2024. 1. 2.〉

② 시 · 도지사 또는 시장 · 군수 · 구청장은 제1항에 따라 지정한 모범업소에 대하여 관계 공무원으로 하여금 총리령으로 정하는 일정 기간 동안 제22조에 따른 출입 · 검사 · 수거 등을 하지

아니하게 할 수 있으며, 제89조제3항제1호에 따른 영업자의 위생관리시설 및 위생설비시설 개선을 위한 융자 사업과 같은 항 제6호에 따른 음식문화 개선과 좋은 식단 실천을 위한 사업에 대하여 우선 지원 등을 할 수 있다. 〈개정 2010. 1. 18., 2013. 3. 23., 2024. 1. 2.〉

③ 특별자치시장 · 특별자치도지사 · 시장 · 군수 · 구청장은 제1항에 따라 모범업소로 지정된 업소가 그 지정기준에 미치지 못하거나 영업정지 이상의 행정처분을 받게 되면 지체 없이 그 지정을 취소하여야 한다. 〈개정 2013. 3. 23., 2016. 2. 3., 2024. 1. 2.〉

④ 제1항 및 제3항에 따른 모범업소의 지정 및 그 취소에 관한 사항은 총리령으로 정한다. 〈개정 2010. 1. 18., 2013. 3. 23., 2024. 1. 2.〉

제47조 삭제 〈2025. 4. 1.〉 [시행일: 2028. 7. 1.] 제47조

제47조의2【식품접객업소등의 위생등급 지정 등】 ① 식품의약품안전처장, 시 · 도지사 또는 시장 · 군수 · 구청장은 식품접객업소(공유주방에서 조리 · 판매하는 업소를 포함한다) 및 집단급식소(이하 이 조 및 제89조제3항에서 "식품접객업소등"이라 한다)의 위생 수준을 높이기 위하여 식품접객영업자 또는 집단급식소 운영자(이하 이 조에서 "식품접객영업자등"이라 한다)의 신청을 받아 식품접객업소등의 위생상태를 평가하여 위생등급을 지정할 수 있다. 〈개정 2020. 12. 29., 2025. 4. 1.〉

② 식품의약품안전처장은 제1항에 따른 식품접객업소등의 위생상태 평가 및 위생등급 지정에 필요한 기준 및 방법 등을 정하여 고시하여야 한다. 〈개정 2025. 4. 1.〉

③ 식품의약품안전처장, 시 · 도지사 또는 시장 · 군수 · 구청장은 제1항에 따른 위생등급 지정 결과를 공표할 수 있다.

④ 위생등급을 지정받은 식품접객영업자등은 그 위생등급을 표시하여야 하며, 광고할 수 있다. 〈개정 2025. 4. 1.〉

⑤ 위생등급의 유효기간은 위생등급을 지정한 날부터 3년으로 한다. 다만, 총리령으로 정하는 바에 따라 그 기간을 연장할 수 있다. 〈개정 2025. 4. 1.〉

⑥ 식품의약품안전처장, 시 · 도지사 또는 시장 · 군수 · 구청장은 제1항에 따라 위생등급을 지정받은 식품접객영업자등이 다음 각 호의 어느 하나에 해당하는 경우 그 지정을 취소하거나 시정을 명할 수 있다. 〈개정 2025. 4. 1.〉

1. 위생등급을 지정받은 후 그 기준에 미달하게 된 경우
2. 위생등급을 표시하지 아니하거나 허위로 표시 · 광고하는 경우
3. 제75조에 따라 영업정지 이상의 행정처분을 받은 경우
4. 그 밖에 제1호부터 제3호까지에 준하는 사항으로서 총리령으로 정하는 사항을 지키지 아니한 경우

⑦ 식품의약품안전처장, 시 · 도지사 또는 시장 · 군수 · 구청장은 위생등급 지정을 받았거나 받으려는 식품접객영업자등에게 필요한 기술적 지원을 할 수 있다. 〈개정 2025. 4. 1.〉

⑧ 식품의약품안전처장, 시 · 도지사 또는 시장 · 군수 · 구청장은 제1항에 따라 위생등급을 지정

한 식품접객업소등에 대하여 제22조에 따른 출입 · 검사 · 수거 등을 총리령으로 정하는 기간 동안 하지 아니하게 할 수 있다. 〈개정 2025. 4. 1.〉

⑨ 시 · 도지사 또는 시장 · 군수 · 구청장은 제89조의 식품진흥기금을 같은 조 제3항제1호에 따른 영업자의 위생관리시설 및 위생설비시설 개선을 위한 융자 사업과 같은 항 제7호의2에 따른 식품접객업소등의 위생등급 지정 사업에 우선 지원할 수 있다. 〈개정 2025. 4. 1.〉

⑩ 식품의약품안전처장, 시 · 도지사 또는 시장 · 군수 · 구청장은 위생등급 지정에 관한 업무를 「한국식품안전관리인증원의 설립 및 운영에 관한 법률」에 따른 한국식품안전관리인증원에 위탁할 수 있다. 이 경우 필요한 예산을 지원할 수 있다. 〈개정 2020. 12. 29.〉

⑪ 제1항에 따른 위생등급과 그 지정 절차, 제3항에 따른 위생등급 지정 결과 공표 및 제7항에 따른 기술적 지원 등에 필요한 사항은 총리령으로 정한다.

[본조신설 2015. 5. 18.]

[제목개정 2025. 4. 1.][시행일: 2028. 7. 1.] 제47조의2

영 **제32조 【식품등의 오염사고의 보고 대상】** 법 제46조의2제1항에서 "식품등의 제조 · 가공 과정에서 「산업안전보건법」 제2조제1호에 따른 산업재해로 인하여 식품등에 이물이 섞이거나 섞일 우려가 있는 등 대통령령으로 정하는 경우"란 제21조제1호의 식품제조 · 가공업의 영업소 또는 같은 조 제3호의 식품첨가물제조업의 영업소 내 식품 또는 식품첨가물 제조 · 가공 과정에서 발생하는 다음 각 호의 어느 하나에 해당하는 경우를 말한다.

1. 「산업안전보건법」 제2조제1호에 따른 산업재해(이하 "산업재해"라 한다)를 직접적인 원인으로 하여 식품 또는 식품첨가물에 이물이 섞이거나 섞일 우려가 있는 경우
2. 산업재해가 발생함에 따라 가스 · 분진 · 화학물질 등을 원인으로 하여 식품 또는 식품첨가물이 오염되거나 오염될 우려가 있는 경우

[본조신설 2024. 12. 31.]

영 **제32조의 2 【위생등급 지정에 관한 업무의 위탁】** 식품의약품안전처장, 시·도지사 또는 시장·군수·구청장은 법 제47조의2 제10항에 따라 위생등급 지정에 관한 업무 중 다음 각 호의 업무를 「한국식품안전관리인증원의 설립 및 운영에 관한 법률」에 따른 한국식품안전관리인증원에 위탁한다.

1. 위생등급 지정을 받았거나 받으려는 식품접객영업자에 대한 기술지원
2. 위생등급 지정을 위한 식품접객업소의 위생상태 평가
3. 위생등급 지정과 관련된 전문인력의 양성 및 교육·훈련
4. 위생등급 지정에 관한 정보의 수집·제공 및 홍보
5. 위생등급 지정에 관한 조사·연구 사업
6. 그 밖에 위생등급 지정 활성화를 위하여 필요하다고 식품의약품안전처

장, 시·도지사 또는 시장·군수·구청장이 인정하는 사업

규칙 **제61조 【우수업소·모범업소의 지정 등】** ① 특별자치시장 · 특별자치도지사 · 시장 · 군수 · 구청장은 법 제47조제1항에 따라 모범업소를 지정하는 경우에는 영 제2조의 집단급식소 및 영 제21조제8호나목의 일반음식점영업을 대상으로 별표 19의 모범업소의 지정기준에 따라 지정한다.

② 특별자치시장 · 특별자치도지사 · 시장 · 군수 · 구청장은 법 제47조제1항에 따라 모범업소를 지정한 경우에는 해당 모범업소의 외부 또는 내부에 식품의약품안전처장이 정하는 규격에 따른 모범업소 표지판을 붙이게 할 수 있다.

③ 특별자치시장 · 특별자치도지사 · 시장 · 군수 · 구청장은 법 제47조제2항에 따라 모범업소의 영업자 또는 운영자가 다음 각 호의 어느 하나에 해당하는 경우를 제외하고는 모범업소로 지정된 날부터 2년 동안 법 제22조에 따른 출입 · 검사를 하지 않을 수 있다.

1. 법 제71조에 따른 시정명령을 받은 경우
2. 법 제74조에 따른 시설개수명령을 받은 경우
3. 법 제93조부터 법 제98조까지의 규정에 따른 징역 또는 벌금형이 확정된 경우
4. 법 제101조에 따른 과태료 처분을 받은 경우

④ 특별자치시장 · 특별자치도지사 · 시장 · 군수 · 구청장은 법 제47조제3항에 따라 모범업소의 지정을 취소할 경우 다음 각 호의 조치를 취해야 한다.

1. 모범업소 지정증의 회수
2. 모범업소 표지판의 회수
3. 그 밖에 모범업소 지정에 따른 지원의 중지

⑤ 법 제47조제3항에 따라 지정이 취소된 모범업소의 영업자 또는 운영자는 그 지정증 및 표지판을 지체 없이 특별자치시장 · 특별자치도지사 · 시장 · 군수 · 구청장에게 반납해야 한다.

규칙 **제61조의 2 【위생등급의 지정절차 및 위생등급 공표표시의 방법 등】** ① 법 제47조의2 제1항에 따라 위생등급을 지정받으려는 식품접객영업자(영 제21조 제8호 가목에 따른 휴게음식점영업자, 같은 호 나목에 따른 일반음식점영업자 및 같은 호 바목에 따른 제과점영업자만 해당한다)는 별지 제51호의2 서식의 위생등급 지정신청서에 영업신고증을 첨부하여 식품의약품안전처장, 시·도지사 또는 시장·군수·구청장에게 제출하여야 한다.

② 제1항에 따른 신청을 받은 식품의약품안전처장, 시·도지사 또는 시장·군수·구청장은 신청을 받은 날부터 60일 이내에 식품의약품안전처장이 정하여 고시하는 절차와 방법에 따라 위생등급을 지정하고 별지 제51호의3 서식의 위생등급 지정서를 발급하여야 한다.

③ 법 제47조의2 제3항에 따른 공표는 식품의약품안전처, 시·도 또는 시·군·구의 인

터넷 홈페이지에 게재하는 방법으로 한다.

④ 법 제47조의2 제4항에 따라 위생등급을 표시할 때에는 위생등급 표지판을 그 영업장의 주된 출입구 또는 소비자가 잘 볼 수 있는 장소에 부착하는 방법으로 한다.

⑤ 제3항에 따른 공표 및 제4항에 따른 위생등급 표지판의 도안·규격 등에 필요한 세부 사항은 식품의약품안전처장이 정하여 고시한다.

규칙 **제61조의 3【위생등급 유효기간의 연장 등】** ① 법 제47조의2 제5항 단서에 따라 위생등급의 유효기간을 연장하려는 자는 별지 제51호의4 서식의 위생등급 유효기간 연장신청서에 위생등급 지정서를 첨부하여 위생등급의 유효기간이 끝나기 60일 전까지 식품의약품안전처장, 시·도지사 또는 시장·군수·구청장에 신청하여야 한다.

② 제1항에 따라 유효기간의 연장신청을 받은 식품의약품안전처장, 시·도지사 또는 시장·군수·구청장은 식품의약품안전처장이 정하여 고시하는 절차와 방법에 따라 위생등급을 지정하고, 별지 제51호의3 서식의 위생등급 지정서를 발급하여야 한다.

③ 법 제47조의2 제6항 제4호에서 "총리령으로 정하는 사항을 지키지 아니한 경우"란 거짓 또는 그 밖의 부정한 방법으로 위생등급을 지정받은 경우를 말한다.

④ 법 제47조의2 제7항에 따른 기술적 지원의 구체적 내용은 다음 각 호와 같다.

1. 위생등급 지정에 관한 교육
2. 위생등급 지정 등에 필요한 검사

⑤ 법 제47조의2 제8항에서 "총리령으로 정하는 기간"이란 2년을 말한다.

제48조【식품안전관리인증기준】 ① 식품의약품안전처장은 식품의 원료관리 및 제조·가공·조리·소분·유통의 모든 과정에서 위해한 물질이 식품에 섞이거나 식품이 오염되는 것을 방지하기 위하여 각 과정의 위해요소를 확인·평가하여 중점적으로 관리하는 기준이하 "식품안전관리인증기준"이라 한다)을 식품별로 정하여 고시할 수 있다.

② 총리령으로 정하는 식품을 제조·가공·조리·소분·유통하는 영업자는 제1항에 따라 식품의약품안전처장이 식품별로 고시한 식품안전관리인증기준을 지켜야 한다.

③ 식품의약품안전처장은 제2항에 따라 식품안전관리인증기준을 지켜야 하는 영업자와 그 밖에 식품안전관리인증기준을 지키기 원하는 영업자의 업소를 식품별 식품안전관리인증기준 적용업소(이하 "식품안전관리인증기준적용업소"라 한다)로 인증할 수 있다. 이 경우 식품안전관리인증기준적용업소로 인증을 받은 영업자가 그 인증을 받은 사항 중 총리령으로 정하는 사항을 변경하려는 경우에는 식품의약품안전처장의 변경 인증을 받아야 한다.

④ 식품의약품안전처장은 식품안전관리인증기준적용업소로 인증받은 영업자에게 총리령으로 정하는 바에 따라 그 인증 사실을 증명하는 서류를 발급하여야 한다. 제3항 후단에 따라 변경 인증을 받은 경우에도 또한 같다.

⑤ 식품안전관리인증기준적용업소의 영업자와 종업원은 총리령으로 정하는 교육훈련을 받아야 한다.

⑥ 식품의약품안전처장은 제3항에 따라 식품안전관리인증기준적용업소의 인증을 받거나 받으려는 영업자에게 위해요소중점관리에 필요한 기술적·경제적 지원을 할 수 있다.

⑦ 식품안전관리인증기준적용업소의 인증요건·인증절차 및 제6항에 따른 기술적·경제적 지원에 필요한 사항은 총리령으로 정한다.

⑧ 식품의약품안전처장은 식품안전관리인증기준적용업소의 효율적 운영을 위하여 총리령으로 정하는 식품안전관리인증기준의 준수 여부 등에 관한 조사·평가를 할 수 있으며, 그 결과 식품안전관리인증기준적용업소가 다음 각 호의 어느 하나에 해당하면 그 인증을 취소하거나 시정을 명할 수 있다. 다만, 식품안전관리인증기준적용업소가 제1호의 2 및 제2호에 해당할 경우 인증을 취소하여야 한다.

1. 식품안전관리인증기준을 지키지 아니한 경우

1의2. 거짓이나 그 밖의 부정한 방법으로 인증을 받은 경우

2. 제75조 또는 「식품등의 표시·광고에 관한 법률」 제16조(영업정지 등) 제1항·제3항에 따라 영업정지 2개월 이상의 행정처분을 받은 경우

3. 영업자와 그 종업원이 제5항에 따른 교육훈련을 받지 아니한 경우

4. 그 밖에 제1호부터 제3호까지에 준하는 사항으로서 총리령으로 정하는 사항을 지키지 아니한 경우

⑨ 식품안전관리인증기준적용업소가 아닌 업소의 영업자는 식품안전관리인증기준적용업소라는 명칭을 사용하지 못한다.

⑩ 식품안전관리인증기준적용업소의 영업자는 인증받은 식품을 다른 업소에 위탁하여 제조·가공하여서는 아니 된다. 다만, 위탁하려는 식품과 동일한 식품에 대하여 식품안전관리인증기준적용업소로 인증된 업소에 위탁하여 제조·가공하려는 경우 등 대통령령으로 정하는 경우에는 그러하지 아니하다.

⑪ 식품의약품안전처장(대통령령으로 정하는 그 소속 기관의 장을 포함한다), 시·도지사 또는 시장·군수·구청장은 식품안전관리인증기준적용업소에 대하여 관계 공무원으로 하여금 총리령으로 정하는 일정 기간 동안 제22조에 따른 출입·검사·수거 등을 하지 아니하게 할 수 있으며, 시·도지사 또는 시장·군수·구청장은 제89조 제3항 제1호에 따른 영업자의 위생관리시설 및 위생설비시설 개선을 위한 융자 사업에 대하여 우선 지원 등을 할 수 있다.

⑫ 식품의약품안전처장은 식품안전관리인증기준적용업소의 공정별·품목별 위해요소의 분석, 기술지원 및 인증 등의 업무를 「한국식품안전관리인증원의 설립 및 운영에 관한 법률」에 따른 한국식품안전관리인증원 등 대통령령으로 정하는 기관에 위탁할 수 있다.

⑬ 식품의약품안전처장은 제12항에 따른 위탁기관에 대하여 예산의 범위에서 사용경비의 전부 또는 일부를 보조할 수 있다.

⑭ 제12항에 따른 위탁기관의 업무 등에 필요한 사항은 대통령령으로 정한다.

제48조의 2 【인증 유효기간】 제48조 제3항에 따른 인증의 유효기간은 인증을 받은 날부터 3

년으로 하며, 같은 항 후단에 따른 변경 인증의 유효기간은 당초 인증 유효기간의 남은 기간으로 한다.

② 제1항에 따른 인증 유효기간을 연장하려는 자는 총리령으로 정하는 바에 따라 식품의약품안전처장에게 연장신청을 하여야 한다.

③ 식품의약품안전처장은 제2항에 따른 연장신청을 받았을 때에는 안전관리인증기준에 적합하다고 인정하는 경우 3년의 범위에서 그 기간을 연장할 수 있다.

제48조의 3【식품안전관리인증기준적용업소에 대한 조사·평가 등】 ① 식품의약품안전처장은 식품안전관리인증기준적용업소로 인증받은 업소에 대하여 식품안전관리인증기준의 준수 여부와 제48조 제5항에 따른 교육훈련 수료 여부를 연 1회 이상 조사·평가하여야 한다.

② 식품의약품안전처장은 제1항에 따른 조사·평가 결과 그 결과가 우수한 식품안전관리인증기준적용업소에 대해서는 제1항에 따른 조사·평가를 면제하는 등 행정적·재정적 지원을 할 수 있다. 다만, 식품안전관리인증기준적용업소가 제48조의 2 제1항에 따른 인증 유효기간 내에 이 법을 위반하여 영업의 정지, 허가 취소 등 행정처분을 받은 경우에는 제1항에 따른 조사·평가를 면제하여서는 아니 된다.

③ 그 밖에 조사·평가의 방법 및 절차 등에 필요한 사항은 총리령으로 정한다.

제48조의 4【식품안전관리인증기준의 교육훈련기관 지정 등】

① 식품의약품안전처장은 제48조 제5항에 따른 교육훈련을 전문적으로 수행하기 위하여 식품안전관리인증기준 교육훈련기관(이하 "교육훈련기관"이라 한다)을 지정하여 교육훈련의 실시를 위탁할 수 있다.

② 제1항에 따라 교육훈련기관으로 지정받으려는 자는 총리령으로 정하는 지정기준을 갖추어 식품의약품안전처장에게 신청하여야 한다.

③ 제1항에 따라 교육훈련기관으로 지정받은 자는 지정된 내용 중 총리령으로 정하는 사항이 변경된 경우에는 변경사유가 발생한 날부터 1개월 이내에 식품의약품안전처장에게 신고하여야 한다.

④ 교육훈련기관은 제48조 제5항에 따른 교육훈련을 수료한 사람에게 교육훈련수료증을 발급하여야 한다.

⑤ 교육훈련기관은 교육훈련에 관한 자료의 보관 등 총리령으로 정하는 사항을 준수하여야 한다.

⑥ 식품의약품안전처장은 지정된 교육훈련기관의 인력·시설·설비 보유현황 및 활용도, 교육·훈련과정 운영실태 및 교육서비스의 적절성·충실성 등을 평가하여 그 평가 내용을 공표할 수 있다.

⑦ 식품의약품안전처장은 제6항에 따른 평가를 위하여 필요한 경우에는 교육훈련기관에 관련 자료의 제출을 요구할 수 있다.

⑧ 식품의약품안전처장은 교육훈련기관이 다음 각 호의 어느 하나에 해당하는 경우에는 기간을 정하여 시정을 명할 수 있다.

1. 제3항에 따른 변경신고를 하지 아니한 경우
2. 제5항에 따른 교육훈련기관의 준수사항을 위반한 경우

⑨ 제1항부터 제8항까지에서 규정한 사항 외에 교육훈련기관의 지정 절차, 교육 내용·시기·방법, 실시 비용 등에 필요한 사항은 총리령으로 정한다.

제48조의 5【교육훈련기관의 지정취소 등】

① 식품의약품안전처장은 교육훈련기관이 다음 각 호의 어느 하나에 해당하는 경우에는 그 지정을 취소하거나 1년 이내의 범위에서 기간을 정하여 업무의 전부 또는 일부를 정지할 수 있다. 다만, 제1호 및 제4호의 경우에는 그 지정을 취소하여야 한다.

1. 거짓 또는 그 밖의 부정한 방법으로 교육훈련기관의 지정을 받은 경우
2. 정당한 사유 없이 1년 이상 계속하여 교육훈련과정을 운영하지 아니하는 경우
3. 제48조의4 제2항에 따른 지정기준에 적합하지 아니하게 된 경우
4. 제48조의4 제4항에 따른 교육훈련수료증을 거짓 또는 그 밖의 부정한 방법으로 발급한 경우
5. 제48조의4 제6항에 따른 평가를 실시한 결과 교육훈련실적 및 교육훈련내용이 매우 부실하여 지정 목적을 달성할 수 없다고 인정되는 경우
6. 제48조의4 제8항에 따른 시정명령을 받고도 정당한 사유 없이 정해진 기간 내에 이를 시정하지 아니하는 경우

② 식품의약품안전처장은 제1항에 따라 교육훈련기관의 지정이 취소된 자(법인인 경우 그 대표자를 포함한다)에 대해서는 지정이 취소된 날부터 3년 이내에 교육훈련기관으로 지정해서는 아니 된다.

③ 제1항에 따른 지정취소 및 업무정지 처분의 세부기준은 그 위반 행위의 유형과 위반 정도 등을 고려하여 총리령으로 정한다.

영 **제33조【식품안전관리인증기준】** ① 법 제48조 제10항 단서에서 "위탁하려는 식품과 동일한 식품에 대하여 식품안전관리인증기준 적용업소로 인증된 업소에 위탁하여 제조·가공하려는 경우 등 대통령령으로 정한 경우"란 다음 각 호의 경우를 말한다.

1. 위탁하려는 식품과 같은 식품에 대하여 법 제48조 제3항에 따라 식품안전관리인증기준 적용업소로 인증된 업소(이하 "식품안전관리인증기준 적용업소"라 한다)에 위탁하여 제조·가공하려는 경우
2. 위탁하려는 식품과 같은 제조 공정·중요관리점(식품의 위해를 방지하거나 제거하여 안전성을 확보할 수 있는 단계 또는 공정을 말한다)에 대하여 식품안전관리인증기준 적용업소로 인증된 업소에 위탁하여 제조·가공하려는 경우

② 법 제48조 제11항에서 "대통령령으로 정하는 그 소속 기관의 장"이란 지방식품의약품안전청장을 말한다.

영 **제34조 【식품안전관리인증기준 적용업소에 관한 업무의 위탁 등】** ① 식품의약품안전처장은 법 제48조 제12항에 따라 식품안전관리인증기준 적용업소에 관한 업무의 일부를 다음 각 호의 어느 하나에 해당하는 기관에 위탁한다.

1. 「한국식품안전관리인증원의 설립 및 운영에 관한 법률」에 따른 한국식품안전관리인증원
2. 「정부출연연구기관 등의 설립·운영 및 육성에 관한 법률」에 따른 정부출연연구기관
3. 정부가 설립하거나 운영비용의 전부 또는 일부를 지원하는 연구기관으로서 식품안전관리인증기준(법 제48조 제1항에 따른 식품안전관리인증기준을 말한다. 이하 같다)에 관한 전문인력을 보유한 기관
4. 그밖에 식품안전관리인증기준 업무를 할 목적으로 설립된 비영리법인 또는 연구소

② 제1항에 따라 위탁받는 기관은 다음 각 호의 업무를 수행한다.

1. 법 제48조 제3항·제4항·제6항 및 법 제48조의 2 제2항에 따른 식품안전관리인증기준적용업소의 인증, 변경인증, 인증 증명 서류의 발급, 인증을 받거나 받으려는 영업자에 대한 기술지원 및 인증 유효기간의 연장
2. 삭제
3. 식품안전관리인증기준과 관련된 전문인력의 양성 및 교육·훈련
4. 식품안전관리인증기준적용업소의 공정별·품목별 위해요소의 분석
5. 식품안전관리인증기준에 관한 정보의 수집·제공 및 홍보
6. 식품안전관리인증기준에 관한 조사·연구사업
7. 그 밖에 식품안전관리인증기준 활성화를 위하여 필요한 사업

③ 식품의약품안전처장은 제1항에 따라 업무를 위탁하는 경우에는 위탁받는 기관과 위탁 업무의 내용을 고시해야 한다.

규칙 **제62조 【식품안전관리인증기준 대상 식품】** ① 법 제48조 제2항에서 "총리령으로 정하는 식품"이란 다음 각 호의 어느 하나에 해당하는 식품을 말한다.

1. 수산가공식품류의 어육가공품류 중 어묵·어육소시지
2. 기타수산물가공품 중 냉동 어류·연체류·조미가공품
3. 냉동식품 중 피자류·만두류·면류
4. 과자류, 빵류 또는 떡류 중 과자·캔디류·빵류·떡류
5. 빙과류 중 빙과
6. 음료류[다류(茶類) 및 커피류는 제외한다]
7. 레토르트식품
8. 절임류 또는 조림류의 김치류 중 김치(배추를 주원료로 하여 절임, 양념혼합과

정 등을 거쳐 이를 발효시킨 것이거나 발효시키지 아니한 것 또는 이를 가공한 것에 한한다)

9. 코코아가공품 또는 초콜릿류 중 초콜릿류

10. 면류 중 유탕면 또는 곡분, 전분, 전분질원료 등을 주원료로 반죽하여 손이나 기계 따위로 면을 뽑아내거나 자른 국수로서 생면·숙면·건면

11. 특수용도식품

12. 즉석섭취·편의식품류 중 즉석섭취식품

12의2. 즉석섭취·편의식품류의 즉석조리식품 중 순대

13. 식품제조·가공업의 영업소 중 전년도 총 매출액이 100억원 이상인 영업소에서 제조·가공하는 식품

② 제1항에 따른 식품에 대한 식품안전관리인증기준의 적용·운영에 관한 세부적인 사항은 식품의약품안전처장이 정하여 고시한다.

규칙 제63조【식품안전관리인증기준적용업소의 인증신청 등】 ① 법 제48조 제3항에 따라 식품안전관리인증기준적용업소로 인증을 받으려는 자는 별지 제52호서식의 식품안전관리인증기준적용업소 인증신청서(전자문서로 된 신청서를 포함한다)에 법 제48조 제1항에 따른 식품안전관리인증기준에 따라 작성한 적용대상 식품별 식품안전관리인증계획서(전자문서를 포함한다)를 첨부하여 법 제48조 제12항에 따라 해당 업무를 위탁받은 기관(이하 "인증기관"이라 한다)의 장에게 제출하여야 한다.

② 제1항에 따라 식품안전관리인증기준적용업소로 인증을 받으려는 자는 다음 각 호의 요건을 갖추어야 한다.

1. 선행요건관리기준(식품안전관리인증기준을 적용하기 위하여 미리 갖추어야 하는 시설기준 및 위생관리기준을 말한다)을 작성하여 운용할 것
2. 식품안전관리인증기준을 작성하여 운용할 것

③ 제1항에 따른 인증신청을 받은 인증기관의 장은 해당 업소를 식품안전관리인증기준적용업소로 인증한 경우에는 별지 제53호서식의 식품안전관리인증기준적용업소 인증서를 발급하여야 한다.

④ 법 제48조 제3항 후단에 따라 식품안전관리인증기준적용업소로 인증받은 사항 중 식품의 위해를 방지하거나 제거하여 안전성을 확보할 수 있는 단계 또는 공정(이하 "중요관리점"이라 한다)을 변경하거나 영업장 소재지를 변경하려는 자는 별지 제54호서식의 변경신청서(전자문서로 된 신청서를 포함한다)에 다음 각 호의 서류(전자문서를 포함한다)를 첨부하여 인증기관의 장에게 제출하여야 한다.

1. 별지 제53호서식의 식품안전관리인증기준적용업소 인증서
2. 중요관리점의 변경 내용에 대한 설명서

⑤ 인증기관의 장은 제4항에 따라 변경신청을 받으면 서류검토 또는 현장실사 등의 방법으로 변경사항을 확인하고 식품안전관리인증기준의 적용에 적합하다고 인정

되는 경우에는 별지 제53호 서식의 인증서를 재발급하여야 한다.

⑥ 인증기관장의 장은 제3항 또는 제5항 따라 인증서를 발급하거나 재발급하였을 때에는 지체 없이 그 사실을 식품의약품안전처장과 관할 지방식품의약품안전청장에게 통보하여야 한다.

규칙 **제64조【식품안전관리인증기준적용업소의 영업자 및 종업원에 대한 교육훈련】**

① 법 제48조 제5항에 따라 식품안전관리인증기준적용업소의 영업자 및 종업원이 받아야 하는 교육훈련의 종류는 다음 각 호와 같다. 다만, 법 제48조 제8항 및 이 규칙 제66조에 따른 조사·평가 결과 만점의 95퍼센트 이상을 받은 식품안전관리인증기준적용업소의 종업원에 대하여는 그 다음 연도의 제2호에 따른 정기교육훈련을 면제한다.

1. 영업자 및 종업원에 대한 신규 교육훈련
2. 종업원에 대하여 매년 1회 이상 실시하는 정기교육훈련
3. 그 밖에 식품의약품안전처장이 식품위해사고의 발생 및 확산이 우려되어 영업자 및 종업원에게 명하는 교육훈련

③ 제1항에 따른 교육훈련의 시간은 다음 각 호와 같다.

1. 신규 교육훈련 : 영업자의 경우 2시간 이내, 종업원의 경우 16시간 이내
2. 정기교육훈련 : 4시간 이내
3. 제1항 제3호에 따른 교육훈련 : 8시간 이내

⑥ 제1항부터 제5항까지의 규정에 따른 교육훈련 대상별 교육시간, 실시방법, 그밖에 교육훈련에 관한 세부적인 사항은 식품의약품안전처장이 정하여 고시한다.

규칙 **제65조【식품안전관리인증기준적용업소에 대한 지원 등】** 식품의약품안전처장은 법 제48조 제6항에 따라 식품안전관리인증기준적용업소의 인증을 받거나 받으려는 영업자에게 식품안전관리인증기준에 관한 다음 각 호의 사항을 지원할 수 있다.

1. 식품안전관리인증기준 적용에 관한 전문적 기술과 교육
2. 위해요소분석 등에 필요한 검사
3. 식품안전관리인증기준 적용을 위한 자문 비용
4. 식품안전관리인증기준 적용을 위한 시설·설비 등 개수·보수 비용
5. 교육훈련 비용

규칙 **제66조【식품안전관리인증기준적용업소에 대한 조사·평가】** ① 지방식품의약품안전청장은 법 제48조 제8항에 따라 식품안전관리인증기준적용업소로 인증받은 업소에 대하여 식품안전관리인증기준의 준수 여부 등에 관하여 매년 1회 이상 조사·평가할 수 있다.

② 제1항에 따른 조사·평가사항은 다음 각 호와 같다.

1. 법 제48조 제1항에 따른 제조·가공·조리 및 유통에 따른 위해요소분석, 중요관

리점 결정 등이 포함된 식품안전관리인증기준의 준수 여부
2. 제64조에 따른 교육훈련 수료 여부
③ 그 밖에 조사·평가에 관한 세부적인 사항은 식품의약품안전처장이 정한다.

규칙 **제67조【식품안전관리인증기준적용업소 인증취소 등】** ① 법 제48조 제8항 제4호에서 "총리령으로 정하는 사항을 지키지 아니한 경우"란 다음 각 호의 경우를 말한다.
1. 법 제48조 제10항을 위반하여 식품안전관리인증기준적용업소의 영업자가 인증받은 식품을 다른 업소에 위탁하여 제조·가공한 경우
2. 제63조 제4항을 위반하여 변경신청을 하지 아니한 경우
3. 삭제
② 법 제48조 제8항에 따른 식품안전관리인증기준적용업소 인증취소 등의 기준은 별표 20과 같다.

규칙 **제68조【식품안전관리인증기준적용업소에 대한 출입·검사 면제】** 지방식품의약품안전청장, 시·도지사 또는 시장·군수·구청장은 법 제48조 제11항에 따라 법 제48조의 2 제1항에 따른 인증 유효기간(이하 "인증유효기간"이라 한다) 동안 관계 공무원으로 하여금 출입·검사를 하지 아니하게 할 수 있다.

규칙 **제68조의 2【인증유효기간의 연장신청 등】** ① 인증기관의 장은 인증유효기간이 끝나기 90일 전까지 다음 각 호의 사항을 식품안전관리인증기준적용업소의 영업자에게 통지하여야 한다. 이 경우 통지는 휴대전화 문자메시지, 전자우편, 팩스, 전화 또는 문서 등으로 할 수 있다.
1. 인증유효기간을 연장하려면 인증유효기간이 끝나기 60일 전까지 연장 신청을 하여야 한다는 사실
2. 인증유효기간의 연장 신청 절차 및 방법
② 법 제48조의 2 제2항에 따라 인증유효기간의 연장을 신청하려는 영업자는 인증 유효기간이 끝나기 60일 전까지 별지 제52호서식의 식품안전관리인증기준 적용업소 인증연장신청서(전자문서로 된 신청서를 포함한다)에 다음 각 호의 서류(전자문서를 포함한다)를 첨부하여 인증기관의 장에게 제출하여야 한다.
1. 법 제48조 제1항에 따른 식품안전관리인증기준에 따라 작성한 적용대상 식품별 식품안전관리인증계획서
2. 식품안전관리인증기준적용업소 인증서 원본
③ 인증기관의 장은 법 제48조의 2 제3항에 따라 인증유효기간을 연장하는 경우에는 별지 제53호서식의 식품안전관리인증기준적용업소 인증서를 발급하여야 한다.

규칙 **제68조의 3【식품안전관리인증기준의 교육훈련기관 지정 등】** ① 법 제48조의4 제1항에 따른 식품안전관리인증기준 교육훈련기관(이하 "교육훈련기관"이라 한다)으로

지정받으려는 자는 별지 제54호의2서식의 교육훈련기관 지정 신청서에 다음 각 호의 서류를 첨부하여 식품의약품안전처장에게 제출해야 한다. 이 경우 식품의약품안전처장은 「전자정부법」 제36조제1항에 따른 행정정보의 공동이용을 통해 법인등기사항증명서(법인만 해당한다)를 확인해야 한다.

1. 제4항 각 호의 지정기준에 적합함을 증명하는 서류
2. 교육훈련의 과정 · 내용 · 방법 및 일정 등에 관한 서류
3. 정관(법인만 해당한다) 또는 이에 준하는 조직운영규정 등에 관한 서류

② 식품의약품안전처장은 제1항에 따라 교육훈련기관의 지정 신청을 받은 경우에는 그 신청일부터 30일 이내에 서류심사와 실태조사를 통해 그 지정 여부를 결정해야 한다.

③ 식품의약품안전처장은 제2항에 따라 교육훈련기관을 지정한 경우에는 별지 제54호의3서식에 따른 교육훈련기관 지정서를 발급하고, 그 지정 사실을 식품의약품안전처의 인터넷 홈페이지에 공고해야 한다.

④ 법 제48조의4제2항에서 "총리령으로 정하는 지정기준"이란 다음 각 호의 기준을 말한다.

1. 법인, 기관 또는 단체에 해당할 것
2. 교육훈련을 전담하는 별도의 운영조직을 갖출 것
3. 자체 교육훈련규정을 갖출 것
4. 다음 각 목의 인력을 모두 갖출 것
   가. 식품의약품안전처장이 정하여 고시하는 자격기준에 해당하는 교육훈련 강사 2명 이상
   나. 상근하는 교육훈련 전담 관리자 1명 이상
5. 다음 각 목의 시설 및 장비를 모두 갖출 것
   가. 정당한 사용 권한이 있는 교육훈련용 건물
   나. 독립적으로 구분되는 사무실, 강의실, 휴게실 및 화장실
   다. 책상, 의자, 탁자, 컴퓨터, 스크린 및 음향시설 등 교육훈련에 필요한 시설 및 장비

⑤ 법 제48조의4제3항에서 "총리령으로 정하는 사항"이란 다음 각 호의 어느 하나에 해당하는 사항을 말한다.

1. 교육훈련기관의 명칭
2. 교육훈련기관의 대표자
3. 교육훈련기관의 소재지
4. 교육훈련 강사
5. 교육훈련 과정 · 내용

⑥ 제1항부터 제5항까지에서 규정한 사항 외에 교육훈련기관의 지정절차 · 방법 · 기준 및 지정 변경 등에 필요한 세부 사항은 식품의약품안전처장이 정하여 고시한다

규칙 제68조의 4【교육훈련기관의 교육내용 및 준수사항 등】 ① 교육훈련기관이 실시하는 교육훈련 내용에는 다음 각 호에 관한 사항이 포함되어야 한다.

1. 식품안전관리인증기준의 원칙과 절차
2. 식품안전관리인증기준 관련 법령
3. 식품안전관리인증기준의 적용방법
4. 식품안전관리인증기준의 조사 · 평가
5. 식품안전관리인증기준과 관련된 식품 위생
6. 그 밖에 식품안전관리인증기준의 효율적 운영을 위해 식품의약품안전처장이 필요하다고 인정하는 내용

② 교육훈련기관은 교육훈련 대상자로부터 다음 각 호의 경비에 상당하는 금액을 기준으로 교육훈련 실시 비용을 받을 수 있다.

1. 강사수당
2. 교육훈련 교재 편찬비
3. 교육훈련에 필요한 실험재료비 및 현장실습비
4. 그 밖에 교육훈련 관련 사무용품 구입비 등 소요경비

③ 법 제48조의4제5항에서 "교육훈련에 관한 자료의 보관 등 총리령으로 정하는 사항"이란 다음 각 호의 사항을 말한다.

1. 교육훈련 과정이 종료된 날부터 3년간 해당 교육훈련에 관한 기록 및 자료 등을 보관할 것
2. 교육훈련 과정별로 교육훈련 교재를 개발하여 교육훈련 대상자에게 배부할 것
3. 교육훈련의 시설 · 인력 · 과정 · 내용 등에 관한 사항을 인터넷 또는 인쇄물 등을 통해 공개할 것
4. 연간 교육훈련 과정의 운영계획 및 실시 결과 등을 식품의약품안전처장에게 보고할 것
5. 그 밖에 교육훈련기관의 적정한 운영 및 원활한 교육훈련의 실시를 위해 식품의약품안전처장이 필요하다고 인정하는 사항

④ 제1항부터 제3항까지에서 규정한 사항 외에 교육훈련기관의 교육훈련 내용, 실시 비용 및 준수사항 등에 필요한 세부 사항은 식품의약품안전처장이 정하여 고시한다.

규칙 제68조의 5【교육훈련기관의 행정처분 기준】 법 제48조의5제1항에 따른 교육훈련기관의 지정취소 및 업무정지 처분의 세부기준은 별표 20의2와 같다

제49조【식품이력추적관리 등록기준 등】 ① 식품을 제조·가공 또는 판매하는 자 중 식품이력추적관리를 하려는 자는 총리령으로 정하는 등록기준을 갖추어 해당 식품을 식품의약품안전처장에게 등록할 수 있다. 다만, 영유아식 제조·가공업자, 일정 매출액·매장면적 이상의

식품판매업자 등 총리령으로 정하는 자는 식품의약품안전처장에게 등록하여야 한다.

② 제1항에 따라 등록한 식품을 제조·가공 또는 판매하는 자는 식품이력추적관리에 필요한 기록의 작성·보관 및 관리 등에 관하여 식품의약품안전처장이 정하여 고시하는 기준(이하 "식품이력추적관리기준"이라 한다)을 지켜야 한다.

③ 제1항에 따라 등록을 한 자는 등록사항이 변경된 경우 변경사유가 발생한 날부터 1개월 이내에 식품의약품안전처장에게 신고하여야 한다.

④ 제1항에 따라 등록한 식품에는 식품의약품안전처장이 정하여 고시하는 바에 따라 식품이력추적관리의 표시를 할 수 있다.

⑤ 식품의약품안전처장은 제1항에 따라 등록한 식품을 제조·가공 또는 판매하는 자에 대하여 식품이력추적관리기준의 준수 여부 등을 3년마다 조사·평가하여야 한다. 다만, 제1항 단서에 따라 등록한 식품을 제조·가공 또는 판매하는 자에 대하여는 2년마다 조사·평가하여야 한다.

⑥ 식품의약품안전처장은 제1항에 따라 등록을 한 자에게 예산의 범위에서 식품이력추적관리에 필요한 자금을 지원할 수 있다.

⑦ 식품의약품안전처장은 제1항에 따라 등록을 한 자가 식품이력추적관리기준을 지키지 아니하면 그 등록을 취소하거나 시정을 명할 수 있다.

⑧ 식품의약품안전처장은 제1항에 따른 등록의 신청을 받은 날부터 40일 이내에, 제3항에 따른 변경신고를 받은 날부터 15일 이내에 등록 여부 또는 신고수리 여부를 신청인 또는 신고인에게 통지하여야 한다.

⑨ 식품의약품안전처장이 제8항에서 정한 기간 내에 등록 여부, 신고수리 여부 또는 민원 처리 관련 법령에 따른 처리기간의 연장을 신청인 또는 신고인에게 통지하지 아니하면 그 기간(민원 처리 관련 법령에 따라 처리기간이 연장 또는 재연장된 경우에는 해당 처리기간을 말한다)이 끝난 날의 다음 날에 등록을 하거나 신고를 수리한 것으로 본다.

⑩ 식품이력추적관리의 등록절차, 등록사항, 등록취소 등의 기준 및 조사·평가, 그 밖에 등록에 필요한 사항은 총리령으로 정한다.

제49조의 2【식품이력추적관리정보의 기록·보관 등】 ① 제49조 제1항에 따라 등록한 자(이하 이 조에서 "등록자"라 한다)는 식품이력추적관리기준에 따른 식품이력추적관리정보를 총리령으로 정하는 바에 따라 전산기록장치에 기록·보관하여야 한다.

② 등록자는 제1항에 따른 식품이력추적관리정보의 기록을 해당 제품의 소비기한 등이 경과한 날부터 2년 이상 보관하여야 한다.

③ 등록자는 제1항에 따라 기록·보관된 정보가 제49조의3 제1항에 따른 식품이력추적관리시스템에 연계되도록 협조하여야 한다.

제49조의 3【식품이력추적관리시스템의 구축 등】 ① 식품의약품안전처장은 식품이력추적관리시스템을 구축·운영하고, 식품이력추적관리시스템과 제49조의2 제1항에 따른 식품이력추적관리정보가 연계되도록 하여야 한다.

② 식품의약품안전처장은 제1항에 따라 식품이력추적관리시스템에 연계된 정보 중 총리령으로 정하는 정보는 소비자 등이 인터넷 홈페이지를 통하여 쉽게 확인할 수 있도록 하여야 한다.
③ 제2항에 따른 정보는 해당 제품의 소비기한 또는 품질유지기한이 경과한 날부터 1년 이상 확인할 수 있도록 하여야 한다.
④ 누구든지 제1항에 따라 연계된 정보를 식품이력추적관리 목적 외에 사용하여서는 아니 된다.

규칙 **제69조 【식품이력추적관리의 등록신청 등】** ① 법 제49조 제1항에 따라 식품이력추적관리에 관한 등록을 하려는 자는 별지 제55호서식의 식품이력추적관리 등록신청서(전자문서로 된 신청서를 포함한다)에 다음 각 호의 서류(전자문서를 포함한다)를 첨부하여 지방식품의약품안전청장에게 제출하여야 한다.

1. 별지 제43호서식의 식품 품목제조보고서(유통전문판매업의 경우에는 수탁자의 식품 품목제조보고서) 사본
2. 제2항에 따른 식품이력관리전산시스템 등 식품의약품안전처장이 정하여 고시하는 사항을 포함한 식품이력추적관리 계획서

② 법 제49조 제1항 본문에서 "총리령으로 정하는 등록기준"이란 식품이력추적관리에 필요한 기록의 작성·보관 및 관리 등에 필요한 시스템(이하 "식품이력관리전산시스템"이라 한다)을 말한다.

③ 식품이력추적관리의 등록대상인 식품의 품목은 다음 각 호의 요건을 모두 갖추어야 한다.

1. 제조·가공단계부터 판매단계까지의 식품이력에 관한 정보를 추적하여 제공할 수 있도록 관리되고 있을 것
2. 제조·가공단계부터 판매단계까지 식품의 회수 등 사후관리체계를 갖추고 있을 것

④ 제1항에 따른 신청을 받은 지방식품의약품안전청장은 식품이력관리전산시스템을 갖추고 있는지 여부와 제3항에 따른 등록대상에 적합한 품목인지 여부를 심사하고, 그 심사 결과 적합하다고 인정되는 경우에는 해당 식품을 품목별로 등록한 후 별지 제56호서식의 식품이력추적관리 품목 등록증을 발급하여야 한다.

규칙 **제69조의 2 【식품이력추적관리 등록대상】** 법 제49조 제1항 단서에서 "총리령으로 정하는 자"란 다음 각 호의 자를 말한다.

1. 영유아식(영아용 조제식품, 성장기용 조제식품, 영유아용 곡류 조제식품 및 그 밖의 영유아용 식품을 말한다) 제조·가공업자
2. 임산·수유부용 식품, 특수의료용도 등 식품 및 체중조절용 조제식품 제조·가공업자
3. 영 제21조 제5호 나목 6) 및 이 규칙 제39조에 따른 기타 식품판매업자

규칙 **제70조 【등록사항】** 법 제49조 제1항에 따른 식품이력추적관리의 등록사항은 다음 각 호와 같다.

1. 국내식품의 경우
   가. 영업소의 명칭(상호)과 소재지
   나. 제품명과 식품의 유형
   다. 소비기한 및 품질유지기한
   라. 보존 및 보관방법
2. 수입식품의 경우
   가. 영업소의 명칭(상호)과 소재지
   나. 제품명
   다. 원산지(국가명)
   라. 제조회사 또는 수출회사

【규칙】 **제71조 【등록사항의 변경신고】** ① 법 제49조 제3항에 따른 등록사항 변경 신고를 하려는 자는 그 변경사유가 발생한 날부터 1개월 이내에 별지 제57호 서식의 변경신고서(전자문서로 된 신고서를 포함한다)에 별지 제56호 서식의 식품이력추적관리 품목 등록증을 첨부하여 지방식품의약품안전청장에게 제출하여야 한다.

② 제1항에 따라 변경신고를 받은 지방식품의약품안전청장은 별지 제56호 서식의 식품이력추적관리 품목 등록증에 변경사항을 기재하여 내주어야 한다.

【규칙】 **제72조 【조사·평가 등】** ① 법 제49조 제5항에 따라 식품이력추적관리를 등록한 식품을 제조·가공 또는 판매하는 자에 대하여 식품이력추적관리기준의 준수 여부 등에 대한 조사·평가를 하는 경우에는 서류검토 및 현장조사의 방법으로 한다.

② 제1항에 따른 조사·평가에는 다음 각 호의 사항이 포함되어야 한다.
1. 식품이력추적관리시스템의 구축·운영 여부
2. 식품이력추적관리기준의 준수 여부

③ 제1항 및 제2항에서 규정한 사항 외에 조사·평가의 점검사항과 방법 등에 필요한 세부사항은 식품의약품안전처장이 정하여 고시한다.

【규칙】 **제73조 【자금지원 대상 등】** 식품의약품안전처장은 법 제49조 제6항에 따라 식품이력추적관리를 등록한 자에게 다음 각 호의 사항에 대하여 자금을 지원할 수 있다.
1. 식품이력추적관리시스템의 구축·운영에 필요한 장비 구입
2. 식품이력추적관리시스템의 프로그램 개발 비용
3. 그밖에 식품의약품안전처장이 식품이력추적관리에 필요하다고 인정하는 사업

【규칙】 **제74조 【식품이력추적관리 등록증의 반납】** 법 제49조 제7항에 따라 식품이력추적관리 등록이 취소된 자는 별지 제56호서식의 식품이력추적관리 품목 등록증을 지체 없이 지방식품의약품안전청장에게 반납하여야 한다.

【규칙】 **제74조의 2 【식품이력추적관리 등록취소 등의 기준】** 법 제49조제7항에 따른 식

품이력추적관리 등록취소 등의 기준은 별표 20의3과 같다

【규칙】 **제74조의 3【식품이력추적관리 정보의 기록·보관】** 법 제49조의2 제1항에 따라 식품이력추적관리정보를 기록·보관할 때에는 식품이력관리전산시스템을 활용하여야 한다.

【규칙】 **제74조의 4【식품이력추적관리시스템에 연계된 정보의 공개】** 법 제49조의3 제2항에서 "총리령으로 정하는 정보"란 다음 각 호의 구분에 따른 정보를 말한다.

1. 국내식품의 경우 : 다음 각 목의 정보
   가. 식품이력추적관리번호
   나. 제조업소의 명칭 및 소재지
   다. 제조일
   라. 유통기한 또는 품질유지기한
   마. 원재료명 또는 성분명
   바. 원재료의 원산지 국가명
   사. 유전자변형식품(인위적으로 유전자를 재조합하거나 유전자를 구성하는 핵산을 세포나 세포 내 소기관으로 직접 주입하는 기술 또는 분류학에 따른 과(科)의 범위를 넘는 세포융합기술에 해당하는 생명공학기술을 활용하여 재배·육성된 농산물·축산물·수산물 등을 원재료로 하여 제조·가공한 식품 또는 식품첨가물을 말한다. 이하 같다) 여부
   아. 출고일
   자. 법 제45조 제1항 또는 제72조 제3항에 따른 회수대상 여부 및 회수사유
2. 수입식품의 경우 : 다음 각 목의 정보
   가. 식품이력추적관리번호
   나. 수입업소 명칭 및 소재지
   다. 제조국
   라. 제조업소의 명칭 및 소재지
   마. 제조일
   바. 유전자변형식품 여부
   사. 수입일
   아. 유통기한 또는 품질유지기한
   자. 원재료명 또는 성분명
   차. 법 제45조 제1항 또는 제72조 제3항에 따른 회수대상 여부 및 회수사유

제8장 조리사 등

제51조【조리사】 ① 집단급식소 운영자와 대통령령으로 정하는 식품접객업자는 조리사(調理士)를 두어야 한다. 다만, 다음 각 호의 어느 하나에 해당하는 경우에는 조리사를 두지 아니하

여도 된다. [개정 2011.6.7, 2013.5.22, 2024.2.20] [[시행일 2025.2.21]]

1. 집단급식소 운영자 또는 식품접객영업자 자신이 조리사로서 직접 음식물을 조리하는 경우
2. 1회 급식인원 100명 미만의 산업체인 경우
3. 제52조제1항에 따른 영양사가 조리사의 면허를 받은 경우. 다만, 총리령으로 정하는 규모 이하의 집단급식소에 한정한다.

② 집단급식소에 근무하는 조리사는 다음 각 호의 직무를 수행한다.

1. 집단급식소에서의 식단에 따른 조리업무[식재료의 전(前)처리에서부터 조리, 배식 등의 전 과정을 말한다]
2. 구매식품의 검수 지원
3. 급식설비 및 기구의 위생 · 안전 실무
4. 그 밖에 조리실무에 관한 사항

영 **제36조【조리사를 두어야 하는 식품접객업자】** 법 제51조 제1항 각 호 외의 부분 본문에서 "대통령령으로 정하는 식품접객업자"란 제21조 제8호의 식품접객업 중 복어독 제거가 필요한 복어를 조리·판매하는 영업을 하는 자를 말한다. 이 경우 해당 식품접객업자는 「국가기술자격법」에 따른 복어 조리 자격을 취득한 조리사를 두어야 한다.

제52조【영양사】 ① 집단급식소 운영자는 영양사(營養士)를 두어야 한다. 다만, 다음 각 호의 어느 하나에 해당하는 경우에는 영양사를 두지 아니하여도 된다. [개정 2011.6.7, 2013.5.22, 2024.2.20] [[시행일 2025.2.21]]

1. 집단급식소 운영자 자신이 영양사로서 직접 영양 지도를 하는 경우
2. 1회 급식인원 100명 미만의 산업체인 경우
3. 제51조 제1항에 따른 조리사가 영양사의 면허를 받은 경우

② 집단급식소에 근무하는 영양사는 다음 각 호의 직무를 수행한다.

1. 집단급식소에서의 식단 작성, 검식(檢食) 및 배식관리
2. 구매식품의 검수(檢受) 및 관리
3. 급식시설의 위생적 관리
4. 집단급식소의 운영일지 작성
5. 종업원에 대한 영양 지도 및 식품위생교육

제53조【조리사의 면허】 ① 조리사가 되려는 자는 「국가기술자격법」에 따라 해당 기능분야의 자격을 얻은 후 특별자치시장·특별자치도지사·시장·군수·구청장의 면허를 받아야 한다.

② 제1항에 따른 조리사의 면허 등에 관하여 필요한 사항은 총리령으로 정한다.

【규칙】 **제80조 【조리사의 면허신청 등】** ① 법 제53조 제1항에 따라 조리사의 면허를 받으려는 자는 별지 제60호서식의 조리사 면허증 발급·재발급 신청서에 다음 각 호의 서류를 첨부하여 특별자치시장·특별자치도지사·시장·군수·구청장에게 제출하여야 한다. 이 경우 특별자치시장·특별자치도지사·시장·군수·구청장은 「전자정부법」 제36조 제1항에 따른 행정정보의 공동이용을 통하여 조리사 국가기술자격증을 확인하여야 하며, 신청인이 그 확인에 동의하지 아니하는 경우에는 국가기술자격증 사본을 첨부하도록 하여야 한다.

1. 사진 2장(최근 6개월 이내에 찍은 탈모 상반신 가로 3센티미터, 세로 4센티미터의 사진)
2. 법 제54조 제1호 본문에 해당하는 사람이 아님을 증명하는 의사의 진단서 또는 법 제54조 제1호 단서에 해당하는 사람임을 증명하는 전문의의 진단서
3. 법 제54조 제2호 및 제3호에 해당하는 사람이 아님을 증명하는 의사의 진단서

② 특별자치시장·특별자치도지사·시장·군수·구청장은 조리사의 면허를 한 때에는 별지 제61호서식의 조리사명부에 기록하고 별지 제62호서식의 조리사 면허증을 발급하여야 한다.

【규칙】 **제81조 【면허증의 재발급 등】** ① 조리사는 면허증을 잃어버렸거나 헐어 못 쓰게 된 경우에는 별지 제60호서식의 조리사 면허증 발급·재발급 신청서에 사진 2장(최근 6개월 이내에 찍은 탈모 상반신 가로 3센티미터, 세로 4센티미터 사진)과 면허증(헐어 못 쓰게 된 경우만 해당한다)을 첨부하여 특별자치시장·특별자치도지사·시장·군수·구청장에게 제출하여야 한다.

② 조리사는 면허증의 기재사항에 변경이 있는 경우 별지 제63호서식의 조리사면허증 기재사항 변경신청서에 면허증과 그 변경을 증명하는 서류를 첨부하여 특별자치시장·특별자치도지사·시장·군수·구청장에게 제출하여야 한다.

【규칙】 **제82조 【조리사 면허증의 반납】** 조리사가 법 제80조에 따라 그 면허의 취소처분을 받은 경우에는 지체 없이 면허증을 특별자치시장·특별자치도지사·시장·군수·구청장에게 반납하여야 한다.

제54조 【결격사유】 다음 각 호의 어느 하나에 해당하는 자는 조리사 면허를 받을 수 없다.

1. 「정신건강증진 및 정신질환자 복지서비스 지원에 관한 법률」 제3조 제1호에 따른 정신질환자. 다만, 전문의가 조리사로서 적합하다고 인정하는 자는 그러하지 아니하다.
2. 「감염병의 예방 및 관리에 관한 법률」 제2조 제13호에 따른 감염병환자. 다만, 같은 조 제3호 아목에 따른 B형간염환자는 제외한다.
3. 「마약류관리에 관한 법률」 제2조 제2호에 따른 마약이나 그 밖의 약물 중독자
4. 조리사면허의 취소처분을 받고 그 취소된 날부터 1년이 지나지 아니한 자

제55조 【명칭 사용 금지】 조리사가 아니면 조리사라는 명칭을 사용하지 못한다.

제56조 【교육】 ① 식품의약품안전처장은 식품위생 수준 및 자질의 향상을 위하여 필요한 경우 조리사와 영양사에게 교육(조리사의 경우 보수교육을 포함한다. 이하 이 조에서 같다)을 받을 것을 명할 수 있다. 다만, 집단급식소에 종사하는 조리사와 영양사는 1년마다 교육을 받아야 한다.

② 제1항에 따른 교육의 대상자·실시기관·내용 및 방법 등에 관하여 필요한 사항은 총리령으로 정한다.

③ 식품의약품안전처장은 제1항에 따른 교육 등 업무의 일부를 대통령령으로 정하는 바에 따라 관계 전문기관이나 단체에 위탁할 수 있다.

규칙 **제83조 【조리사 및 영양사의 교육】** ① 식품의약품안전처장은 법 제56조 제2항에 따라 식품으로 인하여 「감염병의 예방 및 관리에 관한 법률」 제2조에 따른 감염병이 유행하거나 집단식중독의 발생 및 확산 등으로 국민건강을 해칠 우려가 있다고 인정되는 경우 또는 시·도지사가 국제적 행사나 대규모 특별행사 등으로 식품위생 수준의 향상이 필요하여 식품위생에 관한 교육의 실시를 요청하는 경우에는 다음 각 호의 어느 하나에 해당하는 조리사 및 영양사에게 식품의약품안전처장이 정하는 시간에 해당하는 교육을 받을 것을 명할 수 있다. 이 경우 교육실시기관은 제84조 제1항에 따라 식품의약품안전처장이 지정한 기관으로 한다.

1. 법 제51조 제1항에 따라 조리사를 두어야 하는 식품접객업소 또는 집단급식소에 종사하는 조리사
2. 법 제52조 제1항에 따라 영양사를 두어야 하는 집단급식소에 종사하는 영양사

② 법 제51조 제1항 제3호에 따른 조리사 면허를 받은 영양사나 법 제52조 제1항 제3호에 따른 영양사 면허를 받은 조리사가 제1항에 따른 교육을 이수한 경우에는 해당 조리사 교육과 영양사 교육을 모두 받은 것으로 본다.

③ 제1항에 따른 교육은 교육과정의 성격, 교육여건 등을 고려하여 집합교육 또는 인터넷을 이용한 교육의 방법으로 실시할 수 있다. 〈신설 2024. 11. 15.〉

④ 제3항에도 불구하고 제1항에 따라 교육을 받아야 하는 조리사 및 영양사가 식품의약품안전처장이 정하는 질병 치료 등 부득이한 사유로 교육을 받기 어려운 경우에는 교육교재를 제공하여 이를 익히고 활용하도록 함으로써 교육을 갈음할 수 있다. 〈개정 2010. 3. 19., 2013. 3. 23., 2024. 11. 15〉

규칙 **제84조 【조리사 및 영양사의 교육기관 등】** ① 법 제56조제1항 단서에 따른 집단급식소에 종사하는 조리사 및 영양사에 대한 교육은 식품의약품안전처장이 식품위생 관련 교육을 목적으로 하는 전문기관 또는 단체 중에서 지정한 기관이 실시한다. 〈개정 2010. 3. 19., 2013. 3. 23.〉

② 제1항에 따른 교육기관은 다음 각 호의 내용에 대한 교육을 실시한다.

1. 식품위생법령 및 시책
2. 집단급식 위생관리
3. 식중독 예방 및 관리를 위한 대책
4. 조리사 및 영양사의 자질향상에 관한 사항
5. 그 밖에 식품위생을 위하여 필요한 사항

③ 교육시간은 6시간으로 한다. 이 경우 제1항에 따른 교육은 교육과정의 성격, 교육여건 등을 고려하여 집합교육 또는 인터넷을 이용한 교육의 방법으로 실시할 수 있다. 〈개정 2024. 11. 15.〉

④ 제1항부터 제3항까지에서 규정한 사항 외에 교육방법 및 내용 등에 관하여 필요한 사항은 식품의약품안전처장이 정하여 고시한다. 〈개정 2010. 3. 19., 2013. 3. 23.〉

영 **제38조【교육의 위탁】** ① 식품의약품안전처장은 법 제56조 제3항에 따라 조리사 및 영양사에 대한 교육업무를 위탁하려는 경우에는 조리사 및 영양사에 대한 교육을 목적으로 설립된 전문기관 또는 단체에 위탁하여야 한다.

② 제1항에 따라 교육업무를 위탁받은 전문기관 또는 단체는 조리사 및 영양사에 대한 교육을 실시하고, 교육이수자 및 교육시간 등 교육실시 결과를 식품의약품안전처장에게 보고하여야 한다.

제 9 장 식품위생심의위원회

제57조【식품위생심의위원회의 설치 등】 식품의약품안전처장의 자문에 응하여 다음 각 호의 사항을 조사·심의하기 위하여 식품의약품안전처에 식품위생심의위원회를 둔다.

1. 식중독 방지에 관한 사항
2. 농약·중금속 등 유독·유해물질 잔류 허용 기준에 관한 사항
3. 식품등의 기준과 규격에 관한 사항
4. 그밖에 식품위생에 관한 중요 사항

제58조【심의위원회의 조직과 운영】 ① 심의위원회는 위원장 1명과 부위원장 2명을 포함한 100명 이내의 위원으로 구성한다.

② 심의위원회의 위원은 다음 각 호의 어느 하나에 해당하는 사람 중에서 식품의약품안전처장이 임명하거나 위촉한다. 다만, 제3호의 사람을 전체 위원의 3분의 1 이상 위촉하고, 제2호와 제4호의 사람을 합하여 전체 위원의 3분의 1 이상 위촉하여야 한다.

1. 식품위생 관계 공무원
2. 식품등에 관한 영업에 종사하는 사람
3. 시민 단체의 추천을 받은 사람
4. 제59조에 따른 동업자조합 또는 제64조에 따른 한국식품산업협회(이하 "식품위생단체"

라 한다)의 추천을 받은 사람
5. 식품위생에 관한 학식과 경험이 풍부한 사람
③ 심의위원회 위원의 임기는 2년으로 하되, 공무원인 위원은 그 직위에 재직하는 기간 동안 재임한다. 다만, 위원이 궐위된 경우 그 보궐위원의 임기는 전임위원 임기의 남은 기간으로 한다.
④ 심의위원회에 식품등의 국제기준 및 규격을 조사·연구할 연구위원을 둘 수 있다.
⑤ 제4항에 따른 연구위원의 업무는 다음 각 호와 같다. 다만, 다른 법령에 따라 수행하는 관련 업무는 제외한다.
1. 국제식품규격위원회에서 제시한 기준·규격 조사·연구
2. 국제식품규격의 조사·연구에 필요한 외국정부, 관련 소비자단체 및 국제기구와 상호협력
3. 외국의 식품의 기준·규격에 관한 정보 및 자료 등의 조사·연구
4. 그밖에 제1호부터 제3호까지에 준하는 사항으로서 대통령령으로 정하는 사항
⑥ 이 법에서 정한 것 외에 심의위원회의 조직 및 운영에 필요한 사항은 대통령령으로 정한다.

영 **제39조 【식품위생심의위원회의 위원장 등】** 법 제58조 제6항에 따라 심의위원회의 위원장은 위원 중에서 호선하고, 심의위원회의 부위원장은 심의위원회의 위원장이 지명하는 위원이 된다.

영 **제39조의 2 【위원의 제척·기피·회피】** ① 심의위원회의 위원이 다음 각 호의 어느 하나에 해당하는 경우에는 심의위원회의 조사·심의에서 제척(除斥)된다.
1. 위원 또는 그 배우자나 배우자이었던 사람이 해당 안건의 당사자(당사자가 법인·단체 등인 경우에는 그 임원 또는 직원을 포함한다. 이하 이 호 및 제2호에서 같다)가 되거나 그 안건의 당사자와 공동권리자 또는 공동의무자인 경우
2. 위원이 해당 안건의 당사자와 친족이거나 친족이었던 경우
3. 위원 또는 위원이 속한 법인·단체 등이 해당 안건에 대하여 증언, 진술, 자문, 연구, 용역 또는 감정을 한 경우
4. 위원이나 위원이 속한 법인·단체 등이 해당 안건의 당사자의 대리인이거나 대리인이었던 경우
5. 위원이 해당 안건의 당사자인 법인·단체 등에 최근 3년 이내에 임원 또는 직원으로 재직하였던 경우
② 해당 안건의 당사자는 위원에게 공정한 조사·심의를 기대하기 어려운 사정이 있는 경우에는 심의위원회에 기피 신청을 할 수 있고, 심의위원회는 의결로 기피 여부를 결정한다. 이 경우 기피 신청의 대상인 위원은 그 의결에 참여하지 못한다.
③ 위원이 제1항 각 호에 따른 제척 사유에 해당하는 경우에는 스스로 해당 안건의 조사·심의에서 회피(回避)하여야 한다.

영 **제39조의 3 【심의위원회 위원의 해촉】** 식품의약품안전처장은 법 제58조 제2항 제2호부터 제5호까지의 규정에 따른 심의위원회의 위원이 다음 각 호의 어느 하나에 해

당하는 경우에는 해당 위원을 해촉할 수 있다.

1. 심신장애로 인하여 직무를 수행할 수 없게 된 경우
2. 직무와 관련된 비위사실이 있는 경우
3. 직무태만, 품위손상이나 그 밖의 사유로 인하여 위원으로 적합하지 아니하다고 인정되는 경우
4. 위원 스스로 직무를 수행하는 것이 곤란하다고 의사를 밝히는 경우
5. 제39조의2 제1항 각 호의 어느 하나에 해당하는 경우에도 불구하고 회피신청을 하지 아니한 경우

영 **제40조 【위원의 직무】** ① 삭제

② 위원장은 심의위원회를 대표하며, 심의위원회의 업무를 총괄한다.

③ 부위원장은 위원장을 보좌하며, 위원장이 부득이한 사유로 직무를 수행할 수 없을 때에는 그 직무를 대행한다.

영 **제41조 【회의 및 의사】** ① 위원장은 심의위원회의 회의를 소집하고 그 의장이 된다.

② 위원장은 식품의약품안전처장 또는 위원 3분의 1 이상의 요구가 있을 때에는 지체 없이 회의를 소집하여야 한다.

③ 회의는 재적위원 과반수의 출석으로 개의(開議) 하고, 출석위원 과반수의 찬성으로 의결한다.

영 **제42조 【의견의 청취】** 위원장은 심의위원회의 심의사항과 관련하여 필요한 경우에는 관계인을 출석시켜 의견을 들을 수 있다.

영 **제43조 【분과위원회】** ① 심의위원회는 심의위원회의 업무를 효율적으로 수행하기 위하여 위생제도분과위원회, 유해오염물질분과위원회, 국제식품규격분과위원회 등 분야별 분과위원회(이하 "분과위원회"라 한다)를 둘 수 있다.

② 분과위원회의 위원장은 분과위원회에서 심의 · 의결한 사항을 지체 없이 심의위원회의 위원장에게 보고하여야 한다.

③ 분과위원회의 회의 및 의사에 관하여는 제41조를 준용한다. 이 경우 "심의위원회"는 "분과위원회"로 본다.

④ 제1항부터 제3항까지에서 규정한 사항 외에 분과위원회의 구성 및 운영에 관하여 필요한 사항은 심의위원회의 의결을 거쳐 심의위원회의 위원장이 정한다.

영 **제44조 【연구위원 등】** ① 법 제58조 제4항에 따라 심의위원회에 20명 이내의 연구위원을 둘 수 있다.

② 법 제58조 제5항 제4호에 따른 연구위원의 업무는 다음 각 호와 같다.

1. 국제식품규격위원회에서 논의할 기준·규격의 제·개정안 발굴 및 제안
2. 식품등의 국제 기준규격에 관한 전문가 네트워크 구축 및 운영

3. 국제식품규격위원회가 발행한 문서에 대한 번역본 발간 및 배포
4. 그 밖의 식품등의 국제 기준·규격에 관한 사항으로서 식품의약품안전처장이 심의위원회에 조사·연구를 의뢰한 사항

③ 연구위원은 심의위원회의 회의에 출석하여 발언할 수 있다.

④ 연구위원은 식품등에 관한 학식과 경험이 풍부한 자 중에서 식품의약품안전처장이 임명한다.

영 **제45조【간 사】** 심의위원회의 사무를 처리하기 위하여 심의위원회에 간사 1명을 두며, 식품의약품안전처장이 소속 공무원 중에서 임명한다.

영 **제46조【수당과 여비】** ① 심의위원회에 출석한 위원에게는 예산의 범위에서 식품의약품안전처장이 정하는 바에 따라 수당과 여비를 지급할 수 있다. 다만, 공무원인 위원이 그 소관 업무와 직접 관련하여 출석하는 경우에는 그러하지 아니하다.

② 식품의약품안전처장은 연구위원에게 예산의 범위에서 연구비와 여비 등을 지급할 수 있다.

영 **제47조【운영세칙】** 이 영에서 정하는 사항 외에 심의위원회의 운영에 관한 사항과 연구위원의 복무 등에 관하여 필요한 사항은 심의위원회의 의결을 거쳐 위원장이 정한다.

제 10 장 식품위생단체 등

제 1 절 동업자조합

제59조【설 립】 ① 영업자는 영업의 발전과 국민 건강의 보호·증진을 위하여 대통령령으로 정하는 영업 또는 식품의 종류별로 동업자조합(이하 "조합"이라 한다)을 설립할 수 있다.

② 조합은 법인으로 한다.

③ 조합을 설립하려는 경우에는 대통령령으로 정하는 바에 따라 조합원 자격이 있는 자 10분의 1(20명을 초과하면 20명으로 한다) 이상의 발기인이 정관을 작성하여 식품의약품안전처장의 설립인가를 받아야 한다.

④ 조합은 제3항에 따른 설립인가를 받는 날에 성립된다.

⑤ 식품의약품안전처장이 제4항에서 정한 기간 내에 인가 여부 또는 민원 처리 관련 법령에 따른 처리기간의 연장을 신청인에게 통지하지 아니하면 그 기간(민원 처리 관련 법령에 따라 처리기간이 연장 또는 재연장된 경우에는 해당 처리기간을 말한다)이 끝난 날의 다음 날에 인가를 한 것으로 본다.

⑥ 조합은 제3항에 따른 설립인가를 받는 날 또는 제5항에 따라 설립인가를 한 것으로 보는 날에 성립된다.

⑦ 조합은 정관으로 정하는 바에 따라 하부조직을 둘 수 있다.

영 제48조 【동업자조합 설립단위 등】 ① 법 제59조 제1항에서 "대통령령으로 정하는 영업"이란 제21조 각 호의 영업을 말한다.

② 법 제59조 제1항에 따라 설립하는 동업자조합(이하 "조합"이라 한다)의 설립단위는 전국으로 한다. 다만, 지역 또는 영업의 특수성 등으로 인하여 전국적 조합 설립이 불가능하다고 식품의약품안전처장이 인정하는 경우에는 그러하지 아니하다.

영 제49조 【설립인가의 신청】 법 제59조 제3항에 따라 조합의 설립인가를 받으려는 자는 설립인가신청서에 다음 각 호의 서류를 첨부하여 식품의약품안전처장에게 제출하여야 한다.

1. 창립총회의 회의록
2. 정관
3. 사업계획서 및 수지예산서
4. 재산목록
5. 임원명부
6. 임원의 취임승낙서
7. 임원의 이력서
8. 임원의 주민등록증 사본 등 신원을 확인할 수 있는 증명서 사본

제60조 【조합의 사업】 조합은 다음 각 호의 사업을 한다.

1. 영업의 건전한 발전과 조합원 공동의 이익을 위한 사업
2. 조합원의 영업시설 개선에 관한 지도
3. 조합원을 위한 경영지도
4. 조합원과 그 종업원을 위한 교육훈련
5. 조합원과 그 종업원의 복지증진을 위한 사업
6. 식품의약품안전처장이 위탁하는 조사·연구 사업
7. 조합원의 생활안정과 복지증진을 위한 공제사업
8. 제1호부터 제5호까지에 규정된 사업의 부대사업

제60조의 2 【조합의 공제회 설립·운영】 ① 조합은 조합원의 생활안정과 복지증진을 도모하기 위하여 식품의약품안전처장의 인가를 받아 공제회를 설립하여 공제사업을 영위할 수 있다.

② 공제회의 구성원(이하 "공제회원"이라 한다)은 공제사업에 필요한 출자금을 납부하여야 한다.

③ 공제회의 설립인가 절차, 운영 등에 관하여 필요한 사항은 대통령령으로 정한다.

④ 조합이 제1항에 따라 공제사업을 하기 위하여 공제회를 설립하고자 하는 때에는 공제회원의 자격에 관한 사항, 출자금의 부담기준, 공제방법, 공제사업에 충당하기 위한 책임준비금 및 비상위험준비금 등 공제회의 운영에 관하여 필요한 사항을 포함하는 공제정관을 작

성하여 식품의약품안전처장의 인가를 받아야 한다. 공제정관을 변경하고자 하는 때에도 또한 같다.

⑤ 공제회는 법인으로 하며, 주된 사무소의 소재지에서 설립등기를 함으로써 성립한다.

영 **제49조의 2 【공제회 설립인가 등】** ① 조합은 법 제60조의 2에 따라 공제회의 설립인가를 받으려면 공제회 설립인가 신청서에 공제회의 구성원(이하 "공제회원"이라 한다)의 자격, 출자금의 부담기준, 공제방법, 공제사업에 충당하기 위한 책임준비금 및 비상위험준비금 등 공제회의 운영에 필요한 사항을 정한 공제정관을 첨부하여 식품의약품안전처장에게 신청하여야 한다.

② 공제회는 매 사업연도 말에 책임준비금, 비상위험준비금 및 지급준비금을 계상(計上)하고 적립하여야 한다.

③ 삭제

④ 법 제60조의 3 제6호에서 "대통령령으로 정하는 수익사업"이란 다음 각 호의 사업을 말한다.

1. 공제회원에 대한 융자 사업
2. 공제회원에 대한 경영컨설팅 사업
3. 그밖에 공제회원의 생활안정과 복지증진을 위한 사업

⑤ 법 제60조의 4 제2항에서 "조사기간, 조사범위, 조사담당자, 관계 법령 등 대통령령으로 정하는 사항"이란 다음 각 호의 사항을 말한다.

1. 조사목적
2. 조사기간 및 대상
3. 조사의 범위 및 내용
4. 조사담당자의 성명 및 소속
5. 제출자료의 목록
6. 그 밖에 해당 조사와 관련하여 필요한 사항

제60조의 3 【공제사업의 내용】 공제회는 다음 각 호의 사업을 한다.

1. 공제회원에 대한 공제급여 지급
2. 공제회원의 복리·후생 향상을 위한 사업
3. 기금 조성을 위한 사업
4. 식품위생 영업자의 경영개선을 위한 조사·연구 및 교육 사업
5. 식품위생단체 등의 법인에의 출연
6. 공제회의 목적달성에 필요한 대통령령으로 정하는 수익사업

제60조의 4 【공제회에 대한 감독】 ① 식품의약품안전처장은 공제회에 대하여 감독상 필요한 경우에는 그 업무에 관한 사항을 보고하게 하거나 자료의 제출을 명할 수 있으며, 소속 공무원으로 하여금 장부·서류, 그 밖의 물건을 검사하게 할 수 있다.

② 제1항에 따라 조사 또는 검사를 하는 공무원 등은 그 권한을 표시하는 증표를 가지고 이를 관계인에게 보여주어야 한다.

③ 식품의약품안전처장은 공제회의 운영이 적정하지 아니하거나 자산상황이 불량하여 공제회원 등의 권익을 해칠 우려가 있다고 인정하면 업무집행방법 및 자산예탁기관의 변경, 가치가 없다고 인정되는 자산의 손실처리 등 필요한 조치를 명할 수 있다.

④ 공제회가 제3항의 개선명령을 이행하지 아니한 경우 식품의약품안전처장은 공제회의 임직원의 징계·해임을 요구할 수 있다.

제61조【대의원회】 ① 조합원이 500명을 초과하는 조합은 정관으로 정하는 바에 따라 총회를 갈음할 수 있는 대의원회를 둘 수 있다.

② 대의원은 조합원이어야 한다.

제62조【다른 법률의 준용】 ① 조합에 관하여 이 법에서 규정하지 아니한 것에 대하여는「민법」중 사단법인에 관한 규정을 준용한다.

② 공제회에 관하여 이 법에서 규정하지 아니한 것에 대해서는「민법」중 사단법인에 관한 규정과「상법」중 주식회사의 회계에 관한 규정을 준용한다.

제63조【자율지도원 등】 ① 조합은 조합원의 영업시설 개선과 경영에 관한 지도 사업 등을 효율적으로 수행하기 위하여 자율지도원을 둘 수 있다.

② 조합의 관리 및 운영 등에 필요한 기준은 대통령령으로 정한다.

영 **제50조【자율지도원의 임명 및 직무 등】** ① 조합은 법 제63조 제1항에 따라 정관으로 정하는 자격기준에 해당하는 자를 자율지도원으로 둘 수 있다.

② 제1항에 따른 자율지도원은 정관으로 정하는 바에 따라 해당 조합의 장이 임명한다.

③ 제1항에 따른 자율지도원은 소속된 조합의 조합원에 대하여 다음 각 호의 사항에 관한 직무를 수행한다.

1. 법 제36조에 따른 시설기준에 관한 지도
2. 영업자 및 그 종업원의 위생교육, 건강진단, 그밖에 위생관리의 지도
3. 법 제44조에 따른 영업자의 준수사항 이행 지도 및 법 제37조 제2항에 따른 조건부 허가에 따른 조건 이행 지도
4. 그밖에 정관으로 정하는 식품위생 지도에 관한 사항

제 2 절 식품산업협회

제64조【설 립】 ① 식품산업의 발전과 식품위생의 향상을 위하여 한국식품산업협회이하 "협회"라 한다)를 설립한다.

② 제1항에 따라 설립되는 협회는 법인으로 한다.

③ 협회의 회원이 될 수 있는 자는 영업자 중 식품 또는 식품첨가물을 제조·가공·운반·판매·보존하는 자 및 그밖에 식품관련 산업을 운영하는 자로 한다.
④ 협회에 관하여 이 법에서 규정하지 아니한 것에 대하여는 「민법」 중 사단법인에 관한 규정을 준용한다.

제65조 【협회의 사업】 협회는 다음 각 호의 사업을 한다.
1. 식품산업에 관한 조사·연구
2. 식품 및 식품첨가물과 그 원재료(原材料)에 대한 시험·검사 업무
3. 식품위생과 관련한 교육
4. 영업자 중 식품이나 식품첨가물을 제조·가공·운반·판매 및 보존하는 자의 영업시설 개선에 관한 지도
5. 회원을 위한 경영지도
6. 식품안전과 식품산업진흥 및 지원·육성에 관한 사업
7. 제1호부터 제5호까지에 규정된 사업의 부대사업

제66조 【준 용】 협회에 관하여는 제63조 제1항을 준용한다. 이 경우 "조합"은 "협회"로, "조합원"은 "협회의 회원"으로 본다.

제 3 절 식품안전정보원

제67조 【식품안전정보원의 설립】 ① 식품의약품안전처장의 위탁을 받아 제49조에 따른 식품이력추적관리업무와 식품안전에 관한 업무 중 제68조 제1항 각 호에 관한 업무를 효율적으로 수행하기 위하여 식품안전정보원이하 "정보원"이라 한다)를 둔다.
② 정보원은 법인으로 한다.
③ 정보원의 정관에는 다음 각 호의 사항을 기재하여야 한다.
1. 목적
2. 명칭
3. 주된 사무소가 있는 곳
4. 자산에 관한 사항
5. 임원 및 직원에 관한 사항
6. 이사회의 운영
7. 사업범위 및 내용과 그 집행
8. 회계
9. 공고의 방법
10. 정관의 변경
11. 그 밖에 정보원의 운영에 관한 중요 사항

④ 정보원이 정관의 기재사항을 변경하려는 경우에는 식품의약품안전처장의 인가를 받아야 한다.
⑤ 정보원에 관하여 이 법에서 규정된 것 외에는 「민법」 중 재단법인에 관한 규정을 준용한다.

제68조 【정보원의 사업】 ① 정보원은 다음 각 호의 사업을 한다.

1. 국내외 식품안전정보의 수집·분석·정보제공 등

1의2. 식품안전정책 수립을 지원하기 위한 조사·연구 등

2. 식품안전정보의 수집·분석 및 식품이력추적관리 등을 위한 정보시스템의 구축·운영 등
3. 식품이력추적관리의 등록·관리 등
4. 식품이력추적관리에 관한 교육 및 홍보
5. 식품사고가 발생한 때 사고의 신속한 원인규명과 해당 식품의 회수·폐기 등을 위한 정보제공
6. 식품위해정보의 공동활용 및 대응을 위한 기관·단체·소비자단체 등과의 협력 네트워크 구축·운영
7. 소비자 식품안전 관련 신고의 안내·접수·상담 등을 위한 지원
8. 그 밖에 식품안전정보 및 식품이력추적관리에 관한 사항으로서 식품의약품안전처장이 정하는 사업

② 식품의약품안전처장은 정보원의 설립·운영 등에 필요한 비용을 지원할 수 있다.

제69조 【사업계획서 등의 제출】 ① 정보원은 총리령으로 정하는 바에 따라 매 사업연도 개시 전에 사업계획서와 예산서를 식품의약품안전처장에게 제출하여 승인을 받아야 한다.
② 정보원은 식품의약품안전처장이 지정하는 공인회계사의 검사를 받은 매 사업연도의 세입·세출결산서를 식품의약품안전처장에게 제출하여 승인을 받아 결산을 확정한 후 그 결과를 다음 사업연도 5월 말까지 국회에 보고하여야 한다.

규칙 **제85조 【식품안전정보원 사업계획서 제출】** 법 제67조 제1항에 따른 식품안전정보원(이하 "정보원"이라 한다)는 법 제69조에 따라 매 사업연도 시작 전까지 다음 연도의 사업계획서와 다음 각 호의 서류를 첨부한 예산서에 대하여 이사회의 의결을 거친 후 식품의약품안전처장에게 승인을 받아야 한다. 이를 변경할 때에도 또한 같다.

1. 추정대차대조표
2. 추정손익계산서
3. 자금의 수입·지출 계획서

제70조 【지도·감독 등】 ① 식품의약품안전처장은 정보원에 대하여 감독상 필요한 때에는 그 업무에 관한 사항을 보고하게 하거나 자료의 제출, 그 밖에 필요한 명령을 할 수 있고, 소속 공무원으로 하여금 그 사무소에 출입하여 장부·서류 등을 검사하게 할 수 있다.
② 제1항에 따라 출입·검사를 하는 공무원은 그 권한을 표시하는 증표를 지니고 이를 관계인에

게 내보여야 한다.

③ 정보원에 대한 지도·감독에 관하여 그 밖에 필요한 사항은 총리령으로 정한다.

영 **제50조의 2【식품안전정보원에 대한 출입·검사 시 제시하는 서류의 기재사항】**

법 제70조 제2항에서 "조사기간, 조사범위, 조사담당자, 관계 법령 등 대통령령으로 정하는 사항"이란 다음 각 호의 사항을 말한다.

1. 조사목적
2. 조사기간 및 대상
3. 조사의 범위 및 내용
4. 조사담당자의 성명 및 소속
5. 제출자료의 목록
6. 그 밖에 해당 조사와 관련하여 필요한 사항

규칙 **제86조【정보원에 대한 지도·감독】** ① 식품의약품안전처장은 법 제70조 제3항에 따라 정보원에 대하여 매년 1회 이상 다음 각 호의 사항을 지도·감독하여야 한다.

1. 법 제68조에 따른 정보원의 사업에 관한 사항
2. 운영예산 편성·집행의 적정 여부
3. 운영 장비 관리의 적정 여부
4. 그밖에 식품의약품안전처장이 필요하다고 인정한 사항

② 식품의약품안전처장은 정보원의 사업과 관련하여 필요한 경우에는 정보원의 장에게 관련 업무의 처리상황을 보고하게 할 수 있다.

제5절 건강 위해가능 영양성분 관리

제70조의 7【건강 위해가능 영양성분 관리】 ① 국가 및 지방자치단체는 식품의 나트륨, 당류, 트랜스지방 등 영양성분(이하 "건강 위해가능 영양성분"이라 한다)의 과잉섭취로 인하여 국민 건강에 발생할 수 있는 위해를 예방하기 위하여 노력하여야 한다.

② 식품의약품안전처장은 관계 중앙행정기관의 장과 협의하여 건강 위해가능 영양성분 관리 기술의 개발·보급, 적정섭취를 위한 실천방법의 교육·홍보 등을 실시하여야 한다.

③ 건강 위해가능 영양성분의 종류는 대통령령으로 정한다.

제70조의 8【건강 위해가능 영양성분 관리 주관기관 설립·지정】 ① 식품의약품안전처장은 건강 위해가능 영양성분 관리를 위하여 다음 각 호의 사업을 주관하여 수행할 기관이하 "주관기관"이라 한다)을 설립하거나 건강 위해가능 영양성분 관리와 관련된 사업을 하는 기관·단체 또는 법인을 주관기관으로 지정할 수 있다.

1. 건강 위해가능 영양성분 적정섭취 실천방법 교육·홍보 및 국민 참여 유도

2. 건강 위해가능 영양성분 함량 모니터링 및 정보제공
3. 건강 위해가능 영양성분을 줄인 급식과 외식, 가공식품 생산 및 구매 활성화
4. 건강 위해가능 영양성분 관리 실천사업장 운영 지원
5. 그 밖에 식품의약품안전처장이 필요하다고 인정하는 건강 위해가능 영양성분 관리사업

② 식품의약품안전처장은 주관기관에 대하여 예산의 범위에서 설립·운영 및 제1항 각 호의 사업을 수행하는 데 필요한 경비의 전부 또는 일부를 지원할 수 있다.

③ 제1항에 따라 설립되는 주관기관은 법인으로 한다.

④ 제1항에 따라 설립되는 주관기관에 관하여 이 법에서 규정된 것을 제외하고는 「민법」 중 재단법인에 관한 규정을 준용한다.

⑤ 식품의약품안전처장은 제1항에 따라 지정된 주관기관이 다음 각 호의 어느 하나에 해당하는 경우 지정을 취소할 수 있다. 다만, 제1호에 해당하는 경우에는 지정을 취소하여야 한다.
1. 거짓이나 그 밖의 부정한 방법으로 지정을 받은 경우
2. 제6항에 따른 지정기준에 적합하지 아니하게 된 경우

⑥ 주관기관의 설립, 지정 및 지정 취소의 기준·절차 등에 필요한 사항은 대통령령으로 정한다.

제70조의 9【사업계획서등의 제출】 주관기관은 총리령으로 정하는 바에 따라 전년도의 사업 실적보고서와 해당 연도의 사업계획서를 작성하여 식품의약품안전처장에게 제출하여야 한다. 다만, 제70조의8 제1항에 따라 지정된 주관기관의 경우 같은 항 각 호의 사업 수행과 관련된 사항으로 한정한다.

제70조의 10【지도·감독등】 ① 식품의약품안전처장은 주관기관에 대하여 감독상 필요한 때에는 그 업무에 관한 사항을 보고하게 하거나 자료의 제출, 그 밖에 필요한 명령을 할 수 있다. 다만, 제70조의8 제1항에 따라 지정된 주관기관에 대한 지도·감독은 같은 항 각 호의 사업 수행과 관련된 사항으로 한정한다.

② 주관기관에 대한 지도·감독에 관하여 그 밖에 필요한 사항은 총리령으로 정한다.

영 **제50조의4【건강 위해가능 영양성분의 종류】** 법 제70조의7 제1항에 따른 건강 위해가능 영양성분의 종류는 다음 각 호와 같다.
1. 나트륨
2. 당류
3. 트랜스지방

영 **제50조의5【주관기관의 지정 및 지정 취소의 기준·절차 등】** ① 법 제70조의8 제1항에 따른 주관기관(이하 "주관기관"이라 한다)으로 지정을 받으려는 자는 총리령으로 정하는 지정신청서(전자문서로 된 신청서를 포함한다)에 다음 각 호의 서류(전자

문서를 포함한다)를 첨부하여 식품의약품안전처장에게 제출하여야 한다.

1. 정관 또는 이에 준하는 사업운영규정
2. 제2항 제2호에 따른 요건을 갖추었음을 증명하는 서류
3. 법 제70조의8 제1항 각 호의 사업에 관한 사업계획서

② 주관기관의 지정기준은 다음 각 호와 같다.

1. 법 제70조의8 제1항 각 호의 사업을 주된 업무로 하는 비영리 목적의 기관·단체 또는 법인일 것
2. 법 제70조의8 제1항 각 호의 사업을 수행할 수 있는 전담인력과 조직 등 식품의약품안전처장이 정하여 고시하는 요건을 갖출 것

③ 식품의약품안전처장은 법 제70조의8 제1항에 따라 주관기관을 지정한 경우에는 총리령으로 정하는 주관기관 지정서를 발급하여야 한다.

④ 법 제70조의8 제1항에 따라 주관기관으로 지정을 받은 자는 그 명칭, 대표자 또는 소재지 중 어느 하나가 변경된 경우에는 총리령으로 정하는 변경지정신청서(전자문서로 된 신청서를 포함한다)에 다음 각 호의 서류(전자문서를 포함한다)를 첨부하여 식품의약품안전처장에게 제출하여야 한다.

1. 주관기관 지정서
2. 변경된 사항을 증명하는 서류

⑤ 식품의약품안전처장은 제1항에 따른 지정신청 또는 제4항에 따른 변경지정 신청을 받은 경우에는 「전자정부법」 제36조 제1항에 따른 행정정보의 공동 이용을 통하여 법인 등기사항증명서(법인인 경우로 한정한다)를 확인하여야 한다.

⑥ 식품의약품안전처장은 제4항에 따른 변경지정신청이 적합하다고 인정되는 경우에는 주관기관 지정서에 변경된 사항을 적어 내주어야 한다.

⑦ 주관기관의 장은 법 제70조의8 제5항에 따라 지정이 취소된 경우에는 주관기관 지정서를 식품의약품안전처장에게 반납하여야 한다.

⑧ 제1항부터 제3항까지의 규정에서 정한 사항 외에 주관기관의 지정 절차 등에 관하여 필요한 세부사항은 식품의약품안전처장이 정한다.

【규칙】 제86조의4【주관기관 지정신청서 등】 ① 영 제50조의5 제1항에 따른 지정신청서는 별지 제63호의2 서식과 같다.

② 영 제50조의5 제3항에 따른 주관기관 지정서는 별지 제63호의3 서식과 같다.

③ 영 제50조의5 제4항에 따른 변경지정신청서는 별지 제63호의4 서식과 같다.

【규칙】 제86조의5【사업계획서 등의 제출】 ① 주관기관은 법 제70조의9에 따라 다음 각 호의 서류를 첨부한 전년도 사업 실적보고서와 해당 연도의 사업계획서를 작성하여 매년 1월 말까지 식품의약품안전처장에게 제출하여야 한다.

1. 예산서
2. 추정대차대조표

3. 추정손익계산서
4. 자금의 수입·지출계획서

② 주관기관은 제1항에 따라 제출한 사업계획서를 변경하려는 경우에는 변경 내용 및 사유를 적은 서류를 식품의약품안전처장에게 제출하여야 한다.

규칙 **제86조의 6 【주관기관에 대한 지도·감독】** 식품의약품안전처장은 법 제70조의10에 따라 주관기관에 대하여 매년 1회 이상 다음 각 호의 사항을 지도·감독하여야 한다.

1. 법 제70조의8 제1항 각 호에 따른 주관기관의 사업에 관한 사항
2. 예산편성·집행의 적정 여부에 관한 사항
3. 그 밖에 식품의약품안전처장이 주관기관의 지도·감독을 위하여 필요하다고 인정하는 사항

제 11 장 시정명령과 허가취소 등 행정 제재

제71조 【시정명령】 ① 식품의약품안전처장, 시·도지사 또는 시장·군수·구청장은 제3조에 따른 식품등의 위생적 취급에 관한 기준에 맞지 아니하게 영업하는 자와 이 법을 지키지 아니하는 자에게는 필요한 시정을 명하여야 한다.

② 식품의약품안전처장, 시·도지사 또는 시장·군수·구청장은 제1항의 시정명령을 한 경우에는 그 영업을 관할하는 관서의 장에게 그 내용을 통보하여 시정명령이 이행되도록 협조를 요청할 수 있다.

③ 제2항에 따라 요청을 받은 관계 기관의 장은 정당한 사유가 없으면 이에 응하여야 하며, 그 조치 결과를 지체 없이 요청한 기관의 장에게 통보하여야 한다.

제72조 【폐기처분 등】 ① 식품의약품안전처장, 시·도지사 또는 시장·군수·구청장은 영업자(「수입식품안전관리 특별법」 제15조에 따라 등록한 수입식품등 수입·판매업자를 포함한다. 이하 이 조에서 같다)가 제4조부터 제6조까지, 제7조 제4항, 제8조, 제9조 제4항, 제9조의3, 제12조의2 제2항 또는 제44조 제1항 제3호를 위반한 경우에는 관계 공무원에게 그 식품등을 압류 또는 폐기하게 하거나 용도·처리방법 등을 정하여 영업자에게 위해를 없애는 조치를 하도록 명하여야 한다.

② 식품의약품안전처장, 시·도지사 또는 시장·군수·구청장은 제37조 제1항, 제4항 또는 제5항을 위반하여 허가받지 아니하거나 신고 또는 등록하지 아니하고 제조·가공·조리한 식품 또는 식품첨가물이나 여기에 사용한 기구 또는 용기·포장 등을 관계 공무원에게 압류하거나 폐기하게 할 수 있다.

③ 식품의약품안전처장, 시·도지사 또는 시장·군수·구청장은 식품위생상의 위해가 발생하였거나 발생할 우려가 있는 경우에는 영업자에게 유통 중인 해당 식품등을 회수·폐기하게 하거나 해당 식품등의 원료, 제조 방법, 성분 또는 그 배합 비율을 변경할 것을 명할 수 있다.

④ 제1항 및 제2항에 따른 압류나 폐기를 하는 공무원은 그 권한을 표시하는 증표 및 조사기간, 조사범위, 조사담당자, 관계 법령 등 대통령령으로 정하는 사항이 기재된 서류를 지니고 이를 관계인에게 내보여야 한다.

⑤ 제1항 및 제2항에 따른 압류 또는 폐기에 필요한 사항과 제3항에 따른 회수·폐기 대상 식품등의 기준 등은 총리령으로 정한다.

⑥ 식품의약품안전처장, 시·도지사 및 시장·군수·구청장은 제1항에 따라 폐기처분명령을 받은 자가 그 명령을 이행하지 아니하는 경우에는 「행정대집행법」에 따라 대집행을 하고 그 비용을 명령위반자로부터 징수할 수 있다.

영 **제50조의 6 【식품등의 압류·폐기 시 제시하는 서류의 기재사항】** 법 제72조 제4항에서 "조사기간, 조사범위, 조사담당자, 관계 법령 등 대통령령으로 정하는 사항"이란 다음 각 호의 사항을 말한다.

1. 조사목적
2. 조사기간 및 대상
3. 조사의 범위 및 내용
4. 조사담당자의 성명 및 소속
5. 압류·폐기 대상 제품
6. 조사 관계 법령
7. 그 밖에 해당 조사와 관련하여 필요한 사항

규칙 **제87조 【회수명령 및 압류 등】** ① 관계 공무원이 법 제72조에 따라 식품등을 압류한 경우에는 별지 제16호서식의 압류증을 발급하여야 한다.

② 법 제72조제3항에 따라 식품 등의 회수명령을 받은 영업자는 지체 없이 회수대상 식품 등의 유통 · 판매를 중지하고, 회수계획을 작성하여 그 회수계획에 따라 회수해야 한다. 이 경우 회수계획, 회수절차 및 회수결과 보고 등에 관하여는 제59조제1항 및 제3항을 준용한다.

③ 제1항 및 제2항에서 규정한 사항 외에 회수계획, 회수절차 등에 관해 필요한 사항은 식품의약품안전처장이 정하여 고시한다.

④ 법 제72조제3항에 따라 식품 등의 회수를 명한 허가관청, 신고관청 또는 등록관청은 제59조제2항제1호 및 제2호의 조치를 해야 한다.

⑤ 법 제72조제4항에 따라 압류나 폐기를 하는 공무원의 권한을 표시하는 증표는 별지 제18호서식에 따른다

제73조 【위해식품등의 공표】 ① 식품의약품안전처장, 시·도지사 또는 시장·군수·구청장은 다음 각 호의 어느 하나에 해당되는 경우에는 해당 영업자에 대하여 그 사실의 공표를 명할 수 있다. 다만, 식품위생에 관한 위해가 발생한 경우에는 공표를 명하여야 한다.

1. 제4조부터 제6조까지, 제7조 제4항, 제8조, 제9조 제4항 또는 제9조의3 등을 위반하여

식품위생에 관한 위해가 발생하였다고 인정되는 때

2. 제45조 제1항 또는 「식품등의 표시·광고에 관한 법률」 제15조 제2항에 따른 회수계획을 보고받은 때

② 제1항에 따른 공표방법 등 공표에 관하여 필요한 사항은 대통령령으로 정한다.

영 **제51조【위해식품등의 공표방법】** ① 법 제73조 제1항에 따라 위해식품등의 공표명령을 받은 영업자는 지체 없이 위해 발생사실 또는 다음 각 호의 사항이 포함된 위해식품등의 긴급회수문을 「신문 등의 진흥에 관한 법률」 제9조 제1항에 따라 등록한 전국을 보급지역으로 하는 1개 이상의 일반일간신문[당일 인쇄·보급되는 해당 신문의 전체 판(版)을 말한다. 이하 같다]에 게재하고, 식품의약품안전처의 인터넷 홈페이지에 게재를 요청하여야 한다.

1. 식품등을 회수한다는 내용의 표제
2. 제품명
3. 회수대상 식품등의 제조일·수입일 또는 유통기한·품질유지기한
4. 회수 사유
5. 회수방법
6. 회수하는 영업자의 명칭
7. 회수하는 영업자의 전화번호, 주소, 그밖에 회수에 필요한 사항

② 제1항에 따른 공표에 관한 세부 사항은 총리령으로 정한다.

규칙 **제88조【위해식품등의 긴급회수문】** ① 영 제51조 제1항에 따른 위해식품등의 긴급회수문의 내용 및 작성요령 등은 별표 22와 같다.

② 영 제51조 제1항에 따라 위해 발생사실 또는 위해식품등의 긴급회수문을 공표한 영업자는 다음 각 호의 사항이 포함된 공표 결과를 지체 없이 허가관청, 신고관청 또는 등록관청에 통보하여야 한다.

1. 공표일
2. 공표매체
3. 공표횟수
4. 공표문 사본 또는 내용

제74조【시설 개수명령 등】 ① 식품의약품안전처장, 시·도지사 또는 시장·군수·구청장은 영업시설이 제36조에 따른 시설기준에 맞지 아니한 경우에는 기간을 정하여 그 영업자에게 시설을 개수(改修)할 것을 명할 수 있다.

② 건축물의 소유자와 영업자 등이 다른 경우 건축물의 소유자는 제1항에 따른 시설 개수명령을 받은 영업자 등이 시설을 개수하는 데에 최대한 협조하여야 한다.

제75조【허가취소 등】 ① 식품의약품안전처장 또는 특별자치시장 · 특별자치도지사 · 시장 ·

군수 · 구청장은 영업자가 다음 각 호의 어느 하나에 해당하는 경우에는 대통령령으로 정하는 바에 따라 영업허가 또는 등록을 취소하거나 6개월 이내의 기간을 정하여 그 영업의 전부 또는 일부를 정지하거나 영업소 폐쇄(제37조제4항에 따라 신고한 영업만 해당한다. 이하 이 조에서 같다)를 명할 수 있다. 다만, 식품접객영업자가 제13호(제44조제2항에 관한 부분만 해당한다)를 위반한 경우로서 청소년의 신분증 위조 · 변조 또는 도용으로 식품접객영업자가 청소년인 사실을 알지 못하였거나 폭행 또는 협박으로 청소년임을 확인하지 못한 사정이 인정되는 경우에는 대통령령으로 정하는 바에 따라 해당 행정처분을 면제할 수 있다. [[시행일 2025.1.3]]

1. 제4조부터 제6조까지, 제7조제4항, 제8조, 제9조제4항, 제9조의3 또는 제12조의2제2항을 위반한 경우
2. 삭제
3. 제17조제4항을 위반한 경우
4. 제22조제1항(제22조의3에 따라 비대면으로 실시하는 경우를 포함한다)에 따른 출입 · 검사 · 수거를 거부 · 방해 · 기피한 경우

4의2. 삭제 [2015.2.3 제13201호(수입식품안전관리 특별법)]

5. 제31조제1항 및 제3항을 위반한 경우
6. 제36조를 위반한 경우
7. 제37조제1항 후단, 제3항, 제4항 후단을 위반하거나 같은 조 제2항에 따른 조건을 위반한 경우

7의2. 제37조제5항에 따른 변경 등록을 하지 아니하거나 같은 항 단서를 위반한 경우

8. 제38조제1항제8호에 해당하는 경우
9. 제40조제3항을 위반한 경우
10. 제41조제5항을 위반한 경우

10의2. 제41조의2제1항을 위반한 경우

11. 삭제
12. 제43조에 따른 영업 제한을 위반한 경우
13. 제44조제1항 · 제2항 및 제4항을 위반한 경우
14. 제45조제1항 전단에 따른 회수 조치를 하지 아니한 경우

14의2. 제45조제1항 후단에 따른 회수계획을 보고하지 아니하거나 거짓으로 보고한 경우

14의3. 제46조의2제1항에 따른 보고를 하지 아니하거나 거짓으로 보고한 경우

15. 제48조제2항에 따른 식품안전관리인증기준을 지키지 아니한 경우

15의2. 제49조제1항 단서에 따른 식품이력추적관리를 등록하지 아니 한 경우

16. 제51조제1항을 위반한 경우
17. 제71조제1항, 제72조제1항 · 제3항, 제73조제1항 또는 제74조제1항(제88조에 따라 준용되는 제71조제1항, 제72조제1항 · 제3항 또는 제74조제1항을 포함한다)에 따른 명령

을 위반한 경우

18. 제72조제1항 · 제2항에 따른 압류 · 폐기를 거부 · 방해 · 기피한 경우
19. 「성매매알선 등 행위의 처벌에 관한 법률」 제4조에 따른 금지행위를 한 경우
20. 「마약류 관리에 관한 법률」 제3조제11호에 따른 행위를 하거나 이를 교사 · 방조한 경우

② 식품의약품안전처장 또는 특별자치시장 · 특별자치도지사 · 시장 · 군수 · 구청장은 영업자가 제1항에 따른 영업정지 명령을 위반하여 영업을 계속하면 영업허가 또는 등록을 취소하거나 영업소 폐쇄를 명할 수 있다.

③ 식품의약품안전처장 또는 특별자치시장 · 특별자치도지사 · 시장 · 군수 · 구청장은 다음 각 호의 어느 하나에 해당하는 경우에는 영업허가 또는 등록을 취소하거나 영업소 폐쇄를 명할 수 있다.

1. 영업자가 정당한 사유 없이 6개월 이상 계속 휴업하는 경우
2. 영업자(제37조제1항에 따라 영업허가를 받은 자만 해당한다)가 사실상 폐업하여 「부가가치세법」 제8조에 따라 관할세무서장에게 폐업신고를 하거나 관할세무서장이 사업자등록을 말소한 경우

④ 식품의약품안전처장 또는 특별자치시장 · 특별자치도지사 · 시장 · 군수 · 구청장은 제3항제2호의 사유로 영업허가를 취소하기 위하여 필요한 경우 관할 세무서장에게 영업자의 폐업여부에 대한 정보 제공을 요청할 수 있다. 이 경우 요청을 받은 관할 세무서장은 「전자정부법」 제39조에 따라 영업자의 폐업여부에 대한 정보를 제공한다.

⑤ 제1항 및 제2항에 따른 행정처분의 세부기준은 그 위반 행위의 유형과 위반 정도 등을 고려하여 총리령으로 정한다.

영 **제52조 【허가취소 등】** ① 다음 각 호의 처분은 처분 사유 및 처분 내용 등이 기재된 서면으로 하여야 한다.

1. 법 제75조에 따른 영업허가 취소, 등록취소 영업정지 또는 영업소 폐쇄 처분
2. 법 제76조에 따른 품목·품목류 제조정지 처분
3. 법 제80조에 따른 조리사 또는 영양사의 면허취소 또는 업무정지 처분

② 제1항에 따른 처분을 하기 위하여 법 제81조에 따른 청문을 하거나 「행정절차법」 제27조에 따른 의견제출을 받았을 때에는 특별한 사유가 없으면 그 절차를 마친 날부터 14일 이내에 처분을 하여야 한다.

③ 식품의약품안전처장 또는 특별자치시장·특별자치도지사·시장·군수·구청장은 법 제75조 제1항 각 호 외의 부분 단서에 따라 식품접객영업자가 법 제44조 제2항을 위반한 경우로서 청소년(「청소년 보호법」 제2조 제1호에 따른 청소년을 말한다. 이하 같다)의 신분증 위조·변조 또는 도용으로 청소년인 사실을 알지 못했거나 폭행 또는 협박으로 청소년임을 확인하지 못한 사정이 인정되어 불기소 처분이나 선고유예 판결을 받은 경우에는 해당 행정처분을 면제한다.

【규칙】 **제89조 【행정처분의 기준】** 법 제71조, 법 제72조, 법 제74조부터 법 제76조까지 및 법 제80조에 따른 행정처분의 기준은 별표 23과 같다.

【규칙】 **제90조 【영업소 폐쇄 등의 게시】** 허가관청, 신고관청 또는 등록관청은 법 제75조에 따라 영업허가취소, 영업등록취소, 영업정지 또는 영업소의 폐쇄처분을 한 경우 영업소명, 처분 내용, 처분기간 등을 적은 별지 제63호의5 서식의 게시문을 해당 처분을 받은 영업소의 출입구나 그 밖의 잘 보이는 곳에 붙여두어야 한다.

【규칙】 **제91조 【행정처분대장 등】** ① 식품의약품안전처장, 지방식품의약품안전청장 또는 허가관청·신고관청·등록관청은 법 제71조, 법 제72조, 법 제74조부터 법 제76조까지, 법 제79조 및 법 제80조에 따라 행정처분을 한 경우와 법 제81조에 따른 청문을 한 경우에는 별지 제64호서식의 행정처분 및 청문대장에 그 내용을 기록하고 이를 갖춰 두어야 한다.

② 지방식품의약품안전청장 또는 특별자치시장·특별자치도지사·시장·군수·구청장이 법 제75조에 따라 영업허가·영업등록을 취소한 경우 또는 법 제79조에 따라 영업소의 폐쇄명령을 한 경우에는 그 영업자의 성명·생년월일, 취소 또는 폐쇄 사유, 취소 또는 폐쇄일 등을 지방식품의약품안전청장은 다른 지방식품의약품안전청장에게, 시장·군수·구청장은 관할 시·도지사를 거쳐 다른 시·도지사에게 각각 알려야 한다.

③ 지방식품의약품안전청장 또는 특별자치시장·특별자치도지사·시장·군수·구청장이 다음 각 호의 어느 하나에 해당하는 영업에 대하여 법 제75조, 법 제76조 및 법 제79조에 따른 행정처분을 한 경우에는 지체 없이 그 영업소의 명칭, 영업허가(신고·등록)번호, 위반내용, 행정처분 내용, 처분기간 및 처분대상 품목명 등을 별지 제65호서식에 따라 식품의약품안전처장에게 보고하여야 한다. 이 경우 시장·군수·구청장은 시·도지사를 거쳐 보고하여야 한다.

1. 영 제21조 제1호의 식품제조·가공업
2. 영 제21조 제3호의 식품첨가물제조업
3. 영 제21조 제5호 나목 3)의 유통전문판매업
4. 삭제
5. 영 제21조 제7호의 용기·포장류제조업

제76조 【품목 제조정지 등】 ① 식품의약품안전처장 또는 특별자치시장·특별자치도지사·시장·군수·구청장은 영업자가 다음 각 호의 어느 하나에 해당하면 대통령령으로 정하는 바에 따라 해당 품목 또는 품목류제7조 또는 제9조에 따라 정하여진 식품등의 기준 및 규격 중 동일한 기준 및 규격을 적용받아 제조·가공되는 모든 품목을 말한다. 이하 같다)에 대하여 기간을 정하여 6개월 이내의 제조정지를 명할 수 있다.

1. 제7조 제4항을 위반한 경우
2. 제9조 제4항을 위반한 경우
3. 삭제

3의2. 제12조의 2 제2항을 위반한 경우

4. 삭제
5. 제31조 제1항을 위반한 경우

② 제1항에 따른 행정처분의 세부 기준은 그 위반 행위의 유형과 위반 정도 등을 고려하여 총리령으로 정한다.

제77조【영업허가 등의 취소 요청】 ① 식품의약품안전처장은 「축산물위생관리법」, 「수산업법」, 「양식산업발전법」 또는 「주류 면허 등에 관한 법률」에 따라 허가 또는 면허를 받은 자가 제4조부터 제6조까지 또는 제7조 제4항을 위반한 경우에는 해당 허가 또는 면허 업무를 관할하는 중앙행정기관의 장에게 다음 각 호의 조치를 하도록 요청할 수 있다. 다만, 주류(酒類)는 「보건범죄단속에 관한 특별조치법」 제8조에 따른 유해 등의 기준에 해당하는 경우로 한정한다.

1. 허가 또는 면허의 전부 또는 일부 취소
2. 일정 기간의 영업정지
3. 그밖에 위생상 필요한 조치

② 제1항에 따라 영업허가 등의 취소 요청을 받은 관계 중앙행정기관의 장은 정당한 사유가 없으면 이에 따라야 하며, 그 조치결과를 지체 없이 식품의약품안전처장에게 통보하여야 한다.

제78조【행정 제재처분 효과의 승계】 영업자가 영업을 양도하거나 법인이 합병되는 경우에는 제75조 제1항 각 호, 같은 조 제2항 또는 제76조 제1항 각 호를 위반한 사유로 종전의 영업자에게 행한 행정 제재처분의 효과는 그 처분기간이 끝난 날부터 1년간 양수인이나 합병 후 존속하는 법인에 승계되며, 행정 제재처분 절차가 진행 중인 경우에는 양수인이나 합병 후 존속하는 법인에 대하여 행정 제재처분 절차를 계속할 수 있다. 다만, 양수인이나 합병 후 존속하는 법인이 양수하거나 합병할 때에 그 처분 또는 위반사실을 알지 못하였음을 증명하는 때에는 그러하지 아니하다.

제79조【폐쇄조치 등】 ① 식품의약품안전처장, 시·도지사 또는 시장·군수·구청장은 제37조 제1항, 제4항 또는 제5항을 위반하여 허가받지 아니하거나 신고 또는 등록하지 아니하고 영업을 하는 경우 또는 제75조 제1항 또는 제2항에 따라 허가 또는 등록이 취소되거나 영업소 폐쇄명령을 받은 후에도 계속하여 영업을 하는 경우에는 해당 영업소를 폐쇄하기 위하여 관계 공무원에게 다음 각 호의 조치를 하게 할 수 있다.

1. 해당 영업소의 간판 등 영업 표지물의 제거나 삭제
2. 해당 영업소가 적법한 영업소가 아님을 알리는 게시문 등의 부착
3. 해당 영업소의 시설물과 영업에 사용하는 기구 등을 사용할 수 없게 하는 봉인(封印)

② 식품의약품안전처장, 시·도지사 또는 시장·군수·구청장은 제1항 제3호에 따라 봉인한 후 봉인을 계속할 필요가 없거나 해당 영업을 하는 자 또는 그 대리인이 해당 영업소 폐쇄를 약속하거나 그 밖의 정당한 사유를 들어 봉인의 해제를 요청하는 경우에는 봉인을 해제할 수 있다. 제1항 제2호에 따른 게시문 등의 경우에도 또한 같다.
③ 식품의약품안전처장, 시·도지사 또는 시장·군수·구청장은 제1항에 따른 조치를 하려면 해당 영업을 하는 자 또는 그 대리인에게 문서로 미리 알려야 한다. 다만, 급박한 사유가 있으면 그러하지 아니하다.
④ 제1항에 따른 조치는 그 영업을 할 수 없게 하는 데에 필요한 최소한의 범위에 그쳐야 한다.
⑤ 제1항의 경우에 관계 공무원은 그 권한을 표시하는 증표 및 조사기간, 조사범위, 조사담당자, 관계 법령 등 대통령령으로 정하는 사항이 기재된 서류를 지니고 이를 관계인에게 내보여야 한다.

영 **제52조의 2 【영업소 폐쇄를 위한 조치 시 제시하는 서류의 기재사항】** 법 제79조 제5항에서 "조사기간, 조사범위, 조사담당자, 관계 법령 등 대통령령으로 정하는 사항"이란 다음 각 호의 사항을 말한다.
1. 조사목적
2. 조사기간 및 대상
3. 조사의 범위 및 내용
4. 조사담당자의 성명 및 소속
5. 조사 관계 법령
6. 그 밖에 해당 조사와 관련하여 필요한 사항

제80조 【면허취소 등】 ① 식품의약품안전처장 또는 특별자치시장·특별자치도지사·시장·군수·구청장은 조리사가 다음 각 호의 어느 하나에 해당하면 그 면허를 취소하거나 6개월 이내의 기간을 정하여 업무정지를 명할 수 있다. 다만, 조리사가 제1호 또는 제5호에 해당할 경우 면허를 취소하여야 한다.
1. 제54조 각 호의 어느 하나에 해당하게 된 경우
2. 제56조에 따른 교육을 받지 아니한 경우
3. 식중독이나 그밖에 위생과 관련한 중대한 사고 발생에 직무상의 책임이 있는 경우
4. 면허를 타인에게 대여하여 사용하게 한 경우
5. 업무정지기간 중에 조리사의 업무를 하는 경우

② 제1항에 따른 행정처분의 세부 기준은 그 위반 행위의 유형과 위반 정도 등을 고려하여 총리령으로 정한다.

제81조 【청 문】 식품의약품안전처장, 시·도지사 또는 시장·군수·구청장은 다음 각 호의 어느 하나에 해당하는 처분을 하려면 청문을 하여야 한다.

1. 삭제
1의2. 삭제
1의3. 제7조제5항 · 제9조제5항 · 제9조의2제6항에 따른 인정의 취소 또는 제18조제7항에 따른 안전성 승인의 취소
2. 제48조제8항에 따른 식품안전관리인증기준적용업소의 인증취소
2의2. 제48조의5제1항에 따른 교육훈련기관의 지정취소
3. 제75조제1항부터 제3항까지의 규정에 따른 영업허가 또는 등록의 취소나 영업소의 폐쇄명령
4. 제80조제1항에 따른 면허의 취소

제82조【영업정지 등의 처분에 갈음하여 부과하는 과징금 처분】 ① 식품의약품안전처장, 시·도지사 또는 시장·군수·구청장은 영업자가 제75조 제1항 각 호 또는 제76조 제1항 각 호의 어느 하나에 해당하는 경우에는 대통령령으로 정하는 바에 따라 영업정지, 품목 제조정지 또는 품목류 제조정지 처분을 갈음하여 10억원 이하의 과징금을 부과할 수 있다. 다만, 제6조를 위반하여 제75조 제1항에 해당하는 경우와 제4조, 제5조, 제7조, 제12조의 2, 제13조, 제37조, 제43조 및 제44조를 위반하여 제75조 제1항 또는 제76조 제1항에 해당하는 중대한 사항으로서 총리령으로 정하는 경우는 제외한다.
② 제1항에 따른 과징금을 부과하는 위반 행위의 종류·정도 등에 따른 과징금의 금액과 그 밖에 필요한 사항은 대통령령으로 정한다.
③ 식품의약품안전처장, 시·도지사 또는 시장·군수·구청장은 과징금을 징수하기 위하여 필요한 경우에는 다음 각 호의 사항을 적은 문서로 관할 세무관서의 장에게 과세 정보 제공을 요청할 수 있다.
1. 납세자의 인적 사항
2. 사용 목적
3. 과징금 부과기준이 되는 매출금액
④ 식품의약품안전처장, 시·도지사 또는 시장·군수·구청장은 제1항에 따른 과징금을 기한 내에 납부하지 아니하는 때에는 대통령령으로 정하는 바에 따라 제1항에 따른 과징금 부과처분을 취소하고 제75조 제1항 또는 제76조 제1항에 따른 영업정지 또는 제조정지 처분을 하거나 국세 체납처분의 예 또는 「지방행정제재·부과금의 징수 등에 관한 법률」에 따라 징수한다. 다만, 다음 각 호의 어느 하나에 해당하는 경우에는 국세 체납처분의 예 또는 「지방행정제재·부과금의 징수 등에 관한 법률」에 따라 징수한다.
1. 삭제
2. 제37조 제3항, 제4항 및 제5항에 따른 폐업 등으로 제75조 제1항 또는 제76조 제1항에 따른 영업정지 또는 제조정지 처분을 할 수 없는 경우
⑤ 제1항 및 제4항 단서에 따라 징수한 과징금 중 식품의약품안전처장이 부과·징수한 과징금은

국가에 귀속되고, 시·도지사가 부과·징수한 과징금은 시·도의 식품진흥기금(제89조에 따른 식품진흥기금을 말한다. 이하 이 항에서 같다)에 귀속되며, 시장·군수·구청장이 부과·징수한 과징금은 시·도와 시·군·구의 식품진흥기금에 귀속된다. 이 경우 시·도 및 시·군·구에 귀속시키는 방법 등은 대통령령으로 정한다.

⑥ 시·도지사는 제91조에 따라 제1항에 따른 과징금을 부과·징수할 권한을 시장·군수·구청장에게 위임한 경우에는 그에 필요한 경비를 대통령령으로 정하는 바에 따라 시장·군수·구청장에게 교부할 수 있다.

⑦ 식품의약품안전처장, 시·도지사 또는 시장·군수·구청장은 제4항에 따라 체납된 과징금의 징수를 위하여 다음 각 호의 어느 하나에 해당하는 자료 또는 정보를 해당 각 호의 자에게 각각 요청할 수 있다. 이 경우 요청을 받은 자는 정당한 사유가 없으면 그 요청에 따라야 한다.

1. 「건축법」 제38조에 따른 건축물대장 등본: 국토교통부장관
2. 「공간정보의 구축 및 관리 등에 관한 법률」 제71조에 따른 토지대장 등본: 국토교통부장관
3. 「자동차관리법」 제7조에 따른 자동차등록원부 등본: 시·도지사

영 **제53조【영업정지 등의 처분에 갈음하여 부과하는 과징금의 산정기준】** 법 제82조 제1항 본문에 따라 부과하는 과징금의 금액은 위반행위의 종류와 위반 정도 등을 고려하여 총리령으로 정하는 영업정지, 품목·품목류 제조정지 처분기준에 따라 별표 1의 기준을 적용하여 산정한다.

영 **제54조【과징금의 부과 및 징수절차】** ① 식품의약품안전처장, 시·도지사 또는 시장·군수·구청장은 법 제82조에 따라 과징금을 부과하려면 그 위반행위의 종류와 해당 과징금의 금액 등을 명시하여 납부할 것을 서면으로 알려야 한다.

② 법 제82조에 따른 과징금의 징수절차는 총리령으로 정한다.

영 **제54조의 2【과징금의 납부기한의 연장 및 분할납부】** 식품의약품안전처장, 시·도지사 또는 시장·군수·구청장이 「행정기본법」 제29조 단서에 따라 법 제82조제1항에 따른 과징금의 납부기한을 연기하거나 분할 납부하게 하는 경우 납부기한의 연기는 그 납부기한의 다음 날부터 1년을 초과할 수 없고, 각 분할된 납부기한 간의 간격은 4개월 이내로 하며, 분할 납부의 횟수는 3회 이내로 한다.

규칙 **제92조【과징금부과 제외대상 및 징수절차 등】** ① 법 제82조 제1항 단서에 따른 과징금 부과 제외대상은 별표 23과 같다.

② 영 제54조에 따른 과징금의 징수절차에 관하여는 「국고금관리법 시행규칙」을 준용한다. 이 경우 납입고지서에는 이의방법 및 이의기간 등을 함께 기재하여야 한다.

영 **제55조 【과징금 부과처분 취소 대상자】** 법 제82조제4항 각 호 외의 부분 본문에 따라 과징금 부과처분을 취소하고 업무정지, 영업정지 또는 제조정지 처분을 하거나 국세 체납처분의 예 또는 「지방행정제재 · 부과금의 징수 등에 관한 법률」에 따라 과징금을 징수하여야 하는 대상자는 과징금을 기한 내에 납부하지 아니한 자로서 1회의 독촉을 받고 그 독촉을 받은 날부터 15일 이내에 과징금을 납부하지 아니한 자를 말한다

영 **제56조 【기금의 귀속비율】** 법 제82조 제5항 후단에 따른 기금의 특별시·광역시·특별자치시·도·특별자치도(이하 "시·도"라 한다) 및 시·군·구 귀속비율은 다음 각 호와 같다.

1. 시·도 : 100분의 40
2. 시·군·구 : 100분의 60

제83조 【위해식품등의 판매 등에 따른 과징금 부과 등】 ① 식품의약품안전처장, 시 · 도지사 또는 시장 · 군수 · 구청장은 위해식품등의 판매 등 금지에 관한 제4조부터 제6조까지의 규정 또는 제8조를 위반한 경우 다음 각 호의 어느 하나에 해당하는 자에 대하여 그가 해당 식품등을 판매한 금액의 2배 이하의 범위에서 과징금을 부과할 수 있다.

1. 제4조제2호 · 제3호 및 제5호부터 제7호까지의 규정을 위반하여 제75조에 따라 영업정지 2개월 이상의 처분, 영업허가 및 등록의 취소 또는 영업소의 폐쇄명령을 받은 자
2. 제5조, 제6조 또는 제8조를 위반하여 제75조에 따라 영업허가 및 등록의 취소 또는 영업소의 폐쇄명령을 받은 자
3. 삭제

② 식품의약품안전처장, 시 · 도지사 또는 시장 · 군수 · 구청장은 제1항에 따른 과징금을 부과하는 경우 다음 각 호의 사항을 고려하여야 한다.

1. 위반행위의 내용 및 정도
2. 위반행위의 기간 및 횟수
3. 위반행위로 인하여 취득한 이익의 규모

③ 제1항 및 제2항에 따른 과징금의 산출금액은 대통령령으로 정하는 바에 따라 결정하여 부과한다.

④ 제3항에 따라 부과된 과징금을 기한 내에 납부하지 아니하는 경우 또는 제37조제3항, 제4항 및 제5항에 따라 폐업한 경우에는 국세 체납처분의 예 또는 「지방행정제재 · 부과금의 징수 등에 관한 법률」에 따라 징수한다.

⑤ 제1항에 따른 과징금 및 체납 과징금의 징수를 위한 정보 · 자료의 제공 요청, 부과 · 징수한 과징금의 귀속 및 귀속 비율과 징수 절차 등에 관하여는 제82조제3항 및 제5항부터 제7항까지의 규정을 준용한다.

■영■ **제57조 【위해식품등의 판매 등에 따른 과징금 부과 기준 및 절차】** ① 법 제83조 제1항에 따라 부과하는 과징금의 금액은 위해식품등의 판매량에 판매가격을 곱한 금액으로 한다.

② 제1항에 따른 판매량은 위해식품등을 최초로 판매한 시점부터 적발시점까지의 출하량에서 회수량 및 자연적 소모량을 제외한 수량으로 하고, 판매가격은 판매기간 중 가격이 변동된 경우에는 판매시기별로 가격을 산정한다.

③ 법 제83조 제1항에 따른 과징금의 부과·징수절차 및 귀속비율에 관하여는 제54조 및 제56조를 준용한다.

제84조 【위반사실 공표】 식품의약품안전처장, 시·도지사 또는 시장·군수·구청장은 제72조, 제75조, 제76조, 제79조, 제82조 또는 제83조에 따라 행정처분이 확정된 영업자에 대한 처분 내용, 해당 영업소와 식품등의 명칭 등 처분과 관련한 영업 정보를 대통령령으로 정하는 바에 따라 공표하여야 한다.

■영■ **제58조 【위반사실의 공표】** 법 제84조에 따라 식품의약품안전처장, 시·도지사 또는 시장·군수·구청장은 행정처분이 확정된 영업자에 대한 다음 각 호의 사항을 지체 없이 해당 기관의 인터넷 홈페이지 또는 「신문 등의 진흥에 관한 법률」 제9조 제1항에 따라 등록한 전국을 보급지역으로 하는 일반일간신문 등에 게재하여야 한다.

1. 「식품위생법」 위반사실의 공표라는 내용의 표제
2. 영업의 종류
3. 영업소 명칭, 소재지 및 대표자 성명
4. 식품등의 명칭(식품등의 제조·가공, 소분·판매업만 해당한다)
5. 위반 내용(위반행위의 구체적인 내용과 근거 법령을 포함한다)
6. 행정처분의 내용, 처분일 및 기간
7. 단속기관 및 단속일 또는 적발일

제 12 장 보 칙

제85조 【국고 보조】 식품의약품안전처장은 예산의 범위에서 다음 경비의 전부 또는 일부를 보조할 수 있다.

1. 제22조 제1항(제88조에서 준용하는 경우를 포함한다)에 따른 수거에 드는 경비
2. 삭제
3. 조합에서 실시하는 교육훈련에 드는 경비
4. 제32조 제1항에 따른 식품위생감시원과 제33조에 따른 소비자식품위생감시원 운영에 드는 경비
5. 정보원의 설립·운영에 드는 경비

6. 제60조 제6호에 따른 조사·연구 사업에 드는 경비
7. 제63조 제1항(제66조에서 준용하는 경우를 포함한다)에 따른 조합 또는 협회의 자율지도원 운영에 드는 경비
8. 제72조(제88조에서 준용하는 경우를 포함한다)에 따른 폐기에 드는 경비

제86조 【식중독에 관한 조사 보고】 ① 다음 각 호의 어느 하나에 해당하는 자는 지체 없이 관할 특별자치시장·시장(「제주특별자치도 설치 및 국제자유도시 조성을 위한 특별법」에 따른 행정시장을 포함한다. 이하 이 조에서 같다)·군수·구청장에게 보고하여야 한다. 이 경우 의사나 한의사는 대통령령으로 정하는 바에 따라 식중독 환자나 식중독이 의심되는 자의 혈액 또는 배설물을 보관하는 데에 필요한 조치를 하여야 한다.

1. 식중독 환자나 식중독이 의심되는 자를 진단하였거나 그 사체를 검안(檢案)한 의사 또는 한의사
2. 집단급식소에서 제공한 식품등으로 인하여 식중독 환자나 식중독으로 의심되는 증세를 보이는 자를 발견한 집단급식소의 설치·운영자

② 특별자치시장 · 시장 · 군수 · 구청장은 제1항에 따른 보고를 받은 때에는 지체 없이 그 사실을 식품의약품안전처장 및 시 · 도지사(특별자치시장은 제외한다)에게 통보하고, 대통령령으로 정하는 바에 따라 원인을 조사하여 그 결과를 제출하여야 한다. 〈개정 2010. 1. 18., 2013. 3. 23., 2013. 5. 22., 2018. 12. 11., 2024. 9. 20.〉

③ 식품의약품안전처장은 제2항에 따른 통보의 내용이 국민 건강상 중대하다고 인정하는 경우에는 해당 시 · 도지사 또는 시장 · 군수 · 구청장과 합동으로 원인을 조사할 수 있다. 〈신설 2013. 5. 22., 2022. 6. 10., 2024. 9. 20.〉

④ 식품의약품안전처장은 식중독 발생의 원인을 규명하기 위하여 식중독 의심환자가 발생한 원인시설 등에 대한 조사절차와 시험·검사 등에 필요한 사항을 정할 수 있다.

영 **제59조 【식중독 원인의 조사】** ① 식중독 환자나 식중독이 의심되는 자를 진단한 의사나 한의사는 다음 각 호의 어느 하나에 해당하는 경우 법 제86조 제1항 각 호 외의 부분 후단에 따라 해당 식중독 환자나 식중독이 의심되는 자의 혈액 또는 배설물을 채취하여 법 제86조 제2항에 따라 특별자치시장·시장(「제주특별자치도 설치 및 국제자유도시 조성을 위한 특별법」에 따른 행정시장을 포함한다. 이하 이 조에서 같다)·군수·구청장이 조사하기 위하여 인수할 때까지 변질되거나 오염되지 아니하도록 보관하여야 한다. 이 경우 보관용기에는 채취일, 식중독 환자나 식중독이 의심되는 자의 성명 및 채취자의 성명을 표시하여야 한다.

1. 구토·설사 등의 식중독 증세를 보여 의사 또는 한의사가 혈액 또는 배설 물의 보관이 필요하다고 인정한 경우
2. 식중독 환자나 식중독이 의심되는 자 또는 그 보호자가 혈액 또는 배설물의 보관을 요청한 경우

② 법 제86조 제2항에 따라 특별자치시장·시장·군수·구청장이 하여야 할 조사는 다음 각 호와 같다.

1. 식중독의 원인이 된 식품등과 환자 간의 연관성을 확인하기 위해 실시하는 설문조사, 섭취음식 위험도 조사 및 역학적(疫學的) 조사
2. 식중독 환자나 식중독이 의심되는 자의 혈액·배설물 또는 식중독의 원인이라고 생각되는 식품등에 대한 미생물학적 또는 이화학적(理化學的) 시험에 의한 조사
3. 식중독의 원인이 된 식품등의 오염경로를 찾기 위하여 실시하는 환경조사

③ 특별자치시장·시장·군수·구청장은 제2항 제2호에 따른 조사를 할 때에는 「식품·의약품분야 시험·검사 등에 관한 법률」 제6조 제4항 단서에 따라 총리령으로 정하는 시험·검사기관에 협조를 요청할 수 있다.

규칙 **제93조 【식중독환자 또는 그 사체에 관한 보고】** ① 의사 또는 한의사가 법 제86조 제1항에 따라 하는 보고에는 다음 각 호의 사항이 포함되어야 한다.

1. 보고자의 주소 및 성명
2. 식중독을 일으킨 환자, 식중독이 의심되는 사람 또는 식중독으로 사망한 사람의 주소·성명·생년월일 및 사체의 소재지
3. 식중독의 원인
4. 발병 연월일
5. 진단 또는 검사 연월일

② 법 제86조 제2항에 따라 특별자치시장·시장(「제주특별자치도 설치 및 국제자유도시 조성을 위한 특별법」에 따른 행정시장을 포함한다)·군수·구청장이 하는 식중독 발생 보고 및 식중독 조사결과 보고는 각각 별지 제66호 서식 및 별지 제67호 서식에 따른다.

제87조 【식중독대책협의기구 설치】 ① 식품의약품안전처장은 식중독 발생의 효율적인 예방 및 확산방지를 위하여 교육부, 농림축산식품부, 보건복지부, 환경부, 해양수산부, 식품의약품안전처, 시·도 등 유관기관으로 구성된 식중독대책협의기구를 설치·운영하여야 한다.
② 제1항에 따른 식중독대책협의기구의 구성과 세부적인 운영사항 등은 대통령령으로 정한다.

영 **제60조 【식중독대책협의기구의 구성·운영 등】** ① 법 제87조 제1항에 따른 식중독대책협의기구(이하 "협의기구"라 한다)의 위원은 다음 각 호에 해당하는 자로 한다.

1. 교육부, 법무부, 국방부, 농림축산식품부, 보건복지부 및 환경부 등 중앙행정기관의 장이 해당 중앙행정기관의 고위공무원단에 속하는 일반직공무원 또는 이에 상당하는 공무원[법무부 및 국방부의 경우에는 각각 이에 해당하는 검사(檢事) 및 장성급(將星級) 장교를 포함한다] 중에서 지명하는 자
2. 지방자치단체의 장이 해당 지방행정기관의 고위공무원단에 속하는 일반직 공무원 또는 이에 상당하는 지방공무원 중에서 지명하는 자

3. 그 밖에 식품의약품안전처장이 지정하는 기관 및 단체의 장

② 식품의약품안전처장은 협의기구의 회의를 소집하고 그 의장이 된다.

③ 협의기구의 회의는 재적위원 과반수의 출석으로 개의하고, 출석위원 과반수의 찬성으로 의결한다.

④ 협의기구는 그 직무를 수행하기 위하여 필요한 경우에는 관계 공무원이나 관계 전문가를 협의기구의 회의에 출석시켜 의견을 듣거나 관계 기관·단체 등으로 하여금 자료나 의견을 제출하도록 하는 등 필요한 협조를 요청할 수 있다.

⑤ 협의기구는 업무 수행을 위하여 필요한 경우에는 관계 전문가 또는 관계 기관·단체 등에 전문적인 조사나 연구를 의뢰할 수 있다.

⑥ 이 영에서 규정한 사항 외에 협의기구의 운영에 필요한 사항은 협의기구의 의결을 거쳐 식품의약품안전처장이 정한다.

제88조 【집단급식소】 ① 집단급식소를 설치·운영하려는 자는 총리령으로 정하는 바에 따라 특별자치시장·특별자치도지사·시장·군수·구청장에게 신고하여야 한다. 신고한 사항 중 총리령으로 정하는 사항을 변경하려는 경우에도 또한 같다.

② 집단급식소를 설치·운영하는 자는 집단급식소 시설의 유지·관리 등 급식을 위생적으로 관리하기 위하여 다음 각 호의 사항을 지켜야 한다.

1. 식중독 환자가 발생하지 아니하도록 위생관리를 철저히 할 것
2. 조리·제공한 식품의 매회 1인분 분량을 총리령으로 정하는 바에 따라 144시간 이상 보관할 것
3. 영양사를 두고 있는 경우 그 업무를 방해하지 아니할 것
4. 영양사를 두고 있는 경우 영양사가 집단급식소의 위생관리를 위하여 요청하는 사항에 대하여는 정당한 사유가 없으면 따를 것
5. 「축산물 위생관리법」 제12조에 따라 검사를 받지 아니한 축산물 또는 실험 등의 용도로 사용한 동물을 음식물의 조리에 사용하지 말 것
6. 「야생생물 보호 및 관리에 관한 법률」을 위반하여 포획·채취한 야생생물을 음식물의 조리에 사용하지 말 것
7. 소비기한이 경과한 원재료 또는 완제품을 조리할 목적으로 보관하거나 이를 음식물의 조리에 사용하지 말 것
8. 수돗물이 아닌 지하수 등을 먹는 물 또는 식품의 조리·세척 등에 사용하는 경우에는 「먹는물관리법」 제43조에 따른 먹는물 수질검사기관에서 총리령으로 정하는 바에 따라 검사를 받아 마시기에 적합하다고 인정된 물을 사용할 것. 다만, 둘 이상의 업소가 같은 건물에서 같은 수원(水源)을 사용하는 경우에는 하나의 업소에 대한 시험결과로 나머지 업소에 대한 검사를 갈음할 수 있다.
9. 제15조 제2항에 따라 위해평가가 완료되기 전까지 일시적으로 금지된 식품등을 사용·

조리하지 말 것

10. 식중독 발생 시 보관 또는 사용 중인 식품은 역학조사가 완료될 때까지 폐기하거나 소독 등으로 현장을 훼손하여서는 아니 되고 원상태로 보존하여야 하며, 식중독 원인 규명을 위한 행위를 방해하지 말 것

11. 그 밖에 식품등의 위생적 관리를 위하여 필요하다고 총리령으로 정하는 사항을 지킬 것

③ 집단급식소에 관하여는 제3조부터 제6조까지, 제7조 제4항, 제8조, 제9조 제4항, 제9조의3, 제22조, 제37조 제7항·제9항, 제39조, 제40조, 제41조, 제48조, 제71조, 제72조 및 제74조를 준용한다.

④ 특별자치시장·특별자치도지사·시장·군수·구청장은 제1항에 따른 신고 또는 변경신고를 받은 날부터 3일 이내에 신고수리 여부를 신고인에게 통지하여야 한다.

⑤ 특별자치시장·특별자치도지사·시장·군수·구청장이 제4항에서 정한 기간 내에 신고수리 여부 또는 민원 처리 관련 법령에 따른 처리기간의 연장을 신고인에게 통지하지 아니하면 그 기간(민원 처리 관련 법령에 따라 처리기간이 연장 또는 재연장된 경우에는 해당 처리기간을 말한다)이 끝난 날의 다음 날에 신고를 수리한 것으로 본다.

⑥ 제1항에 따라 신고한 자가 집단급식소 운영을 종료하려는 경우에는 특별자치시장·특별자치도지사·시장·군수·구청장에게 신고하여야 한다.

⑦ 집단급식소의 시설기준과 그 밖의 운영에 관한 사항은 총리령으로 정한다.

【규칙】 제94조 【집단급식소의 신고 등】 ① 법 제88조 제1항에 따라 집단급식소를 설치·운영하려는 자는 제96조에 따른 시설을 갖춘 후 별지 제68호서식의 집단급식소 설치·운영신고서(전자문서로 된 신고서를 포함한다)에 제42조 제1항 제1호 및 제4호의 서류(전자문서를 포함한다)를 첨부하여 신고관청에 제출하여야 한다.

② 제9항에 따라 집단급식소 설치·운영 종료 신고가 된 집단급식소를 운영하려는 자(종료 신고를 한 설치·운영자가 아닌 자를 포함한다)는 별지 제68호서식의 집단급식소 설치·운영신고서(전자문서로 된 신고서를 포함한다)에 다음 각 호의 서류(전자문서를 포함한다)를 첨부하여 신고관청에 제출하여야 한다.

1. 제42조 제1항 제1호의 서류
2. 제42조 제4호의 서류. 다만, 종전 집단급식소의 수도시설을 그대로 사용하는 경우는 제외한다.
3. 양도·양수 계약서 사본이나 그 밖에 신고인이 해당 집단급식소의 설치·운영자임을 증명하는 서류

③ 제1항 또는 제2항(종전 집단급식소의 시설·설비 및 운영 체계를 유지하는 경우는 제외한다)에 따른 신고를 받은 신고관청은 「전자정부법」 제36조 제1항에 따른 행정정보의 공동이용을 통하여 액화석유가스 사용시설완성검사증명서(「액화석유가스의 안전관리 및 사업법」 제44조 제2항에 따라 액화석유가스 사용시설의 완성검

사를 받아야 하는 경우만 해당한다) 및 건강진단결과서(제49조에 따른 건강진단 대상자의 경우만 해당한다)를 확인하여야 하며, 신청인이 확인에 동의하지 아니하는 경우에는 그 사본을 첨부하도록 하여야 한다.

④ 제1항 또는 제2항에 따라 신고를 받은 신고관청은 지체 없이 별지 제69호서식의 집단급식소 설치·운영신고증을 내어주고, 15일 이내에 신고받은 사항을 확인하여야 한다.

⑤ 제4항에 따라 신고증을 내어준 신고관청은 별지 제70호서식의 집단급식소의 설치·운영신고대장에 기록·보관하거나 같은 서식에 따른 전산망에 입력하여 관리하여야 한다.

⑥ 제4항에 따라 신고증을 받은 집단급식소의 설치·운영자가 해당 신고증을 잃어버렸거나 헐어 못 쓰게 되어 신고증을 다시 받으려는 경우에는 별지 제35호서식의 재발급신청서(전자문서로 된 신청서를 포함한다)에 헐어 못 쓰게 된 신고증(헐어 못 쓰게 된 경우만 해당한다)을 첨부하여 신고관청에 제출하여야 한다.

⑦ 집단급식소의 설치·운영자가 신고사항 중 다음 각 호의 구분에 따른 사항을 변경하는 경우에는 별지 제71호서식의 신고사항 변경신고서(전자문서로 된 신청서를 포함한다)에 집단급식소 설치·운영신고증을 첨부하여 신고관청에 제출하여야 한다. 이 경우 집단급식소의 소재지를 변경하는 경우에는 제42조 제1항 제1호 및 제4호의 서류(전자문서를 포함한다)를 추가로 첨부하여야 한다.

1. 집단급식소의 설치·운영자가 법인인 경우 : 그 대표자, 그 대표자의 성명, 소재지 또는 위탁급식영업자
2. 집단급식소의 설치·운영자가 법인이 아닌 경우 : 설치·운영자의 성명, 소재지 또는 위탁급식영업자

⑧ 제7항 각 호 외의 부분 후단에 따라 집단급식소의 소재지를 변경하는 변경신고서를 제출받은 신고관청은 「전자정부법」 제36조 제1항에 따른 행정정보의 공동이용을 통하여 액화석유가스 사용시설완성검사증명서(「액화석유가스의 안전관리 및 사업법」 제44조 제2항에 따라 액화석유가스 사용시설의 완성검사를 받아야 하는 경우만 해당한다)를 확인하여야 한다. 다만, 신청인이 확인에 동의하지 아니하는 경우에는 그 사본을 첨부하도록 하여야 한다.

⑨ 집단급식소의 설치·운영자가 그 운영을 그만하려는 경우에는 별지 제72호서식의 집단급식소 설치·운영 종료신고서(전자문서로 된 신고서를 포함한다)에 집단급식소 설치·운영신고증을 첨부하여 신고관청에 제출하여야 한다.

⑩ 법 제88조 제3항에서 준용되는 같은 법 제39조에 따라 집단급식소의 설치·운영자의 지위승계 신고를 하려는 자는 별지 제73호 서식의 집단급식소 설치·운영자 지위승계 신고서에 다음 각 호의 서류를 첨부하여 신고관청에 제출해야 한다.

1. 집단급식소의 설치·운영신고증
2. 권리의 이전을 증명하는 다음 각 목의 구분에 따른 서류

가. 양도의 경우에는 양도·양수를 증명할 수 있는 서류 사본
나. 상속의 경우에는 상속인임을 증명하는 서류
다. 그 밖에 해당 사유별로 설치·운영자의 지위를 승계하였음을 증명할 수 있는 서류

3. 교육이수증(법 제41조 제2항 본문에 따라 미리 식품위생교육을 받은 경우만 해당한다)
4. 위임인의 자필서명이 있는 위임장 및 위임인의 신분증명서 사본(양수인이 지위승계 신고를 위임한 경우만 해당한다)

⑪ 제10항에 따라 신청서를 제출받은 신고관청은 「전자정부법」 제36조 제1항에 따른 행정정보의 공동이용을 통해 다음 각 호의 구분에 따른 행정정보를 확인해야 한다. 다만, 신청인이 확인에 동의하지 않는 경우에는 그 사본을 첨부하도록 해야 한다.
1. 제49조에 따른 건강진단 대상자의 경우: 건강진단결과서
2. 상속의 경우: 상속인의 가족관계증명서

⑫ 제10항에 따라 집단급식소의 설치·운영자의 지위승계 신고를 하려는 상속인이 제9항에 따른 종료신고를 함께 하려는 경우에는 제10항 제1호·제2호 나목의 서류(상속인이 지위승계 신고를 위임한 경우에는 같은 항 제4호의 서류를 포함한다)만을 첨부하여 제출할 수 있다.

규칙 **제95조 【집단급식소의 설치·운영자 준수사항】** ① 법 제88조제2항제2호에 따라 조리 · 제공한 식품(법 제2조제12호다목에 따른 병원의 경우에는 일반식만 해당한다)을 보관할 때에는 매회 1인분 분량을 섭씨 영하 18도 이하로 보관해야 한다.

② 제1항에도 불구하고 완제품 형태로 제공한 가공식품은 소비기한 내에서 해당 식품의 제조업자가 정한 보관방법에 따라 보관할 수 있다. 다만, 완제품 형태로 제공하는 식품 중 식품의약품안전처장이 정하여 고시하는 가공식품을 완제품 형태로 제공한 경우에는 해당 제품의 제품명, 제조업소명, 제조일자 또는 소비기한 등 제품을 확인 · 추적할 수 있는 정보를 기록 · 보관함으로써 해당 가공식품의 보관을 갈음할 수 있다.〈신설 2023. 5. 19.〉

③ 법 제88조제2항제11호에서 "총리령으로 정하는 사항"이란 별표 24와 같다.

규칙 **제96조 【집단급식소의 시설기준】** 법 제88조 제4항에 따른 집단급식소의 시설기준은 별표 25와 같다.

제89조 【식품진흥기금】 ① 식품위생과 국민의 영양수준 향상을 위한 사업을 하는 데에 필요한 재원에 충당하기 위하여 시 · 도 및 시 · 군 · 구에 식품진흥기금(이하 "기금"이라 한다)을 설치한다.

② 기금은 다음 각 호의 재원으로 조성한다. 〈개정 2018. 3. 13.〉
1. 식품위생단체의 출연금

2. 제82조, 제83조 및 「건강기능식품에 관한 법률」 제37조, 「식품 등의 표시 · 광고에 관한 법률」 제19조 및 제20조에 따라 징수한 과징금
3. 기금 운용으로 생기는 수익금
4. 그 밖에 대통령령으로 정하는 수입금

③ 기금은 다음 각 호의 사업에 사용한다. 〈개정 2010. 3. 26., 2015. 5. 18., 2016. 12. 2., 2025. 4. 1.〉
1. 영업자(「건강기능식품에 관한 법률」에 따른 영업자를 포함한다)의 위생관리시설 및 위생설비시설 개선을 위한 융자 사업
2. 식품위생에 관한 교육 · 홍보 사업(소비자단체의 교육 · 홍보 지원을 포함한다)과 소비자식품위생감시원의 교육 · 활동 지원
3. 식품위생과 「국민영양관리법」에 따른 영양관리(이하 "영양관리"라 한다)에 관한 조사 · 연구 사업
4. 제90조에 따른 포상금 지급 지원

4의2. 「공익신고자 보호법」 제29조제2항에 따라 지방자치단체가 부담하는 보상금(이 법 및 「건강기능식품에 관한 법률」 위반행위에 관한 신고를 원인으로 한 보상금에 한정한다) 상환액의 지원

5. 식품위생에 관한 교육 · 연구 기관의 육성 및 지원
6. 음식문화의 개선과 좋은 식단 실천을 위한 사업 지원
7. 집단급식소(위탁에 의하여 운영되는 집단급식소만 해당한다)의 급식시설 개수 · 보수를 위한 융자 사업

7의2. 제47조의2에 따른 식품접객업소등의 위생등급 지정 사업 지원

8. 그 밖에 대통령령으로 정하는 식품위생, 영양관리, 식품산업 진흥 및 건강기능식품에 관한 사업

④ 기금은 시 · 도지사 및 시장 · 군수 · 구청장이 관리 · 운용하되, 그에 필요한 사항은 대통령령으로 정한다.

[시행일: 2028. 7. 1.] 제89조

제89조의 2 【영업자 등에 대한 행정적·기술적 지원】 국가와 지방자치단체는 식품안전에 대한 영업자 등의 관리능력을 향상하기 위한 기반조성 및 역량 강화에 필요한 시책을 수립·시행하여야 하며, 이를 위한 재원을 마련하고 기술개발, 조사·연구 사업, 해외 정보의 제공 및 국제협력체계의 구축 등에 필요한 행정적·기술적 지원을 할 수 있다.

영 **제61조 【기금사업】** ① 법 제89조 제3항 제8호에 따라 기금을 사용할 수 있는 사업은 다음 각 호의 사업으로 한다.
1. 식품의 안전성과 식품산업진흥에 대한 조사·연구사업
2. 식품사고 예방과 사후관리를 위한 사업
3. 식중독 예방과 원인 조사, 위생관리 및 식중독 관련 홍보사업

4. 식품의 재활용을 위한 사업
5. 식품 위생과 식품산업진흥을 위한 전산화사업
6. 식품산업진흥사업
7. 시·도지사가 식품위생과 주민 영양을 개선하기 위하여 민간단체에 연구를 위탁한 사업
8. 남은 음식 재사용 안하기 활동에 대한 지원
9. 제18조 제5항에 따른 수당 등의 지급
10. 「식품·의약품분야 시험·검사 등에 관한 법률」 제6조 제3항 제2호에 따른 자가품질검사의 위탁검사를 위한 식품위생검사기관의 검사실 설치 지원
11. 법 제47조 제2항에 따른 우수업소와 모범업소에 대한 지원
12. 법 제48조 제11항에 따른 식품안전관리인증기준을 지키는 영업자와 이를 지키기 위하여 관련시설 등을 설치하려는 영업자에 대한 지원
13. 법 제63조 제1항에 따른 자율지도원의 활동 지원
14. 「건강기능식품에 관한 법률」 제22조 제6항에 따른 우수건강기능식품제조기준을 지키는 영업자와 이를 지키기 위하여 관련시설 등을 설치하려는 영업자에 대한 지원
15. 「어린이 식생활안전관리 특별법」 제6조 제2항에 따른 어린이 기호식품 전담관리원의 지정 및 운영
16. 「어린이 식생활안전관리 특별법」 제7조 제3항에 따른 어린이 기호식품 우수판매업소에 대한 보조 또는 융자
17. 「어린이 식생활안전관리 특별법」 제21조 제4항에 따른 어린이급식관리지원센터 설치 및 운영비용 보조
18. 그 밖에 제1호부터 제17호까지의 규정에 따른 사업에 준하는 것으로서 식품위생, 영양관리 또는 식품산업 진흥 등을 위해 식품의약품안전처장이 필요하다고 인정하여 고시하는 사업

② 식품의약품안전처장은 제62조 제2항에 따른 기금운용계획에 따라 시·도지사 또는 시장·군수·구청장이 행하는 사업의 이행 여부를 확인하거나 해당 사업의 추진현황을 시·도지사 또는 시장·군수·구청장으로 하여금 보고하도록 할 수 있다. 이 경우 시장·군수·구청장은 시·도지사를 거쳐 보고하여야 한다.

영 **제62조 【기금의 운용】** ① 기금의 회계연도는 정부회계연도에 따른다.

② 시·도지사 또는 시장·군수·구청장은 매년 기금운용계획을 수립하여야 한다. 이 경우 기금운용계획에는 기금의 운용 및 관리에 드는 비용을 포함시킬 수 있다.

③ 시·도지사 또는 시장·군수·구청장은 기금의 융자업무를 취급하기 위하여 기금을 금융기관에 위탁하여 관리하게 할 수 있다.

④ 시·도지사 또는 시장·군수·구청장은 기금의 수입과 지출에 관한 사무를 하게 하기

위하여 소속 공무원 중에서 기금수입징수관, 기금재무관, 기금지출관 및 기금출납 공무원을 임명한다.

⑤ 시·도지사 또는 시장·군수·구청장은 기금계정을 설치할 은행을 지정하고, 지정한 은행에 수입계정과 지출계정을 구분하여 기금계정을 설치하여야 한다.

⑥ 시·도지사 또는 시장·군수·구청장은 기금재무관에게 지출원인행위를 하도록 하는 경우 기금운용계획에 따라 지출한도액을 배정하여야 한다.

⑦ 제1항부터 제6항까지에서 규정한 사항 외에 기금의 운용에 필요한 사항은 시·도 및 시·군·구의 조례로 정한다.

제90조 【포상금 지급】 ① 식품의약품안전처장, 시·도지사 또는 시장·군수·구청장은 이 법에 위반되는 행위를 신고한 자에게 신고 내용별로 1천만 원까지 포상금을 줄 수 있다.

② 제1항에 따른 포상금 지급의 기준·방법 및 절차 등에 관하여 필요한 사항은 대통령령으로 정한다.

영 제63조 【포상금의 지급기준】 ① 법 제90조 제1항에 따라 포상금을 지급하는 경우 그 기준은 다음 각 호와 같다.

1. 법 제93조를 위반한 자를 신고한 경우: 1천만원 이하
2. 법 제4조부터 제6조(법 제88조에서 준용하는 경우를 포함한다)까지, 제8조(법 제88조에서 준용하는 경우를 포함한다) 또는 제37조 제1항을 위반한 자를 신고한 경우: 30만원 이하
3. 법 제7조 제4항(법 제88조에서 준용하는 경우를 포함한다), 제9조 제4항(법 제88조에서 준용하는 경우를 포함한다), 제37조 제5항, 제44조 제1항·제2항을 위반한 자 또는 법 제75조 제1항에 따른 영업정지명령을 위반하여 영업을 계속한 자를 신고한 경우: 20만원 이하
4. 「식품등의 표시·광고에 관한 법률」 제8조, 법 제37조 제4항을 위반한 자 또는 법 제76조 제1항에 따른 품목제조정지명령을 위반한 자를 신고한 경우: 10만원 이하
5. 법 제40조 제3항 또는 제88조 제1항을 위반한 자를 신고한 경우: 5만원 이하
6. 제1호부터 제5호까지의 규정 외에 법을 위반한 자 중 위생상 위해발생 우려가 있는 위반사항을 신고한 경우: 3만원 이하

② 제1항에 따른 포상금의 세부적인 지급대상, 지급금액, 지급방법 및 지급절차 등은 식품의약품안전처장이 정하여 고시한다.

영 제64조 【신고자 비밀보장】 ① 식품의약품안전처장, 시·도지사 또는 시장·군수·구청장은 법 제90조 제1항에 따라 법을 위반한 행위를 신고한 자의 인적사항 등 그 신분이 누설되지 아니하도록 하여야 한다.

② 식품의약품안전처장, 시·도지사 또는 시장·군수·구청장은 신고자의 신분이 공개된

경우 그 경위를 확인하여 신고자의 신분을 누설한 자에 대하여 징계를 요청하는 등 필요한 조치를 할 수 있다.

제90조의 2【정보공개】 ① 식품의약품안전처장은 보유·관리하고 있는 식품등의 안전에 관한 정보 중 국민이 알아야 할 필요가 있다고 인정하는 정보에 대하여는 「공공기관의 정보공개에 관한 법률」에서 허용하는 범위에서 이를 국민에게 제공하도록 노력하여야 한다.

② 제1항에 따라 제공되는 정보의 범위, 제공 방법 및 절차 등에 필요한 사항은 대통령령으로 정한다.

영 **제64조의 2【정보공개】** ① 법 제90조의 2 제1항에 따라 제공되는 식품등의 안전에 관한 정보의 범위는 다음 각 호와 같다.

1. 심의위원회의 조사·심의 내용
2. 안전성심사위원회의 심사 내용
3. 국내외에서 유해물질이 함유된 것으로 알려지는 등 위해의 우려가 제기되는 식품등에 관한 정보
4. 그밖에 식품등의 안전에 관한 정보로서 식품의약품안전처장이 공개할 필요가 있다고 인정하는 정보

② 식품의약품안전처장은 법 제90조의 2 제1항에 따라 식품등의 안전에 관한 정보를 인터넷 홈페이지, 신문, 방송 등을 통하여 공개할 수 있다.

제90조의 3【식품안전관리 업무평가】 ① 식품의약품안전처장은 식품안전관리 업무 수행 실적이 우수한 시·도 또는 시·군·구에 표창 수여, 포상금 지급 등의 조치를 하기 위하여 시·도 및 시·군·구에서 수행하는 식품안전관리업무를 평가할 수 있다.

② 제1항에 따른 평가 기준·방법 등에 관하여 필요한 사항은 총리령으로 정한다.

규칙 **제96조의 2【식품안전관리 업무평가 기준 및 방법 등】** ① 법 제90조의3 제1항에 따른 식품안전관리 업무 평가의 기준은 다음 각 호와 같다.

1. 식품안전관리 사업 목표 달성도 또는 사업의 성과
2. 그 밖에 식품안전관리를 위하여 식품의약품안전처장이 정하는 사항

② 식품의약품안전처장은 제1항에 따른 평가를 할 때에는 시·도와 시·군·구를 구분하여 실시할 수 있다.

제90조의 4【벌칙적용에서 공무원 의제】 안전성심사위원회 및 심의위원회의 위원 중 공무원이 아닌 사람은 「형법」 제129조부터 제132조까지의 규정을 적용할 때에는 공무원으로 본다.

제91조【권한의 위임】 이 법에 따른 식품의약품안전처장의 권한은 대통령령으로 정하는 바에 따라 그 일부를 시·도지사, 식품의약품안전평가원장 또는 지방식품의약품안전청장에게,

시·도지사의 권한은 그 일부를 시장·군수·구청장 또는 보건소장에게 각각 위임할 수 있다. 〈개정 2018.12.11.〉

영 **제65조 【권한의 위임】** 식품의약품안전처장은 법 제91조에 따라 다음 각 호의 권한을 지방식품의약품안전청장에게 위임한다. 〈개정 2011. 12. 19., 2013. 3. 23., 2013. 12. 30., 2014. 1. 28., 2014. 11. 28., 2016. 1. 22., 2017. 12. 12., 2018. 5. 15., 2022. 7. 19., 2024. 12. 31.〉

1. 법 제31조의3제1항 후단에 따른 확인검사 요청 사실 보고의 접수(제21조제1호의 식품제조 · 가공업 중 「주세법」에 따른 주류를 제조 · 가공하는 영업자의 보고에 관한 권한으로 한정한다)

1의2. 삭제 〈2016. 1. 22.〉

1의3. 삭제 〈2016. 1. 22.〉

2. 삭제 〈2014. 7. 28.〉

3. 삭제 〈2014. 7. 28.〉

4. 법 제37조제1항 및 제2항에 따른 영업의 허가 및 변경허가

4의2. 법 제37조제3항에 따른 폐업신고 및 변경신고

4의3. 법 제37조제5항 본문에 따른 영업의 등록 및 변경등록

4의4. 법 제37조제6항에 따른 보고 및 변경보고

4의5. 법 제37조제7항에 따른 등록 사항의 직권말소

5. 법 제39조에 따른 영업 승계 신고의 수리

6. 법 제45조에 따른 위해식품등의 회수계획 보고에 관한 업무 및 행정처분 감면

6의2. 법 제46조제1항에 따른 이물(異物) 발견보고

7. 법 제46조의2제1항에 따른 오염사고의 보고 및 같은 조 제2항에 따른 현장조사

8. 법 제48조제8항에 따른 식품안전관리인증기준적용업소에 대한 조사 · 평가 및 인증취소 또는 시정명령

8의2. 법 제49조제1항 및 제3항에 따른 식품이력추적관리 등록 및 변경신고

8의3. 법 제49조제5항에 따른 식품이력추적관리기준 준수 여부 등에 대한 조사 · 평가

8의4. 법 제49조제7항에 따른 식품이력추적관리 등록을 한 자에 대한 등록취소 또는 시정명령

9. 법 제71조에 따른 시정명령

10. 법 제72조에 따른 식품등의 압류 · 폐기처분 또는 위해 방지 조치 명령

11. 법 제73조에 따른 위해식품등의 공표

12. 법 제74조에 따른 시설 개수명령

13. 법 제75조에 따른 허가 · 등록 취소 또는 영업정지명령

14. 법 제76조에 따른 품목 또는 품목류 제조정지명령

15. 법 제79조에 따른 영업소를 폐쇄하기 위한 조치 및 그 해제를 위한 조치
16. 법 제81조제2호 및 제3호에 따른 청문
17. 법 제82조 및 제83조에 따른 과징금 부과 · 징수
18. 법 제90조제1항에 따른 포상금 지급
19. 법 제92조제5호(이 조 제4호, 제4호의2 및 제4호의3에 따라 위임된 권한에 따른 수수료만 해당한다)에 따른 수수료의 징수
20. 법 제101조에 따른 과태료 부과 · 징수

영 **제65조의 2 【민감정보 및 고유식별정보의 처리】** 식품의약품안전처장(제34조 또는 제65조에 따라 식품의약품안전처장의 권한 또는 업무를 위임 · 위탁받은 자를 포함한다), 시 · 도지사 또는 시장 · 군수 · 구청장(해당 권한이 위임 · 위탁된 경우에는 그 권한을 위임 · 위탁받은 자를 포함한다)은 다음 각 호의 사무를 수행하기 위하여 불가피한 경우 「개인정보 보호법」 제23조에 따른 건강에 관한 정보, 같은 법 시행령 제18조제2호에 따른 범죄경력자료에 해당하는 정보, 같은 영 제19조제1호 또는 제4호에 따른 주민등록번호 또는 외국인등록번호가 포함된 자료를 처리할 수 있다. 다만, 제6호의2의 사무의 경우에는 「개인정보 보호법 시행령」 제18조제2호에 따른 범죄경력자료에 해당하는 정보는 제외한다. 〈개정 2013. 3. 23., 2014. 11. 28., 2023. 7. 25., 2024. 12. 31.〉

1. 법 제16조에 따른 위생검사등의 요청에 관한 사무
2. 법 제22조에 따른 자료제출 및 출입 · 검사 · 수거 등의 조치에 관한 사무
3. 삭제 〈2014. 7. 28.〉
4. 법 제37조에 따른 영업허가, 영업신고, 영업등록 등에 관한 사무
5. 법 제38조에 따른 영업허가 및 영업등록 등에 관한 사무
6. 법 제39조에 따른 영업 승계에 관한 사무

6의2. 법 제40조에 따른 건강진단에 관한 사무

7. 법 제43조에 따른 영업시간 및 영업행위의 제한에 관한 사무
8. 법 제45조에 따른 식품등의 회수에 관한 사무

8의2. 법 제46조의2에 따른 오염사고의 보고에 관한 사무

9. 법 제48조에 따른 식품안전관리인증기준적용업소의 인증, 기술적 · 경제적 지원, 조사 · 평가 및 인증취소 · 시정명령 등에 관한 사무
10. 법 제53조에 따른 조리사의 면허에 관한 사무
11. 법 제71조부터 제80조까지의 규정에 따른 행정처분에 관한 사무
12. 법 제81조에 따른 청문에 관한 사무
13. 법 제82조 및 제83조에 따른 과징금의 부과 · 징수에 관한 사무
14. 법 제90조에 따른 포상금 지급에 관한 사무 [본조신설 2012. 1. 6.]

제92조 【수수료】 다음 각 호의 어느 하나에 해당하는 자는 총리령으로 정하는 수수료를 내야

한다.

1. 제7조 제2항 또는 제9조 제2항에 따른 기준과 규격의 인정을 신청하는 자

1의2. 제7조의 3 제2항에 따른 농약 및 동물용 의약품의 잔류허용기준 설정을 요청하는 자

1의3. 삭제

2. 제18조에 따른 안전성 심사를 받는 자

3. 삭제

3의2. 삭제

3의3. 제23조 제2항에 따른 재검사를 요청하는 자

4. 삭제

5. 제37조에 따른 허가를 받거나 신고 또는 등록을 하는 자

6. 제48조 제3항(제88조에서 준용하는 경우를 포함한다)에 따른 식품안전관리인증 기준적용업소 인증을 신청하는 자

6의2. 제48조의 2 제2항에 따른 식품안전관리인증기준적용업소 인증 유효기간의 연장신청을 하는 자

7. 제49조 제1항에 따른 식품이력추적관리를 위한 등록을 신청하는 자

8. 제53조에 따른 조리사 면허를 받는 자

9. 제88조에 따른 집단급식소의 설치·운영을 신고하는 자

규칙 **제97조 【수수료】** ① 법 제92조에 따른 수수료는 별표 26과 같다.

② 제1항에 따른 수수료는 정부수입인지, 해당 지방자치단체의 수입증지, 현금, 신용카드·직불카드 또는 정보통신망을 이용한 전자화폐·전자결제 등의 방법으로 낼 수 있다

제 13 장 벌 칙

제93조 【벌 칙】 ① 다음 각 호의 어느 하나에 해당하는 질병에 걸린 동물을 사용하여 판매할 목적으로 식품 또는 식품첨가물을 제조·가공·수입 또는 조리한 자는 3년 이상의 징역에 처한다.

1. 소해면상뇌증(광우병)
2. 탄저병
3. 가금 인플루엔자

② 다음 각 호의 어느 하나에 해당하는 원료 또는 성분 등을 사용하여 판매할 목적으로 식품 또는 식품첨가물을 제조·가공·수입 또는 조리한 자는 1년 이상의 징역에 처한다.

1. 마황(麻黃) 2. 부자(附子) 3. 천오(川烏)
4. 초오(草烏) 5. 백부자(白附子) 6. 섬수(蟾酥)
7. 백선피(白鮮皮) 8. 사리풀

③ 제1항 및 제2항의 경우 제조·가공·수입·조리한 식품 또는 식품첨가물을 판매하였을 때에

는 그 소매가격의 2배 이상 5배 이하에 해당하는 벌금을 병과(倂科)한다.
④ 제1항 또는 제2항의 죄로 형을 선고받고 그 형이 확정된 후 5년 이내에 다시 제1항 또는 제2항의 죄를 범한 자가 제3항에 해당하는 경우 제3항에서 정한 형의 2배까지 가중한다.

제94조 【벌 칙】 ① 다음 각 호의 어느 하나에 해당하는 자는 10년 이하의 징역 또는 1억원 이하의 벌금에 처하거나 이를 병과할 수 있다.
1. 제4조부터 제6조까지(제88조에서 준용하는 경우를 포함하고, 제93조 제1항 및 제3항에 해당하는 경우는 제외한다)를 위반한 자
2. 제8조(제88조에서 준용하는 경우를 포함한다)를 위반한 자
2의2. 삭제
3. 제37조 제1항을 위반한 자

② 제1항의 죄로 금고 이상의 형을 선고받고 그 형이 확정된 후 5년 이내에 다시 제1항의 죄를 범한 자는 1년 이상 10년 이하의 징역에 처한다.
③ 제2항의 경우 그 해당 식품 또는 식품첨가물을 판매한 때에는 그 판매금액의 4배 이상 10배 이하에 해당하는 벌금을 병과한다.

제95조 【벌 칙】 다음 각 호의 어느 하나에 해당하는 자는 5년 이하의 징역 또는 5천만원 이하의 벌금에 처하거나 이를 병과할 수 있다.
1. 제7조 제4항(제88조에서 준용하는 경우를 포함한다), 제9조 제4항(제88조에서 준용하는 경우를 포함한다) 또는 제9조의3(제88조에서 준용하는 경우를 포함한다)을 위반한 자
2의2. 제37조 제5항을 위반한 자
3. 제43조에 따른 영업 제한을 위반한 자
3의2. 제45조 제1항 전단을 위반한 자
4. 제72조 제1항·제3항(제88조에서 준용하는 경우를 포함한다) 또는 제73조 제1항에 따른 명령을 위반한 자
5. 제75조 제1항에 따른 영업정지 명령을 위반하여 영업을 계속한 자(제37조 제1항에 따른 영업허가를 받은 자만 해당한다)

제96조 【벌 칙】 제51조 또는 제52조를 위반한 자는 3년 이하의 징역 또는 3천만 원 이하의 벌금에 처하거나 이를 병과할 수 있다.

제97조 【벌 칙】 다음 각 호의 어느 하나에 해당하는 자는 3년 이하의 징역 또는 3천만원 이하의 벌금에 처한다. [[시행일 2025.1.3]]
1. 제12조의2제2항, 제17조제4항, 제31조제1항 · 제3항, 제37조제3항 · 제4항, 제39조제3항, 제48조제2항 · 제10항, 제49조제1항 단서 또는 제55조를 위반한 자
2. 제22조제1항(제22조의3에 따라 비대면으로 실시하는 경우와 제88조에서 준용하는 경우

를 포함한다) 또는 제72조제1항 · 제2항(제88조에서 준용하는 경우를 포함한다)에 따른 검사 · 출입 · 수거 · 압류 · 폐기를 거부 · 방해 또는 기피한 자

3. 삭제 [2015.2.3 제13201호(수입식품안전관리 특별법)]
4. 제36조에 따른 시설기준을 갖추지 못한 영업자
5. 제37조제2항에 따른 조건을 갖추지 못한 영업자
6. 제44조제1항에 따라 영업자가 지켜야 할 사항을 지키지 아니한 자. 다만, 총리령으로 정하는 경미한 사항을 위반한 자는 제외한다.

6의2. 제46조의2제1항을 위반하여 오염예방조치를 하지 아니한 자

7. 제75조제1항에 따른 영업정지 명령을 위반하여 계속 영업한 자(제37조제4항 또는 제5항에 따라 영업신고 또는 등록을 한 자만 해당한다) 또는 같은 조 제1항 및 제2항에 따른 영업소 폐쇄명령을 위반하여 영업을 계속한 자
8. 제76조제1항에 따른 제조정지 명령을 위반한 자
9. 제79조제1항에 따라 관계 공무원이 부착한 봉인 또는 게시문 등을 함부로 제거하거나 손상시킨 자
10. 제86조제2항 · 제3항에 따른 식중독 원인조사를 거부 · 방해 또는 기피한 자

제98조 【벌 칙】 다음 각 호의 어느 하나에 해당하는 자는 1년 이하의 징역 또는 1천만원 이하의 벌금에 처한다.

1. 제44조 제3항을 위반하여 접객행위를 하거나 다른 사람에게 그 행위를 알선한 자
2. 제46조 제1항을 위반하여 소비자로부터 이물 발견의 신고를 접수하고 이를 거짓으로 보고한 자
3. 이물의 발견을 거짓으로 신고한 자
4. 제45조 제1항 후단을 위반하여 보고를 하지 아니하거나 거짓으로 보고한 자

규칙 **제98조 【벌칙에서 제외되는 사항】** 법 제97조 제6호에서 "총리령으로 정하는 경미한 사항"이란 다음 각 호의 어느 하나에 해당하는 경우를 말한다.

1. 영 제21조 제1호의 식품제조·가공업자가 식품광고 시 소비기한을 확인하여 제품을 구입하도록 권장하는 내용을 포함하지 아니한 경우
2. 영 제21조 제1호의 식품제조·가공업자 및 제21조 제5호의 식품소분·판매업자가 해당 식품 거래기록을 보관하지 아니한 경우
3. 영 제21조 제8호의 식품접객업자가 영업신고증 또는 영업허가증을 보관하지 아니한 경우
4. 영 제21조 제8호 라목의 유흥주점영업자가 종업원 명부를 비치·관리하지 아니한 경우

규칙 **제99조 【규제의 재검토】** 식품의약품안전처장은 다음 각 호의 사항에 대하여 다음

각 호의 기준일을 기준으로 3년마다(매 3년이 되는 해의 기준일과 같은 날 전까지를 말한다) 그 타당성을 검토하여 개선 등의 조치를 해야 한다

1. 제36조 및 별표 14에 따른 업종별 시설기준: 2020년 1월 1일
2. 제52조제1항 및 제2항에 따른 식품위생교육 시간: 2022년 1월 1일
3. 제57조 및 별표 17에 따른 식품접객업영업자 등의 준수사항: 2022년 1월 1일
4. 삭제
5. 제67조제2항 및 별표 20에 따른 식품안전관리인증기준 적용업소 인증취소 등의 기준: 2022년 1월 1일

제100조 【양벌규정】 법인의 대표자나 법인 또는 개인의 대리인, 사용인, 그 밖의 종업원이 그 법인 또는 개인의 업무에 관하여 제93조 제3항 또는 제94조부터 제97조까지의 어느 하나에 해당하는 위반행위를 하면 그 행위자를 벌하는 외에 그 법인 또는 개인에게도 해당 조문의 벌금형을 과科) 하고, 제93조 제1항의 위반행위를 하면 그 법인 또는 개인에 대하여도 1억5천만 원 이하의 벌금에 처하며, 제93조 제2항의 위반행위를 하면 그 법인 또는 개인에 대하여도 5천만 원 이하의 벌금에 처한다. 다만, 법인 또는 개인이 그 위반행위를 방지하기 위하여 해당 업무에 관하여 상당한 주의와 감독을 게을리 하지 아니한 경우에는 그러하지 아니하다.

제101조 【과태료】 ① 다음 각 호의 어느 하나에 해당하는 자에게는 1천만원 이하의 과태료를 부과한다. [신설 2020.12.29, 2024.1.2] [[시행일 2025.1.3]]

1. 제46조의2제2항에 따른 현장조사를 거부하거나 방해한 자
2. 제86조제1항을 위반한 자
3. 제88조제1항 전단을 위반하여 신고하지 아니하거나 허위의 신고를 한 자
4. 제88조제2항을 위반한 자. 다만, 총리령으로 정하는 경미한 사항을 위반한 자는 제외한다.

② 다음 각 호의 어느 하나에 해당하는 자에게는 500만원 이하의 과태료를 부과한다.

1. 제3조를 위반한 자

1의2. 삭제 [2015.2.3 제13201호(수입식품안전관리 특별법)]

1의3. 제19조의4제2항을 위반하여 검사기한 내에 검사를 받지 아니하거나 자료 등을 제출하지 아니한 영업자

1의4. 삭제

2. 삭제
3. 제37조제6항을 위반하여 보고를 하지 아니하거나 허위의 보고를 한 자
4. 삭제
5. 삭제

5의2. 제46조제1항을 위반하여 소비자로부터 이물 발견신고를 받고 보고하지 아니한 자

6. 제48조제9항(제88조에서 준용하는 경우를 포함한다)을 위반한 자

7. 삭제
8. 제74조제1항(제88조에서 준용하는 경우를 포함한다)에 따른 명령에 위반한 자
9. 삭제
10. 삭제

③ 다음 각 호의 어느 하나에 해당하는 자에게는 300만원 이하의 과태료를 부과한다.
1. 제40조제1항 및 제3항(제88조에서 준용하는 경우를 포함한다)을 위반한 자
1의2. 제41조의2제3항을 위반하여 위생관리책임자의 업무를 방해한 자
1의3. 제41조의2제4항에 따른 위생관리책임자 선임 · 해임 신고를 하지 아니한 자
1의4. 제41조의2제7항을 위반하여 직무 수행내역 등을 기록 · 보관하지 아니하거나 거짓으로 기록 · 보관한 자
1의5. 제41조의2제8항에 따른 교육을 받지 아니한 자
2. 삭제
2의2. 제44조의2제1항을 위반하여 책임보험에 가입하지 아니한 자
3. 삭제
4. 제49조제3항을 위반하여 식품이력추적관리 등록사항이 변경된 경우 변경사유가 발생한 날부터 1개월 이내에 신고하지 아니한 자
5. 제49조의3제4항을 위반하여 식품이력추적관리정보를 목적 외에 사용한 자
6. 제88조제2항에 따라 집단급식소를 설치 · 운영하는 자가 지켜야 할 사항 중 총리령으로 정하는 경미한 사항을 지키지 아니한 자

④ 다음 각 호의 어느 하나에 해당하는 자에게는 100만원 이하의 과태료를 부과한다.
1. 제41조제1항 및 제5항(제88조에서 준용하는 경우를 포함한다)을 위반한 자
2. 제42조제2항을 위반하여 보고를 하지 아니하거나 허위의 보고를 한 자
3. 제44조제1항에 따라 영업자가 지켜야 할 사항 중 총리령으로 정하는 경미한 사항을 지키지 아니한 자
4. 제56조제1항을 위반하여 교육을 받지 아니한 자

⑤ 제1항부터 제4항까지의 규정에 따른 과태료는 대통령령으로 정하는 바에 따라 식품의약품안전처장, 시 · 도지사 또는 시장 · 군수 · 구청장이 부과 · 징수한다.

영 **제67조 【과태료의 부과기준】** 법 제101조제1항부터 제4항까지의 규정에 따른 과태료의 부과기준은 별표 2와 같다.

규칙 **제100조 【과태료의 부과기준】** 영 제67조 및 영 별표 2에 따라 법 제3조 및 법 제88조 제2항 제5호를 위반한 자에 대한 과태료의 부과기준은 별표 27과 같다.

규칙 **제101조 【과태료의 부과대상】** 법 제101조제1항제4호 단서 및 같은 조 제3항제6호에서 "총리령으로 정하는 경미한 사항"이란 법 제88조제2항제11호에 해당하는 사항을

말한다. 〈신설 2021. 6. 30., 2025. 1. 10.〉

② 법 제101조제4항제3호에서 "총리령으로 정하는 경미한 사항"이란 다음 각 호의 어느 하나에 해당하는 경우를 말한다. 〈개정 2013. 3. 23., 2017. 12. 29., 2021. 6. 30., 2023. 1. 30.〉

1. 영 제21조제8호의 식품접객업자가 별표 17 제7호자목에 따른 영업신고증, 영업허가증 또는 조리사면허증 보관의무를 준수하지 아니한 경우
2. 영 제21조제8호라목의 유흥주점영업자가 별표 17 제7호파목에 따른 종업원명부 비치 · 기록 및 관리 의무를 준수하지 아니한 경우

[본조신설 2011. 8. 19.]

제102조 【과태료에 관한 규정 적용의 특례】 제101조의 과태료에 관한 규정을 적용하는 경우 제82조에 따라 과징금을 부과한 행위에 대하여는 과태료를 부과할 수 없다. 다만, 제82조제4항 본문에 따라 과징금 부과처분을 취소하고 영업정지 또는 제조정지 처분을 한 경우에는 그러하지 아니하다.

식품위생법 시행령

【별표 1】〈개정 2016.07.26.〉

영업정지 등의 처분에 갈음하여 부과하는 과징금 산정기준 (제53조 관련)

1. 일반기준

가. 영업정지 1개월은 30일을 기준으로 한다.

나. 영업정지에 갈음한 과징금부과의 기준이 되는 매출금액은 처분일이 속한 연도의 전년도의 1년간 총 매출금액을 기준으로 한다. 다만, 신규사업·휴업 등으로 인하여 1년간의 총 매출금액을 산출할 수 없는 경우에는 분기별·월별 또는 일별 매출금액을 기준으로 연간 총 매출금액으로 환산하여 산출한다.

다. 품목류 제조정지에 갈음한 과징금부과의 기준이 되는 매출금액은 품목류에 해당하는 품목들의 처분일이 속한 연도의 전년도의 1년간 총 매출금액을 기준으로 한다. 다만, 신규제조·휴업 등으로 인하여 품목류에 해당하는 품목들의 1년간의 총 매출금액을 산출할 수 없는 경우에는 분기별·월별 또는 일별 매출금액을 기준으로 연간 총 매출금액으로 환산하여 산출한다.

라. 품목 제조정지에 갈음한 과징금부과의 기준이 되는 매출금액은 처분일이 속하는 달로부터 소급하여 직전 3개월간 해당 품목의 총 매출금액에 4를 곱하여 산출한다. 다만, 신규제조 또는 휴업 등으로 3개월의 총 매출금액을 산출할 수 없는 경우에는 전월(전월의 실적을 알 수 없는 경우에는 당월을 말한다)의 1일 평균 매출액에 365를 곱하여 산출한다.

마. 나목부터 라목까지의 규정에도 불구하고 과징금 산정금액이 10억원을 초과하는 경우에는 10억원으로 한다.

2. 과징금기준

가. 식품 및 식품첨가물 제조업·가공업 외의 영업

업종 / 등급	연간매출액 [단위 : 백만원]	영업정지 1일에 해당하는 과징금의 금액 [단위 : 만원]
1	20 이하	5
2	20 초과 30 이하	8
3	30 초과 50 이하	10
4	50 초과 100 이하	13
5	100 초과 150 이하	16
6	150 초과 210 이하	23
7	210 초과 270 이하	31
8	270 초과 330 이하	39
9	330 초과 400 이하	47
10	400 초과 470 이하	56
11	470 초과 550 이하	66
12	550 초과 650 이하	78
13	650 초과 750 이하	88
14	750 초과 850 이하	94
15	850 초과 1,000 이하	100
16	1,000 초과 1,200 이하	106
17	1,200 초과 1,500 이하	112
18	1,500 초과 2,000 이하	118
19	2,000 초과 2,500 이하	124
20	2,500 초과 3,000 이하	130
21	3,000 초과 4,000 이하	136
22	4,000 초과 5,000 이하	165
23	5,000 초과 6,500 이하	211
24	6,500 초과 8,000 이하	266
25	8,000 초과 10,000 이하	330
26	10,000 초과	367

나. 식품 및 식품첨가물 제조업·가공업의 영업

업종 / 등급	연간매출액 [단위 : 백만원]	영업정지 1일에 해당하는 과징금의 금액 [단위 : 만원]
1	100 이하	12
2	100 초과 200 이하	14
3	200 초과 310 이하	17
4	310 초과 430 이하	20
5	430 초과 560 이하	27
6	560 초과 700 이하	34
7	700 초과 860 이하	42
8	860 초과 1,040 이하	51
9	1,040 초과 1,240 이하	62
10	1,240 초과 1,460 이하	73
11	1,460 초과 1,710 이하	86
12	1,710 초과 2,000 이하	94
13	2,000 초과 2,300 이하	100
14	2,300 초과 2,600 이하	106
15	2,600 초과 3,000 이하	112
16	3,000 초과 3,400 이하	118
17	3,400 초과 3,800 이하	124
18	3,800 초과 4,300 이하	140
19	4,300 초과 4,800 이하	157
20	4,800 초과 5,400 이하	176
21	5,400 초과 6,000 이하	197
22	6,000 초과 6,700 이하	219
23	6,700 초과 7,500 이하	245
24	7,500 초과 8,600 이하	278
25	8,600 초과 10,000 이하	321
26	10,000 초과 12,000 이하	380
27	12,000 초과 15,000 이하	466
28	15,000 초과 20,000 이하	604
29	20,000 초과 25,000 이하	777
30	25,000 초과 30,000 이하	949
31	30,000 초과 35,000 이하	1,122
32	35,000 초과 40,000 이하	1,295
33	40,000 초과	1,381

다. 품목 또는 품목류 제조

업종 등급	연간매출액 [단위 : 백만원]	제조정지 1일에 해당하는 과징금의 금액 [단위 : 만원]
1	100 이하	12
2	100 초과 200 이하	14
3	200 초과 300 이하	16
4	300 초과 400 이하	19
5	400 초과 500 이하	24
6	500 초과 650 이하	31
7	650 초과 800 이하	39
8	800 초과 950 이하	47
9	950 초과 1,100 이하	55
10	1,100 초과 1,300 이하	65
11	1,300 초과 1,500 이하	76
12	1,500 초과 1,700 이하	86
13	1,700 초과 2,000 이하	100
14	2,000 초과 2,300 이하	106
15	2,300 초과 2,700 이하	112
16	2,700 초과 3,100 이하	118
17	3,100 초과 3,600 이하	124
18	3,600 초과 4,100 이하	142
19	4,100 초과 4,700 이하	163
20	4,700 초과 5,300 이하	185
21	5,300 초과 6,000 이하	209
22	6,000 초과 6,700 이하	235
23	6,700 초과 7,400 이하	261
24	7,400 초과 8,200 이하	289
25	8,200 초과 9,000 이하	318
26	9,000 초과 10,000 이하	351
27	10,000 초과 11,000 이하	388
28	11,000 초과 12,000 이하	425
29	12,000 초과 13,000 이하	462
30	13,000 초과 15,000 이하	518
31	15,000 초과 17,000 이하	592
32	17,000 초과 20,000 이하	684
33	20,000 초과	740

【별표 2】 〈개정 2024. 12. 31.〉

과태료의 부과기준(제67조 관련)

1. 일반기준

가. 위반행위의 횟수에 따른 과태료의 가중된 부과기준은 최근 2년간 같은 위반행위로 과태료 부과처분을 받은 경우에 적용한다. 이 경우 기간의 계산은 위반행위에대하여 과태료 부과처분을 받은 날과 그 처분 후에 다시 같은 위반행위를 하여 적발한 날을 기준으로 한다.

나. 가목에 따라 가중된 부과처분을 하는 경우 가중처분의 적용 차수는 그 위반행위전 부과처분 차수(가목에 따른 기간 내에 과태료 부과처분이 둘 이상 있었던 경우에는 높은 차수를 말한다)의 다음 차수로 한다.

다. 식품의약품안전처장, 시 · 도지사 또는 시장 · 군수 · 구청장은 다음의 어느 하나에해당하는 경우에는 제2호의 개별기준에 따른 과태료 금액의 2분의 1 범위에서 그금액을 줄일 수 있다. 다만, 과태료를 체납하고 있는 위반행위자의 경우에는 그 금액을 줄일 수 없다.

1) 위반행위자가 「질서위반행위규제법 시행령」 제2조의2제1항 각 호의 어느 하나에 해당하는 경우
2) 위반행위자가 위반행위를 바로 정정하거나 시정하여 위반상태를 해소한 경우
3) 고의 또는 중과실이 없는 위반행위자가 「소상공인기본법」 제2조에 따른 소상공인인 경우로서 위반행위자의 현실적인 부담능력, 경제위기 등으로 위반행위자가 속한 시장 · 산업 여건이 현저하게 변동되거나 지속적으로 악화된 상태인지 여부를 고려할 때 과태료를 감경할 필요가 있다고 인정되는 경우

라. 식품의약품안전처장, 시 · 도지사 또는 시장 · 군수 · 구청장은 다음의 어느 하나에해당하는 경우에는 제2호의 개별기준에 따른 과태료 금액의 2분의 1 범위에서 그금액을 늘릴 수 있다. 다만, 금액을 늘리는 경우에도 법 제101조제1항부터 제3항까지의 규정에 따른 과태료 금액의 상한을 넘을 수 없다.

1) 위반의 내용 및 정도가 중대하여 이로 인한 피해가 크다고 인정되는 경우
2) 법 위반상태의 기간이 6개월 이상인 경우
3) 그 밖에 위반행위의 정도, 동기 및 그 결과 등을 고려하여 과태료를 늘릴 필요가있다고 인정되는 경우

2. 개별기준

위반행위	근거 법조문	과태료 금액(단위: 만원)		
		1차 위반	2차 위반	3차 이상 위반
가. 법 제3조(법 제88조에서 준용하는 경우를 포함한다)를 위반한 경우	법 제101조 제2항제1호	20만원 이상 200만원 이하의 범위에서 총리령으로 정하는 금액		
나. 삭제 〈2019. 3. 14.〉				
다. 삭제 〈2019. 3. 14.〉				
라. 영업자가 법 제19조의4제2항을 위반하여 검사기한 내에 검사를 받지 않거나 자료 등을 제출하지 않은 경우	법 제101조 제2항제1호의3	300	400	500

마. 삭제 〈2016. 7. 26.〉				
바. 법 제37조제6항을 위반하여 보고를 하지 않거나 허위의 보고를 한 경우	법 제101조제2항제3호	200	300	400
사. 법 제40조제1항(법 제88조에서 준용하는 경우를 포함한다)을 위반한 경우	법 제101조제3항제1호			
1) 건강진단을 받지 않은 영업자 또는 집단급식소의 설치·운영자(위탁급식영업자에게 위탁한 집단급식소의 경우는 제외한다)		20	40	60
2) 건강진단을 받지 않은 종업원		10	20	30
아. 법 제40조제3항(법 제88조에서 준용하는 경우를 포함한다)을 위반한 경우	법 제101조제3항제1호			
1) 건강진단을 받지 않은 자를 영업에 종사시킨 영업자				
가) 종업원 수가 5명 이상인 경우				
(1) 건강진단 대상자의 100분의 50 이상 위반		50	100	150
(2) 건강진단 대상자의 100분의 50 미만 위반		30	60	90
나) 종업원 수가 4명 이하인 경우				
(1) 건강진단 대상자의 100분의 50 이상 위반		30	60	90
(2) 건강진단 대상자의 100분의 50 미만 위반		20	40	60
2) 건강진단 결과 다른 사람에게 위해를 끼칠 우려가 있는 질병이 있다고 인정된 자를 영업에 종사시킨 영업자		100	200	300
자. 법 제41조제1항(법 제88조에서 준용하는 경우를 포함한다)을 위반한 경우	법 제101조제4항제1호			
1) 위생교육을 받지 않은 영업자 또는 집단급식소의 설치·운영자(위탁급식영업자에게 위탁한 집단급식소의 경우는 제외한다)		20	40	60
2) 위생교육을 받지 않은 종업원		10	20	30
차. 법 제41조제5항(법 제88조에서 준용하는 경우를 포함한다)을 위반하여 위생교육을 받지 않은 종업원을 영업에 종사시킨 영업자 또는 집단급식소의 설치·운영자(위탁급식영업자에게 위탁한 집단급식소의 경우는 제외한다)	법 제101조제4항제1호	20	40	60
카. 법 제41조의2제3항을 위반하여 위생관리책임자의 업무를 방해한 경우	법 제101조 제3항제1호의2	100	200	300
타. 법 제41조의2제4항에 따른 위생관리책임자의 선임·해임신고를 하지 않은 경우	법 제101조 제3항제1호의3	100	200	300
파. 법 제41조의2제7항을 위반하여 직무 수행내역 등을 기록·보관하지 않거나 거짓으로 기록·보관하는 경우	법 제101조 제3항제1호의4	100	200	300
하. 법 제41조의2제8항에 따른 교육을 받지 않은 경우	법 제101조 제3항제1호의5	100	200	300

거. 법 제42조제2항을 위반하여 보고를 하지 않거나 허위의 보고를 한 경우	법 제101조제4항제2호	30	60	90
너. 법 제44조제1항에 따라 영업자가 지켜야 할 사항 중 총리령으로 정하는 경미한 사항을 지키지 않은 경우	법 제101조제4항제3호	10	20	30
더. 법 제44조의2제1항을 위반하여 책임보험에 가입하지 않은 경우	법 제101조 제3항제2호의2			
1) 가입하지 않은 기간이 1개월 미만인 경우			35	
2) 가입하지 않은 기간이 1개월 이상 3개월 미만인 경우			70	
3) 가입하지 않은 기간이 3개월 이상인 경우			100	
러. 법 제46조제1항을 위반하여 소비자로부터 이물 발견신고를 받고 보고하지 않은 경우	법 제101조제2항제5호의2			
1) 이물 발견신고를 보고하지 않은 경우		300	400	500
2) 이물 발견신고의 보고를 지체한 경우		100	200	300
머. 법 제46조의2제2항에 따른 현장조사를 거부하거나 방해한 경우	법 제101조제1항제1호	500	750	1000
버. 법 제48조제9항(법 제88조에서 준용하는 경우를 포함한다)을 위반한 경우	법 제101조제2항제6호	300	400	500
서. 법 제49조제3항을 위반하여 식품이력추적관리 등록사항이 변경된 경우 변경사유가 발생한 날부터 1개월 이내에 신고하지 않은 경우	법 제101조제3항제4호	30	60	90
어. 법 제49조의3제4항을 위반하여 식품이력추적관리정보를 목적 외에 사용한 경우	법 제101조제3항제5호	100	200	300
저. 법 제56조제1항을 위반하여 교육을 받지 않은 경우	법 제101조제4항제4호	20	40	60
처. 법 제74조제1항(법 제88조에서 준용하는 경우를 포함한다)에 따른 명령을 위반한 경우	법 제101조제2항제8호	200	300	400
커. 법 제86조제1항을 위반한 경우	법 제101조제1항제2호			
1) 식중독 환자나 식중독이 의심되는 자를 진단하였거나 그 사체를 검안한 의사 또는 한의사		100	200	300
2) 집단급식소에서 제공한 식품등으로 인하여 식중독 환자나 식중독으로 의심되는 증세를 보이는 자를 발견한 집단급식소의 설치 · 운영자		500	750	1000
터. 법 제88조제1항 전단을 위반하여 신고를 하지 않거나 허위의 신고를 한 경우	법 제101조제1항제3호	300	400	500

퍼. 법 제88조제2항을 위반한 경우(위탁급식영업자에게 위탁한 집단급식소의 경우는 제외한다)	법 제101조제1항제4호			
1) 집단급식소(법 제86조제2항 및 이 영 제59조제2항에 따른 식중독 원인의 조사 결과 해당 집단급식소에서 조리 · 제공한 식품이 식중독의 발생 원인으로 확정된 집단급식소를 말한다)에서 식중독 환자가 발생한 경우		500	750	1000
2) 조리 · 제공한 식품의 매회 1인분 분량을 총리령으로 정하는 바에 따라 144시간 이상 보관하지 않은 경우		400	600	800
3) 영양사의 업무를 방해한 경우		300	400	500
4) 영양사가 집단급식소의 위생관리를 위해 요청하는 사항에 대해 정당한 사유 없이 따르지 않은 경우		300	400	500
5) 「축산물 위생관리법」 제12조에 따른 검사를 받지 않은 축산물 또는 실험 등의 용도로 사용한 동물을 음식물의 조리에 사용한 경우		300	400	500
6) 「야생생물 보호 및 관리에 관한 법률」을 위반하여 포획 · 채취한 야생생물을 음식물의 조리에 사용한 경우		300	400	500
7) 소비기한이 경과한 원재료 또는 완제품을 조리할 목적으로 보관하거나 이를 음식물의 조리에 사용한 경우		300	400	500
8) 「먹는물관리법」 제43조에 따른 먹는물 수질검사기관에서 수질검사를 실시한 결과 부적합 판정된 지하수 등을 먹는 물 또는 식품의 조리 · 세척 등에 사용한 경우		400	600	800
9) 법 제15조제2항에 따라 일시적으로 금지된 식품등을 위해평가가 완료되기 전에 사용 · 조리한 경우		300	400	500
10) 식중독 발생 시 역학조사가 완료되기 전에 보관 또는 사용 중인 식품의 폐기 · 소독 등으로 현장을 훼손하여 원상태로 보존하지 않는 등 식중독 원인규명을 위한 행위를 방해한 경우		500	750	1000
11) 그 밖에 총리령으로 정하는 준수사항을 지키지 않은 경우	법 제101조제3항제6호	50만원 이상 300만원 이하의 범위에서 총리령으로 정하는 금액		

식품위생법 시행규칙

【별표 1】 〈개정 2022.7.28.〉

식품등의 위생적인 취급에 관한 기준 (제2조 관련)

1. 식품 또는 식품첨가물을 제조 · 가공 · 사용 · 조리 · 저장 · 소분 · 운반 또는 진열할 때에는 이물이 혼입되거나 병원성 미생물 등으로 오염되지 않도록 위생적으로 취급해야 한다.
2. 식품등을 취급하는 원료보관실 · 제조가공실 · 조리실 · 포장실 등의 내부는 항상 청결하게 관리하여야 한다.
3. 식품등의 원료 및 제품 중 부패 · 변질이 되기 쉬운 것은 냉동 · 냉장시설에 보관 · 관리하여야 한다.
4. 식품등의 보관 · 운반 · 진열시에는 식품등의 기준 및 규격이 정하고 있는 보존 및 유통기준에 적합하도록 관리하여야 하고, 이 경우 냉동 · 냉장시설 및 운반시설은 항상 정상적으로 작동시켜야 한다.
5. 식품등의 제조 · 가공 · 조리 또는 포장에 직접 종사하는 사람은 위생모 및 마스크를 착용하는 등 개인위생관리를 철저히 하여야 한다.
6. 제조 · 가공(수입품을 포함한다)하여 최소판매 단위로 포장(위생상 위해가 발생할 우려가 없도록 포장되고, 제품의 용기 · 포장에 「식품 등의 표시 · 광고에 관한 법률」 제4조제1항에 적합한 표시가 되어 있는 것을 말한다)된 식품 또는 식품첨가물을 허가를 받지 아니하거나 신고를 하지 아니하고 판매의 목적으로 포장을 뜯어 분할하여 판매하여서는 아니 된다. 다만, 컵라면, 일회용 다류, 그 밖의 음식류에 뜨거운 물을 부어주거나, 호빵 등을 따뜻하게 데워 판매하기 위하여 분할하는 경우는 제외한다.
7. 식품등의 제조 · 가공 · 조리에 직접 사용되는 기계 · 기구 및 음식기는 사용 후에 세척 · 살균하는 등 항상 청결하게 유지 · 관리하여야 하며, 어류 · 육류 · 채소류를 취급하는 칼 · 도마는 각각 구분하여 사용하여야 한다.
8. 소비기한이 경과된 식품 등을 판매하거나 판매의 목적으로 진열 · 보관하여서는 아니 된다.

【별표 8】 〈개정 2017.1.4〉

식품등의 무상수거대상 및 수거량 (제20조 제1항 관련)

1. 무상수거대상 식품등

   제19조 제1항에 따라 검사에 필요한 식품등을 수거할 경우

2. 수거대상 및 수거량

   가. 식품 (식품접객업소 등의 음식물 포함)

식품의 종류	수거량	비 고
1) 가공식품	600 g(m*l*) (다만, 캡슐류는 200 g)	1. 수거량은 검체의 개수별 무게 또는 용량을 모두 합한 것으로 말하며, 검사에 필요한 시험재료 1건 당 수거양의 범위 안에서 수거하여야 한다. 다만, 검체채취로 인한 오염 등 소분·채취하기 어려운 경우에는 수거량을 초과하더라도 최소포장단위 그대로 채취할 수 있다. 2. 가공식품에 잔류농약검사, 방사능검사, 이물검사 등이 추가될 경우에는 각각 1 kg을 추가로 수거하여야 한다(다만, 잔류농약검사 중 건조채소 및 침출차는 0.3 kg). 3. 방사선 조사 검사가 추가될 경우에는 0.2 kg을 추가로 수거하여야 한다. 다만, 소스류 및 식품등의 기준 및 규격에 따른 방사선 조사 검사 대상 원료가 2종 이상이 혼합된 식품은 0.6 kg을 추가로 수거하고, 밤·생버섯·곡류 및 두류는 1 kg을 추가로 수거하여야 한다. 4. 세균발육검사항목이 있는 경우 및 통조림식품은 6개(세균발육검사용 5개, 그밖에 이화학검사용 1개)를 수거하여야 한다. 5. 2개 이상을 수거하는 경우에는 그 용기 또는 포장과 제조연월일이 같은 것이어야 한다. 6. 용량검사를 하여야 하는 경우에는 수거량을 초과하더라도 식품등의 기준 및 규격에서 정한 용량검사에 필요한 양을 추가하여 수거할 수 있다. 7. 분석 중 최종 확인 등을 위하여 추가로 검체가 필요한 경우에는 추가로 검체를 수거할 수 있다. 8. 식품위생감시원이 의심물질이 있다고 판단되어 검사항목을 추가하는 경우 또는 「식품·의약품분야 시험·검사 등에 관한 법률」 제16조에 따른 식품등 시험·검사기관 또는 같은 조 제4항 단서에 따라 총리령으로 정하는 시험·검사기관(이하 이 표에서 "시험·검사기관"이라 한다)이 두 곳 이상인 경우에는 수거량을 초과하여 수거할 수 있다.
2) 유탕처리식품	추가 1 kg	
3) 자연산물 • 곡류·두류 및 기타 자연산물 • 채소류 • 과실류 • 수산물	 1~3 kg 1~3 kg 3~5 kg 0.3~4 kg	

나. 식품첨가물

<table>
<tr><th>시험항목별</th><th>수 거 량</th><th>비 고</th></tr>
<tr><td>식품등의 기준 및 규격의 적부에 관한 시험</td><td>고체 : 200 g
액체 : 500 g(ml)
기체 : 1 kg</td><td rowspan="2">1. 분석 중 최종 확인 등을 위하여 추가로 검체가 필요한 경우에는 추가로 검체를 수거할 수 있다.
2. 식품위생감시원이 의심물질이 있다고 판단되어 검사항목을 추가하는 경우 또는 식품위생검사기관이 두 곳 이상인 경우에는 수거량을 초과하여 수거할 수 있다.</td></tr>
<tr><td>비소·중금속 함유량 시험</td><td>50 g(ml)</td></tr>
</table>

다. 기구 또는 용기·포장

시험항목별	수 거 량	비 고
재질·용출시험	기구 또는 용기·포장에 대한 식품등의 기준 및 규격에 의한 검사에 필요한 양	1. 분석 중 최종 확인 등을 위하여 추가로 검체가 필요한 경우에는 추가로 검체를 수거할 수 있다. 2. 식품위생감시원이 의심물질이 있다고 판단되어 검사항목을 추가하는 경우 또는 식품위생검사기관이 두 곳 이상인 경우에는 수거량을 초과하여 수거할 수 있다.

【별표 12】 〈개정 2024. 7. 3.〉

자가품질검사기준 (제31조 제1항 관련)

1. 식품등에 대한 자가품질검사는 판매를 목적으로 제조 · 가공하는 품목별로 실시하여야 한다. 다만, 식품공전에서 정한 동일한 검사항목을 적용받은 품목을 제조 · 가공하는 경우에는 식품유형별로 이를 실시할 수 있다.
2. 기구 및 용기 · 포장의 경우 동일한 재질의 제품으로 크기나 형태가 다를 경우에는 재질별로 자가품질검사를 실시할 수 있다.
3. 자가품질검사주기는 처음으로 제품을 제조한 날을 기준으로 산정한다. 다만, 「수입식품안전관리 특별법」 제18조제2항에 따른 주문자상표부착식품등과 식품제조 · 가공업자가 자신의 제품을 만들기 위하여 수입한 용기 · 포장은 「관세법」 제248조에 따라 관할 세관장이 신고필증을 발급한 날을 기준으로 산정한다.
4. 자가품질검사는 식품의약품안전처장이 정하여 고시하는 식품유형별 검사항목을 검사한다. 다만, 식품제조 · 가공 과정 중 특정 식품첨가물을 사용하지 아니한 경우에는 그 항목의 검사를 생략할 수 있다.
5. 영업자가 다른 영업자에게 식품등을 제조하게 하는 경우에는 식품등을 제조하게 하는 자 또는 직접 그 식품등을 제조하는 자가 자가품질검사를 실시하여야 한다.
6. 식품등의 자가품질검사는 다음의 구분에 따라 실시하여야 한다.

가. 식품제조 · 가공업

1) 과자류, 빵류 또는 떡류(과자, 캔디류, 추잉껌 및 떡류만 해당한다), 코코아가공품류, 초콜릿류, 잼류, 당류, 음료류[다류(茶類) 및 커피류만 해당한다], 절임류 또는 조림류, 수산가공식품류(젓갈류, 건포류, 조미김, 기타 수산물가공품만 해당한다), 두부류 또는 묵류, 면류, 조미식품(고춧가루, 실고추 및 향신료가공품, 식염만 해당한다), 즉석식품류(만두류, 즉석섭취식품, 즉석조리식품만 해당한다), 장류, 농산가공식품류(전분류, 밀가루, 기타농산가공품류 중 곡류가공품, 두류가공품, 서류가공

품, 기타 농산가공품만 해당한다), 식용유지가공품(모조치즈, 식물성크림, 기타 식용유지가공품만 해당한다), 동물성가공식품류(추출가공식품만 해당한다), 기타가공품, 선박에서 통 · 병조림을 제조하는 경우 및 단순가공품(자연산물을 그 원형을 알아볼 수 없도록 분해 · 절단 등의 방법으로 변형시키거나 1차 가공처리한 식품원료를 식품첨가물을 사용하지 아니하고 단순히 서로 혼합만 하여 가공한 제품이거나 이 제품에 식품제조 · 가공업의 허가를 받아 제조 · 포장된 조미식품을 포장된 상태 그대로 첨부한 것을 말한다)만을 가공하는 경우: 3개월마다 1회 이상 식품의약품안전처장이 정하여 고시하는 식품유형별 검사항목

2) 식품제조 · 가공업자가 자신의 제품을 만들기 위하여 수입한 용기 · 포장: 동일재질별로 6개월마다 1회 이상 재질별 성분에 관한 규격

3) 빵류, 식육함유가공품, 알함유가공품, 동물성가공식품류(기타식육 또는 기타알제품), 음료류(과일 · 채소류음료, 탄산음료류, 두유류, 발효음료류, 인삼 · 홍삼음료, 기타음료만 해당한다, 비가열음료는 제외한다), 식용유지류(들기름, 추출들깨유만 해당한다): 2개월마다 1회 이상 식품의약품안전처장이 정하여 고시하는 식품유형별 검사항목

4) 1)부터 3)까지의 규정 외의 식품: 1개월(주류의 경우에는 6개월)마다 1회 이상 식품의약품안전처장이 정하여 고시하는 식품유형별 검사항목

5) 법 제48조제8항에 따른 전년도의 조사 · 평가 결과가 만점의 90퍼센트 이상인 식품: 1) · 3) · 4)에도 불구하고 6개월마다 1회 이상 식품의약품안전처장이 정하여 고시하는 식품유형별 검사항목

6) 식품의약품안전처장이 식중독 발생위험이 높다고 인정하여 지정 · 고시한 기간에는 1) 및 2)에 해당하는 식품은 1개월마다 1회 이상, 3)에 해당하는 식품은 15일마다 1회 이상, 4)에 해당하는 식품은 1주일마다 1회 이상 실시하여야 한다.

7) 「주류 면허 등에 관한 법률」 제29조에 따른 검사 결과 적합 판정을 받은 주류는 자가품질검사를 실시하지 않을 수 있다. 이 경우 해당 검사는 제4호에 따른 주류의 자가품질검사 항목에 대한 검사를 포함해야 한다.

나. 즉석판매제조 · 가공업

1) 과자(크림을 위에 바르거나 안에 채워 넣은 후 가열살균하지 않고 그대로 섭취하는 것만 해당한다), 빵류(크림을 위에 바르거나 안에 채워 넣은 후 가열살균하지 않고 그대로 섭취하는 것만 해당한다), 당류(설탕류, 포도당, 과당류, 올리고당류만 해당한다), 식육함유가공품, 어육가공품류(연육, 어묵, 어육소시지 및 기타 어육가공품만 해당한다), 두부류 또는 묵류, 식용유지류(압착식용유만 해당한다), 특수용도식품, 소스, 음료류(커피, 과일 · 채소류음료, 탄산음료류, 두유류, 발효음료류, 인삼 · 홍삼음료, 기타음료만 해당한다), 동물성가공식품류(추출가공식품만 해당한다), 빙과류, 즉석섭취식품(도시락, 김밥류, 햄버거류 및 샌드위치류만 해당한다), 즉석조리식품(순대류만 해당한다), 신선편의식품, 간편조리세트, 「축산물 위생관리법」 제2조제2호에 따른 유가공품, 식육가공품 및 알가공품: 9개월 마다 1회 이상 식품의약품안전처장이 정하여 고시하는 식품 및 축산물가공품 유형별 검사항목

2) 별표 15 제2호에 따른 영업을 하는 경우에는 자가품질검사를 실시하지 않을 수 있다.

다. 식품첨가물

1) 기구 등 살균소독제: 6개월마다 1회 이상 살균소독력

2) 1) 외의 식품첨가물: 6개월마다 1회 이상 식품첨가물별 성분에 관한 규격

라. 기구 또는 용기 · 포장: 동일재질별로 6개월마다 1회 이상 재질별 성분에 관한 규격

【별표 13】 〈개정 2020.4.13.〉

소비자 위생점검 표시 및 광고방법 (제35조 제3항 관련)

1. 표시기준

가. 도안모형

소비자 위생점검 합격
FORYOURHEALTH

나. 도안요령

1) 심볼마크 상단의 태극문양 색상은 노란색(Magneta 30 + Yellow 83)으로 하고, 심볼마크의 하단 밥그릇 색상은 회색(Black20)으로 한다.

2) 바탕색의 색상은 흰색(Cyan 0 + Magneta 0 + Yellow 0 + Black 0)으로 하고 하단의 "소비자 위생점검 합격" 글씨는 검정색(black100)으로 하며, 슬로건은 Black 30으로 한다.

3) 문자의 활자체는 HY태백B로 하며 슬로건은 서울들국화로 한다.

2. 표시방법

가. 도안의 크기는 용도 및 포장재의 크기에 따라 동일배율로 조정한다.

나. 도안은 알아보기 쉽도록 인쇄 또는 각인 등의 방법으로 표시하여야 한다.

3. 광고방법

가. 소비자 위생점검 합격사실을 광고하는 경우에는 사실과 다름이 없어야 한다.

나. 「신문 등의 진흥에 관한 법률」 제9조 제1항에 따라 등록한 전국을 보급지역으로 하는 1개 이상의 일반신문에 게재할 수 있다.

다. 식품의약품안전처나 관할 특별자치도·시·군·구청의 인터넷 홈페이지에 게재하도록 요청할 수 있다.

【별표 14】 〈개정 2024. 7. 8.〉

업종별 시설기준 (제36조 관련)

1. 식품제조 · 가공업의 시설기준

가. 식품의 제조시설과 원료 및 제품의 보관시설 등이 설비된 건축물(이하 "건물"이라 한다)의 위치 등

1) 건물의 위치는 축산폐수 · 화학물질, 그 밖에 오염물질의 발생시설로부터 식품에 나쁜 영향을 주지 아니하는 거리를 두어야 한다.

2) 건물의 구조는 제조하려는 식품의 특성에 따라 적정한 온도가 유지될 수 있고, 환기가 잘 될 수 있어야 한다.

3) 건물의 자재는 식품에 나쁜 영향을 주지 아니하고 식품을 오염시키지 아니하는 것이어야 한다.

나. 작업장

1) 작업장은 독립된 건물이거나 식품제조 · 가공 외의 용도로 사용되는 시설과 분리(별도의 방을 분리함에 있어 벽이나 층 등으로 구분하는 경우를 말한다. 이하 같다)되어야 한다.

2) 작업장은 원료처리실 · 제조가공실 · 포장실 및 그 밖에 식품의 제조 · 가공에 필요한 작업실을 말하며, 각각의 시설은 분리 또는 구획(칸막이 · 커튼 등으로 구분하는 경우를 말한다. 이하 같다)되어야 한다. 다만, 제조공정의 자동화 또는 시설 · 제품의 특수성으로 인하여 분리 또는 구획할 필요가 없다고 인정되는 경우로서 각각의 시설이 서로 구분(선 · 줄 등으로 구분하는 경우를 말한다. 이하 같다)될 수 있는 경우에는 그러하지 아니하다.

3) 작업장의 바닥 · 내벽 및 천장 등은 다음과 같은 구조로 설비되어야 한다.

가) 바닥은 콘크리트 등으로 내수처리를 하여야 하며, 배수가 잘 되도록 하여야 한다.

나) 내벽은 바닥으로부터 1.5미터까지 밝은 색의 내수성으로 설비하거나 세균방지용 페인트로 도색하여야 한다. 다만, 물을 사용하지 않고 위생상 위해발생의 우려가 없는 경우에는 그러하지 아니하다.

다) 작업장의 내부 구조물, 벽, 바닥, 천장, 출입문, 창문 등은 내구성, 내부식성 등을 가지고, 세척 · 소독이 용이하여야 한다

4) 작업장 안에서 발생하는 악취 · 유해가스 · 매연 · 증기 등을 환기시키기에 충분한 환기시설을 갖추어야 한다.

5) 작업장은 외부의 오염물질이나 해충, 설치류, 빗물 등의 유입을 차단할 수 있는 구조이어야 한다.

6) 작업장은 폐기물 · 폐수 처리시설과 격리된 장소에 설치하여야 한다.

다. 식품취급시설 등

1) 식품을 제조 · 가공하는데 필요한 기계 · 기구류 등 식품취급시설은 식품의 특성에 따라 식품의약품안전처장이 고시하는 식품등의 기준 및 규격(이하 "식품등의 기준 및 규격"이라 한다)에서 정하고 있는 제조 · 가공기준에 적합한 것이어야 한다.

2) 식품취급시설 중 식품과 직접 접촉하는 부분은 위생적인 내수성재질[스테인레스 · 알루미늄 · 강화플라스틱(FRP) · 테프론 등 물을 흡수하지 아니하는 것을 말한다. 이하 같다]로서 씻기 쉬운 것이거나 위생적인 목재로서 씻는 것이 가능한 것이어야 하며, 열탕 · 증기 · 살균제 등으로 소독 · 살균이 가능한 것이어야 한다.

3) 냉동 · 냉장시설 및 가열처리시설에는 온도계 또는 온도를 측정할 수 있는 계기를 설치하여야 한다.

라. 급수시설

1) 수돗물이나 「먹는물관리법」 제5조에 따른 먹는 물의 수질기준에 적합한 지하수 등을 공급할 수 있는 시설을 갖추어야 한다.

2) 지하수 등을 사용하는 경우 취수원은 화장실 · 폐기물처리시설 · 동물사육장, 그 밖에 지하수가 오염될 우려가 있는 장소로부터 영향을 받지 아니하는 곳에 위치하여야 한다.

3) 먹기에 적합하지 않은 용수는 교차 또는 합류되지 않아야 한다.

마. 화장실

1) 작업장에 영향을 미치지 아니하는 곳에 정화조를 갖춘 수세식화장실을 설치하여야 한다. 다만, 인근에 사용하기 편리한 화장실이 있는 경우에는 화장실을 따로 설치하지 아니할 수 있다.

2) 화장실은 콘크리트 등으로 내수처리를 하여야 하고, 바닥과 내벽(바닥으로부터 1.5미터까지)에는 타일을 붙이거나 방수페인트로 색칠하여야 한다.

바. 창고 등의 시설

1) 원료와 제품을 위생적으로 보관 · 관리할 수 있는 창고를 갖춰야 한다. 다만, 다음의 어느 하나에 해당하는 경우에는 창고를 갖추지 않을 수 있다.

가) 창고에 갈음할 수 있는 냉동 · 냉장시설을 따로 갖춘 경우

나) 같은 영업자가 다음의 어느 하나에 해당하는 영업을 하면서 해당 영업소의 창고 등 시설을 공동으로 이용하는 경우

(1) 영 제21조제3호에 따른 식품첨가물제조업

(2) 「약사법」 제31조제1항에 따른 의약품제조업 또는 같은 조 제4항에 따른 의약외품제조업

(3) 「축산물 위생관리법」 제21조제1항제3호에 따른 축산물가공업

(4) 「건강기능식품에 관한 법률 시행령」 제2조제1호가목에 따른 건강기능식품전문제조업

2) 창고의 바닥에는 양탄자를 설치하여서는 아니 된다.

사. 검사실

1) 식품등의 기준 및 규격을 검사할 수 있는 검사실을 갖추어야 한다. 다만, 다음 각 호의 어느 하나에 해당하는 경우에는 이를 갖추지 아니할 수 있다.

가) 법 제31조제2항에 따라 「식품 · 의약품분야 시험 · 검사 등에 관한 법률」 제6조제3항제2호에 따른 자가품질위탁 시험 · 검사기관 등에 위탁하여 자가품질검사를 하려는 경우

나) 같은 영업자가 다른 장소에 영업신고한 같은 업종의 영업소에 검사실을 갖추고 그 검사실에서 법 제31조제1항에 따른 자가품질검사를 하려는 경우

다) 같은 영업자가 설립한 식품 관련 연구 · 검사기관에서 자사 제품에 대하여 법 제31조제1항에 따른 자가품질검사를 하려는 경우

라) 「독점규제 및 공정거래에 관한 법률」 제2조제2호에 따른 기업집단에 속하는 식품관련 연구 · 검사기관 또는 같은 조 제3호에 따른 계열회사가 영업신고한 같은 업종의 영업소의 검사실에서 법 제31조제1항에 따른 자가품질검사를 하려는 경우

마) 같은 영업자, 동일한 기업집단(「독점규제 및 공정거래에 관한 법률」 제2조제2호에 따른 기업집단을 말한다)에 속하는 식품관련 연구 · 검사기관 또는 영업자의 계열회사(같은 법 제2조제3호에 따른 계열회사를 말한다)가 영 제21조제3호에 따른 식품첨가물제조업, 「축산물 위생관리법」 제21조제1항제3호에 따른 축산물가공업, 「건강기능식품에 관한 법률 시행령」 제2조제1호가목에 따른 건강기능식품전문제조업, 「약사법」 제2조제4호 · 제7호에 따른 의약품 · 의약외품의 제조업, 「화장품법」 제2조제10호에 따른 화장품제조업, 「위생용품 관리법」 제2조제2호에 따른 위생용품제조업을 하면서 해당 영업소에 검사실 또는 시험실을 갖추고 법 제31조제1항에 따른 자가품질검사를 하려는 경우

2) 검사실을 갖추는 경우에는 자가품질검사에 필요한 기계 · 기구 및 시약류를 갖추어야 한다.

아. 운반시설

식품을 운반하기 위한 차량, 운반도구 및 용기를 갖춘 경우 식품과 직접 접촉하는 부분의 재질은 인체에 무해하며 내수성 · 내부식성을 갖추어야 한다.

자. 시설기준 적용의 특례

1) 선박에서 수산물을 제조 · 가공하는 경우에는 다음의 시설만 설비할 수 있다.

가) 작업장

작업장에서 발생하는 악취 · 유해가스 · 매연 · 증기 등을 환기시키는 시설을 갖추어야 한다.

나) 창고 등의 시설 등

냉동 · 냉장시설을 갖추어야 한다.

다) 화장실

수세식 화장실을 두어야 한다.

2) 식품제조·가공업자가 제조·가공시설 등이 부족한 경우에는 다음의 어느 하나에 해당하는 영업자에게 위탁하여 식품을 제조·가공할 수 있다.
   가) 영 제21조제1호에 따른 식품제조·가공업의 영업자
   나) 영 제21조제2호에 따른 즉석판매제조·가공업의 영업자
   다) 영 제21조제3호에 따른 식품첨가물제조업의 영업자
   라) 「축산물 위생관리법」 제21조제1항제3호에 따른 축산물가공업의 영업자
   마) 「건강기능식품에 관한 법률 시행령」 제2조제1호가목에 따른 건강기능식품전문제조업의 영업자

3) 하나의 업소가 둘 이상의 업종의 영업을 할 경우 또는 둘 이상의 식품을 제조·가공하고자 할 경우로서 각각의 제품이 전부 또는 일부의 동일한 공정을 거쳐 생산되는 경우에는 그 공정에 사용되는 시설 및 작업장을 함께 쓸 수 있다. 이 경우 「축산물 위생관리법」 제22조에 따라 축산물가공업 또는 식육포장처리업의 허가를 받은 업소, 「먹는물관리법」 제21조에 따라 먹는샘물제조업의 허가를 받은 업소, 「주류 면허 등에 관한 법률」 제3조에 따라 주류제조의 면허를 받아 주류를 제조하는 업소 및 「건강기능식품에 관한 법률」 제5조에 따라 건강기능식품제조업의 허가를 받은 업소 및「양곡관리법」 제19조에 따라 양곡가공업 신고를 한 업소의 시설 및 작업장도 또한 같다.

4) 「농업·농촌 및 식품산업 기본법」 제3조제2호에 따른 농업인, 같은 조 제4호에 따른 생산자단체, 「수산업·어촌 발전 기본법」 제3조제2호에 따른 수산인, 같은 조 제3호에 따른 어업인, 같은 조 제5호에 따른 생산자단체, 「농어업경영체 육성 및 지원에 관한 법률」 제16조에 따른 영농조합법인·영어조합법인 또는 같은 법 제19조에 따른 농업회사법인·어업회사법인이 국내산 농산물과 수산물을 주된 원료로 식품을 직접 제조·가공하는 영업과 「전통시장 및 상점가 육성을 위한 특별법」 제2조제1호에 따른 전통시장에서 식품을 제조·가공하는 영업에 대해서는 특별자치도지사·시장·군수·구청장은 그 시설기준을 따로 정할 수 있다.

5) 식품제조·가공업을 함께 영위하려는 의약품제조업자 또는 의약외품제조업자는 제조하는 의약품 또는 의약외품 중 내복용 제제가 식품에 전이될 우려가 없다고 식품의약품안전처장이 인정하는 경우에는 해당 의약품 또는 의약외품 제조시설을 식품제조·가공시설로 이용할 수 있다. 이 경우 식품제조·가공시설로 이용할 수 있는 기준 및 방법 등 세부사항은 식품의약품안전처장이 정하여 고시한다.

6) 「곤충산업의 육성 및 지원에 관한 법률」 제2조제3호에 따른 곤충농가가 곤충을 주된 원료로 하여 식품을 제조·가공하는 영업을 하려는 경우 특별자치시장·특별자치도지사·시장·군수·구청장은 그 시설기준을 따로 정할 수 있다.

7) 식품제조·가공업자가 바목1)에 따른 창고의 용량이 부족하여 생산한 반제품을 보관할 수 없는 경우에는 영업등록을 한 영업소의 소재지와 다른 곳에 설치하거나 임차한 창고에 일시적으로 보관할 수 있다.

8) 공유주방 운영업의 시설을 사용하는 경우에는 제10호의 공유주방 운영업의 시설기준에 따른다.

2. 즉석판매제조·가공업의 시설기준

가. 건물의 위치 등

1) 독립된 건물이거나 즉석판매제조·가공 외의 용도로 사용되는 시설과 분리 또는 구획되어야 한다. 다만, 백화점 등 식품을 전문으로 취급하는 일정장소(식당가·식품매장 등을 말한다) 또는 일반음식점·휴게음식점·제과점 영업장과 직접 접한 장소에서 즉석판매제조·가공업의 영업을 하려는 경우,

「축산물 위생관리법」 제21조제7호가목에 따른 식육판매업소에서 식육을 이용하여 즉석판매제조·가공업의 영업을 하려는 경우 및 「건강기능식품에 관한 법률 시행령」 제2조제3호가목에 따른 건강기능식품일반판매업소에서 즉석판매제조·가공업의 영업을 하려는 경우로서 식품위생상 위해 발생의 우려가 없다고 인정되는 경우에는 그러하지 아니하다.

2) 건물의 위치·구조 및 자재에 관하여는 1. 식품제조·가공업의 시설기준 중 가. 건물의 위치 등의 관련 규정을 준용한다.

나. 작업장

1) 식품을 제조·가공할 수 있는 기계·기구류 등이 설치된 제조·가공실을 두어야 한다. 다만, 식품제조·가공업 영업자가 제조·가공한 식품 또는 「수입식품안전관리 특별법」 제15조제1항에 따라 등록한 수입식품등 수입·판매업 영업자가 수입·판매한 식품을 소비자가 원하는 만큼 덜어서 판매하는 것만 하고, 식품의 제조·가공은 하지 아니하는 영업자인 경우에는 제조·가공실을 두지 아니할 수 있다.

2) 제조가공실의 시설 등에 관하여는 1. 식품제조·가공업의 시설기준 중 나. 작업장의 관련규정을 준용한다.

다. 식품취급시설 등

식품취급시설 등에 관하여는 1. 식품제조·가공업의 시설기준 중 다. 식품취급시설 등의 관련규정을 준용한다.

라. 급수시설

급수시설은 1. 식품제조·가공업의 시설기준 중 라. 급수시설의 관련 규정을 준용한다. 다만, 인근에 수돗물이나 「먹는물관리법」 제5조에 따른 먹는물 수질기준에 적합한 지하수 등을 공급할 수 있는 시설이 있는 경우에는 이를 설치하지 아니할 수 있다.

마. 판매시설

식품을 위생적으로 유지·보관할 수 있는 진열·판매시설을 갖추어야 한다. 다만, 신고관청은 즉석판매제조·가공업의 영업자가 제조·가공하는 식품의 형태 및 판매 방식 등을 고려해 진열·판매의 필요성 및 식품위생에의 위해성이 모두 없다고 인정하는 경우에는 진열·판매시설의 설치를 생략하게 할 수 있다.

바. 화장실

1) 화장실을 작업장에 영향을 미치지 아니하는 곳에 설치하여야 한다.

2) 정화조를 갖춘 수세식 화장실을 설치하여야 한다. 다만, 상·하수도가 설치되지 아니한 지역에서는 수세식이 아닌 화장실을 설치할 수 있다.

3) 2)단서에 따라 수세식이 아닌 화장실을 설치하는 경우에는 변기의 뚜껑과 환기시설을 갖추어야 한다.

4) 공동화장실이 설치된 건물 안에 있는 업소 및 인근에 사용이 편리한 화장실이 있는 경우에는 따로 설치하지 아니할 수 있다.

사. 시설기준 적용의 특례

1) 「전통시장 및 상점가 육성을 위한 특별법」 제2조제1호에 따른 전통시장 또는 「관광진흥법 시행령」 제2조제1항제5호가목에 따른 종합유원시설업의 시설 안에서 이동판매형태의 즉석판매제조·가공업을 하려는 경우에는 특별자치시장·특별자치도지사·시장·군수·구청장이 그 시설기준을 따로 정할 수 있다.

2) 「도시와 농어촌 간의 교류촉진에 관한 법률」 제10조에 따라 농어촌체험·휴양마을사업자가 지역

농 · 수 · 축산물을 주재료로 이용한 식품을 제조 · 판매 · 가공하는 경우에는 특별자치시장 · 특별자치도지사 · 시장 · 군수 · 구청장이 그 시설기준을 따로 정할 수 있다.

3) 지방자치단체의 장이 주최 · 주관 또는 후원하는 지역행사 등에서 즉석판매제조 · 가공업을 하려는 경우에는 특별자치시장 · 특별자치도지사 · 시장 · 군수 · 구청장이 그 시설기준을 따로 정할 수 있다.

4) 지방자치단체 및 농림축산식품부장관이 인정한 생산자단체등에서 국내산 농 · 수 · 축산물을 주재료로 이용한 식품을 제조 · 판매 · 가공하는 경우에는 특별자치시장 · 특별자치도지사 · 시장 · 군수 · 구청장이 그 시설기준을 따로 정할 수 있다.

5) 「전시산업발전법」 제2조제4호에 따른 전시시설 또는 「국제회의산업 육성에 관한 법률」 제2조제3호에 따른 국제회의시설에서 즉석판매제조 · 가공업을 하려는 경우에는 특별자치시장 · 특별자치도지사 · 시장 · 군수 · 구청장이 그 시설기준을 따로 정할 수 있다.

6) 그 밖에 특별자치시장 · 특별자치도지사 · 시장 · 군수 · 구청장이 별도로 지정하는 장소에서 즉석판매제조 · 가공업을 하려는 경우에는 특별자치시장 · 특별자치도지사 · 시장 · 군수 · 구청장이 그 시설기준을 따로 정할 수 있다.

7) 공유주방 운영업의 시설을 사용하는 경우에는 제10호의 공유주방 운영업의 시설기준에 따른다.

아. 삭제 〈2017. 12. 29.〉

자. 삭제 〈2017. 12. 29.〉

3. 식품첨가물제조업의 시설기준

식품제조 · 가공업의 시설기준을 준용한다. 다만, 건물의 위치 · 구조 및 작업장에 대하여는 신고관청이 위생상 위해발생의 우려가 없다고 인정하는 경우에는 그러하지 아니하다.

4. 식품운반업의 시설기준

가. 운반시설

1) 냉동 또는 냉장시설을 갖춘 적재고(積載庫)가 설치된 운반 차량 또는 선박이 있어야 한다. 다만, 다음의 어느 하나에 해당하는 경우에는 냉동 또는 냉장시설을 갖춘 적재고를 갖추지 않을 수 있다.

가) 어패류에 식용얼음을 넣어 운반하는 경우

나) 냉동 또는 냉장시설이 필요 없는 식품만을 취급하는 경우

다) 염수로 냉동된 통조림제조용 어류를 식품등의 기준 및 규격에서 정하고 있는 보존 및 유통기준에 따라 운반하는 경우

라) 식품운반업자가 「축산물 위생관리법 시행령」 제21조제6호에 따른 축산물운반업을 함께 하면서 해당 영업소의 적재고를 공동으로 이용하여 밀봉 포장된 식품과 밀봉 포장된 축산물(「축산물 위생관리법」에 따른 축산물을 말한다. 이하 같다)을 섞이지 않게 구별하여 보관 · 운반하는 경우

2) 냉동 또는 냉장시설로 된 적재고의 내부는 식품등의 기준 및 규격 중 운반식품의 보존 및 유통기준에 적합한 온도를 유지하여야 하며, 시설외부에서 내부의 온도를 알 수 있도록 온도계를 설치하여야 한다. 이 경우 온도계의 온도를 식품등의 기준 및 규격에서 정한 기준에 적합하게 보이도록 조작(造作)할 수 있는 장치를 설치해서는 안 된다.

3) 적재고는 혈액 등이 누출되지 아니하고 냄새를 방지할 수 있는 구조이어야 한다.

나. 세차시설

세차장은 「수질환경보전법」에 적합하게 전용세차장을 설치하여야 한다. 다만, 동일 영업자가 공동으로 세차장을 설치하거나 타인의 세차장을 사용계약한 경우에는 그러하지 아니하다.

다. 차고

식품운반용 차량을 주차시킬 수 있는 전용차고를 두어야 한다. 다만, 타인의 차고를 사용계약한 경우와 「화물자동차 운수사업법」 제55조에 따른 사용신고 대상이 아닌 자가용 화물자동차의 경우에는 그러하지 아니하다.

라. 사무소

영업활동을 위한 사무소를 두어야 한다. 다만, 영업활동에 지장이 없는 경우에는 다른 사무소를 함께 사용할 수 있고, 「화물자동차 운수사업법」 제3조제1항제2호에 따른 개인화물자동차 운송사업의 영업자가 식품운반업을 하려는 경우에는 사무소를 두지 않을 수 있다.

5. 식품소분 · 판매업의 시설기준

가. 공통시설기준

1) 작업장 또는 판매장(식품자동판매기영업 및 유통전문판매업을 제외한다)

가) 건물은 독립된 건물이거나 주거장소 또는 식품소분 · 판매업 외의 용도로 사용되는 시설과 분리 또는 구획되어야 한다.

나) 식품소분업의 소분실은 1. 식품제조 · 가공업의 시설기준 중 나. 작업장의 관련규정을 준용한다.

2) 급수시설(식품소분업 등 물을 사용하지 아니하는 경우를 제외한다)

수돗물이나 「먹는물관리법」 제5조에 따른 먹는 물의 수질기준에 적합한 지하수 등을 공급할 수 있는 시설을 갖추어야 한다.

3) 화장실(식품자동판매기영업을 제외한다)

가) 화장실은 작업장 및 판매장에 영향을 미치지 아니하는 곳에 설치하여야 한다.

나) 정화조를 갖춘 수세식 화장실을 설치하여야 한다. 다만, 상 · 하수도가 설치되지 아니한 지역에서는 수세식이 아닌 화장실을 설치할 수 있다.

다) 나)단서에 따라 수세식이 아닌 화장실을 설치한 경우에는 변기의 뚜껑과 환기시설을 갖추어야 한다.

라) 공동화장실이 설치된 건물 안에 있는 업소 및 인근에 사용이 편리한 화장실이 있는 경우에는 따로 화장실을 설치하지 아니할 수 있다.

4) 공통시설기준의 적용특례

가) 지방자치단체 및 농림축산식품부장관이 인정한 생산자단체 등에서 국내산 농 · 수 · 축산물의 판매촉진 및 소비홍보 등을 위하여 14일 이내의 기간에 한하여 특정장소에서 농 · 수 · 축산물의 판매행위를 하려는 경우에는 공통시설기준에 불구하고 특별자치도지사 · 시장 · 군수 · 구청장(시 · 도에서 농 · 수 · 축산물의 판매행위를 하는 경우에는 시 · 도지사)이 시설기준을 따로 정할 수 있다.

나) 공유주방 운영업의 시설을 사용하여 식품소분업을 하는 경우에는 제10호의 공유주방 운영업의 시설기준에 따른다.

나. 업종별 시설기준

1) 식품소분업

가) 식품등을 소분 · 포장할 수 있는 시설을 설치하여야 한다.

나) 소분 · 포장하려는 제품과 소분 · 포장한 제품을 보관할 수 있는 창고를 설치하여야 한다.

2) 식용얼음판매업

가) 판매장은 얼음을 저장하는 창고와 취급실이 구획되어야 한다.

나) 취급실의 바닥은 타일 · 콘크리트 또는 두꺼운 목판자 등으로 설비하여야 하고, 배수가 잘 되어야 한다.

다) 판매장의 주변은 배수가 잘 되어야 한다.

라) 배수로에는 덮개를 설치하여야 한다.

마) 얼음을 저장하는 창고에는 보기 쉬운 곳에 온도계를 비치하여야 한다.

바) 소비자에게 배달판매를 하려는 경우에는 위생적인 용기가 있어야 한다.

3) 식품자동판매기영업

가) 식품자동판매기(이하 "자판기"라 한다)는 위생적인 장소에 설치하여야 하며, 옥외에 설치하는 경우에는 비 · 눈 · 직사광선으로부터 보호되는 구조이어야 한다.

나) 더운 물을 필요로 하는 제품의 경우에는 제품의 음용온도는 68℃ 이상이 되도록 하여야 하고, 자판기 내부에는 살균등(더운 물을 필요로 하는 경우를 제외한다) · 정수기 및 온도계가 부착되어야 한다. 다만, 물을 사용하지 않는 경우는 제외한다.

다) 자판기 안의 물탱크는 내부청소가 쉽도록 뚜껑을 설치하고 녹이 슬지 아니하는 재질을 사용하여야 한다.

라) 내부에서의 자동적인 혼합 · 처리과정을 거친 식품을 판매하는 자판기의 경우 식품과 직접 접촉하는 부분은 적절하게 세척 · 관리할 수 있고 그 상태를 확인할 수 있는 구조여야 하고, 내수생 재질로서 씻기 쉬워야 하며, 열탕 · 증기 · 살균제 등으로 소독 및 살균이 가능해야 한다.

마) 내부에서의 자동적인 혼합 · 처리과정을 거친 식품을 판매하는 자판기의 경우 혼합 · 처리과정에 사용하는 식품을 위생적으로 보관할 수 있는 시설을 갖춰야 한다.

4) 유통전문판매업

가) 영업활동을 위한 독립된 사무소가 있어야 한다. 다만, 영업활동에 지장이 없는 경우에는 다른 사무소를 함께 사용할 수 있으며, 「방문판매 등에 관한 법률」 제2조제1호 · 제3호 · 제5호에 따른 방문판매 · 전화권유판매 · 다단계판매 및 「전자상거래 등에서의 소비자보호에 관한 법률」 제2조제1호 · 제2호에 따른 전자상거래 · 통신판매 형태의 영업으로서 구매자가 직접 영업활동을 위한 사무소를 방문하지 않는 경우에는 「건축법」 에 따른 주택 용도의 건축물 또는 「벤처기업육성에 관한 특별조치법」 제18조의3제1항에 따른 창업보육센터를 사무소로 사용할 수 있다.

나) 식품을 위생적으로 보관할 수 있는 창고를 갖추어야 한다. 이 경우 보관창고는 영업신고를 한 영업소의 소재지와 다른 곳에 설치하거나 임차하여 사용할 수 있다.

다) 나)에 따른 창고를 전용으로 갖출 수 없거나 전용 창고만으로는 그 용량이 부족할 경우에는 다음의 어느 하나에 해당하는 시설을 구분하여 사용할 수 있다.

(1) 같은 영업자가 식품제조 · 가공업 또는 식품첨가물제조업을 하는 경우 해당 영업에 사용되는 창고 등 시설

(2) 식품 또는 식품첨가물의 제조 · 가공을 의뢰받은 식품제조 · 가공업 또는 식품첨가물제조업을 하는 자와 창고 등 시설 사용에 관한 계약을 체결한 경우 해당 영업에 사용되는 창고 등 시설

(3) 같은 영업자가 「먹는물관리법」 제21조제6항에 따라 유통전문판매업을 하는 경우 해당 영업에 사용되는 「먹는물관리법 시행규칙」 별표 3 제3호나목에 따른 보관시설

(4) 같은 영업자가 「축산물 위생관리법 시행령」 제21조제7호에 따른 축산물유통전문판매업을

하는 경우 해당 영업에 사용되는 보관시설

라) 상시 운영하는 반품 · 교환품의 보관시설을 두어야 한다.

5) 집단급식소 식품판매업

가) 사무소

영업활동을 위한 독립된 사무소가 있어야 한다. 다만, 영업활동에 지장이 없는 경우에는 다른 사무소를 함께 사용할 수 있다.

나) 작업장

(1) 식품을 선별 · 분류하는 작업은 항상 찬 곳(0~18℃)에서 할 수 있도록 하여야 한다.

(2) 작업장은 식품을 위생적으로 보관하거나 선별 등의 작업을 할 수 있도록 독립된 건물이거나 다른 용도로 사용되는 시설과 분리되어야 한다.

(3) 작업장 바닥은 콘크리트 등으로 내수처리를 하여야 하고, 물이 고이거나 습기가 차지 아니하게 하여야 한다.

(4) 작업장에는 쥐, 바퀴 등 해충이 들어오지 못하게 하여야 한다.

(5) 작업장에서 사용하는 칼, 도마 등 조리기구는 육류용과 채소용 등 용도별로 구분하여 그 용도로만 사용하여야 한다.

(6) 신고관청은 집단급식소 식품판매업의 영업자가 판매하는 식품 형태 및 판매 방식 등을 고려해 작업장의 필요성과 식품위생에의 위해성이 모두 없다고 인정하는 경우에는 작업장의 설치를 생략하게 할 수 있다.

다) 창고 등 보관시설

(1) 식품등을 위생적으로 보관할 수 있는 창고를 갖추어야 한다. 이 경우 창고는 영업신고를 한 소재지와 다른 곳에 설치하거나 임차하여 사용할 수 있다.

(2) 창고에는 식품의약품안전처장이 정하는 보존 및 유통기준에 적합한 온도에서 보관할 수 있도록 냉장시설 및 냉동시설을 갖추어야 한다. 다만, 창고에서 냉장처리나 냉동처리가 필요하지 아니한 식품을 처리하는 경우에는 냉장시설 또는 냉동시설을 갖추지 아니하여도 된다.

(3) 서로 오염원이 될 수 있는 식품을 보관 · 운반하는 경우 구분하여 보관 · 운반하여야 한다.

라) 운반차량

(1) 식품을 위생적으로 운반하기 위하여 냉동시설이나 냉장시설을 갖춘 적재고가 설치된 운반차량을 1대 이상 갖추어야 한다. 다만, 법 제37조에 따라 허가, 신고 또는 등록한 영업자와 계약을 체결하여 냉동 또는 냉장시설을 갖춘 운반차량을 이용하는 경우에는 운반차량을 갖추지 아니하여도 된다.

(2) (1)의 규정에도 불구하고 냉동 또는 냉장시설이 필요 없는 식품만을 취급하는 경우에는 운반차량에 냉동시설이나 냉장시설을 갖춘 적재고를 설치하지 아니하여도 된다.

6) 삭제 〈2016.2.4.〉

7) 기타식품판매업

가) 냉동시설 또는 냉장고 · 진열대 및 판매대를 설치하여야 한다. 다만, 냉장 · 냉동 보관 및 유통을 필요로 하지 않는 제품을 취급하는 경우는 제외한다.

나) 삭제 〈2012.1.17〉

6. 식품보존업의 시설기준

가. 식품조사처리업

원자력관계법령에서 정한 시설기준에 적합하여야 한다.

나. 식품냉동 · 냉장업

1) 작업장은 독립된 건물이거나 다른 용도로 사용되는 시설과 분리되어야 한다. 다만, 다음 각 호의 어느 하나에 해당하는 경우에는 그러하지 아니할 수 있다.

가) 밀봉 포장된 식품과 밀봉 포장된 축산물을 같은 작업장에 보관하는 경우

나) 「수입식품안전관리 특별법」 제15조제1항에 따라 등록한 수입식품등 보관업의 시설과 함께 사용하는 작업장의 경우

2) 작업장에는 적하실(積下室) · 냉동예비실 · 냉동실 및 냉장실이 있어야 하고, 각각의 시설은 분리 또는 구획되어야 한다. 다만, 냉동을 하지 아니할 경우에는 냉동예비실과 냉동실을 두지 아니할 수 있다.

3) 작업장의 바닥은 콘크리트 등으로 내수처리를 하여야 하고, 물이 고이거나 습기가 차지 아니하도록 하여야 한다.

4) 냉동예비실 · 냉동실 및 냉장실에는 보기 쉬운 곳에 온도계를 비치하여야 한다.

5) 작업장에는 작업장 안에서 발생하는 악취 · 유해가스 · 매연 · 증기 등을 배출시키기 위한 환기시설을 갖추어야 한다.

6) 작업장에는 쥐 · 바퀴 등 해충이 들어오지 못하도록 하여야 한다.

7) 상호오염원이 될 수 있는 식품을 보관하는 경우에는 서로 구별할 수 있도록 하여야 한다.

8) 작업장 안에서 사용하는 기구 및 용기 · 포장 중 식품에 직접 접촉하는 부분은 씻기 쉬우며, 살균소독이 가능한 것이어야 한다.

9) 수돗물이나 「먹는물관리법」 제5조에 따른 먹는 물의 수질기준에 적합한 지하수 등을 공급할 수 있는 시설을 갖추어야 한다.

10) 화장실을 설치하여야 하며, 화장실의 시설은 2. 즉석판매제조 · 가공업의 시설기준 중 바. 화장실의 관련규정을 준용한다.

7. 용기 · 포장류 제조업의 시설기준

식품제조 · 가공업의 시설기준을 준용한다. 다만, 신고관청이 위생상 위해발생의 우려가 없다고 인정하는 경우에는 그러하지 아니하다.

8. 식품접객업의 시설기준

가. 공통시설기준

1) 영업장

가) 독립된 건물이거나 식품접객업의 영업허가를 받거나 영업신고를 한 업종 외의 용도로 사용되는 시설과 분리, 구획 또는 구분되어야 한다(일반음식점에서 「축산물위생관리법 시행령」 제21조제7호가목의 식육판매업을 하려는 경우, 휴게음식점에서 「음악산업진흥에 관한 법률」 제2조제10호에 따른 음반 · 음악영상물판매업을 하는 경우 및 관할 세무서장의 의제 주류판매 면허를 받고 제과점에서 영업을 하는 경우는 제외한다). 다만, 다음의 어느 하나에 해당하는 경우에는 분리되어야 한다.

(1) 식품접객업의 영업허가를 받거나 영업신고를 한 업종과 다른 식품접객업의 영업을 하려는 경우. 다만, 휴게음식점에서 일반음식점영업 또는 제과점영업을 하는 경우, 일반음식점에서 휴게음식점영업 또는 제과점영업을 하는 경우 또는 제과점에서 휴게음식점영업 또는 일반음식점영업을 하는 경우는 제외한다.

(2) 「음악산업진흥에 관한 법률」 제2조제13호의 노래연습장업을 하려는 경우

(3) 「다중이용업소의 안전관리에 관한 특별법 시행규칙」 제2조제3호의 콜라텍업을 하려는 경우
(4) 「체육시설의 설치 · 이용에 관한 법률」 제10조제1항제2호에 따른 무도학원업 또는 무도장업을 하려는 경우
(5) 「동물보호법」 제2조제1호에 따른 동물의 출입, 전시 또는 사육이 수반되는 영업을 하려는 경우

나) 영업장은 연기 · 유해가스등의 환기가 잘 되도록 하여야 한다.
다) 음향 및 반주시설을 설치하는 영업자는 「소음 · 진동관리법」 제21조에 따른 생활소음 · 진동이 규제기준에 적합한 방음장치 등을 갖추어야 한다.
라) 공연을 하려는 휴게음식점 · 일반음식점 및 단란주점의 영업자는 무대시설을 영업장 안에 객석과 구분되게 설치하되, 객실 안에 설치하여서는 아니 된다.
마) 「동물보호법」 제2조제1호에 따른 동물의 출입, 전시 또는 사육이 수반되는 시설과 직접 접한 영업장의 출입구에는 손을 소독할 수 있는 장치, 용품 등을 갖추어야 한다.
바) 영업장에는 도박 또는 사행행위를 조장하거나 발생시킬 우려가 있는 기구 · 기계 · 가구 등이나 성범죄와 관련된 행위를 조장하거나 발생시킬 우려가 있는 침대, 욕실 등의 기구 · 기계 · 가구 등을 설치해서는 안 된다.

2) 조리장

가) 조리장은 손님이 그 내부를 볼 수 있는 구조로 되어 있어야 한다. 다만, 다음 중 어느 하나에 해당하는 경우에는 그러하지 아니하다.
(1) 영 제21조제8호바목에 따른 제과점영업소로서 같은 건물 안에 조리장을 설치하는 경우
(2) 「관광진흥법 시행령」 제2조제1항제2호가목 및 같은 항 제3호마목에 따른 관광호텔업 및 관광공연장업의 조리장의 경우
(3) 영업장의 손님이 조리장 내부를 실시간으로 볼 수 있도록 폐쇄회로 텔레비전(CCTV) 등 영상시스템이 설치되어 있는 경우

나) 조리장 바닥에 배수구가 있는 경우에는 덮개를 설치하여야 한다.
다) 조리장 안에는 취급하는 음식을 위생적으로 조리하기 위하여 필요한 조리시설 · 세척시설 · 폐기물용기 및 손 씻는 시설을 각각 설치하여야 하고, 폐기물용기는 오물 · 악취 등이 누출되지 아니하도록 뚜껑이 있고 내수성 재질로 된 것이어야 한다.
라) 1명의 영업자가 하나의 조리장을 둘 이상의 영업에 공동으로 사용할 수 있는 경우는 다음과 같다.
(1) 같은 건물 내에서 휴게음식점, 제과점, 일반음식점 및 즉석판매제조 · 가공업의 영업 중 둘 이상의 영업을 하려는 경우
(2) 「관광진흥법 시행령」에 따른 전문휴양업, 종합휴양업 및 유원시설업 시설 안의 같은 장소에서 휴게음식점 · 제과점영업 또는 일반음식점영업 중 둘 이상의 영업을 하려는 경우
(3) 삭제 〈2017. 12. 29.〉
(4) 제과점 영업자가 식품제조 · 가공업 또는 즉석판매제조 · 가공업의 제과 · 제빵류 품목 등을 제조 · 가공하려는 경우
(5) 제과점영업자가 다음의 구분에 따라 둘 이상의 제과점영업을 하는 경우
(가) 기존 제과점의 영업신고관청과 같은 관할 구역에서 제과점영업을 하는 경우
(나) 기존 제과점의 영업신고관청과 다른 관할 구역에서 제과점영업을 하는 경우로서 제과

점 간 거리가 5킬로미터 이내인 경우

마) 조리장에는 주방용 식기류를 소독하기 위한 자외선 또는 전기살균소독기를 설치하거나 열탕세척소독시설(식중독을 일으키는 병원성 미생물 등이 살균될 수 있는 시설이어야 한다. 이하 같다)을 갖추어야 한다. 다만, 주방용 식기류를 기구등의 살균 · 소독제로만 소독하는 경우에는 그러하지 아니하다.

바) 충분한 환기를 시킬 수 있는 시설을 갖추어야 한다. 다만, 자연적으로 통풍이 가능한 구조의 경우에는 그러하지 아니하다.

사) 식품등의 기준 및 규격 중 식품별 보존 및 유통기준에 적합한 온도가 유지될 수 있는 냉장시설 또는 냉동시설을 갖추어야 한다.

아) 조리장 내부에는 쥐, 바퀴 등 설치류 또는 위생해충 등이 들어오지 못하게 해야 한다.

3) 급수시설

가) 수돗물이나 「먹는물관리법」 제5조에 따른 먹는 물의 수질기준에 적합한 지하수 등을 공급할 수 있는 시설을 갖추어야 한다.

나) 지하수를 사용하는 경우 취수원은 화장실 · 폐기물처리시설 · 동물사육장, 그 밖에 지하수가 오염될 우려가 있는 장소로부터 영향을 받지 아니하는 곳에 위치하여야 한다.

4) 화장실

가) 화장실은 콘크리트 등으로 내수처리를 하여야 한다. 다만, 공중화장실이 설치되어 있는 역 · 터미널 · 유원지 등에 위치하는 업소, 공동화장실이 설치된 건물 안에 있는 업소 및 인근에 사용하기 편리한 화장실이 있는 경우에는 따로 화장실을 설치하지 아니할 수 있다.

나) 화장실은 조리장에 영향을 미치지 아니하는 장소에 설치하여야 한다.

다) 정화조를 갖춘 수세식 화장실을 설치하여야 한다. 다만, 상 · 하수도가 설치되지 아니한 지역에서는 수세식이 아닌 화장실을 설치할 수 있다.

라) 다)단서에 따라 수세식이 아닌 화장실을 설치하는 경우에는 변기의 뚜껑과 환기시설을 갖추어야 한다.

마) 화장실에는 손을 씻는 시설을 갖추어야 한다.

5) 공통시설기준의 적용특례

가) 공통시설기준에도 불구하고 다음의 경우에는 특별자치시장 · 특별자치도지사 · 시장 · 군수 · 구청장(시 · 도에서 음식물의 조리 · 판매행위를 하는 경우에는 시 · 도지사)이 시설기준을 따로 정할 수 있다.

(1) 「전통시장 및 상점가 육성을 위한 특별법」 제2조제1호에 따른 전통시장에서 음식점영업을 하는 경우

(2) 해수욕장 등에서 계절적으로 음식점영업을 하는 경우

(3) 고속도로 · 자동차전용도로 · 공원 · 유원시설 등의 휴게장소에서 영업을 하는 경우

(4) 건설공사현장에서 영업을 하는 경우

(5) 지방자치단체 및 농림축산식품부장관이 인정한 생산자단체등에서 국내산 농 · 수 · 축산물의 판매촉진 및 소비홍보 등을 위하여 특정장소에서 음식물의 조리 · 판매행위를 하려는 경우

(6) 「전시산업발전법」 제2조제4호에 따른 전시시설에서 휴게음식점영업, 일반음식점영업 또는 제과점영업을 하는 경우

(7) 지방자치단체의 장이 주최, 주관 또는 후원하는 지역행사 등에서 휴게음식점영업, 일반음식

점영업 또는 제과점영업을 하는 경우

(8) 「국제회의산업 육성에 관한 법률」 제2조제3호에 따른 국제회의시설에서 휴게음식점, 일반음식점, 제과점 영업을 하려는 경우

(9) 그 밖에 특별자치시장 · 특별자치도지사 · 시장 · 군수 · 구청장이 별도로 지정하는 장소에서 휴게음식점, 일반음식점, 제과점 영업을 하려는 경우

나) 「도시와 농어촌 간의 교류촉진에 관한 법률」 제10조에 따라 농어촌체험 · 휴양마을사업자가 농어촌체험 · 휴양프로그램에 부수하여 음식을 제공하는 경우로서 그 영업시설기준을 따로 정한 경우에는 그 시설기준에 따른다.

다) 백화점, 슈퍼마켓 등에서 휴게음식점영업 또는 제과점영업을 하려는 경우와 음식물을 전문으로 조리하여 판매하는 백화점 등의 일정장소(식당가를 말한다)에서 휴게음식점영업 · 일반음식점영업 또는 제과점영업을 하려는 경우로서 위생상 위해발생의 우려가 없다고 인정되는 경우에는 각 영업소와 영업소 사이를 분리 또는 구획하는 별도의 차단벽이나 칸막이 등을 설치하지 아니할 수 있다.

라) 공유주방 운영업의 시설을 사용하여 영 제21조제8호가목의 휴게음식점영업, 같은 호 나목의 일반음식점영업 및 같은 호 바목의 제과점영업을 하는 경우에는 제10호의 공유주방 운영업의 시설기준에 따른다.

마) 삭제 〈2020. 12. 31.〉

나. 업종별시설기준

1) 휴게음식점영업 · 일반음식점영업 및 제과점영업

가) 일반음식점에 객실을 설치하는 경우 객실에는 잠금장치를 설치할 수 없다.

나) 휴게음식점 또는 제과점에는 객실(투명한 칸막이 또는 투명한 차단벽을 설치하여 내부가 전체적으로 보이는 경우는 제외한다)을 둘 수 없으며, 객석을 설치하는 경우 객석에는 높이 1.5미터 미만의 칸막이(이동식 또는 고정식)를 설치할 수 있다. 이 경우 2면 이상을 완전히 차단하지 아니하여야 하고, 다른 객석에서 내부가 서로 보이도록 하여야 한다.

다) 기차 · 자동차 · 선박 또는 수상구조물로 된 유선장(遊船場) · 도선장(渡船場) 또는 수상레저사업장을 이용하는 경우 다음 시설을 갖추어야 한다.

(1) 1일의 영업시간에 사용할 수 있는 충분한 양의 물을 저장할 수 있는 내구성이 있는 식수탱크

(2) 1일의 영업시간에 발생할 수 있는 음식물 찌꺼기 등을 처리하기에 충분한 크기의 오물통 및 폐수탱크

(3) 음식물의 재료(원료)를 위생적으로 보관할 수 있는 시설

라) 영업장으로 사용하는 바닥면적(「건축법 시행령」 제119조제1항제3호에 따라 산정한 면적을 말한다)의 합계가 100제곱미터(영업장이 지하층에 설치된 경우에는 그 영업장의 바닥면적 합계가 66제곱미터) 이상인 경우에는 「다중이용업소의 안전관리에 관한 특별법」 제9조제1항에 따른 소방시설등 및 영업장 내부 피난통로 그 밖의 안전시설을 갖추어야 한다. 다만, 영업장(내부계단으로 연결된 복층구조의 영업장을 제외한다)이 지상 1층 또는 지상과 직접 접하는 층에 설치되고 그 영업장의 주된 출입구가 건축물 외부의 지면과 직접 연결되는 곳에서 하는 영업을 제외한다.

마) 휴게음식점 · 일반음식점 또는 제과점의 영업장에는 손님이 이용할 수 있는 자막용 영상장치 또

는 자동반주장치를 설치하여서는 아니 된다. 다만, 연회석을 보유한 일반음식점에서 회갑연, 칠순연 등 가정의 의례로서 행하는 경우에는 그러하지 아니하다.

바) 일반음식점의 객실 안에는 무대장치, 음향 및 반주시설, 우주볼 등의 특수조명시설을 설치하여서는 아니 된다.

사) 건물의 외부에 있는 영업장에는 손님의 안전을 확보하기 위해 「건축법」 등 관계 법령에서 정하는 바에 따라 필요한 시설 · 설비 또는 기구 등을 설치해야 한다.

2) 단란주점영업

가) 영업장 안에 객실이나 칸막이를 설치하려는 경우에는 다음 기준에 적합하여야 한다.

(1) 객실을 설치하는 경우 주된 객장의 중앙에서 객실 내부가 전체적으로 보일 수 있도록 설비하여야 하며, 통로형태 또는 복도형태로 설비하여서는 아니 된다.

(2) 객실로 설치할 수 있는 면적은 객석면적의 2분의 1을 초과할 수 없다.

(3) 주된 객장 안에서는 높이 1.5미터 미만의 칸막이(이동식 또는 고정식)를 설치할 수 있다. 이 경우 2면 이상을 완전히 차단하지 아니하여야 하고, 다른 객석에서 내부가 서로 보이도록 하여야 한다.

나) 객실에는 잠금장치를 설치할 수 없다.

다) 「다중이용업소의 안전관리에 관한 특별법」 제9조제1항에 따른 소방시설등 및 영업장 내부 피난통로 그 밖의 안전시설을 갖추어야 한다.

3) 유흥주점영업

가) 객실에는 잠금장치를 설치할 수 없다.

나) 「다중이용업소의 안전관리에 관한 특별법」 제9조제1항에 따른 소방시설등 및 영업장 내부 피난통로 그 밖의 안전시설을 갖추어야 한다.

9. 위탁급식영업의 시설기준

가) 사무소

영업활동을 위한 독립된 사무소가 있어야 한다. 다만, 영업활동에 지장이 없는 경우에는 다른 사무소를 함께 사용할 수 있다.

나) 창고 등 보관시설

(1) 식품등을 위생적으로 보관할 수 있는 창고를 갖추어야 한다. 이 경우 창고는 영업신고를 한 소재지와 다른 곳에 설치하거나 임차하여 사용할 수 있다.

(2) 창고에는 식품등을 법 제7조제1항에 따른 식품등의 기준 및 규격에서 정하고 있는 보존 및 유통기준에 적합한 온도에서 보관할 수 있도록 냉장 · 냉동시설을 갖추어야 한다.

다) 운반시설

(1) 식품을 위생적으로 운반하기 위하여 냉동시설이나 냉장시설을 갖춘 적재고가 설치된 운반차량을 1대 이상 갖추어야 한다. 다만, 법 제37조에 따라 허가 또는 신고한 영업자와 계약을 체결하여 냉동 또는 냉장시설을 갖춘 운반차량을 이용하는 경우에는 운반차량을 갖추지 아니하여도 된다.

(2) (1)의 규정에도 불구하고 냉동 또는 냉장시설이 필요 없는 식품만을 취급하는 경우에는 운반차량에 냉동시설이나 냉장시설을 갖춘 적재고를 설치하지 아니하여도 된다.

라) 식재료 처리시설

식품첨가물이나 다른 원료를 사용하지 아니하고 농 · 임 · 수산물을 단순히 자르거나 껍질을 벗기거나 말리거나 소금에 절이거나 숙성하거나 가열(살균의 목적 또는 성분의 현격한 변화를 유발하기 위한 목적의 경우를 제외한다)하는 등의 가공과정 중 위생상 위해발생의 우려가 없고 식품의 상태를 관능검사(인간의 오감(五感)에 의하여 평가하는 제품검사)로 확인할 수 있도록 가공하는 경우 그 재료처리시설의 기준은 제1호나목부터 마목까지의 규정을 준용한다.

마) 나)부터 라)까지의 시설기준에도 불구하고 집단급식소의 창고 등 보관시설 및 식재료 처리시설을 이용하는 경우에는 창고 등 보관시설과 식재료 처리시설을 설치하지 아니할 수 있으며, 위탁급식업자가 식품을 직접 운반하지 않는 경우에는 운반시설을 갖추지 아니할 수 있다.

10. 공유주방 운영업의 시설기준

가. 건물의 위치 등

1) 독립된 건물이거나 식품의 제조 · 가공 · 조리 등 용도 외에 사용되는 시설과 분리 또는 구획되어야 한다.

2) 건물의 위치는 축산폐수 · 화학물질, 그 밖에 오염물질의 발생시설로부터 식품에 나쁜 영향을 주지 아니하는 거리를 두어야 한다.

3) 건물의 구조는 제조하려는 식품의 특성에 따라 적정한 온도가 유지될 수 있고, 환기가 잘 될 수 있어야 한다.

4) 건물의 자재는 식품에 나쁜 영향을 주지 아니하고 식품을 오염시키지 아니하는 것이어야 한다.

나. 작업장 등

1) 영 제21조제1호의 식품제조 · 가공업, 같은 조 제2호의 즉석판매제조 · 가공업, 같은 조 제3호의 식품첨가물제조업, 같은 조 제5호가목의 식품소분업의 영업자가 사용하는 공유주방의 작업장은 제1호나목의 요건을 갖춰야 한다.

2) 영 제21조제8호가목의 휴게음식점영업, 같은 호 나목의 일반음식점영업 및 같은 호 바목의 제과점영업의 영업자가 사용하는 공유주방의 영업장, 조리장은 제8호가목1) · 2) 요건을 갖춰야 한다.

다. 식품취급시설 등

1) 여러 영업자가 함께 사용할 수 있는 시설 또는 기계 · 기구 등은 공용 사용임을 표시해야 한다.

2) 여러 영업자가 함께 사용하는 시설 또는 기계 · 기구 등은 모든 공유시설 사용자들이 사용할 수 있도록 충분히 구비해야 한다.

3) 영 제21조제1호의 식품제조 · 가공업, 같은 조 제2호의 즉석판매제조 · 가공업, 같은 조 제3호의 식품첨가물제조업, 같은 조 제5호가목의 식품소분업의 영업자가 사용하는 공유주방의 식품취급시설 등은 제1호다목의 요건을 갖추어야 한다.

라. 급수시설

1) 수돗물이나 「먹는물관리법」 제5조에 따른 먹는 물의 수질기준에 적합한 지하수 등을 공급할 수 있는 시설을 갖춰야 한다.

2) 지하수 등을 사용하는 경우 취수원은 화장실 · 폐기물처리시설 · 동물사육장, 그 밖에 지하수가 오염될 우려가 있는 장소로부터 영향을 받지 않는 곳에 위치해야 한다.

3) 먹기에 적합하지 않은 용수는 교차 또는 합류되지 않아야 한다.

마. 화장실

화장실은 제1호마목의 요건을 갖춰야 한다.

바. 창고 등의 시설

영업자별로 식품 등을 위생적으로 구분 보관 · 관리할 수 있는 창고를 갖춰야 한다. 다만, 영업자별로 구분하여 보관 · 관리할 수 있도록 창고를 대신할 수 있는 냉동 · 냉장시설을 따로 갖춘 경우 이를 설치하지 않을 수 있다.

사. 검사실

영 제21조제1호의 식품제조 · 가공업, 같은 조 제2호의 즉석판매제조 · 가공업, 같은 조 제3호의 식품첨가물제조업의 영업자가 사용하는 공유주방의 검사실은 제1호사목의 요건을 갖추어야 한다.

아. 시설기준 적용의 특례

공유주방의 작업장을 사용하는 영 제21조제1호의 식품제조 · 가공업, 같은 조 제2호의 즉석판매제조 · 가공업, 같은 조 제3호의 식품첨가물제조업, 같은 조 제5호가목의 식품소분업, 같은 조 제8호가목의 휴게음식점영업, 같은 호 나목의 일반음식점영업 및 같은 호 바목의 제과점영업은 영업자별로 시설의 분리, 구획 또는 구분 없이 작업장 등을 함께 사용할 수 있다.

【별표 15】 〈개정 2024. 7. 3.〉

즉석판매제조·가공 대상식품 (제37조 관련)

1. 영 제21조제1호에 따른 식품제조 · 가공업 및 「축산물위생관리법 시행령」 제21조제3호에 따른 축산물가공업에서 제조 · 가공할 수 있는 식품에 해당하는 모든 식품(통 · 병조림 식품 제외)
2. 영 제21조제1호에 따른 식품제조 · 가공업의 영업자 및 「축산물 위생관리법 시행령」 제21조제3호에 따른 축산물가공업의 영업자가 제조 · 가공한 식품 또는 「수입식품안전관리 특별법」 제15조제1항에 따라 등록한 수입식품등 수입 · 판매업 영업자가 수입 · 판매한 식품으로 즉석판매제조 · 가공업소 내에서 소비자가 원하는 만큼 덜어서 직접 최종 소비자에게 판매하는 식품. 다만, 다음 각 목의 어느 하나에 해당하는 식품은 제외한다.

   가. 통 · 병조림 제품

   나. 레토르트식품

   다. 냉동식품

   라. 어육제품

   마. 특수용도식품(체중조절용 조제식품은 제외한다)

   바. 식초

   사. 전분

   아. 알가공품

   자. 유가공품(치즈류는 제외한다)

【별표 17】 <개정 2024. 7. 3.>

식품접객업영업자 등의 준수사항 (제57조 관련)

1. 식품제조 · 가공업자 및 식품첨가물제조업자와 그 종업원의 준수사항

가. 생산 및 작업기록에 관한 서류와 원료의 입고 · 출고 · 사용에 대한 원료출납 관계 서류를 작성하되 이를 거짓으로 작성해서는 안된다. 이 경우 해당 서류는 최종 기재일부터 3년간 보관하여야 한다.

나. 식품제조 · 가공업자는 제품의 거래기록을 작성하여야 하고, 최종 기재일부터 2년간 보관하여야 한다.

다. 소비기한이 경과된 제품 · 식품 또는 그 원재료를 제조 · 가공 · 판매의 목적으로 운반 · 진열 · 보관(대리점으로 하여금 진열 · 보관하게 하는 경우를 포함한다)하거나 이를 판매(대리점으로 하여금 판매하게 하는 경우를 포함한다) 또는 식품의 제조 · 가공에 사용해서는 안 되며, 해당 제품 · 식품 또는 그 원재료를 진열 · 보관할 때에는 폐기용 또는 교육용이라는 표시를 명확하게 해야 한다.

라. 삭제 〈2019. 4. 25.〉

마. 식품제조 · 가공업자는 장난감 등을 식품과 함께 포장하여 판매하는 경우 장난감 등이 식품의 보관 · 섭취에 사용되는 경우를 제외하고는 식품과 구분하여 별도로 포장하여야 한다. 이 경우 장난감 등은 「전기용품 및 생활용품 안전관리법」 제5조제3항 본문에 따른 제품시험의 안전기준에 적합한 것이어야 한다.

바. 식품제조 · 가공업자 또는 식품첨가물제조업자는 별표 14 제1호자목2) 또는 제3호에 따라 식품제조 · 가공업 또는 식품첨가물제조업의 영업등록을 한 자에게 위탁하여 식품 또는 식품첨가물을 제조 · 가공하는 경우에는 위탁한 그 제조 · 가공업자에 대하여 반기별 1회 이상 위생관리상태 등을 점검하여야 한다. 다만, 위탁하려는 식품과 동일한 식품에 대하여 법 제48조에 따라 식품안전관리인증기준적용업소로 인증받거나 「어린이 식생활안전관리 특별법」 제14조에 따라 품질인증을 받은 영업자에게 위탁하는 경우는 제외한다.

사. 식품제조 · 가공업자 및 식품첨가물제조업자는 이물이 검출되지 아니하도록 필요한 조치를 하여야 하고, 소비자로부터 이물 검출 등 불만사례 등을 신고 받은 경우 그 내용을 기록하여 2년간 보관하여야 하며, 이 경우 소비자가 제시한 이물과 증거품(사진, 해당 식품 등을 말한다)은 6개월간 보관하여야 한다. 다만, 부패하거나 변질될 우려가 있는 이물 또는 증거품은 2개월간 보관할 수 있다.

아. 식품제조 · 가공업자는 「식품 등의 표시 · 광고에 관한 법률」 제4조 및 제5조에 따른 표시사항을 모두 표시하지 않은 축산물, 「축산물 위생관리법」 제7조제1항을 위반하여 허가받지 않은 작업장에서 도축 · 집유 · 가공 · 포장 또는 보관된 축산물, 같은 법 제12조제1항 · 제2항에 따른 검사를 받지 않은 축산물, 같은 법 제22조에 따른 영업 허가를 받지 아니한 자가 도축 · 집유 · 가공 · 포장 또는 보관된 축산물 또는 같은 법 제33조제1항에 따른 축산물 또는 실험 등의 용도로 사용한 동물을 식품의 제조 또는 가공에 사용하여서는 아니 된다.

자. 수돗물이 아닌 지하수 등을 먹는 물 또는 식품의 제조 · 가공 등에 사용하는 경우에는 「먹는물관리법」 제43조에 따른 먹는 물 수질검사기관에서 1년(음료류 등 마시는 용도의 식품인 경우에는 6개월)마다 「먹는물관리법」 제5조에 따른 먹는 물의 수질기준에 따라 검사를 받아 마시기에 적합하다고 인정된 물을 사용하여야 한다.

차. 삭제 〈2019. 4. 25.〉

카. 법 제15조제2항에 따라 위해평가가 완료되기 전까지 일시적으로 금지된 제품에 대하여는 이를 제조 · 가공 · 유통 · 판매하여서는 아니 된다.

타. 식품제조 · 가공업자가 자신의 제품을 만들기 위하여 수입한 반가공 원료 식품 및 용기 · 포장과 「대외무역법」에 따른 외화획득용 원료로 수입한 식품등을 부패하거나 변질되어 또는 소비기한이 경과하여 폐기한 경우에는 이를 증명하는 자료를 작성하고, 최종 작성일부터 2년간 보관하여야 한다.

파. 삭제 〈2024. 4. 19.〉

하. 법 제31조제1항에 따라 자가품질검사를 하는 식품제조 · 가공업자 또는 식품첨가물제조업자는 검사설비에 검사 결과의 변경 시 그 변경내용이 기록 · 저장되는 시스템을 설치 · 운영하여야 한다.

거. 초산($C_2H_4O_2$) 함량비율이 99% 이상인 빙초산을 제조하는 식품첨가물제조업자는 빙초산에 「전기용품 및 생활용품 안전관리법」 제2조제14호에 따른 어린이보호포장을 하여야 한다.

너. 식품제조 · 가공업자가 제조 · 가공 과정에서 생산한 반제품을 별표 14 제1호자목7)에 따라 일시적으로 보관하려는 때에는 그 반제품을 사용하여 제조 · 가공하려는 제품의 명칭, 보관조건, 보관조건에서 설정한 보관기한, 제조 및 반입일자를 표시하여 보관해야 한다. 이 경우 해당 제품의 입고 · 출고에 대한 기록을 작성하고, 최종 기재일부터 3년간 보관해야 한다.

더. 공유주방 운영업자와의 계약을 통해 공유주방을 사용하는 영업자는 다음 각 호의 사항을 준수해야 한다.

1) 영업자 간 원재료 및 제품을 공동으로 사용하지 말 것

2) 위생관리책임자가 실시하는 위생교육을 매월 1시간 이상 받을 것

2. 즉석판매제조 · 가공업자와 그 종업원의 준수사항

가. 제조 · 가공한 식품을 유통 · 판매를 목적으로 하는 자에게 판매해서는 안 된다. 다만, 제조 · 가공한 빵류 · 과자류 및 떡류를 휴게음식점영업자 · 일반음식점영업자 · 위탁급식영업자 또는 집단급식소 설치 · 운영자에게 제조 · 가공한 당일 판매하는 경우는 제외한다.

나. 가목 단서에 따라 제조 · 가공한 빵류 · 과자류 및 떡류를 제조 · 가공 당일 판매하는 경우에는 이를 확인할 수 있는 증명서(제품명, 제조일자 및 판매량 등이 포함된 거래명세서나 영수증 등을 말한다)를 6개월간 보관해야 한다.

다. 제조 · 가공한 식품을 영업장 외의 장소에서 판매해서는 안 된다. 다만, 다음의 어느 하나에 해당하는 방법으로 배달하는 경우는 제외한다.

1) 영업자나 그 종업원이 최종소비자에게 직접 배달

2) 식품의약품안전처장이 정하여 고시하는 기준에 따라 우편 또는 택배 등의 방법으로 최종소비자에게 배달

라. 손님이 보기 쉬운 곳에 가격표를 붙여야 하며, 가격표대로 요금을 받아야 한다.

마. 영업신고증을 업소 안에 보관하여야 한다.

바. 「식품 등의 표시 · 광고에 관한 법률」 제4조 및 제5조에 따른 표시사항을 모두 표시하지 않은 축산물, 「축산물 위생관리법」 제7조제1항을 위반하여 허가받지 않은 작업장에서 도축 · 집유 · 가공 · 포장 또는 보관된 축산물, 같은 법 제12조제1항 · 제2항에 따른 검사를 받지 않은 축산물, 같은 법 제22조에 따른 영업 허가를 받지 아니한 자가 도축 · 집유 · 가공 · 포장 또는 보관된 축산물 또는 같은 법 제33조제1항에 따른 축산물 또는 실험 등의 용도로 사용한 동물은 식품의 제조 · 가공에 사용해서는 안 된다. 다만, 자신이 직접 생산한 원유(原乳)를 원료로 하여 제조 · 가공하는 경우로서 「축산물 위생관리법 시행규칙」 제12조 및 별표 4 제1호에 따른 검사에서 적합으로 판정된 원유는 식품의 제조 · 가공에 사용할 수 있다.

사. 「야생생물 보호 및 관리에 관한 법률」을 위반하여 포획한 야생동물은 이를 식품의 제조 · 가공에 사용하여서는 아니 된다.

아. 소비기한이 경과된 제품 · 식품 또는 그 원재료를 제조 · 가공 · 판매의 목적으로 운반 · 진열 · 보관하거나 이를 판매 또는 식품의 제조 · 가공에 사용해서는 안 되며, 해당 제품 · 식품 또는 그 원재료를 진열 · 보관할 때에는 폐기용 또는 교육용이라는 표시를 명확하게 해야 한다.

자. 수돗물이 아닌 지하수 등을 먹는 물 또는 식품의 조리 · 세척 등에 사용하는 경우에는 「먹는물관리법」 제43조에 따른 먹는 물 수질검사기관에서 다음의 검사를 받아 마시기에 적합하다고 인정된 물을 사용하여야 한다. 다만, 둘 이상의 업소가 같은 건물에서 같은 수원(水原)을 사용하는 경우에는 하나의 업소에 대한 시험결과로 해당 업소에 대한 검사에 갈음할 수 있다.

1) 일부항목 검사: 1년마다(모든 항목 검사를 하는 연도의 경우는 제외한다) 「먹는물 수질기준 및 검사 등에 관한 규칙」 제4조제1항제2호에 따른 마을상수도의 검사기준에 따른 검사(잔류염소검사를 제외한다). 다만, 시 · 도지사가 오염의 염려가 있다고 판단하여 지정한 지역에서는 같은 규칙 제2조에 따른 먹는 물의 수질기준에 따른 검사를 하여야 한다.

2) 모든 항목 검사: 2년마다 「먹는물 수질기준 및 검사 등에 관한 규칙」 제2조에 따른 먹는 물의 수질기준에 따른 검사

차. 법 제15조제2항에 따라 위해평가가 완료되기 전까지 일시적으로 금지된 식품등을 제조 · 가공 · 판매하여서는 아니 된다.

카. 공유주방 운영업자와의 계약을 통해 공유주방을 사용하는 영업자는 다음 각 호의 사항을 준수해야 한다.

1) 영업자 간 원재료 및 제품을 공동으로 사용하지 말 것

2) 위생관리책임자가 실시하는 위생교육을 매월 1시간 이상 받을 것

3. 식품소분 · 판매(식품자동판매기영업 및 집단급식소 식품판매업은 제외한다) · 운반업자와 그 종업원의 준수사항

가. 영업자간의 거래에 관하여 식품의 거래기록(전자문서를 포함한다)을 작성하고, 최종 기재일부터 2년 동안 이를 보관하여야 한다.

나. 영업허가증 또는 신고증을 영업소 안에 보관하여야 한다.

다. 수돗물이 아닌 지하수 등을 먹는 물 또는 식품의 조리 · 세척 등에 사용하는 경우에는 「먹는물관리법」 제43조에 따른 먹는 물 수질검사기관에서 다음의 구분에 따라 검사를 받아 마시기에 적합하다고 인정된 물을 사용하여야 한다. 다만, 같은 건물에서 같은 수원을 사용하는 경우에는 하나의 업소에 대한 시험결과로 갈음할 수 있다.

1) 일부항목 검사: 1년마다(모든 항목 검사를 하는 연도의 경우를 제외한다) 「먹는물 수질기준 및 검사 등에 관한 규칙」 제4조제1항제2호에 따른 마을 상수도의 검사기준에 따른 검사(잔류염소검사를 제외한다). 다만, 시 · 도지사가 오염의 염려가 있다고 판단하여 지정한 지역에서는 같은 규칙 제2조에 따른 먹는 물의 수질기준에 따른 검사를 하여야 한다.

2) 모든 항목 검사: 2년마다 「먹는물 수질기준 및 검사 등에 관한 규칙」 제2조에 따른 먹는 물의 수질기준에 따른 검사

라. 삭제 〈2019. 4. 25.〉

마. 식품판매업자는 제1호마목을 위반한 식품을 판매하여서는 아니 된다.

바. 삭제 〈2016.2.4.〉

사. 식품운반업자는 운반차량을 이용하여 살아있는 동물을 운반하여서는 아니 되며, 운반목적 외에 운반차량을 사용하여서는 아니 된다.

아. 「식품 등의 표시 · 광고에 관한 법률」 제4조 및 제5조에 따른 표시사항을 모두 표시하지 않은 축산물, 「축산물 위생관리법」 제7조제1항을 위반하여 허가받지 않은 작업장에서 도축 · 집유 · 가공 · 포장 또는 보관된 축산물, 같은 법 제12조제1항 · 제2항에 따른 검사를 받지 않은 축산물, 같은 법 제22조에 따른 영업 허가를 받지 아니한 자가 도축 · 집유 · 가공 · 포장 또는 보관된 축산물 또는 같은 법 제33조제1항에 따른 축산물 또는 실험 등의 용도로 사용한 동물은 운반 · 보관 · 진열 또는 판매하여서는 아니 된다.

자. 소비기한이 경과된 제품 · 식품 또는 그 원재료를 판매의 목적으로 소분 · 운반 · 진열 · 보관하거나 이를 판매해서는 안 되며, 해당 제품 · 식품 또는 그 원재료를 진열 · 보관할 때에는 폐기용 또는 교육용이라는 표시를 명확하게 해야 한다.

차. 식품판매영업자는 즉석판매제조 · 가공영업자가 제조 · 가공한 식품을 진열 · 판매하여서는 아니 된다.

카. 삭제 〈2019. 4. 25.〉

타. 삭제 〈2016.2.4.〉

파. 식품소분 · 판매업자는 법 제15조제2항에 따라 위해평가가 완료되기 전까지 일시적으로 금지된 식품 등에 대하여는 이를 수입 · 가공 · 사용 · 운반 등을 하여서는 아니 된다.

하. 식품소분업자 및 유통전문판매업자는 소비자로부터 이물 검출 등 불만사례 등을 신고 받은 경우에는 그 내용을 2년간 기록 · 보관하여야 하며, 소비자가 제시한 이물과 증거품(사진, 해당 식품 등을 말한다)은 6개월간 보관하여야 한다. 다만, 부패하거나 변질될 우려가 있는 이물 또는 증거품은 2개월간 보관할 수 있다.

거. 유통전문판매업자는 제조 · 가공을 위탁한 제조 · 가공업자에 대하여 반기마다 1회 이상 위생관리 상태를 점검하여야 한다. 다만, 위탁받은 제조 · 가공업자가 위탁받은 식품과 동일한 식품에 대하여 법 제48조에 따른 식품안전관리인증기준적용업소인 경우 또는 위탁받은 식품과 동일한 식품에 대하여 「어린이 식생활안전관리 특별법」 제14조에 따라 품질인증을 받은 자인 경우는 제외한다.

너. 공유주방 운영업자와의 계약을 통해 공유주방을 사용하는 식품소분업자는 다음 각 호의 사항을 준수해야 한다.

1) 영업자 간 원재료 및 제품을 공동으로 사용하지 말 것

2) 위생관리책임자가 실시하는 위생교육을 매월 1시간 이상 받을 것

4. 식품자동판매기영업자와 그 종업원의 준수사항

가. 자판기용 제품은 적법하게 가공된 것을 사용해야 하며, 소비기한이 경과된 제품 · 식품 또는 그 원재료를 판매의 목적으로 진열 · 보관하거나 이를 판매해서는 안 되며, 해당 제품 · 식품 또는 그 원재료를 진열 · 보관할 때에는 폐기용 또는 교육용이라는 표시를 명확하게 해야 한다.

나. 자판기 내부의 정수기 등 식품과 직접 접촉하는 기계 · 기구 또는 살균장치 등이 낡거나 닳아 없어진 경우에는 즉시 바꾸어야 하고, 그 기능이 떨어진 경우에는 즉시 그 기능을 보강하여야 한다.

다. 자판기 내부의 재료혼합기, 급수통, 급수호스 등 식품과 직접 접촉하는 부분은 하루 1회 이상 세척 또는 소독하여 청결히 하여야 하고, 그 기능이 떨어진 경우에는 즉시 교체하여야 한다.

라. 자판기 설치장소 주변은 항상 청결하게 하고, 뚜껑이 있는 쓰레기통 또는 종이컵 수거대(종이컵을 사용하는 자판기만 해당한다)를 비치하여야 하며, 쥐 · 바퀴 등 해충이 자판기 내부에 침입하지 아니하도록 하여야 한다.

마. 매일 위생상태 및 고장여부를 점검하여야 하고, 그 내용을 다음과 같은 점검표에 기록하여 보기 쉬운 곳에 항상 비치하여야 한다.

점검일시	점검자	점검결과		비고
		내부청결상태	정상가동여부	

바. 자판기에는 영업신고번호, 자판기별 일련관리번호(제42조제7항에 따라 2대 이상을 일괄신고한 경우에 한한다), 제품의 명칭 및 고장시의 연락전화번호를 12포인트 이상의 글씨로 판매기 앞면의 보기 쉬운 곳에 표시하여야 한다.

5. 집단급식소 식품판매업자와 그 종업원의 준수사항

가. 영업자는 식품의 구매·운반·보관·판매 등의 과정에 대한 거래내역을 2년간 보관하여야 한다.

나. 「식품 등의 표시·광고에 관한 법률」 제4조 및 제5조에 따른 표시사항을 모두 표시하지 않은 축산물, 「축산물 위생관리법」 제7조제1항을 위반하여 허가받지 않은 작업장에서 도축·집유·가공·포장 또는 보관된 축산물, 같은 법 제12조제1항·제2항에 따른 검사를 받지 않은 축산물, 같은 법 제22조에 따른 영업 허가를 받지 아니한 자가 도축·집유·가공·포장 또는 보관된 축산물 또는 같은 법 제33조제1항에 따른 축산물, 실험 등의 용도로 사용한 동물 또는 「야생동·식물보호법」을 위반하여 포획한 야생동물은 판매하여서는 아니 된다.

다. 냉동식품을 공급할 때에 해당 집단급식소의 영양사 및 조리사가 해동(解凍)을 요청할 경우 해동을 위한 별도의 보관 장치를 이용하거나 냉장운반을 할 수 있다. 이 경우 해당 제품이 해동 중이라는 표시, 해동을 요청한 자, 해동 시작시간, 해동한 자 등 해동에 관한 내용을 표시하여야 한다.

라. 작업장에서 사용하는 기구, 용기 및 포장은 사용 전, 사용 후 및 정기적으로 살균·소독하여야 하며, 동물·수산물의 내장 등 세균의 오염원이 될 수 있는 식품 부산물을 처리한 경우에는 사용한 기구에 따른 오염을 방지하여야 한다.

마. 소비기한이 경과된 제품·식품 또는 그 원재료를 판매의 목적으로 운반·진열·보관하거나 이를 판매해서는 안 되며, 해당 제품·식품 또는 그 원재료를 진열·보관할 때에는 폐기용 또는 교육용이라는 표시를 명확하게 해야 한다.

바. 수돗물이 아닌 지하수 등을 먹는 물 또는 식품의 조리·세척 등에 사용하는 경우에는 「먹는물관리법」 제43조에 따른 먹는 물 수질검사기관에서 다음의 검사를 받아 마시기에 적합하다고 인정된 물을 사용하여야 한다. 다만, 둘 이상의 업소가 같은 건물에서 같은 수원을 사용하는 경우에는 하나의 업소에 대한 시험결과로 해당 업소에 대한 검사에 갈음할 수 있다.

1) 일부항목 검사: 1년(모든 항목 검사를 하는 연도는 제외한다) 마다 「먹는물 수질기준 및 검사 등에 관한 규칙」 제4조에 따른 마을상수도의 검사기준에 따른 검사(잔류염소검사는 제외한다)를 하여야 한다. 다만, 시·도지사가 오염의 염려가 있다고 판단하여 지정한 지역에서는 같은 규칙 제2조에 따른 먹는 물의 수질기준에 따른 검사를 하여야 한다.

2) 모든 항목 검사 : 2년마다 「먹는물 수질기준 및 검사 등에 관한 규칙」 제2조에 따른 먹는 물의 수질기준에 따른 검사

사. 법 제15조에 따른 위해평가가 완료되기 전까지 일시적으로 금지된 식품등을 사용하여서는 아니 된다.

아. 식중독 발생시 보관 또는 사용 중인 식품은 역학조사가 완료될 때까지 폐기하거나 소독 등으로 현장을 훼손하여서는 아니 되고 원상태로 보존하여야 하며, 식중독 원인규명을 위한 행위를 방해하여서는 아니 된다.

6. 식품조사처리업자 및 그 종업원의 준수사항

조사연월일 및 시간, 조사대상식품명칭 및 무게 또는 수량, 조사선량 및 선량보증, 조사목적에 관한 서류

를 작성하여야 하고, 최종 기재일부터 3년간 보관하여야 한다.

7. 식품접객업자(위탁급식영업자는 제외한다)와 그 종업원의 준수사항

가. 물수건, 숟가락, 젓가락, 식기, 찬기, 도마, 칼, 행주, 그 밖의 주방용구는 기구등의 살균·소독제, 열탕, 자외선살균 또는 전기살균의 방법으로 소독한 것을 사용하여야 한다.

나. 「식품 등의 표시·광고에 관한 법률」 제4조 및 제5조에 따른 표시사항을 모두 표시하지 않은 축산물, 「축산물 위생관리법」 제7조제1항을 위반하여 허가받지 않은 작업장에서 도축·집유·가공·포장 또는 보관된 축산물, 같은 법 제12조제1항·제2항에 따른 검사를 받지 않은 축산물, 같은 법 제22조에 따른 영업 허가를 받지 아니한 자가 도축·집유·가공·포장 또는 보관된 축산물 또는 같은 법 제33조제1항에 따른 축산물 또는 실험 등의 용도로 사용한 동물은 음식물의 조리에 사용하여서는 아니 된다.

다. 업소 안에서는 도박이나 그 밖의 사행행위 또는 풍기문란행위를 방지하여야 하며, 배달판매 등의 영업행위 중 종업원의 이러한 행위를 조장하거나 묵인하여서는 아니 된다.

라. 삭제 〈2011.8.19〉

마. 삭제 〈2011.8.19〉

바. 제과점영업자가 별표 14 제8호가목2)라)(5)에 따라 조리장을 공동 사용하는 경우 빵류를 실제 제조한 업소명과 소재지를 소비자가 알아볼 수 있도록 별도로 표시하여야 한다. 이 경우 게시판, 팻말 등 다양한 방법으로 표시할 수 있다.

사. 간판에는 허가를 받거나 신고한 상호를 표시하여야 한다. 이 경우 상호와 함께 외국어를 병행하여 표시할 수 있으나 업종구분에 혼동을 줄 수 있는 사항은 표시하여서는 아니 된다.

아. 손님이 보기 쉽도록 영업소의 외부 또는 내부에 가격표(부가가치세 등이 포함된 것으로서 손님이 실제로 내야 하는 가격이 표시된 가격표를 말한다)를 붙이거나 게시하되, 신고한 영업장 면적이 150제곱미터 이상인 휴게음식점 및 일반음식점은 영업소의 외부와 내부에 가격표를 붙이거나 게시하여야 하고, 가격표대로 요금을 받아야 한다.

자. 영업허가증·영업신고증·조리사면허증(조리사를 두어야 하는 영업에만 해당한다)을 영업소 안에 보관하고, 허가관청 또는 신고관청이 식품위생·식생활개선 등을 위하여 게시할 것을 요청하는 사항을 손님이 보기 쉬운 곳에 게시하여야 한다.

차. 식품의약품안전처장 또는 시·도지사가 국민에게 혐오감을 준다고 인정하는 식품을 조리·판매하여서는 아니 되며, 「멸종위기에 처한 야생동식물종의 국제거래에 관한 협약」에 위반하여 포획·채취한 야생동물·식물을 사용하여 조리·판매하여서는 아니 된다.

카. 소비기한이 경과된 제품·식품 또는 그 원재료를 조리·판매의 목적으로 운반·진열·보관하거나 이를 판매 또는 식품의 조리에 사용해서는 안 되며, 해당 제품·식품 또는 그 원재료를 진열·보관할 때에는 폐기용 또는 교육용이라는 표시를 명확하게 해야 한다.

타. 허가를 받거나 신고한 영업 외의 다른 영업시설을 설치하거나 다음에 해당하는 영업행위를 하여서는 아니 된다.

1) 휴게음식점영업자·일반음식점영업자 또는 단란주점영업자가 유흥접객원을 고용하여 유흥접객행위를 하게 하거나 종업원의 이러한 행위를 조장하거나 묵인하는 행위

2) 휴게음식점영업자·일반음식점영업자가 음향 및 반주시설을 갖추고 손님이 노래를 부르도록 허용하는 행위. 다만, 연회석을 보유한 일반음식점에서 회갑연, 칠순연 등 가정의 의례로서 행하는 경우에는 그러하지 아니하다.

3) 일반음식점영업자가 주류만을 판매하거나 주로 다류를 조리·판매하는 다방형태의 영업을 하는 행위

4) 휴게음식점영업자가 손님에게 음주를 허용하는 행위
5) 식품접객업소의 영업자 또는 종업원이 영업장을 벗어나 시간적 소요의 대가로 금품을 수수하거나, 영업자가 종업원의 이러한 행위를 조장하거나 묵인하는 행위
6) 휴게음식점영업 중 주로 다류 등을 조리 · 판매하는 영업소에서 「청소년보호법」 제2조제1호에 따른 청소년인 종업원에게 영업소를 벗어나 다류 등을 배달하게 하여 판매하는 행위
7) 휴게음식점영업자 · 일반음식점영업자가 음향시설을 갖추고 손님이 춤을 추는 것을 허용하는 행위. 다만, 특별자치도 · 시 · 군 · 구의 조례로 별도의 안전기준, 시간 등을 정하여 별도의 춤을 추는 공간이 아닌 객석에서 춤을 추는 것을 허용하는 경우는 제외한다.

파. 유흥주점영업자는 성명, 주민등록번호, 취업일, 이직일, 종사분야를 기록한 종업원(유흥접객원만 해당한다)명부를 비치하여 기록 · 관리하여야 한다.

하. 손님을 꾀어서 끌어들이는 행위를 하여서는 아니 된다.

거. 업소 안에서 선량한 미풍양속을 해치는 공연, 영화, 비디오 또는 음반을 상영하거나 사용하여서는 아니 된다.

너. 수돗물이 아닌 지하수 등을 먹는 물 또는 식품의 조리 · 세척 등에 사용하는 경우에는 「먹는물관리법」 제43조에 따른 먹는 물 수질검사기관에서 다음의 검사를 받아 마시기에 적합하다고 인정된 물을 사용하여야 한다. 다만, 둘 이상의 업소가 같은 건물에서 같은 수원을 사용하는 경우에는 하나의 업소에 대한 시험결과로 해당 업소에 대한 검사에 갈음할 수 있다.
1) 일부항목 검사: 1년(모든 항목 검사를 하는 연도는 제외한다) 마다 「먹는물 수질기준 및 검사 등에 관한 규칙」 제4조에 따른 마을상수도의 검사기준에 따른 검사(잔류염소검사는 제외한다)를 하여야 한다. 다만, 시 · 도지사가 오염의 염려가 있다고 판단하여 지정한 지역에서는 같은 규칙 제2조에 따른 먹는 물의 수질기준에 따른 검사를 하여야 한다.
2) 모든 항목 검사 : 2년마다 「먹는물 수질기준 및 검사 등에 관한 규칙」 제2조에 따른 먹는 물의 수질기준에 따른 검사

더. 동물의 내장을 조리한 경우에는 이에 사용한 기계 · 기구류 등을 세척하여 살균하여야 한다.

러. 식품접객업영업자는 손님이 먹고 남긴 음식물이나 먹을 수 있게 진열 또는 제공한 음식물에 대해서는 다시 사용 · 조리 또는 보관(폐기용이라는 표시를 명확하게 하여 보관하는 경우는 제외한다)해서는 안 된다. 다만, 식품의약품안전처장이 인터넷 홈페이지에 별도로 정하여 게시한 음식물에 대해서는 다시 사용 · 조리 또는 보관할 수 있다.

머. 식품접객업자는 공통찬통, 소형 · 복합 찬기, 국 · 찌개 · 반찬 등을 덜어 먹을 수 있는 기구 또는 1인 반상을 사용하거나, 손님이 남은 음식물을 싸서 가지고 갈 수 있도록 포장용기를 비치하고 이를 손님에게 알리는 등 음식문화개선과 「감염병의 예방 및 관리에 관한 법률」 제49조에 따른 감염병의 예방 조치사항 준수를 위해 노력해야 한다.

버. 휴게음식점영업자 · 일반음식점영업자 또는 단란주점영업자는 영업장 안에 설치된 무대시설 외의 장소에서 공연을 하거나 공연을 하는 행위를 조장 · 묵인하여서는 아니 된다. 다만, 일반음식점영업자가 손님의 요구에 따라 회갑연, 칠순연 등 가정의 의례로서 행하는 경우에는 그러하지 아니하다.

서. 「야생생물 보호 및 관리에 관한 법률」을 위반하여 포획한 야생동물을 사용한 식품을 조리 · 판매하여서는 아니 된다.

어. 법 제15조제2항에 따른 위해평가가 완료되기 전까지 일시적으로 금지된 식품등을 사용 · 조리하여서는 아니 된다.

저. 식품접객업자는 조리 · 제조한 식품을 주문한 손님에게 판매해야 하며, 유통 · 판매를 목적으로 하는 자

에게 판매하거나 다른 식품접객업자가 조리 · 제조한 식품을 자신의 영업에 사용해서는 안 된다. 다만, 다음의 경우는 제외한다.

1) 제과점영업자가 당일 제조한 빵류 · 과자류 및 떡류를 휴게음식점영업자 · 일반음식점영업자 · 위탁급식영업자 또는 집단급식소 설치 · 운영자에게 당일 판매하는 경우

2) 휴게음식점영업자 · 일반음식점영업자가 제과점영업자 또는 즉석판매제조 · 가공업자로부터 당일 제조 · 가공한 빵류 · 과자류 및 떡류를 구입하여 구입 당일 판매하는 경우

처. 저목1) 및 2)에 따라 당일 제조 · 가공한 빵류 · 과자류 및 떡류를 당일 판매하는 경우 이를 확인할 수 있는 증명서(제품명, 제조일자 및 판매량 등이 포함된 거래명세서나 영수증 등을 말한다)를 6개월간 보관해야 한다.

커. 법 제47조제1항에 따른 모범업소가 아닌 업소의 영업자는 모범업소로 오인 · 혼동할 우려가 있는 표시를 하여서는 아니 된다.

터. 손님에게 조리하여 제공하는 식품의 주재료, 중량 등이 아목에 따른 가격표에 표시된 내용과 달라서는 아니 된다.

퍼. 아목에 따른 가격표에는 불고기, 갈비 등 식육의 가격을 100그램당 가격으로 표시하여야 하며, 조리하여 제공하는 경우에는 조리하기 이전의 중량을 표시할 수 있다. 100그램당 가격과 함께 1인분의 가격도 표시하려는 경우에는 다음의 예와 같이 1인분의 중량과 가격을 함께 표시하여야 한다.

예) 불고기 100그램 ○○원(1인분 120그램 △△원)

갈비 100그램 ○○원(1인분 150그램 △△원)

허. 음식판매자동차를 사용하는 휴게음식점영업자 및 제과점영업자는 신고한 장소가 아닌 장소에서 그 음식판매자동차로 휴게음식점영업 및 제과점영업을 하여서는 아니 된다.

고. 법 제47조의2제1항에 따라 위생등급을 지정받지 아니한 식품접객업소의 영업자는 위생등급 지정업소로 오인 · 혼동할 우려가 있는 표시를 해서는 아니 된다.

노. 식품접객영업자는 「재난 및 안전관리 기본법」 제38조제2항 본문에 따라 경계 또는 심각의 위기경보(「감염병의 예방 및 관리에 관한 법률」에 따른 감염병 확산의 경우만 해당한다)가 발령된 경우에는 손님의 보건위생을 위해 해당 영업장에 손을 소독할 수 있는 용품이나 장치를 갖춰 두어야 한다.

도. 휴게음식점영업자 · 일반음식점영업자 또는 제과점영업자는 건물 외부에 있는 영업장에서는 건물 내부에서 조리 · 제조한 음식류 등만을 제공해야 한다. 다만, 주거지역과 인접하지 않아 환경 위해 우려가 적은 장소 · 지역으로서 특별자치시 · 특별자치도 · 시 · 군 · 구의 조례로 별도의 기준을 정한 경우는 건물 외부에서 조리 · 제조한 음식류 등을 제공할 수 있다.

1) 삭제 〈2023. 5. 19.〉

2) 삭제 〈2023. 5. 19.〉

로. 손님에게 조리 · 제공할 목적으로 이미 양념에 재운 불고기, 갈비 등을 새로이 조리한 것처럼 보이도록 세척하는 등 재처리하여 사용 · 조리 또는 보관해서는 안 된다.

모. 공유주방 운영업자와의 계약을 통해 공유주방을 사용하는 휴게음식점영업자 · 일반음식점영업자 또는 제과점영업자는 다음 각 호의 사항을 준수해야 한다.

1) 영업자 간 원재료 및 제품을 공동으로 사용하지 말 것

2) 위생관리책임자가 실시하는 위생교육을 매월 1시간 이상 받을 것

8. 위탁급식영업자와 그 종업원의 준수사항

가. 집단급식소를 설치 · 운영하는 자와 위탁 계약한 사항 외의 영업행위를 하여서는 아니 된다.

나. 물수건, 숟가락, 젓가락, 식기, 찬기, 도마, 칼, 행주 그 밖에 주방용구는 기구 등의 살균 · 소독제, 열탕, 자외선살균 또는 전기살균의 방법으로 소독한 것을 사용하여야 한다.

다. 「식품 등의 표시 · 광고에 관한 법률」 제4조 및 제5조에 따른 표시사항을 모두 표시하지 않은 축산물, 「축산물 위생관리법」 제7조제1항을 위반하여 허가받지 않은 작업장에서 도축 · 집유 · 가공 · 포장 또는 보관된 축산물, 같은 법 제12조제1항 · 제2항에 따른 검사를 받지 않은 축산물, 같은 법 제22조에 따른 영업 허가를 받지 아니한 자가 도축 · 집유 · 가공 · 포장 또는 보관된 축산물 또는 같은 법 제33조제1항에 따른 축산물 또는 실험 등의 용도로 사용한 동물을 음식물의 조리에 사용하여서는 아니 되며, 「야생생물 보호 및 관리에 관한 법률」에 위반하여 포획한 야생동물을 사용하여 조리하여서는 아니 된다.

라. 소비기한이 경과된 제품 · 식품 또는 그 원재료를 조리의 목적으로 진열 · 보관하거나 이를 판매 또는 식품의 조리에 사용해서는 안 되며, 해당 제품 · 식품 또는 그 원재료를 진열 · 보관할 때에는 폐기용 또는 교육용이라는 표시를 명확하게 해야 한다

마. 수돗물이 아닌 지하수 등을 먹는 물 또는 식품의 조리 · 세척 등에 사용하는 경우에는 「먹는물관리법」 제43조에 따른 먹는 물 수질검사기관에서 다음의 구분에 따라 검사를 받아 마시기에 적합하다고 인정된 물을 사용하여야 한다. 다만, 같은 건물에서 같은 수원을 사용하는 경우에는 하나의 업소에 대한 시험결과로 갈음할 수 있다.

1) 일부항목 검사: 1년마다(모든 항목 검사를 하는 연도의 경우를 제외한다) 「먹는물 수질기준 및 검사 등에 관한 규칙」 제4조제1항제2호에 따른 마을상수도의 검사기준에 따른 검사(잔류염소검사를 제외한다). 다만, 시 · 도지사가 오염의 염려가 있다고 판단하여 지정한 지역에서는 같은 규칙 제2조에 따른 먹는 물의 수질기준에 따른 검사를 하여야 한다.

2) 모든 항목 검사: 2년마다 「먹는물 수질기준 및 검사 등에 관한 규칙」 제2조에 따른 먹는 물의 수질기준에 따른 검사

바. 동물의 내장을 조리한 경우에는 이에 사용한 기계 · 기구류 등을 세척하고 살균하여야 한다.

사. 조리 · 제공한 식품(법 제2조제12호다목에 따른 병원의 경우에는 일반식만 해당한다)을 보관할 때에는 매회 1인분 분량을 섭씨 영하 18도 이하에서 144시간 이상 보관해야 한다.

아. 사목에도 불구하고 완제품 형태로 제공한 가공식품은 소비기한 내에서 해당 식품의 제조업자가 정한 보관방법에 따라 보관할 수 있다. 다만, 완제품 형태로 제공하는 식품 중 식품의약품안전처장이 정하여 고시하는 가공식품을 완제품 형태로 제공한 경우에는 해당 제품의 제품명, 제조업소명, 제조일자 또는 소비기한 등 제품을 확인 · 추적할 수 있는 정보를 기록 · 보관함으로써 해당 가공식품의 보관을 갈음할 수 있다.

자. 삭제 〈2011.8.19〉

차. 법 제15조제2항에 따라 위해평가가 완료되기 전까지 일시적으로 금지된 식품등에 대하여는 이를 사용 · 조리하여서는 아니 된다.

카. 식중독 발생시 보관 또는 사용 중인 보존식이나 식재료는 역학조사가 완료될 때까지 폐기하거나 소독 등으로 현장을 훼손하여서는 아니 되고 원상태로 보존하여야 하며, 원인규명을 위한 행위를 방해하여서는 아니 된다.

타. 법 제47조제1항에 따른 모범업소가 아닌 업소의 영업자는 모범업소로 오인 · 혼동할 우려가 있는 표시를 하여서는 아니 된다.

파. 배식하고 남은 음식물을 다시 사용 · 조리 또는 보관(폐기용이라는 표시를 명확하게 하여 보관하는 경

우는 제외한다)해서는 안 된다.

하. 식재료의 검수 및 조리 등에 대해서는 식품의약품안전처장이 정하여 고시하는 바에 따라 위생관리 사항의 점검 결과를 사실대로 기록해야 한다. 이 경우 그 기록에 관한 서류는 해당 기록을 한 날부터 3개월간 보관해야 한다.

거. 제과점영업자 또는 즉석판매제조 · 가공업자로부터 당일 제조 · 가공한 빵류 · 과자류 및 떡류를 구입하여 구입 당일 급식자에게 제공하는 경우 이를 확인할 수 있는 증명서(제품명, 제조일자 및 판매량 등이 포함된 거래명세서나 영수증 등을 말한다)를 6개월간 보관해야 한다.

9. 공유주방 운영업자와 그 종업원의 준수사항

가. 공유주방 운영업자는 식품의 제조 · 가공 · 소분 · 조리 등의 과정에서 보건위생상 위해가 없도록 제조 · 가공 · 소분 · 조리시설 및 기구 등을 위생적으로 관리해야 한다.

나. 영업등록증 및 공유주방을 사용하는 영업자와의 계약서류를 영업기간 동안 보관해야 한다.

다. 공유주방을 사용하는 영업자의 출입 및 시설 사용에 대해 기록하고, 그 기록을 6개월간 보관해야 한다.

라. 공유주방 운영업에 종사하는 종업원은 위생관리책임자가 실시하는 위생교육을 매월 1시간 이상 받아야 한다.

【별표 18】 〈개정 2022.7.28〉

회수대상이 되는 식품등의 기준 (제58조 제1항 관련)

1. 법 제4조, 제5조, 제6조 또는 제8조를 위반한 경우

2. 법 제7조에 따라 식품의약품안전처장이 정한 식품, 식품첨가물의 기준 및 규격을 위반한 것으로서 다음 각 목의 어느 하나에 해당하는 경우

가. 비소 · 카드뮴 · 납 · 수은 · 메틸수은 · 무기비소 등 중금속, 메탄올 또는 시안화물의 기준을 위반한 경우

나. 바륨, 포름알데히드 o-톨루엔설폰아미드, 다이옥신 또는 폴리옥시에틸렌의 기준을 위반한 경우

다. 방사능 기준을 위반한 경우

라. 농산물의 농약잔류허용기준을 위반한 경우

마. 곰팡이독소 기준을 위반한 경우

바. 패독소 기준을 위반한 경우

사. 동물용의약품의 잔류허용기준을 위반한 경우

아. 식중독균 기준을 위반한 경우

자. 주석, 포스파타제, 암모니아성질소, 아질산이온, 형광증백제 또는 프탈레이트 기준을 위반한 경우

차. 식품조사처리기준을 위반한 경우

카. 식품등에서 금속성 이물, 유리조각 등 인체에 직접적인 손상을 줄 수 있는 재질이나 크기의 이물, 위생동물의 사체 등 심한 혐오감을 줄 수 있는 이물 또는 위생해충, 기생충 및 그 알이 혼입된 경우(이물의 혼입 원인이 객관적으로 밝혀져 다른 제품에서 더 이상 동일한 이물이 발견될 가능성이 없다고 식품의약품안전처장이 인정하는 경우에는 그렇지 않다)

타. 부정물질 기준을 위반한 경우

파. 대장균, 대장균군, 세균수 또는 세균발육 기준을 위반한 경우

하. 소비기한 경과 제품 또는 식품에 사용할 수 없는 원료가 사용되어 식품 원료 기준을 위반한 경우

거. 셀레늄, 방향족탄화수소(벤조피렌 등), 폴리염화비페닐(PCBs), 멜라민, 3-MCPD(3-Monochloropropane-1,2-diol), 테트라하이드로칸나비놀(THC) 또는 칸나비디올(CBD) 기준을 위반한 경우
너. 수산물의 잔류물질 잔류허용기준을 위반한 경우
더. 식품첨가물의 사용 및 허용 기준을 위반한 경우(사용 또는 허용량 기준을 10% 미만 초과한 것은 제외한다)
러. 에틸렌옥사이드 또는 2-클로로에탄올 기준을 위반한 경우

3. 법 제9조에 따라 식품의약품안전처장이 정한 기구 또는 용기 · 포장의 기준 및 규격을 위반한 것으로서 유독 · 유해물질이 검출된 경우
4. 국제기구 및 외국의 정부 등에서 위생상 위해우려를 제기하여 식품의약품안전처장이 사용금지한 원료 · 성분이 검출된 경우
5. 그 밖에 섭취함으로써 인체의 건강을 해치거나 해칠 우려가 있다고 식품의약품안전처장이 정하는 경우

【별표 19】 〈개정 2024. 4. 19.〉

우수업소·모범업소의 지정기준 (제61조 제1항 관련)

1. 집단급식소
   가. 법 제48조제3항에 따른 식품안전관리인증기준(HACCP) 적용업소로 인증받아야 한다.
   나. 최근 3년간 식중독이 발생하지 않아야 한다.
   다. 조리사 및 영양사를 두어야 한다.
   라. 그 밖에 제2호의 일반음식점이 갖추어야 하는 기준을 모두 갖추어야 한다.
2. 일반음식점
   가. 건물의 구조 및 환경
      1) 청결을 유지할 수 있는 환경을 갖추고 내구력이 있는 건물이어야 한다.
      2) 마시기에 적합한 물이 공급되며, 배수가 잘 되어야 한다.
      3) 업소 안에는 방충시설, 쥐 막이 시설 및 환기시설을 갖추고 있어야 한다.
   나. 주방
      1) 주방은 공개되어야 한다.
      2) 입식조리대가 설치되어 있어야 한다.
      3) 냉장시설 · 냉동시설이 정상적으로 가동되어야 한다.
      4) 항상 청결을 유지해야 하며, 식품의 원료 등을 보관할 수 있는 창고가 있어야 한다.
      5) 식기 등을 소독할 수 있는 설비가 있어야 한다.
   다. 객실 및 객석
      1) 손님이 이용하기에 불편하지 아니한 구조 및 넓이여야 한다.
      2) 항상 청결을 유지해야 한다.
   라. 화장실
      1) 정화조를 갖춘 수세식이어야 한다.
      2) 손 씻는 시설이 설치되어야 한다.

3) 벽 및 바닥은 타일 등으로 내수 처리되어 있어야 한다.

4) 일회용 위생종이 또는 에어타월이 비치되어 있어야 한다.

마. 종업원

1) 청결한 위생복을 입고 있어야 한다.

2) 개인위생을 지키고 있어야 한다.

3) 친절하고 예의바른 태도를 가져야 한다.

바. 그 밖의 사항

1) 일회용 컵, 일회용 숟가락, 일회용 젓가락 등을 사용하지 않아야 한다.

2) 그 밖에 모범업소의 지정기준 등과 관련한 세부 사항은 식품의약품안전처장이 정하는 바에 따른다.

【별표 20】〈개정 2024. 7. 3.〉

식품안전관리인증기준적용업소의 인증취소 등의 기준 (제67조제2항 관련)

위반사항	근거법령	처분 기준
1. 식품안전관리인증기준을 지키지 않은 경우로서 다음 각목의 어느 하나에 해당하는 경우	법 제48조제8항제1호	인증취소
가. 원재료 · 부재료 입고 시 공급업체로부터 식품안전관리인증기준에서 정한 검사성적서를 받지도 않고 식품안전관리인증기준에서 정한 자체검사도 하지 않은 경우		인증취소
나. 식품안전관리인증기준에서 정한 작업장 세척 또는 소독을 하지 않고 식품안전관리인증기준에서 정한 종사자 위생관리도 하지 않은 경우		인증취소
다. 식품안전관리인증기준에서 정한 중요관리점에 대한 모니터링을 하지 않거나 중요관리점에 대한 한계기준의 위반 사실이 있음에도 불구하고 지체 없이 개선조치를 이행하지 않은 경우		인증취소
라. 지하수를 비가열 섭취식품의 원재료 · 부재료의 세척용수 또는 배합수로 사용하면서 살균 또는 소독을 하지 않은 경우		인증취소
마. 식품안전관리인증기준서에서 정한 제조 · 가공 방법대로 제조 · 가공하지 않은 경우		시정명령
바. 신규 제품 또는 추가된 공정에 대해 식품안전관리인증기준에서 정한 위해요소 분석을 전혀 실시하지 않은 경우		인증취소
사. 식품안전관리인증기준적용업소에 대한 법 제48조제8항에 따른 조사 · 평가 결과 부적합 판정을 받은 경우로서 다음의 어느 하나에 해당하는 경우 1) 선행요건 관리분야에서 만점의 60퍼센트 미만을 받은 경우 2) 식품안전관리인증기준 관리분야에서 만점의 60퍼센트 미만을 받은 경우		인증취소

아. 식품안전관리인증기준적용업소에 대한 법 제48조제8항에 따른 조사 · 평가 결과 부적합 판정을 받은 경우로서 다음의 어느 하나에 해당하는 경우 1) 선행요건 관리분야에서 만점의 85퍼센트 미만 60퍼센트 이상을 받은 경우 2) 식품안전관리인증기준 관리분야에서 만점의 85퍼센트 미만 60퍼센트 이상을 받은 경우		시정명령
2. 법 제75조 또는 「식품 등의 표시 · 광고에 관한 법률」 제16조제1항 · 제3항에 따라 영업정지 2개월 이상의 행정처분을 받은 경우 또는 그에 갈음하여 과징금을 부과 받은 경우	법 제48조제8항제2호	인증취소
3. 영업자 및 종업원이 법 제48조제5항에 따른 교육훈련을 받지 아니한 경우	법 제48조제8항제3호	시정명령
4. 법 제48조제10항을 위반하여 식품안전관리인증기준적용업소의 영업자가 인증받은 식품을 다른 업소에 위탁하여 제조 · 가공한 경우	법 제48조제8항제4호	인증취소
5. 제63조제4항을 위반하여 변경신고를 하지 아니한 경우	법 제48조제8항제4호	시정명령
6. 위의 제1호마목, 제3호 또는 제5호를 위반하여 2회 이상의 시정명령을 받고도 이를 이행하지 아니한 경우	법 제48조제8항	인증취소
7. 제1호아목을 위반하여 시정명령을 받고도 이를 이행하지 않은 경우	법 제48조제8항제1호	인증취소
8. 거짓이나 그 밖의 부정한 방법으로 인증을 받은 경우	법 제48조제8항제1호의2	인증취소

【별표 20의2】 〈신설 2021. 6. 30.〉

교육훈련기관의 지정취소 및 업무정지 처분 기준 (제68조의5 관련)

1. 일반기준

가. 위반행위의 횟수에 따른 행정처분의 기준은 최근 1년간 같은 위반행위로 행정처분을 받은 경우에 적용한다. 이 경우 기간의 계산은 위반행위에 대하여 행정처분을 받은 날과 그 처분 후 다시 같은 위반행위를 하여 적발된 날을 기준으로 한다.

나. 가목에 따라 가중된 처분을 하는 경우 가중처분의 적용 차수는 그 위반행위 전 행정처분 차수(가목에 따른 기간 내에 행정처분이 둘 이상 있었던 경우에는 높은 차수를 말한다)의 다음 차수로 한다.

다. 위반행위가 둘 이상인 경우로서 그에 해당하는 각각의 처분기준이 다른 경우에는 그 중 무거운 처분기준에 따르며, 각각의 처분기준이 모두 업무정지인 경우에는 각각의 처분기준을 합산한 기간을 넘지 않는 범위에서 무거운 처분기준의 2분의 1까지 가중하여 처분할 수 있다.

라. 처분권자는 다음의 어느 하나에 해당하는 경우에는 제2호의 개별기준에 따른 업무정지 기간의 2분의 1의 범위에서 그 처분을 가중하거나 감경할 수 있다.

1) 가중 사유

가) 위반행위가 고의나 중대한 과실에 의한 것으로 인정되는 경우

나) 위반의 내용 · 정도가 중대하여 그로 인한 피해가 크다고 인정되는 경우

2) 감경 사유
   가) 위반행위가 고의성이 없는 사소한 부주의나 오류로 인한 것인 경우
   나) 위반의 내용 · 정도가 경미하여 그로 인한 피해가 적다고 인정되는 경우
   다) 해당 교육훈련기관이 3년 이상 모범적으로 운영해 온 사실이 객관적으로 인정되는 경우
   라) 그 밖에 위반행위의 정도, 위반행위의 동기와 그 결과 등을 고려하여 처분기준을 줄일 필요가 있다고 인정되는 경우

2. 개별기준

위 반 내 용	근거 법령	처분 기준			
		1차 위반	2차 위반	3차 위반	4차 이상 위반
1. 거짓 또는 그 밖의 부정한 방법으로 교육훈련기관의 지정을 받은 경우	법 제48조의5 제1항제1호	지정취소			
2. 정당한 사유 없이 1년 이상 계속하여 교육훈련과정을 운영하지 않은 경우	법 제48조의5 제1항제2호	업무정지 1개월	업무정지 3개월	업무정지 6개월	지정취소
3. 법 제48조의4제2항에 따른 지정기준에 적합하지 않게 된 경우	법 제48조의5 제1항제3호	업무정지 1개월	업무정지 3개월	업무정지 6개월	지정취소
4. 법 제48조의4제4항에 따른 교육훈련 수료증을 거짓 또는 그 밖의 부정한 방법으로 발급한 경우	법 제48조의5 제1항제4호	지정취소			
5. 법 제48조의4제6항에 따른 평가를 실시한 결과 교육훈련실적 및 교육훈련 내용이 매우 부실하여 지정 목적을 달성할 수 없다고 인정되는 경우	법 제48조의5 제1항제5호	업무정지 3개월	업무정지 6개월	지정취소	
6. 법 제48조의4제8항에 따른 시정명령을 받고도 정당한 사유 없이 정해진 기간 내에 이를 시정하지 않은 경우	법 제48조의5 제1항제6호	업무정지 1개월	업무정지 3개월	업무정지 6개월	지정취소

【별표 20의 3】 〈개정 2024. 7. 3.〉

식품이력추적관리 등록취소 등의 기준 (제74조의2 관련)

위반사항	근거법령	처분 기준
1. 식품이력추적관리 정보를 식품이력추적관리기준에 따라 식품이력추적관리시스템에 제공하지 아니한 경우로서	법 제49조제7항	
가. 5일 초과 30일 미만(토요일 및 공휴일은 산입하지 아니한다. 이하 같다) 식품이력추적관리 정보를 제공하지 아니한 경우		시정명령
나. 30일 이상 식품이력추적관리 정보 전부를 제공하지 아니한 경우		해당품목 등록취소
다. 삭제 〈2024. 7. 3.〉		
2. 식품이력추적관리기준을 지키지 아니한 경우(제1호에 해당하는 경우는 제외한다)	법 제49조제7항	시정명령
3. 3년 내에 2회의 시정명령을 받고 이를 모두 이행하지 아니한 경우	법 제49조제7항	해당품목 등록취소

【별표 22】 〈개정 2022.6.30.〉

위해식품등의 긴급회수문 (제88조 제1항 관련)

1. 긴급회수문의 크기
   가. 일반일간신문 게재용 : 5단 10센티미터 이상
   나. 인터넷 홈페이지 게재용 : 긴급회수문의 내용이 잘 보이도록 크기 조정 가능

2. 긴급회수문의 내용

위해식품등 긴급회수

「식품위생법」 제45조에 따라 아래의 식품등을 긴급회수합니다.

가. 회수제품명 :
나. 제조일·소비기한 또는 품질유지기한 :
※ 제조번호 또는 롯트번호로 제품을 관리하는 업소는 그 관리번호를 함께 기재
다. 회수사유 :
라. 회수방법 :
마. 회수영업자 :
바. 영업자주소 :
사. 연락처 :
아. 그 밖의 사항 : 위해식품등 긴급회수 관련 협조요청
- 해당 회수식품등을 보관하고 있는 판매자는 판매를 중지하고 회수 영업자에게 반품하여 주시기 바랍니다.
- 해당제품을 구입한 소비자께서는 그 구입한 업소에 되돌려주시는 등 위해식품 회수에 적극 협조하여 주시기 바랍니다.

【별표 23】 〈개정 2025. 1. 10.〉

행정처분 기준 (제89조 관련)

Ⅰ. 일반기준

1. 둘 이상의 위반행위가 적발된 경우로서 위반행위가 다음 각 목의 어느 하나에 해당하는 경우에는 가장 중한 정지처분 기간에 나머지 각각의 정지처분 기간의 2분의 1을 더하여 처분한다.
   가. 영업정지에만 해당하는 경우
   나. 한 품목 또는 품목류(식품등의 기준 및 규격 중 같은 기준 및 규격을 적용받아 제조·가공되는 모든 품목을 말한다. 이하 같다)에 대하여 품목 또는 품목류 제조정지에만 해당하는 경우
2. 둘 이상의 위반행위가 적발된 경우로서 그 위반행위가 영업정지와 품목 또는 품목류 제조정지에 해당하는 경우에는 각각의 영업정지와 품목 또는 품목류 제조정지 처분기간을 제1호에 따라 산정한 후 다음 각 목의 구분에 따라 처분한다.
   가. 영업정지 기간이 품목 또는 품목류 제조정지 기간보다 길거나 같으면 영업정지 처분만 할 것
   나. 영업정지 기간이 품목 또는 품목류 제조정지 기간보다 짧으면 그 영업정지 처분과 그 초과기간에 대한 품목 또는 품목류 제조정지 처분을 병과할 것
   다. 품목류 제조정지 기간이 품목 제조정지 기간보다 길거나 같으면 품목류 제조정지 처분만 할 것
   라. 품목류 제조정지 기간이 품목 제조정지 기간보다 짧으면 그 품목류 제조정지 처분과 그 초과기간에 대한 품목 제조정지 처분을 병과할 것
3. 같은 날 제조한 같은 품목에 대하여 같은 위반사항(법 제7조제4항 위반행위의 경우에는 식품등의 기준과 규격에 따른 같은 기준 및 규격의 항목을 위반한 것을 말한다)이 적발된 경우에는 같은 위반행위로 본다.
4. 위반행위에 대하여 행정처분을 하기 위한 절차가 진행되는 기간 중에 반복하여 같은 사항을 위반하는 경우에는 그 위반횟수마다 행정처분 기준의 2분의 1씩 더하여 처분한다.
5. 위반행위의 차수에 따른 행정처분의 기준은 최근 1년간(법 제4조부터 제6조까지, 법 제8조, 법 제19조 및 「성매매알선 등 행위의 처벌에 관한 법률」 제4조 위반은 3년간으로 한다) 같은 위반행위(법 제7조제4항 위반행위의 경우에는 식품등의 기준과 규격에 따른 같은 기준 및 규격의 항목을 위반한 것을 말한다)를 한 경우에 적용한다. 다만, 식품등에 이물이 혼입되어 위반한 경우에는 같은 품목에서 같은 종류의 재질의 이물이 발견된 경우에 적용한다.
6. 제5호에 따른 처분 기준의 적용은 같은 위반사항에 대한 행정처분일과 그 처분 후 재적발일(수거검사의 경우에는 검사결과를 허가 또는 신고관청이 접수한 날)을 기준으로 한다.

   6의2. 제5호에 따라 가중된 처분을 하는 경우 가중처분의 적용 차수는 그 위반행위 전 처분 차수(제5호에 따른 기간 내에 행정처분이 둘 이상 있었던 경우에는 높은 차수를 말한다)의 다음 차수로 한다.
7. 어떤 위반행위든 해당 위반 사항에 대하여 행정처분이 이루어진 경우에는 해당 처분 이전에 이루어진 같은 위반행위에 대하여도 행정처분이 이루어진 것으로 보아 다시 처분하여서는 아니 된다. 다만, 식품접객업자가 별표 17 제7호다목, 타목, 하목, 거목 및 버목을 위반하거나 법 제44조제2항을 위반한 경우는 제외한다.
8. 제1호 및 제2호에 따른 행정처분이 있은 후 다시 행정처분을 하게 되는 경우 그 위반행위의 횟수에 따른 행정처분의 기준을 적용함에 있어서 종전의 행정처분의 사유가 된 각각의 위반행위에 대하여 각각 행정처

분을 하였던 것으로 본다.

9. 4차 위반인 경우에는 다음 각 목의 기준에 따르고, 5차 위반의 경우로서 가목의 경우에는 영업정지 6개월로 하고, 나목의 경우에는 영업허가 취소 또는 영업소 폐쇄를 한다. 가목을 6차 위반한 경우에는 영업허가 취소 또는 영업소 폐쇄를 하여야 한다.
   가. 3차 위반의 처분 기준이 품목 또는 품목류 제조정지인 경우에는 품목 또는 품목류 제조정지 6개월의 처분을 한다.
   나. 3차 위반의 처분 기준이 영업정지인 경우에는 3차 위반 처분 기준의 2배로 하되, 영업정지 6개월 이상이 되는 경우에는 영업허가 취소 또는 영업소 폐쇄를 한다.
   다. 식품등에 이물이 혼입된 경우로서 4차 이상의 위반에 해당하는 경우에는 3차 위반의 처분 기준을 적용한다.

10. 조리사 또는 영양사에 대하여 행정처분을 하는 경우에는 4차 위반인 경우에는 3차 위반의 처분 기준이 업무정지이면 3차 위반 처분 기준의 2배로 하되, 업무정지 6개월 이상이 되는 경우에는 면허취소 처분을 하여야 하고, 5차 위반인 경우에는 면허취소 처분을 하여야 한다.

11. 식품등의 출입 · 검사 · 수거 등에 따른 위반행위에 대한 행정처분의 경우에는 그 위반행위가 해당 식품등의 제조 · 가공 · 운반 · 진열 · 보관 또는 판매 · 조리과정 중의 어느 과정에서 기인하는지 여부를 판단하여 그 원인제공자에 대하여 처분하여야 한다. 다만, 유통전문판매영업자가 판매하는 식품등이 법 제4조부터 제7조까지, 제8조, 제9조 및 제12조의2를 위반한 경우로서 그 위반행위의 원인제공자가 해당 식품등을 제조 · 가공한 영업자인 경우에는 해당 식품등을 제조 · 가공한 영업자와 해당 유통전문판매영업자에 대하여 함께 처분하여야 한다.

12. 제11호 단서에 따라 유통전문판매업자에 대하여 품목 또는 품목류 제조정지 처분을 하는 경우에는 이를 각각 그 위반행위의 원인제공자인 제조 · 가공업소에서 제조 · 가공한 해당 품목 또는 품목류의 판매정지에 해당하는 것으로 본다.

13. 다음 각 목의 자에 대한 행정처분은 그 처분의 양형이 품목 제조정지에 해당하는 경우에는 품목 제조정지 기간의 3분의 1에 해당하는 기간으로 영업정지 처분을 하고, 그 처분의 양형이 품목류 제조정지에 해당하는 경우에는 품목류 제조정지 기간의 2분의 1에 해당하는 기간으로 영업정지 처분을 해야 한다.
   가. 즉석판매제조 · 가공업자
   나. 식품소분업자
   다. 용기 · 포장류제조업자
   라. 법 제37조제6항에 따른 식품의 제조 · 가공에 관한 보고를 하지 않은 식품제조 · 가공업자
   마. 법 제37조제6항에 따른 식품첨가물의 제조 · 가공에 관한 보고를 하지 않은 식품첨가물제조업자

14. 법 제86조에 따른 식중독 조사 결과 식품제조 · 가공업소, 식품판매업소 또는 식품접객업소에서 제조 · 가공, 조리 · 판매 또는 제공된 식품이 해당 식중독의 발생원인으로 확정된 경우의 처분기준은 다음 각 목의 구분에 따른다.
   가. 식품제조 · 가공업소: II. 개별기준 1. 식품제조 · 가공업 등 제1호다목
   나. 식품판매업소: II. 개별기준 2. 식품판매업 등 제1호다목
   다. 식품접객업소: II. 개별기준 3. 식품접객업 제1호다목2)

15. 다음 각 목의 어느 하나에 해당하는 경우에는 행정처분의 기준이, 영업정지 또는 품목 · 품목류 제조정지인 경우에는 정지처분 기간의 2분의 1 이하의 범위에서, 영업허가 취소 또는 영업장 폐쇄인 경우에는 영

업정지 3개월 이상의 범위에서 각각 그 처분을 경감할 수 있다.

가. 식품등의 기준 및 규격 위반사항 중 산가, 과산화물가 또는 성분 배합비율을 위반한 사항으로서 국민보건상 인체의 건강을 해할 우려가 없다고 인정되는 경우

나. 삭제 〈2019. 4. 25.〉

다. 식품 등을 제조·가공만 하고 시중에 유통시키지 아니한 경우

라. 식품을 제조·가공 또는 판매하는 자가 식품이력추적관리 등록을 한 경우

마. 위반사항 중 그 위반의 정도가 경미하거나 고의성이 없는 사소한 부주의로 인한 것인 경우

바. 해당 위반사항에 관하여 검사로부터 기소유예의 처분을 받거나 법원으로부터 선고유예의 판결을 받은 경우로서 그 위반사항이 고의성이 없거나 국민보건상 인체의 건강을 해할 우려가 없다고 인정되는 경우

사. 식중독을 발생하게 한 영업자가 식중독의 재발 및 확산을 방지하기 위한 대책으로 시설을 개수하거나 살균·소독 등을 실시하기 위하여 자발적으로 영업을 중단한 경우

아. 식품등의 기준 및 규격이 정하여지지 않은 유독·유해물질 등이 해당 식품에 혼입여부를 전혀 예상할 수 없었고 고의성이 없는 최초의 사례로 인정되는 경우

자. 별표 17 제7호머목에 따라 공통찬통, 소형·복합 찬기, 국·찌개·반찬 등을 덜어먹을 수 있는 기구 또는 1인 반상을 사용하거나, 손님이 남은 음식물을 싸서 가지고 갈 수 있도록 포장용기를 비치하고 이를 손님에게 알리는 등 음식문화개선과 「감염병의 예방 및 관리에 관한 법률」 제49조에 따른 감염병의 예방 조치사항 준수를 위해 노력하는 식품접객업자인 경우. 다만, 1차 위반에 한정하여 경감할 수 있다.

차. 폐쇄회로 텔레비전(CCTV) 등 실시간 영상시스템을 설치하여 영업시간 내에 인터넷 홈페이지 등을 통해 조리 과정의 위생 상태를 공개하는 등 위생관리를 위하여 노력하는 식품접객업자인 경우. 다만, 1차 위반에 한정하여 경감할 수 있다.

카. 그 밖에 식품 등의 수급정책상 필요하다고 인정되는 경우

16. 소비자로부터 접수한 이물혼입 불만사례 등을 식품의약품안전처장, 관할 시·도지사 및 관할 시장·군수·구청장에게 지체 없이 보고한 영업자가 다음 각 목에 모두 해당하는 경우에는 차수에 관계없이 시정명령으로 처분한다. 소비자가 식품의약품안전처장 등 행정기관의 장에게만 접수한 경우도 위와 같다.

가. 영업자가 검출된 이물의 발생방지를 위하여 시설 및 작업공정 개선, 직원교육 등 시정조치를 성실히 수행하였다고 관할 행정기관이 평가한 경우

나. 이물을 검출할 수 있는 장비의 기술적 한계 등의 사유로 이물혼입이 불가피하였다고 식품의약품안전처장 등 관할 행정기관의 장이 인정하는 경우로 이물혼입의 불가피성은 식품위생심의위원회가 정한 기준에 따라 판단할 수 있다.

17. 삭제 〈2022. 4. 28.〉

18. 영업정지 1개월은 30일을 기준으로 한다.

19. 행정처분의 기간이 소수점 이하로 산출되는 경우에는 소수점 이하를 버린다.

Ⅱ. 개별기준

1. 식품제조·가공업 등

영 제21조제1호의 식품제조·가공업, 같은 조 제2호의 즉석판매제조·가공업, 같은 조 제3호의 식품첨가물제조업, 같은 조 제5호가목의 식품소분업, 같은 호 나목3)의 유통전문판매업, 같은 조 제6호가목의 식품조사처리업, 같은 조 제7호의 용기·포장류제조업 및 같은 조 제9호의 공유주방 운영업.

다. 삭제 〈2019. 4. 25.〉
라. 1차 위반행위가 영업정지 1개월 이상에 해당하는 경우로서 2차 위반사항에 해당하는 경우
마. 3차 위반사항에 해당하는 경우
바. 과징금을 체납 중인 경우

2. 식품판매업 등
가. 제1호가목 · 바목 또는 사목에 해당하는 경우
나. 제4호가목에 해당하는 경우
다. 삭제 〈2019. 4. 25.〉
라. 1차 위반행위가 영업정지 1개월 이상에 해당하는 경우로서 2차 위반사항에 해당하는 경우
마. 3차 위반사항에 해당하는 경우
바. 과징금을 체납 중인 경우

3. 식품접객업
가. 제1호가목 · 나목 또는 사목에 해당하는 경우
나. 제8호마목에 해당하는 경우
다. 제10호가목1) 및 11)에 해당하는 경우
라. 제11호나목 또는 다목에 해당하는 경우
마. 3차 위반사항에 해당하는 경우
바. 과징금을 체납 중인 경우
사. 제14호에 해당하는 경우

4. 제1호부터 제3호(사목은 제외한다)까지의 규정에도 불구하고 I. 일반기준의 제15호에 따른 경감대상에 해당하는 경우에는 과징금 처분을 할 수 있다.

【별표 24】 〈개정 2023.5.19〉

집단급식소의 설치·운영자 준수사항 (제95조 제2항 관련)

1. 물수건, 숟가락, 젓가락, 식기, 찬기, 도마, 칼, 행주 및 그 밖의 주방용구는 기구 등의 살균 · 소독제, 열탕, 자외선 살균 또는 전기살균의 방법으로 소독한 것을 사용해야 한다.
2. 배식하고 남은 음식물을 다시 사용 · 조리 또는 보관(폐기용이라는 표시를 명확하게 하여 보관하는 경우는 제외한다)해서는 안 된다.
3. 식재료의 검수 및 조리 등에 대해서는 식품의약품안전처장이 정하여 고시하는 위생관리 사항의 점검 결과를 사실대로 기록해야 한다. 이 경우 그 기록에 관한 서류는 해당 기록을 한 날부터 3개월간 보관해야 한다.
4. 법 제88조제2항제8호에 따라 수돗물이 아닌 지하수 등을 먹는 물 또는 식품의 조리 · 세척 등에 사용하는 경우에는 「먹는물관리법」 제43조에 따른 먹는물 수질검사기관에서 다음의 구분에 따른 검사를 받아야 한다.
가. 일부 항목 검사: 1년마다(모든 항목 검사를 하는 연도의 경우를 제외한다) 「먹는물 수질기준 및 검사 등에 관한 규칙」 제4조제1항제2호에 따른 마을상수도의 검사기준에 따른 검사(잔류염소에 관한 검사

를 제외한다). 다만, 시 · 도지사가 오염의 우려가 있다고 판단하여 지정한 지역에서는 같은 규칙 제2조에 따른 먹는물의 수질기준에 따른 검사를 해야 한다.

나. 모든 항목 검사: 2년마다 「먹는물 수질기준 및 검사 등에 관한 규칙」 제2조에 따른 먹는물의 수질기준에 따른 검사

5. 동물의 내장을 조리하면서 사용한 기계 · 기구류 등을 세척하고 살균해야 한다.

6. 법 제47조제1항에 따라 모범업소로 지정받은 자 외의 자는 모범업소임을 알리는 지정증, 표지판, 현판 등의 어떠한 표시도 해서는 안 된다.

7. 제과점영업자 또는 즉석판매제조 · 가공업자로부터 당일 제조 · 가공한 빵류 · 과자류 및 떡류를 구입하여 구입 당일 급식자에게 제공하는 경우 이를 확인할 수 있는 증명서(제품명, 제조일자 및 판매량 등이 포함된 거래명세서나 영수증 등을 말한다)를 6개월간 보관해야 한다.

【별표 25】〈개정 2023.5.19.〉

집단급식소의 시설기준 (제96조 관련)

1. 조리장

가. 조리장은 음식물을 먹는 객석에서 그 내부를 볼 수 있는 구조로 되어 있어야 한다. 다만, 병원 · 학교의 경우에는 그러하지 아니하다.

나. 조리장 바닥은 배수구가 있는 경우에는 덮개를 설치하여야 한다.

다. 조리장 안에는 취급하는 음식을 위생적으로 조리하기 위하여 필요한 조리시설 · 세척시설 · 폐기물용기 및 손 씻는 시설을 각각 설치하여야 하고, 폐기물용기는 오물 · 악취 등이 누출되지 아니하도록 뚜껑이 있고 내수성 재질[스테인레스 · 알루미늄 · 강화플라스틱(FRP) · 테프론 등 물을 흡수하지 아니하는 것을 말한다. 이하 같다]로 된 것이어야 한다.

라. 조리장에는 주방용 식기류를 소독하기 위한 자외선 또는 전기살균소독기를 설치하거나 열탕세척소독시설(식중독을 일으키는 병원성 미생물 등이 살균될 수 있는 시설이어야 한다)을 갖추어야 한다.

마. 충분한 환기를 시킬 수 있는 시설을 갖추어야 한다. 다만, 자연적으로 통풍이 가능한 구조의 경우에는 그러하지 아니하다.

바. 식품등의 기준 및 규격 중 식품별 보존 및 유통기준에 적합한 온도가 유지될 수 있는 냉장시설 또는 냉동시설을 갖추어야 한다.

사. 식품과 직접 접촉하는 부분은 위생적인 내수성 재질로서 씻기 쉬우며, 열탕 · 증기 · 살균제 등으로 소독 · 살균이 가능한 것이어야 한다.

아. 냉동 · 냉장시설 및 가열처리시설에는 온도계 또는 온도를 측정할 수 있는 계기를 설치하여야 하며, 적정온도가 유지되도록 관리하여야 한다.

자. 조리장에는 쥐 · 해충 등을 막을 수 있는 시설을 갖추어야 한다.

2. 급수시설

가. 수돗물이나 「먹는물관리법」 제5조에 따른 먹는 물의 수질기준에 적합한 지하수 등을 공급할 수 있는 시설을 갖추어야 한다. 다만, 지하수를 사용하는 경우에는 용수저장탱크에 염소자동주입기 등 소독장치를 설치하여야 한다.

나. 지하수를 사용하는 경우 취수원은 화장실 · 폐기물처리시설 · 동물사육장 그 밖에 지하수가 오염될 우려가 있는 장소로부터 영향을 받지 아니 하는 곳에 위치하여야 한다.

3. 창고 등 보관시설

가. 식품등을 위생적으로 보관할 수 있는 창고를 갖추어야 한다.

나. 창고에는 식품등을 법 제7조제1항에 따른 식품등의 기준 및 규격에서 정하고 있는 보존 및 유통기준에 적합한 온도에서 보관할 수 있도록 냉장 · 냉동시설을 갖추어야 한다. 다만, 조리장에 갖춘 냉장시설 또는 냉동시설에 해당 급식소에서 조리 · 제공되는 식품을 충분히 보관할 수 있는 경우에는 창고에 냉장시설 및 냉동시설을 갖추지 아니하여도 된다.

4. 화장실

가. 화장실은 조리장에 영향을 미치지 아니하는 장소에 설치하여야 한다. 다만, 집단급식소가 위치한 건축물 안에 나목부터 라목까지의 기준을 갖춘 공동화장실이 설치되어 있거나 인근에 사용하기 편리한 화장실이 있는 경우에는 따로 화장실을 설치하지 아니할 수 있다.

나. 화장실은 정화조를 갖춘 수세식 화장실을 설치하여야 한다. 다만, 상 · 하수도가 설치되지 아니한 지역에서는 수세식이 아닌 화장실을 설치할 수 있다. 이 경우 변기의 뚜껑과 환기시설을 갖추어야 한다.

다. 화장실은 콘크리트 등으로 내수처리를 하여야 하고, 바닥과 내벽(바닥으로부터 1.5미터까지)에는 타일을 붙이거나 방수페인트로 색칠하여야 한다.

라. 화장실에는 손을 씻는 시설을 갖추어야 한다.

5. 객석

집단급식소의 설치 · 운영을 신고한 사업장은 해당 사업장 내에 객석을 추가로 설치할 수 있다. 이 경우 음식물을 위생적으로 운반할 수 있는 기구 또는 운반차량 및 위생적인 배식도구를 갖추어야 한다.

【별표 27】 〈개정 2023.5.19.〉

법 제3조 및 제88조 제2항 제5호를 위반한 자에 대한 과태료 금액 (제100조 관련)

위반행위	근거 법조문	과태료 금액(단위: 만원)		
		1차 위반	2차 위반	3차 이상 위반
1. 법 제3조(법 제88조에서 준용하는 경우를 포함한다)를 위반한 경우	법 제101조제2항제1호 및 영 제67조			
가. 식품 또는 식품첨가물을 제조 · 가공 · 사용 · 조리 · 저장 · 소분 · 운반 또는 진열할 때에 이물이 혼입되거나 병원성 미생물 등으로 오염되는 등 위생적으로 취급하지 않은 경우		100	200	300
나. 식품등을 취급하는 원료보관실 · 제조가공실 · 조리실 · 포장실 등의 내부를 청결하게 관리하지 않은 경우		50	100	150
다. 식품등을 취급하는 원료보관실 · 제조가공실 · 조리실 · 포장실 등의 내부에 설치류, 위생해충을 방제(防除) 및 구제		100	200	300

(驅除)하지 아니하여 설치류, 위생해충 및 그 배설물 등이 발견된 경우				
라. 식품등의 원료 및 제품 중 부패 · 변질이 되기 쉬운 것을 냉동 · 냉장시설에 보관 · 관리하지 아니한 경우		30	60	90
마. 식품등의 보관 · 운반 · 진열 시에 식품등의 기준 및 규격이 정하고 있는 보존 및 유통기준에 적합하도록 관리하지 아니하거나 냉동 · 냉장시설 및 운반시설을 정상적으로 작동시키지 아니한 경우(이 법에 따라 허가를 받거나 신고한 영업자는 제외한다)		100	200	300
바. 식품등의 제조 · 가공 · 조리 또는 포장에 직접 종사하는 사람에게 위생모 및 마스크를 착용시키지 아니한 경우		20	40	60
사. 제조 · 가공(수입품을 포함한다)하여 최소판매 단위로 포장된 식품 또는 식품첨가물을 영업허가 또는 신고하지 아니하고 판매의 목적으로 포장을 뜯어 분할하여 판매한 경우		20	40	60
아. 식품등의 제조 · 가공 · 조리에 직접 사용되는 기계 · 기구 및 음식기를 사용한 후에 세척 또는 살균을 하지 아니하는 등 청결하게 유지 · 관리하지 아니한 경우 또는 어류 · 육류 · 채소류를 취급하는 칼 · 도마를 각각 구분하여 사용하지 아니한 경우		50	100	150
자. 소비기한이 경과된 식품등을 판매하거나 판매의 목적으로 진열 · 보관한 경우(이 법에 따라 허가를 받거나 신고한 영업자는 제외한다)		30	60	90
2. 법 제88조제2항제11호를 위반한 경우(위탁급식영업자에게 위탁한 집단급식소의 경우는 제외한다)	법 제101조제3항제6호 및 영 제67조			
가. 별표 24 제2호를 위반한 경우		100	200	300
나. 별표 24 제4호에 따른 수질검사를 실시하지 않은 경우		100	200	300
다. 별표 24 제1호 · 제3호 · 제5호 및 제6호를 위반한 경우		50	100	150
라. 별표 24 제7호를 위반한 경우		100	200	300

03 식품위생 분야 종사자의 건강진단 규칙

제정	2013. 3. 23	총리령	제1015호
개정	2018. 3. 28	총리령	제1444호
개정	2018. 12. 31	총리령	제1519호
개정	2022. 04. 28	총리령	제1804호
개정	2023. 11. 22	총리령	제1916호

제1조 【목적】 이 규칙은 「식품위생법」 제40조제1항 및 제4항에 따른 건강진단의 실시에 필요한 사항을 규정함을 목적으로 한다

제2조 【건강진단 항목 등】 ① 「식품위생법」(이하 "법"이라 한다) 제40조제1항 본문에 따른 건강진단(이하 "건강진단"이라 한다)의 항목은 다음 각 호와 같다. 〈개정 2023. 12. 7.〉

1. 장티푸스
2. 파라티푸스
3. 폐결핵

② 법 제40조제1항 본문 및 같은 법 시행규칙 제49조제1항 본문에 따른 영업자 및 그 종업원은 매 1년마다 건강진단을 받아야 한다. 〈개정 2023. 12. 7.〉

③ 건강진단의 유효기간은 1년으로 하며, 직전 건강진단의 유효기간이 만료되는 날의 다음 날부터 기산한다. 〈신설 2023. 12. 7.〉

④ 건강진단은 건강진단의 유효기간 만료일 전후 각각 30일 이내에 실시해야 한다. 다만, 식품의약품안전처장 또는 특별자치시장 · 특별자치도지사 · 시장 · 군수 · 구청장은 천재지변, 사고, 질병 등의 사유로 건강진단 대상자가 건강진단 실시기간 이내에 건강진단을 받을 수 없다고 인정하는 경우에는 1회에 한하여 1개월 이내의 범위에서 그 기한을 연장할 수 있다. 〈신설 2023. 12. 7.〉

⑤ 제4항에도 불구하고 식품의약품안전처장이 「감염병의 예방 및 관리에 관한 법률」에 따른 감염병의 유행으로 인하여 제3조에 따른 실시 기관에서 정상적으로 건강진단을 받을 수 없다고 인정하는 경우에는 해당 사유가 해소될 때까지 건강진단을 유예할 수 있다. 〈신설 2022. 4. 28., 2023. 12. 7.〉

⑥ 제5항에 따른 건강진단의 유예기간 및 방법 등에 관하여 필요한 사항은 식품의약품안전처장이 정하여 공고한다. 〈신설 2022. 4. 28., 2023. 12. 7.〉

제3조【건강진단 실시】 ① 이 규칙에 따른 건강진단은 「지역보건법」에 따른 보건소(이하 "보건소"라 한다), 「의료법」에 따른 종합병원 · 병원 또는 의원(이하 "의료기관"이라 한다)에서 실시한다. 다만, 영업자가 요청하는 경우에는 의료기관의 의료인이 해당 영업소에 방문하여 건강진단을 실시할 수 있다. 〈개정 2018. 12. 31., 2023. 12. 7.〉

② 제1항에 따라 건강진단을 실시한 의료기관은 별지 서식의 식품위생 분야 종사자 건강진단 결과서를 발급해야 한다. 〈신설 2023. 12. 7.〉

제4조【감염병환자의 발생 신고 등】 의료기관의 장은 제3조에 따라 건강진단을 실시한 결과 감염병환자가 발생한 경우에는 「감염병의 예방 및 관리에 관한 법률」 제11조에 따라 관할 보건소장에게 신고하고, 「의료법」 제22조에 따라 진료기록부 등을 기록 · 보존하여야 한다.

제5조【수수료】 보건소에서 제2조에 따른 건강진단을 받으려는 사람은 해당 보건소를 관할하는 지방자치단체의 조례로 정하는 수수료를 내야 한다. 〈개정 2018. 3. 28., 2023. 11. 22.〉

04 식품 및 축산물 안전관리인증기준

제정	1996. 12. 3	보건사회부 고시	제1996-75호
개정	1997. 10. 30	보건복지부 고시	제1997-80호
개정	1998. 2. 12	보건복지부 고시	제1998-13호
개정	1998. 5. 30	식품의약품안전청 고시	제1998-61호
개정	1999. 2. 23	식품의약품안전청 고시	제1999-17호
개정	2000. 10. 20	식품의약품안전청 고시	제2000-50호
전문개정	2005. 10. 20	식품의약품안전청 고시	제2005-58호
전부개정	2008. 4. 28	식품의약품안전청 고시	제2008-18호
개정	2009. 8. 12	식품의약품안전청 고시	제2009-62호
개정	2009. 12. 22	식품의약품안전청 고시	제2009-193호
개정	2010. 11. 16	식품의약품안전청 고시	제2010-83호
개정	2011. 6. 10	식품의약품안전청 고시	제2011-24호
개정	2011. 9. 19	식품의약품안전청 고시	제2011-51호
개정	2012. 5. 17	식품의약품안전청 고시	제2012-19호
개정	2016. 4. 27	식품의약품안전처 고시	제2016-30호
개정	2017. 5. 31	식품의약품안전처 고시	제2017-49호
개정	2018. 4. 25	식품의약품안전처 고시	제2018-31호
개정	2019. 3. 4	식품의약품안전처 고시	제2019-12호
개정	2020. 3. 11	식품의약품안전처 고시	제2020-15호
개정	2022. 5. 18.	식품의약품안전처 고시	제2022-40호
개정	2023. 4. 6	식품의약품안전처 고시	제2023-26호
개정	2025. 2. 18	식품의약품안전처 고시	제2025-8호

제1장 총 칙

제1조 【목적】 이 기준은 「식품위생법」 제48조부터 제48조의5까지, 같은 법 시행규칙 제62조부터 제68조의5까지 및 「건강기능식품에 관한 법률」 제38조에 따른 「식품안전관리인증기준」의 적용·운영 및 교육·훈련 등에 관한 사항과 「축산물 위생관리법」 제9조부터 제9조의6까지, 같은 법 시행규칙 제7조부터 제7조의11까지에 따른 「축산물안전관리인증기준」의 적용·운영 및 교육·훈련 등에 관한 사항을 정함을 목적으로 한다.

제2조【정의】 이 기준에서 사용하는 용어의 정의는 다음과 같다.

1. "식품 및 축산물 안전관리인증기준(Hazard Analysis and Critical Control Point, HACCP)"이란 「식품위생법」 및 「건강기능식품에 관한 법률」에 따른 「식품안전관리인증기준」과 「축산물 위생관리법」에 따른 「축산물안전관리인증기준」으로서, 식품(건강기능식품을 포함한다. 이하 같다)·축산물의 원료 관리, 제조·가공·조리·선별·처리·포장·소분·보관·유통·판매의 모든 과정에서 위해한 물질이 식품 또는 축산물에 섞이거나 식품 또는 축산물이 오염되는 것을 방지하기 위하여 각 과정의 위해요소를 확인·평가하여 중점적으로 관리하는 기준을 말한다(이하 "안전관리인증기준(HACCP)"이라 한다).
2. "위해요소(Hazard)"란 「식품위생법 」 제4조(위해식품등의 판매 등 금지), 「건강기능식품에 관한 법률」 제23조(위해 건강기능식품 등의 판매 등의 금지) 및 「축산물 위생관리법」 제33조(판매 등의 금지)의 규정에서 정하고 있는 인체의 건강을 해할 우려가 있는 생물학적, 화학적 또는 물리적 인자나 조건을 말한다.
3. "위해요소분석(Hazard Analysis)"이란 식품 · 축산물 안전에 영향을 줄 수 있는 위해요소와 이를 유발할 수 있는 조건이 존재하는지 여부를 판별하기 위하여 필요한 정보를 수집하고 평가하는 일련의 과정을 말한다.
4. "중요관리점(Critical Control Point : CCP)"이란 안전관리인증기준(HACCP)을 적용하여 식품 · 축산물의 위해요소를 예방 · 제어하거나 허용 수준 이하로 감소시켜 당해 식품 · 축산물의 안전성을 확보할 수 있는 중요한 단계·과정 또는 공정을 말한다.
5. "한계기준(Critical Limit)"이란 중요관리점에서의 위해요소 관리가 허용범위 이내로 충분히 이루어지고 있는지 여부를 판단할 수 있는 기준이나 기준치를 말한다.
6. "모니터링(Monitoring)"이란 중요관리점에 설정된 한계기준을 적절히 관리하고 있는지 여부를 확인하기 위하여 수행하는 일련의 계획된 관찰이나 측정하는 행위 등을 말한다.
7. "개선조치(Corrective Action)"란 모니터링 결과 중요관리점의 한계기준을 이탈할 경우에 취하는 일련의 조치를 말한다.
8. "선행요건(Pre-requisite Program)"이란 「식품위생법」, 「건강기능식품에 관한 법률」, 「축산물 위생관리법」에 따라 안전관리인증기준(HACCP)을 적용하기 위한 위생관리프로그램을 말한다.
9. "안전관리인증기준 관리계획(HACCP Plan)"이란 식품 · 축산물의 원료 구입에서부터 최종 판매에 이르는 전 과정에서 위해가 발생할 우려가 있는 요소를 사전에 확인하여 허용 수준 이하로 감소시키거나 제어 또는 예방할 목적으로 안전관리인증기준(HACCP)에 따라 작성한 제조·가공·조리·선별·처리·포장·소분·보관·유통·판매 공정 관리문서나 도표 또는 계획을 말한다.
10. "검증(Verification)"이란 안전관리인증기준(HACCP) 관리계획의 유효성(Validation)과 실행(Implementation) 여부를 정기적으로 평가하는 일련의 활동(적용 방법과 절차, 확인 및 기타 평가 등을 수행하는 행위를 포함한다)을 말한다.
11. "안전관리인증기준(HACCP) 적용업소"란 「식품위생법」, 「건강기능식품에 관한 법률」에 따라 안전관리인증기준(HACCP)을 적용·준수하여 식품을 제조 · 가공 · 조리 · 소분 · 유통 · 판매하는 업소와 「축산물 위생관리법」에 따라 안전관리인증기준(HACCP)을 적용 · 준수하고 있는 안전관리인증작업장 · 안전관리인증업소 · 안전관리인증농장 또는 축산물안전관리통합인증업체 등을 말한다.
12. "관리책임자"란 「축산물 위생관리법」에 따른 자체안전관리인증기준 적용 작업장 및 안전관리인증기준(HACCP) 적용 작업장 등의 영업자·농업인이 안전관리인증기준(HACCP) 운영 및 관리를

직접 할 수 없는 경우 해당 안전관리인증기준 운영 및 관리를 총괄적으로 책임지고 운영하도록 지정한 자(영업자·농업인을 포함한다)를 말한다.

13. "통합관리프로그램"이란 「축산물 위생관리법」 시행규칙 제7조의3제4항제3호에 따라 축산물안전관리통합인증업체에 참여하는 각각의 작업장 · 업소 · 농장에 안전관리인증기준(HACCP)을 적용 · 운용하고 있는 통합적인 위생관리프로그램을 말한다.

14. "중요관리점(CCP) 모니터링 자동 기록관리 시스템"이란 중요관리점(CCP) 모니터링 데이터를 실시간으로 자동 기록 · 관리 및 확인 · 저장할 수 있도록 하여 데이터의 위 · 변조를 방지할 수 있는 시스템(이하 "자동 기록관리 시스템"이라 한다)을 말하며, 이 시스템을 적용한 안전관리인증기준을 "스마트해썹"이라 한다.

제 2 장 안전관리인증기준(HACCP) 적용 체계 및 운영 관리

제3조 【적용대상 영업자】 이 기준은 「식품위생법」, 「건강기능식품에 관한 법률」 및 「축산물 위생관리법」에 따라 영업허가를 받거나 신고 또는 등록을 한 자와 「축산법」에 따라 축산업의 허가 또는 등록을 한 자 중 안전관리인증기준(HACCP)을 준수하여야 하는 영업자·농업인과 그 밖에 안전관리인증기준의 준수를 원하는 영업자를 대상으로 적용한다. 다만, 국외에 소재하여 식품·축산물을 제조·가공하는 자나 수출을 목적으로 하는 자가 이 기준의 준수를 원하는 경우 이 기준을 적용하게 할 수 있다.

제4조 【적용품목 및 시기 등】 ① 이 기준은 「식품위생법」 및 같은 법 시행규칙, 「건강기능식품에 관한 법률」, 「축산물 위생관리법」 및 같은 법 시행규칙에 따라 의무적으로 안전관리인증기준(HACCP)을 적용해야 하는 식품·축산물에 적용하며, 필요한 경우 그 이외의 영업장 또는 제품에 대해서도 적용할 수 있다. 다만, 생산식품이 해당 지역 내에서만 유통되는 도서지역의 영업자이거나 생산식품을 모두 국외로 수출하는 영업자는 제외한다.

② 안전관리인증기준(HACCP) 의무적용 시기는 각 법에서 정한 바에 따르되, 연매출액 및 종업원수를 기준으로 하여 연매출액과 종업원 수의 요건을 동시에 충족하는 시기를 말하며, 연매출액 산정은 해당 사업장에서 제조·가공하는 의무적용 대상 식품·축산물의 총 매출액을 기준으로 하고, 종업원 수는 「근로기준법」에 의한 영업장 전체의 상시근로자를 기준으로 한다.

③ 제2항의 규정에도 불구하고 신규영업 또는 휴업 등으로 1년간 매출액을 산정할 수 없는 경우에는 매출액 산정이 가능한 최근 3개월의 매출액을 기준으로 1년간 매출액을 산정하여 의무적용 시기를 정할 수 있다. 다만, 안전관리인증기준 의무적용 대상업소(소규모 업소 중 「식품위생법」 제48조의2 및 「축산물 위생관리법」 제9조의2 규정에 따른 연장심사를 일반 업소로 받아야 하는 경우 포함) 중 기준 준수에 필요한 시설 · 설비 등의 개 · 보수를 위하여 일정 기간이 필요하다고 요청하여 식품의약품안전처장이 인정하는 경우에는 1년의 범위 내에서 의무적용 및 연장심사를 유예할 수 있다.

④ 식품의약품안전처장은 다음 각 호 중 어느 하나에 해당하는 「식품위생법 시행규칙」 제62조 제13호에 따른 안전관리인증기준(HACCP) 의무적용 대상 업소가 필요하다고 요청한 경우에는 6개월 범위 내에서 의무적용 시기를 유예할 수 있다. 제2호의 경우 전년도 생산실적보고 완료일 이전에 요청하여야 한다.

1. 안전관리인증기준(HACCP) 적용업소가 신규로 식품유형을 추가하려는 경우. 다만, 「식품위생법 시행규칙」 제62조 제1항 제1호부터 제12의2호에 해당하는 식품은 제외한다
2. 전년도 매출액이 100억원 이상이 되어 해당연도에 신규 의무적용 대상이 된 경우

⑤ 「축산물 위생관리법 시행규칙」 제7조제3항제1호가목에 따른 매출액은 2016년 연매출액을 기준으로 산정한다.

제5조 【선행요건 관리】 ①「식품위생법」 및 「건강기능식품에 관한 법률」, 「축산물 위생관리법」에 따른 안전관리인증기준(HACCP) 적용업소(도축장, 농장은 제외한다)는 다음 각 호와 관련된 별표 1의 선행요건을 준수하여야 한다.

1. 식품(식품첨가물 포함)제조 · 가공업소, 건강기능식품제조업소, 집단급식소식품판매업소, 축산물작업장 · 업소
   가. 영업장 관리
   나. 위생 관리
   다. 제조 · 가공 · 조리 시설 · 설비 관리
   라. 냉장 · 냉동 시설 · 설비 관리
   마. 용수 관리
   바. 보관 · 운송 관리
   사. 검사 관리
   아. 회수 프로그램 관리
2. 집단급식소, 식품접객업소(위탁급식영업), 운반급식(개별 또는 벌크 포장)
   가. 영업장 관리
   나. 위생 관리
   다. 제조 · 가공 · 조리 시설 · 설비 관리
   라. 냉장 · 냉동 시설 · 설비 관리
   마. 용수 관리
   바. 보관 · 운송 관리
   사. 검사 관리
   아. 회수 프로그램 관리
3. 기타 식품판매업소
   가. 입고 관리
   나. 보관 관리
   다. 작업 관리
   라. 포장 관리
   마. 진열 · 판매 관리
   바. 반품 · 회수 관리
4. 소규모업소, 즉석판매제조가공업소, 식품소분업소, 식품접객업소(일반음식점 · 휴게음식점 · 제과점)
   가. 작업장(조리장), 개인위생 관리
   나. 방충 · 방서관리
   다. 세척 · 소독관리
   라. 입고 · 보관관리
   마. 용수관리
   바. 검사관리
   사. 냉장 · 냉동창고 온도관리

아. 보관 · 운송관리
자. 이물관리
5. 식품냉동 · 냉장업소
가. 작업장 시설관리
나. 위생관리
다. 보관관리
6. 식품운반업소
가. 운반차량 및 시설관리
나. 위생관리
다. 운반관리
7. 「식품위생법」 제2조제5의2에 따른 공유주방에서 제조 · 가공하는 업소 등(이하 '공유주방 이용업소'라 한다.)
가. 작업장(조리장), 개인위생 관리
나. 방충 · 방서관리
다. 세척 · 소독관리
라. 입고 · 보관관리
마. 용수관리
바. 검사관리
사. 냉장 · 냉동창고 온도관리
아. 보관 · 운송관리
자. 이물관리
차. 교차오염 관리

② 「축산물 위생관리법」에 따른 안전관리인증기준(HACCP) 적용업소 중 도축장, 농장은 다음 각 호와 관련된 선행요건을 준수하여야 한다.
1. 도축장
가. 위생관리기준
나. 영업자 · 농업인 및 종업원의 교육 · 훈련
다. 검사관리(법 제17조 및 제18조의 규정에 따른 미검사품 및 검사 불합격품 사후관리 포함)
라. 회수프로그램관리
마. 제조 · 가공 시설 · 설비 등 환경 관리(영업장, 방충 · 방서, 채광 및 조명, 환기, 배관, 배수, 용수, 탈의실, 화장실 등)
2. 농장
가. 농장 관리(부화장 제외)
나. 위생 관리
다. 사양 관리(부화장 제외)
라. 반입 및 출하 관리
마. 원유 관리(젖소농장에 한함)
바. 알 관리(닭 · 오리농장에 한함)
사. 종축 등 관리(종축장에 한함)

아. 부화 관리 · 부화장 관리(부화장에 한함)

③ 안전관리인증기준(HACCP) 적용업소는 제1항 또는 제2항의 선행요건 준수를 위해 필요한 관리계획 등을 포함하는 선행요건관리기준서를 작성하여 비치하여야 한다. 다만, 제1항 또는 제2항의 선행요건을 포함하는 자체 위생관리기준서를 작성 · 비치한 경우 이를 선행요건관리기준서로 갈음 또는 대체할 수 있다.

④ 제1항 및 제2항에도 불구하고 해당 가공품 유형의 연매출액이 5억원 미만이거나 종업원 수가 21명 미만인 식품(식품첨가물 포함)제조 · 가공업소, 건강기능식품제조업소 및 축산물가공업소와 해당 영업장의 연 매출액이 5억원 미만이거나 종업원 수가 10명 미만인 집단급식소식품판매업소, 식육포장처리업소, 축산물운반업소, 축산물보관업소, 축산물판매업소, 식육즉석판매가공업소 및 식용란선별포장업소(이하 "소규모 업소"라 한다)는 별표 1의 소규모 업소용 선행요건을 준수할 수 있다. 다만, 제1항제7호에 따른 공유주방 이용업소는 제외한다.

⑤ 제3조의 단서규정에 따라 국외에 소재하여 식품 · 축산물을 제조 · 가공하는영업자의 경우에는 국제식품규격위원회(Codex Alimentarius Commission)의 우수위생기준(Good Hygienic Practice)을 선행요건으로 적용할 수 있다.

⑥ 제3항에 따른 선행요건관리기준서를 제정하거나 이를 개정한 때에는 일자, 담당자 및 안전관리인증기준(HACCP)팀장 또는 영업자의 이름을 적고 서명하여야 한다.

제6조【안전관리인증기준 관리】 ① 안전관리인증기준(HACCP) 적용업소는 다음 각 호의 안전관리인증기준(HACCP) 적용원칙과 별표 2의 안전관리인증기준(HACCP) 적용 순서도에 따라 제조 · 가공 · 조리 · 소분 · 유통 · 판매하는 식품, 가축의 사육과 축산물의 원료관리 · 가공 · 선별 · 처리 · 포장 · 유통 및 판매에 사용하는 원 · 부재료와 해당 공정에 대하여 적절한 안전관리인증기준(HACCP) 관리계획을 수립 · 운영하여야 한다.

1. 위해요소 분석
2. 중요관리점 결정
3. 한계기준 설정
4. 모니터링 체계 확립
5. 개선조치 방법 수립
6. 검증 절차 및 방법 수립
7. 문서화 및 기록 유지

② 제1항에 따른 안전관리인증기준(HACCP) 관리계획은 과학적 근거나 사실에 기초하여 수립 · 운영하여야 하며, 중요관리점, 한계기준 등 변경사항이 있는 경우에는 이를 재검토하여야 한다.

③ 「식품위생법」에 따른 안전관리인증기준(HACCP) 적용업소는 제1항에 따른 안전관리인증기준(HACCP) 관리계획의 적절한 운영을 위하여 다음 각 호의 사항을 포함하는 안전관리인증기준(HACCP) 관리기준서를 작성 · 비치하여야 한다.

1. 식품(식품첨가물 포함)제조 · 가공업소, 건강기능식품제조업소
   가. 안전관리인증기준(HACCP)팀 구성
      (1) 조직 및 인력현황
      (2) 안전관리인증기준(HACCP)팀 구성원별 역할
      (3) 교대 근무 시 인수 · 인계 방법
   나. 제품설명서 작성

(1) 제품명 · 제품유형 및 성상
(2) 품목제조보고 연 · 월 · 일(해당제품에 한한다)
(3) 작성자 및 작성 연 · 월 · 일
(4) 성분(또는 식자재) 배합비율
(5) 제조(포장)단위(해당제품에 한한다)
(6) 완제품 규격
(7) 보관 · 유통상(또는 배식상)의 주의사항
(8) 소비기한(또는 배식시간)
(9) 포장방법 및 재질(해당제품에 한한다)
(10) 기타 필요한 사항

다. 용도 확인
(1) 가열 또는 섭취 방법
(2) 소비 대상

라. 공정 흐름도 작성
(1) 제조 · 가공 · 조리 공정도(공정별 가공방법)
(2) 작업장 평면도(작업특성별 분리, 시설 · 설비 등의 배치, 제품의 흐름과정, 세척 · 소독조의 위치, 작업자의 이동경로, 출입문 및 창문 등을 표시한 평면도면)
(3) 급기 및 배기 등 환기 또는 공조시설 계통도
(4) 급수 및 배수처리 계통도

마. 공정 흐름도 현장 확인

바. 원 · 부자재, 제조 · 가공 · 조리 · 유통에 따른 위해요소분석
(1) 원 · 부자재별 · 공정별 생물학적 · 화학적 · 물리적 위해요소 목록 및 발생원인
(2) 위해평가(원 · 부자재별, 공정별 각 위해요소에 대한 심각성과 위해발생가능성 평가)
(3) 위해평가 결과 및 예방조치 · 관리 방법

사. 중요관리점 결정
(1) 확인된 주요 위해요소를 예방 · 제어(또는 허용수준 이하로 감소)할 수 있는 공정상의 단계 · 과정 또는 공정 결정
(2) 중요관리점 결정도 적용 결과

아. 중요관리점의 한계기준 설정

자. 중요관리점 모니터링 체계 확립

차. 개선 조치방법 수립

카. 검증 절차 및 방법 수립
(1) 유효성 검증 방법(서류조사, 현장조사, 시험검사) 및 절차
(2) 실행성 평가 방법(서류조사, 현장조사, 시험검사) 및 절차

타. 문서화 및 기록유지방법 설정

2. 기타 식품판매업소

가. 안전관리인증기준(HACCP)팀 구성
(1) 조직 및 인력현황
(2) 안전관리인증기준(HACCP)팀 구성원별 역할

(3) 교대 근무 시 인수 · 인계 방법

나. 입고 · 보관 · 작업 · 포장 · 진열 · 판매 등 판매 흐름도 작성

다. 입고 · 보관 · 작업 · 포장 · 진열 · 판매 등 단계별 위해요소분석

라. 중요관리점 결정

마. 중요관리점의 한계기준 설정

바. 중요관리점 모니터링 체계 확립

사. 개선 조치방법 수립

아. 검증 절차 및 방법 수립

자. 문서화 및 기록유지방법 설정

3. 집단급식소, 식품접객업소, 집단급식소식품판매업소, 즉석판매제조가공업소, 식품소분업소

가. 안전관리인증기준(HACCP)팀 구성

(1) 조직 및 인력현황

(2) 안전관리인증기준(HACCP)팀 구성원별 역할

(3) 교대 근무 시 인수 · 인계 방법

나. 조리 · 제조 · 소분 공정도(과정별 조리 · 제조 · 소분방법) 작성

다. 원 · 부자재, 조리 · 제조 · 소분 · 판매에 따른 위해요소분석

(1) 원 · 부자재별 · 공정별 생물학적 · 화학적 · 물리적 위해요소 목록 및 발생원인

(2) 위해평가(원 · 부자재별, 조리 · 제조 · 소분 공정별 각 위해요소에 대한 심각성과 위해발생 가능성 평가)

(3) 위해요소분석결과 및 예방조치 · 관리 방법

라. 중요관리점 결정

(1) 확인된 주요 위해요소를 예방 · 제어(또는 허용수준 이하로 감소)할 수 있는 공정상의 단계 · 과정 또는 공정 결정

마. 중요관리점의 한계기준 설정

바. 중요관리점 모니터링 체계 확립

사. 개선 조치방법 수립

아. 검증 방법 및 절차 수립

자. 문서화 및 기록유지방법 설정

4. 식품냉동 · 냉장업소

가. 안전관리인증기준(HACCP)팀 구성

나. 입고 · 보관 · 출고 등 공정흐름도 작성

다. 입고 · 보관 · 출고 등 단계별 위해요소분석

라. 중요관리점 결정 및 한계기준 설정

마. 중요관리점 모니터링 체계 확립 및 개선 조치방법 수립

바. 검증 및 기록유지방법 설정

5. 식품운반업소

가. 안전관리인증기준(HACCP)팀 구성

나. 제품설명서 작성

(1) 식품의 종류(유형)

(2) 식품의 포장상태 및 보관(운반)온도
(3) 작성자 및 작성연월일
(4) 보관(운반) 중 주의사항
(5) 기타 필요한 사항

다. 공정(운반) 흐름도 작성 및 현장 확인

라. 위해요소 분석

마. 중요관리점 결정 및 한계기준 설정

바. 중요관리점 모니터링 체계 확립 및 개선조치 방법 수립

사. 검증 및 기록유지방법 설정

6. 공유주방 이용업소

가. 안전관리인증기준(HACCP)팀 구성

나. 제품설명서 작성
(1) 제품명, 제품 유형 및 성상
(2) 작성자 및 작성연월일
(3) 성분(또는 식자재) 배합비율
(4) 제조(포장)단위(해당 제품에 한한다)
(5) 완제품 규격
(6) 보관 · 유통상의 주의사항
(7) 소비기한(또는 섭취기한)
(8) 포장방법 및 재질(해당 제품에 한한다)
(9) 기타 필요한 사항

다. 용도 확인
(1) 가열 또는 섭취 방법
(2) 소비 대상

라. 공정흐름도 작성
(1) 제조 · 가공 · 조리 · 소분 공정도(공정별 가공방법)
(2) 작업장 평면도(작업 특성별 분리, 시설 · 설비 등의 배치, 제품의 흐름과정, 세척 · 소독조의 위치, 작업자의 이동경로, 출입문 및 창문 등을 표시한 평면도면)
(3) 급기 및 배기 등 환기 또는 공조시설 계통도
(4) 급수 및 배수처리 계통도

마. 공정흐름도 현장 확인

바. 원 · 부자재, 제조 · 가공 · 조리 · 유통에 따른 위해요소분석
(1) 원 · 부자재별 · 공정별 생물학적 · 화학적 · 물리적 위해요소 목록 및 발생원인
(2) 위해평가(원 · 부자재별, 공정별 각 위해요소에 대한 심각성과 위해발생 가능성 평가)
(3) 위해평가 결과 및 예방조치 · 관리 방법

사. 중요관리점 결정
(1) 확인된 주요 위해요소를 예방 · 제어(또는 허용수준 이하로 감소)할 수 있는 공정상의 단계 · 과정 또는 공정 결정
(2) 중요관리점 결정도 적용 결과

아. 중요관리점 한계기준 설정
자. 중요관리점 모니터링 체계 확립
차. 개선조치 방법 수립
카. 검증 절차 및 방법 수립
타. 문서화 및 기록유지 방법 설정

④ 「축산물 위생관리법」에 따른 안전관리인증기준(HACCP) 적용업소는 제1항에 따른 안전관리인증기준(HACCP) 관리계획의 적절한 운영을 위하여 다음 각 호의 사항이 포함된 안전관리인증기준(HACCP) 관리기준서를 작성 · 비치하여야 한다. 다만, 축산물가공업소의 경우 식품제조 · 가공업소의 안전관리인증기준(HACCP) 관리기준서를 같이 활용할 수 있다.

1. 안전관리인증기준(HACCP)팀 구성
가. 조직 및 인력현황
나. 안전관리인증기준(HACCP)팀 구성원별 역할
다. 교대근무 시 인수 · 인계방법

2. 도체(도축하여 머리 및 장기 등을 제거한 몸체)설명서(도축장에 한한다)
가. 도체식육명
나. 도체절단방법
다. 보관 · 운반 · 판매시 주의사항
라. 식육용도
마. 작성자 이름 및 작성 연월일
바. 기타 필요한 사항

3. 제품설명서(축산물가공장, 식육포장처리장에 한한다)
가. 제품명, 제품 유형 및 성상
나. 품목제조보고연월일
다. 작성자 및 작성연월일
라. 성분배합비율
마. 처리 · 가공(포장)단위
바. 완제품의 규격
사. 보관 · 유통상의 주의사항
아. 제품의 용도 및 소비기한
자. 포장방법 및 재질
차. 기타 필요한 사항

4. 축산물설명서[축산물판매업(식육판매업, 식용란수집판매업, 식육부산물전문판매업, 축산물유통전문판매업), 식용란선별포장업, 식육즉석판매가공업에 한한다]
가. 식육 · 포장육 · 식용란명
나. 식육 · 포장육 · 식용란의 제조일자 또는 소비기한
다. 작성자 및 작성연월일
라. 보관 · 유통상의 주의사항
마. 용도
바. 기타 필요한 사항

5. 축산물설명서(축산물보관업, 축산물운반업에 한한다)
   가. 축산물의 종류
   나. 축산물의 포장상태 및 보관(운반)온도
   다. 작성자 및 작성연월일
   라. 보관(운반) 중 주의사항
   마. 기타 필요한 사항
6. 원유설명서(집유업, 젖소농장에 한한다)
   가. 원유의 종류
   나. 보관 및 운반 온도
   다. 작성자 및 작성연월일
   라. 구매자
   마. 집유 · 운반상 주의사항
   바. 용도
   사. 기타 필요한 사항
7. 가축설명서(농장, 부화장에 한한다)
   가. 용도
   나. 품종
   다. 작성자 및 작성연월일
   라. 구매자, 출하처 및 출하시 운반자
   마. 항생제 처치 및 휴약기간 경과 여부(부화장 제외)
   바. 주사침 잔류여부(부화장 제외)
   사. 항생제무첨가 사료 급여기간
   아. 기타 필요한 사항
8. 도살 · 처리 · 가공 · 포장 · 유통 및 판매 공정(과정) 등의 시설 · 설비(농장은 제외한다)
   가. 공정도(공정별 처리 · 가공 · 포장 및 유통 등의 방법)
   나. 평면도(작업특성별 분리, 시설 · 설비 등의 배치, 제품의 흐름 또는 축산물의 생산 · 유통과정, 세척 · 소독조의 위치, 종업원의 이동경로, 출입문 및 창문 등을 표시한 것을 말한다)
   다. 급기 및 배기 등 환기 또는 공조시설(공기여과시설 및 배출시설을 말한다) 계통도
   라. 급수 및 배수처리 계통도
9. 가축 사육의 시설 · 설비(농장에 한한다)
   가. 사양관리 절차도
   나. 사육시설 · 설비(축사, 소독 및 차단시설)
   다. 농장 평면도(축종특성별 분리(축사 배치), 시설 · 설비 등의 배치, 가축의 이동, 차량의 이동경로, 소독조의 위치, 출입자의 이동경로 등을 표시한 것을 말한다)
   라. 가축분뇨처리장
10. 위해요소의 분석
11. 중요관리점 결정
12. 중요관리점의 한계기준 설정
13. 중요관리점 모니터링 체계 확립

14. 개선 조치방법 수립
15. 검증 절차 및 방법 수립
16. 문서화 및 기록유지방법 설정

⑤ 제1항부터 제4항까지의 규정에도 불구하고 소규모 업소는 별도로 정하여진 「소규모 업소용 안전관리인증기준(HACCP) 표준관리기준서」를 활용하여 안전관리인증기준(HACCP) 관리 계획 및 기준서를 작성 · 비치할 수 있다.

⑥ 제3항에 따른 안전관리인증기준(HACCP) 관리기준서는 업소별 또는 적용대상 식품별로 작성하여야 하고, 제4항에 따른 안전관리인증기준(HACCP) 관리기준서는 작업장 · 업소 · 농장(축종)별로 작성하여야 하며, 이를 제정하거나 개정할 때에는 일자, 담당자 및 안전관리인증기준(HACCP)팀장 또는 영업자의 이름을 적고 서명하여야 한다.

제7조【축산물통합인증관리】 ① 「축산물 위생관리법」에 따른 안전관리통합인증업체의 인증을 받으려는 자는 다음 각 호의 사항이 포함된 통합관리프로그램을 작성 · 비치하여야 한다.

1. 안전관리인증기준을 관리하기 위한 전담조직의 구성
2. 안전관리인증기준을 관리하기 위한 운영규정
   가. 안전관리통합인증기준 내부 규정 · 지침
   나. 교육 및 훈련계획
3. 위생관리프로그램
   가. 예비심사 실시 및 기록
   나. 가축의 사육, 축산물의 처리 · 가공 · 유통 및 판매 등 모든 단계에서 안전관리인증기준을 준수할 수 있도록 생산하는 축산물의 특성에 따른 단계별 구분관리 기준 마련
   다. 통합인증에 참여하는 작업장 · 업소 · 농장 안전관리인증기준(HACCP) 모니터링 및 검증
   라. 통합인증에 참여하는 작업장 · 업소 · 농장의 부적합 발생시 관리기준

② 제1항에 따른 통합관리프로그램을 제정하거나 개정할 때에는 일자및 안전관리인증기준(HACCP)팀장의 이름을 적고 서명하여야 한다.

제8조【기록관리】 ①「식품위생법」 및 「건강기능식품에 관한 법률」, 「축산물 위생관리법」에 따른 안전관리인증기준(HACCP) 적용업소는 관계 법령에 특별히 규정된 것을 제외하고는 이 기준에 따라 관리되는 사항에 대한 기록을 2년간 보관하여야 한다.

② 제1항에 따른 기록을 할 때에 작성자는 작성일자, 시간 및 이름을적고 서명하여야 한다.

③ 제1항에 따른 기록이 작성일자, 시간, 이름 및 서명 등의 동일함을보증할 수 있을 때에는 전산으로 유지할 수 있다.

④ 안전관리인증기준(HACCP) 적용업소의 출입 · 검사업무 등을 수행하는 안전관리인증기준(HACCP) 지도관 또는 시 · 도 검사관(이하 "검사관"이라 한다), 식품(축산물)위생감시원은 제1항에 따른 기록을 열람할 수 있다.

제9조【안전관리인증기준팀 구성 및 팀장의 책무 등】 ① 안전관리인증기준(HACCP) 적용업소의 영업자 · 농업인은 안전관리인증기준(HACCP) 관리를 효과적으로 수행할 수 있도록 안전관리인증기준(HACCP) 팀장과 팀원으로 구성된 안전관리인증기준(HACCP) 팀을 구성 · 운영하여야 한다.

② 안전관리인증기준(HACCP) 팀장은 종업원이 맡은 업무를 효과적으로 수행할 수 있도록 선행요건관리 및 안전관리인증기준(HACCP) 관리 등에 관한 교육 · 훈련 계획을 수립 · 실시하여야 한다.

③ 안전관리인증기준(HACCP) 팀장은 원 · 부재료 공급업소 등 협력업소의 위생관리 상태 등을 점검하고 그 결과를 기록 · 유지하여야 한다. 다만, 공급업소가 「식품위생법」 제48조 또는 「축산물 위생관리법」 제9조에 따른 안전관리인증기준(HACCP) 적용업소일 경우에는이를 생략할 수 있다.

④ 안전관리인증기준(HACCP) 팀장은 원 · 부자재 공급원이나 제조 · 가공 · 조리 · 소분 · 유통 공정 변경 등 안전관리인증기준(HACCP) 관리계획의 재평가 필요성을 수시로 검토하여야 하며, 개정이력 및 개선조치 등 중요 사항에 대한 기록을 보관 · 유지하여야 한다.

⑤ 도축장의 관리책임자는 별표 3의 안전관리인증기준(HACCP) 적용 도축장의 미생물학적 검사요령에 따라 해당 도축장에 대하여 대장균(Escherichia coli Biotype I) 검사를 실시하고 그 결과에 따라 적절한 조치를 하여야 한다.

제10조【안전관리인증기준 적용업소 인증신청 등】 ①「식품위생법」 제48조 제3항에 따라 안전관리인증기준(HACCP) 적용업소로 인증받고자 하는 자는「식품위생법 시행규칙」 제63조 제1항에 따라 동 규칙 별지 제52서식의 안전관리인증기준(HACCP) 적용업소 인증신청서(전자문서로 된 신청서를 포함한다)에 업소별 또는 적용대상 식품별 식품안전관리인증계획서를 첨부하여 한국식품안전관리인증원장에게 제출하여야 한다.

②「축산물 위생관리법」 제9조 제3항에 따라 안전관리인증작업장·안전관리인증업소·안전관리인증농장의 인증을 받으려는 자는「축산물 위생관리법 시행규칙」 제7조의 3 제1항에 따라 동 규칙 별지 제1호의 3 서식의 안전관리인증작업장·업소·농장(HACCP) 인증신청서(전자문서로 된 신청서를 포함한다)에 작업장·업소·농장(축종)별로 자체안전관리인증기준을 첨부하여 축산물안전관리인증원장에게 제출하여야 한다. 다만, 축산물가공업의 경우에는 축산물가공품의 유형별 기준이 포함되어야 한다.

③「축산물 위생관리법」 제9조 제4항에 따라 안전관리통합인증업체로 인증을 받으려는 자는「축산물 위생관리법 시행규칙」별지 제1호의 4 서식의 안전관리통합인증업체(HACCP) 인증신청서(전자문서로 된 신청서를 포함한다)에 동 규칙 제7조의 3 제4항 제1호부터 제5호까지의 서류를 첨부하여 축산물안전관리인증원장에게 제출하여야 한다.

④ 축산물안전관리인증원장은「축산물 위생관리법 시행규칙」 제7조의 3 제6항 또는 제7항에 따라 인증을 신청한 자에 대한 안전관리인증기준(HACCP)의 준수여부를 심사할 경우 안전관리인증기준(HACCP) 운영능력이 있는지를 확인하기 위하여 작업장·업소·농장(축종)별로 자체안전관리인증기준에 따른 1개월 이상의 운영실적을 확인할 수 있다.

⑤「축산물 위생관리법」 제9조의 2 제2항에 따라 안전관리인증작업장·안전관리인증업소·안전관리인증농장 또는 안전관리통합인증업체의 인증 유효기간을 연장받으려는 자는「축산물 위생관리법 시행규칙」 별지 제1호의 3 서식의 안전관리인증작업장·업소·농장(HACCP) 인증연장신청서(전자문서로 된 신청서를 포함한다) 또는 별지 제1호의 4 서식의 안전관리통합인증업체(HACCP) 인증연장신청서를 축산물안전관리인증원장에게 제출하여야 한다.

⑥ 제1항 및 제2항의 식품·축산물 안전관리인증계획서란 다음 각 호의 자료를 말한다.

1. 중요관리점 및 한계기준
2. 모니터링 체계
3. 개선조치 및 검증 절차 및 방법

⑦ 제1항 또는 제2항, 제3항에 따라 안전관리인증기준(HACCP) 인증신청서를 제출하는 영업자·농업인은 작업장·업소·농장(축종)별로 신청하여야 한다.

⑧ 한국식품안전관리인증원장 또는 축산물안전관리인증원장은 제1항 또는 제2항, 제3항에 따라 제출한 서류가 기준에 미흡한 경우 일정기간을 정하여(특별한 경우를 제외하고는 15일 이내에) 보완할 것을

요구할 수 있다.

제11조【안전관리인증기준 적용업소의 인증 등】 ① 한국식품안전관리인증원장은 안전관리인증기준(HACCP) 적용업소의 인증 또는 연장 신청을 받은 때에는 신청인이 제출한 서류를 심사한 후 별표 4의 안전관리인증기준(HACCP) 실시상황평가표에 따라 현장조사를 실시하여 평가하며, 평가당시 신청인이 제출한 자료 등의 신뢰성이 의심되는 경우 수거 및 검사 등을 통해 확인하여 그 결과를 반영할 수 있다. 이 경우 「식품위생법」 제49조제1항, 「건강기능식품에 관한 법률」 제22조의2제1항 또는 「축산물 위생관리법」 제31조의3제1항에 따라 이력추적관리를 등록한 자에 대하여는 선행요건 중 회수 프로그램 관리를 운영한 것으로 평가할 수 있다.

② 한국식품안전관리인증원장은 제1항에 따른 안전관리인증기준(HACCP) 적용업소의 연장 신청을 받은 때에는 현장조사를 민원처리기한 내에 불시에 실시(농장은 제외한다)할 수 있다.

③ 한국식품안전관리인증원장은 현장조사 결과 보완이 필요한 경우에는 3개월 이내에 보완하도록 요구할 수 있으며, 보완을 요구한 기한 내에 해당사항이 보완되지 아니한 경우에는 안전관리인증기준(HACCP) 적용업소의 인증 또는 연장 절차를 종결 처리할 수 있다.

④ 한국식품안전관리인증원장은 제1항에 따른 평가 결과 이 기준에 적합한 경우에는 해당 식품의 제조 · 가공 · 조리 · 소분 · 유통 · 판매업소 또는 해당 축산물의 가축사육 농장, 축산물의 처리 · 가공 · 포장 · 유통 및 판매시설이나 영업장 · 업소를 안전관리인증기준(HACCP) 적용업소로 인증하고, 「식품위생법 시행규칙」 별지 제53호서식 또는 「축산물 위생관리법 시행규칙」 별지 제1호의5 또는 별지 제1호의6 서식의 인증서를 발급한다.

⑤ 한국식품안전관리인증원장은 별표 4의 안전관리인증기준(HACCP) 실시상황평가표에 따라 현장조사를 실시하고 평가하기 위하여 제19조 안전관리인증기준(HACCP) 지도관에 준하거나 관련교육을 이수한 관계공무원, 관련협회 등으로 안전관리인증기준(HACCP) 평가단을 구성 · 운영할 수 있다.

⑥ 영업자 · 농업인이 평가기준이 마련되지 않은 품목에 대해 안전관리인증기준(HACCP) 적용작업장 등으로 인증을 받고자 하는 경우에는 「축산물 위생관리법 시행규칙」 제7조의3제1항에 따른 인증 신청 전 한국식품안전관리인증원장과 협의하여야 하며, 이 경우 한국식품안전관리인증원장은 식품의약품안전처장과 사전협의를 거쳐 이 고시에 따른 유사기준을 적용하여 인증할 수 있다.

⑦ 한국식품안전관리인증원은 천재지변 또는 감염병 발생 등으로 제1항에 따른 현장조사 수행이 불가능하거나 원격으로 평가목적 달성이 가능한 경우 정보통신기술 등을 활용하여 원격평가로 실시할 수 있다.

제11조의 2【자동 기록관리 시스템 등록 등】 ① 자동 기록관리 시스템 적용업소로 등록하고자 하는 자는 별지 제9호 서식에 따른 신청서를 작성하여 한국식품안전관리인증원장에게 제출하여야 한다.

② 한국식품안전관리인증원장은 제1항에 따른 안전관리인증기준(HACCP) 적용업소의 자동 기록관리 시스템 등록 신청을 받은 때에는 신청인이 제출한 서류를 확인한 후 별표 4-1의 평가표에 따라 현장조사의 방법으로 평가하여야 한다.

③ 한국식품안전관리인증원장은 제2항에 따른 평가 결과가 적합한 경우에는「식품위생법 시행규칙」별지 제53호 서식의 식품안전관리인증기준(HACCP)적용업소 인증서 또는「축산물 위생관리법 시행규칙」별지 제1호의5 서식에 따른 안전관리인증(HACCP) 적용 인증서에 해당사항을 기재하여 발급 또는 재발급하여야 한다.

④ 제3항에 따른 자동 기록관리 시스템 적용업소의 등록 유효기간은 등록일로부터 안전관리인증 종료일 또는 등록 취소일까지로 한다.

⑤ 자동 기록관리 시스템 적용업소 등록을 취소하려는 자는 별지 제10호 서식에 따른 신청서를 작성하여 한국식품안전관리인증원장에게 제출하여야 한다.

제12조【안전관리인증기준 적용업소 인증사항 변경】 ① 제11조에 따라 안전관리인증기준(HACCP) 적용업소로 인증받은 사항 중 다음 각 호의 사항을 변경하려는 자는 「식품위생법 시행규칙」 별지 제54호 서식 또는 「축산물 위생관리법 시행규칙」 별지 제1호의7 서식에 따른 변경신청서(전자문서로 된 신청서를 포함한다)에 변경사항을 증명할 수 있는 서류를 첨부하여 한국식품안전관리인증원장에게 제출하여야 한다.

1. 중요관리점
2. 영업장의 소재지
3. 축산물의 유형(「축산물 위생관리법」에 따른 안전관리인증작업장등에 한한다)
4. 가축의 종류(농장에 한한다)

② 한국식품안전관리인증원장은 제1항에 따른 안전관리인증기준(HACCP) 적용업소 인증사항 변경신청을 받은 때에는 서류검토나 현장조사 등의 방법으로 변경사항을 확인하여야 한다.

③ 한국식품안전관리인증원장은 제2항에 따른 확인 결과 안전관리인증기준(HACCP)을 인증받는데 지장이 없다고 인정될 때에는「식품위생법 시행규칙」 별지 제53호 서식 또는 「축산물 위생관리법 시행규칙」 별지 제1호의5 서식 또는 별지 제1호의6 서식에 따른 안전관리인증기준(HACCP) 적용업소 인증서에 해당사항을 기재하여 재교부하여야 한다.

④ 한국식품안전관리인증원장은 제1항에 따라 신청인이 제출한 서류가 기준에 미흡한 경우 제10조 제8항의 절차를 준용하여 보완을 요구할 수 있으며, 현장조사 평가결과 보완이 필요한 경우에는 제11조 제2항을 준용하여 보완을 요구하거나 변경절차를 종결처리할 수 있다.

제13조【안전관리인증기준 인증대상의 추가】 ① 한국식품안전관리인증원장 또는 축산물안전관리인증원장은 이미 인증받은 식품 또는 축산물과 동일한 공정을 거쳐 제조된 유사한 유형의 식품 또는 축산물을 안전관리인증기준(HACCP) 인증 식품 또는 축산물로 추가하고자 하는 신청을 받은 경우 별도의 현장평가 없이 서류 검토만으로 그 식품 또는 축산물을 안전관리인증기준(HACCP) 인증 식품 또는 축산물로 추가할 수 있다. 이미 인증받은 작업장·업소에서 새로운 식품 또는 축산물을 인증받고자 하는 경우에도 또한 같다.

② 한국식품안전관리인증원장 또는 축산물안전관리인증원장은 제1항에 따른 서류 검토 결과 안전관리인증기준(HACCP)을 인증받는데 지장이 없다고 인정될 때에는 「식품위생법 시행규칙」 별지 제53호 서식 또는 「축산물 위생관리법 시행규칙」 별지 제1호의5 서식 또는 별지 제1호의6 서식에 따른 안전관리인증기준(HACCP) 적용업소 인증서에 해당사항을 기재하여야 한다.

제14조【인증서의 반납】 ① 「식품위생법」 제48조 제8항 또는 「축산물 위생관리법」 제9조의 4에 따라 안전관리인증기준(HACCP) 인증취소를 통보 받은 영업자 또는 영업소 폐쇄처분을 받거나 영업을 폐업한 영업자는 제11조 제3항 또는 제12조 제3항에 따라 발급된 안전관리인증기준(HACCP) 적용업소 인증서를 한국식품안전관리인증원장 또는 축산물안전관리인증원장에게 지체 없이 반납하여야 하며, 영업자가 반납처리를 하지 않은 경우 한국식품안전관리인증원장 또는 축산물안전관리인증원장은 인허가기관에 폐업 등의 여부를 확인하여 자체적으로 처리할 수 있다.

② 안전관리인증기준(HACCP) 적용업소로 인증된 집단급식소 중 위탁 계약 만료 등으로 운영자가 변경되어 안전관리인증기준(HACCP)을 적용하지 않을 경우 해당 집단급식소는 안전관리인증기준(HACCP)

적용업소 인증이 취소되며, 당해 집단급식소 신고자는 안전관리인증기준(HACCP) 적용업소 인증서를 한국식품안전관리인증원장에게 즉시 반납하여야 한다.

제15조 【조사·평가의 범위와 주기 등】 ① 지방식품의약품안전청장, 농림축산식품부장관 또는 한국식품안전관리인증원장은 「식품위생법 시행규칙」 제66조 또는 「축산물 위생관리법 시행규칙」 제7조의6에 따라 안전관리인증기준(HACCP) 적용업소로 인증받은 업소에 대하여 안전관리인증기준(HACCP) 준수 여부를 별표4에 따라 연 1회 이상(인증 유효기간을 연장받은 날이 속한 해당연도는 정기 조사·평가를 생략할 수 있다) 서류검토 및 현장조사(해당 업소가 자체적으로 조사·평가를 실시하는 경우에는 현장조사를 제외할 수 있다)의 방법으로 정기 조사·평가할 수 있으며, 조사 · 평가당시 신청인이 제출한 자료 등의 신뢰성이 의심되거나 주요안전조항 검증 등에 필요한 경우 수거 및 검사 등을 통해 확인하여 그 결과를 반영할 수 있다. 이 경우 「식품위생법」 제49조제1항 또는 「축산물 위생관리법」 제31조의3제1항에 따라 이력추적관리를 등록한 자에 대하여는 선행요건 중 회수프로그램 관리를 운영한 것으로 평가할 수 있다.

② 지방식품의약품안전청장, 농림축산식품부장관 또는 한국식품안전관리인증원장은 제1항에 따른 정기 조사·평가 대상업소(농장은 제외한다)와 「식품위생법」 또는 「축산물 위생관리법」 위반사항이 발견된 업소 등에 대해서는 불시에 조사·평가를 실시하고, 안전관리인증기준(HACCP)을 준수할 수 있도록 필요한 교육 또는 행정지도를 할 수 있다.

③ 지방식품의약품안전청장은 제1항 또는 제2항에 따른 안전관리인증기준(HACCP) 준수 여부를 별표 4에 따라 조사 · 평가하기 위하여 제19조 안전관리인증기준(HACCP) 지도관에 준하거나 관련교육을 이수한 관계공무원, 관련협회 등으로 안전관리인증기준(HACCP) 평가단을 구성 · 운영할 수 있다.

④ 제1항에도 불구하고 이미 인증받은 유사한 유형의 식품 또는 축산물이거나 제13조제1항에 따라 안전관리인증기준(HACCP) 인증 식품 또는 축산물을 추가한 경우에는 최초로 인증한 기관에서 추가로 인증받은 식품 또는 축산물을 포함하여 조사 · 평가를 실시하며, 이 경우 추가된 식품 또는 축산물에 대한 조사 · 평가를 한 것으로 본다.

⑤ 제1항에도 불구하고 안전관리인증기준(HACCP) 적용업소의 전년도 정기 조사·평가 점수에 따라 다음 각 호와 같이 차등하여 관리할 수 있다. 다만, 「축산물 위생관리법」 제9조제2항에 따른 축산물작업장과 「축산물 위생관리법」 제9조의2에 따른 연장심사 대상에 해당하고 그 연장심사 결과가 제1호 또는 제2호의 기준 미만이거나 부적합한 경우 자체적인 조사 · 평가는 적용하지 아니한다.

1. 전년도 정기 조사 · 평가 점수의 백분율이 95% 이상인 경우 2년간 정기 조사·평가를 하지 아니할 수 있으며, 해당업소가 자체적으로 조사·평가 실시. 다만, 김치, 즉석섭취식품, 신선편의식품중 비가열식품은 제외한다.
2. 전년도 정기 조사 · 평가 점수의 백분율이 95% 미만에서 90% 이상인 경우 1년간 정기 조사·평가를 하지 아니할 수 있으며, 해당업소가 자체적으로 조사·평가 실시. 다만, 김치, 즉석섭취식품, 신선편의식품 중 비가열식품은 제외한다.
3. 전년도 정기 조사 · 평가 점수의 백분율이 90% 미만에서 85% 이상인 경우 연 1회 이상 정기 조사 · 평가 실시
4. 전년도 정기 조사 · 평가 점수의 백분율이 85% 미만에서 70% 이상인 경우 연 1회 이상 정기 조사 · 평가 및 연 1회 이상 기술지원(이하 "한국식품안전관리인증원에서 실시하는 지원"을 말한다) 실시. 다만, 학교 집단급식소에 납품하는 경우 연 2회 이상 정기 조사 · 평가 및 연 1회 이상 기술지원 실시
5. 전년도 정기 조사 · 평가 점수의 백분율이 70% 미만인 경우 연 1회 이상 정기 조사 · 평가 및 연

2회 이상 기술지원 실시. 다만, 학교 집단급식소에 납품하는 경우 연 2회 이상 정기 조사ㆍ평가 및 연 2회 이상 기술지원 실시

⑥ 제1항 및 제5항에도 불구하고 안전관리인증기준(HACCP) 적용업소 중 제11조의2제3항에 따른 자동 기록관리 시스템 적용업소로 등록된 업소(모든 중요관리점(CCP)에 자동 기록관리 시스템을 적용한 업소에 한함)에 대해서는 정기 조사-평가를 하지 아니할 수 있으며, 이 경우 해당 업소가 자체적으로 조사-평가를 실시하여야 한다.

⑦ 제5항제1호, 제2호 및 제6항에 따라 자체적인 조사ㆍ평가 계획을 수립하여 업종(축종)별 실시상황평가표에 따라 조사ㆍ평가를 실시한 업소는 그 결과를 1개월 이내에 관할 지방식품의약품안전청장에게 제출하거나 농림축산식품부장관 또는 한국식품안전관리인증원장에게 제출하여야 한다.

제16조【조사·평가 방법】 ① 농림축산식품부장관은 제15조제1항에 따른 조사ㆍ평가를 실시하는 경우 인증, 연장 또는 최근 조사ㆍ평가 이후 운영해 온 선행요건프로그램 및 안전관리인증기준(HACCP) 관리 운용사항을 평가하여야 하며, 축산물의 경우 「축산물 위생관리법 시행규칙」 제7조의6제3항 각 호의 내용을 중점적으로 확인하여야 한다.

② 시ㆍ도 검사관은 도축장에 대하여 「축산물 위생관리법 시행령」 제14조제2항제9호에 따른 자체위생관리기준 및 자체안전관리인증기준의 작성ㆍ운영 여부를 확인함에 있어 도축장 전체 또는 일부구역을 정하여 매일 작업전ㆍ중 위생상태와 안전관리인증기준 운영여부를 별지 제1호서식에 따라 점검하여야 한다.

③ 지방식품의약품안전청장 또는 농림축산식품부장관은 「축산물 위생관리법 시행규칙」 제7조의6제5항에 따른 자체안전관리인증기준 적용 영업자의 자체안전관리인증기준 준수여부를 연 1회 이상 확인할 때에는 별표 4에 따라 서류검토 및 현장조사(작업전ㆍ중 위생상태 확인 포함)의 방법으로 평가하여야 하고, 점검결과 부적합 사항이 발견될 때에는 관할 시ㆍ도지사에게 그 내용을 통보하여야 한다

제17조【조사·평가 결과에 따른 조치】 ① 지방식품의약품안전청장, 농림축산식품부장관 또는 한국식품안전관리인증원장은 제15조 및 제16조에 따른 조사ㆍ평가 결과 이 기준에 적합한 업소로 판정되었으나 일부 사항이 미흡하거나 개선되어야 할 필요성이 있다고 인정되는 때에는 1개월 이내에 수정ㆍ보완 또는 개선하도록 명할 수 있으며, 기준에 적합하지 아니한 것으로 판정된 업소에 대하여는 시정명령 또는 인증취소를 명할 수 있다.

② 한국식품안전관리인증원장은 제15조제1항에 따른 조사ㆍ평가결과 부적합한 경우 즉시 지방식품의약품안전청장 및 농림축산식품부장관(농장에 한함)에게 통보하여야 한다.

③ 제16조제2항에 따른 점검결과 부적합사항이 발생할 경우 검사관은 별지 제2호서식의 부적합통보서를 영업자에게 발급하고, 영업자는 이에 대한 적절한 개선조치를 취한 후 별지 제3호서식의 개선조치 결과를 검사관에게 제출하여야 하며 검사관은 도축장의 개선조치 사항을 확인하여야 한다.

④ 지방식품의약품안전청장은 제15조제1항에 따른 조사ㆍ평가하는 경우 해당 업소에 대하여 「건강기능식품에 관한 법률」 제22조 우수건강기능식품제조기준 관한 조사ㆍ평가를 연계하여 실시할 수 있으며, 이 경우 유사한 평가항목에 대해 우수건강기능식품 제조기준의 평가 결과를 고려하여 점수에 반영할 수 있다.

제18조【감독기관의 검증기준 등】 ① 식품의약품안전처장은 「축산물 위생관리법」 제9조의3 제5항 및 같은 법 시행규칙 제7조의7에 따라 안전관리인증기준(HACCP) 및 그 운용의 적정성을 검증하기 위하여 자체안전관리인증기준 적용작업장 및 안전관리인증기준(HACCP) 적용작업장 등에 출입하여 다음 각 호의

사항을 조사할 수 있다. 단, 일부항목을 전문적으로 조사하려는 경우에는 조사항목 등을 조정할 수 있다

1. 선행요건관리기준에 관한 사항
2. 안전관리인증기준 관리계획(HACCP Plan)에 관한 사항
3. 모니터링, 개선조치 및 검증활동에 대한 기록, 현장확인 및 시험·검사에 관한 사항
4. 작업전·중 위생상태 확인(농장 제외)에 관한 사항
5. 축산물 안전성을 검증하기 위한 시료의 검사에 관한 사항
6. 기타 검증에 필요한 사항

② 식품의약품안전처장은 제1항에 따른 검증을 축산물 위생관련 연구기관·단체 및 안전관리인증기준(HACCP) 전문가·관계공무원 등으로 하여금 실시하게 할 수 있다.

③ 식품의약품안전처장은 제1항에 따른 검증 결과 다음 각 호의 어느 하나에 해당되는 때에는 당해 영업자·농업인에게 1개월 이내에 보완하게 할 수 있다.

1. 영업자·농업인이 위생관리프로그램 및 선행요건관리기준, 안전관리인증기준(HACCP) 관리에서 정한 업무를 이행하지 아니한 때
2. 제1항에 따른 검증결과 개선조치를 하지 아니한 때
3. 제8조에 따른 기록관리가 시행되지 아니한 때
4. 공중위생상 위해를 일으킬 수 있는 축산물을 생산·출하한 때
5. 기타 이 고시의 규정을 위반한 때

④ 식품의약품안전처장은 제15조의 조사·평가 및 제1항의 검증 결과를 종합하여 안전관리인증기준(HACCP) 고시 개정 등 안전관리인증기준(HACCP) 제도를 개선하거나 관계기관에 기술·정보 제공, 교육훈련 등의 조치를 할 수 있다.

⑤ 시·도지사는 안전관리인증기준(HACCP) 및 그 운용의 적정성을 검증하기 위하여 별표 3의 도축장의 미생물학적 검사요령에 따라 관할 도축장에 대하여 살모넬라균(*Salmonella* spp.) 검사를 실시하고 그 결과에 따라 적절한 조치를 하여야 한다.

제19조【안전관리인증기준 지도관】 ① 식품의약품안전처장, 농림축산식품부장관 또는 시 · 도지사는 제11조에 따른 안전관리인증기준(HACCP) 적용업소 인증업무와 제15조에 따른 조사 · 평가 업무를 수행하게 하기 위하여 안전관리인증기준(HACCP) 지도관(이하 "지도관"이라 한다)을 둔다.

② 제1항에 따른 지도관은 식품 · 축산물위생 관계공무원 중 다음 각 호의 어느 하나에 해당하는 자로서, 정해진 지도관 교육훈련을 받은 자를 식품의약품안전처장(농장 · 도축장 · 집유장인 경우 농림축산식품부장관)이 지명한다.

1. 식품 · 축산관련학과에서 학사학위 이상의 학위를 취득한 자
2. 식품위생행정(축산물 포함)에 5년 이상 근무한 자

③ 지도관의 직무는 다음 각 호와 같다.

1. 안전관리인증기준(HACCP) 인증 신청업소 실시상황평가
2. 안전관리인증기준(HACCP) 인증업소 사후관리
3. 안전관리인증기준(HACCP) 관련 교육훈련 및 홍보
4. 안전관리인증기준(HACCP) 제도 활성화 사업 지원

④ 식품의약품안전처장 또는 농림축산식품부장관은 제1항에 따른 지도관의 전문성을 높이기 위해 다음 각 호의 과정을 운영하여 교육훈련을 실시한다.

1. 안전관리인증기준(HACCP) 기초과정 : 식품 · 축산물 위생관련 공무원을 대상으로 안전관리인증기

준(HACCP)에 대한 기본적인 사항을 교육훈련하는 과정

2. 신규 안전관리인증기준(HACCP) 지도관 양성과정 : 안전관리인증기준(HACCP) 적용업소 인증 또는 사후관리평가 업무를 수행하는데 필요한 전문지식을 교육 · 훈련하는 과정

3. 안전관리인증기준(HACCP) 지도관 실무교육과정 : 안전관리인증기준(HACCP) 지도관들의 전문성 및 자질향상을 위해 최근 안전관리인증기준(HACCP) 관련 정보 및 사후관리기법 등을 교육훈련하는 과정

⑤ 식품의약품안전처장 또는 농림축산식품부장관은 지도관이 다음 각 호 중 어느 하나의 경우에 해당하면 그 지도관의 지명을 철회할 수 있다.

1. 교육훈련을 2년 이상 받지 아니한 경우
2. 안전관리인증기준(HACCP) 인증 신청업소에 대한 실시상황평가나 정기 조사 · 평가 업무를 연 2회 이상 수행하지 아니한 경우

⑥ 식품의약품안전처장, 농림축산식품부장관 또는 시 · 도지사는 제1항에 따른 지도관 중 안전관리인증기준(HACCP) 적용과 운영에 관한 전문성과 경험이 풍부한 자로 하여금 지도관 교육훈련을 전담하도록 하거나 이와 동등한 수준 이상의 연구기관 · 대학 · 외국기관 등의 전문가를 선별하여 교육훈련을 실시하게 할 수 있다.

⑦ 지도관이 소속된 기관의 장은 지도관이 제3항에 따른 지도관의 직무를 이행하고 제4항에 따른 교육훈련을 받을 수 있도록 최대한 지원하여야 한다

제 3 장 식품 및 축산물 안전관리인증기준 적용업소 영업자 등에 대한 교육훈련

제20조【교육훈련 등】 ① 식품의약품안전처장은 「식품위생법 시행규칙」 제64조제1항 또는 「축산물위생관리법 시행규칙」 제7조의4제1항에 따라 안전관리인증기준(HACCP) 관리를 효과적으로 수행하기 위하여 안전관리인증기준(HACCP) 적용업소 영업자 및 종업원에 대하여 안전관리인증기준(HACCP) 교육훈련을 실시하여야 하며, 기타 안전관리인증기준(HACCP) 적용업소로 인증을 받고자 하는 자, 안전관리인증기준(HACCP) 평가를 수행할 자와 식품 또는 축산물위생관련 공무원에 대하여 안전관리인증기준(HACCP) 교육훈련을 실시할 수 있다.

② 식품의약품안전처장은 제1항에 따른 교육훈련을 위탁 실시하기 위하여 이에 필요한 시설 · 강사 · 교육과정 등을 갖춘 기관, 단체 또는 법인 중에서 별표 5의 교육훈련기관 지정 기준에 부합하는 곳을 안전관리인증기준(HACCP) 교육훈련기관(이하 "교육훈련기관"이라 한다)으로 지정할 수 있다.

③ 안전관리인증기준(HACCP) 적용업소 영업자 및 종업원은 「식품위생법 시행규칙」 제64조제1항제1호에 따른 신규교육훈련을 안전관리인증기준(HACCP) 적용업소 인증일로부터 6개월 이내에 이수하여야 하고, 축산물 안전관리인증기준(HACCP)을 작성 · 운영하여야 하는 축산물영업자(농업인) 및 종업원은 「축산물 위생관리법 시행규칙」 제7조의3제2항제3호에 따른 교육훈련 요건을 갖추어야 하며, 한국식품안전관리인증원장이 교육을 받을 수 없는 부득이한 사유가 있다고 인정하는 경우에는 그 인증을 받은 후 6개월 이내에 해당 교육을 수료하도록 할 수 있다.

④ 안전관리인증기준(HACCP) 적용업소 영업자 및 종업원이 받아야 하는 신규교육훈련시간은 다음 각 호와 같다. 다만, 영업자가 제1호나목의 안전관리인증기준(HACCP) 팀장 교육을 받은 경우에는 영업자 교육을 받은 것으로 본다.

1. 식품
   가. 영업자 교육 훈련: 2시간

나. 안전관리인증기준(HACCP) 팀장 교육 훈련: 16시간

다. 안전관리인증기준(HACCP) 팀원, 기타 종업원 교육 훈련: 4시간

2. 축산물

가. 영업자 및 농업인 : 4시간 이상,

나. 종업원 : 24시간 이상.

다. 가목에도 불구하고 종업원을 고용하지 않고 영업을 하는 축산물운반업 · 식육판매업 영업자는 종업원이 받아야 하는 교육훈련을 수료하여야 하며, 이 경우 영업자가 받아야 하는 교육훈련은 받지 아니할 수 있다.

⑤ 제4항제1호가목 및 나목 또는 같은 항 제2호에 해당하는 자는 식품의약품안전처장이 지정한 교육 훈련 기관에서 교육 훈련을 받아야 하고, 제4항제1호다목에 해당하는 자는 「식품위생법 시행규칙」 제68조의4제1항에 따른 교육 훈련내용이 포함된 교육계획을 수립하여 안전관리인증기준(HACCP) 팀장이 자체적으로 실시할 수 있다.

⑥ 「식품위생법 시행규칙」 제64조제1항제2호에 따라 안전관리인증기준(HACCP) 적용업소의 안전관리인증기준(HACCP) 팀장, 안전관리인증기준(HACCP) 팀원 및 기타 종업원과 「축산물 위생관리법 시행규칙」 제7조의4제1항에 따라 영업자 및 농업인은 식품의약품안전처장이 지정한 교육훈련기관에서 다음 각 호에 따라 정기교육훈련을 받아야 한다.

1. 식품 : 매년 1회 이상 4시간. 다만, 안전관리인증기준(HACCP) 팀원 및 기타 종업원 교육훈련은 「식품위생법 시행규칙」 제68조의4제1항에 따른 내용이 포함된 교육훈련 계획을 수립하여 안전관리인증기준(HACCP) 팀장이 자체적으로 실시할 수 있으며, 조사 · 평가 결과가 그 총점의 95퍼센트 이상인 경우 다음 연도의 정기 교육훈련을 면제한다.
2. 축산물 : 매년 1회 이상 총 4시간 이상. 다만, 조사 · 평가 결과가 그 총점의 95퍼센트 이상인 점수에 해당하는 경우에는 다음 연도의 정기 교육훈련을 면제할 수 있다.

⑦ 제4항 또는 제6항에서 규정한 교육훈련을 받아야 하는 안전관리인증기준(HACCP) 적용업소 중 위탁급식업소와 계약을 맺고 급식을 운영하는 집단급식소의 경우 안전관리인증기준(HACCP) 적용업소 운영주체인 위탁급식업소 영업자나 설치신고자가 영업자 신규 교육훈련을 이수할 수 있다.

⑧ 제6항에 따른 정기교육훈련 개시일은 영업 개시연도(자체안전관리인증기준을 작성 · 운영하는 영업자에 한한다) 또는 인증연도의 다음 연도를 기준으로 하여 실시한다.

⑨ 같은 장소 또는 건물에서 식품과 축산물 안전관리인증기준(HACCP) 적용업소로 운영하는 업소 중 식품과 축산물의 안전관리인증기준(HACCP) 팀장이 동일한 경우, 제23조의3에 따른 통합 교육훈련을 받을 수 있다. 이 경우 제6항 각 호에 따른 정기교육훈련을 모두 이수한 것으로 볼 수 있다.

제21조 【교육훈련기관의 지정신청】 ① 「식품위생법 시행규칙」 제68조의3제1항 또는 「축산물 위생관리법 시행규칙」 제7조의9제1항에 따라 교육훈련기관으로 지정받고자 하는 법인, 기관 또는 단체는 「식품위생법 시행규칙」 별지 제54호의2서식 또는 「축산물 위생관리법 시행규칙」 별지 제1호의10서식의 교육훈련기관 지정 신청서 및 첨부서류를 식품의약품안전처장에게 제출해야 한다..

② 제1항의 첨부서류 중 교육 과정, 교육 내용, 교육 방법 및 교육 일정 등에 관한 서류는 다음 각 호의 사항을 포함하여야 한다.

1. 과정별 교육훈련내용 및 실시계획에 관한 사항
2. 과정별 교육훈련의 절차에 관한 사항
3. 과정별 교육훈련비에 관한 사항

4. 과정별 교육훈련증명의 발행에 관한 사항
5. 교육훈련강사 및 교육훈련생이 준수하여야 할 사항
6. 기타 교육훈련에 필요한 사항

제22조 【교육훈련기관의 지정】 ① 식품의약품안전처장은 제21조제1항에 따른 교육훈련기관 지정 신청서를 접수한 때에는 교육훈련기관 지정 평가단을 구성하고, 접수일로부터 30일 이내에 서류심사와 실태조사를 통해 교육훈련기관으로서 교육수행능력 적정성 등을 종합 심사하여 적합하다고 판단되는 경우 안전관리인증기준(HACCP) 교육훈련기관으로 지정할 수 있다.

② 식품의약품안전처장은 제1항에 따라 안전관리인증기준(HACCP) 교육훈련기관으로 지정하는 경우 「식품위생법 시행규칙」 별지 제54호의3서식 또는 「축산물 위생관리법 시행규칙」 별지 제1호의11서식에 따른 교육훈련기관 지정서를 발급하고, 그 지정 사실을 식품의약품안전처 인터넷 홈페이지에 공고하여야 한다. 이 경우 지정내용을 별지 제7호서식에 따른 교육훈련기관 지정관리대장에 기록 · 유지하여야 한다.

③ 식품의약품안전처장은 교육대상과 교육훈련과정별로 세분하거나 전문성을 감안하여 과정별 · 분야별로 제1항에 따른 안전관리인증기준(HACCP) 교육훈련기관을 지정할 수 있다.

④ (삭제)

⑤ 제1항에 따라 지정받은 교육훈련기관은 별표 7에 따른 준수사항을 지켜야 한다

제22조의2 【교육훈련기관평가단 운영】 ① 식품의약품안전처장은 제22조에 따른 교육훈련기관 지정 및 제23조의2에 따른 강사 전문성 평가의 객관성, 공정성 및 전문성을 높이기 위하여 평가단을 구성 · 운영하여야 한다.

② 제1항에 따른 평가단은 다음 각 호에 해당하는 사람 중에서 3~5명의 위원으로 구성한다.

1. 식품의약품안전처 또는 농림축산식품부 안전관리인증기준(HACCP) 교육훈련관련 사무관 및 주무관 등 내부전문가
2. 식품 등의 위생 관련 학과 교수, 안전관리인증기준(HACCP) 적용 업소의 대표 또는 안전관리인증기준(HACCP) 팀장으로 10년 이상의 경력을 가진 자 등 외부 전문가
3. 그 밖에 교육훈련기관 지정 평가를 위해 식품의약품안전처장이 필요하다고 인정하여 위촉한 전문가

③ 평가단은 매 지정 평가 시에 구성 · 운영되며, 민원 처리가 완료되는시점에 자동으로 해체되는 것을 원칙으로 한다. 다만, 1개의 평가단이여러 건을 동시에 처리하는 것이 업무처리에 있어 효과적이고 공정성을 기할 수 있다고 판단되는 경우에는 그러하지 아니하다.

④ 평가단의 위원에게는 예산의 범위 내에서 수당 및 여비 등의 경비를 지급할 수 있다.

제22조의3 【교육훈련기관 지정 평가 등】 ① 서류심사는 현장평가 이전에 제21조에 따라 제출된 서류의 구비여부, 적정성 등을 [별표 6의2] 안전관리인증기준(HACCP) 교육훈련기관 지정 평가표(서류심사)에 따라 검토하여야 한다.

② 현장평가는 제1항의 서류 심사 결과가 적합한 경우에 실시하며, [별표 5]의 교육훈련기관의 지정 기준에 따라 교육시설 및 장비 등을 [별표 6의2] 안전관리인증기준(HACCP) 교육훈련기관 지정 평가표(현장평가)에 따라 평가하여야 한다.

③ [별표 5]의 교육훈련기관의 지정 기준에서 정하는 강사에 대한 전문성 평가는 해당 교육훈련기관의 전문 강사별 강의발표 및 질의답변을 통하여 [별표 6의3]에 따라 실시하며, 평가자의 평균점수가 80점 이상일 경우 적합으로 판정한다.

④ 서류심사 및 현장평가가 모두 적합한 경우에 최종평가를 적합으로 처리한다.
⑤ 평가단은 서류심사 및 현장평가 종료 후 [별표 6의4] 안전 관리인증기준(HACCP) 교육훈련기관 지정 평가결과 보고서를 식품의약품안전처장에게 제출하여야 한다

제23조【교육훈련기관의 지정내용 변경】 ① 안전관리인증기준(HACCP) 교육훈련기관의 장은 제22조 제1항에 따라 지정된 내용을 변경하고자 하는 경우 별지 제8호 서식의 지정변경신청서에 교육훈련기관 지정서 원본을 첨부하여 식품의약품안전처장에게 제출하여야 한다.
② 식품의약품안전처장은 제1항에 따라 안전관리인증기준(HACCP) 교육훈련기관의 지정내용 변경 신청을 받은 때에는 서류심사 또는 현장조사 등의 방법으로 변경사항을 확인하고 교육훈련기관 운영에 지장이 없다고 인정되는 경우 별지 제6호 서식에 따른 교육훈련기관 지정서에 변경사항을 기재하여 재교부하여야 한다.

제23조의2【교육훈련기관의 강사전문성 평가 등】 ① 식품의약품안전처장은 제22조제1항에 따라 지정한 안전관리인증기준(HACCP) 교육훈련기관의 강사 전문성을 갖춘자가 퇴직 등의 사유로 강사 전문성 평가가 추가적으로 필요한 경우 강사 전문성 평가를 실시할 수 있다.
② 제22조제1항에 따라 지정한 안전관리인증기준(HACCP) 교육훈련기관 중 강사 전문성 평가가 추가적으로 필요한 경우에는 [별표 6의2]에 따른 다음 각호의 서류를 첨부하여 식품의약품안전처장에게 신청하여야 한다.
1. 강사의 이력서
2. 식품기술사자격증(또는 박사학위증)
3. 경력증명서 및 식품 또는 축산물 관련 자격증
③ 서류심사는 강사 전문성 평가 이전에 제2항에 따라 제출된 서류의 구비여부, 적정성 등을 [별표 5]의 강사의 자격요건 충족여부를 검토하여야 한다
④ 강사 전문성 평가는 제3항의 서류 심사결과가 적합한 경우에 실시하며, 강사에 대한 전문성평가는 해당 교육훈련기관의 강사별 강의발표 및 질의답변을 통하여 [별표 6의3] 안전관리인증기준(HACCP) 교육훈련기관 강사 전문성 평가표에 따라 실시하고, 평가자의 평균점수가 80점 이상일 경우 적합으로 판정한다.
⑤ 식품의약품안전처는 제3항 및 제4항에 따른 평가를 실시 하는 경우 제22조의2에 따른 평가단을 구성·운영하여야 한다.
⑥ 평가단의 강사 전문성 평가 결과를 신청인에게 통보하여야 한다.

제23조의3【교육훈련기관의 교육훈련 내용 등】 식품의약품안전처장은 제22조제1항에 따라 지정한 안전관리인증기준(HACCP) 교육훈련기관중 식품 및 축산물 안전관리인증기준(HACCP) 교육훈련기관을 병행하여 운영하는 기관은 식품 및 축산물 안전관리인증기준(HACCP) 정기교육훈련 과정을 통합하여 운영할 수 있다. 단, 통합하여 운영하는 경우에는 식품 및 축산물 안전관리인증기준(HACCP) 공통 운영 교육훈련내용을 충분히 교육훈련 시킬 수 있어야 한다.

제24조【교육훈련기관 평가】 식품의약품안전처장은 제22조 제1항에 따라 지정한 안전관리인증기준(HACCP) 교육훈련기관의 교육훈련 방법과 내용 및 강사와 시설·설비, 교육 만족도 등을 평가하여 이를 공표할 수 있다.

제25조【교육훈련기관의 운영 등】 ① 식품의약품안전처장은 제22조제1항에 따라 지정한 안전관리인증기준(HACCP) 교육훈련기관의 지정·운영 및 관리를 위하여 필요한 경우 관련 자료 제출을 요구할 수 있다.

② 식품의약품안전처장은 제22조제1항에 따라 지정한 안전관리인증기준(HACCP) 교육훈련기관에 대하여 [별표6의5] 교육훈련기관 사후관리 평가표에 따라 다음 각 호의 사항을 지도 · 확인할 수 있다.

1. 교육훈련시설 및 교재 · 강사의 적정성에 관한 사항
2. 교육훈련기관 준수사항 이행 여부에 관한 사항
3. 교육훈련결과의 정기보고 여부에 관한 사항
4. 교육훈련수료증의 발급 및 관리실태에 관한 사항
5. 기타 효율적인 교육훈련 실시에 필요하다고 인정되는 사항

③ 식품의약품안전처장은 제2항의 규정에 따른 지도 · 확인 결과 미흡하거나 개선이 필요한 경우 이에 대한 시정 등의 적절한 조치를 취할 수 있다.

제 4 장 우대조치 및 재검토기한

제27조 【우대조치】 식품의약품안전처장은 안전관리인증기준(HACCP) 적용업소로 인증된 업소에 대하여 다음 각 호의 우대조치를 취할 수 있다.

1. 「식품위생법」 제48조제11항, 「축산물 위생관리법」 제19조제1항에 따른 출입 · 검사 및 수거 등 완화
2. 별표 8의 안전관리(통합)인증 표시 또는 안전관리(통합)인증기준(HACCP) 적용업소 인증 사실에 대한 광고 허용(다만, 안전관리(통합)인증기준(HACCP) 적용 품목 또는 업소에 한한다.)
3. 안전관리인증기준(HACCP) 적용농장의 축산물을 원료로 사용한 경우 그 사실에 대한 광고 허용(다만, 최종 제품이 안전관리(통합)인증기준 적용 제품이어야 한다.)
4. 자동 기록관리 시스템 적용업소의 경우 그 사실에 대한 표시 또는 광고가 가능하며, 이 경우 모든 중요관리점(CCP) 중 60% 이상 자동 기록관리 시스템을 적용한 업소에 한하여 별표 8 나목에 따른 심벌 표시 또는 광고 허용
5. 「국가를 당사자로 하는 계약에 관한 법률」에 따른 우대조치
6. 기타 안전관리인증기준(HACCP) 활성화하고 식품 · 축산물 안전성을 높이는데 필요하다고 인정되는 우대조치

제28조 【재검토기한】 「행정규제기본법」 제8조 및 「훈령 · 예규 등의 발령 및 관리에 관한 규정」(대통령훈령 제248호)에 따라 2016년 1월 1일을 기준으로 매 3년이 되는 시점(매 3년째의 12월 31일까지를 말한다)마다 그 타당성을 검토하여 개선 등의 조치를 하여야 한다.

【별표 1】 〈시행 2025. 2. 18.〉

선행요건 (제5조 관련)

Ⅰ. 식품(식품첨가물 포함)제조·가공업소, 건강기능식품제조업소 및 집단급식소식품판매업소, 축산물작업장·업소

가. 영업장 관리

작업장

1. 작업장은 독립된 건물이거나 식품취급외의 용도로 사용되는 시설과 분리(벽 · 층 등에 의하여 별도의 방

또는 공간으로 구별되는 경우를 말한다. 이하 같다.)되어야 한다.

2. 작업장(출입문, 창문, 벽, 천장 등)은 누수, 외부의 오염물질이나 해충 · 설치류 등의 유입을 차단할 수 있도록 밀폐 가능한 구조이어야 한다.
3. 작업장은 청결구역(식품의 특성에 따라 청결구역은 청결구역과 준청결구역으로 구별할 수 있다.)과 일반구역으로 분리하고, 제품의 특성과 공정에 따라 분리, 구획 또는 구분할 수 있다.

건물 바닥, 벽, 천장

4. 원료처리실, 제조 · 가공실 및 내포장실의 바닥, 벽, 천장, 출입문, 창문 등은 제조 · 가공하는 식품의 특성에 따라 내수성 또는 내열성 등의 재질을 사용하거나 이러한 처리를 하여야 하고, 바닥은 파여 있거나 갈라진 틈이 없어야 하며, 작업 특성상 필요한 경우를 제외하고는 마른 상태를 유지하여야 한다. 이 경우 바닥, 벽, 천장 등에 타일 등과 같이 홈이 있는 재질을 사용한 때에는 홈에 먼지, 곰팡이, 이물 등이 끼지 아니 하도록 청결하게 관리하여야 한다.

배수 및 배관

5. 작업장은 배수가 잘 되어야 하고 배수로에 퇴적물이 쌓이지 아니 하여야 하며, 배수구, 배수관 등은 역류가 되지 아니 하도록 관리하여야 한다.

출입구

6. 작업장의 출입구에는 구역별 복장 착용 방법을 게시하여야 하고, 개인위생관리를 위한 세척, 건조, 소독 설비 등을 구비하여야 하며, 작업자는 세척 또는 소독 등을 통해 오염가능성 물질 등을 제거한 후 작업에 임하여야 한다.

통로

7. 작업장 내부에는 종업원의 이동경로를 표시하여야 하고 이동경로에는 물건을 적재하거나 다른 용도로 사용하지 아니 하여야 한다.

창

8. 창의 유리는 파손 시 유리조각이 작업장내로 흩어지거나 원 · 부자재 등으로 혼입되지 아니하도록 하여야 한다.

채광 및 조명

9. 작업실 안은 작업이 용이하도록 자연채광 또는 인공조명장치를 이용하여 밝기는 220룩스 이상을 유지하여야 하고, 특히 선별 및 검사구역 작업장 등은 육안확인이 필요한 조도(540룩스 이상)를 유지하여야 한다.
10. 채광 및 조명시설은 내부식성 재질을 사용하여야 하며, 식품이 노출되거나 내포장 작업을 하는 작업장에는 파손이나 이물 낙하 등에 의한 오염을 방지하기 위한 보호장치를 하여야 한다.

부대시설

– 화장실, 탈의실 등

11. 화장실, 탈의실 등은 내부 공기를 외부로 배출할 수 있는 별도의 환기시설을 갖추어야 하며, 화장실 등의 벽과 바닥, 천장, 문은 내수성, 내부식성의 재질을 사용하여야 한다. 또한, 화장실의 출입구에는 세척, 건조, 소독 설비 등을 구비하여야 한다.
12. 탈의실은 외출복장(신발 포함)과 위생복장(신발 포함)간의 교차 오염이 발생하지 아니 하도록 분리 또는 구분 · 보관하여야 한다.

나. 위생관리

작업 환경 관리

- 동선 계획 및 공정간 오염방지

13. 원 · 부자재의 입고에서부터 출고까지 물류 및 종업원의 이동 동선을 설정하고 이를 준수하여야 한다.
14. 원료의 입고에서부터 제조 · 가공, 보관, 운송에 이르기까지 모든 단계에서 혼입될 수 있는 이물에 대한 관리계획을 수립하고 이를 준수하여야 하며, 필요한 경우 이를 관리할 수 있는 시설 · 장비를 설치하여야 한다.
15. 청결구역과 일반구역별로 각각 출입, 복장, 세척 · 소독 기준 등을 포함하는 위생 수칙을 설정하여 관리하여야 한다.

- 온도 · 습도 관리

16. 제조 · 가공 · 포장 · 보관 등 공정별로 온도 관리계획을 수립하고 이를 측정할 수 있는 온도계를 설치하여 관리하여야 한다. 필요한 경우 제품의 안전성 및 적합성을 확보하기 위한 습도관리계획을 수립 · 운영하여야 한다.

- 환기시설 관리

17. 작업장내에서 발생하는 악취나 이취, 유해가스, 매연, 증기 등을 배출할 수 있는 환기시설을 설치하여야 한다.

- 방충 · 방서 관리

18. 외부로 개방된 흡 · 배기구 등에는 여과망이나 방충망 등을 부착하여야 한다.
19. 작업장은 방충 · 방서관리를 위하여 해충이나 설치류 등의 유입이나 번식을 방지할 수 있도록 관리하여야 하고, 유입 여부를 정기적으로 확인하여야 한다.
20. 작업장내에서 해충이나 설치류 등의 구제를 실시할 경우에는 정해진 위생 수칙에 따라 공정이나 식품의 안전성에 영향을 주지 아니 하는 범위 내에서 적절한 보호 조치를 취한 후 실시하며, 작업 종료 후 식품취급시설 또는 식품에 직 · 간접적으로 접촉한 부분은 세척 등을 통해 오염물질을 제거하여야 한다.

개인위생 관리

21. 작업장내에서 작업 중인 종업원 등은 위생복 · 위생모 · 위생화 등을 항시 착용하여야 하며, 개인용 장신구 등을 착용하여서는 아니 된다.

폐기물 관리

22. 폐기물 · 폐수처리시설은 작업장과 격리된 일정장소에 설치 · 운영하며, 폐기물 등의 처리용기는 밀폐 가능한 구조로 침출수 및 냄새가 누출되지 아니 하여야 하고, 관리계획에 따라 폐기물 등을 처리 · 반출하고, 그 관리기록을 유지하여야 한다.

세척 또는 소독

23. 영업장에는 기계 · 설비, 기구 · 용기 등을 충분히 세척하거나 소독할 수 있는 시설이나 장비를 갖추어야 한다.
24. 세척 · 소독 시설에는 종업원에게 잘 보이는 곳에 올바른 손 세척 방법 등에 대한 지침이나 기준을 게시하여야 한다.
25. 영업자는 다음 각 호의 사항에 대한 세척 또는 소독 기준을 정하여야 한다.
    - 종업원
    - 위생복, 위생모, 위생화 등
    - 작업장 주변
    - 작업실별 내부

- 식품제조시설(이송배관포함)
- 냉장 · 냉동설비
- 용수저장시설
- 보관 · 운반시설
- 운송차량, 운반도구 및 용기
- 모니터링 및 검사 장비
- 환기시설 (필터, 방충망 등 포함)
- 폐기물 처리용기
- 세척, 소독도구
- 기타 필요사항

26. 세척 또는 소독 기준은 다음의 사항을 포함하여야 한다.
    - 세척 · 소독 대상별 세척 · 소독 부위
    - 세척 · 소독 방법 및 주기
    - 세척 · 소독 책임자
    - 세척 · 소독 기구의 올바른 사용 방법
    - 세제 및 소독제(일반명칭 및 통용명칭)의 구체적인 사용 방법
27. 세척 및 소독용 기구나 용기는 정해진 장소에 보관 · 관리되어야 한다.
28. 세척 및 소독의 효과를 확인하고, 정해진 관리계획에 따라 세척 또는 소독을 실시하여야 한다.

다. 제조 · 가공 시설 · 설비 관리

제조시설 및 기계 · 기구류 등 설비관리

29. 제조 · 가공 · 선별 · 처리 시설 및 설비 등은 공정간 또는 취급시설 · 설비 간 오염이 발생되지 아니하도록 공정의 흐름에 따라 적절히 배치되어야 하며, 이 경우 제조가공에 사용하는 압축공기, 윤활제 등은 제품에 직접 영향을 주거나 영향을 줄 우려가 있는 경우 관리대책을 마련하여 청결하게 관리하여 위해요인에 의한 오염이 발생하지 아니하여야 한다.
30. 식품과 접촉하는 취급시설 · 설비는 인체에 무해한 내수성 · 내부식성 재질로 열탕 · 증기 · 살균제 등으로 소독 · 살균이 가능하여야 하며, 기구 및 용기류는 용도별로 구분하여 사용 · 보관하여야 한다.
31. 온도를 높이거나 낮추는 처리시설에는 온도변화를 측정 · 기록하는 장치를 설치 · 구비하거나 일정한 주기를 정하여 온도를 측정하고, 그 기록을 유지하여야 하며 관리계획에 따른 온도가 유지되어야 한다.
32. 식품취급시설 · 설비는 정기적으로 점검 · 정비를 하여야 하고 그 결과를 보관하여야 한다.

라. 냉장 · 냉동시설 · 설비 관리

33. 냉장시설은 내부의 온도를 10℃이하(다만, 신선편의식품, 훈제연어, 가금육은 5℃이하 보관 등 보관온도 기준이 별도로 정해져 있는 식품의 경우에는 그 기준을 따른다.), 냉동시설은 -18℃이하로 유지하고, 외부에서 온도변화를 관찰할 수 있어야 하며, 온도 감응 장치의 센서는 온도가 가장 높게 측정되는 곳에 위치하도록 한다.

마. 용수관리

34. 식품 제조 · 가공에 사용되거나, 식품에 접촉할 수 있는 시설 · 설비, 기구 · 용기, 종업원 등의 세척에 사용되는 용수는 수돗물이나 「먹는물 관리법」 제5조의 규정에 의한 먹는물 수질기준에 적합한 지하수이어야 하며, 지하수를 사용하는 경우, 취수원은 화장실, 폐기물 · 폐수처리시설, 동물사육장 등 기타 지하수가 오염될 우려가 없도록 관리하여야 하며, 필요한 경우 살균 또는 소독장치를 갖추어야 한다.

35. 식품 제조 · 가공에 사용되거나, 식품에 접촉할 수 있는 시설 · 설비, 기구 · 용기, 종업원 등의 세척에 사용되는 용수는 다음 각 호에 따른 검사를 실시하여야 한다.
  가. 지하수를 사용하는 경우에는 먹는물 수질기준 전 항목에 대하여 연1회 이상(음료류 등 직접 마시는 용도의 경우는 반기 1회 이상) 검사를 실시하여야 한다.
  나. 먹는물 수질기준에 정해진 미생물학적 항목에 대한 검사를 월 1회 이상(지하수를 사용하거나 상수도의 경우는 비가열식품의 원료 세척수 또는 제품 배합수로 사용하는 경우에 한한다) 실시하여야 하며, 미생물학적 항목에 대한 검사는 간이검사키트를 이용하여 자체적으로 실시할 수 있다.
36. 저수조, 배관 등은 인체에 유해하지 아니한 재질을 사용하여야 하며, 외부로부터의 오염물질 유입을 방지하는 잠금장치를 설치하여야 하고, 누수 및 오염여부를 정기적으로 점검하여야 한다.
37. 저수조는 반기별 1회 이상 청소와 소독을 자체적으로 실시하거나, 저수조청소업자에게 대행하여 실시하여야 하며 그 결과를 기록 · 유지하여야 한다.
38. 비음용수 배관은 음용수 배관과 구별되도록 표시하고 교차되거나 합류되지 아니 하여야 한다.

바. 보관 · 운송관리

구입 및 입고

39. 검사성적서로 확인하거나 자체적으로 정한 입고기준 및 규격에 적합한 원 · 부자재만을 구입하여야 한다.

협력업소 관리

40. 영업자는 원 · 부자재 공급업소 등 협력업소의 위생관리 상태 등을 점검하고 그 결과를 기록하여야 한다. 다만, 공급업소가 「식품위생법」이나 「축산물 위생관리법」에 따른 안전관리인증기준(HACCP) 적용업소일 경우에는 이를 생략할 수 있다.

운송

41. 운반 중인 식품 · 축산물은 비식품 · 축산물 등과 구분하여 교차오염을 방지하여야 하며, 운송차량(지게차 등 포함)으로 인하여 운송제품이 오염되어서는 아니 된다.
42. 운송차량은 냉장의 경우 10℃이하(단, 가금육 -2~5℃ 운반과 같이 별도로 정해진 경우에는 그 기준을 따른다), 냉동의 경우 -18℃이하를 유지할 수 있어야 하며, 외부에서 온도변화를 확인할 수 있도록 온도 기록 장치를 부착하여야 한다.

보관

43. 원료 및 완제품은 선입선출 원칙에 따라 입고 · 출고상황을 관리 · 기록하여야 한다.
44. 원 · 부자재, 반제품 및 완제품은 구분관리 하고, 바닥이나 벽에 밀착되지 아니 하도록 적재 · 관리하여야 한다.
45. 부적합한 원 · 부자재, 반제품 및 완제품은 별도의 지정된 장소에 보관하고 명확하게 식별되는 표식을 하여 반송, 폐기 등의 조치를 취한 후 그 결과를 기록 · 유지하여야 한다.
46. 유독성 물질, 인화성 물질 및 비식용 화학물질은 식품취급 구역으로부터 격리되고, 환기가 잘되는 지정 장소에서 구분하여 보관 · 취급하여야 한다.

사. 검사 관리

제품검사

47. 제품검사는 자체 실험실에서 검사계획에 따라 실시하거나 검사기관과의 협약에 의하여 실시하여야 한다.
48. 검사결과에는 다음 내용이 구체적으로 기록되어야 한다.
   - 검체명
   - 제조연월일 또는 소비기한(품질유지기한)

- 검사연월일
- 검사항목, 검사기준 및 검사결과
- 판정결과 및 판정연월일
- 검사자 및 판정자의 서명날인
- 기타 필요한 사항

시설·설비·기구 등 검사

49. 냉장 · 냉동 및 가열처리 시설 등의 온도측정 장치는 연 1회 이상, 검사용 장비 및 기구는 정기적으로 교정하여야 한다. 이 경우 자체적으로 교정검사를 하는 때에는 그 결과를 기록 · 유지하여야 하고, 외부 공인 국가교정기관에 의뢰하여 교정하는 경우에는 그 결과를 보관하여야 한다.
50. 작업장의 청정도 유지를 위하여 공중낙하세균 등을 관리계획에 따라 측정 · 관리하여야 한다. 다만, 제조공정의 자동화, 시설 · 제품의 특수성, 식품이 노출되지 아니 하거나, 식품을 포장된 상태로 취급하는 등 작업장의 청정도가 식품에 영향을 줄 가능성이 없는 작업장은 그러하지 아니할 수 있다.

아. 회수 프로그램 관리

51. 부적합품이나 반품된 제품의 회수를 위한 구체적인 회수절차나 방법을 기술한 회수프로그램을 수립 · 운영하여야 한다.
52. 부적합품의 원인규명이나 확인을 위한 제품별 생산장소, 일시, 제조라인 등 해당시설내의 필요한 정보를 기록 · 보관하고 제품추적을 위한 코드표시 또는 로트관리 등의 적절한 확인 방법을 강구하여야 한다.

Ⅱ. 집단급식소, 식품접객업소(위탁급식영업) 및 운반급식(개별 또는 벌크 포장)

가. 영업장 관리

작업장

1. 영업장은 독립된 건물이거나 해당 영업신고를 한 업종외의 용도로 사용되는 시설과 분리(벽 · 층 등에 의하여 별도의 방 또는 공간으로 구별되는 경우를 말한다. 이하 같다)되어야 한다.
2. 작업장(출입문, 창문, 벽, 천장 등)은 누수, 외부의 오염물질이나 해충 · 설치류 등의 유입을 차단할 수 있도록 밀폐 가능한 구조이어야 한다.
3. 작업장은 청결구역(식품의 특성에 따라 청결구역은 청결구역과 준청결구역으로 구별할 수 있다)과 일반구역으로 분리하고, 제품의 특성과 공정에 따라 분리, 구획 또는 구분할 수 있다.

건물 바닥, 벽, 천장

4. 원료처리실, 제조 · 가공 · 조리실 및 내포장실의 바닥, 벽, 천장, 출입문, 창문 등은 제조 · 가공 · 조리하는 식품의 특성에 따라 내수성 또는 내열성 등의 재질을 사용하거나 이러한 처리를 하여야 하고, 바닥은 파여 있거나 갈라진 틈이 없어야 하며, 작업 특성상 필요한 경우를 제외하고는 마른 상태를 유지하여야 한다. 이 경우 바닥, 벽, 천장 등에 타일 등과 같이 홈이 있는 재질을 사용한 때에는 홈에 먼지, 곰팡이, 이물 등이 끼지 아니 하도록 청결하게 관리하여야 한다.

배수 및 배관

5. 작업장은 배수가 잘 되어야 하고 배수로에 퇴적물이 쌓이지 아니 하여야 하며, 배수구, 배수관 등은 역류가 되지 아니 하도록 관리하여야 한다.
6. 배관과 배관의 연결부위는 인체에 무해한 재질이어야 하며, 응결수가 발생하지 아니 하도록 단열재 등으

로 보온 처리하거나 이에 상응하는 적절한 조치를 취하여야 한다.

출입구

7. 작업장 외부로 연결되는 출입문에는 먼지나 해충 등의 유입을 방지하기 위한 완충구역이나 방충이중문 등을 설치하여야 한다.
8. 작업장의 출입구에는 구역별 복장 착용 방법을 게시하여야 하고, 개인위생관리를 위한 세척, 건조, 소독 설비 등을 구비하고, 작업자는 세척 또는 소독 등을 통해 오염가능성 물질 등을 제거한 후 작업에 임하여야 한다.

통 로

9. 작업장 내부에는 종업원의 이동경로를 표시하여야 하고 이동경로에는 물건을 적재하거나 다른 용도로 사용하지 아니 하여야 한다.

창

10. 창의 유리는 파손 시 유리 조각이 작업장내로 흩어지거나 원 · 부자재 등으로 혼입되지 아니하도록 하여야 한다.

채광 및 조명

11. 선별 및 검사구역 작업장 등은 육안확인에 필요한 조도(540룩스 이상)를 유지하여야 한다.
12. 채광 및 조명시설은 내부식성 재질을 사용하여야 하며, 식품이 노출되거나 내포장 작업을 하는 작업장에는 파손이나 이물 낙하 등에 의한 오염을 방지하기 위한 보호장치를 하여야 한다.

부대시설

– 화장실

13. 화장실, 탈의실 등은 내부 공기를 외부로 배출할 수 있는 별도의 환기시설을 갖추어야 하며, 화장실 등의 벽과 바닥, 천장, 문은 내수성, 내부식성의 재질을 사용하여야 한다. 또한, 화장실의 출입구에는 세척, 건조, 소독 설비 등을 구비하여야 한다.

– 탈의실, 휴게실 등

14. 탈의실은 외출복장(신발 포함)과 위생복장(신발 포함)간의 교차 오염이 발생하지 아니 하도록 구분 · 보관하여야 한다.

나. 위생관리

작업 환경 관리

– 동선 계획 및 공정간 오염방지

15. 식자재의 반입부터 배식 또는 출하에 이르는 전 과정에서 교차오염 방지를 위하여 물류 및 출입자의 이동 동선을 설정하고 이를 준수하여야 한다.
16. 청결구역과 일반구역별로 각각 출입, 복장, 세척 · 소독 기준 등을 포함하는 위생 수칙을 설정하여 관리하여야 한다.

– 온도 · 습도 관리

17. 작업장은 제조 · 가공 · 조리 · 보관 등 공정별로 온도관리를 하여야 하고, 이를 측정할 수 있는 온도계를 설치하여야 한다. 필요한 경우, 제품의 안전성 및 적합성 확보를 위하여 습도관리를 하여야 한다.

- 환기시설 관리

18. 작업장내에서 발생하는 악취나 이취, 유해가스, 매연, 증기 등을 배출할 수 있는 환기시설, 후드 등을 설치하여야 한다.

19. 외부로 개방된 흡 · 배기구, 후드 등에는 여과망이나 방충망 , 개폐시설 등을 부착하고 관리계획에 따라 청소 또는 세척하거나 교체하여야 한다.

– 방충 · 방서 관리

20. 작업장의 방충 · 방서관리를 위하여 해충이나 설치류 등의 유입이나 번식을 방지할 수 있도록 관리하여야 하고, 유입 여부를 정기적으로 확인하여야 한다.
21. 작업장내에서 해충이나 설치류 등의 구제를 실시할 경우에는 정해진 위생 수칙에 따라 공정이나 식품의 안전성에 영향을 주지 아니 하는 범위 내에서 적절한 보호 조치를 취한 후 실시하며, 작업 종료 후 식품취급시설 또는 식품에 직 · 간접적으로 접촉한 부분은 세척 등을 통해 오염물질을 제거하여야 한다.

개인 위생 관리

22. 작업장내에서 작업중인 종업원 등은 위생복 · 위생모 · 위생화 등을 항시 착용하여야 하며, 개인용 장신구 등을 착용하여서는 아니 된다.

작업위생관리

– 교차오염의 방지

23. 칼과 도마 등의 조리 기구나 용기, 앞치마, 고무장갑 등은 원료나 조리과정에서의 교차오염을 방지하기 위하여 식재료 특성 또는 구역별로 구분하여 사용하여야 한다.
24. 식품 취급 등의 작업은 바닥으로부터 60㎝ 이상의 높이에서 실시하여 바닥으로부터의 오염을 방지하여야 한다.

– 전처리

25. 해동은 냉장해동(10℃ 이하), 전자레인지 해동, 또는 흐르는 물에서 실시한다.
26. 해동된 식품은 즉시 사용하고 즉시 사용하지 못할 경우 조리시까지 냉장 보관하여야 하며, 사용 후 남은 부분을 재동결하여서는 아니 된다.

– 조리

27. 가열 조리 후 냉각이 필요한 식품은 냉각 중 오염이 일어나지 아니 하도록 신속히 냉각하여야 하며, 냉각온도 및 시간기준을 설정 · 관리하여야 한다.
28. 냉장 식품을 절단 소분 등의 처리를 할 때에는 식품의 온도가 가능한 한 15℃를 넘지 아니 하도록 한 번에 소량씩 취급하고 처리 후 냉장고에 보관하는 등의 온도 관리를 하여야 한다.

– 완제품 관리

29. 조리된 음식은 배식 전까지의 보관온도 및 조리 후 섭취 완료시까지의 소요시간기준을 설정 · 관리하여야 하며, 유통제품의 경우에는 적정한 소비기한 및 보존 조건을 설정 · 관리하여야 한다.
   - 28℃ 이하의 경우 : 조리 후 2~3시간 이내 섭취 완료
   - 보온(60℃ 이상) 유지시 : 조리 후 5시간 이내 섭취 완료
   - 제품의 품온을 5℃ 이하 유지시 : 조리 후 24시간 이내 섭취 완료

– 배식

30. 냉장식품과 온장식품에 대한 배식 온도관리기준을 설정 · 관리하여야 한다.
   - 냉장보관 : 냉장식품 10℃ 이하(다만, 신선편의식품, 훈제연어는 5℃이하 보관 등 보관온도 기준이 별도로 정해져 있는 식품의 경우에는 그 기준을 따른다.)
   - 온장보관 : 온장식품 60℃ 이상
31. 위생장갑 및 청결한 도구(집게, 국자 등)를 사용하여야 하며, 배식중인 음식과 조리 완료된 음식을 혼

합하여 배식하여서는 아니 된다.

– 검식

32. 영양사는 조리된 식품에 대하여 배식하기 직전에 음식의 맛, 온도, 이물, 이취, 조리 상태 등을 확인하기 위한 검식을 실시하여야 한다. 다만, 영양사가 없는 경우 조리사가 검식을 대신할 수 있다.

– 보존식

33. 조리한 식품은 소독된 보존식 전용용기 또는 멸균 비닐봉지에 매회 1인분 분량을 -18℃ 이하에서 144시간이상 보관하여야 한다.

폐기물 관리

34. 폐기물 · 폐수처리시설은 작업장과 격리된 일정장소에 설치 · 운영하여야 하며, 폐기물 등의 처리용기는 밀폐 가능한 구조로 침출수 및 냄새가 누출되지 아니 하여야 하고, 관리계획에 따라 폐기물 등을 처리 · 반출하고, 그 관리기록을 유지하여야 한다.

세척 또는 소독

35. 영업장에는 기계 · 설비, 기구 · 용기 등을 충분히 세척하거나 소독할 수 있는 시설이나 장비를 갖추어야 한다.
36. 세척 · 소독 시설에는 종업원에게 잘 보이는 곳에 올바른 손 세척 방법 등에 대한 지침이나 기준을 게시하여야 한다.
37. 영업자는 다음 각 호의 사항에 대한 세척 또는 소독 기준을 정하여야 한다.
    - 종업원
    - 위생복, 위생모, 위생화 등
    - 작업장 주변
    - 작업실별 내부
    - 칼, 도마 등 조리도구
    - 냉장 · 냉동설비
    - 용수저장시설
    - 보관 · 운반시설
    - 운송차량, 운반도구 및 용기
    - 모니터링 및 검사 장비
    - 환기시설(필터, 방충망 등 포함)
    - 폐기물 처리용기
    - 세척, 소독도구
    - 기타 필요사항
38. 세척 또는 소독 기준은 다음의 사항을 포함하여야 한다.
    - 세척 · 소독 대상별 세척 · 소독 부위
    - 세척 · 소독 방법 및 주기
    - 세척 · 소독 책임자
    - 세척 · 소독 기구의 올바른 사용 방법
    - 세제 및 소독제(일반명칭 및 통용명칭)의 구체적인 사용 방법
39. 세제 · 소독제, 세척 및 소독용 기구나 용기는 정해진 장소에 보관 · 관리되어야 한다.
40. 세척 및 소독의 효과를 확인하고, 정해진 관리계획에 따라 세척 또는 소독을 실시하여야 한다.

다. 제조 · 가공 · 조리 시설 · 설비 관리

41. 조리장에는 주방용 식기류를 소독하기 위한 자외선 또는 전기 살균소독기를 설치하거나 열탕세척 소독시설(식중독을 일으키는 병원성미생물 등이 살균될 수 있는 시설이어야 한다)을 갖추어야 한다.
42. 식품과 직접 접촉하는 부분은 내수성 및 내부식성 재질로 세척이 쉽고 열탕 · 증기 · 살균제 등으로 소독 · 살균이 가능한 것이어야 한다.
43. 모니터링 기구 등은 사용 전후에 지속적인 세척 · 소독을 실시하여 교차 오염이 발생하지 아니 하여야 한다.
44. 식품취급시설 · 설비는 정기적으로 점검 · 정비를 하여야 하고 그 결과를 보관하여야 한다.

라. 냉장 · 냉동 시설 · 설비관리

45. 냉장 · 냉동 · 냉각실은 냉장 식재료 보관, 냉동 식재료의 해동, 가열 조리된 식품의 냉각과 냉장보관에 충분한 용량이 되어야 한다.
46. 냉장시설은 내부의 온도를 10℃ 이하(다만, 신선편의식품, 훈제연어는 5℃이하 보관 등 보관온도 기준이 별도로 정해져 있는 식품의 경우에는 그 기준을 따른다.), 냉동시설은 -18℃로 유지하여야 하고, 외부에서 온도변화를 관찰할 수 있어야 하며, 온도 감응 장치의 센서는 온도가 가장 높게 측정되는 곳에 위치하도록 한다.

마. 용수관리

47. 식품 제조 · 가공 · 조리에 사용되거나, 식품에 접촉할 수 있는 시설 · 설비, 기구 · 용기, 종업원 등의 세척에 사용되는 용수는 수돗물이나 「먹는물 관리법」 제5조의 규정에 의한 먹는물 수질기준에 적합한 지하수 이어야 하며, 지하수를 사용하는 경우 취수원은 화장실, 폐기물 · 폐수처리시설, 동물사육장 등 기타 지하수가 오염될 우려가 없도록 관리하여야 하며, 필요한 경우 용수 살균 또는 소독장치를 갖추어야 한다.
48. 가공 · 조리에 사용되거나, 식품에 접촉할 수 있는 시설 · 설비, 기구 · 용기, 종업원 등의 세척에 사용되는 용수는 다음 각호에 따른 검사를 실시하여야 한다.
    가. 지하수를 사용하는 경우에는 먹는물 수질기준 전 항목에 대하여 연1회 이상(음료류 등 직접 마시는 용도의 경우는 반기 1회 이상) 검사를 실시하여야 한다.
    나. 먹는물 수질기준에 정해진 미생물학적 항목에 대한 검사를 월 1회 이상 실시하여야 하며, 미생물학적 항목에 대한 검사는 간이검사키트를 이용하여 자체적으로 실시할 수 있다.
49. 저수조, 배관 등은 인체에 유해하지 아니한 재질을 사용하여야 하며, 외부로부터의 오염물질 유입을 방지하는 잠금장치를 설치하여야 하고, 누수 및 오염여부를 정기적으로 점검하여야 한다.
50. 저수조는 반기별 1회 이상 청소와 소독을 자체적으로 실시하거나, 저수조청소업자에게 대행하여 실시하여야 하며 그 결과를 기록 · 유지하여야 한다.
51. 비음용수 배관은 음용수 배관과 구별되도록 표시하고 교차되거나 합류되지 아니 하여야 한다.

바. 보관 · 운송관리

구입 및 입고

52. 검사성적서로 확인하거나 자체적으로 정한 입고기준 및 규격에 적합한 원 · 부자재만을 구입하여야 한다.
53. 부적합한 원 · 부자재는 적절한 절차를 정하여 반품 또는 폐기처분 하여야 한다.
54. 입고검사를 위한 검수공간을 확보하고 검수대에는 온도계 등 필요한 장비를 갖추고 청결을 유지하여야

한다.

55. 원 · 부자재 검수는 납품시 즉시 실시하여야 하며, 부득이 검수가 늦어질 경우에는 원 · 부자재별로 정해진 냉장 · 냉동 온도에서 보관하여야 한다.

운송

56. 운송차량 (지게차 등 포함)으로 인하여 제품이 오염되어서는 아니 된다.
57. 운송차량은 냉장의 경우 10℃이하, 냉동의 경우 -18℃이하를 유지할 수 있어야 하며, 외부에서 온도변화를 확인할 수 있도록 임의조작이 방지된 온도 기록 장치를 부착하여야 한다.
58. 운반중인 식품은 비식품 등과 구분하여 취급하여 교차오염을 방지하여야 한다.
59. 운송차량, 운반도구 및 용기는 관리계획에 따라 세척 · 소독을 실시하여야 한다.

보관

60. 원료 및 완제품은 선입선출 원칙에 따라 입고 · 출고상황을 관리 · 기록하여야 한다.
61. 원 · 부자재 및 완제품은 구분 관리하고 바닥이나 벽에 밀착되지 아니 하도록 적재 · 관리 하여야 한다.
62. 원 · 부자재에는 덮개나 포장을 사용하고, 날 음식과 가열조리 음식을 구분 보관하는 등 교차오염이 발생하지 아니 하도록 하여야 한다.
63. 검수기준에 부적합한 원 · 부자재나 보관 중 소비기한이 경과한 제품, 포장이 손상된 제품 등은 별도의 지정된 장소에 명확하게 식별되는 표식을 하여 보관하고 반송, 폐기 등의 조치를 취한 후 그 결과를 기록 · 유지하여야 한다.
64. 유독성 물질, 인화성 물질 비식용 화학물질은 식품취급 구역으로부터 격리된 환기가 잘되는 지정된 장소에서 구분하여 보관 · 취급 되어야 한다.

사. 검사 관리

제품검사

65. 제품검사는 자체 실험실에서 검사계획에 따라 실시하거나 검사기관과의 협약에 의하여 실시하여야 한다.
66. 검사결과에는 다음 내용이 구체적으로 기록되어야 한다.
    - 검체명
    - 제조연월일 또는 소비기한(품질유지기한)
    - 검사연월일
    - 검사항목, 검사기준 및 검사결과
    - 판정결과 및 판정연월일
    - 검사자 및 판정자의 서명날인
    - 기타 필요한 사항

시설 · 설비 · 기구 등 검사

67. 냉장 · 냉동 및 가열처리 시설 등의 온도측정 장치는 연 1회 이상, 검사용 장비 및 기구는 정기적으로 교정하여야 한다. 이 경우 자체적으로 교정검사를 하는 때에는 그 결과를 기록 · 유지하여야 하고, 외부 공인 국가교정기관에 의뢰하여 교정하는 경우에는 그 결과를 보관하여야 한다.
68. 작업장의 청정도 유지를 위하여 공중낙하 세균 등을 관리계획에 따라 측정 · 관리하여야 한다. 다만, 식품이 노출되지 아니 하거나, 식품을 포장된 상태로 취급하는 작업장은 그러하지 아니할 수 있다.

아. 회수 프로그램 관리(시중에 유통 · 판매 되는 포장제품에 한함)

69. 영업자는 당해제품의 유통 경로, 소비 대상과 판매처의 범위를 파악하여 제품 회수에 필요한 업소명

과 연락처 등을 기록 · 보관하여야 한다.

70. 부적합품이나 반품된 제품의 회수를 위한 구체적인 회수절차나 방법을 기술한 회수프로그램을 수립 · 운영하여야 한다.
71. 부적합품의 원인규명이나 확인을 위한 제품별 생산장소, 일시, 제조라인 등 해당시설내의 필요한 정보를 기록 · 보관하고 제품추적을 위한 코드표시 또는 로트관리 등의 적절한 확인 방법을 강구하여야 한다.

Ⅲ. 기타식품판매업소

가. 입고관리(하차, 검품)

1. 자체적으로 정한 입고 기준 및 규격에 적합한 식품만을 입고하여야 하며, 식품별로 다음 사항을 확인하여야 한다.
   - 자연 농 · 임 · 수산물 및 이를 단순 처리한 식품 : 변질, 신선도, 표시사항 등
   - 가공식품 : 표시사항, 포장 파손 등 외관상태
   - 냉장 · 냉동 식품 : 운반온도 확인(신선편의식품 및 훈제연어는 5℃ 이하, 냉장 10℃ 이하, 냉동 -18℃ 이하, 운송차량의 온도기록지 확인 등)

나. 보관관리

2. 냉장 · 냉동 식품은 입고되는 대로 신속히 적정온도로 보관하여야 하며, 외부에 방치하여서는 아니 된다.
3. 포장되지 아니한 농 · 임 · 수산물 등은 교차오염이 되지 아니 하도록 구분 · 보관하여야 한다.
4. 보관 중인 식품은 직접 바닥에 닿지 아니 하도록 받침대 등 위에 적재하고 벽에 닿지 아니하게 보관하여야 한다.
5. 냉장창고의 온도는 10℃ 이하(다만, 신선편의식품, 훈제연어는 5℃ 이하 보관 등 보관온도 기준이 별도로 정해져 있는 식품의 경우에는 그 기준을 따른다.), 냉동창고의 온도는 -18℃ 이하로 유지하여야 한다.
6. 냉장 · 냉동 창고에 설치되어 있는 온도장치의 감온봉은 냉각원으로부터 가장 온도가 높은 곳에 설치되어야 한다.
7. 냉장 · 냉동 시설 · 설비는 관리계획에 따라 점검 · 정비 · 청소를 실시하며 그 결과를 기록 · 유지 하여야 한다.
8. 부적합한 식품(불량 · 파손 · 표시사항이 훼손된 식품 등)은 명확하게 표시하여 보관하여야 한다.

다. 작업관리(농 · 임 · 수산물 작업장)

개인위생관리

9. 작업장 내에는 종업원의 개인위생관리를 위한 세척 · 소독 설비를 설치하여야 한다.
10. 작업장내 종업원은 출입, 복장, 세척 · 소독기준 등을 포함하는 위생수칙을 설정하여 관리하여야 한다.
11. 세척 · 소독 시설에는 종업원에게 잘 보이는 곳에 올바른 손 씻는 방법 등에 대한 지침이나 기준을 게시하여야 한다.
12. 작업장의 종업원은 위생복 · 위생모 · 위생화 등을 착용하여야 하며, 개인용 장신구 등을 착용하여서는 아니 된다.
13. 「식품위생법 시행규칙」에서 정한 영업에 종사할 수 없는 질병에 걸렸거나, 그 우려가 있는 종업원은 근무시켜서는 아니 되며, 「식품위생법」 및 「식품위생 분야 종사자의 건강진단 규칙」에 따른 건강진

단을 년 1회 이상 실시하여야 한다. 다만, 완전포장된 식품을 운반 또는 판매하는데 종사하는 자는 제외한다.

작업자 출입관리

14. 작업장의 출입구에는 개인위생관리를 위한 세척, 소독설비 등을 구비하고, 출입자는 세척 또는 소독 등을 통해 오염가능물질 등을 제거한 후 출입하여야 한다.

시설 · 설비, 작업도구, 작업장 위생관리

15. 작업장은(창문, 벽, 천장 등) 누수, 외부의 오염물질이나 해충 · 설치류 등의 유입을 차단할 수 있도록 밀폐 가능한 구조이어야 한다.
16. 작업장에는 기구 · 용기 등을 세척하거나 소독할 수 있는 시설이나 장비를 갖추어야 한다.
17. 작업장, 작업도구 등은 자체 관리계획에 따라 정기적으로 세척 · 소독하여야 한다.
18. 작업장 내에서 발생하는 악취나 이취 등을 배출할 수 있는 환기시설을 설치하여야 한다.
19. 작업장은 적정온도를 유지하여야 하고 이를 측정할 수 있는 온도계를 비치하여 야 한다.
20. 작업장은 방충 · 방서를 위한 관리계획을 수립하고 유입여부를 정기적으로 확인하여야 한다.
21. 식품의 세척에 사용되거나 종업원, 작업도구 등의 세척수로 사용하는 물이 수돗물이 아닌 지하수인 경우에는 먹는물 관리법 제5조에 따른 먹는물 수질기준에 적합한 지하수이어야 하며, 연 1회 이상 검사를 실시하여야 한다.
22. 폐기물 시설은 작업장과 격리된 일정장소에 설치 · 운영하며, 폐기물 등의 처리용기는 밀폐 가능한 구조로 침출수 및 냄새가 나지 아니 하여야 하고, 관리계획에 따라 폐기물 등을 처리 · 반출하고, 그 내용을 유지하여야 한다.
23. 작업장 내 조명시설은 파손 시 제품에 혼입되지 않도록 보호 장치 등을 설치하여야 한다.

작업위생관리

24. 농 · 임 · 수산물 등의 절단, 보관 등 식품에 직접 접촉되는 칼, 도마, 보관용기 등 작업도구는 색상별로 각각 구분하여 사용하여야 하고, 작업 종료 후에는 세척 · 소독 후 위생적으로 보관하여야 한다.
25. 작업장 내 종업원은 작업 전 · 후 및 작업 중에 작업자의 손, 앞치마 등을 수시로 세척하여야 한다.

라. 포장관리

26. 직접 섭취할 수 있도록 가공되는 농 · 임 · 수산물은 포장 시 이물이 혼입되거나, 병원성미생물 등이 오염되지 아니 하도록 위생적으로 관리하여야 한다.
27. 농 · 임 · 수산물을 포장할 경우 포장일자 또는 진열기한 등을 표기하여야 하며, 포장일자 또는 진열기한 등을 임의로 바꿔서는 아니 된다.

마. 진열 · 판매관리

28. 보관온도가 정하여진 가공식품 등은 정하여진 보관기준에 따라 진열 판매하여야 하고, 별도로 정하여지지 않은 식품 등(농 · 임 · 수산물 등)은 자체적으로 정한 보관기준을 준수하여야 한다.
29. 냉장 · 냉동 진열대에는 온도계를 설치하여야 하고, 냉장식품은 10℃이하(다만, 신선편의식품, 훈제연어는 5℃이하 보관 등 보관온도 기준이 별도로 정해져 있는 식품의 경우에는 그 기준을 따른다.), 냉동식품은 -18℃이하로 보관하여야 한다.
30. 냉장 · 냉동진열대는 용량에 맞게 적재하여야 하며 주기적으로 세척 · 소독하여야 한다.
31. 부적합한 식품(불량 · 파손 · 표시사항이 훼손된 식품 등)을 판매하거나 판매목적으로 진열하여서는 아니되며 소비기한 또는 자체적으로 정한 판매기한(진열기한) 등을 경과한 식품을 진열 · 판매하여서는 아니

된다.

32. 수족관의 용수 및 진열용 얼음은 식품 등의 기준 및 규격 제5 식품접객업소의 조리판매 식품 등에 대한 미생물 권장규격에 적합하여야 한다.
33. 시식을 위한 조리도구 등은 사용 전 · 후에 세척 · 소독하여야 하며, 별도 장소에 위생적으로 보관하여야 한다.

바. 반품처리 및 회수관리

34. 부적합한 식품(불량 · 파손 · 표시사항이 훼손된 식품 등)에 대한 소비자의 반품 또는 교환 요구가 있을 경우 관련규정에 따라 신속히 조치하여야 한다.
35. 부적합한 식품(불량 · 파손 · 표시사항이 훼손된 식품 등)에 대한 반품절차나 처리방법 등을 정하여 관리하여야 한다.
36. 회수와 관련된 위해정보를 주기적으로 수집하여야 하며 관련식품이 판매가 되지 않도록 하고 관련규정에 따라 신속히 조치하여야 한다.

Ⅳ. 소규모 업소 등

1. 작업장은 외부의 오염물질이나, 해충 · 설치류 등의 유입을 차단할 수 있도록 밀폐 또는 위생적으로 관리하여야 한다.
2. 작업장은 청결구역(식품의 특성에 따라 청결구역은 청결구역과 준청결구역으로 구별할 수 있다)과 일반구역으로 분리, 구획 또는 구분하여야 한다. 이 경우 화장실 등 부대시설은 작업장에 영향을 주지 않도록 분리되어야 한다.
3. 종업원은 작업장 출입 시 이물제거 도구 등을 이용하여 이물을 제거하여야 하고, 개인장신구 등 휴대폼을 소지하여서는 아니 된다.
4. 종업원은 작업장 출입시 손 · 위생화 등을 세척 · 소독하여야 하며, 청결한 위생복장을 착용하고 입실하여야 한다.
5. 포충등, 쥐덫, 바퀴벌레 포획도구 등에 포획된 개체수를 정해진 주기에 따라 확인하여야 한다.
6. 작업장 내부는 정해진 주기에 따라 청소하여야 한다.
7. 배수로, 제조설비의 식품과 직접 닿는 부분, 식품과 직접 접촉되는 작업도구 등은 정해진 주기에 따라 청소 · 소독을 실시하여야 한다.
8. 식품안전과 관련된 소비자 불만, 이물 혼입 등 발생시 개선조치를 실시하고, 그 결과를 기록 · 유지하는 등 식품위생법에서 정하는 준수사항을 지켜야 한다.
9. 식품과 직접 접촉하는 모니터링 도구(온도계 등)는 사용 전 · 후 세척 · 소독을 실시하여야 한다.
10. 파손되거나 정상적으로 작동하지 아니하는 제조설비를 사용하여서는 아니 되며 식품위생법에서 정한 시설기준에 적합하게 관리하여야 한다. 이 경우 제조가공에 사용하는 압축공기, 윤활제 등은 제품에 직접 영향을 주거나 영향을 줄 우려가 있는 경우 관리대책을 마련하여 청결하게 관리하여 위해요인에 의한 오염이 발생하지 아니하여야 한다.
11. 가열기 및 냉장 · 냉동 창고의 온도계는 정해진 주기에 따라 검 · 교정을 실시하여야 한다.
12. 냉장 · 냉동 창고의 온도를 적절히 관리하여야 한다.
13. 식품의 제조 · 가공 · 조리 · 선별 · 처리에 사용되거나, 식품에 접촉할 수 있는 시설 · 설비, 기구 · 용기, 종업원 등의 세척에 사용되는 용수는 수돗물이나 「먹는물관리법」 제5조의 규정에 의한 먹는물 수질기준에 적합한 지하수이어야 하며, 필요한 경우 살균 또는 소독장치를 갖추어야 한다. 또한, 저수조를 설

치하여 사용하는 경우 정해진 주기에 따라 청소 · 소독을 하여야 한다.

14. 원 · 부재료 입고 시 시험성적서를 확인하거나, 육안검사를 실시하여야 한다.
15. 원 · 부재료, 반제품 및 완제품 등은 지정된 장소에 바닥이나 벽에 밀착되지 않도록 적재 · 보관하고, 교차오염 예방 및 청결하게 관리하여야 한다.
16. 운반 중인 식품 · 축산물은 비식품 · 축산물 등과 구분하여 교차오염을 방지하여야 하며, 냉장의 경우 10℃이하(단, 가금육 -2~5℃ 운반과 같이 별도로 정해진 경우에는 그 기준을 따른다), 냉동의 경우 -18℃ 이하로 유지 · 관리하여야 한다.
17. 완제품에 대한 검사를 정해진 주기에 따라 실시하여야 하며, 기준 및 규격에 적합한 제품을 제조 · 판매하고 부적합 제품에 대한 회수관리를 하여야 한다.

Ⅴ. 식품냉동 · 냉장업소

가. 영업장 관리

1. 작업장은 독립된 건물이거나 다른 용도로 사용되는 시설과 분리되어야 한다.
2. 상하차대, 냉동실, 냉장실 등이 있고 각각의 시설은 분리 또는 구획되어 있으며 위생관리를 하여야 한다.
3. 냉동실 및 냉장실 등은 온도조절이 가능하도록 시공되어 있고 문을 열지 아니하고도 온도를 알아볼 수 있는 온도계가 외부에 설치되어 있으며 온도감응장치의 센서는 온도가 가장 높은 곳에 부착되어야 한다.
4. 냉장 및 냉장 설비의 구조와 기능이 제품을 효과적으로 수용할 수 있고 오염시킬 우려가 없어야 한다.
5. 상하차장은 외부와 차단되어 있고 제품별 적절한 온도를 유지할 수 있어야 한다.
6. 작업장의 바닥은 콘크리트 등으로 내수 처리되어 있고 파손되어 있지 않아야 하며, 물이 고이거나 습기가 차지 않도록 관리되어야 한다.
7. 천장 및 상부 구조물은 응결수가 떨어지지 않도록 청결하게 관리되어야 한다.
8. 환기 시설은 악취, 유해가스, 매연, 증기 등을 충분히 배출할 수 있어야 한다.
9. 조명시설은 적합한 조도를 유지하고 있으며 파손 등에 의한 오염을 방지할 수 있는 보호장치가 있어야 한다.
10. 곤충, 쥐 등 동물의 드나듦을 막을 수 있는 설비가 되어 있으며 작업장 내외의 방충 · 방서 대책이 수립되어야 한다.
11. 화장실 및 탈의실은 작업장에 영향을 미치지 아니한 곳에 설치되어 있고 화장실은 손 세척 시설, 건조시설 등의 설비가 갖추어져 있으며 적절한 환기 유지 및 청결 유지를 하여야 한다.
12. 기구 및 용기 등 축산물에 직접 접촉하는 부분은 위생적인 내수성 재질로서 씻기 쉬우며 살균 · 소독이 가능하여야 한다.
13. 수돗물이나 「먹는물관리법」에 따른 먹는 물 수질검사 기준에 적합한 지하수 등을 공급할 수 있는 시설을 갖추고 있으며, 용수저장 탱크를 사용하는 경우 외부로부터 오염되지 않도록 관리되어야 한다.
14. 작업장에 종사하는 종업원 이외의 외부인 출입이 통제되어야 한다.
15. 작업장 관리 기준서를 작성 · 비치하여야 한다.

나. 위생관리

16. 위생관리에 필요한 시설 · 기구 등을 갖추어야 하며 소독 등 위생적인 상태를 유지하여야 한다.

17. 제품의 보관에 사용되는 기구 및 용기는 청결하게 관리되어야 한다.
18. 외부에 직접 노출되는 축산물의 보관실 위생관리를 위하여 공중낙하균 검사(자체검사 또는 식품 · 축산물 위생 검사기관에 검사의뢰) 또는 이에 준하는 방법으로 청결상태를 정기적으로 평가 관리하여야 한다.
19. 종사자는 해당 작업에 필요한 작업복, 작업모, 작업화 등을 착용하고 있으며 청결하게 유지하여야 한다.
20. 신체질환 등으로 제품에 나쁜 영향을 미칠 우려가 있는 종사자에 대해서는 조치가 취해져야 한다.
21. 오염된 기구를 만지거나 오염될 가능성이 있는 작업을 한 경우 세척 또는 소독 등 필요한 조치를 하여야 한다.
22. 위생관리 기록은 일별로 작성하고 종사자에 대하여 정기적으로 교육 · 훈련하여야 한다.
23. 작업장과 작업장에서 사용되는 시설 · 장비에 대한 청소, 세척 및 소독 관리사항을 구체적으로 정하여 운용하여야 한다.

다. 보관관리

24. 제품 입고 시 입고기록을 작성하여야 한다.
25. 제품의 온도변화 및 오염을 최소화하도록 상하차 및 적재 작업이 신속히 이루어져야 한다.
26. 제품별 특성에 맞게 적절한 보관온도를 유지하고 있으며 자동온도 기록 장치에 의한 기록유지를 하여야 한다.
27. 선입 · 선출 방법으로 출고될 수 있도록 화주별, 품목별 등으로 식별 표시하여 관리하여야 한다.
28. 상호 오염원이 될 수 있거나 풍미에 영향을 줄 수 있는 식품 · 축산물 및 식품첨가물 등과는 분리 보관하여야 한다.
29. 제품은 바닥이나 벽에 밀착되지 않도록 적재 · 보관하여야 한다.
30. 적재하중으로 인하여 제품에 영향을 미치지 않도록 적절한 방법으로 적재하여야 한다.
31. 보관에 필요한 기계 · 기구, 용기 및 청소도구 등은 비와 눈을 막을 수 있고 곤충, 쥐 등 동물의 접근을 막을 수 있는 곳에 청결하게 관리되어야 한다.
32. 소독제, 유독성 물질, 인화성 물질 및 비식용 화학물질은 제품 취급 및 보관구역으로부터 격리된 장소에 보관되어야 한다.
33. 포장재 파손에 의한 제품손상, 소비기한 경과 및 부패 · 변질된 제품 등 부적합한 제품은 적절하게 식별 표기하여 반송 · 폐기 등의 조치를 하고 기록 유지하여야 한다.
34. 제품의 보관관리가 미흡하여 제품검사가 필요한 경우에는 자체검사 또는 식품 · 축산물위생검사기관에 검사 의뢰하는 방법으로 관리되어야 한다.
35. 제품이 적절하게 운반될 수 있도록 운반차량 및 운반도구는 다음 사항에 적합하게 관리되어야 한다.
36. 보관관리기준서에는 제품 입고기준 및 확인방법, 보관관리 장소 및 관리방법, 제품의 상 · 하차 관리방법, 부적합품에 대한 처리방법, 취급 시 교차오염을 방지하기 위한 대책 등을 구체적으로 작성 · 비치하여야 한다.

Ⅵ. 식품운반업소

가. 운반차량 및 시설관리

1. 식품운반업자는 운반 차량을 이용하여 식품을 오염시킬 수 있는 물품(인체에 유해한 화공약품, 농약, 독극물 등)을 운반하지 않도록 관리하고 풍미에 영향을 줄 수 있는 다른 식품 또는 식품첨가물 등과 분리하여 유통하여야 한다.
2. 운반 차량은 냉동 또는 냉장 시설을 갖춘 적재고가 설치되어 있으며 적재고는 식품을 충분히 수용할

수 있는 공간이어야 하며 시설 외부에서 내부 온도를 알 수 있도록 온도계를 설치하여 관리하여야 한다.

3. 적재고의 내부는 식품의 기준 및 규격 중 보존 및 유통기준에 적합한 온도가 유지되고 문을 열지 아니하고도 내부의 온도변화를 확인할 수 있도록 임의조작이 방지된 온도기록 장치가 설치되어야 한다.
4. 적재고는 냄새 방지 및 해충의 유입을 방지할 수 있도록 문을 닫았을 때 적절하게 밀집되어 있으며 운행 중에 문이 열리지 않도록 잠금장치가 되어야 한다.
5. 식품이 직접 접촉하는 적재고 내부, 기구 및 용기는 위생적인 재질로서 씻기 쉬우며 살균 · 소독이 가능하여야 한다.
6. 전용 세차장은 「물환경보전법」에 적합한 시설로 설치되어 있어야 한다.
7. 운반 차량을 주차시킬 수 있는 전용 차고가 있어야 한다.
8. 시설관리기준서를 작성 · 비치하고 있으며, 식품은 식품운반업으로 신고한 차량으로 운반하도록 관리하여야 한다.

나. 위생관리

9. 위생관리에 필요한 시설 · 기구 등은 갖추어져 있고 적재고 및 운반에 필요한 도구 및 용기 등은 세척 · 소독을 실시하여 청결하게 관리되어야 한다.
10. 어류 · 조개류 등 생물 운반 및 외부에 직접 노출이 되는 식품을 운반하는 경우에는 적재고의 위생관리를 위하여 미생물검사(자체검사 또는 외부 검사기관에 검사의뢰) 또는 청결 상태를 정기적으로 평가 관리하여야 한다.
11. 상 · 하차 작업 시 위생복, 위생모, 위생화 및 위생장갑을 착용하고 있으며 청결하게 유지하여야 한다.
12. 신체질환 등으로 식품에 나쁜 영향을 미칠 우려가 있는 종사자에 대한 조치가 취해져야 한다.
13. 위생관리기록은 일별로 작성하여야 한다.
14. 작업장과 작업장에서 사용되는 시설 · 장비에 대한 청소, 세척 및 소독 관리사항을 구체적으로 정하여 운용하여야 한다.

다. 운반 관리

15. 식품의 온도변화 및 오염을 최소화할 수 있도록 상하차 및 적재작업이 신속히 이루어져야 한다.
16. 냉장(냉동)기를 가동하여 적정온도가 유지된 후 상차작업을 시작하여야 한다.
17. 적재고 내 냉기가 원활하게 소통될 수 있도록 식품을 적재하고 있으며 적재하중으로 인하여 포장지 파손 등 식품에 영향이 없도록 적재하여야 한다.
18. 어류 · 조개류 등 생물을 운반하는 경우 내용물이 포장 용기 밖으로 흘러나와서는 안되며 적재고 내부에 혈액 등이 누출되지 않도록 위생적으로 운반하여야 한다.
19. 식품과 직접 접촉하는 포장재 및 용기 등은 「식품위생법」 제9조제1항 규정에 적합한 규격품을 사용하여야 한다.
20. 운반 차량으로 운반 용기 등을 회수하는 경우 제품에 오염이 되지 않도록 구분 관리하여 운반하여야 한다.
21. 식품의 운반 관리가 미흡하여 제품검사가 필요한 경우에는 자체검사 또는 외부 검사기관에 검사 의뢰하여 관리하여야 한다.
22. 식품이 운반 중에 이상이 생겼을 경우 그 내용과 조치사항을 기재하여야 한다.
23. 운반관리기준서는 운반차량 관리, 식품 상하차 기준, 부적합품에 대한 처리방법, 운반과정 중 오염방지 대책 등을 구체적으로 포함하여 작성 · 비치되어야 한다.

Ⅶ. 공유주방 이용업소

1. 작업장은 외부의 오염물질이나 해충 · 설치류 등의 유입을 차단할 수 있도록 밀폐 또는 위생적으로 관리하여야 한다.
2. 작업장은 청결구역(식품의 특성에 따라 청결구역은 청결구역과 준청결구역으로 구별할 수 있다)과 일반구역으로 분리, 구획 또는 구분하여야 한다. 이 경우 화장실 등 부대시설은 작업장에 영향을 주지 않도록 분리되어야 한다.
3. 작업장 및 식품과 접촉하는 설비 · 도구 등은 사용 전 · 후 위생 상태 확인 등 교차오염 발생이 최소화되도록 관리하여야 한다.
4. 종업원은 작업장 출입 시 이물 제거 도구 등을 이용하여 이물을 제거하여야 하고 개인 장신구 등 휴대품을 소지하여서는 아니 된다.
5. 종업원은 작업장 출입 시 손 · 위생화 등을 세척 · 소독하여야 하며 청결한 위생 복장을 착용하는 등 개인위생 관리를 철저히 하여야 한다.
6. 포충등, 쥐덫, 바퀴벌레, 포획도구 등에 포획된 개체수를 정해진 주기에 따라 확인하여야 한다.
7. 작업장 내부는 정해진 주기에 따라 청소하여야 한다.
8. 배수로, 제조설비의 식품(축산물을 포함한다. 이하 같다)과 직접 닿는 부분, 식품과 직접 접촉되는 작업도구 등은 정해진 주기에 따라 청소 · 소독을 실시하여야 한다.
9. 식품 안전과 관련된 소비자 불만, 이물 혼입 등 발생 시 개선조치를 실시하고 그 결과를 기록 · 유지하는 등 식품위생법에서 정하는 준수사항을 지켜야 한다.
10. 식품과 직접 접촉되는 모니터링 도구(온도계 등)는 사용 전 · 후 세척 · 소독을 실시하여야 한다.
11. 파손되거나 정상적으로 작동하지 아니하는 제조설비를 사용하여서는 아니 되며 「식품위생법」에서 정한 시설기준에 적합하게 관리하여야 한다. 이 경우 제조가공에 사용하는 압축공기, 윤활제 등은 제품에 직접 영향을 주거나 영향을 줄 우려가 있는 경우 관리대책을 마련하여 청결하게 관리하여 위해 요인에 의한 오염이 발생하지 아니하여야 한다.
12. 가열기 및 냉장 · 냉동창고의 온도계는 정해진 주기에 따라 검 · 교정을 실시하여야 한다.
13. 냉장 · 냉동 창고의 온도를 적절히 관리하여야 한다.
14. 식품의 제조 · 가공 · 조리 · 선별 · 처리에 사용되거나 식품에 접촉할 수 있는 시설 · 설비, 기구 · 용기, 종업원 등의 세척에 사용되는 용수는 수돗물이나 「먹는물관리법」 제5조의 규정에 의한 먹는물 수질기준에 적합한 지하수이어야 하며, 필요한 경우 살균 또는 소독 장치를 갖추어야 한다. 또한, 저수조를 설치하여 사용하는 경우 정해진 주기에 따라 청소 · 소독을 하여야 한다.
15. 원 · 부재료 입고 시 시험성적서를 수령하거나 육안검사를 실시하여야 한다.
16. 원 · 부재료, 반제품 및 완제품 등은 지정된 장소에 바닥이나 벽에 밀착되지 않도록 적재 · 보관하고, 이용업체 간 교차오염을 예방하고 청결하게 관리하여야 한다.
17. 원 · 부자재, 반제품 등을 보관 시 제품명, 사용기한 등 관리사항을 구체적으로 정하여 관리하여야 한다.
18. 운반 중인 식품 · 축산물은 교차오염을 방지하여야 하며, 식품의 기준 및 규격(식품의약품안전처 고시)에 따른 온도관리 기준을 준수하여야 한다. (단, 별도의 법령으로 온도관리 기준을 정하는 경우에는 그 기준을 따른다)
19. 완제품에 대한 검사를 정해진 주기에 따라 실시하여야 하며, 기준 및 규격에 적합한 제품을 제조 · 판매하고 부적합 제품에 대한 회수관리를 하여야 한다.

【별표 2】

HACCP 적용 순서도 (제6조 관련)

1. 식품(식품첨가물 포함)제조·가공업, 건강기능식품제조업, 집단급식소, 식품접객업, 도시락제조·가공업(운반급식 포함), 집단급식소식품판매업, 즉석판매제조가공업, 식품소분업, 축산물작업장·업소·농장

1.	HACCP팀 구성
	↓
2.	제품 설명
	↓
3.	사용용도 확인
	↓
4.	공정 흐름도 작성
	↓
5.	공정 흐름도 현장 확인
	↓
6.	모든 잠재적 위해요소분석
	↓
7.	중요관리점(CCP) 결정(Codex 결정도 참고)
	↓
8	각 중요관리점별 한계기준 설정
	↓
9.	각 중요관리점에 대한 모니터링 체계 확립
	↓
10.	개선조치 확립
	↓
11.	검증절차 확립
	↓
12.	문서화 및 기록유지방법 설정

[위해요소분석표]

일련번호	원부자재명/공정명	구분	위해요소		위험도 평가			예방조치 및 관리방법
			명칭	발생원인	심각성	발생 가능성	종합 평가	
1		B						
		C						
		P						

* B(Biological hazards) : 생물학적 위해요소
  - 제품에 내재하면서 인체의 건강을 해할 우려가 있는 병원성 미생물, 부패미생물, 일반세균수, 대장균, 대장균군, 효모, 곰팡이, 기생충, 바이러스 등
* C(Chemical hazards) : 화학적 위해요소
  - 제품에 내재하면서 인체의 건강을 해할 우려가 있는 중금속, 농약, 항생물질, 항균물질, 사용 기준초과 또는 사용 금지된 식품첨가물 등 화학적 원인물질
* P(Physical hazards) : 물리적 위해요소
  - 제품에 내재하면서 인체의 건강을 해할 우려가 있는 인자 중에서 돌조각, 유리조각, 플라스틱 조각, 쇳조각 등

[중요관리점(CCP) 결정표]

공정단계	위해요소	질문 1	질문 2	질문 2-1	질문 3	질문 4	질문 5	중요관리점 결정
		예→CP 아니오→질문2	예→질문3 아니오→질문2	예→질문2 아니오→CP	예→CCP 아니오→질문4	예→질문5 아니오→CP	예→CP 아니오→CCP	

* 위해요소분석 결과, 위해가 높은 항목(Hazard)만 중요관리점(CCP) 결정도에 적용하고 그 결과를 중요관리점(CCP) 결정표에 작성

[중요관리점(CCP) 결정도]

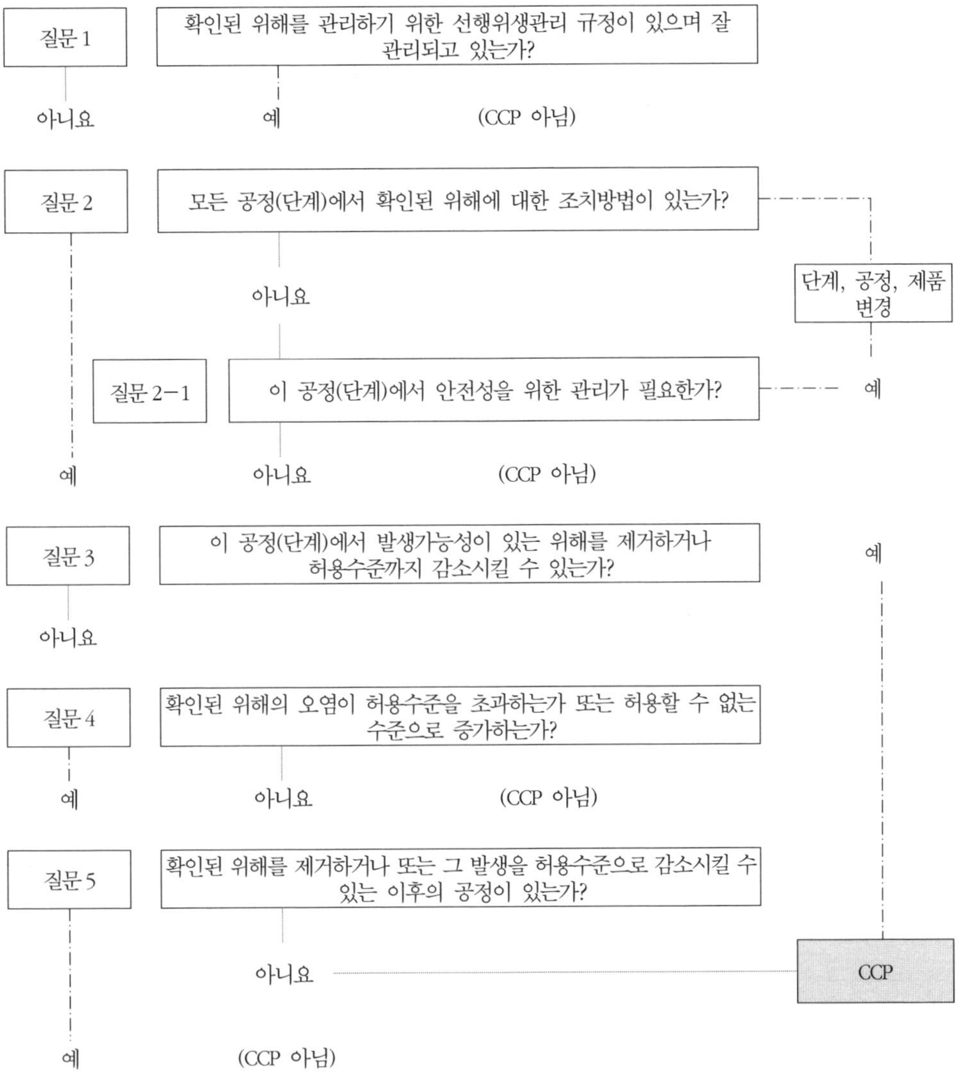

(이하생략)

Ⅱ. 기타식품판매업

1. HACCP팀 구성
2. 입고·보관·작업·포장·진열·판매 등 판매 흐름도 작성
3. 입고·보관·작업·포장·진열·판매 등 단계별 위해요소분석
4. 중요관리점 결정
5. 중요관리점의 한계기준 설정
6. 중요관리점별 모니터링 체계 확립
7. 개선 조치방법 수립
8. 검증 절차 및 방법 수립
9. 문서화 및 기록유지방법 설정

위해요소분석표

1. 입고·보관·작업·포장·진열·판매 등 판매단계의 모든 절차를 포함한다.
2. 위해요소는 생물학적(B), 화학적(C), 물리적(P) 위해요소로 구분한다.
3. 위해요소는 발생원인을 분석하고, 포괄적으로 도출할 수 있다.
   예시) 냉장보관 미준수로 인한 유해미생물 증식, 포장 파손으로 인한 이물 혼입 등
4. 위해요소분석표

[위해요소분석표]

단계명	위해요소구분	발생원인 및 위해요소명	예방조치 및 관리방법

중요관리점(CCP) 결정 원칙

1. 기타 식품판매업소 판매식품은 냉장·냉동식품의 온도관리 단계를 중요관리점(CCP)으로 결정하여 중점적으로 관리함을 원칙으로 하되, 판매식품의 특성에 따라 입고검사나 기타 단계를 중요관리점(CCP) 결정도(예시)에 따라 추가로 결정하여 관리할 수 있다.
2. 농·임·수산물의 판매 등을 위한 포장, 단순처리 단계 등은 선행요건으로 관리한다.
3. 중요관리점(CCP) 결정도(예시)

질문1	이 단계가 냉장·냉동식품의 온도관리를 위한 단계이거나, 판매식품의 확인된 위해요소 발생을 예방하거나 제어 또는 허용수준으로 감소시키기 위하여 의도적으로 행하는 단계인가?	→ 아니오 (CCP 아님)

↓ (예)

질문2	확인된 위해요소 발생을 예방하거나 제어 또는 허용수준으로 감소시킬 수 있는 방법이 이후 단계에도 존재하는가?	→ 아니오 (CCP)

(예) → (CCP 아님)

【별표 3】

도축장의 미생물학적 검사요령 (제9조, 제18조 관련)

1. 목적

이 검사요령은 「축산물위생관리법」 제9조 그리고 이 고시 제8조 및 제14조의 2에 따라 도축장에서 HACCP가 효율적으로 운용되고 있는지 여부를 검증하고자 함을 목적으로 한다.

2. 적용대상

이 검사요령은 도축장을 대상으로 적용한다.

3. 미생물검사 항목

도축장에 대한 미생물검사항목은 대장균(*Escherichia coli* Biotype Ⅰ) 및 살모넬라균(*Salmonella spp.*)으로 한다.

4. 미생물검사 주체

가. 도축장의 영업자는 도축장에서 처리하는 식육에 대하여 대장균(*Escherichia coli Biotype* Ⅰ) 검사를 실시하여야 한다.

나. 시·도지사는 「축산물위생관리법」 제12조 및 같은 법 시행규칙 제15조에 따른 소속 축산물위생검사기관으로 하여금 도축장별로 도축장에서 처리하는 식육에 대하여 살모넬라균(*Salmonella* spp.) 검사를 실시토록 하여야 한다.

5. 검사주기

미생물검사는 소 300 도체, 돼지 1,000 도체 및 닭·오리 22,000 도체마다 각 1건의 시료를 채취하여 검사를 실시하되, 1주 도축두수가 이에 미달하는 도축장의 경우는 최소한 1주에 축종별로 1건의 시료를 채취하여 검사를 실시한다.

6. 시료채취 및 검사방법

「축산물위생관리법」 제4조 제2항에 따라 식약처장이 정하여 고시한 축산물의가공기준및성분규격의 제3.축산물 시험방법 9. 미생물시험법에 의한다.

7. 미생물검사 실행기준

가. 대장균수의 실행기준은 아래와 같다.

도축장	허용기준치 (CFU/㎠,ml)	최대허용한계치 (CFU/cm^2,ml)	대장균수 평가기준	
			검사시료수	허용기준치 이상에서 최대허용한계치 이하 까지 최대 허용 시료수
소	5 미만	100	13	3
돼지	10 미만	10,000	13	3
닭·오리	100 미만	1,000	13	3

나. 살모넬라균의 실행기준은 아래와 같다 .

도축장	살모넬라균 검출 허용기준		살모넬라균 검출율(년간)
	검사시료수	최대허용 검출 시료수	
소	26	1	2.5% 이내
돼지	26	2	7% 이내
닭·오리	26	5	18% 이내

8. 검사결과 판정기준

가. 축산물위생검사기관의 장은 해당 도축장에 대한 미생물검사 결과가 나올 때마다 "7. 미생물검사 실행기준"에 의거 적합여부를 판정하여야 한다.

나. 대장균수 검사에 의한 판정기준은 다음 각 호와 같다.

1) 최근 13회 검사중 1회 이상에서 대장균수가 최대허용한계치를 초과하는 경우에는 부적합으로 판정한다.

2) 최근 13회 검사중 허용기준치 이상이면서 최대허용한계치 이하인 시료가 3회를 초과하는 경우에는 부적합으로 판정한다.

다. 살모넬라균 검사의 경우 최근 26회 검사시료 중 소는 1회, 돼지는 2회 및 닭·오리는 5회를 초과하여 살모넬라균이 검출될 경우 부적합으로 판정한다. 다만, 도축장에서 년간 살모넬라 검출율이 소는 2.5%, 돼지는 7%, 닭·오리는 18%를 초과하는 경우 부적합으로 판정한다.

라. 대장균수와 살모넬라균에 의해 동시에 부적합 판정을 받은 경우에는 1회 부적합으로 간주한다.

9. 검사기록

이 요령에 따라 미생물검사를 실시한 도축장의 영업자 및 시·도 축산물위생검사기관의 장은 검사와 관련한 기록을 작성하고 이를 최종기재일로부터 2년간 보관하여야 한다.

10. 검사결과 조치사항

가. 도축장의 영업자는 대장균 검사결과 부적합으로 판정되었거나, 시·도 축산물위생검사기관의 장으로부

터 살모넬라균검사 결과 부적합으로 통보를 받은 경우 즉시 부적합 원인을 조사하고 적절한 시정조치를 하여야 한다.

나. 도축장의 영업자는 이 고시에 의한 미생물검사 결과 부적합 판정 후 1년이내에 다시 부적합 판정이 있는 경우에는 도축장의 안전관리인증기준(HACCP) 계획을 재평가하고 수정·보완하여야 한다.

다. 시·도 축산물위생검사기관의 장은 살모넬라균 검사결과 부적합으로 판정되는 경우 그 세부내역을 시·도지사에게 보고하고 해당 도축장의 영업자에게 즉시 통보하여야 한다.

라. 시·도 축산물위생검사기관의 장으로부터 살모넬라균 검사결과 부적합 통보를 받은 도축장의 영업자는 원인 분석, 시정조치, 안전관리인증기준 관리계획(HACCP Plan) 재검토 등의 살모넬라균 재오염을 예방하기 위한 적절한 조치를 실시하고 그 결과를 조치 완료일로부터 1주일 이내에 관할지역 시·도지사 및 시·도 축산물위생검사기관의 장에게 제출하여야 한다.

마. 시·도지사는 이 검사요령에 의한 살모넬라균검사 결과 2회 연속 또는 최근 1년 동안 3회 이상 부적합 판정이 있는 도축장에 대하여는 당해 영업자로 하여금 외부 전문가 1명과 당해 도축장의 안전관리인증기준(HACCP)팀이 도축장 안전관리인증기준 관리계획(HACCP Plan)을 재검토하고 안전관리인증기준 관리계획(HACCP Plan) 변경, 시설보완 등의 적절한 시정조치를 하도록 하여야 하며, 축산물위생관리법 제27조에 따라 행정처분의 조치를 하여야 한다.

11. **검사결과 통보(보고)**

가. 시·도 축산물위생검사기관의 장은 이 요령에 의한 미생물검사 결과를 매월 관할 시·도지사 및 해당 도축장에 보고(통보)하여야 한다. 다만, 검사시료 중 살모넬라균이 검출된 경우에는 즉시 그 결과를 시·도지사 및 해당 도축장에 통보하여야 한다.

나. 시·도지사는 소속 축산물위생검사기관의 장으로부터 보고 받은 미생물검사 결과 및 부적합 도축장의 시정조치내역을 분기별로 농림축산검역본부장에게 다음 양식에 따라 보고(통보)하여야 한다.

□ 대장균·살모넬라균 검사 결과

회사명	적용축종	대장균					살모넬라균			
		검사시료수	허용기준치 미만 판정건수	허용기준치 이상에서 최대허용한계치 이하	최대허용한계치 초과 건수	13회 검사중 부적합 판정건수	검사시료수	검출시료수	26회 검사중 부적합판정건수	검출률(%)

□ 부적합 도축장의 시정조치내역

회사명	부적합사항	시정조치내역	비고

【별표 8】

안전관리인증기준(HACCP) 적용품목 심벌 (제27조 관련)

안전관리인증기준(HACCP) 적용심벌이나 현판은 다음 기본 심벌을 참조하여제품 및 업소의 특성과 포장 재질 또는 디자인에 적합하게 다양한 색상과 크기를 적용하여 사용할 수 있다(식품 또는 축산물 구분이 필요한 경우 심벌 내부에 "식품안전관리인증 또는 축산물안전관리인증", "안전관리인증식품 또는 안전관리인증축산물"로 표시할 수 있음).

가. 안전관리인증기준(HACCP) 심벌

그림 1

도축장, 집유장, 농장

그림 2

그 밖의 HACCP 적용작업장·업소

그림 3

축산물 안전관리통합인증업체

※ 사용하고자 하는 자가 사용장소에 맞게 색상 및 크기를 조정할 수 있으나 디자인은 본 견본과 같아야 한다.

나. 자동 기록관리 시스템(스마트 해썹, Smart HACCP) 심벌

그림 1

도축장, 집유장, 농장

※ 사용하고자 하는 자가 사용장소에 맞게 색상 및 크기를 조정할 수 있으나 디자인은 본 견본과 같아야 한다.

※ 안전관리인증기준(HACCP) 심벌과 병행하여 사용하거나, 단독으로 사용할 수 있다.

※ 모든 중요관리점(CCP)에 자동 기록관리 시스템을 적용한 업소에 한한다.

다. 안전관리인증기준(HACCP) 적용(인증)작업장·업소·농장 현판 견본

그림 1. 도축장·집유장·농장

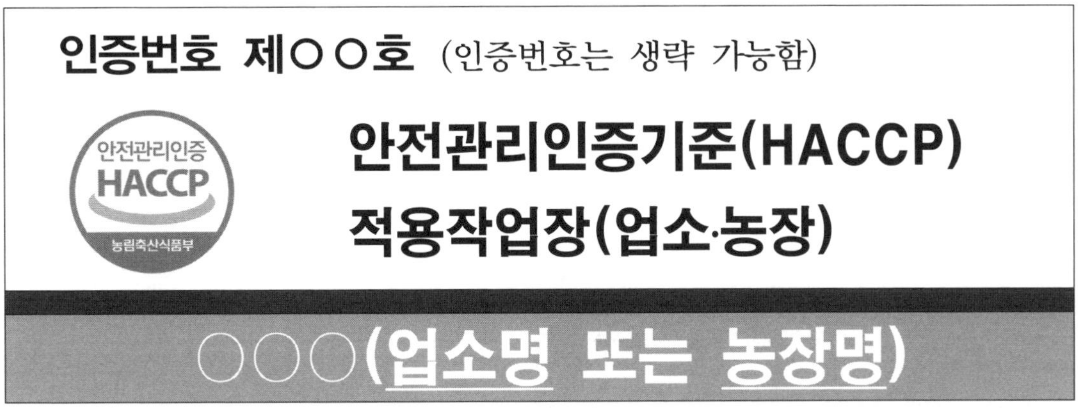

그림 2. 그 외 HACCP 적용작업장·업소

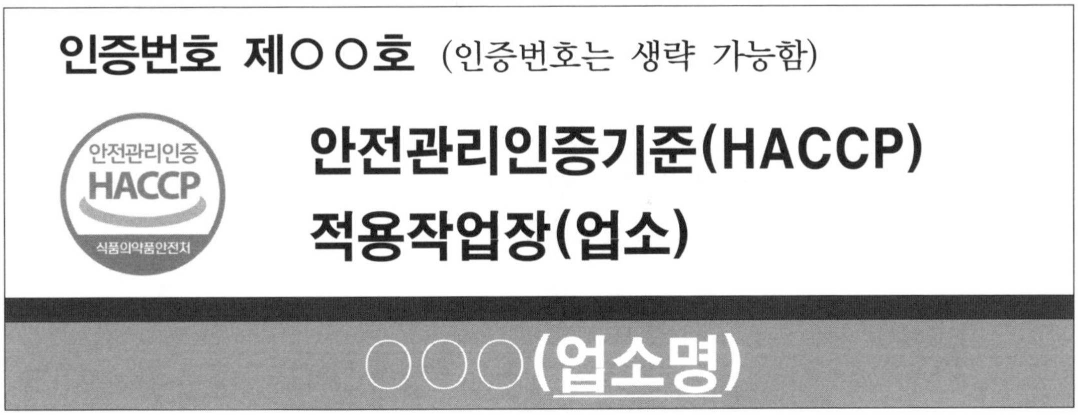

그림 3. 축산물 안전관리통합인증업체

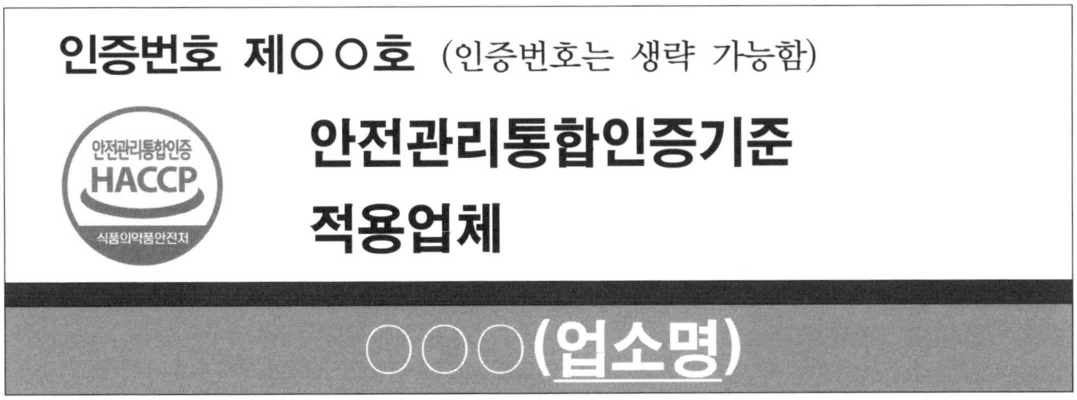

※ 사용하고자 하는 자가 사용장소에 맞게 현판의 크기를 조정할 수 있으나 디자인과 가로(2):세로(1) 크기의 비는 가능한 본 견본과 같아야 한다.

제 2 편

The Food Sanitation Act

식품의 기준 및 규격

구분	일자	고시	번호
공포	1967. 12. 23	보건복지가족부령	제206호
전면개정	2007. 9. 6	식품의약품안전청 고시	제2007-63호
개정	2010. 1. 7	식품의약품안전청 고시	제2007-68호
개정	2010. 4. 30	식품의약품안전청 고시	제2010-25호
개정	2010. 6. 16	식품의약품안전청 고시	제2010-45호
개정	2010. 6. 30	식품의약품안전청 고시	제2010-51호
개정	2010. 10. 29	식품의약품안전청 고시	제2010-78호
개정	2010. 12. 1	식품의약품안전청 고시	제2010-87호
개정	2010. 12. 31	식품의약품안전청 고시	제2011-20호
개정	2011. 6. 30	식품의약품안전청 고시	제2011-32호
개정	2011. 8. 31	식품의약품안전청 고시	제2011-46호
개정	2011. 10. 14	식품의약품안전청 고시	제2011-62호
개정	2011. 12. 29	식품의약품안전청 고시	제2011-76호
개정	2012. 1. 20	식품의약품안전청 고시	제2012- 1호
개정	2012. 4. 23	식품의약품안전청 고시	제2012-15호
개정	2012. 5. 10	식품의약품안전청 고시	제2012-17호
개정	2016. 6. 30	식품의약품안전처 고시	제2016-64호
전부개정	2016. 12. 29	식품의약품안전처 고시	제2016-154호
개정	2018. 5. 1	식품의약품안전처 고시	제2018-33호
개정	2019. 2. 25	식품의약품안전처 고시	제2019-10호
개정	2020. 6. 29	식품의약품안전처 고시	제2020-265호
개정	2021. 3. 25	식품의약품안전처 고시	제2021-26호
개정	2022. 06. 30	식품의약품안전처 고시	제2022-48호
개정	2023. 04. 28	식품의약품안전처 고시	제2023-29호
개정	2024. 07. 10	식품의약품안전처 고시	제2024-35호
개정	2024. 11. 15	식품의약품안전처 고시	제2024-71호

01 총 칙

1. 일반원칙

이 고시에서 따로 규정한 것 이외에는 아래의 총칙에 따른다.

1) 이 고시의 수록범위는 다음 각 호와 같다.

가) 식품위생법 제7조제1항의 규정에 따른 식품의 원료에 관한 기준, 식품의 제조·가공·사용·조리 및 보존방법에 관한 기준, 식품의 성분에 관한 규격과 기준·규격에 대한 시험법

나) 「식품 등의 표시 · 광고에 관한 법률」 제4조제1항의 규정에 따른 식품·식품첨가물 또는 축산물과 기구 또는 용기·포장 및 「식품위생법」 제12조2의 제1항에 따른 유전자변형식품등의 표시기준

다) 축산물 위생관리법 제4조제2항의 규정에 따른 축산물의 가공·포장·보존 및 유통의 방법에 관한 기준, 축산물의 성분에 관한 규격, 축산물의 위생등급에 관한 기준

2) 이 고시에서는 가공식품에 대하여 다음과 같이 식품군(대분류), 식품종(중분류), 식품유형(소분류)으로 분류한다.

식 품 군 : '제5. 식품별 기준 및 규격'에서 대분류하고 있는 음료류, 조미식품 등을 말한다.

식 품 종 : 식품군에서 분류하고 있는 다류, 과일·채소류음료, 식초, 햄류 등을 말한다.

식품유형 : 식품종에서 분류하고 있는 농축과·채즙, 과·채주스, 발효식초, 희석초산 등을 말한다.

3) 이 고시의 개별 식품유형에서 정하고 있는 정의는 해당 식품의 일반적인 특징을 설명한 것으로, 새로운 제조기술의 사용 등으로 제조방법, 사용된 원료 등이 이 고시에서 정하는 식품유형의 정의와 일치하지 않더라도 제조된 식품이 어느 식품유형의 제품과 동일한 경우 해당 식품유형으로 분류할 수 있다.

4) 이 고시에 정하여진 기준 및 규격에 대한 적·부판정은 이 고시에서 규정한 시험방법으로 실시하여 판정하는 것을 원칙으로 한다. 다만, 이 고시에서 규정한 시험방법보다 더 정밀·정확하다고 인정된 방법을 사용할 수 있고 미생물 및 독소 등에 대한 시험에는 상품화된 키트(kit) 또는 장비를 사용할 수 있으나, 그 결과에 대하여 의문이 있다고 인정될 때에는 규정한 방법에 의하여 시험하고 판정하여야 한다.

5) 이 고시에서 기준 및 규격이 정하여지지 아니한 것은 잠정적으로 식품의약품안전처장이 해당 물질에 대한 국제식품규격위원회(Codex Alimentarius Commission, CAC)규정 또는 주요외국의 기준·규격과 일일섭취허용량(Acceptable Daily Intake, ADI), 해당 식품의 섭취량 등 해당물질별 관련 자료를 종합적으로 검토하여 적·부를 판정할 수 있다.

6) 이 고시의 '제5. 식품별 기준 및 규격'에서 따로 정하여진 시험방법이 없는 경우에는 '제8. 일반시험법'의 해당 시험방법에 따르고, 이 고시에서 기준·규격이 정하여지지 아니하였거나 기준·규격이 정하여져 있어도 시험방법이 수재되어 있지 아니한 경우에는 식품의약품안전처장이 인정한 시험방법, 국제식품규격위원회(Codex Alimentarius Commission, CAC) 규정, 국제분석화학회(Association of Official Analytical Chemists, AOAC), 국제표준화기구(International Standard Organization, ISO), 농약분석메뉴얼(Pesticide Analytical Manual, PAM) 등의 시험방법에 따라 시험할 수 있다. 만약, 상기 시험방법에도 없는 경우에는 다른 법령에 정해져 있는 시험방법, 국제적으로 통용되는 공인시험방법에 따라 시험할 수 있으며 그 시험방법을 제시하여야 한다.

7) 계량 등의 단위는 국제 단위계를 사용한 아래의 약호를 쓴다.

① 길이 : m, cm, mm, μm, nm

② 용량 : L, mL, μL

③ 중량 : kg, g, mg, μg, ng, pg

④ 넓이 : cm2

⑤ 열량 : kcal, kj

⑥ 압착강도 : N(Newton)

⑦ 온도 : ℃

8) 표준온도는 20℃, 상온은 15~25℃, 실온은 1~35℃, 미온은 30~40℃로 한다.

9) 중량백분율을 표시할 때에는 %의 기호를 쓴다. 다만, 용액 100 mL 중의 물질함량(g)을 표시할 때에는 w/v%로, 용액 100 mL중의 물질함량(mL)을 표시할 때에는 v/v%의 기호를 쓴다. 중량백만분율을 표시할 때에는 mg/kg의 약호를 사용하고 ppm의 약호를 쓸 수 있으며, mg/L도 사용할 수 있다. 중량 10억분율을 표시할 때에는 μg/kg의 약호를 사용하고 ppb의 약호를 쓸 수 있으며, μg/L도 사용할 수 있다.

10) 방사성물질 누출사고 발생시 관리해야 할 방사성 핵종(核種)은 다음의 원칙에 따라 선정한다.

(1) 대표적 오염 지표 물질인 방사성 요오드와 세슘에 대하여 우선 선정하고, 방사능 방출사고의 유형에 따라 방출된 핵종을 선정한다.

(2) 방사성 요오드나 세슘이 검출될 경우 플루토늄, 스트론튬 등 그 밖의(이하 '기타' 라고 한다) 핵종에 의한 오염여부를 추가적으로 확인할 수 있으며, 기타 핵종은 환경 등에 방출 여부, 반감기, 인체 유해성 등을 종합 검토하여 전부 또는 일부 핵종을 선별하여 적용할 수 있다.

(3) 기타 핵종에 대한 기준은 해당 사고로 인한 방사성 물질 누출이 더 이상 되지 않는 사고 종료 시점으로부터 1년이 경과할 때까지를 적용한다.

(4) 기타 핵종에 대한 정밀검사가 어려운 경우에는 방사성 물질 누출 사고 발생국가의 비오염 증명서로 갈음할 수 있다.

11) 식품 중 농약 또는 동물용의약품의 잔류허용기준을 신설, 변경 또는 면제 하려는 자는 「식품 중 농약 및 동물용의약품의 잔류허용기준 설정 지침」에 따라 신청하여야 한다

12) 유해오염물질의 기준설정은 식품 중 유해오염물질의 오염도와 섭취량에 따른 인체 노출량, 위해수준, 노출 점유율을 고려하여 최소량의 원칙(As Low As Reasonably Achievable, ALARA)에 따라 설정함을 원칙으로 한다.

13) 이 고시에서 정하여진 시험은 별도의 규정이 없는 경우 다음의 원칙을 따른다.

(1) 원자량 및 분자량은 최신 국제원자량표에 따라 계산한다.

(2) 따로 규정이 없는 한 찬물은 15℃ 이하, 온탕 60~70℃, 열탕은 약 100℃의 물을 말한다.

(3) "물 또는 물속에서 가열 한다."라 함은 따로 규정이 없는 한 그 가열온도를 약 100℃로 하되, 물 대신 약 100℃ 증기를 사용할 수 있다.

(4) 시험에 쓰는 물은 따로 규정이 없는 한 증류수 또는 정제수로 한다.

(5) 용액이라 기재하고 그 용매를 표시하지 아니하는 것은 물에 녹인 것을 말한다.

(6) 감압은 따로 규정이 없는 한 15 mmHg 이하로 한다.

(7) pH를 산성, 알카리성 또는 중성으로 표시한 것은 따로 규정이 없는 한 리트머스지 또는 pH 미터기(유리전극)를 써서 시험한다. 또한, 강산성은 pH 3.0 미만, 약산성은 pH 3.0 이상 5.0 미만, 미산성은 pH 5.0 이상 6.5 미만, 중성은 pH 6.5 이상 7.5 미만, 미알카리성은 pH 7.5 이상 9.0 미만, 약알카리성은 pH 9.0 이상 11.0 미만, 강알카리성은 pH 11.0 이상을 말한다.

(8) 용액의 농도를 (1→5), (1→10), (1→100) 등으로 나타낸 것은 고체시약 1 g 또는 액체시약 1 mL를 용매에 녹여 전량을 각각 5 mL, 10 mL, 100 mL 등으로 하는 것을 말한다. 또한 (1+1), (1+5) 등으로 기재한 것은 고체시약 1 g 또는 액체시약 1 mL에 용매 1 mL 또는 5 mL 혼합하는 비율을 나타낸다. 용매는 따로 표시되어 있지 않으면 물을 써서 희석한다.

(9) 혼합액을 (1 : 1), (4 : 2 : 1) 등으로 나타낸 것은 액체시약의 혼합용량비 또는 고체시약의 혼합중량비를 말한다.

(10) 방울수(滴水)를 측정할 때에는 20℃에서 증류수 20방울을 떨어뜨릴 때 그 무게가 0.90~1.10 g이 되는 기구를 쓴다.

(11) 네슬러관은 안지름 20 mm, 바깥지름 24 mm, 밑에서부터 마개의 밑까지의 길이가 20 cm의 무색유리로 만든 바닥이 평평한 시험관으로서 50 mL의 것을 쓴다. 또한 각 관의 눈금의 높이의 차는 2 mm이하로 한다.

(12) 데시케이터의 건조제는 따로 규정이 없는 한 실리카겔(이산화규소)로 한다.

(13) 시험은 따로 규정이 없는 한 상온에서 실시하고 조작 후 30초 이내에 관찰한다. 다만, 온도의 영향이 있는 것에 대하여는 표준온도에서 행한다.

(14) 무게를 "정밀히 단다"라 함은 달아야 할 최소단위를 고려하여 0.1 mg, 0.01 mg 또는 0.001 mg까지 다는 것을 말한다. 또 무게를 "정확히 단다"라 함은 규정된 수치의 무게를 그 자리수까지 다는 것을 말한다.

(15) 검체를 취하는 양에 "약"이라고 한 것은 따로 규정이 없는 한 기재량의 90~110%의 범위 내에서 취하는 것을 말한다.

(16) 건조 또는 강열할 때 "항량"이라고 기재한 것은 다시 계속하여 1시간 더 건조 혹은 강열할 때에 전후의 칭량차가 이전에 측정한 무게의 0.1%이하임을 말한다.

2. 기준 및 규격의 적용

이 고시에 수재된 식품, 식품첨가물(이하 "식품 등"이라 한다)에 대하여 다음과 같이 기준 및 규격을 적용한다.

1) '제5. 식품별 기준 및 규격'에서 개별로 정하고 있는 식품은 그 기준 및 규격을 우선 적용하여야 한다. 다만, 식품 중 식품첨가물의 사용기준은 「식품첨가물의 기준 및 규격」을 우선 적용한다.

2) 식품 등은 '제2. 식품일반에 대한 공통기준 및 규격'에 적합하여야 한다. 다만, 식품 등의 특성을 고려할 때 그 필요성이 희박하거나 실효성이 적은 경우 그 중요도에 따라 선별 적용할 수 있다.

3) 영·유아용, 고령자용 또는 대체식품으로 표시하여 판매하는 식품과 장기보존식품은 1)에서 정하는 기준 및 규격과 함께 각각 '제3. 영·유아용, 고령자용 또는 대체식품으로 표시하여 판매하는 식품의 기준 및 규격'과 '제4. 장기보존식품의 기준 및 규격'에서 정하는 기준 및 규격을 동시에 적용하여야 하며, 기준

및 규격 항목이 중복될 경우에는 강화된 기준 및 규격 항목을 적용하여야 한다.

4) '정의'는 해당 개별 식품을 규정하는 것으로 '식품유형'에 분류되지 않은 식품도 '정의'에 적합한 경우는 해당 개별식품의 기준 및 규격을 적용할 수 있다. 다만, 별도의 개별기준 및 규격이 정하여져 있는 경우는 그 기준 및 규격을 우선적으로 적용하여야 한다.

5) 규격치가 a~b라고 기재된 것은 a이상 b이하임을 말한다.

6) 규정된 값(규격치라 한다)과 시험에서 얻은 값(실험치라 한다)을 비교하여 적부판정을 할 때에, 실험치는 규격치보다 한자리 수까지 더 구하여 더 구한 한자리수를 반올림해서 규격치와 비교 판정한다.

7) 고시에 정하고 있는 식품 중 잔류농약 및 동물용의약품 등 정량한계가 정해져 있는 시험법에서 정량한계 미만은 불검출로 처리한다.

8) 이 고시의 '제7. 검체의 채취 및 취급방법'에 따라 같은 조건에서 여러 개의 시험검체가 의뢰된 경우, 그 중 하나 이상 부적합이면 검사대상 전체를 부적합으로 처리한다.

9) 이 고시에서 정하고 있는 "타르색소"란 식용색소녹색제3호 및 그 알루미늄레이크, 식용색소적색제2호 및 그 알루미늄레이크, 식용색소적색제3호, 식용색소적색제40호 및 그 알루미늄레이크, 식용색소적색제102호, 식용색소청색제1호 및 그 알루미늄레이크, 식용색소청색제2호 및 그 알루미늄레이크, 식용색소황색제4호 및 그 알루미늄레이크, 식용색소황색제5호 및 그 알루미늄레이크를 말한다.

10) 이 고시에서 정하고 있는 "허용외 타르색소"란 상기 제1. 2. 9)에서 정한 타르색소 중 「식품첨가물의 기준 및 규격」에서 해당 식품유형에 허용되지 않은 타르색소를 말한다.

11) 이 고시에서 정하고 있는 "보존료"란 "데히드로초산나트륨, 소브산 및 그 염류(칼륨, 칼슘), 안식향산 및 그 염류(나트륨, 칼륨, 칼슘), 파라옥시안식향산류(메틸, 에틸), 프로피온산 및 그 염류(나트륨, 칼슘)"를 말한다.

12) 이 고시에서 정하고 있는 "산화방지제"라 함은 "디부틸히드록시톨루엔, 부틸히드록시아니솔, 터셔리부틸히드로퀴논, 몰식자산프로필, 이·디·티·에이·이나트륨, 이·디·티·에이·칼슘이나트륨"을 말한다.

13) 과일·채소류음료의 100% 착즙액 기준당도(Brix°)는 다음과 같다.

(1) 망고 : 13° 이상
(2) 파인애플 : 12° 이상
(3) 포도, 오렌지, 서양배 : 11° 이상
(4) 사과, 라임 : 10° 이상
(5) 귤, 자몽, 파파야 : 9° 이상
(6) 배, 수박, 구아바 : 8° 이상
(7) 복숭아, 살구, 딸기, 레몬 : 7° 이상
(8) 자두, 멜론, 매실 : 6° 이상
(9) 토마토 : 5° 이상
(10) 기타 : 근거문헌에 의함

3. 용어의 풀이

1) '식품유형'은 제품의 원료, 제조방법, 용도, 섭취형태, 성상 등 제품의 특성을 고려하여 제조 및 보존·유통과정에서 식품의 안전과 품질 확보를 위해 필요한 공통 사항을 정하고 제품에 대한 정보 제공을 용이하게 하기 위하여 유사한 특성의 식품끼리 묶은 것을 말한다.

2) 'A, B, C, ……등'은 예시 개념으로 일반적으로 많이 사용하는 것을 기재하고 그 외에 관련된 것을 포괄

하는 개념이다.

3) 'A 또는 B'는 'A와 B', 'A나 B', 'A 단독' 또는 'B 단독'으로 해석할 수 있으며, 'A, B, C 또는 D' 역시 그러하다.

4) 'A 및 B'는 A와 B를 동시에 만족하여야 한다.

5) '적절한 ㅇㅇ과정(공정)'은 식품의 제조·가공에 필요한 과정(공정)을 말하며 식품의 안전성, 건전성을 얻으며 일반적으로 널리 통용되는 방법이나 과학적으로 충분히 입증된 방법을 말한다.

6) '식품 및 식품첨가물은 그 기준 및 규격에 적합하여야 한다'는 해당되는 기준 및 규격에 적합하여야 함을 말한다.

7) '보관하여야 한다'는 원료 및 제품의 특성을 고려하여 그 품질이 최대로 유지될 수 있는 방법으로 보관하여야 함을 말한다.

8) '가능한 한', '권장한다'와 '할 수 있다'는 위생수준과 품질향상을 유도하기 위하여 설정하는 것으로 권고사항을 뜻한다.

9) '이와 동등이상의 효력을 가지는 방법'은 기술된 방법이외에 일반적으로 널리 통용되는 방법이나 과학적으로 충분히 입증된 것으로 위생학적, 영양학적, 관능적 품질의 유지가 가능한 방법을 말한다.

10) 정의 또는 식품유형에서 'ㅇㅇ%, ㅇㅇ%이상, 이하, 미만' 등으로 명시되어 있는 것은 원료 또는 성분배합시의 기준을 말한다.

11) '특정성분'은 가공식품에 사용되는 원료로서 제1. 4. 식품원료 분류 등에 의한 단일식품의 가식부분을 말한다.

12) '건조물(고형물)'은 원료를 건조하여 남은 고형물로서 별도의 규격이 정하여 지지 않은 한, 수분함량이 15% 이하인 것을 말한다.

13) '고체식품'이라 함은 외형이 일정한 모양과 부피를 가진 식품을 말한다.

14) '액체 또는 액상식품'이라 함은 유동성이 있는 상태의 것 또는 액체상태의 것을 그대로 농축한 것을 말한다.

15) '환(pill)'이라 함은 식품을 작고 둥글게 만든 것을 말한다.

16) '과립(granule)'이라 함은 식품을 잔 알갱이 형태로 만든 것을 말한다.

17) '분말(powder)'이라 함은 입자의 크기가 과립형태보다 작은 것을 말한다.

18) '유탕 또는 유처리'라 함은 식품의 제조 공정상 식용유지로 튀기거나 제품을 성형한 후 식용유지를 분사하는 등의 방법으로 제조·가공하는 것을 말한다.

19) '주정처리'라 함은 살균을 목적으로 식품의 제조공정 상 주정을 사용하여 제품을 침지하거나 분사하는 등의 방법을 말한다.

20) '소비기한'이라 함은 식품에 표시된 보관방법을 준수할 경우 섭취하여도 안전에 이상이 없는 기한을 말한다.

21) '최종제품'이란 가공 및 포장이 완료되어 유통 판매가 가능한 제품을 말한다.

22) '규격'은 최종제품에 대한 규격을 말한다.

23) '검출되어서는 아니 된다'라 함은 이 고시에 규정하고 있는 방법으로 시험하여 검출되지 않는 것을 말한다.

24) '원료'는 식품제조에 투입되는 물질로서 식용이 가능한 동물, 식물 등이나 이를 가공 처리한 것, 「식품첨가물의 기준 및 규격」에 허용된 식품첨가물, 그리고 또 다른 식품의 제조에 사용되는 가공식품 등을 말한다.

25) '주원료'는 해당 개별식품의 주용도, 제품의 특성 등을 고려하여 다른 식품과 구별, 특정짓게 하기 위하여 사용되는 원료를 말한다.
26) '단순추출물'이라 함은 원료를 물리적으로 또는 용매(물, 주정, 이산화탄소)를 사용하여 추출한 것으로 특정한 성분이 제거되거나 분리되지 않은 추출물(착즙포함)을 말한다.
27) '식품에 제한적으로 사용할 수 있는 원료'란 식품 사용에 조건이 있는 식품의 원료를 말한다.
28) '식품에 사용할 수 없는 원료'란 식품의 제조·가공·조리에 사용할 수 없는 것으로, 제2. 1. 2)의 (6), (7) 및 (8)에서 정한 것 이외의 원료를 말한다.
29) '원료에서 유래되는'은 해당 기준 및 규격에 적합하거나 품질이 양호한 원료에서 불가피하게 유래된 것을 말하는 것으로, 공인된 자료나 문헌으로 입증할 경우 인정할 수 있다.
30) 원료의 '품질과 선도가 양호'라 함은 농 · 임 · 축 · 수산물 및 가공식품의 경우 이 고시에서 규정하고 있는 기준과 규격에 적합한 것을 말한다. 또한, 농 · 임산물의 경우 고유의 형태와 색택을 가지고 이미 · 이취가 없어야 하나, 멍들거나 손상된 부위를 제거하여 식용에 적합하도록 한 것을 포함하며, 해조류의 경우 외형상 그 종류를 알아볼 수 있을 정도로 모양과 색깔이 손상되지 않은 것을 말한다.
31) 원료의 '부패 · 변질'이라 함은 미생물 등에 의해 단백질, 지방 등이 분해되어 악취와 유해성 물질이 생성되거나, 식품 고유의 냄새, 빛깔, 외관 또는 조직이 변하는 것을 말한다.
32) '비가식부분'이라 함은 통상적으로 식용으로 섭취하지 않는 원료의 특정부위를 말하며, 가식부분 중에 손상되거나 병충해를 입은 부분 등 고유의 품질이 변질되었거나 제조 공정 중 부적절한 가공처리로 손상된 부분을 포함한다.
33) '이물'이라 함은 정상식품의 성분이 아닌 물질을 말하며 동물성으로 절지동물 및 그 알, 유충과 배설물, 설치류 및 곤충의 흔적물, 동물의 털, 배설물, 기생충 및 그 알 등이 있고, 식물성으로 종류가 다른 식물 및 그 종자, 곰팡이, 짚, 겨 등이 있으며, 광물성으로 흙, 모래, 유리, 금속, 도자기파편 등이 있다.
34) '이매패류'라 함은 두 장의 껍데기를 가진 조개류로 대합, 굴, 진주담치, 가리비, 홍합, 피조개, 키조개, 새조개, 개량조개, 동죽, 맛조개, 재첩류, 바지락, 개조개 등을 말한다.
35) '냉장' 또는 '냉동' 이라 함은 이 고시에서 따로 정하여진 것을 제외하고는 냉장은 0~10℃, 냉동은 -18℃ 이하를 말한다.
36) '차고 어두운 곳' 또는 '냉암소'라 함은 따로 규정이 없는 한 0~15℃의 빛이 차단된 장소를 말한다.
37) '냉장·냉동 온도측정값'이라 함은 냉장·냉동고 또는 냉장·냉동설비 등의 내부온도를 측정한 값 중 가장 높은 값을 말한다.
38) '살균'이라 함은 따로 규정이 없는 한 세균, 효모, 곰팡이 등 미생물의 영양 세포를 불활성화시켜 감소시키는 것을 말한다.
39) '멸균'이라 함은 따로 규정이 없는 한 미생물의 영양세포 및 포자를 사멸시키는 것을 말한다.
40) '밀봉'이라 함은 용기 또는 포장 내외부의 공기유통을 막는 것을 말한다.
41) '초임계추출'이라 함은 임계온도와 임계압력 이상의 상태에 있는 이산화탄소를 이용하여 식품원료 또는 식품으로부터 식용성분을 추출하는 것을 말한다.
42) '심해'란 태양광선이 도달하지 않는 수심이 200 m 이상 되는 바다를 말한다.
43) '가공식품'이라 함은 식품원료(농, 임, 축, 수산물 등)에 식품 또는 식품첨가물을 가하거나, 그 원형을 알아볼 수 없을 정도로 변형(분쇄, 절단 등) 시키거나 이와 같이 변형시킨 것을 서로 혼합 또는 이 혼합물에 식품 또는 식품첨가물을 사용하여 제조·가공·포장한 식품을 말한다. 다만, 식품첨가물이나 다른 원료를 사용하지 아니하고 원형을 알아볼 수 있는 정도로 농·임·축·수산물을 단순히 자르거나 껍질을 벗기거나 소금에 절이거나 숙성하거나 가열(살균의 목적 또는 성분의 현격한 변화를 유발하는 경우를

제외한다) 등의 처리과정 중 위생상 위해 발생의 우려가 없고 식품의 상태를 관능으로 확인할 수 있도록 단순처리한 것은 제외한다.

44) '식품조사(Food Irradiation)처리'란 식품 등의 발아억제, 살균, 살충 또는 숙도조절을 목적으로 감마선 또는 전자선가속기에서 방출되는 에너지를 복사(radiation)의 방식으로 식품에 조사하는 것으로, 선종과 사용목적 또는 처리방식(조사)에 따라 감마선 살균, 전자선 살균, 엑스선 살균, 감마선 살충, 전자선 살충, 엑스선 살충, 감마선 조사, 전자선 조사, 엑스선 조사 등으로 구분하거나, 통칭하여 방사선 살균, 방사선 살충, 방사선 조사 등으로 구분할 수 있다. 다만, 검사를 목적으로 엑스선이 사용되는 경우는 제외한다.

45) '식육'이라 함은 식용을 목적으로 하는 동물성원료의 지육, 정육, 내장, 그 밖의 부분을 말하며, '지육'은 머리, 꼬리, 발 및 내장 등을 제거한 도체(carcass)를, '정육'은 지육으로부터 뼈를 분리한 고기를, '내장'은 식용을 목적으로 처리된 간, 폐, 심장, 위, 췌장, 비장, 신장, 소장 및 대장 등을, '그 밖의 부분'은 식용을 목적으로 도축된 동물성원료로부터 채취, 생산된 동물의 머리, 꼬리, 발, 껍질, 혈액 등 식용이 가능한 부위를 말한다.

46) '장기보존식품'이라 함은 장기간 유통 또는 보존이 가능하도록 제조·가공된 통·병조림식품, 레토르트식품, 냉동식품을 말한다.

47) '식품용수'라 함은 식품의 제조, 가공 및 조리 시에 사용하는 물을 말한다.

48) '인삼', '홍삼' 또는 '흑삼'은 「인삼산업법」에, '산양삼'은 「임업 및 산촌진흥 촉진에 관한 법률」에서 정하고 있는 것을 말한다.

49) '한과'라 함은 주로 곡물류나 과일, 견과류 등에 꿀, 엿, 설탕 등을 입혀 만든 것으로 유과, 약과, 정과 등을 말한다.

50) '슬러쉬'라 함은 청량음료 등 완전 포장된 음료나, 물, 분말주스 등의 원료를 직접 혼합하여 얼음을 분쇄한 것과 같은 상태로 만들거나 아이스크림을 만드는 기계 등을 이용하여 반 얼음상태로 얼려 만든 음료를 말한다.

51) '코코아고형분'이라 함은 코코아매스, 코코아버터 또는 코코아분말을 말하며, '무지방코코아고형분'이라 함은 코코아고형분에서 지방을 제외한 분말을 말한다.

52) '유고형분'이라 함은 유지방분과 무지유고형분을 합한 것이다.

53) '유지방'은 우유로부터 얻은 지방을 말한다.

54) '혈액이 함유된 알'이라 함은 알 내용물에 혈액이 퍼져 있는 알을 말한다.

55) '혈반'이란 난황이 방출될 때 파열된 난소의 작은 혈관에 의해 발생된 혈액 반점을 말한다.

56) '육반'이란 혈반이 특징적인 붉은 색을 잃어버렸거나 산란기관의 작은 체조직 조각을 말한다.

57) '실금란'이란 난각이 깨어지거나 금이 갔지만 난각막은 손상되지 않아 내용물이 누출되지 않은 알을 말한다.

58) '오염란'이란 난각의 손상은 없으나 표면에 분변·혈액·알내용물·깃털 등 이물질이나 현저한 얼룩이 묻어 있는 알을 말한다.

59) '연각란'이란 난각막은 파손되지 않았지만 난각이 얇게 축적되어 형태를 견고하게 유지될 수 없는 알을 말한다.

60) '냉동식용어류머리'란 대구(Gadus morhua, Gadus ogac, Gadus macrocephalus), 은민대구(Merluccius australis), 다랑어류 및 이빨고기(Dissostichus eleginoides, Dissostichus mawsoni)의 머리를 가슴지느러미와 배지느러미 부위가 붙어 있는 상태로 절단한 것과 식용 가능한 모든 어종(복어류 제외)의 머리 중

가식부를 분리해 낸 것을 중심부 온도가 -18℃이하가 되도록 급속냉동한 것으로서 식용에 적합하게 처리된 것을 말한다.

61) '냉동식용어류내장'이란 식용 가능한 어류의 알(복어알은 제외), 창난, 이리(곤이), 오징어 난포선 등을 분리하여 중심부 온도가 -18℃이하가 되도록 급속냉동한 것으로서 식용에 적합하게 처리된 것을 말한다.

62) '생식용 굴'이란 소비자가 날로 섭취할 수 있는 전각굴, 반각굴, 탈각굴로서 포장한 것을 말한다(냉동굴을 포함한다).

63) 미생물 규격에서 사용하는 용어(n, c, m, M)는 다음과 같다.

(1) n : 검사하기 위한 시료의 수

(2) c : 최대허용시료수, 허용기준치(m)를 초과하고 최대허용한계치(M) 이하인 시료의 수로서 결과가 m을 초과하고 M 이하인 시료의 수가 c 이하일 경우에는 적합으로 판정

(3) m : 미생물 허용기준치로서 결과가 모두 m 이하인 경우 적합으로 판정

(4) M : 미생물 최대허용한계치로서 결과가 하나라도 M을 초과하는 경우는 부적합으로 판정

※ m, M에 특별한 언급이 없는 한 1 g 또는 1 mL 당의 집락수(Colony Forming Unit, CFU)이다.

64) '영아'라 함은 생후 12개월 미만인 사람을 말한다.

65) '유아'라 함은 생후 12개월부터 36개월까지인 사람을 말한다.

4. 식품원료 분류

다음의 식품원료 분류는 일반적인 분류로서 당해 식품과 원료의 특성 및 목적에 따라 이 분류에 의하지 아니할 수 있다.

1) 식물성 원료

대분류	소분류	품 목
곡류	–	귀리, 기장, 메밀, 밀, 보리, 수수, 쌀, 아마란스(씨)옥수수, 율무, 조, 퀴노아, 트리티케일, 피, 호밀 등
서류	–	감자, 고구마, 토란, 마, 마카, 야콘 카사바(타피오카), 곤약(구약) 등
두류	–	강낭콩, 녹두, 대두, 동부, 렌즈콩, 리마콩, 완두, 이집트콩, 작두콩, 잠두, 팥, 피전피 등
견과 종실류	땅콩 또는 견과류	땅콩, 개암, 도토리, 마카다미아, 밤, 브라질넛, 아몬드, 은행, 잣, 케슈너트, 피스타치오, 피칸, 호두 등
	유지 종실류	달맞이꽃(씨), 대마(씨), 드럼스틱/모링가(씨), 들깨, 면실/목화(씨), 올리브(열매), 유채/카놀라(씨), 참깨, 팜, 해바라기(씨), 호박(씨), 홍화(씨) 등
	음료 및 감미 종실류	결명자, 과라나, 카카오원두, 커피원두, 콜라 너트 헛개(열매)등
과실류	인과류	사과, 배, 모과, 감, 비파, 석류 등
	감귤류	감귤(금귤 포함), 레몬(라임 포함), 시트론, 오렌지, 유자, 자몽, 탱자 등
	핵과류	대추, 매실, 복숭아, 산수유, 살구, 앵두, 오미자, 자두, 체리 등
	장과류	구기자, 다래, 딸기, 마가목(열매),무화과, 베리류[블루베리, 빌베리, 복분자(라즈베리, 블랙베리, 산딸기 포함), 아로니아, 엘더베리, 오디/멀베리, 커런트, 크랜베리/월귤 등], 으름, 포도(머루 포함) 등
	열대 과일류	가시여지/그라비올라(열매), 구아바, 대추야자, 두리안, 리치, 망고, 망고스틴, 바나나, 바라밀/잭프루트, 아보카도, 아사이팜, 아세로라, 용과, 용안, 코코넛, 키위/참다래, 파인애플, 파파야, 패션 프루트 포포나무(열매)등

대분류	소분류	품 목
채소류	결구 엽채류	배추, 브로콜리(콜리플라워 포함), 양배추(방울다다기양배추 포함) 등
	엽채류	갓, 갯기름나물/방풍나물, 겨자채, 경수채/교나, 고들빼기, 고려엉겅퀴/곤드레나물, 고추냉이(잎), 고춧잎, 곤달비, 공심채, 근대, 꾸지뽕(잎), 냉이, 눈개승마/삼나물, 뉴그린, 다채/비타민, 다청채, 당귀(잎), 돌나물, 둥굴레(잎), 들깻잎, 라디치오, 루꼴라/로케트, 머위, 무(잎, 열무 포함), 민들레, 배암차즈기/곰보배추, 비름나물, 비트(잎), 뽕(잎), 산마늘/명이나물(잎), 상추, 쑥부쟁이(섬쑥부쟁이/부지깽이나물 포함), 순무유채, 시금치, 신선초, 쑥, 쑥갓, 씀바귀, 아욱, 양상추, 어수리, 엇갈이배추(봄동, 쌈배추 등 포함), 엉겅퀴, 왕고들빼기, 우엉(잎), 원추리, 위트루프/치콘, 유채/동초, 질경이(잎), 차즈기/차조기/자소엽(잎), 참나물, 청경채, 춘채, 취나물(곰취, 미역취, 참취), 치커리(잎)(앤디브 포함), 케일, 파드득나물/삼엽채, 파슬리, 호박(잎) 등
	엽경채류	갯개미자리/세발나물, 고구마(줄기), 고비, 고사리, 달래, 두릅, 락교/염교, 리크, 미나리, 부추, 삼채, 셀러리, 아스파라거스, 죽순, 콜라비, 토란(줄기), 파(쪽파 포함), 풋마늘(마늘종 포함) 등
	근채류	고추냉이(뿌리), 당근, 더덕, 도라지, 둥글레(뿌리), 마늘, 무(뿌리), 물방기(뿌리), 비트, 사탕무, 생강, 수삼(산양삼 포함), 순무, 양파, 연근, 우엉, 참나리(비늘줄기, 뿌리), 치커리(뿌리), 파스닙 등
	박과 과채류	멜론, 박, 수박, 여주, 오이, 참외, 호박 등
	박과 이외 과채류	가지, 고추, 오크라, 토마토(방울토마토 포함), 풋콩(꼬투리 포함된 그린빈, 대두, 스냅빈, 완두 등), 피망(파프리카 포함) 등
버섯류	–	갓버섯, 꽃송이버섯 나도팽나무버섯/맛버섯, 느타리버섯, 목이버섯, 목질진흙버섯/상황버섯, 새송이버섯, 석이버섯, 송이버섯, 신령버섯, 싸리버섯, 양송이버섯, 영지버섯, 팽이버섯, 표고버섯, 황금뿔나팔버섯 등
향신 식물	허브류	가시여지/그라비올라(가지, 잎), 고수(잎), 돌외(잎), 드럼스틱/모링가(잎, 줄기), 라벤더, 레몬그라스, 레몬머틀, 레몬밤, 로즈마리, 루이보스, 마타리(순), 마테(잎), 민트(박하, 서양박하/페퍼민트, 스피어민트, 애플민트 등), 밀크시슬, 바질(잎), 배초향/방아잎, 사향초/백리향, 서양자초/딜(잎), 스테비아, 식용꽃(국화, 금잔화/마리골드, 장미, 캐모마일, 히비스커스 등), 아이언워트, 오레가노, 올리브(잎), 월계수, 쟈스민, 초피나무, 쿨란트로, 타임, 허니부쉬, 호로파(잎), 회향(잎) 등
	향신열매	노간주나무(열매), 바닐라(열매), 백미후추(열매), 산초(열매), 소두구(열매), 스타아니스/팔각회향(열매), 케이퍼(열매), 후추(열매) 등
	향신씨	겨자(씨), 고수(씨), 바질(씨), 서양자초/딜(씨), 셀러리(씨), 아니스(씨), 육두구(씨), 차즈기/차조기/자소자(씨), 캐러웨이(씨), 쿠민(씨), 호로파(씨), 회향(씨) 등
	향신뿌리	강황/심황/울금(뿌리) 등
	기타 향신식물	계피(가지, 줄기껍질), 몰약(고무수지), 사프란(암술머리), 정향(꽃봉오리) 등
차	–	차
호프	–	호프
조류	해조류	갈래곰보, 갈파래, 곰피, 김, 꼬시래기, 다시마, 돌가사리, 둥근돌김, 뜸부기, 매생이, 모자반, 미역, 불등가사리, 석묵, 우뭇가사리, 진두발, 청각, 톳, 파래 등
	기타조류	스피루리나, 클로렐라 등
기타 식물류		단수수, 마가목(껍질), 사탕수수 등

※ 상기 '/'는 이명을 의미하며, '( )'는 부위 또는 농약 기준이 동일하게 적용되는 농산물을 의미한다.

2) 동물성 원료

대분류	중분류	소분류	품 목
축산물	–	식육류	소고기, 돼지고기, 양고기, 염소고기, 토끼고기, 말고기, 사슴고기, 닭고기, 꿩고기, 오리고기, 거위고기, 칠면조고기, 메추리고기 등
	–	우유류	우유, 산양유 등
	–	알류	계란, 오리알, 메추리알 등
수산물	어류	민물어류	가물치, 메기, 미꾸라지, 붕어, 빙어, 쏘가리, 잉어, 참붕어, 칠성장어, 향어 등
		회유어류	송어, 연어, 은어, 뱀장어 등
		해양어류	가오리, 가자미, 갈치, 강달이, 고등어, 꽁치, 날치, 넙치(광어), 노래미, 농어, 대구, 도루묵, 도미, 망둑어, 멸치, 명태, 민어, 박대, 방어, 밴댕이, 뱅어, 병어, 복어, 볼기우럭, 조피볼락(우럭), 볼락, 붕장어, 삼치, 서대, 숭어, 쌍동가리, 양미리, 임연수어, 전갱이, 전어, 정어리, 조기, 준치, 쥐치, 청어, 홍어, 금눈돔, 칠성상어, 얼룩상어, 악상어, 청상아리, 곱상어, 귀상어, 은상어, 청새리상어, 흑기흉상어, 다금바리, 먹장어, 흑점샛돔(은샛돔), 은민대구, 은대구, 다랑어류(참다랑어, 남방참다랑어, 날개다랑어, 눈다랑어, 황다랑어, 백다랑어, 가다랑어, 점다랑어), 몽치다래, 물치다래, 돛새치, 청새치, 황새치 등
	–	어란류	명태알, 연어알, 철갑상어알 등
	무척추동물	갑각류	새우, 게, 바닷가재, 가재, 방게, 크릴 등
		연체류	1) 패류 : 굴, 홍합, 꼬막, 재첩, 소라, 고둥, 대합, 전복, 바지락, 군소 등 2) 두족류 : 문어, 오징어, 낙지, 갑오징어, 꼴뚜기, 주꾸미 등
		극피류	성게, 해삼 등
		피낭류	멍게, 미더덕, 주름미더덕(오만둥이) 등
		기타 무척추동물	개불, 해파리 등
기타 동물	–	파충류 및 양서류	식용자라, 식용개구리 등
	–	–	식용달팽이 등
		곤충류	메뚜기, 식용누에, 갈색거저리유충, 쌍별귀뚜라미, 장수풍뎅이유충, 흰점박이꽃무지유충 등

02 식품일반에 대한 공통기준 및 규격

1. 식품원료 기준

1) 원료 등의 구비요건

(1) 식품의 제조에 사용되는 원료는 식용을 목적으로 채취, 취급, 가공, 제조 또는 관리된 것이어야 한다.

(2) 원료는 품질과 선도가 양호하고 부패·변질되었거나, 유독 유해물질 등에 오염되지 아니한 것으로 안전성을 가지고 있어야 한다.

(3) 식품제조·가공영업등록대상이 아닌 천연성 원료를 직접처리하여 가공식품의 원료로 사용하는 때에는 흙, 모래, 티끌 등과 같은 이물을 충분히 제거하고 필요한 때에는 식품용수로 깨끗이 씻어야 하며 비가식부분은 충분히 제거하여야 한다.

(4) 허가, 등록 또는 신고 대상인 업체에서 식품원료를 구입 사용할 때에는 제조영업등록을 하였거나 수입신고를 마친 것으로서 해당식품의 기준 및 규격에 적합한 것이어야 하며 소비기한 경과제품 등 관련 법 위반식품을 원료로 사용하여서는 아니 된다.

(5) 기준 및 규격이 정하여져 있는 식품, 식품첨가물은 그 기준 및 규격에, 인삼·홍삼·흑삼은 「인삼산업법」에, 산양삼은 「임업 및 산촌 진흥촉진에 관한 법률」에, 축산물은 「축산물 위생관리법」에 적합한 것이어야 한다. 다만, 최종제품의 중금속 등 유해오염물질 기준 및 규격이 사용 원료보다 더 엄격하게 정해져 있는 경우, 최종제품의 기준 및 규격에 적합하도록 적절한 원료를 사용하여야 한다.

(6) 원료로 파쇄분을 사용할 경우에는 선도가 양호하고 부패·변질되었거나 이물 등에 오염되지 아니한 것을 사용하여야 한다.

(7) 식품용수는 「먹는물관리법」의 먹는물 수질기준에 적합한 것이거나, 「해양심층수의 개발 및 관리에 관한 법률」의 기준·규격에 적합한 원수, 농축수, 미네랄탈염수, 미네랄농축수이어야 한다.

(8) 인위적으로 유전자를 재조합하거나 유전자를 구성하는 핵산을 세포 또는 세포 내 소기관으로 직접 주입하는 기술, 분류학에 따른 과(科)의 범위를 넘는 세포융합기술 등 생명공학기술을 활용하여 재배·육성된 농·축·수산물 등을 원료 등으로 사용하고자 할 경우는 「식품위생법」 제18조에 의한 '유전자변형식품등의 안전성 심사 등에 관한 규정'에 따라 안전성 심사 결과 적합한 것이어야 한다.

(9) 식품에 사용되는 유산균 등은 식용가능하고 식품위생상 안전한 것이어야 한다.

(10) 옻나무는 옻닭 또는 옻오리 조리에 사용되는 제품의 원료로만 물추출물 또는 물추출물 제조용 티백(Tea bag) 형태로 사용할 수 있다. 이때 옻나무를 사용한 제품은 우루시올 성분이 검출되어서는 아니 된다. 또한 아까시재목버섯(장수버섯, Fomitella fraxinea)을 이용하여 우루시올 성분을 제거한 옻나무 물추출물은 장류, 발효식초, 탁주, 약주, 청주, 과실주에 한하여 발효공정 전에만 사용할 수 있으며 이때 사용량은 다음과 같다.

㉮ 장류 및 발효식초 : 추출물 제조에 사용된 옻나무 중량을 기준으로 최종제품 중량의 10.0% 이하

㉯ 탁주, 약주, 청주 및 과실주 : 추출물 제조에 사용된 옻나무 중량을 기준으로 최종제품 중량의 2.0% 이하

(11) 인삼 또는 홍삼 함유 제품류

① 인삼을 원료로 사용하는 경우 춘미삼, 묘삼, 삼피, 인삼박은 사용할 수 없으며 병삼인 경우에는 병든 부분을 제거하고 사용할 수 있다.

② 인삼엽은 다른 식물 등 이물이 함유되지 아니한 것으로서 병든 인삼의 잎이나 줄기 또는 꽃이어서는 아니 된다.

③ 원형그대로 넣는 수삼근은 3년근 이상(다만, 인삼산업법의 수경재배인삼은 제외한다.)이어야 하며, 병삼이나 파삼은 사용할 수 없다.

(12) 식품 제조·가공 등에 사용하는 식용란은 부패된 알, 산패취가 있는 알, 곰팡이가 생긴 알, 이물이 혼입된 알, 혈액이 함유된 알, 내용물이 누출된 알, 난황이 파괴된 알(단, 물리적 원인에 의한 것은 제외한다), 부화를 중지한 알, 부화에 실패한 알 등 식용에 부적합한 알이 아니어야 하며, 알의 잔류허용기준에 적합하여야 한다.

(13) 원유에는 중화·살균·균증식 억제 및 보관을 위한 약제가 첨가되어서는 아니 되며, 우유와 양유는 동일 작업시설에서 수유하여서는 아니 되고 혼입하여서도 아니 된다.

(14) 냉동식용어류머리의 원료는 세계관세기구(World Customs Organzation, WCO)의 통일상품명 및 부호체계에 관한 국제 협약상 식용(HS 0303호)으로 분류되어 위생적으로 처리된 것이 관련기관에 의해 확인된 것으로, 원료의 절단시 내장, 아가미가 제거 되고 위생적으로 처리된 것이어야 하며, 식품첨가물 등 다른 물질을 사용하지 않은 것이어야 한다.

(15) 냉동식용어류내장의 원료는 세계관세기구(World Customs Organzation, WCO)의 통일상품명 및 부호체계에 관한 국제 협약상 식용(HS 0303호, 0306호 또는 0307호)으로 분류되어 위생적으로 처리된 것이 관련기관에 의해 확인된 것으로, 원료의 분리 시 다른 내장은 제거된 것이어야 하며, 식품첨가물 등 다른 물질을 사용하지 않은 것이어야 한다.

(16) 생식용 굴은 「패류 생산해역 수질의 위생기준」(해양수산부 고시)에 따라 지정해역 수준의 수질 위생기준에 적합한 해역에서 생산된 것이거나 자연정화* 또는 인공정화** 작업을 통해 지정해역 수준의 수질 위생기준에 적합하도록 처리된 것이어야 한다.

* 자연정화 : 굴 내에 존재하는 미생물 수치를 줄이기 위해 굴을 수질기준에 적합한 지역으로 옮겨서 자연 정화 능력을 이용하여 처리하는 과정

** 인공정화 : 굴 내부의 병원체를 줄이기 위하여 육상 시설 등의 제한된 수중 환경으로 처리하는 과정

(17) 수산물 등의 저장 및 보존을 위하여 사용되는 어업용 얼음은 위생적으로 취급되어야 한다.

(18) 프로폴리스추출물 함유식품에 사용되는 원료는 꿀벌이 채집한 오염되지 아니한 원료를 사용하여야 한다.

(19) 클로렐라 함유식품의 클로렐라와 스피루리나 함유식품의 스피루리나는 순수배양한 것이어야 한다.

(20) 키토산 함유식품에 사용되는 원료는 오염되지 않은 키토산 추출이 가능한 갑각류(게, 새우 등)껍질을 사용하여야 하며, 키토산 사용식품 제조에 사용된 제조용제는 식품에 잔류하지 않아야 한다.

(21) 식용곤충은 「곤충산업의 육성 및 지원에 관한 법률」의 식용곤충 사육기준에 적합한 것이어야 한다.

(22) 고추는 병든 것, 곰팡이가 핀 것, 썩은 것, 상한채로 건조되어 희끗희끗하게 얼룩진 것을 사용하여서는 아니 된다.

(23) 식품의 제조·가공 중에 발생하는 식용가능한 부산물을 다른 식품의 원료로 이용하고자 할 경우 식품의 취급기준에 맞게 위생적으로 채취, 취급, 관리된 것이어야 한다.

(24) 식품원료 중 씨앗을 사용할 수 없도록 정하고 있는 열매는 섭취시 씨앗이 제거되는 경우 씨앗을 포함한 열매를 식품의 제조 · 가공에 사용할 수 있다.

2) 식품원료 판단기준

(1) 다음의 어느 하나에 해당하는 것은 식품의 제조·가공 또는 조리 시 식품원료로 사용하여서는 아니 된다. 다만, 이미 식품의약품안전처장이 인정한 것과 「식품등의 한시적 기준 및 규격 인정기준」에 따라 인정된 것은 식품의 원료로 사용할 수 있다.

① 식용을 목적으로 채취, 취급, 가공, 제조 또는 관리되지 아니한 것

② 식품원료로서 안전성 및 건전성이 입증되지 아니한 것

③ 기타 식품의약품안전처장이 식용으로 부적절하다고 인정한 것

(2) 위의 (1)에 해당되지 않는 것은 식품원료로서 사용가능 여부를 식품의약품안전처장이 판단한다. 다만, 식품의약품안전처장은 식품원료의 안전성과 관련된 새로운 사실이 발견되거나 제시될 경우 식품의 원료로서 사용가능 여부를 재검토하여 판단할 수 있다.

(3) 원료에 독성이나 부작용이 없고 식욕억제, 약리효과 등을 목적으로 섭취한 것 외에 국내에서 식용근거가 있는 경우 '식품에 사용할 수 있는 원료' 또는 '식품에 제한적으로 사용할 수 있는 원료'로 사용가능한 것으로 판단할 수 있다.

(4) 다음에 해당하는 것들은 '식품에 제한적으로 사용할 수 있는 원료'로 판단할 수 있으며, 사용용도를 특정식품에 제한할 수 있다.

① 향신료, 침출차, 주류 등 특정 식품에만 제한적 사용근거가 있는 것

② 독성이나 부작용 원인 물질을 완전 제거하고 사용해야 하는 것

③ 독성이나 부작용 원인 물질의 잔류기준이 필요한 것

(5) 식품원료 승인을 위한 제출자료

승인을 위해 자료를 제출하고자 할 경우에는 아래의 「식품원료 사용을 위한 의사결정도」를 참고할 수 있으며, 제출자료는 다음과 같다.

① 원료의 기본특성자료

㉮ 원료명 또는 이명

㉯ 원료의 학명, 사용부위

㉰ 성분 및 함량, 사진, 자생지 등 원료의 특성을 알 수 있는 자료

㉱ 식품에 사용하고자 하는 용도

② 식용근거자료

㉮ 국내에서 전래적으로 식품으로 섭취하였음을 입증할 수 있는 자료

③ 독성이나 부작용이 있는 경우 제출자료

㉮ 독성이나 부작용의 원인물질의 명칭, 분자구조, 특성 등에 관한 자료

㉯ 원인물질의 독성작용이나 부작용에 대한 자료

㉰ 독성물질의 분석방법 등에 관한 자료
㉱ 독성이나 부작용의 원인물질이 완전히 제거되는 경우 이를 입증할 수 있는 자료
㉲ 독성이나 부작용의 원인물질에 대한 잔류기준이 설정되어 있는 경우, 규정 및 설정 사유, 최종 제품에 대한 함유량 등에 관한 자료

「식품원료 사용을 위한 의사결정도」

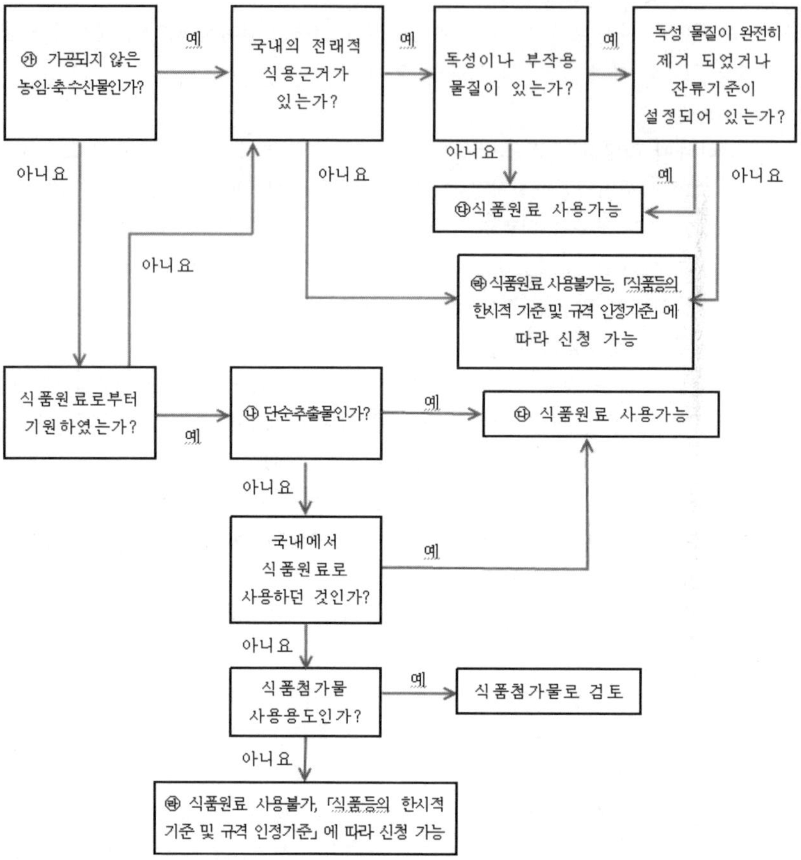

○ 식품원료 사용불가 : 식품원료로 사용이 불가능하나, 「식품등의 한시적 기준 및 규격 인정기준」(식품위생법시행규칙 제5조 관련)에 따라 식품원료의 한시적 기준 및 규격으로 신청 가능함

(6) 식품에 사용할 수 있는 원료
① '식품에 사용할 수 있는 원료'의 목록은 [별표 1]과 같다
② '제1. 총칙 4. 식품원료 분류'에 등재되어 있는 원료

(7) 식품에 제한적으로 사용할 수 있는 원료
① '식품에 제한적으로 사용할 수 있는 원료'의 목록은 [별표 2]와 같다.
② '식품에 제한적으로 사용할 수 있는 원료'로 분류된 원료는 명시된 사용 조건을 준수하여야 하며, 별도의 사용 조건이 정하여지지 않은 원료는 다음의 사용기준에 따른다.

㉮ 식품 제조 시 사용되는 '식품에 제한적으로 사용할 수 있는 원료'는 가공전 원료의 중량을 기준으로 50% 미만(배합수 제외)을 사용하여야 한다.

㉯ 식품 제조 시 '식품에 제한적으로 사용할 수 있는 원료'를 2가지 이상 혼합할 경우 혼합되는 총량은 가공전 원료의 중량을 기준으로 50% 미만(배합수 제외) 사용하여야 한다.

㉰ 다만, 최종 소비자에게 판매되지 아니하고 제조업소에 공급되는 원료용 제품을 제조하고자 하는 경우에는 위의 ㉮, ㉯ 항을 적용받지 아니할 수 있다.

㉱ 음료류, 주류 및 향신료 제조 시 '식품에 제한적으로 사용할 수 있는 원료' 에 속하는 식물성 원료가 1가지인 경우에는 원료의 중량을 기준으로 100%까지 (배합수 제외) 사용할 수 있다.

(8) 한시적 기준·규격에서 전환된 원료

① 「식품등의 한시적 기준 및 규격 인정 기준」 에 따라 식품원료로 인정된 후 식품공전에 등재되는 '한시적 기준·규격에서 전환된 원료'의 목록은 [별표 3]과 같다.

② '한시적 기준·규격에서 전환된 원료'로 분류된 원료는 명시된 제조(또는 사용) 조건을 준수하여야 한다.

(9) 한시적 인정 식품원료의 식품공전 등재 요건

① 「식품등의 한시적 기준 및 규격 인정 기준」 에 따라 인정된 식품원료는 다음의 어느 하나를 충족하면 「식품의 기준 및 규격」 [별표 3] '한시적 기준·규격에서 전환된 원료'의 목록에 추가로 등재 할 수 있다.

㉮ 한시적 기준 및 규격을 인정받은 날로부터 3년이 경과한 경우

㉯ 한시적 기준 및 규격을 인정받은 자가 3인 이상인 경우

㉰ 한시적 기준 및 규격을 인정받은 자가 등재를 요청하는 경우(다만, 인정받은 자가 2명인 경우 모두 등재를 요청하는 경우)

2. 제조·가공기준

1) 식품 제조·가공에 사용되는 원료, 기계·기구류와 부대시설물은 항상 위생적으로 유지·관리하여야 한다.

2) 식품용수는 「먹는물관리법」 의 먹는물 수질기준에 적합한 것이거나, 「해양심층수의 개발 및 관리에 관한 법률」 의 기준·규격에 적합한 원수, 농축수, 미네랄탈염수, 미네랄농축수이어야 한다.

3) 식품용수는 먹는물관리법에서 규정하고 있는 수처리제를 사용하거나, 각 제품의 용도에 맞게 물을 응집침전, 여과[활성탄, 모래, 세라믹, 맥반석, 규조토, 마이크로필터, 한외여과(Ultra Filter), 역삼투막, 이온교환수지], 오존살균, 자외선살균, 전기분해, 염소소독 등의 방법으로 수처리하여 사용할 수 있다.

4) '제5. 식품별 기준 및 규격'에서 원료배합시의 기준이 정하여진 식품은 그 기준에 의하며, 물을 첨가하여 복원되는 건조 또는 농축된 식품의 경우는 복원상태의 성분 및 함량비(%)로 환산 적용한다. 다만, 식육가공품 및 알가공품의 경우 원료배합시 제품의 특성에 따라 첨가되는 배합수는 제외할 수 있다.

5) 어떤 원료의 배합기준이 100%인 경우에는 식품첨가물의 함량을 제외하되, 첨가물을 함유한 당해제품은 '제5. 식품별 기준 및 규격'의 당해제품 규격에 적합하여야 한다.

6) 식품 제조·가공 및 조리 중에는 이물의 혼입이나 병원성 미생물 등이 오염되지 않도록 하여야 하며, 제조 과정 중 다른 제조 공정에 들어가기 위해 일시적으로 보관되는 경우 위생적으로 취급 및 보관되어야 한다.

7) 식품은 물, 주정 또는 물과 주정의 혼합액, 이산화탄소만을 사용하여 추출할 수 있다. 다만, 식품첨가물의 기준 및 규격에서 개별기준이 정해진 경우는 그 사용기준을 따른다.

8) 냉동된 원료의 해동은 별도의 청결한 해동공간에서 위생적으로 실시하여야 한다.

9) 식품의 제조, 가공, 조리, 보존 및 유통 중에는 동물용의약품을 사용할 수 없다.

10) 가공식품은 미생물 등에 오염되지 않도록 위생적으로 포장하여야 한다.

11) 식품은 캡슐 또는 정제 형태로 제조할 수 없다. 다만, 과자, 캔디류, 추잉껌, 초콜릿류, 장류, 조미식품, 당류가공품, 음료류, 과 · 채가공품은 정제형태로, 식용유지류는 캡슐형태로 제조할 수 있으나 이 경우 의약품 또는 건강기능식품으로 오인·혼동할 우려가 없도록 제조 하여야 한다.

12) 식품의 처리·가공 중 건조, 농축, 열처리, 냉각 또는 냉동 등의 공정은 제품의 영양성, 안전성을 고려하여 적절한 방법으로 실시하여야 한다.

13) 원유는 이물을 제거하기 위한 청정공정과 필요한 경우 유지방구의 입자를 미세화 하기 위한 균질공정을 거쳐야 한다.

14) 유가공품의 살균 또는 멸균 공정은 따로 정하여진 경우를 제외하고 저온 장시간 살균법(63~65℃에서 30분간), 고온단시간 살균법(72~75℃에서 15초 내지 20초간), 초고온순간처리법(130~150℃에서 0.5초 내지 5초간) 또는 이와 동등 이상의 효력을 가지는 방법으로 실시하여야 한다. 그리고 살균제품에 있어서는 살균 후 즉시 10℃ 이하로 냉각하여야 하고, 멸균제품은 멸균한 용기 또는 포장에 무균공정으로 충전·포장하여야 한다.

15) 식품 중 살균제품은 그 중심부 온도를 63℃ 이상에서 30분간 가열살균 하거나 또는 이와 동등이상의 효력이 있는 방법으로 가열 살균하여야 하며, 오염되지 않도록 위생적으로 포장 또는 취급하여야 한다. 또한, 식품 중 멸균제품은 기밀성이 있는 용기·포장에 넣은 후 밀봉한 제품의 중심부 온도를 120℃ 이상에서 4분 이상 멸균처리하거나 또는 이와 동등이상의 멸균 처리를 하여야 한다. 다만, 식품별 기준 및 규격에서 정하여진 것은 그 기준에 따른다.

16) 멸균하여야 하는 제품 중 pH 4.6 이하인 산성식품은 살균하여 제조할 수 있다. 이 경우 해당제품은 멸균제품에 규정된 규격에 적합하여야 한다.

17) 식품 중 비살균제품은 다음의 기준에 적합한 방법이나 이와 동등이상의 효력이 있는 방법으로 관리하여야 한다.

(1) 원료육으로 사용하는 돼지고기는 도살 후 24시간 이내에 5℃ 이하로 냉각·유지하여야 한다.

(2) 원료육의 정형이나 냉동 원료육의 해동은 고기의 중심부 온도가 10℃를 넘지 않도록 하여야 한다.

18) 식육가공품 또는 포장육 작업장의 실내온도는 15℃ 이하로 유지 관리하여야 한다(다만, 가열처리작업장은 제외).

19) 식육가공품 또는 포장육의 공정상 특별한 경우를 제외하고는 가능한 한 신속히 가공하여야 한다.

20) 어류의 육질이외의 부분은 비가식부분을 충분히 제거한 후 중심부온도를 -18℃ 이하에서 보관하여야 한다.

21) 생식용 굴은 채취 후 신속하게 위생적인 물로써 충분히 세척하여야 하며, 식품첨가물(차아염소산나트륨 제외)을 사용하여서는 안 된다.

22) 기구 및 용기·포장류는 「식품위생법」 제9조의 규정에 의한 기구 및 용기·포장의 기준 및 규격에 적합한 것이어야 한다.

23) 식품포장 내부의 습기, 냄새, 산소 등을 제거하여 제품의 신선도를 유지시킬 목적으로 사용되는 물질은 기구 및 용기·포장의 기준·규격에 적합한 재질로 포장하여야 하고 식품에 이행되지 않도록 포장하여야 한다.

24) 식품의 용기·포장은 용기·포장류 제조업 신고를 필한 업소에서 제조한 것이어야 한다. 다만, 그 자신의 제품을 포장하기 위하여 용기·포장류를 직접 제조하는 경우는 제외한다.

25) 식품 제조·가공에 원료로 사용하는 톳과 모자반의 경우, 생물은 끓는 물에 충분히 삶고, 건조된 것은 물

에 불린 후 충분히 삶는 등 무기비소 저감 공정을 거친 후 사용하여야 한다.

26) 도시락 제조에 사용되는 과일류 및 채소류는 충분히 세척한 후 식품첨가물로 허용된 살균제로 살균 후 깨끗한 물로 충분히 세척하여야 한다. 다만, 껍질을 제거하여 섭취하는 과일류, 과채류와 세척 후 가열과정이 있는 과일류 또는 채소류는 제외한다.

27) 냉장상태에서 유통되는 도시락의 경우, 도시락 용기에 담는 식품은 조리가 완료된 후 냉장온도(단, 밥은 제외)로 신속히 냉각하여 용기에 담아야 한다. 다만, 반찬의 온도에 영향을 미치지 않도록 별도 포장되는 밥은 그러하지 않을 수 있다.

28) 냉동수산물을 물에 담가 해동하는 경우 21℃이하에서 위생적으로 해동하여야 한다.

29) 분말, 가루, 환제품을 제조하기 위하여 원료를 금속재질의 분쇄기로 분쇄하는 경우에는 분쇄 이후(여러 번의 분쇄를 거치는 경우 최종 분쇄 이후) 충분한 자력을 가진 자석을 이용하여 금속성이물(쇳가루)을 제거하는 공정을 거쳐야 한다. 이 때 제거공정 중 자석에 부착된 분말 등을 주기적으로 제거하여 충분한 자력이 상시 유지될 수 있도록 관리하여야 한다.

30) 달걀을 물로 세척하는 경우 다음의 요건을 모두 충족하는 방법으로 세척하여야 한다.

(1) 30℃ 이상이면서 달걀의 품온보다 5℃ 이상의 물을 사용할 것

(2) 100 ~ 200 ppm 차아염소산나트륨을 함유한 물을 사용할 것. 이때 차아염소산나트륨을 사용하지 않는 경우 150 ppm 차아염소산나트륨과 동등 이상의 살균효력이 있는 방법을 사용할 수 있다.

3. 식품일반의 기준 및 규격

1) 성상

제품은 고유의 형태, 색택을 가지고 이미·이취가 없어야 한다.

2) 이물

(1) 식품은 다음의 이물을 함유하여서는 아니된다.

① 원료의 처리과정에서 그 이상 제거되지 아니하는 정도 이상의 이물

② 오염된 비위생적인 이물

③ 인체에 위해를 끼치는 단단하거나 날카로운 이물

다만, 다른 식물이나 원료식물의 표피 또는 토사, 원료육의 털, 뼈 등과 같이 실제에 있어 정상적인 제조·가공상 완전히 제거되지 아니하고 잔존하는 경우의 이물로서 그 양이 적고 위해 가능성이 낮은 경우는 제외한다.

(2) 금속성 이물로서 쇳가루는 제8. 1.2.1 마. 금속성이물(쇳가루)에 따라 시험하였을 때 식품 중 10.0 mg/kg 이상 검출되어서는 아니 되며, 또한 금속이물은 2 mm 이상인 금속성 이물이 검출되어서는 아니 된다.

3) 식품첨가물

(1) 식품 중 식품첨가물의 사용은 식품첨가물의 기준 및 규격에 따른다.

(2) 어떤 식품에 사용할 수 없는 식품첨가물이 그 식품첨가물을 사용할 수 있는 원료로부터 유래된 것이라면 원료로부터 이행된 범위 안에서 식품첨가물 사용기준의 제한을 받지 아니할 수 있다.

4) 위생지표균 및 식중독균

(1) 위생지표균

가. 식품일반 〈고시 제2018-98호, 2018.11.29., 시행일 2020.1.1.〉

규격 / 항목	제품 특성		n	c	m	M
세균수	멸균제품		5	0	0	-
대장균군	살균제품	분말제품 제외	5	1	0	10
		분말제품	5	2	0	10

나. 식품자동판매기에서 판매하는 식품(식품자동판매기에 넣어 최종제품 그대로 판매하는 가공식품은 제외)에 대한 미생물 기준

가) 세균수 : n=5, c=2, m=1,000, M=10,000(음료류에 한함. 다만, 유가공품, 유산균, 발효제품 및 가열하지 아니한 과일·채소류음료가 함유된 경우는 제외한다.)유산균, 발효제품 및 가열하지 아니한 과일·채소류음료가 함유된 경우는 제외한다.)

나) 대장균 : n = 5, c = 2, m = 0, M = 10

다. 수산물

가) 세균수 : 최종소비자가 그대로 섭취할 수 있도록 유통판매를 목적으로 위생처리하여 용기·포장에 넣은 동물성 냉동수산물 : n = 5, c = 2, m = 100,000, M = 500,000

나) 대장균

① 최종소비자가 그대로 섭취할 수 있도록 유통판매를 목적으로 위생처리하여 용기·포장에 넣은 동물성 냉동수산물 : n = 5, c = 2, m = 0, M = 10

② 냉동식용어류머리 또는 냉동식용어류내장 : n = 5, c = 2, m = 0, M = 10

③ 생식용 굴 : n = 5, c = 1, m = 230, M = 700 MPN/100g

(2) 식중독균

가. 식중독균은 식품의 특성에 따라 다음과 같이 적용한다.

가) 살모넬라(*Salmonella* spp.), 장염비브리오(*Vibrio parahaemolyticus*), 리스테리아 모노사이토제네스(*Listeria monocytogenes*), 장출혈성 대장균(*Enterohemorrhagic Escherichia coli*), 캠필로박터 제주니/콜리(*Campylobacter jejuni/coli*), 여시니아 엔테로콜리티카(*Yersinia enterocolitica*)

대상 식품	규 격
식육(제조, 가공용원료는 제외한다), 살균 또는 멸균처리하였거나 더 이상의 가공, 가열조리를 하지 않고 그대로 섭취하는 가공식품	n=5, c=0, m=0/25g

나) 바실러스 세레우스(*Bacillus cereus*)

대상 식품	규 격
① 가)의 대상식품 중 장류(메주 제외) 및 소스, 복합조미식품, 김치류, 젓갈류, 절임류, 조림류	g 당 10,000 이하 (멸균제품은 음성이어야 한다)
② 위 ①을 제외한 가)의 대상식품	g 당 1,000 이하 (멸균제품은 음성이어야 한다)

다) 클로스트리디움 퍼프린젠스(*Clostridium perfringens*)

대상 식품	규 격
① 가)의 대상식품 중 햄류, 소시지류, 식육추출가공품, 알가공품	n=5, c=1, m=10, M=100 (멸균제품은 n=5, c=0, m=0/25g)
② 가)의 대상식품 중 생햄, 발효소시지, 자연치즈, 가공치즈	n=5, c=2, m=10, M=100 (멸균제품은 n=5, c=0, m=0/25g)
③ 가)의 대상식품 중 장류(메주 제외), 젓갈류, 고춧가루 또는 실고추, 향신료가공품, 김치류, 절임류, 조림류, 복합조미식품, 식초, 카레분 및 카레(액상제품 제외)	n=5, c=2, m=100, M=1,000 (멸균제품은 n=5, c=0, m=0/25g)
④ 위 ①, ②, ③ 을 제외한 가)의 대상식품	n=5, c=0, m=0/25g

라) 황색포도상구균(*Staphylococcus aureus*)

대상 식품	규 격
① 가)의 대상식품 중 햄류, 소시지류, 식육추출가공품, 건포류	n=5, c=1, m=10, M=100 (멸균제품은 n=5, c=0, m=0/25g)
② 가)의 대상식품 중 생햄, 발효소시지, 자연치즈, 가공치즈	n=5, c=2, m=10, M=100 (멸균제품은 n=5, c=0, m=0/25g)
③ 위 ①, ②를 제외한 가)의 대상식품	n=5, c=0, m=0/25g

나. 기타식육 및 기타 동물성가공식품은 결핵균, 탄저균, 브루셀라균이 음성이어야 한다.

다. 더 이상의 가열조리를 하지 않고 섭취할 수 있도록 비가식부위(비늘, 아가미, 내장 등) 제거, 세척 등 위생처리한 수산물은 살모넬라(*Salmonella* spp.), 리스테리아 모노사이토제네스(*Listeria monocytogenes*), 비브리오 패혈증균(*Vibrio vulnificus*), 비브리오 콜레라(*Vibrio cholerae*)가 n=5, c=0, m=0/25g, 장염비브리오(*Vibrio parahaemolyticus*) 및 황색포도상구균(*Staphylococcus aureus*)은 g당 100 이하이어야 한다.

라. 가공·가열처리하지 아니하고 그대로 사람이 섭취하는 용도의 식용란에서는 살모넬라균(Salmonella Enteritidis)이 검출되어서는 아니 된다.

마. 식육(분쇄육에 한함) 및 판매를 목적으로 식육을 절단(세절 또는 분쇄를 포함)하여 포장한 상태로 냉장 또는 냉동한 것으로서 화학적 합성품 등 첨가물 또는 다른 식품을 첨가하지 아니한 포장육(육함량 100%, 다만, 분쇄에 한함)에서는 장출혈성 대장균이 n=5, c=0, m=0/25g 이어야 한다.

바. 식품자동판매기에서 판매하는 식품(식품자동판매기에 넣어 최종제품 그대로 판매하는 가공식품과 음료류는 제외)은 살모넬라(Salmonella spp.), 황색포도상구균(Staphylococcus aureus), 리스테리아 모노사이토제네스(Listeria monocytogenes), 장출혈성 대장균(Enterohemorrhagic Escherichia coli), 캠필로박터 제주니/콜리(Campylobacter jejuni/coli), 여시니아 엔테로콜리티카

(Yersinia enterocolitica), 비브리오 패혈증균(Vibrio vulnificus), 비브리오 콜레라(Vibrio cholerae) 등 식중독균이 음성이어야 하며, 장염비브리오(Vibrio parahaemolyticus), 클로스트리디움 퍼프린젠스(Clostridium perfringens) g당 100 이하, 바실루스 세레우스(Bacillus cereus) g당 10,000 이하이어야 한다. 다만, 혼합 · 처리과정 중 가열처리를 하지 않거나 가열 후 혼합 · 처리한 식품의 경우 황색포도상구균(Staphylococcus aureus)은 g당 100 이하이어야 한다.

사. 식품접객업소 등의 노로바이러스 기준

식품접객업소, 집단급식소, 식품제조·가공업소 등에서 식재료 및 식기 등의 세척, 식품의 조리 및 제조·가공, 먹는 물 등으로 사용하는 물 : 불검출(다만, 식품접객업소, 집단급식소 등에서 먹는 물로 제공되는 수돗물은 먹는물관리법에서 규정하고 있는 먹는물 수질기준에 의한다)

5) 오염물질

(1) 오염물질 기준 적용

① 건조 과정으로 인하여 수분함량이 변화된 건조 농·임·축·수산물의 중금속, 패독소, 폴리염화비페닐(PCBs) 기준은 수분함량의 변화를 고려하여 생물 기준으로 환산·적용한다.

② 그대로 섭취하지 않는 건조 농·임·축·수산물의 방사능 기준은 수분함량의 변화를 고려하여 생물 기준으로 환산·적용한다.

③ 기준이 별도로 설정되어 있지 않은 가공식품의 중금속, 곰팡이독소, 패독소 등 오염물질 기준은 원료의 함량에 따라 해당 농·임·축·수산물·식용곤충의 기준을 적용하고, 건조 등의 과정으로 인하여 수분 함량이 변화된 경우는 수분 함량을 고려하여 적용한다.

④ 기준이 설정되어 있는 가공식품 중 희석하여 섭취하는 식품의 중금속, 방사능 기준은 섭취시의 상태(제조사가 제시한 섭취방법)를 반영하여 적용한다.

(2) 중금속 기준

① 농산물

대상식품		납 [mg/kg]	카드뮴 [mg/kg]	무기비소 [mg/kg]
곡류		0.2 이하 (현미제외)	0.1 이하 (현미 제외) 0.2 이하 (밀, 쌀(현미 제외)에 한한다	0.2 이하* (쌀(현미 제외)에 한한다) 0.35 이하* (현미에 한한다)
서류		0.1 이하	0.1 이하	
콩류		0.2 이하	0.1 이하 (대두는 0.2 이하)	
견과 종실류	땅콩 또는 견과류	0.1 이하	0.3 이하	
	유지 종실류	0.3 이하 (참깨에 한한다)	0.2 이하 (참깨에 한한다)	
과일류		0.1 이하 (사과, 귤, 장과류는 0.2 이하)	0.05 이하	
엽채류(결구 엽채류 포함)		0.3 이하	0.2 이하	
엽경채류		0.1 이하	0.05 이하	

근채류	0.1 이하 (인삼, 산양삼, 도라지, 더덕 2.0 이하)	0.1 이하 (양파 0.05 이하, 인삼, 산양삼, 도라지, 더덕 0.2 이하)	
과채류	0.1 이하 (고추, 호박은 0.2 이하)	0.05 이하 (고추, 호박은 0.1 이하)	
버섯류	0.3 이하 (양송이버섯, 느타리버섯, 새송이버섯, 표고버섯, 송이버섯, 팽이버섯, 목이버섯에 한한다)	0.3 이하 (양송이버섯, 느타리버섯, 새송이버섯, 표고버섯, 송이버섯, 팽이버섯, 목이버섯에 한한다)	

* 총비소 0.2 mg/kg 초과 검출 시에만, 무기비소로 시험하여 기준 적용

② 축산물

대상식품	납 [mg/kg]	카드뮴 [mg/kg]
가금류고기*	0.1 이하	–
돼지간	0.5 이하	0.5 이하
돼지고기**	0.1 이하	0.05 이하
돼지신장	0.5 이하	1.0 이하
소간	0.5 이하	0.5 이하
소고기**	0.1 이하	0.05 이하
소신장	0.5 이하	1.0 이하
원유 및 우유류	0.02 이하	–

* 가금류고기 : 부착된 지방 및 표피를 포함하는 가금류 도체의 근육조직으로 닭, 오리, 꿩, 거위, 칠면조, 메추리 등의 고기를 말한다.

** 소고기, 돼지고기 : 근육 내 지방 및 피하지방과 같이 부착된 지방조직을 포함하는 도체(혹은 이를 자른 덩어리)의 근육조직을 말한다.

③ 수산물

대상식품	납 [mg/kg]	카드뮴 [mg/kg]	수은 [mg/kg]	메틸수은 [mg/kg]
어류	0.5 이하	0.1 이하 (민물 및 회유 어류에 해당된다) 0.2 이하 (해양어류에 해당된다)	0.5 이하 (심해성 어류, 다랑어류 및 새치류는 제외한다)	1.0 이하 (심해성 어류, 다랑어류 및 새치류에 해당된다)
연체류	2.0 이하 (다만, 오징어는 1.0 이하, 내장을 포함한 낙지는 2.0 이하)	2.0 이하 (다만, 내장을 포함한 낙지는 3.0 이하)	0.5 이하	–

갑각류	0.5 이하 (다만, 내장을 포함한 꽃게류는 2.0 이하)	1.0 이하 (다만, 내장을 포함한 꽃게류는 5.0 이하)	–	–
해조류	0.5 이하 [미역(미역귀 포함)에 한한다]	0.3 이하 [김(조미김 포함) 또는 미역(미역귀 포함)에 한한다] 〈제2024-22호, '24.5.17〉 [시행일 : '26.1.1.] 0.3 이하 [김(가공김(조미김 또는 구운김) 포함) 또는 미역(미역귀 포함)에 한한다]	–	–
냉동식용 어류머리	0.5 이하	–	0.5 이하 (아래 ㉮의 어류는 제외한다)	1.0 이하 (아래 ㉮의 어류에 한한다)
냉동식용 어류내장	0.5 이하 (다만, 두족류는 2.0 이하)	3.0 이하 (다만, 어류의 알은 1.0 이하, 두족류는 2.0 이하)	0.5 이하 (아래 ㉮의 어류는 제외한다)	1.0 이하 (아래 ㉮의 어류에 한한다)

㉮ 메틸수은 규격 적용 대상 해양어류 : 쏨뱅이류(적어포함, 연안성 제외), 금눈돔, 칠성상어, 얼룩상어, 악상어, 청상아리, 곱상어, 귀상어, 은상어, 청새리상어, 흑기흉상어, 다금바리, 체장메기(홍메기), 블랙오레오도리(*Allocyttus niger*), 남방달고기(*Pseudocyttus maculatus*), 오렌지라피(*Hoplostethus atlanticus*), 붉평치, 먹장어(연안성 제외), 흑점샛돔(은샛돔), 이빨고기, 은민대구(뉴질랜드계군에 한함), 은대구, 다랑어류, 돛새치, 청새치, 녹새치, 백새치, 황새치, 몽치다래, 물치다래

④ 가공식품

대상식품	납 (mg/kg)	비소 (mg/kg)	무기비소 (mg/kg)
① 식물성유지류, 기타동물성유지, 혼합식용유, 향미유, 가공유지, 쇼트닝, 마가린	0.1 이하	0.1 이하	-
② 어유	0.1 이하	-	0.1 이하*
③ 영아용 조제유, 성장기용 조제유, 영아용 조제식, 성장기용 조제식, 영·유아용 이유식, 영·유아용 특수조제식품	0.01 이하 [분말제품의 경우 희석하여 섭취하는 형태(제조사가 제시한 섭취방법)를 반영하여 기준적용]	-	0.1 이하* (현미, 미강, 쌀눈, 톳 또는 모자반을 사용한 식품에 한함)
④ 특수의료용도등식품(영·유아용 특수조제식품 제외), 과자, 시리얼류, 면류 〈식약처 고시 제2020-114호, : '22.1.1.〉 ○ 특수의료용도식품(영·유아용 특수조제식품제외), 과자, 시리얼류, 면류	-	-	0.1 이하* (현미, 미강, 쌀눈, 톳 또는 모자반을 사용한 식품에 한함)
⑤ 위 ②, ③, ④를 제외한 모든 식품	-	-	1 이하* (현미, 미강, 쌀눈, 톳 또는 모자반을 사용한 식품에 한함)

* 총비소 시험결과 무기비소 기준 초과 검출 시 무기비소로 시험하여 기준 적용,

⑤ 식용곤충

대상식품	납 (mg/kg)	비소 (mg/kg)	무기비소 (mg/kg)
식용곤충	0.1 이하 (다만, 장수풍뎅이유충, 흰점박이꽃무지유충은 0.3 이하	0.1 이하	0.1 이하

* 총비소 시험결과 무기비소 기준 초과 검출 시 무기비소로 시험하여 기준 적용

(3) 곰팡이독소 기준

① 총 아플라톡신(B_1, B_2, G_1 및 G_2의 합)

대 상 식 품		기 준(μg/kg)
식물성 원료*		15.0 이하 (단, B_1은 10.0 이하이어야 한다)
가공식품	가공식품(영아용 조제식, 성장기용 조제식, 영·유아용이유식 제외)	15.0 이하 (단, B1은 10.0 이하이어야 한다)
	영아용 조제식, 성장기용 조제식, 영·유아용 이유식	0.10 이하 (B1에 한함)

* 제1. 총칙 4. 식품원료 분류 1) 식물성 원료에 해당되는 품목

② 아플라톡신 M1

대 상 식 품	기 준(μg/kg)
원유	0.50 이하
우유류, 산양유	
조제유류	0.025 이하*
영아용 조제식, 성장기용 조제식, 영·유아용 이유식, 영·유아용 특수조제식품	0.025 이하* (유성분 함유식품에 한함)

* 분말제품의 경우 희석하여 섭취하는 형태(제조사가 제시한 섭취방법)를 반영하여 기준 적용

③ 파튤린(Patulin)

대 상 식 품	기 준(μg/kg)
사과주스 사과주스농축액(원료용 포함, 농축배수로 환산하여)	50 이하
영아용 조제식, 성장기용 조제식, 영·유아용 이유식	10.0 이하

④ 푸모니신(Fumonisin)〈고시 제2018-74호, 2018.10.12.〉

대 상 식 품	기 준 (mg/kg, B1 및 B2의 합으로서)
옥수수(단, 전분 또는 전분당 제조용 옥수수 제외)	4 이하
수수	
수수를 단순 처리한 것(분쇄, 절단 등)	
옥수수를 단순 처리한 것(분쇄, 절단 등)	2 이하
옥수수 또는 수수를 단순 처리한 것이 50% 이상 함유된 곡류가공품	1 이하 (단, 옥수수를 단순 처리한 것이 100%인 곡류가공품은 2 이하, 수수를 단순 처리한 것이 100%인 곡류가공품은 4 이하)
시리얼류	1 이하
팝콘용옥수수가공품	

⑤ 오크라톡신 A(Ochratoxin A)

대 상 식 품	기 준(μg/kg)
곡류	5.0 이하
곡류를 단순 처리한 것(분쇄, 절단 등)	
커피콩, 볶은커피	
인스턴트커피	10.0 이하
메주	20 이하
고춧가루	7.0 이하
포도주스, 포도주스농축액(원료용 포함, 농축배수로 환산하여), 포도주	2.0 이하
건조과일류	10.0 이하
육두구, 심황(강황), 후추	15.0 이하
육두구, 심황(강황) 또는 후추를 함유한 조미식품	
영아용 조제식, 성장기용 조제식	0.50 이하 (건조 중량 기준으로 곡류 등 전분질 원료 25% 이상 함유제품에 한함)
영·유아용 이유식	0.50 이하

⑥ 데옥시니발레놀(Deoxynivalenol)

대 상 식 품	기 준 [mg/kg]
곡류(옥수수 제외)	1 이하
곡류를 단순 처리한 것(분쇄, 절단 등, 다만 옥수수를 단순처리한 것은 제외)	
옥수수	2 이하
옥수수를 단순 처리한 것(분쇄, 절단 등)	
시리얼류	0.5 이하
영아용 조제식, 성장기용 조제식, 영·유아용 이유식	0.2 이하
면류	0.75 이하

⑦ 제랄레논(Zearalenone)

대 상 식 품	기 준(μg/kg)
곡류	100 이하 (전분 또는 전분당 제조용 옥수수는 200 이하)
곡류를 단순 처리한 것(분쇄, 절단 등)	
과자	50 이하
영아용 조제식, 성장기용 조제식, 영·유아용 이유식	20 이하
시리얼류	50 이하

(4) 다이옥신
① 소고기 : 4.0 pg TEQ/g fat 이하
② 돼지고기 : 2.0 pg TEQ/g fat 이하
③ 닭고기 : 3.0 pg TEQ/g fat 이하
(5) 폴리염화비페닐(PCBs) : 0.3 mg/kg 이하(어류에 한한다.)
(6) 벤조피렌[Benzo(a)pyrene]
① 식용유지(다만, 식용우지와 식용돈지는 제외) : 2.0 μg/kg 이하
② 숙지황 및 건지황 : 5.0 μg/kg 이하
③ 훈제어육 : 5.0 μg/kg 이하(다만, 건조제품은 제외)
④ 훈제건조어육 : 10.0 μg/kg 이하[생물로 기준 적용(건조로 인하여 수분함량이 변화된 경우 수분함량을 고려하여 적용)하며, 물로 추출하여 제조하는 제품의 원료로 사용하는 경우에 한하여 이 기준을 적용하지 아니할 수 있다. 다만, 이 경우 물로 추출한 추출물에서는 벤조피렌이 검출되어서는 아니 된다.〉
⑤ 어류 : 2.0 μg/kg 이하
⑥ 패류 : 10.0 μg/kg 이하
⑦ 연체류(패류는 제외) 및 갑각류 : 5.0 μg/kg 이하
⑧ 영아용 조제유, 성장기용 조제유, 영아용 조제식, 성장기용 조제식, 영·유아용 이유식, 영·유아용 특수조제식품 : 1.0 μg/kg 이하
⑨ 훈제식육제품 및 그 가공품 : 5.0 μg/kg 이하
⑩ 흑삼(분말 포함) : 2.0 μg/kg 이하
⑪ 흑삼농축액 : 4.0 μg/kg 이하

(7) 3-MCPD(3-Monochloropropane-1,2-diol) 기준

대 상 식 품	기준(mg/kg 이하)
산분해간장, 혼합간장(산분해간장 또는 산분해간장 원액을 혼합하여 가공한 것에 한한다)	0.02 이하
식물성 단백가수분해물 (HVP : Hydrolyzed vegetable protein)	1.0 이하 (건조물 기준으로서)

* 식물성 단백가수분해물(Hydrolyzed vegetable protein, HVP) : 콩, 옥수수 또는 밀 등으로부터 얻은 식물성 단백질원을 산가수분해와 같은 화학적공정(효소분해 제외)을 통해 아미노산등으로 분해하여 얻어진 것을 말한다.

(8) 멜라민(Melamine) 기준

대 상 식 품	기 준
영아용 조제유, 성장기용 조제유, 영아용 조제식, 성장기용 조제식, 영·유아용 이유식, 특수의료용도식품	불검출
상기 이외의 모든 식품 및 식품첨가물	2.5 mg/kg 이하

(9) 패독소 기준

① 마비성 패독

대 상 식 품	기 준 [mg/kg]
패류	0.8 이하
피낭류(멍게, 미더덕, 오만둥이 등)	

② 설사성 패독 (Okadaic acid 및 Dinophysistoxin−1의 합계)

대 상 식 품	기 준 [mg/kg]
이매패류	0.16 이하

* Okadaic acid 및 Dinophysistoxin-1, Dinophysistoxin-2를 Okadaic acid로 환산하여 합한 값

③ 기억상실성 패독 (도모익산) 〈고시 제2020-3호, 2020.1.14.〉

대 상 식 품	기 준 [mg/kg]
패류	20 이하
갑각류	

(10) 방사능 기준

핵 종	대 상 식 품	기준(Bq/kg, L)
^{131}I	모든 식품	100 이하
^{134}Cs + ^{137}Cs	영아용 조제식, 성장기용 조제식, 영·유아용 이유식, 영·유아용특수조제식품, 영아용 조제유, 성장기용 조제유, 원유 및 유가공품, 아이스크림류	50 이하
	기타 식품★	100 이하

★ 기타식품은 영아용 조 제식, 성장기용 조 제식, 영·유아용 이유식, 영·유아용특수조 제식품, 유 및 유가공품을 제외한 모든 식품 및 농·축·수산물을 말한다

6) 식품조사처리 기준

(1) 식품조사처리에 이용할 수 있는 선종은 감마선 또는 전자선으로 한다.

(2) 감마선을 방출하는 선원으로는 ^{60}Co을 사용할 수 있고, 전자선을 방출하는 선원으로는 전자선 가속기를 이용할 수 있다.

(3) ^{60}Co에서 방출되는 감마선 에너지를 사용할 경우 식품조사처리가 허용된 품목별 흡수선량을 초과하

지 않도록 하여야 한다.

4) 전자선가속기를 이용하여 식품조사처리를 할 경우 전자선은 10 MeV이하에서, 엑스선은 5 MeV(엑스선 전환 금속이 탄탈륨(Tantalum) 또는 금(Gold)일 경우 7.5 MeV)이하에서 조사처리 하여야 하며, 식품조사처리가 허용된 품목별 흡수선량을 초과하지 않도록 하여야 한다.

(5) 식품조사처리는 허용된 원료나 품목에 한하여 위생적으로 취급·보관된 경우에만 실시할 수 있으며, 발아억제, 살균, 살충 또는 숙도조절이외의 목적으로는 식품조사처리 기술을 사용하여서는 아니 된다.

(6) 식품별 조사처리기준은 다음과 같다.

① 허용대상 식품별 흡수선량

품 목	조사목적	선량(kGy)
감자 양파 마늘	발아억제	0.15 이하
밤	살충·발아억제	0.25 이하
버섯(건조 포함)	살충·숙도조절	1 이하
난분	살균	5 이하
곡류(분말 포함), 두류(분말 포함)	살균·살충	5 이하
전분	살균	5 이하
건조식육	살균	7 이하
어류분말, 패류분말, 갑각류분말	살균	7 이하
된장분말, 고추장분말, 간장분말	살균	7 이하
건조채소류(분말 포함)	살균	7 이하
효모식품, 효소식품	살균	7 이하
조류식품	살균	7 이하
알로에분말	살균	7 이하
인삼(홍삼 포함) 제품류	살균	7 이하
조미건어포류	살균	7 이하
건조향신료 및 이들 조제품	살균	10 이하
복합조미식품	살균	10 이하
소스	살균	10 이하
침출차	살균	10 이하
분말차	살균	10 이하
특수의료용도식품	살균	10 이하

(7) 한번 조사처리한 식품은 다시 조사하여서는 아니 되며 조사식품(Irradiated food)을 원료로 사용하여 제조·가공한 식품도 다시 조사하여서는 아니 된다.

7) 농약의 잔류허용기준

(1) 농·축·수산물의 농약 잔류허용기준 적용

① 농약 잔류허용기준은 [별표 4]와 같으며, 해당 기준 이하를 말한다.

㉮ 농산물은 개별 기준과 그룹 기준이 있을 경우에는 개별 기준을 우선 적용한다.

㉯ 축·수산물의 농약 잔류허용기준은 해당 축·수산물에 직접 사용이 허가되지 않았으나 비의도적 오염

(사료, 환경오염 등)에 의한 살충제, 살균제 등 농약성분의 잔류관리를 위해 설정된 기준을 말하며, 따로 식품명이 정해져 있지 않은 식용동물의 부산물(내장, 뼈, 머리, 꼬리, 발, 껍질, 혈액, 지방, 수산물의 알 등 식용이 가능한 부위)은 축산물의 경우 해당동물의 "고기(근육)" 기준을, "고기(근육)"가 없을시 해당 동물의 최저기준을, 수산물의 경우 "어류"의 잔류허용기준을 적용한다.

② 농산물에 잔류한 농약에 대하여 [별표 4]에 별도로 잔류허용기준을 정하지 않는 경우 0.01 mg/kg이하를 적용한다.

③ 약사법 제51조 및 제52조의 규정에 의한 「대한민국약전」(식품의약품안전처 고시) 및 「대한민국약전외한약(생약)규격집」 (식품의약품안전처 고시)의 식품원료로 사용가능한 식물성원료(건조한 것)의 농약잔류허용기준은 「대한민국약전」 및 「대한민국약전외한약 (생약)규격집」 의약품 각조에 따르며 상기 시험방법은 「대한민국약전」의 일반 시험법 중 "30. 생약시험법"에 따른다.

(2) 가공식품의 농약 잔류허용기준 적용

① 가공식품의 농약 잔류허용기준은 [별표 4]와 같으며, 해당 기준 이하를 말한다.

② 가공식품에 잔류한 농약에 대하여 [별표 4]에 별도로 잔류허용기준을 정하지 않은 경우 다음을 적용한다.

㉮ 고춧가루 및 실고추는 고추(건조)의 기준을 적용하고, 고추(건조)의 기준이 없는 경우 고추의 7배, 녹차 추출물은 차의 6배, 건삼 및 홍삼은 수삼의 4배, 인삼농축액 및 홍삼농축액은 수삼의 8배, 건조허브류는 허브류의 10배 농약 잔류허용기준을 적용한다.

㉯ ㉮에서와 같이 가공계수가 정해지지 않은 가공식품의 농약 잔류허용기준은 원료식품의 잔류 허용기준 범위이내에서 잔류를 허용할 수 있다. 즉, 원료의 함량에 따라 원료의 기준을 적용하고, 건조 등의 과정으로 인하여 수분함량이 변화된 경우는 수분함량을 고려한 후 원료의 기준을 적용한다. (단, 축·수산물은 수분함량의 변화를 고려하여 생물 중의 잔류량으로 환산한 후 원료의 기준을 적용한다.)

㉰ 콩나물(숙주나물포함)에서 카벤다짐, 티아벤다졸, 티람, 캡탄, 이산화황 및 대두(녹두 포함)에 잔류허용기준이 설정되지 않은 농약은 검출되어서는 아니되며, 대두(녹두 포함)에 잔류허용기준이 설정되어 있는 경우에는 대두(녹두 포함)로부터 기인한 잔류량을 인정하여 대두(녹두 포함) 잔류허용기준의 1/10을 적용한다.

㉱ 밀가루는 식용 밀(100%)을 사용하여 선별, 가수, 분쇄, 분리 등의 과정을 거쳐 얻은 분말을 말한다. 밀을 통째로 제분하여 제조한 전립밀가루는 밀의 농약 잔류허용기준을 적용한다.

(3) 농약 잔류허용기준 적용범위

① 농산물의 농약 잔류허용기준 적용범위는 다음과 같다.

㉮ 차는 동백나무과(Theaceae) 카멜리아 시넨시스(Camellia sinensis)의 싹이나 잎을 가공한 것으로 녹차(Greentea) 등의 비발효차(Non-fermented tea), 우롱차(Oolong tea) 등의 반발효차(Semi-fermented tea), 홍차(Black tea) 등의 발효차(Fermented tea)를 말한다.

㉯ 녹차 추출물은 카멜리아 시넨시스(Camellia sinensis, Thea sinensis) 의 잎을 물 또는 주정으로 추출·정제한 후 식용에 적합하도록 제조, 가공한 분말을 말한다.

② 축산물의 농약 잔류허용기준 적용범위는 다음과 같다.

㉮ 포유류고기 : 근육내지방 및 피하지방과 같이 부착된 지방조직을 포함하는 동물의도체(혹은 이를 자른 덩어리)의 근육조직으로 소, 돼지, 양, 염소, 토끼, 말, 사슴등의 고기를 말한다(해양동물의 고기는 제외).

㉯ 포유류지방 : 동물의 지방조직에서 얻어진 가공되지 않은 지방으로 소, 돼지, 양, 염소, 토끼, 말, 사

슴 등의 지방을 말하며, 유지방은 포함하지 않는다.

㉰ 포유류부산물 : 도살된 동물의 고기 및 지방을 제외한 식용조직 및 기관으로 소, 돼지, 양, 말, 염소, 토끼, 말, 사슴 등의 간, 폐, 심장, 위장, 췌장, 비장, 콩팥, 머리, 꼬리, 발, 껍질, 혈액, 뼈(건조직이 포함된 뼈) 등 식용 가능한 부위를 말한다.

㉱ 가금류고기 : 부착된 지방 및 표피를 포함하는 가금류 도체의 근육조직으로 닭, 꿩, 오리, 거위, 칠면조, 메추리등의 고기를 말한다.

㉲ 가금류지방 : 가금류의 짖방 조직에서 얻어진 가공되지 않은 기방으로 닭, 꿩, 오리, 거위, 칠면조, 메추리 등의 지방을 말한다.

㉳ 가금류부산물 : 고기 및 지방을 제외한 도살된 가금류의 식용조직 및 기관으로 닭, 꿩, 오리, 거위, 칠면조, 메추리 등의 간, 심장, 모래주머니, 표피, 발 등 식용 가능한 부위를 말한다.

㉴ 유 : 포유류로부터 생산된 우유, 양유, 염소유 등의 원유를 말한다.

㉵ 유가공품 : 원유 또는 유가공품을 주원료로 하여 제조·가공한 우유류, 가공유류, 산양유, 발효유류, 버터유류, 농축유류, 유크림류, 버터류, 치즈류, 분유류, 유청류, 유당, 유단백 가수분해식품 등을 말한다.

㉶ 알 : 가금류로부터 생산된 달걀, 오리알, 메추리알 등으로 껍질을 제거한 부위를 말한다.

(4) 농약 잔류허용기준 면제

「농약관리법」 상 사용·등록된 농약 및 외국에서 해당 국가의 법률에 따라 합법적으로 사용되는 농약에 함유된 유효성분 중 아래의 사유에 해당되는 경우 잔류허용기준을 면제할 수 있으며, 면제 대상 성분은 [별표 6]과 같다.

① 독성이 현저히 낮아 인체 위해 가능성이 없는 성분

② 식품에 전혀 잔류되지 않는 성분

③ 자연계에 존재하여 해당 식품에 포함되어 있으므로 구분이 어려운 성분

④ 안전성이 확보된 천연식물보호제(미생물 등 포함) 성분

8) 동물용의약품의 잔류허용기준

(1) 식품 중 잔류동물용의약품 기준적용

① 관련법령에서 안전성에 문제가 있는 것으로 확인되어 제조 또는 수입 품목허가를 하지 아니하는 동물용의약품 및 인체에 위해를 줄 수 있다고 식품의약품안전처장이 정하는 물질은 검출되어서는 아니 된다. 이에 해당되는 주요 물질은 아래와 같으며, 아래에 명시하지 않은 물질에 대해서도 관련법령에 근거하여 본 항을 적용할 수 있다.

번호	식품[*1] 중 검출되어서는 아니 되는 물질	
	물질명	잔류물의 정의
1	니트로푸란계(Nitrofurans)	
	- 푸라졸리돈(Furazolidone)	3-Amino-2-oxazolidinone(AOZ)
	- 푸랄타돈(Furaltadone)	3-Amino-5-morpholinomethyl-2-oxazolidinone (AMOZ)
	- 니트로푸라존(Nitrofurazone)	- Semicarbazide(SEM) : 비가열 축산물 및 동물성 수산물(단순절단 포함, 갑각류 제외)의 가식부위에 한함 - Nitrofurazone : 갑각류에 한함
	- 니트로푸란토인(Nitrofurantoine)	1-Aminohydantoin(AHD)
	- 니트로빈(Nitrovin)	Nitrovin
2	카바독스(Carbadox)	Quinoxaline-2-carboxylic acid (QCA)
3	올라퀸독스(Olaquindox)	3-methyl quinoxaline-2-carboxylic acid (MQCA)
4	클로람페니콜(Chloramphenicol)	Chloramphenicol
5	클로르프로마진(Chlorpromazine)	Chlorpromazine
6	클렌부테롤(Clenbuterol)	Clenbuterol
7	콜치신(Colchicine)	Colchicine
8	답손(Dapsone)	Dapsone, monoacetyl dapson의 합을 dapsone으로 함
9	디에틸스틸베스트롤 (Diethylstilbestrol, DES)	Diethylstilbestrol
10	메드록시프로게스테론 아세테이트 (Medroxyprogesterone acetate, MPA)	Medroxyprogesterone acetate
11	티오우라실(Thiouracil)	2-thiouracil, 6-methyl-2-thiouracil, 6-propyl-2-thiouracil 및 6-phenyl- 2-thiouracil의 합을 thiouracil로함
12	겐티안 바이올렛 (GentianViolet, Crystal violet)	Gentian violet과 Leuco -gentian violet의 합을 Gentian violet으로 함
13	말라카이트 그린(Malachite green)	Malachite green과 Leuco-malachite green의 합을 malachite green으로 함
14	메틸렌 블루(Methylene Blue)	Methylene blue와 Azure B의 합을 Methylene Blue로 함
15	디메트리다졸(Dimetridazole)	Dimetridazole과 2-hydroxymethyl-1-methyl-5-nitroimidazole(HMMNI)의 합을 Dimetridazole로 함
16	이프로니다졸(Ipronidazole)	Ipronidazole과 1-methyl-2-(2'-hydroxyisopropyl) -5-nitroimidazole (Ipronidazole-OH)의 합을 Ipronidazole로 함

번호	식품[*1] 중 검출되어서는 아니 되는 물질	
	물질명	잔류물의 정의
17	메트로니다졸(Metronidazole)	Metronidazole과 1-(2-hydroxyethyl)-2 -hydroxymethyl -5-nitroimidazole(Metronidazole-OH)의 합을 Metronidazole로 함
18	로니다졸(Ronidazole)	Ronidazole과 2-hydroxymethyl-1-methyl -5-nitroimidazole(HMMNI)의 합을 Ronidazole로 함
19	노르플록사신(Norfloxacin)	Norfloxacin
20	오플록사신(Ofloxacin)	Ofloxacin
21	페플록사신(Pefloxacin)	Pefloxacin
22	피리메타민(Pyrimethamine)	Pyrimethamine
23	반코마이신(Vancomycin)	Vancomycin
24	록사손(Roxarsone)	Roxarsone
25	아르사닐산(Arsanilic acid)	Arsanilic acid
26	살부타몰(Salbutamol)	Salbutamol
27	스트리키닌(Strychnine)	Strychnine
28	카비마졸/티아마졸 (Carbimazole/Thiamazole)	Thiamazole

* 주1. 제1.4.2) 동물성 원료와 그 가공식품에 한한다.

② 별표 5 식품 중 동물용의약품의 잔류허용기준에서 따로 식품명이 정해져 있지 않은 식용동물의 부산물(내장, 뼈, 머리, 꼬리, 발, 껍질, 혈액 등 식용이 가능한 부위)은 축산물의 경우 해당동물의 "근육(고기)", 수산물의 경우 "어류"에 준하여 기준을 적용한다.

③ 잔류허용기준이 정하여진 식품을 원료로 하여 제조·가공된 식품은 원료 식품의 잔류허용기준 범위 이내에서 잔류를 허용할 수 있다. 즉, 원료의 함량에 따라 원료의 기준을 적용하고, 건조 등의 과정으로 인하여 수분 함량이 변화된 경우는 수분 함량을 고려하여 적용한다.

④ 로열젤리 및 프로폴리스는 벌꿀의 기준을 적용한다.

⑤ 축산물의 경우 "소, 돼지, 닭, 우유, 달걀" 및 수산물의 경우 "어류"는 이 고시에 별도로 잔류허용기준이 정해지지 아니한 경우 0.01 mg/kg 이하를 적용한다. 다만, 성장보조제(성장촉진, 체중증가 등의 목적으로 사용하는 성분 등), 스테로이드성 항염증제는 '불검출'을 적용한다.

⑥ 상기 ⑤이외의 식용동물 등에 대해 이 고시에 별도로 잔류허용기준이 정해지지 아니한 경우 다음 각 항의 기준을 순차적으로 적용한다

㉮ CODEX 기준

㉯ 유사 식용동물의 잔류허용기준 중 해당부위의 최저기준. 즉, 기준이 정하여지지 아니한 포유류 중 반추동물, 포유류 중 비반추동물, 가금류, 어류 및 갑각류는 각각 기준이 정하여진 반추동물, 비반추동물, 가금류, 어류, 갑각류 해당 부위의 기준 중 최저기준(단, 비반추동물 중 말은 기준이 있는 반추동물에 해당하는 기준 적용)

㉰ 항균제에 대하여 축·수산물(유, 알 포함) 및 벌꿀(로열젤리, 프로폴리스 포함)의 잔류기준을 0.01 mg/kg 이하로 적용 〈제2024-71호, '24.11.14.〉 [시행일: '26.1.1.]

㉰ 항균제에 대하여 잔류기준을 0.01 mg/kg 이하로 적용

(2) 식품 중 동물용의약품의 잔류허용기준은 [별표 5]와 같으며, 해당 기준 이하를 말한다.

(3) 식품 중 동물용의약품의 잔류허용기준 면제

「약사법」 상 사용·허가된 동물용의약품 및 외국에서 해당 국가의 법률에 따라 합법적으로 사용되는 동물용의약품에 함유된 유효성분 중 아래의 사유에 해당되는 경우 잔류허용기준 설정을 면제할 수 있으며, 면제 대상성분은 [별표 6]과 같다

① 사람이 섭취하는 식품, 식품첨가물 또는 동물이 섭취하는 사료 등 다음 중 어느 하나의 정상구성성분

㉮ 「식품위생법」에서 식품의 원료 및 식품첨가물로 정하고 있는 것

㉯ 「축산물 위생관리법」에서 축산물로 정하고 있는 것

㉰ 「건강기능식품에 관한 법률」에서 건강기능식품으로 정하고 있는 것

㉱ 「사료 등의 기준 및 규격」(농림축산식품부 고시) 제4조 및 제5조에서 정하고 있는 단미사료 및 보조사료

② 일반적으로 인체에 위해를 미치지 않는 것이 명확한 성분으로서 다음 중 어느 하나에 해당하는 경우

㉮ 생약으로서 사람이 섭취할 수 있거나 의약품의 원료로 사용되는 물질

㉯ 동물의 체내에서 정상적으로 생성되거나 자연계에 존재하여 동물의 체내에 포함되어 있는 물질 또는 구성성분

㉰ 동물의 체내에서 빠르게 분해·배출되어 식품에 잔류하지 않는 성분 (단, 대사물질에 독성이 있는 경우 제외)

㉱ 그 외에 안전성이 확보된 것으로 식약처장이 정하는 물질

9) 부정물질

(1) 발기부전치료제, 비만치료제, 당뇨병치료제 등 의약품성분과 그 유사물질은 검출되어서는 아니 된다. 이에 해당되는 물질은 아래와 같다.

① 발기부전치료제 및 그 유사물질

번호	물질명
1	실데나필(sildenafil)
2	타다라필(tadalafil)
3	바데나필(vardenafil)
4	유데나필(udenafil)
5	미로데나필(mirodenafil)
6	아바나필(avanafil)
7	호모실데나필(homosildenafil)
8	홍데나필(hongdenafil)
9	하이드록시호모실데나필(hydroxy homosildenafil)
10	아미노타다라필(amino tadalafil)
11	슈도바데나필(pseudo−vardenafil)
12	하이드록시홍데나필(hydroxy hongdenafil)

번호	물질명
13	디메칠실데나필(dimethylsildenafil)
14	잔소안트라필(xanthoanthrafil)
15	하이드록시바데나필(hydroxyvadenafil)
16	노르네오실데나필(norneosildenafil)
17	데메틸홍데나필(demethylhongdenafil)
18	피페리디노홍데나필(piperidinohongdenafil)
19	카보데나필(carbodenafil)
20	치오실데나필(thiosildenafil)
21	디메틸치오실데나필(dimethylthiosildenafil)
22	아세틸바데나필(acetylvardenafil)
23	벤질실데나필(benzylsildenafil)
24	노르네오바데나필(norneovardenafil)
25	옥소홍데나필(oxohongdenafil)
26	치오호모실데나필(thiohomosildenafil)
27	데설포바데나필(desulfovardenafil)
28	니트로데나필(nitrodenafil)
29	싸이클로펜티나필(cyclopentynafil)
30	옥틸노르타다라필(octylnortadalafil)
31	클로로데나필(chlorodenafil)
32	신나밀데나필(cinnamyldenafil)
33	치오퀴나피페리필(thioquinapiperifil)
34	하이드록시치오호모실데나필(hydroxythiohomosildenafil)
35	클로로프레타다라필(chloropretadalafil)
36	하이드록시클로로데나필(hydroxychlorodenafil)
37	디클로로데나필(dichlorodenafil)
38	데메칠타다라필(demethyltadalafil)
39	아세트아미노타다라필(acetaminotadalafil)
40	메틸하이드록시호모실데나필(methylhydroxyhomosildenafil)
41	프로폭시페닐치오호모실데나필(propoxyphenylthiosildenafil)
42	프로폭시페닐치오하이드록시호모실데나필 (propoxyphenylthiohydroxyhomosildenafil)
43	프로폭시페닐치오실데나필(propoxyphenylthiosildenafil)
44	프로폭시페닐치오아일데나필(propoxyphenylthioaildenafil)
45	호모타다라필(homotadalafil)
46	아세틸산(acetyl acid)
47	겐데나필(gendenafil)

번호	물질명
48	이미다조사가트리아지논(imidazosagatriazinone)
49	cis-사이클로펜틸타다라필(cis-cyclopentyltadalafil)
50	trans-사이클로펜틸타다라필(trans-cyclopentyltadalafil)
51	이소프로필노르타다라필(Isopropylnortadalafil)
52	데스카본실데나필(descarbonsildenafil)
53	디치오프로필카보데나필(Dithiopropylcarbodenafil)
54	데설포닐클로로실데나필(desulfonylchlorosildenafil)
55	데스메칠피페라지닐프로폭시실데나필(desmethylpiperazinylpropoxysildenafil)

② 비만치료제 및 그 유사물질

번호	물질명
1	시부트라민(sibutramine)
2	오르리스타트(orlistat)
3	데스메틸시부트라민(desmethylsibutramine)
4	디데스메틸시부트라민(didesmethylsibutramine)
5	클로로시부트라민(chlorosibutramine)
6	클로로시펜트라민(Chlorosipentramine)

③ 당뇨병치료제 및 그 유사물질

번호	물질명
1	글리벤클라미드(glibenclamide)
2	글리클라짓(gliclazide)
3	글리메피리드(glimepiride)
4	글리피짓(glipizide)

④ 기타 의약품 성분

번호	물질명
1	리오치로닌(T3)
2	레보치록신(T4)
3	에페드린(ephedrine)
4	플루옥세틴(fluoxetine)
5	펜플루라민(fenfluramine)
6	N-니트로소펜플루라민(N-nitrosofenfluramine)
7	페놀프탈레인(phenolphthaleine)
8	요힘빈(yohimbine)
9	이카린(icarine)
10	센노사이드(sennoside)
11	카스카로사이드(cascaroside)

10) 테트라하이드로칸나비놀(δ-9-Tetrahydrocannabinol, THC) 및 칸나비디올(Cannabidiol, CBD)기준
  (1) 삼(대마)씨앗 : THC 5 mg/kg 이하, CBD 10 mg/kg 이하
  (2) 삼(대마)씨유 : THC 10 mg/kg 이하, CBD 20 mg/kg 이하
11) 우루시올(urushiol) 성분 기준
  (1) 옻나무를 사용한 제품 : 불검출
12) 그레이아노톡신(Grayanotoxin) Ⅲ 기준
  (1) 벌꿀 : 불검출
13) 식육에 대한 규격
  (1) 휘발성염기질소(mg%) : 20 이하
14) 원유에 대한 규격

	우유(착유된 그대로의 것)	양유(착유된 그대로의 것)
세균수 및 체세포수	축산물 위생관리법 제4조2항의 규정에 의한 축산물의 위생등급에 관한 기준에 의함	1mL 당 500,000이하 (표준한천평판배양법)
비중	1.028~1.034(15℃)	1.028~1.034(15℃)
산도	홀스타인종유 0.18% 이하 기타품종우유 0.20% 이하	0.2% 이하
알콜시험	적합	-
진애검사	2.0mg이하	-
관능검사	적합	-
가수검사	가수하여서는 아니 된다.	-

15) 수산물에 대한 규격
  (1) 히스타민 : 냉동어류, 염장어류, 통조림, 건조 또는 절단 등 단순 처리한 것(어육, 필렛, 건멸치 등) :

200 mg/kg 이하(고등어, 다랑어류, 연어, 꽁치, 청어, 멸치, 삼치, 정어리, 몽치다래, 물치다래에 한한다)

(2) 복어독 기준

① 육질 : 10 MU/g 이하

② 껍질 : 10 MU/g 이하

③ 식용가능한 복어의 종류

	종 류	학 명
1	복섬	*Fugu niphobles, Takifugu niphobles*
2	흰점복	*Fugu poecilonotus, Takifugu poecilonotus*
3	졸복	*Fugu pardalis, Takifugu pardalis*
4	매리복	*Fugu vermicularis vermicularis, Takifugu vermicuLaris snyderi*
5	검복	*Fugu vermicularis porphyreus, Takifugu porphyreus*
6	황복	*Fugu ocellatus obscurus, Takifugu obscurus*
7	눈불개복	*Fugu chrysops, Takifugu chrysops*
8	자주복	*Fugu rubripes, Takifugu rubripes*
9	검자주복	*Fugu rubripes chinensis, Takifugu chinensis*
10	까치복	*Fugu xanthopterus, Takifugu xanthopterus*
11	금밀복	*Lagocephalus inermis*
12	흰밀복	*Lagocephalus wheeleri*
13	검은밀복	*Lagocephalus gloveri*
14	불룩복	*Sphoeroides pachygaster, Liosaccus pachygaster*
15	삼채복	*Fugu flavidus, Takifugu flavidus*
16	강담복	*ChiLomycterus affinis*
17	가시복	*Diodon holocanthus*
18	브리커가시복	*Diodon liturosus*
19	쥐복	*Diodon hystrix*
20	노란거북복	*Ostracion cubicus*
21	까칠복	*Fugu stictonotus, Takifugu stictonotus*

(3) 일산화탄소 기준

① 수산물에 일산화탄소를 인위적으로 처리하여서는 아니 된다.

② 필렛(Fillet) 또는 썰거나 자른 냉동틸라피아, 냉동참치 및 방어(냉장 또는 냉동)의 일산화탄소 처리 유무판정은 제7. 6. 6.14 6.14.5 다. 1) 나)에 따르며, 진공포장된 냉동틸라피아 및 방어(냉장 또는 냉동)의 일산화탄소 처리 유무판정은 제7.6. 6.14 6.14.5 다. 2) 나)에 따른다.

16) 식품의 제조·가공에 사용되는 캡슐류

① 붕해시험 : 적합하여야 한다.

② pH : 3.0~7.5

③ 비소 [mg/kg] : 1.5이하

④ 보존료 : 파라옥시안식향산메틸, 파라옥시안식향산에틸 : 1.0이하(파라옥시안식향산으로서)

4. 보존 및 유통기준

1) 일반기준

(1) 모든 식품(식품제조에 사용되는 원료 포함)은 위생적으로 취급하여 보존 및 유통하여야 하며, 그 보존 및 유통 장소가 불결한 곳에 위치하여서는 아니 된다.

(2) 식품을 보존 및 유통하는 장소는 방서 및 방충관리를 철저히 하여야 한다.

(3) 식품은 직사광선이나 비·눈 등으로부터 보호될 수 있고, 외부로부터의 오염을 방지할 수 있는 취급장소에서 유해물질, 협잡물, 이물(곰팡이 등 포함) 등이 혼입 또는 오염되지 않도록 적절한 관리를 하여야 한다.

(4) 식품은 인체에 유해한 화공약품, 농약, 독극물 등과 함께 보존 및 유통하지 말아야 한다.

(5) 식품은 제품의 풍미에 영향을 줄 수 있는 다른 식품 또는 식품첨가물이나 식품을 오염시키거나 품질에 영향을 미칠 수 있는 물품 등과는 분리하여 보존 및 유통하여야 한다.

2) 보존 및 유통온도

(1) 식품은 정해진 보존 및 유통온도를 준수하여야 하며, 따로 보존 및 유통온도를 정하고 있지 않은 경우 직사광선을 피한 실온에서 보존 및 유통하여야 한다.

(2) 상온에서 7일 이상 보존성이 없는 식품은 가능한 한 냉장 또는 냉동시설에서 보존 및 유통하여야 한다.

(3) 이 고시에서 별도로 보존 및 유통온도를 정하고 있지 않은 경우, 실온제품은 1 ～ 35℃, 상온제품은 15 ～ 25℃, 냉장제품은 0 ～ 10℃, 냉동제품은 -18℃ 이하, 온장제품은 60℃ 이상에서 보존 및 유통하여야 한다. 다만 아래의 경우 그러하지 않을 수 있다.

① 냉동제품을 소비자(영업을 목적으로 해당 제품을 사용하기 위한 경우는 제외한다)에게 운반하는 경우 -18℃를 초과할 수 있으나 이 경우라도 냉동제품은 어느 일부라도 녹아있는 부분이 없어야 한다.

② 염수로 냉동된 통조림제조용 어류에 한해서는 -9℃ 이하에서 운반할 수 있으나, 운반시에는 위생적인 운반용기, 운반덮개 등을 사용하여 -9℃ 이하의 온도를 유지하여야 한다.

(4) 아래에서 보존 및 유통 온도를 규정하고 있는 제품은 규정된 온도에서 보존 및 유통 하여야 한다.

	식품의 종류	보존 및 유통 온도
①	㉮ 원유 ㉯ 우유류·가공유류·산양유·버터유·농축유류·유청류의 살균제품 ㉰ 두부 및 묵류(밀봉 포장한 두부, 묵류는 제외) ㉱ 물로 세척한 달걀	냉장
②	㉮ 양념젓갈류 ㉯ 가공두부(멸균제품 또는 수분함량이 15% 이하인 제품제외) ㉰ 두유류 중 살균제품(pH 4.6 이하의 살균제품 제외)	냉장 또는 냉동

	식품의 종류	보존 및 유통 온도
	㉣ 어육가공품류(멸균제품 또는 기타어육가공품 중 굽거나 튀겨 수분 함량이 15% 이하인 제품은 제외) ㉤ 알가공품(액란제품 제외) ㉥ 발효유류 ㉦ 치즈류 ㉧ 버터류 ㉨ 생식용 굴 ㉩ 원료육 및 제품 원료로 사용되는 동물성 수산물 ㉪ 신선편의식품(샐러드 제품 제외) ㉫ 간편조리세트(특수의료용도식품 중 간편조리세트형 제품 포함) 중 식육, 기타식육 또는 수산물을 구성재료로 포함하는 제품	
③	㉮ 식육(분쇄육, 가금육 제외) ㉯ 포장육(분쇄육 또는 가금육의 포장육 제외) ㉰ 식육가공품(분쇄가공육제품 제외) ㉱ 기타식육	냉장(-2~10℃) 또는 냉동
④	㉮ 식육(분쇄육, 가금육에 한함) ㉯ 포장육(분쇄육 또는 가금육의 포장육에 한함) ㉰ 분쇄가공육제품	냉장(-2~5℃) 또는 냉동
⑤	㉮ 신선편의식품(샐러드 제품에 한함) ㉯ 훈제연어 ㉰ 알가공품(액란제품에 한함)	냉장(0~5℃) 또는 냉동
⑥	㉮ 압착올리브유용 올리브과육 등 변질되기 쉬운 원료 ㉯ 얼음류	-10℃ 이하

(5) (4)의 ① ~ ⑤에도 불구하고 멸균되거나 건조된 식육가공품, 또는 수분제거, 당분첨가, 당장, 염장 등 부패를 막을 수 있도록 가공된 우유류, 가공유류, 산양유, 버터유, 농축유류, 유청류, 발효유류, 치즈류, 버터류, 알가공품은 냉장 또는 냉동하지 않을 수 있으며, 두부 및 묵류(밀봉 포장한 두부, 묵류는 제외)는 제품운반 소요시간이 4시간 이내인 경우 먹는물 수질기준에 적합한 물로 가능한 한 환수하면서 보존 및 유통할 수 있다.

(6) 식용란은 가능한 0 ~ 15℃에서 보존 및 유통하여야 하며, 냉장된 달걀은 지속적으로 냉장으로 보존 및 유통하여야 한다.

3) 보존 및 유통방법

(1) 냉장제품, 냉동제품 또는 온장제품을 보존 및 유통할 때에는 일정한 온도 관리를 위하여 냉장 또는 냉동차량 등 규정된 온도로 유지가 가능한 설비를 이용하거나 또는 이와 동등 이상의 효력이 있는 방법으로 하여야 한다.

(2) 흡습의 우려가 있는 제품은 흡습되지 않도록 주의하여야 한다.

(3) 냉장제품을 실온에서 보존 및 유통하거나 실온제품 또는 냉장제품을 냉동에서 보존 및 유통하여서는 아니 된다. 다만, 아래에 해당되는 경우 실온제품 또는 냉장제품의 소비기한 이내에서 냉동으로 보존 및 유통할 수 있다.

① 건포류나 건조수산물

② 수분 흡습이 방지되도록 포장된 수분 15% 이하의 제품으로서 당해 제품의 제조·가공업자가 제품에 냉동할 수 있도록 표시한 경우

③ 냉동식품을 보조하기 위해 냉동식품과 함께 포장되는 포장단위 20 g 이하의 소스류, 장류, 식용유지류, 향신료가공품

④ 살균 또는 멸균 처리된 음료류와 발효유류 중 해당 제품의 제조.가공업자가 제품에 냉동하여 판매가 가능하도록 표시한 제품(다만, 유리병 용기 제품과 탄산음료류는 제외)

⑤ 간편조리세트, 식육간편조리세트, 즉석조리식품, 식단형 식사관리식품의 냉동제품에 구성 재료로 사용되는 경우

⑥ ③~⑤에 따라 냉동된 실온제품 또는 냉장제품은 해동하여 보존 및 유통할 수 없다
(다만, 상기 ① ~ ②의 요건에 해당하는 제품은 제외한다)

(4) 냉장식육은 세절 등 절단 작업을 위해 일시적으로 냉동 보관할 수 있다.

(5) 냉동제품을 해동하여 실온제품 또는 냉장제품으로 보존 및 유통할 수 없다. 다만, 아래에 해당되는 경우로서 해당 냉동제품의 제조자가 해동하여 보존 및 유통할 수 없도록 표시한 제품이 아니라면 제품에 냉동포장완료일자(또는 냉동제품의 제조일자), 해동한 업체의 명칭(해당 냉동제품을 제조한 업체와 해동한 업체가 다른 경우), 해동일자, 해동일로부터 유통조건에서의소비기한(냉동제품으로서의 소비기한 이내)을 별도로 표시하고 냉동제품을 해동하여 보존 및유통할 수 있다.

① 식품제조 · 가공업 영업자가 냉동 가공식품(축산물가공품 제외)을 해동하여 보존 및 유통하는 경우

② 식육가공업 영업자가 냉동 식육가공품을, 유가공업 영업자가 냉동 유가공품을, 알가공업 영업자가 냉동 알가공품을 해동하여 보존 및 유통하는 경우

③ 냉동수산물을 해동하여 미생물의 번식을 억제 하고 품질이 유지되도록 기체치환포장
(Modified Atmosphere Packaging, MAP) 후 냉장으로 보존 및 유통하는 경우

6) 제조 · 가공업 영업자가 냉동제품을 단순해동하거나 해동 후 분할포장하여 간편조리세트, 식육간편조리세트, 즉석조리식품, 식단형 식사관리식품의 냉장제품에 구성재료로 사용하는 경우로서 해당 재료가 냉동제품을 해동한 것임을 표시한 경우에는 냉동제품을 해동하여 냉장제품의구성 재료로 사용할 수 있다.(다만, 식육간편조리세트의 주재료로 구성되는 냉동식육은 제외)

(7) 냉동수산물을 해동 후 24시간 이내에 한하여 냉장으로 보존 및 유통할 수 있다. 이 때 해동된 냉동수산물은 재냉동하여서는 아니된다.

(8) 해동된 냉동제품을 재냉동하여서는 아니 된다. 다만, 아래의 작업을 하는 경우에는 그러하지아니할 수 있으나, 작업 후 즉시 냉동하여야 한다.

① 냉동수산물의 내장 등 비가식부위 및 혼입된 이물을 제거하거나, 선별, 절단, 소분 등을 하기 위해 해동하는 경우

② 냉동식육의 절단 또는 뼈 등의 제거를 위해 해동하는 경우

③ 냉동식품을 분할하기 위해 해동하는 경우

(9) 생식용 굴은 덮개가 있는 용기(합성수지, 알루미늄 상자 또는 내수성의 가공용기) 등으로 포장해서 보존 및 유통하여야 한다.

(10) 과일농축액 등을 선박을 이용하여 수입.저장.보존.운반 등을 하고자할 때에는 저장탱크(-5℃ 이하), 자사 보관탱크(0℃ 이하), 운반용 탱크로리(0℃ 이하)의 온도를 준수하고 이송라인 세척 등을 반드시 실시하여야 하며, 식품의 저장·보존·운반 및 이송라인 세척에 사용되는 재질 및 세척제는 식품첨가물이나 기구 또는 용기.포장의 기준 및 규격에 적합한 것을 사용하여야 한다.

(11) 제품의 운반 및 포장과정에서 용기.포장이 파손되지 않도록 주의하여야 하며 가능한 한심한 충격을 주지 않도록 하여야 한다. 또한 관제품은 외부에 녹이 발생하지 않도록 보존 및 유통하여야 한다.

(12) 포장축산물은 다음 각 호의 경우를 제외하고는 재분할 판매하지 말아야 하며, 표시대상 축산물인 경우 표시가 없는 것을 구입하거나 판매하지 말아야 한다.

① 식육판매업 또는 식육즉석판매가공업의 영업자가 포장육을 다시 절단하거나 나누어 판매하는 경우

② 식육즉석판매가공업 영업자가 식육가공품(통조림 · 병조림은 제외)을 만들거나 다시 나누어 판매하는 경우

4) 소비기한의 설정

(1) 제품의 소비기한을 설정할 수 있는 영업자의 범위는 다음과 같다.

① 식품제조·가공업 영업자

② 즉석판매제조·가공업 영업자

③ 축산물가공업(식육가공업, 유가공업, 알가공업) 영업자

④ 식육즉석판매가공업 영업자

⑤ 식육포장처리업 영업자

⑥ 식육판매업 영업자

⑦ 식용란수집판매업 영업자

⑧ 수입업자(수입 냉장식품 중 보존 및 유통온도가 국내와 상이하여 국내의 보존 및 유통온도 조건에서 유통하기 위한 경우 또는 수입식품 중 제조자가 정한 소비기한 내에서 별도로 유통기한을 설정하는 경우에 한함)

(2) 제품의 소비기한 설정은 해당 제품의 포장재질, 보존조건, 제조방법, 원료배합비율 등 제품의 특성과 냉장 또는 냉동보존 등 기타 유통실정을 고려하여 위해방지와 품질을 보장할 수 있도록 정하여야 한다.

(3) "소비기한"의 산출은 포장완료(다만, 포장 후 제조공정을 거치는 제품은 최종공정 종료)시점으로 하고 캡슐제품은 충전·성형완료시점으로 한다. 다만, 달걀은 '산란일자'를 소비기한 산출시점으로 한다.

(4) 해동하여 출고하는 냉동제품(빵류, 떡류, 초콜릿류, 젓갈류, 과·채주스, 치즈류, 버터류, 기타 수산물가공품(살균 또는 멸균하여 진공 포장된 제품에 한함))은 해동시점을 소비기한 산출시점으로 본다.

(5) 선물세트와 같이 소비기한이 상이한 제품이 혼합된 경우와 단순 절단, 식품 등을 이용한 단순결착 등 원료 제품의 저장성이 변하지 않는 단순가공처리만을 하는 제품은 소비기한이 먼저 도래하는 원료제품의 소비기한을 최종제품의 소비기한으로 정하여야 한다.

(6) 소분 판매하는 제품은 소분하는 원료 제품의 소비기한을 따른다.

The Food Sanitation Act

03 영·유아 또는 고령자를 섭취대상으로 표시하여 판매하는 식품의 기준 및 규격

1. 영·유아를 섭취대상으로 표시하여 판매하는 식품

1) 정의

"영·유아를 섭취대상으로 표시하여 판매하는 식품"이란 '제5. 식품별 기준 및 규격'의 1. 과자류, 빵류 또는 떡류 ~ 23. 즉석식품류에 해당하는 식품(다만, 특수영양식품, 특수의료용도식품 제외) 중 영아 또는 유아를 섭취대상으로 표시하여 판매하는 식품으로서, 그대로 또는 다른 식품과 혼합하여 바로 섭취하거나 가열 등 간단한 조리과정을 거쳐 섭취하는 식품을 말한다.

2) 원료 등의 구비요건

3) 제조·가공기준

(1) 미생물로 인한 위해가 발생하지 않도록 살균 또는 멸균공정을 거쳐야 한다.

(2) 영아용 제품(영·유아 공용제품 포함) 중 액상제품은 멸균제품으로 제조하여야 한다.(단, 우유류, 가공유류, 발효유류 제외)

(3) 꿀 또는 단풍시럽을 원료로 사용하는 때에는 클로스트리디움 보툴리늄의 포자가 파괴되도록 처리하여야 한다.

(4) 코코아는 12개월 이상의 유아용 제품에 사용할 수 있으며 그 사용량은 1.5% 이하이어야 한다.(희석하여 섭취하는 제품은 섭취할 때를 기준으로 한다.)

(5) 타르색소와 사카린나트륨은 사용하여서는 아니된다.

(6) 제품은 제2. 식품일반에 대한 공통기준 및 규격, 3. 식품일반의 기준 및 규격, 5) 오염물질 중 영·유아용 이유식에 대해 규정한 기준에 적합하게 제조하여야 한다.

4) 규격

(1) 위생지표균 및 식중독균

항목 \ 규격	제품 특성	n	c	m	M
세균수	① 멸균제품	5	0	0	-
	② 6개월미만 영아를 대상을 하는 분말제품	5	2	1,000	10,000
	위 ①, ② 이외의 식품 (분말제품 또는 유산균첨가제품, 치즈류는 제외)	5	1	10	100
대장균군(멸균제품 제외)		5	0	0	-
바실루스 세레우스(멸균제품 제외)		5	0	100	-
크로노박터(영아용제품에 한하며, 멸균제품은 제외)		5	0	0/60g	-

(2) 나트륨(mg/100g) : 200 이하(다만 치즈류는 300이하이며, 희석 또는 혼합하여 섭취하는 제품은 제조사가 제시한 섭취방법을 반영하여 기준을 적용)

2. 고령자를 섭취대상으로 표시하여 판매하는 식품

1) 정의

"고령자를 섭취대상으로 표시하여 판매하는 식품(고령친화식품)"이란 '제5. 식품별 기준 및 규격'의 1. 과자류, 빵류 또는 떡류 ~ 24. 기타식품류(다만, 기타가공품은 제외)에 해당하는 식품 중 고령자의 식품 섭취나 소화 등을 돕기 위해 식품의 물성을 조절하거나, 소화에 용이한 성분이나 형태가 되도록 처리하거나, 영양성분을 조정하여 제조·가공한 것을 말한다.

2) 원료 등의 구비요건

3) 제조·가공기준

(1) 고령자의 섭취, 소화, 흡수, 대사, 배설 등의 능력을 고려하여 제조·가공하여야 한다.

(2) 미생물로 인한 위해가 발생하지 아니하도록 과일류 및 채소류는 충분히 세척한 후 식품첨가물로 허용된 살균제로 살균 후 깨끗한 물로 충분히 세척하여야 한다(다만, 껍질을 제거하여 섭취하는 과일류, 과채류와 세척 후 가열과정이 있는 과일류 또는 채소류는 제외)

(3) 육류, 식용란 또는 동물성수산물을 원료로 사용하는 경우 충분히 익도록 가열하여야 한다.

(4) 고령자의 식품 섭취를 돕기 위하여 다음 중 어느 하나에 적합하도록 제조·가공하여야 한다.

① 제품 100 g 당 단백질, 비타민 A, C, D, 리보플라빈, 나이아신, 칼슘, 칼륨, 식이섬유 중 3개 이상의 영양성분을 제8. 일반시험법 12. 부표 12.10 한국인 영양소 섭취기준 중 성인남자 65~74세의 권장섭취량 또는 충분섭취량의 10% 이상이 되도록 원료식품을 조합하거나 영양성분을 첨가하여야 한다. 다만, 특정 성별·연령군을 대상으로 하는 제품임을 명시하는 경우 해당 인구군의 영양소 섭취기준을 사용할 수 있으며, 고령자용 영양조제식품은 제5. 10. 10-7 3)에 따라 제조한다.

② 고령자가 섭취하기 용이하도록 경도 500,000 N/m^2 이하로 제조하여야 한다.

4) 규격

① 대장균군 : n=5, c=0, m=0(살균제품에 한함)

② 대장균 : n=5, c=0, m=0(비살균제품에 한함)

③ 경도 : 500,000 N/m^2 이하(경도조절제품에 한함)

④ 점도 : 1,500 mpa·s 이상(경도 20,000 N/m^2 이하의 점도조절 액상제품에 한함)

3. 대체식품으로 표시하여 판매하는 식품

1) 정의

"대체식품으로 표시하여 판매하는 식품"이란 동물성 원료 대신 식물성 원료, 미생물, 식용곤충, 세포배양물 등을 주원료로 사용하여 기존 식품과 유사한 형태, 맛, 조직감 등을 가지도록 제조하였다는 것을 표시하여 판매하는 식품을 말한다.

2) 원료 등의 구비요건

3) 제조 · 가공기준

(1) 건조 소시지류와 유사한 형태로 제조한 식품은 수분을 35% 이하로, 반건조 소시지류 및 건조저장육류와 유사한 형태로 제조한 식품은 수분을 55% 이하로 가공하여야 한다.

(2) 발효유류와 유사한 형태로 제조한 식품은 배합된 원료(유산균, 효모는 제외한다)의 살균 또는 멸균, 냉각공정을 거친 후 원료로 사용한 유산균 또는 효모 이외의 다른 미생물이 오염되지 않도록 하여야 하며, 유산균 또는 효모는 적절한 온도를 유지하여 배양 또는 발효하여야 한다.

(3) 어육가공품류와 유사한 형태로 제조한 식품의 유탕 · 유처리 시에 사용하는 유지는 산가 2.5 이하, 과산화물가 50 이하이어야 한다.

(4) 건포류와 유사한 형태로 제조한 식품은 필요시 살균 또는 멸균처리하여야 하고 제품은 위생적으로 포장하여야 한다.

4) 규격

(1) 산가 : 5.0 이하(유탕 · 유처리식품에 한한다.)

(2) 과산화물가 : 60 이하(유탕 · 유처리식품에 한한다.)

(3) 세균수 : n=5, c=0, m=0(멸균제품에 한한다.)

(4) 대장균군 : n=5, c=1, m=0, M=10(살균제품에 한한다.)

(5) 대장균 : n=5, c=1, m=0, M=10(비살균제품 중 더 이상 가공, 가열 조리를 하지 않고 그대로 섭취하는 제품에 한한다.)

04 장기보존식품의 기준 및 규격

1. 통·병조림식품

"통·병조림식품"이라 함은 식품을 통 또는 병에 넣어 탈기와 밀봉 및 살균 또는 멸균한 것을 말한다.

1) 제조·가공기준

(1) 멸균은 제품의 중심온도가 120℃ 4분간 또는 이와 동등 이상의 효력을 갖는 방법으로 열처리하여야 한다.

(2) pH 4.6을 초과하는 저산성식품(low acid food)은 제품의 내용물, 가공장소, 제조일자를 확인할 수 있는 기호를 표시하고 멸균공정 작업에 대한 기록을 보관하여야 한다.

(3) pH가 4.6 이하인 산성식품은 가열 등의 방법으로 살균처리할 수 있다.

(4) 제품은 저장성을 가질 수 있도록 그 특성에 따라 적절한 방법으로 살균 또는 멸균 처리하여야 하며 내용물의 변색이 방지되고 호열성 세균의 증식이 억제될 수 있도록 적절한 방법으로 냉각하여야 한다.

2) 규 격

(1) 성상 : 관 또는 병뚜껑이 팽창 또는 변형되지 아니하고, 내용물은 고유의 색택을 가지고 이미·이취가 없어야 한다.

(2) 주석 [mg/kg] : 150 이하(알루미늄 캔을 제외한 캔제품에 한하며, 산성 통조림은 200 이하이어야 한다.)

(3) 세균 : 세균발육이 음성이어야 한다.

2. 레토르트식품

"레토르트(retort) 식품"이라 함은 단층 플라스틱필름이나 금속박 또는 이를 여러 층으로 접착하여, 파우치와 기타 모양으로 성형한 용기에 제조·가공 또는 조리한 식품을 충전하고 밀봉하여 가열살균 또는 멸균한 것을 말한다.

1) 제조·가공기준

(1) 멸균은 제품의 중심온도가 120℃ 4분간 또는 이와 같은 수준 이상의 효력을 갖는 방법으로 열처리하여야 한다. pH 4.6을 초과하는 저산성식품(low acid food)은 제품의 내용물, 가공장소, 제조일자를 확인할 수 있는 기호를 표시하고 멸균공정 작업에 대한 기록을 보관하여야 한다. pH가 4.6 이하인 산성식품은 가열 등의 방법으로 살균처리할 수 있다.

(2) 제품은 저장성을 가질 수 있도록 그 특성에 따라 적절한 방법으로 살균 또는 멸균 처리하여야 하며 내용물의 변색이 방지되고 호열성 세균의 증식이 억제될 수 있도록 적절한 방법으로 냉각시켜야 한다.

(3) 보존료는 일절 사용하여서는 아니 된다.

2) 규 격

(1) 성상 : 외형이 팽창, 변형되지 아니하고, 내용물은 고유의 향미, 색택, 물성을 가지고 이미·이취가 없어야 한다.

(2) 세균 : 세균발육이 음성이어야 한다.

(3) 타르색소 : 검출되어서는 아니 된다.

3. 냉동식품

"냉동식품"이라 함은 제조·가공 또는 조리한 식품을 장기 보존할 목적으로 냉동처리, 냉동보관하는 것으로서 용기·포장에 넣은 식품을 말한다.

(1) 가열하지 않고 섭취하는 냉동식품 : 별도의 가열과정 없이 그대로 섭취할 수 있는 냉동식품을 말한다.

(2) 가열하여 섭취하는 냉동식품 : 섭취시 별도의 가열과정을 거쳐야만 하는 냉동식품을 말한다.

1) 제조·가공기준

(1) 살균제품은 그 중심부의 온도를 63℃ 이상에서 30분 가열하거나 이와 같은 수준 이상의 효력이 있는 방법으로 가열 살균하여야 한다.

2) 규격(식육, 포장육, 유가공품, 식육가공품, 알가공품, 식육함유가공품(비살균제품), 어육가공품류(비살균제품), 기타 동물성가공식품(비살균제품)은 제외)

(1) 가열하지 않고 섭취하는 냉동식품

① 세균수 : n=5, c=2, m=100,000, M=500,000(다만, 발효제품, 발효제품 첨가 또는 유산균 첨가제품은 제외한다)

② 대장균군 : n=5, c=2 m=10, M=100

③ 대장균 : n=5, c=2, m=0, M=10(다만, 살균제품은 제외한다)

④ 유산균수 : 표시량 이상(유산균 첨가제품에 해당된다)

(2) 가열하여 섭취하는 냉동식품*1

① 세균수 : n=5, c=2, m=1,000,000, M=5,000,000(살균제품은 n=5, c=2, m=100,000, M=500,000, 다만, 발효제품, 발효제품 첨가 또는 유산균 첨가제품은 제외한다)

② 대장균군 : n=5, c=2 m=10, M=100(살균제품에 해당된다)

③ 대장균 : n=5, c=2, m=0, M=10(다만, 살균제품은 제외한다)

④ 유산균수 : 표시량 이상(유산균 첨가제품에 해당된다)

* 주1. 간편조리세트(특수의료용도식품 중 간편조리세트형 제품 포함)는 가열조리하여 섭취하는 재료 중 다른 재료와 교차오염되지 않도록 구분 포장된 농 · 축 · 수산물 재료를 제외하고, 나머지 구성 재료를 모두 혼합하여 규격을 적용

05 식품별 기준 및 규격

1. 과자류, 빵류 또는 떡류

1) 정의

과자류, 빵류 또는 떡류라 함은 곡분, 설탕, 달걀, 유제품 등을 주원료로 하여 가공한 과자, 캔디류, 추잉껌, 빵류, 떡류를 말한다.

2) 원료 등의 구비요건

(1) 부패·변질이 용이한 원료는 냉장 또는 냉동 보관하여야 한다.

3) 제조·가공기준

(1) 흡입하여 섭취할 수 있는 컵모양 등 젤리의 크기는 다음의 어느 하나에 적합하게 제조하여야 한다.

① 뚜껑과 접촉하는 면의 최소내경이 5.5 cm 이상이고 높이와 바닥면의 최소내경은 각각 3.5 cm이상

② 긴 변의 길이가 10 cm 이상이고 너비와 두께가 각각 1.5 cm 미만

③ 젤리 내 두 지점을 잇는 가장 긴 직선의 길이가 5.5 cm 이상이고 젤리의 중량이 60 g 이상

(2) 컵모양 등 젤리의 원료로 다음의 겔화제는 사용할 수 없다.

① 곤약, 글루코만난

(3) 캔디류의 표면에 신맛을 내기 위해 구연산, 사과산 등을 도포하여 제조하는 경우, 구연산, 사과산 등의 성분이 50% 미만(여러 가지 산(酸)을 혼합하는 경우는 그 합으로서)이 되도록 희석하여 도포하여야 한다.

4) 식품유형

(1) 과자

곡분 등을 주원료로 하여 굽기, 팽화, 유탕 등의 공정을 거친 것이거나 이에 식품 또는 식품첨가물을 가한 것으로 비스킷, 웨이퍼, 쿠키, 크래커, 한과류, 스낵과자 등을 말한다.

(2) 캔디류

당류, 당알코올, 앙금, 과즙 등 당분 또는 당분을 다량 함유한 원료를 주원료로 하여 이에 식품 또는 식품첨가물을 가하여 성형 등 가공한 감미의 기호성 식품으로 사탕, 캐러멜, 양갱, 젤리 등을 말한다.

(3) 추잉껌

천연 또는 합성수지 등을 주원료로 한 껌베이스에 다른 식품 또는 식품첨가물을 가하여 가공한 것을 말한다.

(4) 빵류

밀가루 또는 기타 곡분, 설탕, 유지, 달걀 등을 주원료로 하여 이를 발효시키거나 발효하지 않고 반죽한 것 또는 크림, 설탕, 달걀 등을 주원료로 하여 반죽하여 냉동한 것과 이를 익힌 것으로서 식빵, 케이크, 카스텔라, 도넛, 피자, 파이, 핫도그, 티라미스, 무스케익 등을 말한다.

(5) 떡류

쌀가루, 찹쌀가루, 감자가루 또는 전분이나 기타 곡분 등을 주원료로 하여 이에 식염, 당류, 곡류, 두류, 채소류, 과일류 또는 주류 등을 가하여 반죽한 것 또는 익힌 것을 말한다.

5) 규격

(1) 산가 : 2.0 이하(유탕·유처리한 과자에 한하며, 한과류는 3.0 이하)

(2) 허용외 타르색소 : 검출되어서는 아니 된다(캔디류, 추잉껌, 빵류에 한한다).

(3) 산화방지제(g/kg) : 다음에서 정하는 것 이외의 산화방지제가 검출되어서는 아니 된다(추잉껌에 한한다).

부틸히드록시아니솔 디부틸히드록시톨루엔 터셔리부틸히드로퀴논	0.4 이하(병용할 때에는 디부틸히드록시톨루엔으로서 사용량, 부틸히드록시아니솔으로서 사용량 및 터셔리부틸히드로퀴논으로서 사용량의 합계가 0.4 이하)

(4) 보존료(g/kg) : 다음에서 정하는 것 이외의 보존료가 검출되어서는 아니 된다.

프로피온산 프로피온산나트륨 프로피온산칼슘	2.5 이하(프로피온산으로서 기준하며, 빵류에 한한다)

(5) 세균수 : n=5, c=2, m=10,000, M=50,000(과자, 캔디류 밀봉제품에 한하며, 발효제품 또는 유산균 함유제품은 제외한다.)

(6) 황색포도상구균 : n=5, c=0, m=0/10g[다만, 크림(우유, 달걀, 유크림, 식용유지를 주원료로 이에 식품이나 식품첨가물을 가하여 혼합 또는 공기혼입 등의 가공공정을 거친 것을 말한다.)을 도포 또는 충전 후 가열살균하지 않고 그대로 섭취하는 빵류에 한한다.〉

(7) 살모넬라 : n=5, c=0, m=0/10g[다만, 크림(우유, 달걀, 유크림, 식용유지를 주원료로 이에 식품이나 식품첨가물을 가하여 혼합 또는 공기혼입 등의 가공공정을 거친 것을 말한다.)을 도포 또는 충전 후 가열살균하지 않고 그대로 섭취하는 빵류에 한한다.〉

(8) 대장균 : n=5, c=1, m=0, M=10(떡류에 한한다.)

(9) 유산균수 : 표시량 이상(유산균함유 과자, 캔디류에 한한다.)

(10) 압착강도(Newton) : 5 이하(컵모양, 막대형 등 젤리에 한한다)

(11) 총산(구연산으로서, w/w%) : 6.0 미만(캔디류에 한하며, 표면에 신맛 물질이 도포되어 있는 경우는 4.5 미만)

(12) 총 아플라톡신(μg/kg) : 15.0 이하(B_1, B_2, G_1 및 G_2의 합으로서, 단 B1은 10.0 μg/kg 이하이어야 하며, 땅콩 및 견과류 함유 과자, 캔디류, 추잉껌에 한한다)

(13) 푸모니신(mg/kg) : 1 이하(B_1 및 B_2의 합으로서. 단, 옥수수 50% 이상 함유 과자, 캔디류, 추잉껌에 한한다)

(14) 납(mg/kg) : 0.2 이하(캔디류에 한한다.)

6) 시험방법

(1) 산가

제8. 일반시험법 2.1.5.3.1 산가에 따라 시험한다.

(2) 허용외 타르색소

제8. 일반시험법 3.4 착색료에 따라 시험한다.

(3) 산화방지제

제8. 일반시험법 3.3 산화방지제에 따라 시험한다.

(4) 보존료

제8. 일반시험법 3.1 보존료에 따라 시험한다.

(5) 세균수

제8. 일반시험법 4.미생물시험법 4.5.1 일반세균수에 따라 시험한다.

(6) 황색포도상구균

크림을 도포 또는 충전한 제품의 크림 10 g을 무작위로 취한 후 제8. 일반시험법 4.12 황색포도상구균 4.12.1 정성시험에 따라 시험한다.

(7) 살모넬라

크림을 도포 또는 충전한 제품의 크림 10 g을 무작위로 취한 후 제8. 일반시험법 4.11 살모넬라에 따라 시험한다.

(8) 대장균

제8. 일반시험법 4. 미생물시험법 4.8 대장균에 따라 시험한다.

(9) 유산균수

제8. 일반시험법 4. 미생물시험법 4.9 유산균수에 따라 시험한다.

(10) 압착강도

제8. 일반시험법 1.5 젤리의 물성시험에 따라 시험한다.

(11) 총산

균질화된 검체 1~5 g을 취하여 증류수 50 mL를 가하고 진탕하여 완전히 녹인 것을 시험용액으로 한다. 시험에 사용할 pH미터기를 pH 4.01, 7.00, 10.01 각각의 완충용액으로 교정한다. 시험용액을 교정용 완충용액과 동일한 온도가 되도록 한 후 교정한 pH 미터기의 전극을 이용하여 교반하면서 0.1 N 수산화나트륨액으로 pH 8.2가 될 때까지 적정한다. 소비된 0.1 N 수산화나트륨액을 확인하여 다음 식으로 총산의 함량을 계산한다. 3회 반복 실험 후 평균값으로 결과값을 구한다.

0.1 N 수산화나트륨액 1 mL = 0.0064 g $C_6H_8O_7$

$$총산(w/w\%) = \frac{0.0064 \times V \times f}{S} \times 100 (구연산으로서)$$

V : 0.1 N NaOH의 소비량(mL)

f : 0.1 N NaOH의 Factor

S : 검체량(g)

(12) 아플라톡신

제8. 일반시험법 9.2 곰팡이독소에 따른다.

(13) 푸모니신

제8. 일반시험법 9.2 곰팡이독소에 따라 시험한다.

(14) 납 제8. 일반시험법 9.1 중금속에 따라 시험한다.

(이하생략)

06 식품접객업소(집단급식소 포함)의 조리식품 등에 대한 기준 및 규격

1. 정의

'식품접객업소(집단급식소 포함)의 조리식품'이란 유통판매를 목적으로 하지 아니하고 조리 등의 방법으로 손님에게 직접 제공하는 모든 음식물(음료수, 생맥주 등 포함)을 말한다.

2. 기준 및 규격의 적용

1) 식품첨가물의 사용에 대하여 식품접객업소(집단급식소 포함)에서 조리하여 판매하는 식품이 제5. 식품별 기준 및 규격에 따른 가공식품과 동일하거나 유사한 경우, 해당 가공식품에 적용되는 「식품첨가물의 기준 및 규격」(식품의약품안전처 고시)을 적용할 수 있다.

3. 원료 기준

1) 원료의 구비요건

(1) 원료는 선도가 양호한 것으로서 부패·변질되었거나 유독·유해물질 등에 오염되지 아니한 것이어야 한다.

(2) 원료 및 기구 등의 세척, 식품의 조리, 먹는물 등으로 사용되는 물은 「먹는물 관리법」의 수질기준에 적합한 것이어야 하며, 노로바이러스가 검출되어서는 아니 된다(수돗물은 제외).

(3) 식품접객업소에서 사용하는 얼음은 세균수가 1 mL당 1,000이하, 대장균 및 살모넬라가 250 mL당 음성이어야 하며, 기타 이화학적 규격은 제5. 식품별 기준 및 규격 2-4 얼음류의 기준 및 규격에 적합한 것이어야 한다.

(4) 식용을 목적으로 채취, 취급, 가공, 제조 또는 관리되지 아니한 동·식물성 원료는 식품의 조리용으로 사용하여서는 아니 된다.

2) 원료의 보관 및 저장

가) 공통

(1) 모든 식품등은 위생적으로 취급하여야 하며 쥐, 바퀴벌레 등 위해생물에 의하여 오염되지 않도록 보관하여야 한다.

(2) 식품등은 세척제나 인체에 유해한 화학물질, 농약, 독극물 등과 함께 보관하여서는 아니 된다.

(3) 기준규격이 정해진 식품등은 정해진 기준에 따라 보관·저장하여야 하며, 농·임·축·수산물 중 선도를 유지해야 하는 원료의 경우에는 냉장 또는 냉동 보관하여야 한다.

(4) 세척 등 전처리를 거쳐 식품에 바로 사용할 수 있는 식품이나 가공식품은 바닥으로부터 오염되지 않도록 용기 등에 담아서 청결한 장소에 보관하여야 한다.

(5) 개별표시된 식품등을 제외하고, 냉장으로 보관하여야 하는 경우에는 10℃ 이하, 냉동으로 보관하여야 하는 경우에는 -18℃ 이하에서 보관하여야 한다.

(6) 냉동식품의 해동

① 냉동식품의 해동은 위생적으로 실시하여야 한다.

② 해동 후 바로 사용하지 않는 경우 조리 시까지 냉장 보관하여야 한다.

③ 한 번 해동한 식품의 경우 다시 냉동하여서는 아니 된다.

나) 식품별

(1) 곡류(쌀, 보리, 밀가루 등)

① 건조하고 서늘한 곳에 위생적으로 보관하여야 한다.

② 곰팡이가 피거나 색깔이 변하지 않도록 보관하여야 한다.

(2) 유지류(참기름, 들기름, 현미유, 옥수수기름, 콩기름 등) 및 유지함유량이 많은 견과류 등은 직사광선을 받지 아니하는 서늘한 곳에 보관하거나, 냉장 또는 냉동 보관하여야 한다.

(3) 축·수산물(소고기, 돼지고기, 생선 등)은 각각 위생적으로 포장하여 다른 식품과 용기, 포장 등으로 구분하여 냉장 또는 냉동 보관하여야 한다.

(4) 과일 및 채소류(사과, 배, 복숭아, 포도, 배추, 무, 양파, 오이, 양배추, 시금치 등)는 세척한 과일·채소와 세척하지 않은 과일·채소가 섞이지 않도록 따로 보관하여야 한다.

(5) 기타식품

① 조미식품은 이물의 혼입이나 오염방지를 위하여 마개나 덮개를 닫아 보관하여야 한다.

② 두부는 냉장 보관하여야 한다.

4. 조리 및 관리기준

(1) 사용 중인 튀김용 유지는 산가 3.0 이하이어야 한다.

(2) 식품의 조리에 직접 접촉하는 기구류는 부식 등으로 인한 오염이 되지 않도록 관리하여야 한다.

(3) 조리한 식품은 위생적인 용기 등에 넣어 조리하지 않은 식품과 교차오염 되지 않도록 관리하여야 한다.

(4) 가능한 한 조리한 식품 중 냉면육수 등 찬 음식의 보관은 10℃이하에서, 따뜻한 음식의 보관은 60℃이상에서 보관하여야 한다.

(5) 수산물을 보관하기 위한 수족관 물은 위생적으로 관리되어야 한다. 다만, 불가피하게 수족관의 거품제거, 정수 등의 목적으로 사용되는 물질은 식품원료로 사용가능한 것이거나, 식품첨가물 중 이산화염소, 이산화규소 및 규소수지의 성분규격에 적합한 것이어야 한다.

(6) 야채 또는 과일을 살균 또는 세척할 때에는 식품첨가물로 허용된 살균제 또는 「위생용품의 기준 및 규격」(식품의약품안전처 고시)에 적합한 세척제를 사용하여야 하며, 야채 또는 과일 이외의 식품에는 살균제 또는 세척제를 사용하여서는 아니 된다.

(7) 소비자가 그대로 섭취할 수 있는 냉동제품은 해동 후 24시간 이내에 한하여 해동 판매할 수 있다.

(8) 육류, 어류 등 동물성원료를 가열 조리하는 경우에는 식품의 중심부까지 충분히 익혀야 한다. 다만, 소비자가 덜 익히도록 요청한 경우에는 그러하지 않을 수 있다.

5. 규격

가) 조리식품등

(1) 성상 : 고유의 색택과 향미를 가지고 이미·이취가 없어야 한다.

(2) 이물 : 식품은 원료의 처리과정에서 그 이상 제거되지 아니하는 정도 이상의 이물과 오염된 비위생적인 이물을 함유하여서는 아니 된다. 다만 다른 식품이나 원료식물의 표피 또는 토사 등과 같이 실제에 있어 정상적인 조리과정 중 완전히 제거되지 아니하고 잔존하는 경우의 이물로서 그 양이 적고 일반적으로 인체의 건강을 해할 우려가 없는 정도는 제외한다.

(3) 대장균 : 1 g당 10 이하(단순 절단을 포함하여 직접 조리한 식품에 한함)

(4) 세균수 : 3,000/g 이하이어야 한다(슬러쉬에 한한다. 단, 유가공품, 유산균, 발효식품 및 비살균제품이 함유된 경우에는 제외한다).

(5) 식중독균 : 식품접객업소(집단급식소 포함)에서 조리된 식품은 살모넬라(*Salmonella* spp.), 황색포도상구균(Staphylococcus aureus), 리스테리아 모노사이토제네스(Listeria monocytogenes), 장출혈성 대장균(Enterohemorrhagic Escherichia coli), 캠필로박터 제주니/콜리(Camplyobacter jejuni/coli), 여시니아 엔테로콜리티카(Yersinia enterocolitica), 비브리오 패혈증균(Vibrio vulnificus), 비브리오 콜레라(Vibrio cholerae) 등 식중독균이 음성이어야 하며, 장염비브리오(Vibrio parahaemolyticus), 클로스트리디움 퍼프린젠스(Clostridium perfringens) g당 100 이하, 바실루스 세레우스(Bacillus cereus) g당 10,000 이하이어야 한다. 다만, 조리과정 중 가열처리를 하지 않거나 가열 후 조리한 식품의 경우 황색포도상구균(Staphylococcus aureus)은 g당 100 이하이어야 한다.

나) 접객용 음용수

(1) 대장균 : 음성/250 mL

(2) 살모넬라 : 음성/250 mL

(3) 여시니아 엔테로콜리티카 : 음성/250 mL

다) 조리기구 등

(1) 수족관물

① 세균수 : 1 mL 당 100,000 이하

② 대장균군 : 1,000 이하/100 mL

(2) 행주(사용 중인 것은 제외한다)

① 대장균 : 음성이어야 한다.

(3) 칼·도마 및 숟가락, 젓가락, 식기, 찬기 등 음식을 먹을 때 사용하거나 담는 것(사용 중인 것은 제외한다)

① 살모넬라 : 음성이어야 한다.

② 대장균 : 음성이어야 한다.

6. 시험방법

1) 검체의 채취 및 취급

(1) 채취방법

제7. 검체의 채취 및 취급방법에 따라 검체를 채취한다.

(2) 시험용액

제8. 일반시험법 4. 미생물시험법 4.3 시험용액의 제조에 의한다.

2) 이물

제8. 일반시험법 1.2 이물에 따라 시험한다.

3) 대장균

(1) 제8. 일반시험법 4. 미생물시험법 4.8 대장균에 따라 시험한다.

(2) 접객용음용수의 대장균 검사의 경우에는 막여과법에 의하여 시료 250 mL를 여과한 후 여과지를 EMB 평판배지 위에 올려놓고 35℃에서 하룻밤 배양한다. 전형적인 집락이 확인되면 제8. 일반시험법 4. 미생물시험법 4.8.1 대장균의 정성시험 가. 한도시험에 의하여 확인동정한다.

4) 세균수

제8. 일반시험법 4. 미생물시험법 4.5.1 일반세균수에 따라 시험한다.

5) 살모넬라

(1) 제8. 일반시험법 4. 미생물시험법 4.11 살모넬라에 따라 시험한다.

(2) 접객용음용수의 살모넬라 검사의 경우에는 막여과법에 의하여 시료 250 mL를 여과한 후 여과지를 MacConkey 평판배지(배지30) 또는 Desoxycholate citrate 평판배지(배지 31) 위에 올려놓고 35℃에서 24시간 배양한다. 전형적인 집락이 확인되면 제8. 일반시험법 4. 미생물시험법 4.11 살모넬라 다. 확인시험에 의하여 확인동정한다.

6) 황색포도상구균

제8. 일반시험법 4. 미생물시험법 4.12 황색포도상구균에 따라 시험한다.

7) 리스테리아 모노사이토제네스

제8. 일반시험법 4. 미생물시험법 4.15 리스테리아 모노사이토제네스에 따라 시험한다.

8) 장출혈성 대장균

제8. 일반시험법 4. 미생물시험법 4.16 장출혈성 대장균에 따라 시험한다.

9) 캠필로박터 제주니/콜리(*Campylobacter jejuni/coli*)

제8. 일반시험법 4. 미생물시험법 4.19 캠필로박터 제주니/콜리에 따라 시험한다.

10) 여시니아 엔테로콜리티카

(1) 제8. 일반시험법 4. 미생물시험법 4.17 여시니아 엔테로콜리티카에 따라 시험한다.

(2) 접객용 음용수의 여시니아 엔테로콜리티카를 검사하는 경우에는 막여과법에 의하여 시료 250 mL를 여과한 후 여과지를 CIN 평판배지(배지 45) 위에 올려 놓고 30℃에서 24～48시간 배양한다. 전형적인 집락이 확인되면 제8. 일반시험법 4. 미생물시험법 4.17 여시니아 엔테로콜리티카 다. 확인시험에 의하여 확인동정 한다.

11) 장염비브리오

제8. 일반시험법 4. 미생물시험법 4.13 장염비브리오에 따라 시험한다.

12) 클로스트리디움 퍼프린젠스

제8. 일반시험법 4. 미생물시험법 4.14.2 클로스트리디움 퍼프리젠스의 정량시험법에 따라 시험한다.

13) 바실루스 세레우스

제8. 일반시험법 4. 미생물시험법 4.18.2 바실루스 세레우스의 정량시험법에 따라 시험한다.

14) 대장균군

제8. 일반시험법 4. 미생물시험법 4.7.2 대장균군의 정량시험 가. 최확수법에 따라 시험한다.

※ 막여과법

1. 막여과장치 및 기구

(1) 여과막

공경 0.45 μm 이하, 직경 47 mm의 막을 사용한다.

(2) 여과장치

여과막을 끼워서 여과할 수 있게 하는 장치로 멸균 가능한 것을 사용한다.

2. 시료액의 여과

멸균된 여과장치에 여과막의 격자가 그려진 면을 위로 향하게 하여 바르게 끼우고 판넬을 클램프로 고정한 후 시료액 250 mL를 무균적으로 넣어 여과한다. 여과지는 멸균 핀셋을 사용하여 제거하여 각각의 배양배지 위에 기포가 생기지 않도록 올려놓은 후 배양한다.

07 검체의 채취 및 취급방법

1. 검체채취의 의의

검체의 채취는 검사대상으로부터 일부의 검체를 채취하는 것을 의미하며, 채취된 검체의 기준·규격 적합여부, 오염물질 등에 대한 안전성 검사를 실시하여 그 검사결과에 따라 행정조치 등이 이루어지게 되므로, 검사대상 선정, 검체채취·취급·운반·시험검사 등은 효율성을 확보하면서 과학적인 방법으로 수행하여야 한다. 따라서 검체를 채취하여 식품등 시험·검사기관 또는 축산물 시험·검사기관에 검사의뢰하는 것은 중요한 의의를 가지므로 검체채취는 검체채취 및 취급방법 등에 대한 충분한 지식을 가지고 있는 자가 그 직무를 수행하여야 한다.

2. 용어의 정의

1) 검체 : 검사대상으로부터 채취된 시료를 말한다.
2) 검사대상 : 같은 조건에서 생산·제조·가공·포장되어 그 유형이 같은 식품등으로 검체가 채취되는 하나의 대상을 말한다. 다만, 농·임·축·수산물에 있어서는 같은 품목으로 동시에 생산·도착·운송된 것은 하나의 검사대상으로 볼 수 있으나, 내용량 검사가 필요한 경우에는 하나의 검사대상으로 볼 수 없다.
3) 벌크(Bulk) : 최종 소비자에게 그대로 유통·판매하도록 포장되지 아니한 검사대상을 말한다.

3. 검체채취의 일반원칙

1) 검체의 채취는 「식품위생법」 제32조 및 동법 시행령 제16조 또는 「축산물 위생관리법」 제13조 및 제20조의2, 같은 법 시행령 제14조 및 제20조의2에서 규정하는 자(이하 "검체채취자"라 한다.)가 수행하여야 한다.
2) 검체를 채취하는 때에는 검사대상으로부터 제8. 일반시험법 13. 부표 중의 13.9 난수표를 사용하여 대표성을 가지도록 하여야 한다. 다만, 난수표법을 사용할 수 없는 사유가 있을 때에는 채취자가 검사대상을 선정·채취할 수 있다.
3) 검체는 검사목적, 검사항목 등을 참작하여 검사대상 전체를 대표할 수 있는 최소 한도의 양을 수거하여야 한다.
4) 검체채취 시에는 검체채취결정표에 따라 검체를 채취하며 6. 개별 검체채취 및 취급방법에서 정한 검체채취지점수 또는 시험검체수와 중복될 경우에는 강화된 검체채취지점수 또는 시험검체수를 적용하여 채취하여야 한다. 다만, 기구 및 용기·포장의 경우에는 검체채취결정표에 따르지 아니하고 식품등의 기준 및 규격검사에 필요한 양만큼 채취한다.

[검체채취결정표]

검사대상 크기 [kg]	검체채취지점수 (이상)	시험 검체수
~ 5,000 미만	2	1
5,000 이상 ~ 15,000 미만	3	1
15,000 이상 ~ 25,000 미만	5	1
25,000 이상 ~ 100,000미만	8(4×2)	2
100,000이상 ~ 1,000,000미만	10(5×2)	2
1,000,000이상 ~	12(4×3)	3

※ 25,000 kg 이상 100,000 kg 미만인 검사대상의 경우에는 4곳 이상에서 채취·혼합하여 1개로 하는 방법으로 총 2개의 검체를 채취하여 검사 의뢰하고, 100,000 kg 이상 1,000,000 kg 미만인 검사대상은 5곳 이상에서 채취·혼합하여 1개로 하는 방법으로 총 2개의 검체를 채취하여 검사를 의뢰한다. 1,000,000 kg 이상인 검사대상은 4곳 이상에서 채취·혼합하여 1개로 하는 방법으로 총 3개의 검체를 채취하여 검사 의뢰한다.

5) 냉동검체, 대포장검체 및 유통 중인 식품등 검체채취결정표에 따라 채취하기 어려운 경우에는 식품위생감시원이 판단하여 수거량 안에서 대표성 있게 검체를 채취할 수 있다.

6) 일반적으로 검체는 제조번호, 제조연월일, 유통기한이 동일한 것을 하나의 검사대상으로 하고 이와 같은 표시가 없는 것은 품종, 식품유형, 제조회사, 기호, 수출국, 수출연월일, 도착연월일, 적재선, 수송차량, 화차, 포장형태 및 외관 등의 상태를 잘 파악하여 그 식품의 특성 및 검사목적을 고려하여 채취하도록 한다.

7) 채취된 검체가 검사대상이 손상되지 않도록 주의하여야 하고, 식품을 포장하기 전 또는 포장된 것을 개봉하여 검체로 채취하는 경우에는 이물질의 혼입, 미생물의 오염 등이 되지 않도록 주의하여야 한다.

8) 채취한 검체는 봉인하여야 하며 파손하지 않고는 봉인을 열 수 없도록 하여야 한다.

9) 기구 또는 용기·포장으로서 재질 및 바탕색상이 같으나 단순히 용도·모양·크기 또는 제품명 등이 서로 다른 경우에는 그 중 대표성이 있는 것을 검체로 할 수 있다. 다만, 재질 및 바탕색이 같지 않은 세트의 경우에는 판매단위인 세트별로 검체를 채취할 수 있다.

10) 검체채취자는 검사대상 식품 중 곰팡이독소, 방사능오염 등이 의심되는 부분을 우선 채취할 수 있으며, 추가적으로 의심되는 물질이 있을 경우 검사항목을 추가하여 검사를 의뢰할 수 있다.

11) 미생물 검사를 위한 시료채취는 검체채취결정표에 따르지 아니하고 제2. 식품일반에 대한 공통기준 및 규격, 제3. 영·유아 또는 고령자를 섭취대상으로 표시하여 판매하는 식품의 기준 및 규격, 제4. 장기보존식품의 기준 및 규격, 제5. 식품별 기준 및 규격에서 정하여진 시료수(n)에 해당하는 검체를 채취한다.

12) 위험물질에 대한 검사강화, 부적합이력, 위해정보 등의 사유로 인해 식품의약품안전처장이 검사강화가 필요하다고 판단하는 경우 검체를 추가로 채취하여 검사를 의뢰할 수 있다.

4. 검체의 채취 및 취급요령

검체채취 시에는 검사목적, 대상식품의 종류와 물량, 오염가능성, 균질 여부 등 검체의 물리·화학·생물학적 상태를 고려하여야 한다.

1) 검체의 채취요령

(1) 검사대상 식품등이 불균질할 때

① 검체가 불균질할 때에는 일반적으로 다량의 검체가 필요하나 검사의 효율성, 경제성 등으로 부득

이 소량의 검체를 채취할 수밖에 없는 경우에는 외관, 보관상태 등을 종합적으로 판단하여 의심스러운 것을 대상으로 검체를 채취할 수 있다.

② 식품등의 특성상 침전·부유 등으로 균질하지 않은 제품(예 : 식품첨가물 중 향신료올레오레진류 등)은 전체를 가능한 한 균일하게 처리한 후 대표성이 있도록 채취하여야 한다.

(2) 검사항목에 따른 균질 여부 판단 : 검체의 균질 여부는 검사항목에 따라 달라질 수 있다. 어떤 검사대상 식품의 선도판정에 있어서는 그 식품이 불균질하더라도 이에 함유된 중금속, 식품첨가물 등의 성분은 균질한 것으로 보아 검체를 채취할 수 있다.

(3) 포장된 검체의 채취

① 깡통, 병, 상자 등 용기·포장에 넣어 유통되는 식품등은 가능한 한 개봉하지 않고 그대로 채취한다.

② 대형 용기·포장에 넣은 식품등은 검사대상 전체를 대표할 수 있는 일부를 채취할 수 있다.

(4) 선박의 벌크검체 채취

① 검체채취는 선상에서 하거나 보세장치장의 사일로(Silo)에 투입하기 전에 하여야 한다. 다만, 부득이한 사유가 있는 경우에는 그러하지 아니할 수 있다.

② 같은 선박에 선적된 같은 품명의 농·임·축·수산물이 여러 장소에 분산되어 선적된 경우에는 전체를 하나의 검사대상으로 간주하여 난수표를 이용하여 무작위로 장소를 선정하여 검체를 채취한다.

③ 같은 선박 벌크제품의 대표성이 있도록 5곳 이상에서 채취·혼합하여 1개로 하는 방법으로 총 5개의 검체를 채취하여 검사 의뢰한다.

(5) 냉장·냉동 검체의 채취 : 냉장 또는 냉동식품을 검체로 채취하는 경우에는 그 상태를 유지하면서 채취하여야 한다.

(6) 미생물검사를 하는 검체의 채취

① 검체를 채취·운송·보관하는 때에는 채취당시의 상태를 유지할 수 있도록 밀폐되는 용기·포장 등을 사용하여야 한다.

② 미생물학적 검사를 위한 검체는 가능한 미생물에 오염되지 않도록 단위포장상태 그대로 수거하도록 하며, 검체를 소분채취할 경우에는 멸균된 기구·용기 등을 사용하여 무균적으로 행하여야 한다.

③ 검체는 부득이한 경우를 제외하고는 정상적인 방법으로 보관·유통 중에 있는 것을 채취하여야 한다.

④ 검체는 관련정보, 특별수거계획에 따른 경우와 식품접객업소의 조리식품등을 제외하고는 완전 포장된 것에서 채취하여야 한다.

(7) 기체를 발생하는 검체의 채취

① 검체가 상온에서 쉽게 기체를 발산하여 검사결과에 영향을 미치는 경우는 포장을 개봉하지 않고 하나의 포장을 그대로 검체단위로 채취하여야 한다.

② 다만, 소분 채취하여야 하는 경우에는 가능한 한 채취된 검체를 즉시 밀봉·냉각시키는 등 검사결과에 영향을 미치지 않는 방법으로 채취하여야 한다.

(8) 페이스트상 또는 시럽상 식품등

① 검체의 점도가 높아 채취하기 어려운 경우에는 검사결과에 영향을 미치지 않는 범위 내에서 가온 등 적절한 방법으로 점도를 낮추어 채취할 수 있다.

② 검체의 점도가 높고 불균질하여 일상적인 방법으로 균질하게 만들 수 없을 경우에는 검사결과에 영향을 주지 아니하는 방법으로 균질하게 처리할 수 있는 기구 등을 이용하여 처리한 후 검체를 채취할 수 있다.

(9) 검사항목에 따른 검체채취 주의점

① 수분 : 증발 또는 흡습 등에 의한 수분함량 변화를 방지하기 위하여 검체를 밀폐용기에 넣고 가능한 한 온도 변화를 최소화하여야 한다.

② 산가 및 과산화물가 : 빛 또는 온도 등에 의한 지방산화의 촉진을 방지하기 위하여 검체를 빛이 차단되는 밀폐용기에 넣고 채취 용기 내의 공간체적과 가능한 한 온도변화를 최소화하여야 한다.

2) 검체채취내역서의 기재

검체채취자는 검체채취시 당해 검체와 함께 제8. 일반시험법 12. 부표 12.11 검체채취내역서를 첨부하여야 한다. 다만, 검체채취내역서를 생략하여도 기준·규격검사에 지장이 없다고 인정되는 때에는 그러하지 아니할 수 있다.

3) 식별표의 부착

수입식품검사(유통수거 검사는 제외한다)의 경우 검체채취 후 검체를 수거하였음을 나타내는 제8. 일반시험법 12. 부표 12.12 식별표를 보세창고 등의 해당 식품에 부착한다.

4) 검체의 운반요령

(1) 채취된 검체는 오염, 파손, 손상, 해동, 변형 등이 되지 않도록 주의하여 검사실로 운반하여야 한다.

(2) 검체가 장거리로 운송되거나 대중교통으로 운송되는 경우에는 손상되지 않도록 특히 주의하여 포장한다.

(3) 냉동 검체의 운반

① 냉동 검체는 냉동상태에서 운반하여야 한다.

② 냉동 장비를 이용할 수 없는 경우에는 드라이아이스 등으로 냉동상태를 유지하여 운반할 수 있다.

(4) 냉장 검체의 운반 : 냉장 검체는 온도를 유지하면서 운반하여야 한다. 얼음 등을 사용하여 냉장온도를 유지하는 때에는 얼음 녹은 물이 검체에 오염되지 않도록 주의하여야 하며 드라이아이스 사용 시 검체가 냉동되지 않도록 주의하여야 한다.

(5) 미생물검사용 검체의 운반

① 부패·변질 우려가 있는 검체 : 미생물학적인 검사를 하는 검체는 멸균용기에 무균적으로 채취하여 저온(5℃± 3 이하)을 유지시키면서 24시간 이내에 검사기관에 운반하여야 한다. 부득이한 사정으로 이 규정에 따라 검체를 운반하지 못한 경우에는 재수거하거나 채취일시 및 그 상태를 기록하여 식품위생검사기관에 검사 의뢰한다.

② 부패·변질의 우려가 없는 검체 : 미생물검사용 검체일지라도 운반과정 중 부패·변질우려가 없는 검체는 반드시 냉장온도에서 운반할 필요는 없으나 오염, 검체 및 포장의 파손 등에 주의하여야 한다.

③ 얼음 등을 사용할 때의 주의사항 : 얼음 등을 사용할 때에는 얼음 녹은 물이 검체에 오염되지 않도록 주의하여야 한다.

(6) 기체를 발생하는 검체의 운반 : 소분 채취한 검체의 경우에는 적절하게 냉장 또는 냉동한 상태로 운반하여야 한다.

5. 검체채취 기구 및 용기

1) 검체채취 기구 및 용기는 검체의 종류, 형상, 용기·포장 등이 다양하므로 검체의 수거 목적에 적절한 기구 및 용기를 준비하여야 한다.

2) 「기구 및 용기·포장」의 기준·규격에 적합한 것이어야 한다.

3) 기구 및 용기는 운반, 세척, 멸균에 편리한 것이어야 하며 미생물검사를 위한 검체채취의 기구·용기 중 검체와 직접 접촉하는 부분은 반드시 멸균처리하여야 한다.

4) 검체와 직접 접촉하는 기구 및 용기는 검사결과에 영향을 미치지 않는 것이어야 한다.

5) 검체채취 및 기구·용기의 종류

(1) 채취용 기구 : 저울, 핀셋, 가위, 칼, 캔따개, 망치, 전기톱 또는 톱, 곡물검체채취기(색대), 드라이어, 피펫, 커터, 액체검체채취용 펌프 또는 튜브, 국자, 깔때기 등

(2) 채취용 용기·포장 : 검체봉투(대·중·소), 검체채취병(광구병) 등

(3) 미생물검사용 검체채취 기구 : 멸균백, 멸균병, 일회용 멸균플라스틱 피펫, 멸균피펫 inspirator, 일회용 멸균장갑, 70% 에틸알코올, 멸균 스테인리스 국자, 멸균 스테인리스 집게 등

(4) 냉장·냉동 검체 운반기구 : 아이스박스, 아이스팩, 실시간 온도기록계 등

(5) 기타 : 안전모, 간이사다리, 위생장화, 테이프, 아이스박스, 사진기, 필기구 등

6. 개별 검체채취 및 취급 방법

1) 수산물의 검체채취

(1) 관능검사용 검체채취방법 : 관능검사용 검체채취는 무포장수산물과 포장수산물로 구분하고 난수표 등을 이용, 다음의 표에 따라 검체를 채취하여 성상(관능) 검사를 실시하고 이 중 채점개수만큼 채취하여 채점을 실시한다.

① 무포장수산물(단위중량이 일정하지 아니한 것)

검사대상	채취개수	채점개수	채 취 요 령
1톤미만	3	2	○ 채취개수는 개체중량이 2 kg이상은 1마리를, 2 kg 미만은 기구 또는 그물망 등으로 채취(2~3 kg)한 것을 1개의 채취개수로 한다. ○ 활어 등 살아있는 상태로 2개 이상 수조에 분산되어 수용되어 있는 경우 각 수조별 품질상태, 크기, 중량 등을 고려하여 채취개수를 추가할 수 있다.
1톤이상~ 3톤미만	5	3	
3톤이상~ 5톤미만	7	4	
5톤이상~10톤미만	9	5	
10톤이상~20톤미만	11	6	
20톤이상	13	7	

② 포장제품(단위중량이 일정한 Block형의 무포장제품 포함)

검사대상	채취개수	채점개수	채 취 요 령
4개이하	1	1	○ 포장별 제품의 제조연월일(포장일), 크기, 중량 등을 고려하여 대표성 있게 채취한다. ○ 검사대상이 35,001개 이상인 경우에는 채취개수를 추가할 수 있다.
5~ 50개	3	1	
51~ 100개	5	2	
101~ 200개	7	2	
201~ 300개	9	3	
301~ 400개	11	3	
401~ 500개	13	4	
501~ 700개	15	5	
701~1,000개	17	5	
1,001~10,000개	20	6	
10,001~35,000개	32	10	
35,001개 이상	50	16	

(2) 정밀검사용 검체채취방법

① 정밀검사용 검체의 채취는 관능검사 채점대상 수산물에서 무작위로 채취한다.

② 패류(패각이 붙어 있는 경우) 및 해조류, 한천 등은 중량으로 채취하고, 그 이외의 정밀검사용 검체는 마리수 또는 단위포장을 기준으로 채취함을 원칙으로 한다.

③ 정밀검사 결과에 영향을 줄 우려가 있는 포장횟감용 수산물은 포장단위로 검체를 채취할 수 있다.

④ 정밀검사는 채취된 검체 전체에서 먹을 수 있는 부위만을 취해 균질화 한 후 그 중 일정량을 1개의 시험검체로 한다. 다만, 어류는 머리, 꼬리, 내장, 뼈, 비늘을 제거한 후 껍질을 포함한 근육부위를 시험검체로 하고, 이때 검체를 물에서 꺼낸 경우나, 물로 씻은 경우에는 표준체(20 mesh 또는 이와 동등한 것)에 얹어 물을 제거한 후 균질화 한다.

⑤ 정밀검사용 검체채취량은 다음의 표와 같다. 다만, 가격이 고가이거나 마리수 또는 단위포장별로 검체채취가 곤란한 경우에는 채취량의 범위 안에서 정밀검사 최소필요량(가식부 300 g)이 되도록 검체를 절단·분할·파쇄하여 채취할 수 있다.

종 류 별	채 취 량
■ 대형 수산물	
• 개체중량이 2 kg 이상	2마리 (포장)
• 개체중량이 1 kg 이상 ~ 2 kg 미만	3마리 (포장)
■ 중형 수산물	
• 개체중량이 500 g 이상 ~ 1 kg 미만	3마리 (포장)
• 개체중량이 200 g 이상 ~ 500 g 미만	5마리 (포장)
■ 소형 수산물	
• 개체중량이 100 g 이상 ~ 200 g 미만	10마리 (포장)
• 개체중량이 50 g 이상 ~ 100 g 미만	10~20마리 (포장)
• 개체중량이 50 g 미만	2 kg 이하
■ 패류(패각이 붙어 있는 경우)	1~4 kg
■ 해조류, 한천 등 기타 수산물	0.3~0.5 kg

2) 잔류농약검사를 위한 검체의 채취

(1) 가능한 한 잔류농약검사를 위한 검체는 냉장 보관하여 운반한다.

(2) 가공식품의 경우에는 3. 검체채취의 일반원칙 4)의 검체채취결정표에 따라 채취하고 농산물 등의 경우에는 다음의 표에 따라 채취한다.

검사대상 크기 [kg]	검체채취지점수(이상)	시험 검체수
~ 5,000 미만	3	1
5,000 이상 ~ 15,000 미만	5	1
15,000 이상 ~ 25,000 미만	8	1
25,000 이상 ~	14	1

3) 곰팡이독소 검사를 위한 검체의 채취

(1) 가공식품의 경우에는 3. 검체채취의 일반원칙 4)의 검체채취결정표에 따라 채취하고 곡류, 두류, 땅콩 및 견과류의 경우에는 다음의 표에 따라 채취한다.

검사대상 크기 [kg]	검체채취지점수(이상)	시험 검체수	검체채취량 [kg]
~ 1,000 미만	8	1	1
1,000 이상 ~ 5,000 미만	10	1	1
5,000 이상 ~ 15,000 미만	15	1	1
15,000 이상 ~ 25,000 미만	18(9 × 2)	2	2
25,000 이상 ~ 60,000 미만	20(10 × 2)	2	2
60,000 이상 ~	24(8 × 3)	3	3

예시 : 시험검체수가 3개인 경우에는 8곳 이상에서 채취 혼합하여 1개로 하는 방법으로 총 3개 검체를 각각 시험검체로 의뢰한다.

4) 잔류동물용의약품 검사를 위한 검체의 채취

가공식품 및 축산물의 경우에는 3. 검체채취의 일반원칙 4)의 검체채취결정표에 따라 채취하고, 수산물의 경우에는 6. 개별 검체채취 및 취급방법 1) 수산물의 검체채취에 따라 채취한다. 다만, 잔류동물용의약품이 비균질하게 분포하는 제품이라고 판단되는 경우에는 검체채취지점수만큼 시험검체수가 되도록 채취한다.

5) 유전자변형성분 검사를 위한 검체의 채취

가공식품의 경우에는 3. 검체채취의 일반원칙 4)의 검체채취결정표에 따라 검체채취하고 곡류, 두류 및 대두분의 경우에는 6. 개별 검체채취 및 취급방법 2) 잔류농약검사를 위한 검체의 채취의 표에 따라 채취한다.

6) 컨테이너의 검체채취

(1) 곡류벌크선적물의 경우에는 컨테이너 내부를 을(乙)자형으로 이동하며 무작위로 채취한다.

(2) 여러 개의 컨테이너가 하나의 검사대상인 경우에는 다음 표에 따라 컨테이너를 개봉하여 검체채취하여야 한다. 다만, 이 검체채취 및 취급 방법 상 규정된 검체채취지점수 등을 고려하여 개봉수를 가감할 수 있다.

컨테이너수	1−3개	4−6개	7−10개	11−20개	21−30개	31−50개	51개 이상
개봉수	1개	2개이상	3개이상	4개이상	6개이상	8개이상	10개이상

(3) 컨테이너에 실려있는 상태에서 대표성 있는 검체를 수거할 수 없는 경우에는 당해 식품등을 검사 가능하도록 1/3이상 꺼내게 한 후 검체를 채취할 수 있다. 이 경우 냉장·냉동검체인 경우에는 보관온도를 유지할 수 있는 장소에서 화물을 꺼내게 할 수 있다.

7) 선박의 벌크검체 채취

(1) 선박의 벌크검체를 채취하는 경우, 같은 선박 벌크 제품의 대표성이 있도록 5곳 이상에서 채취 혼합하여 1개로 하는 방법으로 총 5개의 검체를 채취하여 검사 의뢰한다.

제 3 편

The Food Sanitation Act

기타 관계법규

The Food Sanitation Act

01 학교급식법·시행령·시행규칙

학교급식법

구분	일자	종류	번호
공포	1981. 1. 29	법률	제3356호
개정	2003. 7. 25	법률	제6935호
개정	2006. 7. 19	법률	제7962호
개정	2007. 4. 11	법률	제8354호
개정	2007. 10. 17	법률	제8655호
개정	2008. 3. 21	법률	제8914호
개정	2009. 2. 6	법률	제 9432호
개정	2010. 7. 23	법률	제10386호
개정	2011. 7. 21	법률	제10886호
개정	2012. 3. 21	법률	제11690호
개정	2013. 5. 22	법률	제11771호
개정	2020. 1. 29	법률	제16876호
개정	2021. 3. 23	법률	제17954호
개정	2021. 12. 28	법률	제18639호

학교급식법 시행령

구분	일자	종류	번호
공포	1981. 9. 8	대통령령	제10460호
개정	2003. 12. 30	대통령령	제18188호
전부개정	2007. 1. 18	대통령령	제19837호
개정	2008. 2. 29	대통령령	제20740호
개정	2009. 8. 6	대통령령	제21676호
개정	2010. 6. 29	대통령령	제22233호
개정	2011. 1. 17	대통령령	제22625호
개정	2013. 3. 23	대통령령	제24423호
개정	2013. 11. 22	대통령령	제24876호
개정	2019. 7. 2	대통령령	제29950호
개정	2021. 1. 30	대통령령	제31421호
개정	2021. 12. 28	대통령령	제18639호
개정	2023. 4. 25	대통령령	제33434호

학교급식법 시행규칙

구분	일자	종류	번호
공포	2002. 4. 18	교육인적자원부령	제804호
개정	2005. 11. 14	교육인적자원부령	제866호
개정	2007. 3. 26	교육인적자원부령	제905호
개정	2008. 3. 4	교육과학기술부령	제1호
개정	2009. 2. 25	교육과학기술부령	제29호
개정	2013. 3. 23	교육부령	제1호
개정	2013. 11. 22	교육부령	제14호
개정	2014. 12. 31	교육부령	제51호
개정	2016. 4. 20	교육부령	제96호
개정	2021. 1. 30	교육부령	제226호
개정	2021. 6. 30	교육부령	제240호

제1장 총 칙

제1조 【목 적】 이 법은 학교급식 등에 관한 사항을 규정함으로써 학교급식의 질을 향상시키고 학생의 건전한 심신의 발달과 국민 식생활개선에 기여함을 목적으로 한다.

영 **제1조 【목 적】** 이 영은 「학교급식법」에서 위임된 사항과 그 시행에 관하여 필요한 사항을 규정함을 목적으로 한다.

규칙 **제1조 【목 적】** 이 규칙은 「학교급식법」 및 동법 시행령에서 위임된 사항과 그 시행에 관하여 필요한 사항을 규정함을 목적으로 한다.

제2조 【정 의】 이 법에서 사용하는 용어의 정의는 다음과 같다.

1. "학교급식"이라 함은 제1조의 목적을 달성하기 위하여 제4조의 규정에 따른 학교 또는 학급의 학생을 대상으로 학교의 장이 실시하는 급식을 말한다.
2. "학교급식공급업자"라 함은 제15조의 규정에 따라 학교의 장과 계약에 의하여 학교급식에 관한 업무를 위탁받아 행하는 자를 말한다.
3. "급식에 관한 경비"라 함은 학교급식을 위한 식품비, 급식운영비 및 급식시설·설비비를 말한다.

제3조 【국가·지방자치단체의 임무】 ① 국가와 지방자치단체는 양질의 학교급식이 안전하게 제공될 수 있도록 행정적·재정적으로 지원하여야 하며, 영양교육을 통한 학생의 올바른 식생활 관리능력 배양과 전통 식문화의 계승·발전을 위하여 필요한 시책을 강구하여야 한다.
② 특별시·광역시·도·특별자치도의 교육감(이하 "교육감"이라 한다)은 매년 학교급식에 관한 계획을 수립·시행하여야 한다.

제4조 【학교급식 대상】 학교급식은 대통령령이 정하는 바에 따라 다음 각 호의 어느 하나에 해당하는 학교 또는 학급에 재학하는 학생을 대상으로 실시한다. 〈개정 2020.1.29.〉

1. 「유아교육법」 제2조 제2호에 따른 유치원. 다만, 대통령령으로 정하는 규모 이하의 유치원은 제외한다.
2. 「초·중등교육법」 제2조 제1호부터 제4호까지의 어느 하나에 해당하는 학교
3. 「초·중등교육법」 제52조의 규정에 따른 근로청소년을 위한 특별학급 및 산업체부설 중·고등학교
4. 「초·중등교육법」 제60조의3에 따른 대안학교
5. 그 밖에 교육감이 필요하다고 인정하는 학교

영 **제2조 【학교급식의 운영원칙】** ① 학교급식은 수업일의 점심시간[「학교급식법」(이하 "법"이라 한다) 제4조 제2호에 따른 근로청소년을 위한 특별학급 및 산업체부설학교에 있어서는 저녁시간]에 법 제11조 제2항에 따른 영양관리기준에 맞는 주식과 부식 등을

제공하는 것을 원칙으로 한다.

② 학교급식에 관한 다음 각 호의 사항은 「유아교육법」 제19조의3에 따른 유치원운영위원회 또는 「초·중등교육법」 제31조에 따른 학교운영위원회(이하 "학교운영위원회"라 한다)의 심의를 거쳐 학교의 장이 결정해야 한다.

1. 학교급식 운영방식, 급식대상, 급식횟수, 급식시간 및 구체적 영양기준 등에 관한 사항
2. 학교급식 운영계획 및 예산·결산에 관한 사항
3. 식재료의 원산지, 품질등급, 그 밖의 구체적인 품질기준 및 완제품 사용 승인에 관한 사항
4. 식재료 등의 조달방법 및 업체선정 기준에 관한 사항
5. 보호자(친권자, 후견인이나 그 밖에 학생을 부양할 법률상 의무가 있는 자를 말한다. 이하 같다)가 부담하는 경비 및 급식비의 결정에 관한 사항
6. 급식비 지원대상자 선정 등에 관한 사항
7. 급식활동에 관한 보호자의 참여와 지원에 관한 사항
8. 학교우유급식 실시에 관한 사항
9. 그 밖에 학교의 장이 학교급식 운영에 관하여 중요하다고 인정하는 사항

영 **제2조의 2 【학교급식 대상】** 법 제4조제1호 단서에서 "대통령령으로 정하는 규모 이하의 유치원"이란 「유아교육법」 제7조제3호의 사립유치원(이하 "사립유치원"이라 한다) 중 원아 수(「교육관련기관의 정보공개에 관한 특례법 시행령」 별표 1의3에 따라 매년 10월에 공시되는 연령별 원아 수 현원의 합계를 말한다. 이하 같다)가 50명 미만인 유치원을 말한다

영 **제3조 【학교급식의 개시보고 등】** ① 법 제4조에 따라 학교급식을 실시하려는 학교의 장은 법 제6조에 따른 급식시설·설비를 갖추고 교육부령이 정하는 바에 따라 교육부장관 또는 교육감에게 학교급식의 개시보고를 하여야 한다. 다만, 교내에 급식시설을 갖추지 못하여 외부에서 제조·가공한 식품을 운반하여 급식을 실시하는 경우 등에는 급식시설·설비를 갖추지 않고 학교급식의 개시보고를 할 수 있다.

② 제1항에 따른 학교급식의 개시보고 후 급식운영방식의 변경, 급식시설 대수선 또는 증·개축, 급식시설의 운영중단 또는 폐지 등 중요한 사항이 변경된 경우에는 그 내용을 교육부장관 또는 교육감에게 보고하여야 한다.

규칙 **제2조 【학교급식의 개시보고 등】** ① 「학교급식법 시행령」(이하 "영"이라 한다) 제3조 제1항에 따른 학교급식의 개시보고는 급식 개시 전 10일까지 「별지 제1호」 서식의 학교급식 개시보고서에 따라 하여야 한다.

② 영 제3조 제2항에 따른 변경보고는 변경 후 20일 이내에 그 내용을 보고하여야 한다.

③ 학교의 장은 매 학년도말 현재의 급식현황을 2월 28일까지 「별지 제2호」 서식의

급식실시현황에 따라 교육부장관 또는 교육감에게 보고하고, 교육감은 이를 3월 20일까지 교육부장관에게 보고하여야 한다.

④ 교육부장관 또는 교육감은 제1항 내지 제3항의 보고를 받은 사항에 대하여 「초·중등교육법」 제30조의 4에 따른 교육정보시스템에 입력하여 관리하여야 한다.

영 **제4조 【학교급식 운영계획의 수립 등】** ① 학교의 장은 학교급식의 관리·운영을 위하여 매 학년도 시작 전까지 학교운영위원회의 심의 또는 자문을 거쳐 학교급식 운영계획을 수립하여야 한다.

② 제1항에 따른 학교급식 운영계획에는 급식계획, 영양·위생·식재료·작업·예산관리 및 식생활 지도 등 학교급식 운영관리에 필요한 사항이 포함되어야 한다.

③ 학교의 장은 운영계획의 이행상황을 연 1회 이상 학교운영위원회에 보고하여야 한다.

제5조 【학교급식위원회 등】 ① 교육감은 학교급식에 관한 다음 각 호의 사항을 심의하기 위하여 그 소속하에 학교급식위원회를 둔다.

1. 제3조 제2항의 규정에 따른 학교급식에 관한 계획
2. 제9조의 규정에 따른 급식에 관한 경비 및 식재료등의 지원
3. 그밖에 학교급식의 운영 및 지원에 관한 사항으로서 교육감이 필요하다고 인정하는 사항

② 제1항의 규정에 따른 학교급식위원회의 구성·운영 등에 관하여 필요한 사항은 대통령령으로 정한다.

③ 특별시장·광역시장·도지사·특별자치도지사 및 시장·군수·자치구의 구청장은 제8조 제4항의 규정에 따른 학교급식 지원에 관한 중요사항을 심의하기 위하여 그 소속하에 학교급식지원심의위원회를 둘 수 있다.

④ 특별자치도지사·시장·군수·자치구의 구청장은 우수한 식자재 공급 등 학교급식을 지원하기 위하여 그 소속하에 학교급식지원센터를 설치·운영할 수 있다.

⑤ 제3항의 규정에 따른 학교급식지원심의위원회의 구성·운영과 제4항의 규정에 따른 학교급식지원센터의 설치·운영에 관하여 필요한 사항은 해당 지방자치단체의 조례로 정한다.

영 **제5조 【학교급식위원회의 구성】** ① 법 제5조 제1항에 따른 학교급식위원회는 (이하 "학교급식위원회"라 한다)는 위원장 1명을 포함하여 15명 이내의 위원으로 구성한다.

② 학교급식위원회의 위원장(이하 "위원장"이라 한다)은 특별시·광역시·특별자치시·도·특별자치도교육청(이하 "시·도교육청"이라 한다)의 부교육감(부교육감이 2인일 때에는 제1부교육감을 말한다)이 된다.

③ 위원은 시·도교육청 학교급식업무 담당국장, 특별시·광역시·특별자치시·도·특별자치도의 학교급식지원업무 담당국장 및 보건위생업무 담당국장, 학교의 장, 학부모, 학교급식분야 전문가, 「비영리민간단체 지원법」 에 따른 비영리민간단체가 추천한 사람이나 그 밖에 교육감이 필요하다고 인정하는 사람 중에서 교육감이 임명

또는 위촉한다.

④ 학교급식위원회에는 간사 1명을 두되, 시·도교육청 공무원 중에서 위원장이 임명한다.

영 **제6조 【학교급식위원회의 운영】** ① 위원장은 학교급식위원회의 사무를 총괄하고, 학교급식위원회를 대표한다.

② 위원장은 학교급식위원회의 회의를 소집하고, 그 의장이 된다.

③ 학교급식위원회의 회의는 재적위원 과반수의 출석으로 개의하고, 출석위원 과반수의 찬성으로 의결한다.

④ 간사는 위원장의 명을 받아 학교급식위원회의 사무를 처리한다.

⑤ 위촉위원의 임기는 2년으로 하되, 1차에 한하여 연임할 수 있다.

⑥ 그밖에 학교급식위원회의 운영에 관하여 필요한 사항은 학교급식위원회의 의결을 거쳐 위원장이 정한다.

제 2 장 학교급식 시설·설비 기준 등

제6조 【급식시설·설비】 ① 학교급식을 실시할 학교는 학교급식을 위하여 필요한 시설과 설비를 갖추어야 한다. 다만, 둘 이상의 학교가 인접하여 있는 경우에는 학교급식을 위한 시설과 설비를 공동으로 할 수 있다.

② 제1항의 규정에 따른 시설·설비의 종류와 기준은 대통령령으로 정한다.

영 **제7조 【시설·설비의 종류와 기준】** ① 법 제6조 제2항에 따라 학교급식시설에서 갖추어야할 시설·설비의 종류와 기준은 다음 각 호와 같다.

1. 조리장 : 교실과 떨어지거나 차단되어 학생의 학습에 지장을 주지 않는 시설로 하되, 식품의 운반과 배식이 편리한 곳에 두어야 하며, 능률적이고 안전한 조리기기, 냉장·냉동시설, 세척·소독시설 등을 갖추어야 한다.
2. 식품보관실 : 환기·방습이 용이하며, 식품과 식재료를 위생적으로 보관하는 데 적합한 위치에 두되, 방충 및 쥐막기 시설을 갖추어야 한다.
3. 급식관리실 : 조리장과 인접한 위치에 두되, 컴퓨터 등 사무장비를 갖추어야 한다.
4. 편의시설 : 조리장과 인접한 위치에 두되, 조리종사자의 수에 따라 필요한 옷장과 샤워시설 등을 갖추어야 한다.

② 제1항에 따른 시설에서 갖추어야 할 시설과 그 부대시설의 세부적인 기준은 교육부령으로 정한다.

규칙 **제3조 【급식시설의 세부기준】** ① 영 제7조 제2항에 따른 시설과 부대시설의 세부기준은 별표 1과 같다.

② 제1항에 따른 기준 중 냉장·냉동시설, 조리 및 급식 관련설비·기계·기구에 대한 용량 등 구체적 기준은 교육감이 정한다.

제7조【영양교사의 배치 등】 ① 제6조의 규정에 따라 학교급식을 위한 시설과 설비를 갖춘 학교는 「초 · 중등교육법」 제21조 제2항의 규정에 따른 영양교사와 「식품위생법」 제53조 제1항에 따른 조리사를 둔다. 다만, 제4조 제1호에 따른 유치원에 두는 영양교사의 배치기준 등에 관하여 필요한 사항은 대통령령으로 정한다. 〈개정 2009. 2. 6., 2020. 1. 29.〉

② 교육감은 학교급식에 관한 업무를 전담하게 하기 위하여 그 소속하에 학교급식에 관한 전문지식이 있는 직원을 둘 수 있다.

③ 교육감은 제1항 단서의 영양교사의 배치기준 등에 따른 유치원 중 일정 규모 이하 유치원에 대한 급식관리를 지원하기 위하여 특별시 · 광역시 · 특별자치시 · 도 및 특별자치도의 교육청 또는 「지방교육자치에 관한 법률」 제34조 및 「제주특별자치도 설치 및 국제자유도시 조성을 위한 특별법」 제80조에 따른 교육지원청에 영양교사를 둘 수 있다. 〈신설 2021. 12. 28.〉

④ 제3항에 따라 영양교사가 급식관리를 지원하는 유치원의 규모 및 지원의 범위 등에 필요한 사항은 대통령령으로 정한다. 〈신설 2021. 12. 28.〉

영 **제8조【영양교사의 직무】** 법 제7조 제1항에 따른 영양교사는 학교의 장을 보좌하여 다음 각 호의 직무를 수행한다.

1. 식단작성, 식재료의 선정 및 검수
2. 위생·안전·작업관리 및 검식
3. 식생활 지도, 정보 제공 및 영양상담
4. 조리실 종사자의 지도·감독
5. 그밖에 학교급식에 관한 사항

영 **제8조의 2【유치원에 두는 교사의 배치기준】** ① 법 제7조 제1항 단서에 따라 「유아교육법」 제7조 제1호 및 제2호의 국공립유치원(이하 "국공립유치원"이라 한다)과 원아 수가 100명 이상인 사립유치원에는 「초·중등교육법」 제21조 제2항에 따른 영양교사의 자격을 갖춘 사람(국립·공립유치원의 경우에는 「교육공무원임용령」 제9조 제1항에 따라 영양교사로 선발된 사람으로 한다)을 1명 이상 교사로 두어 제8조 각 호의 직무를 전담하도록 해야 한다.

② 제1항에 따라 영양교사를 두어야 하는 유치원 중 원아 수가 200명 미만인 유치원으로서 같은 교육지원청(「지방교육자치에 관한 법률」 제34조 제1항 및 「제주특별자치도 설치 및 국제자유도시 조성을 위한 특별법」 제80조 제1항에 따른 교육지원청을 말한다. 이하 같다)의 관할구역에 있는 유치원의 경우에는 2개의 유치원마다 공동으로 제1항에 따른 교사를 1명씩 둘 수 있다.

③ 교육감은 법 제4조 제1호 및 이 영 제2조의2에 따른 학교급식 대상인 사립유치원

중 제1항 및 제2항에 따라 영양교사를 두어야 하는 유치원이 아닌 유치원에 대하여 시·도교육청 또는 교육지원청에 두는 영양교사로 하여금 급식관리를 지원하게 할 수 있다.

④ 법 제7조 제3항에 따라 시·도교육청 또는 교육지원청에 두는 영양교사는 제3항의 유치원에 대하여 다음 각 호의 사항을 지원한다.

1. 식단작성 및 영양관리
2. 위생·안전관리
3. 식생활 지도 및 영양 상담
4. 그 밖에 유치원에 대한 급식관리를 지원하기 위하여 교육감이 필요하다고 인정하는 사항

⑤ 교육감은 법 제7조 제3항에 따라 시·도교육청 또는 교육지원청에 영양교사를 배치할 때에는 관할구역에 있는 유치원의 수, 유치원 간의 이동 거리, 유치원별 원아 수 등을 고려해야 한다.

제8조 【경비부담 등】 ① 학교급식의 실시에 필요한 급식시설·설비비는 당해 학교의 설립·경영자가 부담하되, 국가 또는 지방자치단체가 지원할 수 있다.

② 급식운영비는 당해 학교의 설립·경영자가 부담하는 것을 원칙으로 하되, 대통령령이 정하는 바에 따라 보호자(친권자, 후견인 그밖에 법률에 따라 학생을 부양할 의무가 있는 자를 말한다. 이하 같다)가 그 경비의 일부를 부담할 수 있다.

③ 학교급식을 위한 식품비는 보호자가 부담하는 것을 원칙으로 한다.

④ 특별시장·광역시장·도지사·특별자치도지사 및 시장·군수·자치구의 구청장은 학교급식에 품질이 우수한 농수산물 사용 등 급식의 질 향상과 급식시설·설비의 확충을 위하여 식품비 및 시설·설비비 등 급식에 관한 경비를 지원할 수 있다.

영 **제9조 【급식운영비 부담】** ① 법 제8조 제2항에 따른 급식운영비는 다음 각 호와 같다.

1. 급식시설·설비의 유지비
2. 종사자의 인건비
3. 연료비, 소모품비 등의 경비

② 제1항 제2호와 제3호에 따른 경비는 학교운영위원회의 심의 또는 자문을 거쳐 그 경비의 일부를 보호자로 하여금 부담하게 할 수 있다.

③ 학교의 설립, 경영자는 제2항에 따른 보호자의 부담이 경감되도록 노력하여야 한다.

제9조 【급식에 관한 경비의 지원】 ① 국가 또는 지방자치단체는 제8조의 규정에 따라 보호자가 부담할 경비의 전부 또는 일부를 지원할 수 있다.

② 제1항의 규정에 따라 보호자가 부담할 경비를 지원하는 경우에는 다음 각 호의 어느 하나에 해당하는 학생을 우선적으로 지원한다.

1. 학생 또는 그 보호자가 「국민기초생활 보장법」 제2조에 따른 수급권자이거나 차상위계

층에 속하는 학생, 「한부모가족지원법」 제5조의 규정에 따른 보호대상자인 학생
2. 「도서·벽지 교육진흥법」 제2조의 규정에 따른 도서벽지에 있는 학교와 그에 준하는 지역으로서 대통령령으로 정하는 지역의 학교에 재학하는 학생
3. 「농어업인 삶의 질 향상 및 농어촌지역 개발촉진에 관한 특별법」 제3조 제4호에 따른 농어촌학교와 그에 준하는 지역으로서 대통령령으로 정하는 지역의 학교에 재학하는 학생
4. 그 밖에 교육감이 필요하다고 인정하는 학생

③ 교육감은 「재난 및 안전관리 기본법」 제3조 제1호에 따른 재난이 발생하여 학교급식이 어려운 경우에는 제5조 제1항에 따른 학교급식위원회의 심의를 거쳐 대통령령으로 정하는 바에 따라 학생의 가정에 식재료 등을 지원할 수 있다. 이 경우 지원 범위는 제8조 제4항 및 제9조 제1항에 따라 국가 또는 지방자치단체가 지원한 급식에 관한 경비에 한정한다. 〈신설 2021. 12. 28.〉

영 **제10조 【급식비 지원기준 등】** ① 법 제9조 제1항에 따라 보호자가 부담할 경비를 지원하는 경우 그 지원액 및 지원대상은 학교급식위원회의 심의를 거쳐 교육감이 정한다.

② 법 제9조 제2항 제2호와 제3호에서 "대통령령이 정하는 지역의 학교"라 함은 각각 다음 각 호의 학교를 말한다.

1. 법 제9조 제2항 제2호: 「도서·벽지 교육진흥법」 제2조에 따른 도서벽지에 준하는 지역에 소재하는 학교로서 7할 이상에 해당하는 학생의 학부모가 도서벽지의 학부모와 유사한 생활여건에 처하여 있다고 교육감이 인정하는 학교
2. 법 제9조 제2항 제3호: 「농어업인 삶의 질 향상 및 농어촌지역 개발촉진에 관한 특별법」 제3조 제1호에 따른 농어촌에 준하는 지역에 소재하는 학교로서 7할 이상에 해당하는 학생의 학부모가 농어촌의 학부모와 유사한 생활여건에 처하여 있다고 교육감이 인정하는 학교

③ 교육감은 법 제9조 제3항 전단에 따라 학생의 가정에 식재료 등을 지원할 때에는 다음 각 호의 방법으로 한다.

1. 다음 각 목의 센터 또는 업체로 하여금 법 제10조에 따른 품질관리기준에 적합한 식재료를 가정으로 배송하게 하는 방법
   가. 법 제5조 제4항에 따른 학교급식지원센터
   나. 학교급식에 필요한 식재료나 제조·가공한 식품을 공급하는 업체
2. 보호자에게 식재료를 구매하거나 교환할 수 있는 상품권 또는 교환권을 지급하는 방법
3. 그 밖에 교육감이 학교급식위원회의 심의를 거쳐 정하는 방법

제 3 장 학교급식 관리·운영

제10조 【식재료】 ① 학교급식에는 품질이 우수하고 안전한 식재료를 사용하여야 한다.
② 식재료의 품질관리기준 그 밖에 식재료에 관하여 필요한 사항은 교육부령으로 정한다.

【규칙】 제4조 【학교급식 식재료의 품질관리기준 등】 ① 「학교급식법」(이하 "법"이라 한다) 제10조 제2항에 따른 식재료의 품질관리기준은 별표 2와 같다.
② 학교급식의 질 제고 및 안전성 확보를 위하여 품질을 우선적으로 고려하여야 하는 경우 식재료의 구매에 관한 계약은 「국가를 당사자로 하는 계약에 관한 법률 시행령」 제43조 또는 「지방자치단체를 당사자로 하는 계약에 관한 법률 시행령」 제43조에 따른 협상에 의한 계약체결방법을 활용할 수 있다.

제11조 【영양관리】 ① 학교급식은 학생의 발육과 건강에 필요한 영양을 충족하고 올바른 식생활습관 형성에 도움을 줄 수 있도록 다양한 식품으로 구성되어야 한다. 〈개정 2021. 12. 28.〉
② 학교급식의 영양관리기준은 교육부령으로 정하고, 식품구성기준은 필요한 경우 교육감이 정한다. 〈개정 2008. 2. 29., 2013. 3. 23., 2021. 12. 28.〉

【규칙】 제5조 【학교급식의 영양관리기준 등】 ① 법 제11조 제2항에 따른 학교급식의 영양관리기준은 별표 3과 같다.
② 제1항의 기준에 따라 식단작성 시 고려하여야 할 사항은 다음 각 호와 같다.
1. 전통 식문화의 계승·발전을 고려할 것
2. 곡류 및 전분류, 채소류 및 과일류, 어육류 및 콩류, 우유 및 유제품 등 다양한 종류의 식품을 사용할 것
3. 염분·유지류·단순당류 또는 식품첨가물 등을 과다하게 사용하지 않을 것
4. 가급적 자연식품과 계절식품을 사용할 것
5. 다양한 조리방법을 활용할 것

제12조 【위생·안전관리】 ① 학교급식은 식단작성, 식재료 구매·검수·보관·세척·조리, 운반, 배식, 급식기구 세척 및 소독 등 모든 과정에서 위해한 물질이 식품에 혼입되거나 식품이 오염되지 아니하도록 위생과 안전관리에 철저를 기하여야 한다.
② 학교급식의 위생·안전관리기준은 교육부령으로 정한다.

【규칙】 제6조 【학교급식의 위생·안전관리기준 등】 ① 법 제12조 제2항에 따른 학교급식의 위생·안전관리기준은 별표 4와 같다.
② 교육부장관은 제1항에 따른 기준의 준수 및 향상을 위한 지침을 정할 수 있다.

제13조 【식생활 지도 등】 학교의 장은 올바른 식생활습관의 형성, 식량생산 및 소비에 관한 이해 증진 및 전통 식문화의 계승·발전을 위하여 학생에게 식생활 관련 교육 및 지도를 하

며, 보호자에게는 관련 정보를 제공한다. 〈개정 2021. 12. 28.〉

제14조 【영양상담】 학교의 장은 식생활에서 기인하는 영양불균형을 시정하고 질병을 사전에 예방하기 위하여 저체중 및 성장부진, 빈혈, 과체중 및 비만학생 등을 대상으로 영양상담과 필요한 지도를 실시한다.

제15조 【학교급식의 운영방식】 ① 학교의 장은 학교급식을 직접 관리·운영하되, 「유아교육법」 제19조의3에 따른 유치원운영위원회 및 「초·중등교육법」 제31조에 따른 학교운영위원회의 심의·자문을 거쳐 일정한 요건을 갖춘 자에게 학교급식에 관한 업무를 위탁하여 이를 행하게 할 수 있다. 다만, 식재료의 선정 및 구매·검수에 관한 업무는 학교급식 여건상 불가피한 경우를 제외하고는 위탁하지 아니한다.

② 제1항의 규정에 따라 의무교육기관에서 업무위탁을 하고자 하는 경우에는 미리 관할청의 승인을 얻어야 한다.

③ 제1항의 규정에 따른 학교급식에 관한 업무위탁의 범위, 학교급식공급업자가 갖추어야 할 요건 그밖에 업무위탁에 관하여 필요한 사항은 대통령령으로 정한다.

영 **제11조 【업무위탁의 범위 등】** ① 법 제15조 제1항에서 "학교급식 여건상 불가피한 경우"라 함은 다음 각 호의 경우를 말한다.

1. 공간적 또는 재정적 사유 등으로 학교급식시설을 갖추지 못한 경우
2. 학교의 이전 또는 통·폐합 등의 사유로 장기간 학교의 장이 직접 관리·운영함이 곤란한 경우
3. 그밖에 학교급식의 위탁이 불가피한 경우로서 교육감이 학교급식위원회의 심의를 거쳐 정하는 경우

② 법 제15조 제3항에 따른 학교급식공급업자가 갖추어야 할 요건은 다음 각 호와 같다.

1. 법 제12조 제1항에 따른 학교급식 과정 중 조리, 운반, 배식 등 일부업무를 위탁하는 경우 : 「식품위생법 시행령」 제21조 제8호 마목에 따른 위탁급식영업의 신고를 할 것
2. 법 제12조 제1항에 따른 학교급식 과정 전부를 위탁하는 경우
   가. 학교 밖에서 제조·가공한 식품을 운반하여 급식하는 경우 : 「식품위생법 시행령」 제21조 제1호에 따른 식품제조·가공업의 신고를 할 것
   나. 학교급식시설을 운영위탁하는 경우 : 「식품위생법 시행령」 제21조 제8호 목에 따른 위탁급식영업의 신고를 할 것

③ 학교의 장은 법 제15조 제1항에 따라 학교급식에 관한 업무를 위탁하고자 하는 경우 「식품위생법」 제88조에 따른 집단급식소 신고에 필요한 면허소지자를 둔 학교급식공급업자에게 위탁하여야 한다.

영 **제12조【업무위탁 등의 계약방법】** 법 제15조에 따른 학교급식업무의 위탁에 관한 계약은 국가를 당사자로 하는 계약에 관한 법령 또는 지방자치단체를 당사자로 하는 계약에 관한 법령의 관계 규정을 적용 또는 준용한다.

제16조【품질 및 안전을 위한 준수사항】 ① 학교의 장과 그 학교의 학교급식 관련업무를 담당하는 관계교직원이하 "학교급식 관계교직원"이라 한다) 및 학교급식공급업자는 학교급식의 품질 및 안전을 위하여 다음 각 호의 어느 하나에 해당하는 식재료를 사용하여서는 아니 된다.

1. 「농수산물 원산지 표시에 관한 법률」 제5조 제1항에 따른 원산지 표시를 거짓으로 적은 식재료
2. 「농수산물 품질관리법」 제56조에 따른 유전자변형농수산물의 표시를 거짓으로 적은 식재료
3. 「축산법」 제40조의 규정에 따른 축산물의 등급을 거짓으로 기재한 식재료
4. 「농수산물 품질관리법」 제5조 제2항에 따른 표준규격품의 표시, 같은 법 제14조 제3항에 따른 품질인증의 표시 및 같은 법 제34조 제3항에 따른 지리적 표시를 거짓으로 적은 식재료

② 학교의 장과 그 소속 학교급식관계교직원 및 학교급식공급업자는 다음 사항을 지켜야 한다.

1. 제10조 제2항의 규정에 따른 식재료의 품질관리기준, 제11조 제2항의 규정에 따른 영양관리기준 및 제12조 제2항의 규정에 따른 위생·안전관리기준
2. 그밖에 학교급식의 품질 및 안전을 위하여 필요한 사항으로서 교육부령이 정하는 사항

③ 학교의 장과 그 소속 학교급식관계교직원 및 학교급식공급업자는 학교급식에 알레르기를 유발할 수 있는 식재료가 사용되는 경우에는 이 사실을 급식 전에 급식 대상 학생에게 알리고, 급식 시에 표시하여야 한다.

④ 알레르기를 유발할 수 있는 식재료의 종류 등 제3항에 따른 공지 및 표시와 관련하여 필요한 사항은 교육부령으로 정한다.

규칙 **제7조【품질 및 안전을 위한 준수사항】** ① 법 제16조 제2항 제2호에서 "그 밖에 학교급식의 품질 및 안전을 위하여 필요한 사항"이라 함은 다음 각 호의 사항을 말한다.

1. 매 학기별 보호자부담 급식비 중 식품비 사용비율의 공개
2. 학교급식관련 서류의 비치 및 보관(보존연한은 3년)
   가. 급식인원, 식단, 영양 공급량 등이 기재된 학교급식일지
   나. 식재료 검수일지 및 거래명세표

② 법 제16조 제3항에 따라 학교의 장과 그 소속 학교급식관계교직원 및 학교급식공급업자는 학교급식에 「식품위생법」 제10조에 따라 식품의약품안전처장 이 고시한 식품의 표시기준에 따른 한국인에게 알레르기를 유발하는 것으로 알려져 있는 식품을 사용하는 경우 다음 각 호의 방법으로 알리고 표시하여야 한다. 다만, 해당

식품으로부터 추출 등의 방법으로 얻은 성분을 함유하고 있는 식품에 대해서는 다음 각 호의 방법에 따를 수 있다.

1. 공지방법 : 알레르기를 유발할 수 있는 식재료가 표시된 월간 식단표를 가정통신문으로 안내하고 학교 인터넷 홈페이지에 게재할 것
2. 표시방법 : 알레르기를 유발할 수 있는 식재료가 표시된 주간 식단표를 식당 및 교실에 게시할 것

제17조 【생산품의 직접사용 등】 학교에서 작물재배·동물사육 그밖에 각종 생산활동으로 얻은 생산품이나 그 생산품의 매각대금은 다른 법률의 규정에 불구하고 학교급식을 위하여 직접 사용할 수 있다.

제 4 장 보 칙

제18조 【학교급식 운영평가】 ① 교육부장관 또는 교육감은 학교급식 운영의 내실화와 질적 향상을 위하여 학교급식의 운영에 관한 평가를 실시할 수 있다.

② 제1항의 규정에 따른 평가의 방법·기준 그밖에 학교급식 운영평가에 관하여 필요한 사항은 대통령령으로 정한다.

영 **제13조 【학교급식 운영평가 방법 및 기준】** ① 법 제18조 제1항에 따른 학교급식 운영평가를 효율적으로 실시하기 위하여 교육부장관 또는 교육감은 평가위원회를 구성·운영할 수 있다.

② 법 제18조 제2항에 따른 학교급식 운영평가기준은 다음 각 호와 같다.

1. 학교급식 위생·영양·경영 등 급식운영관리
2. 학생 식생활지도 및 영양상담
3. 학교급식에 대한 수요자의 만족도
4. 급식예산의 편성 및 운용
5. 그밖에 평가기준으로 필요하다고 인정하는 사항

제19조 【출입·검사·수거 등】 ① 교육부장관 또는 교육감은 필요하다고 인정하는 때에는 식품위생 또는 학교급식 관계공무원으로 하여금 학교급식 관련시설에 출입하여 식품·시설·서류 또는 작업상황 등을 검사 또는 열람을 하게 할 수 있으며, 검사에 필요한 최소량의 식품을 무상으로 수거하게 할 수 있다.

② 제1항의 규정에 따라 출입·검사·열람 또는 수거를 하고자 하는 공무원은 그 권한을 표시하는 증표를 지니고 이를 관계인에게 내보여야 한다.

③ 제1항의 규정에 따른 검사 등의 결과 제16조 제2항 제1호 또는 제2호의 규정을 위반한 때에는 교육부장관 또는 교육감은 해당 학교의 장 또는 학교급식공급업자에게 시정을 명할 수 있다.

영 **제14조【출입·검사·수거 등 대상시설】** 법 제19조 제1항에 따른 학교급식 관련시설은 다음 각 호와 같다.

1. 학교 안에 설치된 학교급식시설
2. 학교급식에 식재료 또는 제조·가공한 식품을 공급하는 업체의 제조·가공시설

규칙 **제8조【출입·검사 등】** ① 영 제14조 제1호의 시설에 대한 출입·검사 등은 다음 각 호와 같이 실시하되, 학교급식 운영상 필요한 경우에는 수시로 실시할 수 있다.

1. 제4조 제1항에 따른 식재료 품질관리기준, 제5조 제1항에 따른 영양관리기준 및 제7조에 따른 준수사항 이행 여부의 확인·지도 : 연 1회 이상 실시하되, 제2호의 확인·지도시 함께 실시할 수 있음
2. 제6조 제1항에 따른 위생·안전관리기준 이행 여부의 확인·지도 : 연 2회 이상

② 영 제14조 제2호의 시설에 대한 출입·검사 등을 효율적으로 시행하기 위하여 필요하다고 인정하는 경우 교육부장관, 교육감 또는 교육장은 식품의약품안전처장, 특별시장·광역시장·특별자치시장·도지사·특별자치도지사 또는 시장·군수·구청장(자치구의 구청장을 말한다)에게 행정응원을 요청할 수 있다.

③ 제1항 및 제2항에 따른 출입·검사를 실시한 관계공무원은 해당 학교급식 관련시설에 비치된 「별지 제3호」 서식의 출입·검사 등 기록부에 그 결과를 기록하여야 한다.

④ 법 제19조 제2항에 따른 공무원의 권한을 표시하는 증표는 「별지 제4호」 서식과 같다.

영 **제15조【관계공무원의 교육】** 교육감은 법 제19조에 따른 공무원의 검사기술 및 자질 향상을 위하여 교육을 실시할 수 있다.

영 **제16조【급식연구학교 등의 지정·운영】** 교육감은 학교급식의 교육효과 증진과 발전을 위하여 학교급식 연구학교 또는 시범학교를 지정·운영할 수 있다.

규칙 **제9조【수거 및 검사의뢰 등】** ① 법 제19조 제1항에 따라 다음 각 호의 검사를 실시할 수 있다.

1. 미생물검사
2. 식재료의 원산지, 품질 및 안전성 검사

② 제1항에 따라 검체를 수거한 관계공무원은 검체를 수거한 장소에서 봉함(封函)하고 관계공무원 및 피수거자의 날인이나 서명으로 봉인(封印)한 후 지체없이 특별시·광역시·도·특별자치도의 보건환경연구원, 시·군·구의 보건소 등 관계검사기관에 검사를 의뢰하거나 자체적으로 검사를 실시한다. 다만, 제1항 제2호의 검사에 대하여는 국립농산물품질관리원, 농림축산검역본부, 국립수산물품질관리원 등 관계행정기관에 수거 및 검사를 의뢰할 수 있다.

③ 제2항에 따라 검체를 수거한 때에는 「별지 제5호」 서식의 수거증을 교부하여야 하

며, 검사를 의뢰한 때에는 「별지 제6호」 서식의 수거검사처리대장에 그 내용을 기록하고 이를 비치하여야 한다.

제20조 【권한의 위임】 이 법에 의한 교육부장관 또는 교육감의 권한은 그 일부를 대통령령이 정하는 바에 따라 교육감 또는 교육장에게 위임할 수 있다.

영 **제17조 【권한의 위임】** 교육감은 법 제20조에 따라 법 제19조에 따른 출입·검사·수거 등, 법 제21조에 따른 행정처분 등의 요청 및 법 제25조에 따른 과태료 부과·징수권한을 교육장에게 위임할 수 있다.

제21조 【행정처분 등의 요청】 ① 교육부장관 또는 교육감은 「식품위생법」·「농수산물 품질관리법」·「축산법」·「축산물위생관리법」의 규정에 따라 허가 및 신고·지정 또는 지정을 받은 자가 제19조의 규정에 따른 검사 등의 결과 각 해당 법령을 위반한 경우에는 관계 행정기관의 장에게 행정처분 등의 필요한 조치를 할 것을 요청할 수 있다.

② 제1항의 규정에 따라 요청을 받은 관계 행정기관의 장은 특별한 사유가 없는 한 이에 응하여야 하며, 그 조치결과를 교육부장관 또는 당해 교육감에게 알려야 한다.

규칙 **제10조 【행정처분의 요청 등】** 법 제21조에 따라 관할 행정기관의 장에게 행정처분 등 필요한 조치를 요청하고자 하는 때에는 「별지 제7호」 서식의 확인서 또는 제9조 제1항의 검사결과를 첨부하여 요청하여야 한다.

제22조 【징 계】 학교급식의 적정한 운영과 안전성 확보를 위하여 징계의결요구권자는 관할학교의 장 또는 그 소속교직원 중 다음 각 호의 어느 하나에 해당하는 자에 대하여 당해 징계사건을 관할하는 징계위원회에 그 징계를 요구하여야 한다.

1. 고의 또는 과실로 식중독 등 위생·안전상의 사고를 발생하게 한 자
2. 학교급식 관련 계약상의 계약해지 사유가 발생하였음에도 불구하고 정당한 사유 없이 계약해지를 하지 아니한 자
3. 제19조 제3항의 규정에 따라 교육부장관 또는 교육감으로부터 시정명령을 받았음에도 불구하고 정당한 사유 없이 이를 이행하지 아니한 자
4. 학교급식과 관련하여 비리가 적발된 자

제 5 장 벌 칙

제23조 【벌 칙】 ① 제16조 제1항 제1호 또는 제2호의 규정을 위반한 학교급식공급업자는 7년 이하의 징역 또는 1억 원 이하의 벌금에 처한다.

② 제16조 제1항 제3호의 규정을 위반한 학교급식공급업자는 5년 이하의 징역 또는 5천만 원 이하의 벌금에 처한다.

③ 다음 각 호의 어느 하나에 해당하는 자는 3년 이하의 징역 또는 3천만 원 이하의 벌금에 처한다.

1. 제16조 제1항 제4호의 규정을 위반한 학교급식공급업자
2. 제19조 제1항의 규정에 따른 출입·검사·열람 또는 수거를 정당한 사유 없이 거부하거나 방해 또는 기피한 자

영 **제18조【과태료의 부과기준】** 법 제25조 제1항 및 제2항에 따른 과태료의 부과기준은 별표와 같다.

규칙 **제11조【규제의 재검토】** 교육부장관은 제3조 및 별표 1에 따른 급식시설의 세부기준에 대하여 2015년 1월 1일을 기준으로 2년마다(매 2년이 되는 해의 기준일과 같은 날 전까지를 말한다) 그 타당성을 검토하여 개선 등의 조치를 하여야 한다.

제24조【양벌규정】 법인의 대표자나 법인 또는 개인의 대리인·사용인 그 밖의 종업원이 그 법인 또는 개인의 업무에 관하여 제23조의 위반행위를 하면 그 행위자를 벌하는 외에 그 법인 또는 개인에 대하여도 해당 조문의 벌금형을 과한다. 다만, 법인 또는 개인이 그 위반행위를 방지하기 위하여 해당 업무에 관하여 상당한 주의와 감독을 게을리하지 아니하는 경우에는 그러하지 아니하다.

제25조【과태료】 ① 제16조 제2항 제1호의 규정을 위반하여 제19조 제3항의 규정에 따른 시정명령을 받았음에도 불구하고 정당한 사유 없이 이를 이행하지 아니한 학교급식공급업자는 500만 원 이하의 과태료에 처한다.

② 제16조 제2항 제2호 또는 같은 조 제3항의 규정을 위반하여 제19조 제3항의 규정에 따른 시정명령을 받았음에도 불구하고 정당한 사유 없이 이를 이행하지 아니한 학교급식공급업자는 300만원 이하의 과태료에 처한다.

③ 제1항 및 제2항의 규정에 따른 과태료는 대통령령이 정하는 바에 따라 교육부장관 또는 교육감이 부과·징수한다.

학교급식법 시행령

【별표 1】 〈개정 2023.4.25〉

과태료의 부과기준 (제18조 관련)

1. 일반기준

가. 위반행위의 횟수에 따른 과태료의 기준은 최근 3년간 같은 위반행위로 과태료를 부과받은 경우에 적용한다. 이 경우 위반행위에 대하여 과태료 부과처분을 한 날과 다시 같은 위반행위를 적발한 날을 각각 기준으로 하여 위반횟수를 계산한다.

나. 부과권자는 다음의 어느 하나에 해당하는 경우에는 제2호에 따른 과태료 금액의 2분의 1의 범위에서 그 금액을 감경할 수 있다. 다만, 과태료를 체납하고 있는 위반행위자의 경우에는 그러하지 아니하다.

1) 위반행위자가 「질서위반행위규제법 시행령」 제2조의2 제1항 각 호의 어느 하나에 해당하는 경우
2) 위반행위자가 위법행위로 인한 결과를 시정하거나 해소한 경우
3) 위반행위가 사소한 부주의나 오류 등 과실로 인한 것으로 인정되는 경우
4) 위반행위의 결과가 경미한 경우
5) 그 밖에 위반행위의 정도, 위반행위의 동기와 그 결과 등을 고려하여 감경할 필요가 있다고 인정되는 경우

다. 부과권자는 고의 또는 중과실이 없는 위반행위자가 「소상공인기본법」 제2조에 따른 소상공인에 해당하고, 과태료를 체납하고 있지 않은 경우에는 다음의 사항을 고려하여 제2호의 개별기준에 따른 과태료의 100분의 70 범위에서 그 금액을 줄여 부과할 수 있다. 다만, 나목에 따른 감경과 중복하여 적용하지 않는다.

1) 위반행위자의 현실적인 부담능력
2) 경제위기 등으로 위반행위자가 속한 시장 · 산업 여건이 현저하게 변동되거나 지속적으로 악화된 상태인지 여부

2. 개별기준

위반행위	근거 법조문	과태료 금액(만원)		
		1회 위반	2회 위반	3회 이상 위반
가. 학교급식공급업자가 법 제16조제2항제1호를 위반하여 법 제19조제3항에 따른 시정명령을 받았음에도 불구하고 정당한 사유 없이 이를 이행하지 않은 경우	법 제25조 제1항	100	300	500
나. 학교급식공급업자가 법 제16조제2항제2호를 위반하여 법 제19조제3항에 따른 시정명령을 받았음에도 불구하고 정당한 사유 없이 이를 이행하지 않은 경우	법 제25조 제2항	100	200	300
다. 학교급식공급업자가 법 제16조제3항을 위반하여 법 제19조제3항에 따른 시정명령을 받았음에도 불구하고 정당한 사유 없이 이를 이행하지 않은 경우	법 제25조 제2항	100	200	300

시행규칙

【별표 1】 〈개정 2021.1.29〉

급식시설의 세부기준 (시행규칙 제3조 제1항 관련)

1. 조리장

가. 시설·설비

(1) 조리장은 침수될 우려가 없고, 먼지 등의 오염원으로부터 차단될 수 있는 등 주변 환경이 위생적이며 쾌적한 곳에 위치하여야 하고, 조리장의 소음·냄새 등으로 인하여 학생의 학습에 지장을 주지 않도록 해야 한다.

(2) 조리장은 작업과정에서 교차오염이 발생되지 않도록 전처리실, 조리실 및 식기구세척실 등을 벽과 문으로 구획하여 일반작업구역과 청결작업구역으로 분리한다. 다만, 이러한 구획이 적절하지 않을 경우에는 교차오염을 방지할 수 있는 다른 조치를 취하여야 한다.

(3) 조리장은 급식설비·기구의 배치와 작업자의 동선 등을 고려하여 작업과 청결유지에 필요한 적정한 면적이 확보되어야 한다.

(4) 내부벽은 내구성, 내수성이 있는 표면이 매끈한 재질이어야 한다.

(5) 바닥은 내구성, 내수성이 있는 재질로 하되, 미끄럽지 않아야 한다.

(6) 천장은 내수성 및 내화성이 있고 청소가 용이한 재질로 한다.

(7) 바닥에는 적당한 위치에 상당한 크기의 배수구 및 덮개를 설치하되 청소하기 쉽게 설치한다.

(8) 출입구와 창문에는 해충 및 쥐의 침입을 막을 수 있는 방충망 등 적절한 설비를 갖추어야 한다.

(9) 조리장 출입구에는 신발소독 설비를 갖추어야 한다.

(10) 조리장 내의 증기, 불쾌한 냄새 등을 신속히 배출할 수 있도록 환기시설을 설치하여야 한다.

(11) 조리장의 조명은 220룩스(lx) 이상이 되도록 한다. 다만, 검수구역은 540룩스(lx) 이상이 되도록 한다.

(12) 조리장에는 필요한 위치에 손 씻는 시설을 설치하여야 한다.

(13) 조리장에는 온도 및 습도관리를 위하여 적정 용량의 급배기시설, 냉·난방시설 또는 공기조화시설 등을 갖추도록 한다.

나. 설비·기구

(1) 밥솥, 국솥, 가스테이블 등의 조리기기는 화재, 폭발 등의 위험성이 없는 제품을 선정하되, 재질의 안전성과 기기의 내구성, 경제성 등을 고려하여 능률적인 기기를 설치하여야 한다.

(2) 냉장고(냉장실)와 냉동고는 식재료의 보관, 냉동 식재료의 해동, 가열조리된 식품의 냉각 등에 충분한 용량과 온도(냉장고 5℃ 이하, 냉동고 −18℃ 이하)를 유지하여야 한다.

(3) 조리, 배식 등의 작업을 위생적으로 하기 위하여 식품 세척시설, 조리시설, 식기구 세척시설, 식기구 보관장, 덮개가 있는 폐기물 용기 등을 갖추어야 하며, 식품과 접촉하는 부분은 내수성 및 내부식성 재질로 씻기 쉽고 소독·살균이 가능한 것이어야 한다.

(4) 식기세척기는 세척, 헹굼 기능이 자동적으로 이루어지는 것이어야 한다.

(5) 식기구를 소독하기 위하여 전기살균소독기 또는 열탕소독시설을 갖추거나 충분히 세척·소독할 수 있는 세정대를 설치하여야 한다.

(6) 급식기구 및 배식도구 등을 안전하고 위생적으로 세척할 수 있도록 온수공급 설비를 갖추어야 한다.

2. 식품보관실 등
   가. 식품보관실과 소모품보관실을 별도로 설치하여야 한다. 다만, 부득이하게 별도로 설치하지 못할 경우에는 공간구획 등으로 구분하여야 한다.
   나. 바닥의 재질은 물청소가 쉽고 미끄럽지 않으며, 배수가 잘 되어야 한다.
   다. 환기시설과 충분한 보관선반 등이 설치되어야 하며, 보관선반은 청소 및 통풍이 쉬운 구조이어야 한다.

3. 급식관리실, 편의시설
   가. 급식관리실, 휴게실은 외부로부터 조리실을 통하지 않고 출입이 가능하여야 하며, 외부로 통하는 환기시설을 갖추어야 한다. 다만, 시설 구조상 외부로의 출입문 설치가 어려운 경우에는 출입시에 조리실 오염이 일어나지 않도록 필요한 조치를 취하여야 한다.
   나. 휴게실은 외출복장으로 인하여 위생복장이 오염되지 않도록 외출복장과 위생복장을 구분하여 보관할 수 있는 옷장을 두어야 한다.
   다. 샤워실을 설치하는 경우 외부로 통하는 환기시설을 설치하여 조리실 오염이 일어나지 않도록 하여야 한다.

4. 식당
   안전하고 위생적인 공간에서 식사를 할 수 있도록 급식인원 수를 고려한 크기의 식당을 갖추어야 한다. 다만, 공간이 부족한 경우 등 식당을 따로 갖추기 곤란한 학교는 교실배식에 필요한 운반기구와 위생적인 배식도구를 갖추어야 한다.

5. **이 기준에서 정하지 않은 사항에 대하여는 식품위생법령의 집단급식소 시설기준에 따른다.**

【별표 2】 〈개정 2021.1.29〉

학교급식 식재료의 품질관리기준 (시행규칙 제4조 제1항 관련)

1. 농산물
   가. 「농수산물의 원산지 표시에 관한 법률」 제5조 및 「대외무역법」 제33조에 따라 원산지가 표시된 농산물을 사용한다. 다만, 원산지 표시 대상 식재료가 아닌 농산물은 그러하지 아니하다.
   나. 다음의 농산물에 해당하는 것 중 하나를 사용한다.
      1) 「친환경농어업 육성 및 유기식품등의 관리·지원에 관한 법률」 제19조 및 제34조에 따라 인증받은 유기식품등 및 무농약농산물
      2) 「농수산물 품질관리법」 제5조에 따른 표준규격품 중 농산물표준규격이 "상" 등급 이상인 농산물. 다만, 표준규격이 정해져 있지 아니한 농산물은 상품가치가 "상" 이상에 해당하는 것을 사용한다.
      3) 「농수산물 품질관리법」 제6조에 따른 우수관리인증농산물
      4) 「농수산물 품질관리법」 제24조에 따른 이력추적관리농산물
      5) 「농수산물 품질관리법」 제32조에 따라 지리적표시의 등록을 받은 농산물
   다. 쌀은 수확연도부터 1년 이내의 것을 사용하도록 한다.
   라. 부득이하게 전처리농산물(수확 후 세척, 선별, 박피 및 절단 등의 가공을 통해 즉시 조리에 이용할 수 있는 형태로 처리된 식재료)을 사용할 경우에는 나목과 다목에 해당되는 품목으로 다음 사항이 표시된 것으로 한다.

(1) 제품명(내용물의 명칭 또는 품목)
(2) 업소명(생산자 또는 생산자단체명)
(3) 제조연월일(전처리작업일 및 포장일)
(4) 전처리하기 전 식재료의 품질(원산지, 품질등급, 생산연도)
(5) 내용량
(6) 보관 및 취급방법

마. 수입농산물은 「대외무역법」, 「식품위생법」 등 관련법령에 적합하고, 나목 내지 라목에 상당하는 품질을 갖추어야 한다.

2. 축산물

가. 공통 기준은 다음과 같다. 다만, 「축산물위생관리법」 제2조 제6호에 따른 식용란은 공통기준을 적용하지 않는다.
(1) 「축산물위생관리법」 제9조 제2항에 따라 식품안전관리인증기준을 적용하는 도축장에서 처리된 식육으로 한다.
(2) 「축산물위생관리법」 제9조 제3항에 따라 식품안전관리인증기준 적용 작업장으로 지정받은 축산물 가공장 또는 식육포장처리장에서 처리된 축산물(수입축산물을 국내에서 가공 또는 포장처리 하는 경우에도 동일하게 적용)로 한다.

나. 개별기준은 다음과 같다. 다만, 닭고기 및 계란의 경우에는 등급제도 전면시행 전까지는 권장사항으로 한다.
(1) 쇠고기 : 「축산법」 제35조에 따른 등급판정의 결과 육질등급이 3등급 이상인 한우 및 육우
(2) 돼지고기 : 「축산법」 제35조에 따른 등급판정의 결과 육질등급 2등급 이상
(3) 닭고기 : 「축산법」 제35조에 따른 등급판정의 결과 품질등급이 1등급 이상
(4) 계란 : 「축산법」 제35조에 따른 등급판정의 결과 품질등급이 2등급 이상
(5) 오리고기 : 「축산법」 제35조에 따른 등급판정의 결과 1등급 이상을 사용한다.
(6) 수입축산물 : 「대외무역법」, 「식품위생법」, 「축산물위생관리법」 등 관련법령에 적합하며, 1)부터 5)까지에 상당하는 품질을 갖춘 것을 사용한다.

3. 수산물

가. 「농수산물의 원산지 표시에 관한 법률」 제5조 및 「대외무역법」 제33조에 따른 원산지가 표시된 수산물을 사용한다.

나. 「농수산물 품질관리법」 제14조에 따른 품질인증품, 같은 법 제32조에 따라 지리적표시의 등록을 받은 수산물 또는 상품가치가 "상" 이상에 해당하는 것을 사용한다.

다. 전처리수산물
(1) 전처리수산물(세척, 선별, 절단 등의 가공을 통해 즉시 조리에 이용할 수 있는 형태로 처리된 식재료. 이하 같다)을 사용할 경우 나목에 해당되는 품목으로 다음 시설 또는 영업소에서 가공처리(수입수산물을 국내에서 가공처리하는 경우에도 동일하게 적용)된 것으로 한다. 다만, 「식품위생법」 제32조의 2에 따른 식품안전관리인증기준 적용이 의무적으로 시행되기 전까지는 권장사항으로 한다.
(가) 「농수산물 품질관리법」 제74조에 따라 식품안전관리인증기준을 이행하는 시설로서 해양수산부장관에게 등록한 생산·가공시설
(나) 「식품위생법」 제48조에 따라 식품안전관리인증기준을 적용하는 업소로서 「식품위생법 시행규칙」 제62조 제1항 제2호에 따른 냉동수산식품 중 어류·연체류 식품제조·가공업소

(2) 전처리수산물을 사용할 경우 다음 사항이 표시된 것으로 한다.

(가) 제품명(내용물의 명칭 또는 품목)

(나) 업소명(생산자 또는 생산자단체명)

(다) 제조연월일(전처리작업일 및 포장일)

(라) 전처리하기 전 식재료의 품질(원산지, 품질등급, 생산연도)

(마) 내용량

(바) 보관 및 취급방법

라. 수입수산물은 「대외무역법」, 「식품위생법」 등 관련법령에 적합하고 나목 및 다목에 상당하는 품질을 갖춘 것

4. 가공식품 및 기타

가. 다음에 해당하는 것 중 하나를 사용한다.

(1) 「식품산업진흥법」 제22조에 따라 품질지정을 받은 전통식품

(2) 「산업표준화법」 제15조에 따라 산업표준 적합 인증을 받은 농축수산물 가공품

(3) 「농수산물 품질관리법」 제32조에 따라 지리적표시의 등록을 받은 식품

(4) 「농수산물 품질관리법」 제14조에 따른 품질인증품

(5) 「식품위생법」 제48조에 따라 식품안전관리인증기준을 적용하는 업소에서 생산된 가공식품

(6) 「식품위생법」 제37조에 따라 영업 등록된 식품제조·가공업소에서 생산된 가공식품

(7) 「축산물위생관리법」 제9조에 따라 식품안전관리인증기준을 적용하는 업소에서 가공 또는 처리된 축산물가공품

(8) 「축산물위생관리법」 제6조 제1항에 따른 표시기준에 따라 제조업소, 유통기한 등 이 표시된 축산물 가공품

나. 김치 완제품은 「식품위생법」 제48조에 따라 식품안전관리인증기준을 적용하는 업소에서 생산된 제품을 사용한다.

다. 수입 가공식품은 「대외무역법」, 「식품위생법」 등 관련법령에 적합하고 가목에 상당하는 품질을 갖춘 것을 사용한다.

라. 위에서 명시되지 아니한 식품 및 식품첨가물은 식품위생법령에 적합한 것을 사용한다.

5. 예 외

가. 수해, 가뭄, 천재지변 등으로 식품수급이 원활하지 않은 경우에는 품질관리기준을 적용하지 않을 수 있다.

나. 이 표에서 정하지 않는 식재료, 도서벽지 및 소규모학교 또는 지역여건상 학교급식 식재료의 품질관리 기준 적용이 곤란하다고 인정되는 경우에는, 교육감이 학교급식위원회의 심의를 거쳐 별도의 품질관리 기준을 정하여 시행할 수 있다.

【별표 3】 〈개정 2021.1.29〉

학교급식의 영양관리기준 (제5조 제1항 관련)

성별	구분	에너지 (kcal)	단백질 (g)	비타민A (μg RAE)		티아민 (비타민B_1)(mg)		리보플라빈 (비타민B_2)(mg)		비타민C (mg)		칼슘 (mg)		철 (mg)	
				평균필요량	권장섭취량	평균필요량	권장섭취량	평균필요량	권장섭취량	평균필요량	권장섭취량	평균필요량	권장섭취량	평균필요량	권장섭취량
유치원생		400	7.1	66	85	0.12	0.15	0.15	0.17	10.0	12.8	142	170	1.5	2.0
남	초등학생 1~3학년	570	11.7	104	150	0.17	0.24	0.24	0.30	13.4	16.7	200	234	2.4	3.0
	초등학생 4~6학년	670	16.7	137	200	0.24	0.30	0.30	0.37	18.4	23.4	217	267	2.7	3.7
	중학생	840	20.0	177	250	0.30	0.37	0.40	0.50	23.4	30.0	267	334	3.7	4.7
	고등학생	900	21.7	207	284	0.37	0.44	0.47	0.57	26.7	33.4	250	300	3.7	4.7
여	초등학생 1~3학년	500	11.7	97	134	0.20	0.24	0.20	0.27	13.4	16.7	200	234	2.4	3.0
	초등학생 4~6학년	600	15.0	130	184	0.27	0.30	0.27	0.34	18.4	23.4	217	267	2.7	3.4
	중학생	670	18.4	160	217	0.30	0.37	0.34	0.40	23.4	30.0	250	300	4.0	5.4
	고등학생	670	18.4	150	217	0.30	0.37	0.34	0.40	26.7	33.4	234	267	3.7	4.7

비고: 유치원생의 경우 제공되는 간식을 제외하고 산출된 수치임.

1. 학교급식의 영양관리기준은 한끼의 기준량을 제시한 것으로 학생 집단의 성장 및 건강상태, 활동정도, 지역적 상황 등을 고려하여 탄력적으로 적용할 수 있다.
2. 영양관리기준은 계절별로 연속 5일씩 1인당 평균영양공급량을 평가하되, 준수범위는 다음과 같다.
   가. 에너지는 학교급식의 영양관리기준 에너지의 ±10%로 하되, 탄수화물 : 단백질 : 지방의 에너지 비율이 각각 55~65% : 7~20% : 15~30%가 되도록 한다.
   나. 단백질은 학교급식 영양관리기준의 단백질량 이상으로 공급하되, 총공급에너지 중 단백질 에너지가 차지하는 비율이 20%를 넘지 않도록 한다.
   다. 비타민A, 티아민, 리보플라빈, 비타민C, 칼슘, 철은 학교급식 영양관리기준의 권장섭취량 이상으로 공급하는 것을 원칙으로 하되, 최소한 평균필요량 이상이어야 한다.

【별표 4】 〈개정 2021.1.29〉

학교급식의 위생·안전관리기준 (시행규칙 제6조 제1항 관련)

1. 시설관리

가. 급식시설·설비, 기구 등에 대한 청소 및 소독계획을 수립·시행하여 항상 청결하게 관리하여야 한다.

나. 냉장·냉동고의 온도, 식기세척기의 최종 헹굼수 온도 또는 식기소독보관고의 온도를 기록·관리하여야 한다.

다. 급식용수로 수돗물이 아닌 지하수를 사용하는 경우 소독 또는 살균하여 사용하여야 한다.

2. 개인위생

가. 식품취급 및 조리작업자는 6개월에 1회 건강진단을 실시하고, 그 기록을 2년간 보관하여야 한다. 다만, 폐결핵검사는 연 1회 실시할 수 있다.

나. 손을 잘 씻어 손에 의한 오염이 일어나지 않도록 하여야 한다. 다만, 손 소독은 필요시 실시할 수 있다.

3. 식재료 관리

가. 잠재적으로 위험한 식품 여부를 고려하여 식단을 계획하고, 공정관리를 철저히 하여야 한다.

나. 식재료 검수시 「학교급식 식재료의 품질관리기준」에 적합한 품질 및 신선도와 수량, 위생상태 등을 확인하여 기록하여야 한다.

4. 작업위생

가. 칼과 도마, 고무장갑 등 조리기구 및 용기는 원료나 조리과정에서 교차오염을 방지하기 위하여 용도별로 구분하여 사용하고 수시로 세척·소독하여야 한다.

나. 식품취급 등의 작업은 바닥으로부터 60 cm 이상의 높이에서 실시하여 식품의 오염이 방지되어야 한다.

다. 조리가 완료된 식품과 세척·소독된 배식기구·용기 등은 교차오염의 우려가 있는 기구·용기 또는 원재료 등과 접촉에 의해 오염되지 않도록 관리하여야 한다.

라. 해동은 냉장해동(10℃ 이하), 전자레인지 해동 또는 흐르는 물(21℃ 이하)에서 실시하여야 한다.

마. 해동된 식품은 즉시 사용하여야 한다.

바. 날로 먹는 채소류, 과일류는 충분히 세척·소독하여야 한다.

사. 가열조리 식품은 중심부가 75℃(패류는 85℃) 이상에서 1분 이상으로 가열되고 있는지 온도계로 확인하고, 그 온도를 기록·유지하여야 한다.

아. 조리가 완료된 식품은 온도와 시간관리를 통하여 미생물증식이나 독소생성을 억제하여야 한다.

5. 배식 및 검식

가. 조리된 음식은 안전한 급식을 위하여 운반 및 배식기구 등을 청결히 관리하여야 하며, 배식 중에 운반 및 배식기구 등으로 인하여 오염이 일어나지 않도록 조치하여야 한다.

나. 급식실 외의 장소로 운반하여 배식하는 경우 배식용 운반기구 및 운송차량 등을 청결히 관리하여 배식시까지 식품이 오염되지 않도록 하여야 한다.

다. 조리된 식품에 대하여 배식하기 직전에 음식의 맛, 온도, 조화(영양적인 균형, 재료의 균형), 이물, 불쾌한 냄새, 조리상태 등을 확인하기 위한 검식을 실시하여야 한다.

라. 급식시설에서 조리한 식품은 온도관리를 하지 아니하는 경우에는 조리 후 2시간 이내에 배식을 마쳐야 한다.

마. 조리된 식품은 매회 1인분 분량을 섭씨 영하 18도 이하에서 144시간 이상 보관해야 한다.

6. 세척 및 소독 등

가. 식기구는 세척·소독 후 배식 전까지 위생적으로 보관·관리하여야 한다.

나. 「감염병의 예방 및 관리에 관한 법률 시행령」 제24조에 따라 급식시설에 대하여 소독을 실시하고 소독필증을 비치하여야 한다.

7. 안전관리

가. 관계규정에 따른 정기안전검사[가스·소방·전기안전, 보일러·압력용기·덤웨이터(dumbwaiter) 검사 등]를 실시하여야 한다.

나. 조리기계·기구의 안전사고 예방을 위하여 안전작동방법을 게시하고 교육을 실시하며, 관리책임자를 지정, 그 표시를 부착하고 철저히 관리하여야 한다.

다. 조리장 바닥은 안전사고방지를 위하여 미끄럽지 않게 관리하여야 한다.

8. 기 타

이 기준에서 정하지 않은 사항에 대해서는 식품위생법령의 위생·안전 관련기준에 따른다.

02 국민건강증진법·시행령·시행규칙

국민건강증진법

공포	1995. 1. 5	법률	제 4914호
개정	2023. 06. 13.	법률	제 19446호
개정	2023. 08. 16	법률	제 19645호

국민건강증진법시행령

공포	1995. 9. 1	대통령령	제14757호
개정	2004. 12. 9	대통령령	제18312호
개정	2010. 1. 27	대통령령	제22003호
개정	2010. 9. 20	대통령령	재22394호
개정	2011. 12. 6	대통령령	제23347호
개정	2012. 1. 6	대통령령	제23488호
개정	2016. 6. 21	대통령령	제27238호
개정	2017. 11. 7	대통령령	제28417호
개정	2018. 12. 24	대통령령	제29421호
개정	2020. 6. 2	대통령령	제30746호
개정	2020. 6. 15	대통령령	제31776호
개정	2021. 11. 30	대통령령	제32160호
개정	2023. 9. 26	대통령령	제33755호
개정	2025. 6. 20	대통령령	제35597호

국민건강증진법시행규칙

공포	1995. 9. 11	보건복지부령	제11 호
개정	2008. 12. 31	보건복지가족부령	제132호
개정	2009. 8. 12	보건복지가족부령	제 1 호
개정	2010. 3. 19	보건복지부령	제50 호
개정	2011. 12. 8	보건복지부령	제92 호
개정	2013. 12. 31	보건복지부령	제228호
개정	2016. 12. 23	보건복지부령	제454호
개정	2018. 6. 29	보건복지부령	제581호
개정	2020. 6. 4	보건복지부령	제729호
개정	2021. 7. 7	보건복지부령	제817호
개정	2022. 6. 22	보건복지부령	제892호
개정	2024. 7.10	보건복지부령	제1027호

제1장 총 칙

제1조 【목 적】 이 법은 국민에게 건강에 대한 가치와 책임의식을 함양하도록 건강에 관한 바른 지식을 보급하고 스스로 건강생활을 실천할 수 있는 여건을 조성함으로써 국민의 건강을 증진함을 목적으로 하고 있다.

영 이 영은 「국민건강증진법」에서 위임된 사항과 그 시행에 관하여 필요한 사항을 규정함을 목적으로 한다.

규칙 **제1조 【목적】** 이 규칙은 「국민건강증진법」 및 같은 법 시행령에서 위임된 사항과 그 시행에 관하여 필요한 사항을 규정함을 목적으로 한다

제2조 【정 의】 이 법에서 사용하는 용어의 정의는 다음과 같다.

1. "국민건강증진사업"이라 함은 보건교육, 질병예방, 영양개선, 신체활동장려, 건강관리 및 건강생활의 실천등을 통하여 국민의 건강을 증진시키는 사업을 말한다.
2. "보건교육"이라 함은 개인 또는 집단으로 하여금 건강에 유익한 행위를 자발적으로 수행하도록 하는 교육을 말한다.
3. "영양개선"이라 함은 개인 또는 집단이 균형된 식생활을 통하여 건강을 개선시키는 것을 말한다.
4. "신체활동장려"란 개인 또는 집단이 일상생활 중 신체의 근육을 활용하여 에너지를 소비하는 모든 활동을 자발적으로 적극 수행하도록 장려하는 것을 말한다.
5. "건강관리"란 개인 또는 집단이 건강에 유익한 행위를 지속적으로 수행함으로써 건강한 상태를 유지하는 것을 말한다.
6. "건강친화제도"란 근로자의 건강증진을 위하여 직장 내 문화 및 환경을 건강친화적으로 조성하고, 근로자가 자신의 건강관리를 적극적으로 수행할 수 있도록 교육, 상담 프로그램 등을 지원하는 것을 말한다.

제3조 【책 임】 ① 국가 및 지방자치단체는 건강에 관한 국민의 관심을 높이고 국민건강을 증진할 책임을 진다.

② 모든 국민은 자신 및 가족의 건강을 증진하도록 노력하여야 하며, 타인의 건강에 해를 끼치는 행위를 하여서는 아니 된다.

제3조의 2 【보건의 날】 ① 보건에 대한 국민의 이해와 관심을 높이기 위하여 매년 4월 7일을 보건의 날로 정하며, 보건의 날부터 1주간을 건강주간으로 한다.

② 국가와 지방자치단체는 보건의 날의 취지에 맞는 행사 등 사업을 시행하도록 노력하여야 한다.

제4조 【건강증진계획의 수립 등】 ① 보건복지부장관은 제5조의 규정에 따른 국민건강증진정책심의위원회의 심의를 거쳐 국민건강증진종합계획이하 "종합계획"이라 한다)을 5년마다 수

럽하여야 한다. 이 경우 미리 관계중앙행정기관의 장과 협의를 거쳐야 한다.
② 종합계획에 포함되어야 할 사항은 다음과 같다.
1. 국민건강증진의 기본목표 및 추진방향
2. 국민건강증진을 위한 주요 추진과제 및 추진방법
3. 국민건강증진에 관한 인력의 관리 및 소요재원의 조달방안
4. 제22조의 규정에 따른 국민건강증진기금의 운용방안
4의2. 아동·여성·노인·장애인 등 건강취약 집단이나 계층에 대한 건강증진 지원방안
5. 국민건강증진 관련 통계 및 정보의 관리 방안
6. 그 밖에 국민건강증진을 위하여 필요한 사항

영 **제2조 【국민건강증진종합계획의 수립 등】** ① 보건복지부장관은 「국민건강증진법」하 "법"이라 한다) 제4조에 따른 국민건강증진종합계획(이하 "종합계획"이라 한다)의 효율적인 수립을 위하여 미리 종합계획안 작성지침을 작성하여 종합계획이 시행되는 해의 전전년도 12월말까지 관계 중앙행정기관의 장에게 통보하여야 한다.
② 관계 중앙행정기관의 장은 제1항에 따른 종합계획안 작성지침에 따라 소관별 계획안을 작성하여 종합계획이 시행되는 해의 전년도 3월말까지 보건복지부장관에게 제출하고, 보건복지부장관은 이를 종합한 종합계획안을 작성하여 법 제5조에 따른 국민건강증진정책심의위원회의 심의를 거쳐 확정한다.
③ 보건복지부장관은 확정된 종합계획을 관계 중앙행정기관의 장과 특별시장·광역시장·특별자치시장·도지사·특별자치도지사(이하 "시·도지사"라 한다)에게 통보해야 한다.

제4조의 2 【실행계획의 수립 등】 ① 보건복지부장관, 관계중앙행정기관의 장, 특별시장·광역시장·특별자치시장·도지사·특별자치도지사이하 "시·도지사"라 한다) 및 시장·군수·구청장자치구의 구청장에 한한다. 이하 같다)은 종합계획을 기초로 하여 소관 주요시책의 실행계획이하 "실행계획"이라 한다)을 매년 수립·시행하여야 한다.
② 국가는 실행계획의 시행에 필요한 비용의 전부 또는 일부를 지방자치단체에 보조할 수 있다.

영 **제3조 【실행계획의 수립】** ① 특별시장·광역시장·도지사는 통보된 종합계획에 따라 특별시·광역시·도의 매년도 실행계획을 수립하여 이를 시장·군수·구청장(자치구의 구청장을 말한다. 이하 같다)에게 통보하고, 시장·군수·구청장은 통보된 실행계획에 따라 시·군·구(자치구를 말한다)의 실행계획을 수립·시행해야 한다.
② 특별자치시장·특별자치도지사는 통보된 종합계획에 따라 특별자치시·특별자치도의 매년도 실행계획을 수립·시행해야 한다

규칙 **제2조 【실행계획의 보고】** ① 시장·군수·구청장(자치구의 구청장에 한한다. 이하 같다)은 「국민건강증진법 시행령」(이하 "영"이라 한다) 제3조에 따라 수립한 당해 시·

군·구(자치구에 한한다. 이하 같다)의 실행계획을 매년 1월 31일까지 특별시장·광역시장·특별자치시장·도지사 또는 특별자치도지사(이하 "시·도지사"라 한다)에게 보고하여야 하며, 이를 보고받은 시·도지사는 영 제3조에 따라 수립한 당해 특별시·광역시·특별자치시·도 또는 특별자치도(이하 "시·도"라 한다)의 실행계획과 관할시·군·구의 실행계획을 종합하여 매년 2월 10일까지 보건복지부장관에게 보고하여야 한다.

② 시장 · 군수 · 구청장은 해당 연도의 실행계획추진실적을 다음해 1월 31일까지 시 · 도지사에게 통보해야 하며, 이를 통보받은 시 · 도지사는 해당 시 · 도의 실행계획추진실적과 관할시 · 군 · 구의 실행계획추진실적을 종합하여 다음해 2월 10일까지 보건복지부장관에게 통보해야 한다

제4조의 3【계획수립의 협조】 ① 보건복지부장관, 관계중앙행정기관의 장, 시·도지사 및 시장·군수·구청장은 종합계획과 실행계획의 수립·시행을 위하여 필요한 때에는 관계 기관·단체 등에 대하여 자료 제공 등의 협조를 요청할 수 있다.

② 제1항의 규정에 따른 협조요청을 받은 관계 기관·단체 등은 특별한 사유가 없는 한 이에 응하여야 한다.

제5조【국민건강증진정책심의위원회】 ① 국민건강증진에 관한 주요사항을 심의하기 위하여 보건복지부에 국민건강증진정책심의위원회이하 "위원회"라 한다)를 둔다.

② 위원회는 다음 각 호의 사항을 심의한다.

1. 종합계획
2. 제22조의 규정에 따른 국민건강증진기금의 연도별 운용계획안·결산 및 평가
3. 2 이상의 중앙행정기관이 관련되는 주요 국민건강증진시책에 관한 사항으로서 관계중앙행정기관의 장이 심의를 요청하는 사항
4. 「국민영양관리법」 제9조에 따른 심의사항
5. 다른 법령에서 위원회의 심의를 받도록 한 사항
6. 그밖에 위원장이 심의에 부치는 사항

제5조의 2【위원회의 구성과 운영】 ① 위원회는 위원장 1인 및 부위원장 1인을 포함한 15인 이내의 위원으로 구성한다.

② 위원장은 보건복지부차관이 되고, 부위원장은 위원장이 공무원이 아닌 위원 중에서 지명한 자가 된다.

③ 위원은 국민건강증진·질병관리에 관한 학식과 경험이 풍부한 자, 「소비자기본법」에 따른 소비자단체 및 「비영리민간단체 지원법」에 따른 비영리민간단체가 추천하는 자, 관계공무원 중에서 보건복지부장관이 위촉 또는 지명한다.

④ 그밖에 위원회의 구성·운영 등에 관하여 필요한 사항은 대통령령으로 정한다.

영 **제4조 【국민건강증진정책심의위원회 위원의 임기 및 운영 등】** ① 법 제5조에 따른 국민건강증진정책심의위원회(이하 "위원회"라 한다) 위원의 임기는 2년으로 하되, 연임할 수 있다. 다만, 공무원인 위원의 임기는 그 재직기간으로 한다.

② 위원회의 위원장은 위원회를 대표하고 위원회의 사무를 총괄한다.

③ 위원회의 회의는 재적위원 과반수의 출석으로 개의하고 출석위원 과반수의 찬성으로 의결한다.

④ 위원회는 심의사항을 전문적으로 연구·검토하기 위하여 분야별로 전문위원회를 둘 수 있다.

⑤ 이 영에서 정한 것 외에 위원회의 운영에 관하여 필요한 사항은 위원회의 의결을 거쳐 위원장이 정한다.

영 **제4조의 2 【위원회 위원의 해촉】** 보건복지부장관은 법 제5조의2 제3항에 따른 위원이 다음 각 호의 어느 하나에 해당하는 경우에는 해당 위원을 해촉(解囑)하거나 지명을 철회할 수 있다.

1. 심신장애로 인하여 직무를 수행할 수 없게 된 경우
2. 직무와 관련된 비위사실이 있는 경우
3. 직무태만, 품위손상이나 그 밖의 사유로 인하여 위원으로 적합하지 아니하다고 인정되는 경우
4. 위원 스스로 직무를 수행하는 것이 곤란하다고 의사를 밝히는 경우

영 **제5조 【수당의 지급 등】** 위원회 회의에 출석한 위원에게 예산의 범위 안에서 수당 및 여비를 지급할 수 있다. 다만, 공무원인 위원이 그 소관업무와 직접 관련하여 출석하는 경우에는 그러하지 아니하다.

영 **제6조 【간사】** 위원회의 사무를 처리하기 위하여 위원회에 간사 1인을 두되, 간사는 보건복지부 소속공무원 중에서 보건복지부장관이 임명한다.

영 **제7조 【건강친화기업 인증의 기준】** ① 보건복지부장관은 법 제6조의2 제1항에 따라 건강친화인증(이하 "건강친화인증"이라 한다)을 하려는 경우 다음 각 호의 사항을 심사·평가해야 한다.

1. 건강친화 환경 조성을 위한 경영의 적극성
2. 직원의 건강증진을 위한 근로 환경 조성
3. 건강친화 프로그램의 수립 및 실시
4. 그 밖에 보건복지부장관이 건강친화 환경의 조성을 촉진하는 데 필요하다고 인정하여 고시하는 사항

② 건강친화인증의 기준 등에 관하여 필요한 세부사항은 보건복지부장관이 정하여 고시한다.

영 **제8조 【건강친화인증의 절차】** ① 법 제6조의2 제2항에 따라 건강친화인증을 신청하려는 자는 보건복지부령으로 정하는 건강친화인증 신청서에 다음 각 호의 서류를 첨부하여 보건복지부장관에게 제출해야 한다.

1. 건강친화 환경 조성을 위한 경영계획 및 실적
2. 직원의 건강증진을 위한 근로 환경 조성 실적
3. 건강친화 프로그램의 수립 및 실시 결과
4. 그 밖에 건강친화 환경 조성에 관한 자료

② 보건복지부장관은 제1항에 따른 신청이 제7조에 따른 건강친화인증의 기준에 적합한 경우 신청자에게 보건복지부령으로 정하는 건강친화기업 인증서를 발급해야 한다.

③ 제1항 및 제2항에서 규정한 사항 외에 건강친화인증 절차에 관하여 필요한 세부사항은 보건복지부령으로 정한다.

영 **제9조 【건강친화인증 기업에 대한 지원】** 보건복부장관과 지방자치단체의 장은 건강친화인증을 받은 기업에 법 제6조의2 제5항에 따라 다음 각 호의 사항을 지원할 수 있다.

1. 건강친화기업 홍보
2. 건강친화 관련 시설개선 지원
3. 건강친화 프로그램의 개발 및 보급 지원
4. 건강친화 우수기업 선정 및 포상
5. 그 밖에 보건복지부장관이 건강친화 환경의 조성을 촉진하는 데 필요하다고 인정하는 지원

영 **제9조의 2 【건강친화인증의 유효기간 연장】** 보건복지부장관은 법 제6조의3 제1항에 따라 건강친화인증의 유효기간을 연장하려는 경우 제7조에 따른 건강친화인증의 기준에 따라 재심사하여 3년의 범위에서 연장할 수 있다.

제5조의 3 【한국건강증진개발원의 설립 및 운영】 ① 보건복지부장관은 제22조에 따른 국민건강증진기금의 효율적인 운영과 국민건강증진사업의 원활한 추진을 위하여 필요한 정책 수립의 지원과 사업평가 등의 업무를 수행할 수 있도록 한국건강증진개발원이하 이 조에서 "개발원"이라 한다)을 설립한다.

② 개발원은 다음 각 호의 업무를 수행한다.

1. 국민건강증진 정책수립을 위한 자료개발 및 정책분석
2. 종합계획 수립의 지원
3. 위원회의 운영지원
4. 제24조에 따른 기금의 관리·운용의 지원 업무
5. 제25조 제1항 제1호부터 제10호까지의 사업에 관한 업무

6. 국민건강증진사업의 관리, 기술 지원 및 평가
7. 「지역보건법」 제7조부터 제9조까지에 따른 지역보건의료계획에 대한 기술 지원
8. 「지역보건법」 제24조에 따른 보건소의 설치와 운영에 필요한 비용의 보조
9. 국민건강증진과 관련된 연구과제의 기획 및 평가
10. 「농어촌 등 보건의료를 위한 특별조치법」 제2조의 공중보건의사의 효율적 활용을 위한 지원
11. 지역보건사업의 원활한 추진을 위한 지원
12. 그 밖에 국민건강증진과 관련하여 보건복지부장관이 필요하다고 인정한 업무

③ 개발원은 법인으로 하고, 주된 사무소의 소재지에 설립등기를 함으로써 성립한다.

④ 개발원은 다음 각 호를 재원으로 한다.

1. 제22조에 따른 기금
2. 정부출연금
3. 기부금
4. 그 밖의 수입금

⑤ 정부는 개발원의 운영에 필요한 예산을 지급할 수 있다.

⑥ 개발원에 관하여 이 법과 「공공기관의 운영에 관한 법률」에서 정한 사항 외에는 「민법」 중 재단법인에 관한 규정을 준용한다.

제 2 장 국민건강의 관리

제6조【건강친화 환경조성 및 건강생활의 지원 등】 ① 국가 및 지방자치단체는 건강친화 환경을 조성하고, 국민이 건강생활을 실천할 수 있도록 지원하여야 한다.

② 국가는 혼인과 가정생활을 보호하기 위하여 혼인 전의 혼인 당사자의 건강을 확인하도록 권장하여야 한다.

③ 제2항의 규정에 의한 건강확인의 내용 및 절차에 관하여 필요한 사항은 보건복지부령으로 정한다.

제6조의 2【건강친화기업 인증】 ① 보건복지부장관은 건강친화 환경의 조성을 촉진하기 위하여 건강친화제도를 모범적으로 운영하고 있는 기업에 대하여 건강친화인증이하 "인증"이라 한다)을 할 수 있다.

② 인증을 받고자 하는 자는 대통령령으로 정하는 바에 따라 보건복지부장관에게 신청하여야 한다.

③ 인증을 받은 기업은 보건복지부령으로 정하는 바에 따라 인증의 표시를 할 수 있다.

④ 인증을 받지 아니한 기업은 인증표시 또는 이와 유사한 표시를 하여서는 아니 된다.

⑤ 국가 및 지방자치단체는 인증을 받은 기업에 대하여 대통령령으로 정하는 바에 따라 행정적·재정적 지원을 할 수 있다.

⑥ 인증의 기준 및 절차는 대통령령으로 정한다.

제6조의 3 【인증의 유효기간】 ① 인증의 유효기간은 인증을 받은 날부터 3년으로 하되, 대통령령으로 정하는 바에 따라 그 기간을 연장할 수 있다.
② 제1항에 따른 인증의 연장신청에 필요한 사항은 보건복지부령으로 정한다.

제6조의 4 【인증의 취소】 ① 보건복지부장관은 인증을 받은 기업이 다음 각 호의 어느 하나에 해당하면 보건복지부령으로 정하는 바에 따라 그 인증을 취소할 수 있다. 다만, 제1호에 해당하는 경우에는 인증을 취소하여야 한다.
1. 거짓이나 그 밖의 부정한 방법으로 인증을 받은 경우
2. 제6조의2 제6항에 따른 인증기준에 적합하지 아니하게 된 경우

② 보건복지부장관은 제1항 제1호에 따라 인증이 취소된 기업에 대해서는 그 취소된 날부터 3년이 지나지 아니한 경우에는 인증을 하여서는 아니 된다.
③ 보건복지부장관은 제1항에 따라 인증을 취소하고자 하는 경우에는 청문을 실시하여야 한다.

규칙 **제3조 【건강확인의 내용 및 절차】** ① 「국민건강증진법」(이하 "법"이라 한다) 제6조 제3항의 규정에 의한 건강확인의 내용은 다음 각 호의 질환으로서 보건복지부장관이 정하는 질환으로 한다.
1. 자녀에게 건강상 현저한 장애를 줄 수 있는 유전성 질환
2. 혼인당사자 또는 그 가족에게 건강상 현저한 장애를 줄 수 있는 전염성 질환

② 특별자치시장·특별자치도지사·시장·군수·구청장은 혼인하고자 하는 자가 제1항의 규정에 의한 내용을 확인하고자 할 때에는 보건소 또는 특별자치시장·특별자치도지사·시장·군수·구청장이 지정한 의료기관에서 그 내용을 확인받을 수 있도록 하여야 한다. 〈개정 2018.6.29.〉
③ 제2항의 규정에 의하여 보건소장 또는 의료기관의장이 혼인하고자 하는 자의 건강을 확인한 경우에는 의료법에 의한 진단서에 그 확인내용을 기재하여 교부하여야 한다.

제7조 【광고의 금지 등】 ① 보건복지부장관 또는 시 · 도지사는 국민건강의식을 잘못 이끄는 광고를 한 자에 대하여 그 내용의 변경 등 시정을 요구하거나 금지를 명할 수 있다. 〈개정 1997. 12. 13., 2008. 2. 29., 2010. 1. 18., 2016. 12. 2., 2024. 1. 30.〉
② 제1항에 따라 보건복지부장관 또는 시 · 도지사가 광고내용의 변경 또는 광고의 금지를 명할 수 있는 광고는 다음 각 호와 같다. 〈신설 2006. 9. 27., 2008. 2. 29., 2010. 1. 18., 2024. 1. 30.〉
1. 삭제 〈2020. 12. 29.〉
2. 의학 또는 과학적으로 검증되지 아니한 건강비법 또는 심령술의 광고
3. 그 밖에 건강에 관한 잘못된 정보를 전하는 광고로서 대통령령이 정하는 광고 ③ 삭제 〈2016. 12. 2.〉

④ 제1항의 규정에 의한 광고내용의 기준, 변경 또는 금지절차 기타 필요한 사항은 대통령령으로

정한다. 〈개정 2006. 9. 27.〉
[제목개정 2016. 12. 2.][시행일: 2025. 7. 31.] 제7조

영 **제10조【주류광고의 기준】** 법 제8조의2 제2항 제6호에서 "대통령령으로 정하는 광고의 기준"이란 별표 1에 따른 기준을 말한다.

제8조【금연 및 절주운동 등】 ① 국가 및 지방자치단체는 국민에게 담배의 직접흡연 또는 간접흡연과 과다한 음주가 국민건강에 해롭다는 것을 교육·홍보하여야 한다. 〈개정 2006. 9. 27.〉
② 국가 및 지방자치단체는 금연 및 절주에 관한 조사·연구를 하는 법인 또는 단체를 지원할 수 있다.
③ 삭제 〈2011. 6. 7.〉
④ 「주류 면허 등에 관한 법률」에 의하여 주류제조의 면허를 받은 자 또는 주류를 수입하여 판매하는 자는 대통령령이 정하는 주류의 판매용 용기에 과다한 음주는 건강에 해롭다는 내용, 음주운전은 자신과 다른 사람의 생명을 위태롭게 할 수 있다는 내용과 임신 중 음주는 태아의 건강을 해칠 수 있다는 내용의 경고문구 또는 경고그림을 표기하여야 한다. 〈개정 2016. 3. 2., 2020. 12. 29., 2025. 3. 18.〉
⑤ 삭제 〈2002. 1. 19.〉
⑥ 제4항에 따른 경고문구 또는 경고그림의 표시내용, 방법 등에 관하여 필요한 사항은 보건복지부령으로 정한다. 〈개정 2002. 1. 19., 2007. 12. 14., 2008. 2. 29., 2010. 1. 18., 2011. 6. 7., 2025. 3. 18.〉[시행일: 2026. 3. 19.] 제8조

제8조의 2【주류광고의 제한·금지 특례】 ① 「주류 면허 등에 관한 법률」에 따라 주류제조면허나 주류 판매업면허를 받은 자 및 주류를 수입하는 자를 제외하고는 주류에 관한 광고를 하여서는 아니 된다.
② 제1항에 따른 광고 또는 그에 사용되는 광고물은 다음 각 호의 사항을 준수하여야 한다. 〈개정 2025. 3. 18.〉
1. 음주자에게 주류의 품명·종류 및 특징을 알리는 것 외에 주류의 판매촉진을 위하여 경품 및 금품을 제공한다는 내용을 표시하지 아니할 것
2. 직접적 또는 간접적으로 음주를 권장 또는 유도하거나 임산부 또는 미성년자의 인물, 목소리 혹은 음주하는 행위를 묘사하지 아니할 것
3. 운전이나 작업 중에 음주하는 행위를 묘사하지 아니할 것
4. 제8조제4항에 따른 경고문구 또는 경고그림을 광고와 주류의 용기에 표기하여 광고할 것. 다만, 경고문구 또는 경고그림이 표기되어 있지 아니한 부분을 이용하여 광고를 하고자 할 때에는 경고문구 또는 경고그림을 주류의 용기하단에 별도로 표기하여야 한다.
5. 음주가 체력 또는 운동 능력을 향상시킨다거나 질병의 치료 또는 정신건강에 도움이

된다는 표현 등 국민의 건강과 관련하여 검증되지 아니한 내용을 주류광고에 표시하지 아니할 것

6. 그 밖에 대통령령으로 정하는 광고의 기준에 관한 사항

③ 보건복지부장관은 「주세법」에 따른 주류의 광고가 제2항 각 호의 기준을 위반한 경우 그 내용의 변경 등 시정을 요구하거나 금지를 명할 수 있다.

[본조신설 2020. 12. 29.] [시행일: 2026. 3. 19.] 제8조의2

규칙 **제4조 【과음에 관한 경고문구의 표시내용 등】** ① 법 제8조 제4항에 따른 경고문구 표기는 과다한 음주가 건강에 해롭다는 사실을 명확하게 알릴 수 있도록 하되, 그 구체적인 표시내용은 보건복지부장관이 정하여 고시한다.

② 제1항에 따른 과음에 대한 경고문구의 표시방법은 별표 1과 같다.

③ 보건복지부장관은 제1항에 따른 경고문구와 제2항에 따른 경고문구의 표시방법을 정하거나 이를 변경하려면 6개월 전에 그 내용을 일간지에 공고하거나 관보에 고시하여야 한다.

④ 다음 각 호의 어느 하나에 해당하는 주류는 제3항에 따른 공고 또는 고시를 한 날부터 1년까지는 종전의 경고문구를 표기하여 판매할 수 있다.

1. 공고 또는 고시 이전에 발주·제조 또는 수입된 주류
2. 공고 또는 고시 이후 6월 이내에 제조되거나 수입된 주류

규칙 **제4조의 2 삭제**

규칙 **제5조 【금주구역 안내표지의 설치 방법】** 법 제8조의4 제3항 전단에 따른 금주구역을 알리는 안내표지를 설치하는 방법은 별표 1의2와 같다.

제8조의 3 【절주문화 조성 및 알코올 남용·의존 관리】 ① 국가 및 지방자치단체는 절주문화 조성, 음주폐해 예방 및 알코올 남용 · 의존의 예방 및 치료를 위하여 노력하여야 하며, 이를 위한 조사 · 연구 또는 사업을 추진할 수 있다. 〈개정 2025. 3. 18.〉

② 삭제 〈2024. 1. 9.〉

③ 보건복지부장관은 5년마다 「정신건강증진 및 정신질환자 복지서비스 지원에 관한 법률」 제10조에 따른 실태조사와 연계하여 알코올 남용 · 의존 실태조사를 실시하여야 한다.

[본조신설 2020. 12. 29.][제목개정 2025. 3. 18.][시행일: 2026. 1. 1.] 제8조의3

제8조의 4 【금주구역 지정】 ① 지방자치단체는 음주폐해 예방과 주민의 건강증진을 위하여 필요하다고 인정하는 경우 조례로 다수인이 모이거나 오고가는 관할구역 안의 일정한 장소를 금주구역으로 지정할 수 있다.

② 제1항에 따라 지정된 금주구역에서는 음주를 하여서는 아니 된다.

③ 특별자치시장·특별자치도지사·시장·군수·구청장은 제1항에 따라 지정된 금주구역을 알리는

안내표지를 설치하여야 한다. 이 경우 금주구역 안내표지의 설치 방법 등에 필요한 사항은 보건복지부령으로 정한다.

영 **제13조 【경고문구의 표기대상 주류】** 법 제8조 제4항의 규정에 의하여 그 판매용 용기에 과다한 음주는 건강에 해롭다는 내용의 경고문구를 표기하여야 하는 주류는 국내에 판매되는 「주세법」에 따른 주류 중 알코올분 1도 이상의 음료를 말한다.

규칙 **제5조의 2 【성인인증장치】** 법 제9조 제3항의 규정에 따라 담배자동판매기에 부착하여야 하는 성인인증장치는 다음 각 호의 1에 해당하는 장치로 한다.

1. 담배자동판매기 이용자의 신분증(주민등록증 또는 운전면허증에 한한다)을 인식하는 방법에 의하여 이용자가 성인임을 인증할 수 있는 장치
2. 담배자동판매기 이용자의 신용카드·직불카드 등 금융신용거래를 위한 장치를 이용하여 이용자가 성인임을 인증할 수 있는 장치
3. 그 밖에 이용자가 성인임을 인증할 수 있는 장치로서 보건복지부장관이 정하여 고시하는 장치

제9조 【금연을 위한 조치】 ① 삭제 〈2011. 6. 7.〉

② 담배사업법에 의한 지정소매인 기타 담배를 판매하는 자는 대통령령이 정하는 장소외에서 담배자동판매기를 설치하여 담배를 판매하여서는 아니된다.

③ 제2항의 규정에 따라 대통령령이 정하는 장소에 담배자동판매기를 설치하여 담배를 판매하는 자는 보건복지부령이 정하는 바에 따라 성인인증장치를 부착하여야 한다. 〈신설 2003. 7. 29., 2008. 2. 29., 2010. 1. 18.〉

④ 다음 각 호의 공중이 이용하는 시설의 소유자 · 점유자 또는 관리자는 해당 시설의 전체를 금연구역으로 지정하고 금연구역을 알리는 표지를 설치하여야 한다. 이 경우 흡연자를 위한 흡연실을 설치할 수 있으며, 금연구역을 알리는 표지와 흡연실을 설치하는 기준 · 방법 등은 보건복지부령으로 정한다. 〈개정 2011. 6. 7., 2014. 1. 21., 2016. 12. 2., 2017. 12. 30., 2021. 12. 21., 2025. 4. 1.〉

1. 국회의 청사
2. 정부 및 지방자치단체의 청사
3. 「법원조직법」 에 따른 법원과 그 소속 기관의 청사
4. 「공공기관의 운영에 관한 법률」 에 따른 공공기관의 청사
5. 「지방공기업법」 에 따른 지방공기업의 청사
6. 「유아교육법」 · 「초 · 중등교육법」 에 따른 학교[교사(校舍)와 운동장 등 모든 구역을 포함한다]

6의2. 「대안교육기관에 관한 법률」 에 따른 대안교육기관(교사와 운동장 등 모든 구역을 포함한다)

7. 「고등교육법」 에 따른 학교의 교사

8. 「의료법」에 따른 의료기관, 「지역보건법」에 따른 보건소·보건의료원·보건지소
9. 「영유아보육법」에 따른 어린이집
10. 「청소년활동 진흥법」에 따른 청소년수련관, 청소년수련원, 청소년문화의집, 청소년특화시설, 청소년야영장, 유스호스텔, 청소년이용시설 등 청소년활동시설
11. 「도서관법」에 따른 도서관
12. 「어린이놀이시설 안전관리법」에 따른 어린이놀이시설
13. 「학원의 설립·운영 및 과외교습에 관한 법률」에 따른 학원 중 학교교과교습학원과 연면적 1천제곱미터 이상의 학원
14. 공항·여객부두·철도역·여객자동차터미널 등 교통 관련 시설의 대기실·승강장, 지하보도 및 16인승 이상의 교통수단으로서 여객 또는 화물을 유상으로 운송하는 것
15. 「자동차관리법」에 따른 어린이운송용 승합자동차
16. 연면적 1천제곱미터 이상의 사무용건축물, 공장 및 복합용도의 건축물
17. 「공연법」에 따른 공연장으로서 객석 수 300석 이상의 공연장
18. 「유통산업발전법」에 따라 개설등록된 대규모점포와 같은 법에 따른 상점가 중 지하도에 있는 상점가
19. 「관광진흥법」에 따른 관광숙박업소
20. 「체육시설의 설치·이용에 관한 법률」에 따른 체육시설로서 1천명 이상의 관객을 수용할 수 있는 체육시설과 같은 법 제10조에 따른 체육시설업에 해당하는 체육시설로서 실내에 설치된 체육시설
21. 「사회복지사업법」에 따른 사회복지시설
22. 「공중위생관리법」에 따른 목욕장
23. 「게임산업진흥에 관한 법률」에 따른 청소년게임제공업소, 일반게임제공업소, 인터넷컴퓨터게임시설제공업소 및 복합유통게임제공업소
24. 「식품위생법」에 따른 식품접객업 중 영업장의 넓이가 보건복지부령으로 정하는 넓이 이상인 휴게음식점영업소, 일반음식점영업소 및 제과점영업소와 같은 법에 따른 식품소분·판매업 중 보건복지부령으로 정하는 넓이 이상인 실내 휴게공간을 마련하여 운영하는 식품자동판매기 영업소
25. 「청소년보호법」에 따른 만화대여업소
26. 그 밖에 보건복지부령으로 정하는 시설 또는 기관

⑤ 특별자치시장·특별자치도지사·시장·군수·구청장은 「주택법」 제2조제3호에 따른 공동주택의 거주 세대 중 2분의 1 이상이 그 공동주택의 복도, 계단, 엘리베이터 및 지하주차장의 전부 또는 일부를 금연구역으로 지정하여 줄 것을 신청하면 그 구역을 금연구역으로 지정하고, 금연구역임을 알리는 안내표지를 설치하여야 한다. 이 경우 금연구역 지정 절차 및 금연구역 안내표지 설치 방법 등은 보건복지부령으로 정한다. 〈신설 2016. 3. 2., 2017. 12. 30.〉

⑥ 특별자치시장·특별자치도지사·시장·군수·구청장은 흡연으로 인한 피해 방지와 주민의 건

강 증진을 위하여 다음 각 호에 해당하는 장소를 금연구역으로 지정하고, 금연구역임을 알리는 안내표지를 설치하여야 한다. 이 경우 금연구역 안내표지 설치 방법 등에 필요한 사항은 보건복지부령으로 정한다. 〈신설 2017. 12. 30., 2023. 8. 16.〉

1. 「유아교육법」에 따른 유치원 시설의 경계선으로부터 30미터 이내의 구역(일반 공중의 통행 · 이용 등에 제공된 구역을 말한다)
2. 「영유아보육법」에 따른 어린이집 시설의 경계선으로부터 30미터 이내의 구역(일반 공중의 통행 · 이용 등에 제공된 구역을 말한다)
3. 「초 · 중등교육법」에 따른 학교 시설의 경계선으로부터 30미터 이내의 구역(일반 공중의 통행 · 이용 등에 제공된 구역을 말한다)

⑦ 지방자치단체는 흡연으로 인한 피해 방지와 주민의 건강 증진을 위하여 필요하다고 인정하는 경우 조례로 다수인이 모이거나 오고가는 관할 구역 안의 일정한 장소를 금연구역으로 지정할 수 있다. 〈신설 2010. 5. 27., 2016. 3. 2., 2017. 12. 30.〉

⑧ 누구든지 제4항부터 제7항까지의 규정에 따라 지정된 금연구역에서 흡연하여서는 아니 된다. 〈개정 2010. 5. 27., 2016. 3. 2., 2017. 12. 30.〉

⑨ 특별자치시장 · 특별자치도지사 · 시장 · 군수 · 구청장은 제4항 각 호에 따른 시설의 소유자 · 점유자 또는 관리자가 다음 각 호의 어느 하나에 해당하면 일정한 기간을 정하여 그 시정을 명할 수 있다. 〈신설 2016. 12. 2., 2017. 12. 30.〉

1. 제4항 전단을 위반하여 금연구역을 지정하지 아니하거나 금연구역을 알리는 표지를 설치하지 아니한 경우
2. 제4항 후단에 따른 금연구역을 알리는 표지 또는 흡연실의 설치 기준 · 방법 등을 위반한 경우

[제목개정 2016. 12. 2.] [시행일: 2025. 10. 2.] 제9조

제9조의 2【담배에 관한 경고문구 등 표시】 ①「담배사업법」에 따른 담배의 제조자 또는 수입판매업자이하 "제조자등"이라 한다)는 담배갑포장지 앞면·뒷면·옆면 및 대통령령으로 정하는 광고판매촉진 활동을 포함한다. 이하 같다)에 다음 각 호의 내용을 인쇄하여 표기하여야 한다. 다만, 제1호의 표기는 담배갑포장지에 한정하되 앞면과 뒷면에 하여야 한다.

1. 흡연의 폐해를 나타내는 내용의 경고그림(사진을 포함한다. 이하 같다)
2. 흡연이 폐암 등 질병의 원인이 될 수 있다는 내용 및 다른 사람의 건강을 위협할 수 있다는 내용의 경고문구
3. 타르 흡입량은 흡연자의 흡연습관에 따라 다르다는 내용의 경고문구
4. 담배에 포함된 다음 각 목의 발암성물질

   가. 나프틸아민

   나. 니켈

   다. 벤젠

라. 비닐 크롤라이드

마. 비소

바. 카드뮴

5. 보건복지부령으로 정하는 금연상담전화의 전화번호

② 제1항에 따른 경고그림과 경고문구는 담배갑포장지의 경우 그 넓이의 100분의 50 이상에 해당하는 크기로 표기하여야 한다. 이 경우 경고그림은 담배갑포장지 앞면, 뒷면 각각의 넓이의 100분의 30 이상에 해당하는 크기로 하여야 한다.

③ 제1항 및 제2항에서 정한 사항 외의 경고그림 및 경고문구 등의 내용과 표기 방법·형태 등의 구체적인 사항은 대통령령으로 정한다. 다만, 경고그림은 사실적 근거를 바탕으로 하고, 지나치게 혐오감을 주지 아니하여야 한다.

④ 제1항부터 제3항까지의 규정에도 불구하고 전자담배 등 대통령령으로 정하는 담배에 제조자등이 표기하여야 할 경고그림 및 경고문구 등의 내용과 그 표기 방법·형태 등은 대통령령으로 따로 정한다.

제9조의 3【가향물질 함유 표시 제한】 제조자 등은 담배에 연초 외의 식품이나 향기가 나는 물질이하 "가향물질"이라 한다)을 포함하는 경우 이를 표시하는 문구나 그림·사진을 제품의 포장이나 광고에 사용하여서는 아니 된다.

제9조의 4【담배에 관한 광고의 금지 또는 제한】 ① 담배에 관한 광고는 다음 각 호의 방법에 한하여 할 수 있다.

1. 지정소매인의 영업소 내부에서 보건복지부령으로 정하는 광고물을 전시(展示) 또는 부착하는 행위. 다만, 영업소 외부에 그 광고내용이 보이게 전시 또는 부착하는 경우에는 그러하지 아니하다.
2. 품종군별로 연간 10회 이내(1회당 2쪽 이내)에서 잡지「잡지 등 정기간행물의 진흥에 관한 법률」에 따라 등록 또는 신고 되어 주 1회 이하 정기적으로 발행되는 제책(製冊)된 정기간행물 및「신문 등의 진흥에 관한 법률」에 따라 등록된 주 1회 이하 정기적으로 발행되는 신문과「출판문화산업 진흥법」에 따른 외국간행물로서 동일한 제호로 연 1회 이상 정기적으로 발행되는 것(이하 "외국정기간행물"이라 한다)을 말하며, 여성 또는 청소년을 대상으로 하는 것은 제외한다]에 광고를 게재하는 행위. 다만, 보건복지부령으로 정하는 판매부수 이하로 국내에서 판매되는 외국정기간행물로서 외국문자로만 쓰여져 있는 잡지인 경우에는 광고게재의 제한을 받지 아니한다.
3. 사회·문화·음악·체육 등의 행사(여성 또는 청소년을 대상으로 하는 행사는 제외한다)를 후원하는 행위. 이 경우 후원하는 자의 명칭을 사용하는 외에 제품광고를 하여서는 아니 된다.
4. 국제선의 항공기 및 여객선, 그밖에 보건복지부령으로 정하는 장소 안에서 하는 광고

② 제조자 등은 제1항에 따른 광고를「담배사업법」에 따른 도매업자 또는 지정소매인으로 하여

금 하게 할 수 있다. 이 경우 도매업자 또는 지정소매인이 한 광고는 제조자 등이 한 광고로 본다.

③ 제1항에 따른 광고 또는 그에 사용되는 광고물은 다음 각 호의 사항을 준수하여야 한다.

1. 흡연자에게 담배의 품명·종류 및 특징을 알리는 정도를 넘지 아니할 것
2. 비흡연자에게 직접적 또는 간접적으로 흡연을 권장 또는 유도하거나 여성 또는 청소년의 인물을 묘사하지 아니할 것
3. 제9조의 2에 따라 표기하는 흡연 경고문구의 내용 및 취지에 반하는 내용 또는 형태가 아닐 것
4. 국민의 건강과 관련하여 검증되지 아니한 내용을 표시하지 아니할 것. 이 경우 광고내용의 사실 여부에 대한 검증 방법·절차 등 필요한 사항은 대통령령으로 정한다.

④ 제조자 등은 담배에 관한 광고가 제1항 및 제3항에 위배되지 아니하도록 자율적으로 규제하여야 한다.

⑤ 보건복지부장관은 문화체육관광부장관에게 제1항 또는 제3항을 위반한 광고가 게재된 외국정기간행물의 수입업자에 대하여 시정조치 등을 할 것을 요청할 수 있다.

제9조의 5【금연지도원】 ① 시·도지사 또는 시장·군수·구청장은 금연을 위한 조치를 위하여 대통령령으로 정하는 자격이 있는 사람 중에서 금연지도원을 위촉할 수 있다.

② 금연지도원의 직무는 다음 각 호와 같다.

1. 금연구역의 시설기준 이행 상태 점검
2. 금연구역에서의 흡연행위 감시 및 계도
3. 금연을 위한 조치를 위반한 경우 관할 행정관청에 신고하거나 그에 관한 자료 제공
4. 그 밖에 금연 환경 조성에 관한 사항으로서 대통령령으로 정하는 사항

③ 금연지도원은 제2항의 직무를 단독으로 수행하려면 미리 시·도지사 또는 시장·군수·구청장의 승인을 받아야 하며, 시·도지사 또는 시장·군수·구청장은 승인서를 교부하여야 한다.

④ 금연지도원이 제2항에 따른 직무를 단독으로 수행하는 때에는 승인서와 신분을 표시하는 증표를 지니고 이를 관계인에게 내보여야 한다.

⑤ 제1항에 따라 금연지도원을 위촉한 시·도지사 또는 시장·군수·구청장은 금연지도원이 그 직무를 수행하기 전에 직무 수행에 필요한 교육을 실시하여야 한다.

⑥ 금연지도원은 제2항에 따른 직무를 수행하는 경우 그 권한을 남용하여서는 아니 된다.

⑦ 시·도지사 또는 시장·군수·구청장은 금연지도원이 다음 각 호의 어느 하나에 해당하면 그 금연지도원을 해촉하여야 한다.

1. 제1항에 따라 대통령령으로 정한 자격을 상실한 경우
2. 제2항에 따른 직무와 관련하여 부정한 행위를 하거나 그 권한을 남용한 경우
3. 그 밖에 개인사정, 질병이나 부상 등의 사유로 직무 수행이 어렵게 된 경우

⑧ 금연지도원의 직무범위 및 교육, 그 밖에 필요한 사항은 대통령령으로 정한다.

제10조【건강생활실천협의회】 ① 시·도지사 및 시장·군수·구청장은 건강생활의 실천운동을 추진하기 위하여 지역사회의 주민·단체 또는 공공기관이 참여하는 건강생활실천협의회를 구성하여야 한다.

② 제1항의 규정에 의한 건강생활실천협의회의 조직 및 운영에 관하여 필요한 사항은 지방자치단체의 조례로 정한다

제11조【보건교육의 관장】 보건복지부장관은 국민의 보건교육에 관하여 관계중앙행정기관의 장과 협의하여 이를 총괄한다

영 **제15조【담배자동판매기의 설치장소】** ① 법 제9조 제2항의 규정에 의하여 담배자동판매기의 설치가 허용되는 장소는 다음 각 호와 같다.

1. 미성년자 등을 보호하는 법령에서 19세 미만의 자의 출입이 금지되어 있는 장소
2. 지정소매인 기타 담배를 판매하는 자가 운영하는 점포 및 영업장의 내부
3. 법 제9조 제4항 각 호 외의 부분 후단에 따라 공중이 이용하는 시설 중 흡연자를 위해 설치한 흡연실. 다만, 담배자동판매기를 설치하는 자가 19세 미만의 자에게 담배자동판매기를 이용하지 못하게 할 수 있는 흡연실로 한정한다.

② 제1항의 규정에 불구하고 미성년자 등을 보호하는 법령에서 담배자동판매기의 설치를 금지하고 있는 장소에 대하여는 담배자동판매기의 설치를 허용하지 아니한다.

영 **제16조【담배갑포장지에 대한 경고그림등의 표기내용 및 표기방법】** ① 법 제9조의 2 제1항 및 제3항에 따라 다음 각 호의 담배의 담배갑포장지에 표기하는 경고그림 및 경고문구의 표기내용은 법 제9조의2 제1항 제1호부터 제3호까지의 내용을 명확하게 알릴 수 있어야 한다.

1. 제27조의2 제1호의 궐련
2. 제27조의2 제3호의 파이프담배
3. 제27조의2 제4호의 엽궐련
4. 제27조의2 제5호의 각련
5. 제27조의2 제7호의 냄새 맡는 담배

② 제1항에 따른 경고그림 및 경고문구의 구체적 표기내용은 보건복지부장관이 정하여 고시한다. 이 경우 보건복지부장관은 그 표기내용의 사용기준 및 사용방법 등 그 사용에 필요한 세부사항을 함께 고시할 수 있다.

③ 보건복지부장관은 제2항에 따라 경고그림 및 경고문구의 구체적 표기내용을 고시하는 경우에는 다음 각 호의 구분에 따른다. 이 경우 해당 고시의 시행에 6개월 이상의 유예기간을 두어야 한다.

1. 정기 고시 : 10개 이하의 경고그림 및 경고문구를 24개월 마다 고시한다.

2. 수시 고시 : 경고그림 및 경고문구의 표기내용을 새로 정하거나 변경하는 경우에는 수시로 고시한다.

④ 법 제9조의2 제1항 및 제3항에 따라 이 조 제1항 각 호의 담배의 담배갑포장지에 표기하는 경고그림·경고문구·발암성물질 및 금연상담전화의 전화번호(이하 "경고그림등"이라 한다)의 표기방법은 별표 1의2와 같다.

⑤ 제4항에 따른 경고그림등의 표기방법을 변경하는 경우에는 그 시행에 6개월 이상의 유예기간을 두어야 한다.

⑥ 「담배사업법」에 따른 담배(제1항 각 호의 담배를 말한다)의 제조자 또는 수입판매업자(이하 "제조자등"이라 한다)는 다음 각 호의 어느 하나에 해당하는 담배에 대해서는 제3항에 따른 고시 또는 제5항에 따른 변경이 있는 날부터 1년까지는 종전의 내용과 방법에 따른 경고그림등을 표기하여 판매할 수 있다.

1. 고시 또는 변경 이전에 발주·제조 또는 수입된 담배
2. 고시 또는 변경 이후 6개월 이내에 제조되거나 수입된 담배

⑦ 제1항부터 제6항까지에서 규정한 사항 외에 경고그림 등의 표기내용 및 표기방법 등에 필요한 세부사항은 보건복지부령으로 정한다.

영 **제16조의 2【전자담배등에 대한 경고그림등의 표기내용 및 표기방법】** ① 법 제9조의2 제4항에서 "전자담배 등 대통령령으로 정하는 담배"란 다음 각 호의 담배를 말한다.

1. 제27조의2 제2호의 전자담배
2. 제27조의2 제6호의 씹는 담배
3. 제27조의2 제8호의 물담배
4. 제27조의2 제9호의 머금는 담배

② 법 제9조의2 제4항에 따라 이 조 제1항 각 호에 해당하는 담배의 담배갑포장지에 표기하는 경고그림 및 경고문구의 표기내용은 흡연의 폐해, 흡연이 니코틴 의존 및 중독을 유발시킬 수 있다는 사실과 담배 특성에 따른 다음 각 호의 구분에 따른 사실 등을 명확하게 알릴 수 있어야 한다.

1. 제27조의2 제2호의 전자담배 : 담배 특이 니트로사민(tobacco specific nitrosamines), 포름알데히드(formaldehyde) 등이 포함되어 있다는 내용
2. 제27조의2 제6호의 씹는 담배 및 제27조의 2 제9호의 머금는 담배 : 구강암 등 질병의 원인이 될 수 있다는 내용
3. 제27조의2 제8호의 물담배 : 타르 검출 등 궐련과 동일한 위험성이 있다는 내용과 사용 방법에 따라 결핵 등 호흡기 질환에 감염될 위험성이 있다는 내용

③ 법 제9조의2 제4항에 따라 이 조 제1항 각 호에 해당하는 담배의 담배갑포장지에 표기하는 경고그림등(발암성물질은 제외한다. 이하 이 조에서 같다)의 표기방법은 별표 1의 2와 같다.

④ 제1항 각 호에 해당하는 담배의 담배갑포장지에 표기하는 경고그림등의 표기내용,

표기방법 및 시행유예 등에 관하여는 제16조 제2항, 제3항 및 제5항부터 제7항까지의 규정을 준용한다.

영 **제16조의 3 【담배광고에 대한 경고그림등의 표기내용 및 표기방법】** ① 법 제9조의2 제1항 각 호 외의 부분 본문에서 "대통령령으로 정하는 광고"란 다음 각 호의 광고(판매촉진 활동을 포함한다. 이하 같다)를 말한다.

1. 법 제9조의4 제1항 제1호에 따라 지정소매인의 영업소 내부에 전시(展示) 또는 부착하는 표시판, 포스터, 스티커 및 보건복지부령으로 정하는 광고물에 의한 광고
2. 법 제9조의4 제1항 제2호에 따라 잡지에 게재하는 광고

② 법 제9조의2 제1항 각 호 외의 부분 본문 및 같은 조 제3항에 따라 담배광고에 표기하는 경고문구의 표기내용은 다음 각 호의 구분에 따른다. 이 경우 경고문구의 구체적 표기내용은 보건복지부장관이 정하여 고시한다.

1. 담배(제16조의2 제1항 각 호에 해당하는 담배는 제외한다)의 경우 : 흡연이 건강에 해롭다는 사실, 흡연이 다른 사람의 건강을 위협할 수 있다는 사실 및 타르 흡입량은 흡연자의 흡연습관에 따라 다르다는 사실 등을 명확하게 알릴 수 있을 것
2. 제16조의2 제1항 각 호에 해당하는 담배의 경우 : 흡연이 니코틴 의존 및 중독을 유발시킬 수 있다는 사실 등을 명확하게 알릴 수 있을 것

③ 보건복지부장관은 제2항 각 호 외의 부분 후단에 따라 경고문구의 구체적 표기내용을 고시하는 경우에는 그 시행에 6개월 이상의 유예기간을 두어야 한다.

④ 법 제9조의2 제1항 각 호 외의 부분 본문 및 같은 조 제3항에 따라 담배광고에 표기하는 경고문구·발암성물질 및 금연상담전화의 전화번호(이하 "경고문구등"이라 한다)의 표기방법은 별표 1의3과 같다.

⑤ 제4항에 따른 경고문구등의 표기방법을 변경하는 경우에는 그 시행에 6개월 이상의 유예기간을 두어야 한다.

영 **제16조의 4 【광고내용의 검증 방법 및 절차 등】** 보건복지부장관은 담배 광고에 국민의 건강과 관련하여 검증되지 아니한 내용이 포함되어 있다고 인정되면 해당 광고내용의 사실 여부에 대한 검증을 실시할 수 있다.

② 제조자등은 담배 광고를 실시하기 전에 보건복지부령으로 정하는 바에 따라 보건복지부장관에게 해당 광고내용의 사실 여부에 대한 검증을 신청할 수 있다.

③ 보건복지부장관은 제1항 또는 제2항에 따라 광고내용의 사실 여부에 대한 검증을 실시하기 위하여 필요한 경우에는 제조자등에게 관련 자료의 제출을 요청할 수 있고, 제출된 자료에 대하여 조사·확인을 할 수 있다.

④ 보건복지부장관은 제1항 또는 제2항에 따라 광고내용의 사실 여부에 대한 검증을 실시한 경우에는 그 결과를 제조자등에게 서면으로 통보하여야 한다.

영 **제16조의 5【금연지도원의 자격 등】** ① 법 제9조의5 제1항에서 "대통령령으로 정하는 자격이 있는 사람"이란 다음 각 호의 어느 하나에 해당하는 사람을 말한다.

1. 「민법」 제32조에 따른 비영리법인 또는 「비영리민간단체 지원법」 제4조에 따라 등록된 비영리민간단체에 소속된 사람으로서 해당 법인 또는 단체의 장이 추천하는 사람
2. 시·도지사 또는 시장·군수·구청장이 정하는 건강·금연 등 보건정책 관련 교육과정을 4시간 이상 이수한 사람

② 법 제9조의5 제2항 제4호에서 "대통령령으로 정하는 사항"이란 다음 각 호의 업무를 말한다.

1. 지역사회 금연홍보 및 금연교육 지원 업무
2. 지역사회 금연 환경 조성을 위한 지도 업무

③ 법 제9조의5 제2항에 따른 금연지도원의 직무범위는 별표 1의4와 같다.

④ 시·도지사 또는 시장·군수·구청장은 법 제9조의5 제5항에 따라 금연지도원에 대하여 금연 관련 법령, 금연의 필요성, 금연지도원의 자세 등에 대한 교육을 실시하여야 한다. 이 경우 시·도지사 또는 시장·군수·구청장은 효율적인 교육을 위하여 금연지도원에 대한 합동교육을 실시할 수 있다.

⑤ 시·도지사 또는 시장·군수·구청장은 금연지도원의 활동을 지원하기 위하여 예산의 범위에서 수당을 지급할 수 있다.

⑥ 제1항부터 제5항까지에서 규정한 사항 외에 금연지도원 제도 운영에 필요한 사항은 해당 지방자치단체의 조례로 정한다.

규칙 **제6조【금연구역 등】** ① 법 제9조 제4항 제24호에 따라 해당 시설의 전체를 금연구역으로 지정하여야 하는 휴게음식점영업소, 일반음식점영업소 및 제과점영업소는 다음 각 호의 구분에 따른 영업소로 한다.

1. 2013년 12월 31일까지 : 150 제곱미터 이상인 영업소
2. 2014년 1월 1일부터 2014년 12월 31일까지 : 100 제곱미터 이상인 영업소
3. 2015년 1월 1일부터 : 모든 영업소

② 법 제9조 제4항 제24호에 따라 해당 시설의 전체를 금연구역으로 지정하여야 하는 식품자동판매기 영업소는 다음 각 호의 구분에 따른 영업소로 한다.

1. 2018년 12월 31일까지 : 실내 휴게공간의 넓이가 75 제곱미터 이상인 영업소
2. 2019년 1월 1일부터 : 실내 휴게공간이 있는 모든 영업소

③ 법 제9조 제4항 제26호에서 "보건복지부령으로 정하는 시설 또는 기관"이란 「도로법」 제2조 제2호 가목에 따른 휴게시설 중 고속국도에 설치한 휴게시설(주유소, 충전소 및 교통·관광안내소를 포함한다) 및 그 부속시설(지붕이 없는 건물 복도나 통로, 계단을 포함한다)을 말한다.

④ 법 제9조 제4항 후단 및 제6항 후단에 따른 금연구역을 알리는 표지와 흡연실을 설

치하는 기준·방법은 별표 2와 같다.

규칙 **제6조의 2 【공동주택 금연구역의 지정】** ① 법 제9조 제5항 전단에 따라 「주택법」 제2조 제3호에 따른 공동주택(이하 "공동주택"이라 한다)의 복도 등에 대하여 금연구역의 지정을 받으려는 경우에는 별지 제1호서식의 공동주택 금연구역 지정 신청서(전자문서로 된 신청서를 포함한다)에 다음 각 호의 서류(전자문서를 포함한다)를 첨부하여 특별자치시장·특별자치도지사·시장·군수·구청장에게 제출하여야 한다. 이 경우 제2호에 따른 서류는 금연구역의 지정 신청일 전 3개월 이내에 동의한 것만 해당한다.

1. 해당 공동주택의 세대주 명부에 관한 서류
2. 별지 제1호의2 서식의 금연구역 지정 동의서 또는 공동주택 세대주 2분의 1이상이 금연구역 지정에 동의함을 입증하는 서류(공동주택의 복도·계단·엘리베이터 또는 지하주차장의 구분에 따라 동의한 서류를 말한다)
3. 해당 공동주택의 도면에 관한 서류
4. 해당 공동주택의 복도·계단·엘리베이터 또는 지하주차장의 내역에 관한 서류
5. 그 밖에 보건복지부장관이 공동주택 금연구역 지정을 위하여 필요하다고 인정하여 고시하는 서류

② 특별자치시장·특별자치도지사·시장·군수·구청장은 제1항에 따른 금역구역의 지정 신청을 받은 경우에는 세대주 동의에 대한 진위 여부를 확인하여야 한다.

③ 특별자치시장·특별자치도지사·시장·군수·구청장은 제1항에 따른 금연구역의 지정 검토를 위하여 필요한 경우에는 그 신청인에 대하여 제출 서류의 보완 또는 추가 서류의 제출 등을 명할 수 있다.

④ 특별자치시장·특별자치도지사·시장·군수·구청장은 법 제9조 제5항 전단에 따라 금연구역을 지정한 경우에는 특별자치시·특별자치도·시·군·구의 인터넷 홈페이지와 해당 공동주택의 인터넷 홈페이지(인터넷 홈페이지가 있는 경우만 해당한다) 및 게시판에 다음 각 호의 사항을 공고하여야 한다.

1. 해당 공동주택의 명칭 및 소재지
2. 금연구역 지정 번호
3. 금연구역 지정 범위
4. 금연구역 지정 시행일

⑤ 제1항부터 제4항까지의 규정에 따른 금연구역 지정 신청, 지정 검토 또는 지정 공고 등에 필요한 세부사항은 보건복지부장관이 정하여 고시한다.

⑥ 공동주택의 금연구역 지정 해제에 관하여는 제1항부터 제4항까지의 규정을 준용한다.

규칙 **제6조의 3 【공동주택 금연구역 안내표지】** ① 특별자치시장·특별자치도지사·시장·군수·구청장은 법 제9조 제5항 전단에 따라 금연구역을 지정한 경우에는 해당 공동주택의 출입구 및 금연구역 지정 시설의 출입구 등 보건복지부장관이 정하여 고시하는

장소에 금연구역 안내표지를 설치하여야 한다. 〈개정 2018.6.29.〉

② 제1항에 따른 금연구역 안내표지에는 다음 각 호의 사항이 포함되어야 한다.

1. 금연을 상징하는 그림 또는 문자
2. 금연구역에서 흡연한 경우 법 제34조 제3항에 따라 과태료 부과대상이 된다는 사실
3. 위반사항에 대한 신고전화번호
4. 그 밖에 금연구역의 안내를 위하여 보건복지부장관이 필요하다고 인정하는 사항

③ 제1항 및 제2항에 따른 금연구역 안내표지의 설치장소 및 안내내용에 필요한 세부사항은 보건복지부장관이 정하여 고시한다.

규칙 **제6조의 4 【금연상담전화 전화번호】** 법 제9조의2 제1항 제5호에서 "보건복지부령으로 정하는 금연상담전화의 전화번호"란 1544-9030을 말한다.

규칙 **제6조의 5 【금연지도원의 자격등】** 삭제

규칙 **제6조의 6 【광고내용의 사실 여부에 대한 검증 신청】** 영 제16조의3 제2항에 따라 담배 광고내용의 사실 여부에 대한 검증을 신청하려는 자는 별지 제1호의3 서식의 담배광고 검증 신청서에 담배광고안과 광고내용을 증명할 수 있는 자료를 첨부하여 보건복지부장관에게 제출하여야 한다.

규칙 **제7조 【담배에 관한 광고】** ① 법 제9조의4 제1항 제1호 본문 및 영 제16조 제1호에서 "보건복지부령으로 정하는 광고물"이란 표시판, 스티커 및 포스터를 말한다.

② 법 제9조의4 제1항 제2호 본문에서 "여성 또는 청소년을 대상으로 하는 것"이란 잡지의 명칭, 내용, 독자, 그 밖의 그 성격을 고려할 때 여성 또는 청소년이 주로 구독하는 것을 말한다.

③ 법 제9조의4 제1항 제2호 단서에서 "보건복지부령으로 정하는 판매부수"란 판매부수 1만부를 말한다.

④ 법 제9조의4 제1항 제3호에서 "여성 또는 청소년을 대상으로 하는 행사"란 행사의 목적, 내용, 참가자, 관람자, 청중, 그 밖의 그 성격을 고려할 때 주로 여성 또는 청소년을 대상으로 하는 행사를 말한다.

제12조 【보건교육의 실시 등】 ① 국가 및 지방자치단체는 모든 국민이 올바른 보건의료의 이용과 건강한 생활습관을 실천할 수 있도록 그 대상이 되는 개인 또는 집단의 특성·건강상태·건강의식 수준 등에 따라 적절한 보건교육을 실시한다.

② 국가 또는 지방자치단체는 국민건강증진사업 관련법인 또는 단체 등이 보건교육을 실시할 경우 이에 필요한 지원을 할 수 있다.

③ 보건복지부장관, 시·도지사 및 시장·군수·구청장은 제2항의 규정에 의하여 보건교육을 실시

하는 국민건강증진사업 관련법인 또는 단체 등에 대하여 보건교육의 계획 및 그 결과에 관한 자료를 요청할 수 있다.

④ 제1항의 규정에 의한 보건교육의 내용은 대통령령으로 정한다.

영 **제17조【보건교육의 내용】** 법 제12조의 규정에 의한 보건교육에는 다음 각 호의 사항이 포함되어야 한다.

1. 금연·절주 등 건강생활의 실천에 관한 사항
2. 만성퇴행성질환 등 질병의 예방에 관한 사항
3. 영양 및 식생활에 관한 사항
4. 구강건강에 관한 사항
5. 공중위생에 관한 사항
6. 건강증진을 위한 체육활동에 관한 사항
7. 그 밖에 건강증진사업에 관한 사항

제12조의 2【보건교육사자격증의 교부 등】 ① 보건복지부장관은 국민건강증진 및 보건교육에 관한 전문지식을 가진 자에게 보건교육사의 자격증을 교부할 수 있다.

② 다음 각 호의1에 해당하는 자는 보건교육사가 될 수 없다.

1. 피성년후견인
2. 삭제
3. 금고 이상의 실형의 선고를 받고 그 집행이 종료되지 아니하거나 그 집행을 받지 아니하기로 확정되지 아니한 자
4. 법률 또는 법원의 판결에 의하여 자격이 상실 또는 정지된 자

③ 제1항의 규정에 의한 보건교육사의 등급은 1급 내지 3급으로 하고, 등급별 자격기준 및 자격증의 교부절차 등에 관하여 필요한 사항은 대통령령으로 정한다.

④ 보건교육사 1급의 자격증을 교부받고자 하는 자는 국가시험에 합격하여야 한다.

⑤ 보건복지부장관은 제1항의 규정에 의하여 보건교육사의 자격증을 교부하는 때에는 보건복지부령이 정하는 바에 의하여 수수료를 징수할 수 있다.

⑥ 제1항에 따라 자격증을 교부받은 사람은 다른 사람에게 그 자격증을 빌려주어서는 아니 되고, 누구든지 그 자격증을 빌려서는 아니 된다.

⑦ 누구든지 제6항에 따라 금지된 행위를 알선하여서는 아니 된다.

영 **제18조【보건교육사 등급별 자격기준 등】** ① 법 제12조의2 제3항에 따른 보건교육사의 등급별 자격기준은 별표 2와 같다.

② 보건교육사 자격증을 발급받으려는 자는 보건복지부령으로 정하는 바에 따라 보건교육사 자격증 발급신청서에 그 자격을 증명하는 서류를 첨부하여 보건복지부장관에게 제출하여야 한다.

제12조의 3 【국가시험】 ① 제12조의2 제4항의 규정에 의한 국가시험은 보건복지부장관이 시행한다. 다만, 보건복지부장관은 국가시험의 관리를 대통령령이 정하는 바에 의하여 「한국보건의료인국가시험원법」에 따른 한국보건의료인국가시험원에 위탁할 수 있다.
② 보건복지부장관은 제1항 단서의 규정에 의하여 국가시험의 관리를 위탁한 때에는 그에 소요되는 비용을 예산의 범위 안에서 보조할 수 있다.
③ 보건복지부장관(제1항 단서의 규정에 의하여 국가시험의 관리를 위탁받은 기관을 포함한다)은 보건복지부령이 정하는 금액을 응시수수료로 징수할 수 있다.
④ 시험과목·응시자격 등 자격시험의 실시에 관하여 필요한 사항은 대통령령으로 정한다.

제12조의 4 【보건교육사의 채용】 국가 및 지방자치단체는 대통령령이 정하는 국민건강증진사업관련 법인 또는 단체 등에 대하여 보건교육사를 그 종사자로 채용하도록 권장하여야 한다.

12조의 5 【보건교육사의 자격취소】 보건복지부장관은 보건교육사가 제12조의2 제6항을 위반하여 다른 사람에게 자격증을 빌려준 경우에는 그 자격을 취소하여야 한다.

12조의 6 【청문】 보건복지부장관은 제12조의5에 따라 자격을 취소하려는 경우에는 청문을 하여야 한다.

영 **제18조의 2 【국가시험의 시행 등】** ① 보건복지부장관은 법 제12조의 3에 따른 보건교육사 국가시험(이하 "시험"이라 한다)을 매년 1회 이상 실시한다.
② 보건복지부장관은 법 제12조의3 제1항 단서에 따라 시험의 관리를 「한국보건의료인국가시험원법」에 따른 한국보건의료인국가시험원에 위탁한다.
③ 제2항에 따라 시험의 관리를 위탁받은 기관(이하 "시험관리기관"이라 한다)의 장은 시험을 실시하려면 미리 보건복지부장관의 승인을 받아 시험일시·시험장소 및 응시원서의 제출기간, 합격자 발표의 예정일 및 방법, 그밖에 시험에 필요한 사항을 시험 90일 전까지 공고하여야 한다. 다만, 시험장소는 지역별 응시인원이 확정된 후 시험 30일 전까지 공고할 수 있다.
④ 법 제12조의3 제4항에 따른 시험과목은 별표 3과 같다.
⑤ 시험방법은 필기시험으로 하며, 시험의 합격자는 각 과목 4할 이상, 전과목 총점의 6할 이상을 득점한 자로 한다.

영 **제18조의 3 【시험의 응시자격 및 시험관리】** ① 법 제12조의3 제4항에 따른 시험의 응시자격은 별표 4와 같다.
② 시험에 응시하려는 자는 시험관리기관의 장이 정하는 응시원서를 시험관리기관의 장에게 제출(전자문서에 따른 제출을 포함한다)하여야 한다.
③ 시험관리기관의 장은 시험을 실시한 경우 합격자를 결정·발표하고, 그 합격자에

대한 다음 각 호의 사항을 보건복지부장관에게 통보하여야 한다.

1. 성명 및 주소
2. 시험 합격번호 및 합격연월일

영 **제18조의 4【시험위원】** ① 시험관리기관의 장은 시험을 실시하려는 경우 시험과목별로 전문지식을 갖춘 자 중에서 시험위원을 위촉한다.

② 제1항에 따른 시험위원에게는 예산의 범위에서 수당과 여비를 지급할 수 있다.

영 **제18조의 5【관계 기관 등에의 협조요청】** 시험관리기관의 장은 시험 관리업무를 원활하게 수행하기 위하여 필요하면 국가·지방자치단체 또는 관계 기관·단체에 대하여 시험장소 제공 및 시험감독 지원 등 협조를 요청할 수 있다

규칙 **제7조의 2【보건교육사 관련 교과목】** 영 별표 4에서 "보건복지부령으로 정하는 보건교육 관련 교과목"이란 별표 4의 교과목을 말한다.

규칙 **제7조의 3【보건교육사 자격증 발급절차】** ① 영 제18조에 따라 보건교육사의 자격증(이하 "자격증"이라 한다)을 발급받으려는 자는 별지 제1호의7서식의 보건교육사 자격증 발급신청서(전자문서로 된 신청서를 포함한다)에 다음 각 호의 서류(전자문서를 포함한다)를 첨부하여 보건복지부장관(영 제32조에 따라 업무를 위탁한 경우에는 위탁받은 보건교육 관련 법인 또는 단체의 장을 말한다. 이하 이 조에서 같다)에게 제출해야 한다

1. 6개월 이내에 촬영한 탈모 정면 상반신 반명함판(3×4센티미터) 사진 2매
2. 보건복지부장관이 정하여 고시하는 보건교육 업무 경력을 증명하는 서류 1부(보건교육사 3급 자격을 취득한 자로서 보건교육 업무에 3년 이상 종사하고 보건교육사 2급 자격증 발급을 신청하는 자만 제출한다)
3. 졸업증명서 및 별표 4의 보건교육 관련 교과목 이수를 증명하는 서류 각 1부(시험응시원서 제출 당시 졸업예정자였던 경우에만 제출한다)

② 제1항에 따라 자격증을 발급받은 자가 그 자격증을 잃어버리거나 헐어서 못쓰게 되어 재발급 받으려는 때에는 별지 제2호서식의 보건교육사 자격증 재발급 신청서(전자문서로 된 신청서를 포함한다)에 다음 각 호의 서류(전자문서를 포함한다)를 첨부하여 보건복지부장관에게 제출하여야 한다.

1. 보건교육사 자격증(헐어서 못쓰게 된 경우에만 제출한다) 1부
2. 6개월 이내에 촬영한 탈모 정면 상반신 반명함판(3×4센티미터) 사진 1매

③ 보건복지부장관은 제1항 및 제2항에 따라 자격증의 발급 또는 재발급신청을 받은 때에는 「별지 제3호」 서식의 보건교육사 자격증 발급대장에 이를 기재한 후 「별지 제4호」 서식의 보건교육사 자격증을 발급하여야 한다.

④ 보건교육사 3급 자격을 취득하고 보건교육 업무에 3년 이상 종사하여 보건교육사

2급 자격증 발급을 신청하는 자 또는 자격증을 재발급 받으려는 자는 법 제12조의 2 제5항에 따라 수수료로 1만 원을 납부하여야 한다.

【규칙】 **제7조의 4 【응시수수료】** ① 법 제12조의 3 제3항에 따른 보건교육사 국가시험의 응시수수료는 7만8천원으로 한다.

② 보건교육사 국가시험에 응시하려는 사람은 제1항에 따른 응시수수료를 수입인지로 내야 한다. 다만, 시험 시행기관의 장은 이를 현금으로 납부하게 하거나 정보통신망을 이용하여 전자화폐·전자결제 등의 방법으로 납부하게 할 수 있다.

③ 제1항에 따른 응시수수료는 다음 각 호의 구분에 따라 반환한다.

1. 응시수수료를 과오납한 경우: 그 과오납한 금액의 전부
2. 시험 시행기관의 귀책사유로 시험에 응시하지 못한 경우: 납입한 응시수수료의 전부
3. 응시원서 접수기간 내에 접수를 취소하는 경우: 납입한 응시수수료의 전부
4. 시험 시행일 전까지 응시자격심사 과정에서 응시자격 결격사유로 접수가 취소된 경우: 납입한 응시수수료의 전부
5. 응시원서 접수 마감일의 다음 날부터 시험 시행 20일 전까지 접수를 취소하는 경우: 납입한 응시수수료의 100분의 60
6. 시험 시행 19일 전부터 시험 시행 10일 전까지 접수를 취소하는 경우: 납입한 응시수수료의 100분의 50

【규칙】 **제8조 【보건교육의 평가방법 및 내용】** ① 보건복지부장관이 법 제13조의 규정에 의하여 국민의 보건교육의 성과에 관한 평가를 할 때에는 세부계획 및 그 추진실적에 기초하여 평가하여야 한다.

② 보건복지부장관은 필요하다고 인정하는 경우에는 제1항의 규정에 의한 평가외에 다음 각 호의 사항을 조사하여 평가할 수 있다.

1. 건강에 관한 지식·태도 및 실천
2. 주민의 질병·부상 유무 등 건강상태

③ 영 제17조 제7호에서 "기타 건강증진사업에 관한 사항"이라 함은 「산업안전보건법」에 의한 산업보건에 관한 사항 기타 국민의 건강을 증진시키는 사업에 관한 사항을 말한다.

제13조 【보건교육의 평가】 ① 보건복지부장관은 정기적으로 국민의 보건교육의 성과에 관하여 평가를 하여야 한다.

② 제1항의 규정에 의한 평가의 방법 및 내용은 보건복지부령으로 정한다.

제14조 【보건교육의 개발 등】 보건복지부장관은 정부출자연구기관 등의 설립·운영 및 육성에 관한 법률에 의한 한국보건사회연구원으로 하여금 보건교육에 관한 정보·자료의 수집·개

발 및 조사, 그 교육의 평가 기타 필요한 업무를 행하게 할 수 있다.

제15조【영양개선】 ① 국가 및 지방자치단체는 국민의 영양상태를 조사하여 국민의 영양개선 방안을 강구하고 영양에 관한 지도를 실시하여야 한다.

② 국가 및 지방자치단체는 국민의 영양개선을 위하여 다음 각 호의 사업을 행한다.

1. 영양교육사업
2. 영양개선에 관한 조사·연구사업
3. 기타 영양개선에 관하여 보건복지부령이 정하는 사업

규칙 **제9조【영양개선사업】** 법 제15조 제2항 제3호에서 "보건복지부령이 정하는 사업"이라 함은 다음 각 호의 사업을 말한다.

1. 국민의 영양상태에 관한 평가사업
2. 지역사회의 영양개선사업

규칙 **제10조** 삭제

제16조【국민영양조사 등】 ①질병관리청장은 보건복지부장관과 협의하여 국민의 건강상태 · 식품섭취 · 식생활조사등 국민의 건강과 영양에 관한 조사(이하 "국민건강영양조사"라 한다)를 정기적으로 실시한다.

②특별시 · 광역시 및 도에는 국민건강영양조사와 영양에 관한 지도업무를 행하게 하기 위한 공무원을 두어야 한다

③ 국민영양조사를 행하는 공무원은 그 권한을 나타내는 증표를 관계인에게 내보여야 한다.

④ 국민영양조사의 내용 및 방법 기타 국민영양조사와 영양에 관한 지도에 관하여 필요한 사항은 대통령령으로 정한다.

영 **제19조【국민영양조사주기】** 법 제16조 제1항에 따른 국민영양조사(이하 "영양조사"라 한다)는 매년 실시한다.

영 **제20조【조사대상】** ① 질병관리청장은 보건복지부장관과 협의하여 매년 구역과 기준을 정하여 선정한 가구 및 그 가구원에 대하여 영양조사를 실시한다.

② 질병관리청장은 보건복지부장관과 협의하여 노인·임산부등 특히 영양개선이 필요하다고 판단되는 사람에 대해서는 따로 조사기간을 정하여 영양조사를 실시할 수 있다.

③ 관할 시·도지사는 제1항에 따라 조사대상으로 선정된 가구와 제2항에 따라 조사대상이 된 사람에게 이를 통지해야 한다.

규칙 **제11조【조사대상가구의 재선정 등】** ① 시·도지사는 영 제20조 제1항에 따라 조사대상가구가 선정된 때에는 영 제20조 제3항에 따라 별지 제5호서식의 국민영양조사가

구선정통지서를 해당 가구주에게 송부하여야 한다.

② 영 제20조에 따라 선정된 조사가구중 전출·전입등의 사유로 선정된 조사가구에 변동이 있는 경우에는 같은 구역안에서 조사가구를 다시 선정하여 조사할 수 있다.

③ 질병관리청장은 보건복지부장관과 협의하여 조사지역의 특성이 변경된 때에는 조사지역을 달리하여 조사할 수 있다.

영 **제21조 【조사항목】** ① 영양조사는 건강상태조사·식품섭취조사 및 식생활조사로 구분하여 행한다.

② 건강상태조사는 다음 각 호의 사항에 대하여 행한다.

1. 신체상태
2. 영양관계 증후
3. 그 밖의 건강상태에 관한 사항

③ 식품섭취조사는 다음 각 호의 사항에 대하여 행한다.

1. 조사가구의 일반사항
2. 일정한 기간의 식사상황
3. 일정한 기간의 식품섭취상황

④ 식생활조사는 다음 각 호의 사항에 대하여 행한다.

1. 가구원의 식사 일반사항
2. 조사가구의 조리시설과 환경
3. 일정한 기간에 사용한 식품의 가격 및 조달방법

⑤ 제2항부터 제4항까지의 규정에 따른 조사사항의 세부내용은 보건복지부령으로 정한다.

규칙 **제12조 【조사내용】** ① 영 제21조제2항에 따른 건강조사의 세부내용은 다음 각 호와 같다.

1. 가구에 관한 사항: 가구유형, 주거형태, 소득수준, 경제활동상태 등
2. 건강상태에 관한 사항: 신체계측, 질환별 유병(有病) 및 치료 여부, 의료 이용 정도 등
3. 건강행태에 관한 사항: 흡연 · 음주 행태, 신체활동 정도, 안전의식 수준 등
4. 그 밖에 건강상태 및 건강행태에 관하여 질병관리청장이 정하는 사항

② 영 제21조제3항에 따른 영양조사의 세부 내용은 다음 각 호와 같다.

1. 식품섭취에 관한 사항: 섭취 식품의 종류 및 섭취량 등
2. 식생활에 관한 사항: 식사 횟수 및 외식 빈도 등
3. 그 밖에 식품섭취 및 식생활에 관하여 질병관리청장이 정하는 사항

영 **제22조 【국민건강영양조사원 및 영양지도원】** ① 질병관리청장은 국민건강영양조

사를 담당하는 사람(이하 "국민건강영양조사원"이라 한다)으로 건강조사원 및 영양조사원을 두어야 한다. 이 경우 건강조사원 및 영양조사원은 다음 각 호의 구분에 따른 요건을 충족해야 한다. 〈개정 2023. 9. 26., 2024. 11. 26.〉

1. 건강조사원: 다음 각 목의 어느 하나에 해당할 것
   가. 「의료법」 제2조제1항에 따른 의료인
   나. 「약사법」 제2조제2호에 따른 약사 또는 한약사
   다. 「의료기사 등에 관한 법률」 제2조제1항에 따른 의료기사
   라. 「고등교육법」 제2조에 따른 학교에서 보건의료 관련 학과 또는 학부를 졸업한 사람(졸업 예정인 사람을 포함한다) 또는 이와 같은 수준 이상의 학력이 있다고 인정되는 사람
2. 영양조사원: 다음 각 목의 어느 하나에 해당할 것
   가. 「국민영양관리법」 제15조에 따른 영양사(이하 "영양사"라 한다)
   나. 「고등교육법」 제2조에 따른 학교에서 식품영양 관련 학과 또는 학부를 졸업한 사람(졸업 예정인 사람을 포함한다) 또는 이와 같은 수준 이상의 학력이 있다고 인정되는 사람

② 특별자치시장 · 특별자치도지사 · 시장 · 군수 · 구청장은 법 제15조 및 법 제16조의 영양개선사업을 수행하기 위한 국민영양지도를 담당하는 사람(이하 "영양지도원"이라 한다)을 두어야 하며 그 영양지도원은 영양사의 자격을 가진 사람으로 임명한다. 다만, 영양사의 자격을 가진 사람이 없는 경우에는 「의료법」 제2조제1항에 따른 의사 또는 「간호법」 제2조제1호에 따른 간호사의 자격을 가진 사람 중에서 임명할 수 있다. 〈개정 2018. 12. 18., 2023. 9. 26., 2025. 6. 20.〉

③ 국민건강영양조사원 및 영양지도원의 직무에 관하여 필요한 사항은 보건복지부령으로 정한다. 〈개정 2008. 2. 29., 2010. 3. 15., 2023. 9. 26.〉

④ 질병관리청장 또는 특별자치시장 · 특별자치도지사 · 시장 · 군수 · 구청장은 국민건강영양조사원 또는 영양지도원의 원활한 업무 수행을 위하여 필요하다고 인정하는 경우에는 그 업무 지원을 위한 구체적 조치를 마련 · 시행할 수 있다. 〈신설 2017. 11. 7., 2020. 9. 11., 2023. 9. 26.〉 [제목개정 2023. 9. 26.]

영 **제22조의 2 【신체활동장려사업】** 법 제16조의3 제1항 제3호에서 "대통령령으로 정하는 사업"이란 다음 각 호의 사업을 말한다.

1. 신체활동증진 프로그램의 개발 및 운영 사업
2. 체육시설이나 공원시설 등 신체활동장려를 위한 기반시설 마련 사업
3. 신체활동장려에 관한 홍보사업
4. 그 밖에 보건복지부장관이 신체활동장려를 위해 필요하다고 인정하는 사업

규칙 **제13조 【국민건강영양조사원】** 영 제22조제1항에 따른 건강조사원(이하 "건강조사원"이라 한다) 및 영양조사원(이하 "영양조사원"이라 한다)의 직무는 다음 각 호와 같다.

1. 건강조사원: 제12조제1항에 따른 건강조사의 세부 내용에 대한 조사 · 기록
2. 영양조사원: 제12조제2항에 따른 영양조사의 세부 내용에 대한 조사 · 기록

규칙 **제14조 【조사원증】** 법 제16조 제3항의 규정에 의한 조사원증은 별지 제9호서식에의 한다.

규칙 **제15조 【조사표 작성등】** 질병관리청장은 국민건강영양조사가 끝난 때에는 조사표를 작성하여 분류 · 집계 등 통계처리를 하고 이를 매년 공표해야 한다

규칙 **제16조 【조사자료의 분석과 이용】** 보건복지부장관 및 질병관리청장은 국민건강영양조사의 시기 · 대상 · 세부내용 · 결과 등을 분석하여 이를 국민건강영양개선을 위한 자료로 활용해야 한다

규칙 **제17조 【영양지도원】** 영 제22조제2항에 따른 영양지도원의 업무는 다음 각 호와 같다.

1. 영양지도의 기획 · 분석 및 평가
2. 지역주민에 대한 영양상담 · 영양교육 및 영양평가
3. 지역주민의 건강상태 및 식생활 개선을 위한 세부 방안 마련
4. 집단급식시설에 대한 현황 파악 및 급식업무 지도
5. 영양교육자료의 개발 · 보급 및 홍보
6. 그 밖에 제1호부터 제5호까지의 규정에 준하는 업무로서 지역주민의 영양관리 및 영양개선을 위하여 특히 필요한 업무

제16조의 2 【신체활동장려사업의 계획 수립·시행】 ① 국가 및 지방자치단체는 신체활동장려에 관한 사업 계획을 수립·시행하여야 한다.

제16조의 3 【신체활동장려사업】 ① 국가 및 지방자치단체는 국민의 건강증진을 위하여 신체활동을 장려할 수 있도록 다음 각 호의 사업을 한다.

1. 신체활동장려에 관한 교육사업
2. 신체활동장려에 관한 조사·연구사업
3. 그 밖에 신체활동장려를 위하여 대통령령으로 정하는 사업

② 제1항 각 호의 사업 내용·기준 및 방법은 보건복지부령으로 정한다.

제17조 【구강건강사업의 계획수립·시행】 국가 및 지방자치단체는 구강건강에 관한 사업의 계획을 수립·시행하여야 한다.

제18조 【구강건강사업】 ① 국가 및 지방자치단체는 국민의 구강질환의 예방과 구강건강의 증진을 위하여 다음 각 호의 사업을 행한다.

1. 구강건강에 관한 교육사업
2. 수돗물불소농도조정사업
3. 구강건강에 관한 조사·연구사업
4. 기타 구강건강의 증진을 위하여 대통령령이 정하는 사업

② 제1항의 각 호의 사업내용·기준 및 방법은 보건복지부령으로 정한다.

영 **제23조 【구강건강사업】** 법 제18조 제1항 제4호에서 "대통령이 정하는 사업"이란 다음 각 호의 사업을 말한다.

1. 충치예방을 위한 치아홈메우기사업
2. 불소용액 양치사업
3. 구강건강의 증진을 위하여 보건복지부령이 정하는 사업

규칙 **제18조 【구강건강사업의 내용 등】** ① 시·도지사 또는 시장·군수·구청장은 법 제18조의 규정에 의하여 구강건강실태를 조사하여 지역주민의 구강건강 증진을 위한 사업을 시행하여야 한다.

② 시·도지사 또는 시장·군수·구청장이 수돗물에 대한 불소농도조정사업을 시행하고자 할 때에는 미리 보건복지부장관과 협의하여야 한다.

③ 수돗물에 대한 불소농도조정사업·불소용액양치사업 등 구강건강사업의 관리기준 및 운영방법은 보건복지부장관이 정한다.

제19조 【건강증진사업 등】 ① 국가 및 지방자치단체는 국민건강증진사업에 필요한 요원 및 시설을 확보하고, 그 시설의 이용에 필요한 시책을 강구하여야 한다.

② 특별자치시장·특별자치도지사·시장·군수·구청장은 지역주민의 건강증진을 위하여 보건복지부령이 정하는 바에 의하여 보건소장으로 하여금 다음 각 호의 사업을 하게 할 수 있다.

1. 보건교육 및 건강상담
2. 영양관리
3. 신체활동장려
4. 구강건강의 관리
5. 질병의 조기발견을 위한 검진 및 처방
6. 지역사회의 보건문제에 관한 조사·연구
7. 기타 건강교실의 운영등 건강증진사업에 관한 사항

③ 보건소장이 제2항의 규정에 의하여 제2항 제1호 내지 제5호의 업무를 행한 때에는 이용자의 개인별 건강상태를 기록하여 유지·관리하여야 한다.

④ 건강증진사업에 필요한 시설·운영에 관하여는 보건복지부령으로 정한다.

제19조의 2 【시·도건강증진사업지원단 설치 및 운영 등】 ① 시·도지사는 실행계획의 수립 및 제19조에 따른 건강증진사업의 효율적인 업무 수행을 지원하기 위하여 시·도건강증진

사업지원단(이하 "지원단"이라 한다)을 설치·운영할 수 있다.
② 시·도지사는 제1항에 따른 지원단 운영을 건강증진사업에 관한 전문성이 있다고 인정하는 법인 또는 단체에 위탁할 수 있다. 이 경우 시·도지사는 그 운영에 필요한 경비의 전부 또는 일부를 지원할 수 있다.
③ 제1항 및 제2항에서 규정한 사항 외에 지원단의 설치·운영 및 위탁 등에 관하여 필요한 사항은 보건복지부령으로 정한다.

규칙 **제19조 【건강증진사업의 실시등】** ① 법 제19조에 따라 건강증진사업을 행하는 특별자치시장 · 특별자치도지사 · 시장 · 군수 · 구청장은 보건교육 · 영양관리 · 신체활동장려 · 구강건강관리 · 건강검진 등에 필요한 인력을 확보해야 한다.
② 보건복지부장관은 법 제4조에 따른 기본시책과 건강증진사업 실시지역의 생활여건 등을 고려하여 법 제19조제2항에 따라 보건소장이 행하는 건강증진사업을 단계적으로 실시하게 할 수 있다.
③ 법 제19조제2항에 따라 건강증진사업을 행하는 보건소장은 다음 각 호의 시설 및 장비를 확보하여 지역주민에 대한 건강증진사업을 수행해야 한다.
1. 시청각교육실 및 시청각교육장비
2. 건강검진실 및 건강검진에 필요한 장비
3. 신체활동지도실 및 신체활동지도에 필요한 장비
4. 영양관리 · 구강건강사업등 건강증진사업에 필요한 시설 및 장비
④ 법 제19조제3항에 따라 보건소장이 개인별 건강상태를 기록한 때에는 보건복지부장관이 정하는 바에 따라 이를 유지 · 관리해야 한다

규칙 **제19조의 2 【시·도건강증진사업지원단의 운영 등】** ① 법 제19조의2 제1항에 따른 시·도건강증진사업지원단(이하 이 조에서 "지원단"이라 한다)의 업무는 다음 각 호와 같다.
1. 영 제3조에 따른 시·도 및 시·군·구 실행계획의 수립·시행 지원
2. 관할 지역 내 건강증진사업 수행에 대한 기술 지원
3. 관할 지역 내 민·관 건강증진 협력 사업 수행
4. 관할 지역 내 건강증진사업에 대한 성과 관리 지원
5. 그 밖에 관할 지역주민의 건강증진을 위하여 필요한 사항
② 시·도지사는 법 제19조의2 제2항에 따라 지원단의 운영을 다음 각 호의 어느 하나에 해당하는 법인 또는 단체에 위탁할 수 있다.
1. 「공공기관의 운영에 관한 법률」 제4조 제1항에 따른 공공기관
2. 「비영리민간단체 지원법」 제4조에 따라 등록된 비영리민간단체
3. 「고등교육법」제2조에 따른 학교
4. 「의료법」 제3조 제2항 제3호에 따른 병원급 의료기관

5. 「민법」 제32조에 따라 설립된 비영리법인
6. 그 밖에 보건복지부장관이 건강증진사업에 관한 전문성이 있다고 인정하는 법인 또는 단체

③ 시·도지사는 지원단의 운영을 위탁하려면 미리 위탁의 절차 및 방법 등을 7일 이상 공고해야 한다.

④ 지원단의 운영을 위탁받으려는 자는 다음 각 호의 서류(전자문서를 포함한다)를 시·도지사에게 제출해야 한다.

1. 사업계획서 및 예산서
2. 건강증진 업무 수행 실적에 관한 자료
3. 고유번호증 사본(사업자등록증이 없는 경우에 한정한다)

⑤ 제4항에 따른 신청을 받은 시·도지사는 「전자정부법」 제36조 제1항에 따른 행정정보의 공동이용을 통하여 다음 각 호의 서류를 확인해야 한다. 다만, 제2호의 경우 위탁을 받으려는 자가 그 확인에 동의하지 않는 경우에는 해당 서류의 사본을 첨부하도록 해야 한다.

1. 법인 등기사항증명서(법인인 경우만 해당한다)
2. 사업자등록증

⑥ 제1항부터 제5항까지에서 규정한 사항 외에 지원단의 운영 및 운영의 위탁 등에 필요한 사항은 지방자치단체의 조례로 정한다.

제20조 【검 진】 국가는 건강증진을 위하여 필요한 경우에 보건복지부령이 정하는 바에 의하여 국민에 대하여 건강검진을 실시할 수 있다.

규칙 **제20조 【건강검진】** ① 법 제20조의 규정에 의하여 국가가 건강검진을 실시하는 경우에는 특별자치시장·특별자치도지사·시장·군수·구청장으로 하여금 보건소장이 이를 실시하도록 하여야 한다. 다만, 필요한 경우에는 영 제32조 제2항 제2호 또는 제3호의 기관에 위탁하여 실시하게 할 수 있다.

② 제1항의 규정에 의한 건강검진은 연령별·대상별로 검진항목을 정하여 실시하여야 한다.

제21조 【검진결과의 공개금지】 제20조의 규정에 의하여 건강검진을 한 자 또는 검진기관에 근무하는 자는 국민의 건강증진사업의 수행을 위하여 불가피한 경우를 제외하고는 정당한 사유 없이 검진결과를 공개해서는 아니 된다.

제 3 장 국민건강증진기금

제22조 【기금의 설치 등】 ① 보건복지부장관은 국민건강증진사업의 원활한 추진에 필요한 재원을 확보하기 위하여 국민건강증진기금이하 "기금"이라 한다)을 설치한다.

② 기금은 다음 각 호의 재원으로 조성한다.

1. 제23조 제1항의 규정에 의한 부담금
2. 기금의 운용 수익금

영 **제26조 【기금계정】** 보건복지부장관은 법 제22조의 규정에 의한 국민건강증진기금(이하 "기금"이라 한다)의 수입과 지출을 명확히 하기 위하여 한국은행에 기금계정을 설치하여야 한다.

영 **제27조 【기금의 회계기관】** 보건복지부장관은 기금의 수입과 지출에 관한 사무를 수행하게 하기 위하여 소속공무원중에서 기금수입징수관·기금재무관·기금지출관 및 기금출납공무원을 임명하여야 한다

제23조 【국민건강증진부담금의 부과·징수 등】 ① 보건복지부장관은 제조자등이 판매하는 「담배사업법」 제2조에 따른 담배「지방세법」 제54조에 따라 담배소비세가 면제되는 것, 같은 법 제63조 제1항 제1호 및 제2호에 따라 담배소비세액이 공제 또는 환급되는 것은 제외한다. 이하 이 조 및 제23조의2에서 같다)에 다음 각 호의 구분에 따른 부담금이하 "부담금"이라 한다)을 부과·징수한다. 〈개정 2017.12.30.〉

1. 궐련: 20개비당 841원
2. 전자담배
   가. 니코틴 용액을 사용하는 경우: 1밀리리터당 525원
   나. 연초 및 연초 고형물을 사용하는 경우:
      1) 궐련형: 20개비당 750원
      2) 기타 유형: 1그램당 73원
3. 파이프담배: 1그램당 30.2원
4. 엽궐련(葉卷煙): 1그램당 85.8원
5. 각련(刻煙): 1그램당 30.2원
6. 씹는 담배: 1그램당 34.4원
7. 냄새 맡는 담배: 1그램당 21.4원
8. 물담배: 1그램당 1050.1원
9. 머금는 담배: 1그램당 534.5원

② 제조자등은 매월 1일부터 말일까지 제조장 또는 보세구역에서 반출된 담배의 수량과 산출된 부담금의 내역에 관한 자료를 다음 달 15일까지 보건복지부장관에게 제출하여야 한다.

③ 보건복지부장관은 제2항의 규정에 의한 자료를 제출받은 때에는 그날부터 5일 이내에 부담금의 금액과 납부기한 등을 명시하여 제조자 등에게 납부고지를 하여야 한다.

④ 제조자 등은 제3항의 규정에 의하여 납부고지를 받은 때에는 납부고지를 받은 달의 말일까지 이를 납부하여야 한다.

⑤ 보건복지부장관은 부담금을 납부하여야 할 자가 제4항의 규정에 의한 납부기한 이내에 부담금을 내지 아니하는 경우 납부기한이 지난 후 10일 이내에 30일 이상의 기간을 정하여 독촉장을 발부하여야 하며, 체납된 부담금에 대해서는 「국세징수법」 제21조를 준용하여 가산금을 징수한다.

⑥ 보건복지부장관은 제5항의 규정에 의하여 독촉을 받은 자가 그 기간 이내에 부담금과 가산금을 납부하지 아니한 때에는 국세체납처분의 예에 의하여 이를 징수한다.

⑦ 제1항에 따른 담배의 구분에 관하여는 담배의 성질과 모양, 제조과정 등을 기준으로 하여 대통령령으로 정한다

영 **제27조의 2 【담배의 구분】** 법 제23조 제1항에 따른 담배의 구분은 다음 각 호와 같다.

1. 궐련(卷煙): 연초에 향료 등을 첨가하여 일정한 폭으로 썬 후 궐련제조기를 이용하여 궐련지로 말아서 피우기 쉽게 만들어진 담배와 이와 유사한 형태의 것으로서 흡연용으로 사용될 수 있는 담배
2. 전자담배: 니코틴 용액이나 연초 및 연초 고형물을 전자장치를 사용해 호흡기를 통해 체내에 흡입함으로써 흡연과 같은 효과를 낼 수 있도록 만든 담배와 이와 유사한 형태의 담배로서 그 구분은 다음 각 목에 따른다.
   가. 니코틴 용액을 사용하는 전자담배
   나. 연초 및 연초 고형물을 사용하는 전자담배
      1) 궐련형
      2) 기타 유형
3. 파이프담배: 고급 특수 연초를 중가향(重加香) 처리하고 압착·열처리 등 특수가공을 하여 각 폭을 비교적 넓게 썰어서 파이프를 이용하여 피울 수 있도록 만든 담배와 이와 유사한 형태의 담배
4. 엽궐련(葉券煙): 흡연 맛의 주체가 되는 전충엽을 체제와 형태를 잡아 주는 중권엽으로 싸고 겉모습을 아름답게 하기 위하여 외권엽으로 만 잎말음 담배와 이와 유사한 형태의 담배
5. 각련(刻煙): 하급 연초를 경가향(輕加香)하거나 다소 고급인 연초를 가향하여 가늘게 썰어, 담뱃대를 이용하거나 흡연자가 직접 궐련지로 말아 피울 수 있도록 만든 담배와 이와 유사한 형태의 담배
6. 씹는 담배: 입에 넣고 씹음으로써 흡연과 같은 효과를 낼 수 있도록 가공처리된 담배와 이와 유사한 형태의 담배
7. 냄새 맡는 담배: 특수 가공된 담배 가루를 코 주위 등에 발라 냄새를 맡음으로써 흡연과 같은 효과를 낼 수 있도록 만든 가루 형태의 담배와 이와 유사한 형태의 담배
8. 물담배: 장치를 이용하여 담배연기를 물로 거른 후 흡입할 수 있도록 만든 담배와 이와 유사한 형태의 담배

9. 머금는 담배: 입에 넣고 빨거나 머금으면서 흡연과 같은 효과를 낼 수 있도록 특수가공하여 포장된 담배가루, 니코틴이 포함된 사탕 및 이와 유사한 형태로 만든 담배

영 **제27조의 3【국민건강증진부담금의 납부담보】** ① 법 제23조의2에 따라 담배의 제조자 또는 수입판매업자로부터 제공받을 수 있는 국민건강증진부담금(이하 "부담금"이라 한다)의 담보액은 다음 각 호에서 정한 금액의 100분의 120(현금 또는 납부보증보험증권의 경우에는 100분의 110) 이상으로 한다.

1. 담배제조자의 경우에는 다음 각 목의 금액을 합한 금액
   가. 법 제23조 제3항에 따라 당해 제조자에게 납부고지할 예정인 부담금의 금액
   나. 납부고지한 부담금 중 납부하지 아니한 금액
2. 담배수입판매업자의 경우에는 다음 각 목의 금액을 합한 금액
   가. 법 제23조 제3항에 따라 당해 수입판매업자에게 납부고지할 예정인 부담금의 금액
   나. 납부고지한 부담금 중 납부하지 아니한 금액

② 담보의 종류는 다음 각 호의 어느 하나에 해당하는 것에 한한다.

1. 금전
2. 국채 또는 지방채
3. 보건복지부장관이 정하여 고시하는 유가증권
4. 납부보증보험증권
5. 토지
6. 보험에 든 등기 또는 등록된 건물·공장재단·광업재단·선박·항공기나 건설기계

③ 담배수입판매업자가 수입한 담배를 통관하려는 때에는 보건복지부장관이 보건복지부령이 정하는 바에 따라 발행한 국민건강증진부담금 납부담보확인서(이하 "납부담보확인서"라 한다)를 통관지 세관장에게 제출하여야 하며, 세관장은 납부담보확인서에 기재된 담보의 범위 내에서 통관을 허용하여야 한다

영 **제27조의 4【담보의 제공방법 및 평가 등】** ① 부담금의 담보제공방법은 다음 각 호와 같다.

1. 부담금담보를 금전 또는 유가증권으로 제공하려는 자는 이를 공탁하고 그 공탁수령증을 보건복지부장관에게 제출하여야 한다. 다만, 등록된 국채·지방채 또는 사채의 경우에는 담보 제공의 뜻을 등록하고 그 등록필증을 제출하여야 한다.
2. 납부보증보험증권을 부담금담보로 제공하려는 자는 그 보험증권을 보건복지부장관에게 제출하여야 한다.
3. 토지·건물·공장재단·광업재단·선박·항공기 또는 건설기계를 부담금담보로 제공하려는 자는 그 등기필증 또는 등록필증을 보건복지부장관에게 제시하여야 하며, 보건복지부장관은 이에 따라 저당권의 설정을 위한 등기 또는 등록절차

를 밟아야 한다.

② 납부담보 가액의 평가에 대하여는 「지방세기본법」 제66조를 준용한다. 이 경우 "납세보증보험증권"은 "납부보증보험증권"으로 본다

영 **제27조의 5 【담보제공요구의 제외】** 보건복지부장관은 담배제조업 또는 수입판매업을 3년 이상 계속해서 영위하고 최근 3년간 부담금을 체납하거나 고의로 회피한 사실이 없는 자와 신용평가기관으로부터 보건복지부장관이 정하는 기준 이상의 평가를 받은 자에게는 부담금담보의 제공을 요구하지 아니할 수 있다

영 **제27조의 6 【담보에 의한 부담금충당】** 제27조의3에 따른 담보를 제공한 자가 기한내에 부담금을 납부하지 아니하거나 부족하게 납부한 때에는 그 담보물로 부담금·가산금 및 체납처분비에 충당할 수 있다. 이 경우 부족액이 있는 때에는 이를 징수하며, 잔액이 있는 때에는 이를 반환한다

규칙 **제20조의 2 【부담금 내역에 관한 자료제출의 서식 등】** ① 법 제23조 제2항에 따른 부담금의 내역에 관한 자료 제출은 별지 제11호서식(전자문서를 포함한다)에 따른다. 이 경우 다음 각 호의 서류(전자문서를 포함한다)를 첨부하여야 한다.

1. 제조담배 출고실적(보세구역 반출실적)을 증명할 수 있는 서류 1부
2. 과오납금을 증명할 수 있는 서류 1부(필요한 경우에 한정한다)

② 법 제23조 제3항의 규정에 의한 부담금의 납부고지는 별지 제12호서식에 의한다

규칙 **제20조의 3 【납부담보확인서 등】** ①영 제27조의2 제3항에 따라 수입담배를 통관하려는 담배수입판매업자는 별지 제13호서식의 국민건강증진부담금 납부담보확인신청서에 담보제공사실을 증명할 수 있는 서류를 첨부하여 보건복지부장관에게 제출하여야 한다.

② 보건복지부장관은 제1항에 따라 국민건강증진부담금 납부담보확인신청서를 접수한 때에는 그 내용을 확인하고 별지 제14호서식의 국민건강증진부담금 납부담보확인서를 발급하여야 한다.

제24조 【기금의 관리·운용】 ① 기금은 보건복지부장관이 관리·운용한다.

② 보건복지부장관은 기금의 운용성과 및 재정상태를 명확히 하기 위하여 대통령령이 정하는 바에 의하여 계리하여야 한다.

③ 기금의 관리·운용 기타 필요한 사항은 대통령령으로 정한다.

제25조 【기금의 사용 등】 ① 기금은 다음 각호의 사업에 사용한다. 〈개정 2004. 12. 30., 2016. 3. 2., 2019. 12. 3., 2025. 3. 18.〉

1. 금연교육 및 광고, 흡연피해 예방 및 흡연피해자 지원, 절주교육 및 광고, 음주폐해 예방 등 국민건강관리사업

2. 건강생활의 지원사업
3. 보건교육 및 그 자료의 개발
4. 보건통계의 작성 · 보급과 보건의료관련 조사 · 연구 및 개발에 관한 사업
5. 질병의 예방 · 검진 · 관리 및 암의 치료를 위한 사업
6. 국민영양관리사업
7. 신체활동장려사업
8. 구강건강관리사업
9. 시 · 도지사 및 시장 · 군수 · 구청장이 행하는 건강증진사업
10. 공공보건의료 및 건강증진을 위한 시설 · 장비의 확충
11. 기금의 관리 · 운용에 필요한 경비
12. 그 밖에 국민건강증진사업에 소요되는 경비로서 대통령령이 정하는 사업

② 보건복지부장관은 기금을 제1항 각호의 사업에 사용함에 있어서 아동 · 청소년 · 여성 · 노인 · 장애인 등에 대하여 특별히 배려 · 지원할 수 있다. 〈신설 2004. 12. 30., 2008. 2. 29., 2010. 1. 18., 2011. 6. 7.〉

③ 보건복지부장관은 기금을 제1항 각호의 사업에 사용함에 있어서 필요한 경우에는 보조금으로 교부할 수 있다. 〈개정 1997. 12. 13., 2008. 2. 29., 2010. 1. 18.〉

[제목개정 2019. 12. 3.][시행일: 2026. 1. 1.] 제25조제1항

영 **제28조** 삭제

영 **제29조** 삭제

영 **제30조 【기금의 사용】** 법 제25조 제1항 제12호에서 "대통령령이 정하는 사업"이란 다음 각 호의 사업을 말한다.

1. 만성퇴행성질환의 관리사업
2. 법 제27조의 규정에 의한 지도·훈련사업
3. 건강증진을 위한 신체활동 지원사업
4. 금연지도원 제도 운영 등 지역사회 금연 환경 조성 사업
5. 건강친화인증 기업 지원 사업
6. 절주문화 조성 사업

제 4 장 보 칙

제26조 【비용의보조】 ① 국가 또는 지방자치단체는 매 회계연도마다 예산의 범위안에서 건강증진사업의 수행에 필요한 비용의 일부를 부담하거나 이를 수행하는 법인 또는 단체에 보조할 수 있다.

제27조【지도·훈련】 ① 보건복지부장관 또는 질병관리청장은 보건교육을 담당하거나 국민영양조사 및 영양에 관한 지도를 담당하는 공무원 또는 보건복지부령이 정하는 단체 및 공공기관에 종사하는 담당자의 자질향상을 위하여 필요한 지도와 훈련을 할 수 있다.
②제1항의 규정에 의한 훈련에 관하여 필요한 사항은 보건복지부령으로 정한다

규칙 **제21조【지도·훈련대상】** 법 제27조 제1항에서 "보건복지부령이 정하는 단체 및 공공기관"이라 함은 법 제29조 제2항의 규정에 의하여 보건복지부장관의 업무를 위탁받아 건강증진사업을 행하는 단체 및 공공기관을 말한다.

규칙 **제22조【훈련방법등】** ① 법 제27조의 규정에 의한 훈련은 보건복지부장관, 질병관리청장 또는 한국보건사회연구원장이 지정한 훈련기관이 행한다.
② 제1항의 규정에 의한 훈련기관의 장이 훈련대상자를 선발할 때에는 보건복지부장관 또는 질병관리청장이 정하는 바에 의하여 훈련을 받을 자가 공무원인 경우에는 보건복지부장관, 질병관리청장 또는 시·도지사, 단체 및 공공기관의 종사자인 경우에는 당해소속단체 및 공공기관의 장의 추천을 받아야 한다.
③ 기타 이 규칙에서 정한 것외에 훈련방법·시기등 훈련에 필요한 사항은 훈련기관의 장이 보건복지부장관 또는 질병관리청장의 승인을 얻어 정한다.

제28조【보고·검사】 ① 보건복지부장관, 시·도지사 및 시장·군수·구청장은 필요하다고 인정하는 때에는 제7조 제1항, 제8조 제4항, 제9조 제2항부터 제4항까지, 제9조의 2, 제9조의 4 또는 제23조 제1항의 규정에 해당하는 자에 대하여 당해 업무에 관한 보고를 명하거나 관계공무원으로 하여금 그의 사업소 또는 사업장에 출입하여 장부·서류 기타의 물건을 검사하게 할 수 있다.
② 제1항의 규정에 의하여 검사를 하는 공무원은 그 권한을 나타내는 증표를 관계인에게 내보여야 한다.

제29조【권한의 위임·위탁】 ①이 법에 따른 보건복지부장관의 권한은 대통령령으로 정하는 바에 따라 그 일부를 시 · 도지사에게 위임할 수 있다
② 보건복지부장관은 이 법에 의한 업무의 일부를 대통령령이 정하는 바에 의하여 건강증진사업을 행하는 법인 또는 단체에 위탁할 수 있다.
③ 이 법에 따른 질병관리청장의 권한은 대통령령으로 정하는 바에 따라 그 일부를 소속기관의 장에게 위임할 수 있다.

영 **제31조【권한의 위임】** ① 법 제29조 제1항에 따라 보건복지부장관은 다음 각 호의 사항을 시·도지사에게 위임한다.
1. 법 제7조에 따른 광고내용의 변경·금지명령 또는 관련 법령에 따른 시정의 요청(신문·잡지의 경우에는 관할지역에 발행소의 소재지가 있는 것에 한정하되

「신문 등의 진흥에 관한 법률」 제9조 제1항 제9호에 따라 주된 보급지역이 전국으로 등록된 것은 제외하며, 광고방송의 경우에는 관할지역의 주민을 주된 대상으로 하여 제작되어 방송되는 것에 한정하며, 그 밖의 광고의 경우에는 관할지역에 설치되거나 주로 배포되는 것에 한정한다)

2. 법 제9조의4에 따른 담배에 관한 광고의 금지 또는 제한(관할지역에서 행해지는 광고에 한정하며, 잡지에 게재하는 광고는 제외한다)

② 질병관리청장은 법 제29조제3항에 따라 다음 각 호의 권한을 질병대응센터장에게 위임한다.

1. 법 제16조제1항 및 이 영 제20조에 따라 실시하는 국민건강영양조사의 수행
2. 제22조에 따른 국민건강영양조사원의 채용 및 운영

영 제32조 【업무위탁】 ① 법 제29조 제2항에 따라 보건복지부장관은 다음 각 호의 업무를 제2항에 따른 법인 또는 단체에 위탁할 수 있다.

1. 법 제6조 제1항에 따른 건강생활의 지원사업
2. 법 제12조 제1항에 따른 보건교육의 실시
3. 법 제12조의2 제1항에 따른 보건교육사 자격증 교부를 위한 업무
4. 건강증진 및 만성퇴행성질환의 예방을 위한 조사·연구
5. 법 제20조에 따른 건강검진
6. 건강증진을 위한 체육활동에 관한 사항
7. 제16조의4 제3항에 따른 담배 광고내용의 사실 여부에 대한 검증에 필요한 자료의 조사·확인 업무
8. 법 제34조 제5항에 따른 교육 또는 금연지원 서비스를 받았는지 여부의 확인 및 과태료 감면 대상자의 정보 관리에 관한 업무

② 보건복지부장관이 법 제29조 제2항에 따라 그 업무의 일부를 위탁할 수 있는 법인 또는 단체는 다음 각 호의 기관으로 한다.

1. 「국민건강보험법」에 의한 국민건강보험공단
2. 「의료법」에 의한 종합병원 및 병원(치과병원 및 한방병원을 포함한다)
3. 보건복지부장관이 정하여 고시하는 보건교육 관련 법인 또는 단체

3의2. 법 제5조의3에 따른 한국건강증진개발원

4. 기타 건강증진사업을 행하는 법인 또는 단체

③ 보건복지부장관은 제1항 각 호에 따른 업무를 위탁한 때에는 수탁기관 및 위탁업무의 내용을 고시하여야 한다

영 제32조의 2 【민감정보 및 고유식별정보의 처리】 ① 보건복지부장관(제18조의2 및 제32조에 따라 보건복지부장관의 권한을 위탁받은 자를 포함한다)은 다음 각 호의 사무를 수행하기 위하여 불가피한 경우 「개인정보 보호법」 제23조에 따른 건강에 관한 정보, 같은 법 시행령 제18조 제2호에 따른 범죄경력자료에 해당하는 정보, 같은

영 제19조 제1호 또는 제4호에 따른 주민등록번호 또는 외국인등록번호가 포함된 자료를 처리할 수 있다.

1. 법 제12조의2에 따른 보건교육사 자격증 교부 및 결격사유의 확인에 관한 사무
2. 법 제12조의3에 따른 국가시험의 관리 및 합격자 발표에 관한 사무

② 질병관리청장은 법 제16조에 따른 영양조사에 관한 사무를 수행하기 위하여 불가피한 경우 「개인정보 보호법」 제23조에 따른 건강에 관한 정보나 같은 법 시행령 제19조 제1호에 따른 주민등록번호가 포함된 자료를 처리할 수 있다.

③ 보건복지부장관(제32조에 따라 보건복지부장관의 업무를 위탁받은 자를 포함한다)은 법 제34조 제5항에 따른 교육 또는 금연지원 서비스를 받았는지 여부의 확인 및 과태료 감면 대상자의 정보 관리에 관한 사무를 수행하기 위하여 불가피한 경우 「개인정보 보호법 시행령」 제19조 제1호에 따른 주민등록번호가 포함된 자료를 처리할 수 있다.

제30조 【수수료】 ① 지방자치단체의 장은 건강증진사업에 소요되는 경비중 일부에 대하여 그 이용자로부터 조례가 정하는 바에 의하여 수수료를 징수할 수 있다.

② 제1항의 규정에 의하여 수수료를 징수하는 경우 지방자치단체의 장은 노인, 장애인, 생활보호법에 의한 생활보호대상자등에 대하여 수수료를 감면하여야 한다.

제5장 벌 칙

제31조 【벌 칙】 제21조를 위반하여 정당한 사유 없이 건강검진의 결과를 공개한 자는 3년 이하의 징역 또는 3천만원 이하의 벌금에 처한다.

제31조의 2 【벌 칙】 다음 각 호의 어느 하나에 해당하는 자는 1년 이하의 징역 또는 1천만원 이하의 벌금에 처한다. 〈개정 2001. 4. 7., 2006. 9. 27., 2007. 12. 14., 2011. 6. 7., 2014. 3. 18., 2015. 6. 22., 2020. 4. 7., 2020. 12. 29., 2025. 3. 18.〉

1. 정당한 사유 없이 제8조의2제3항에 따른 광고내용의 변경 등 명령이나 광고의 금지 명령을 이행하지 아니한 자
2. 제8조제4항을 위반하여 경고문구 또는 경고그림을 표기하지 아니하거나 이와 다른 경고문구 또는 경고그림을 표기한 자
3. 제9조의2를 위반하여 경고그림 · 경고문구 · 발암성물질 · 금연상담전화번호를 표기하지 아니하거나 이와 다른 경고그림 · 경고문구 · 발암성물질 · 금연상담전화번호를 표기한 자
4. 제9조의4를 위반하여 담배에 관한 광고를 한 자
5. 제12조의2제6항을 위반하여 다른 사람에게 자격증을 빌려주거나 빌린 자
6. 제12조의2제7항을 위반하여 자격증을 빌려주거나 빌리는 것을 알선한 자

[제31조에서 이동 〈2014. 3. 18.〉][시행일: 2026. 3. 19.] 제31조의2

제32조 【벌 칙】 제7조 제1항의 규정에 위반하여 정당한 사유 없이 광고의 내용변경 또는 금지명령을 이행하지 아니한 자는 100만원 이하의 벌금에 처한다.

제33조 【양벌규정】 법인의 대표자나 법인 또는 개인의 대리인, 사용인 그 밖의 종업원이 그 법인 또는 개인의 업무에 관하여 제31조, 제31조의2 또는 제32조의 위반행위를 하면 그 행위자를 벌하는 외에 그 법인 또는 개인에게도 해당 조문의 벌금형을 과科)한다. 다만, 법인 또는 개인이 그 위반행위를 방지하기 위하여 해당 업무에 관하여 상당한 주의와 감독을 게을리하지 아니한 경우에는 그러하지 아니하다.

제34조 【과태료】 ① 다음 각 호의 어느 하나에 해당하는 자에게는 500만원 이하의 과태료를 부과한다.

1. 거짓이나 그 밖의 부정한 방법으로 제6조의2 제1항에 따른 인증을 받은 자

1의2. 제6조의2 제4항을 위반하여 인증표시 또는 이와 유사한 표시를 한 자

1의3. 제9조 제2항의 규정에 위반하여 담배자동판매기를 설치하여 담배를 판매한 자

2. 제9조 제9항에 따른 시정명령을 따르지 아니한 자
3. 제9조의3을 위반하여 가향물질을 표시하는 문구나 그림·사진을 제품의 포장이나 광고에 사용한 자
4. 제23조 제2항의 규정에 위반하여 자료를 제출하지 아니하거나 허위의 자료를 제출한 자

② 다음 각 호의 1에 해당하는 자는 300만원 이하의 과태료에 처한다.

1. 제9조 제3항의 규정에 위반하여 성인인증장치가 부착되지 아니한 담배자동판매기를 설치하여 담배를 판매한 자
2. 삭제
3. 제28조의 규정에 의한 보고를 하지 아니하거나 허위로 보고한 자와 관계공무원의 검사를 거부·방해 또는 기피한 자

③ 다음 각 호의 어느 하나에 해당하는 자에게는 10만원 이하의 과태료를 부과한다.

1. 제8조의4 제2항을 위반하여 금주구역에서 음주를 한 사람
2. 제9조 제8항을 위반하여 금연구역에서 흡연을 한 사람

④ 제1항부터 제3항까지의 규정에 따른 과태료는 대통령령으로 정하는 바에 따라 보건복지부장관, 시·도지사 또는 시장·군수·구청장이 부과·징수한다.

⑤ 제3항에도 불구하고 과태료 납부 대상자가 대통령령으로 정하는 바에 따라 일정 교육 또는 금연지원 서비스를 받은 경우 시·도지사 또는 시장·군수·구청장은 과태료를 감면할 수 있다

영 **제33조 【과태료의 부과기준 등】** ① 법 제34조에 따른 과태료의 부과기준은 별표 5와 같다.

② 법 제34조에 따른 과태료의 부과권자는 다음 각 호의 구분에 따른다.

1. 법 제34조 제1항 제1호·제2호, 제2항 제1호 및 같은 조 제3항 제2호(법 제9조 제4항부터 제6항까지의 규정에 따른 금연구역에서 흡연한 경우만 해당한다)의 경우: 특별자치시장·특별자치도지사·시장·군수·구청장
2. 법 제34조 제1항 제3호 및 제4호의 경우: 보건복지부장관
3. 법 제34조 제2항 제3호의 경우: 보건복지부장관, 시·도지사 또는 시장·군수·구청장

3의2. 법 제34조 제3항 제1호의 경우: 해당 금주구역을 지정한 시·도지사 또는 시장·군수·구청장

4. 법 제34조 제3항 제2호(법 제9조 제7항에 따른 금연구역에서 흡연한 경우만 해당한다)의 경우: 해당 금연구역을 지정한 시·도지사 또는 시장·군수·구청장

영 **제34조 【과태료 감면의 기준 및 절차】** ① 법 제34조 제5항에 따라 과태료를 감면받으려는 사람은 보건복지부장관이 정하는 바에 따라 다음 각 호의 어느 하나에 해당하는 교육 또는 금연지원 서비스를 받아야 한다.

1. 법 제12조 제1항·제2항에 따른 보건교육(흡연의 폐해, 금연의 필요성 등에 관한 교육으로 한정한다) 또는 법 제25조 제1항 제1호에 따른 국민건강관리사업으로 실시하는 금연교육
2. 법 제25조 제1항 제1호에 따른 국민건강관리사업으로 실시하는 금연치료 및 금연상담 등 금연지원 서비스

② 법 제34조 제5항에 따라 과태료를 감면받으려는 사람은 해당 과태료에 대한 의견 제출 기한까지 보건복지부령으로 정하는 교육 및 금연지원 서비스 신청서를 시·도지사 또는 시장·군수·구청장에게 제출해야 한다. 이 경우 교육과 금연지원 서비스를 중복하여 신청할 수 없다.

③ 시·도지사 또는 시장·군수·구청장은 과태료 납부 대상자가 제2항에 따라 교육 및 금연지원 서비스를 신청한 경우에는 다음 각 호의 구분에 따른 기간 동안 과태료의 부과를 유예할 수 있다.

1. 제1항 제1호에 따른 교육을 신청한 경우: 교육을 신청한 날부터 1개월
2. 제1항 제2호에 따른 금연지원 서비스를 신청한 경우: 금연지원 서비스를 신청한 날부터 6개월

④ 법 제34조 제5항에 따라 시·도지사 또는 시장·군수·구청장은 제3항에 따라 과태료의 부과를 유예받은 사람이 그 유예기간 이내에 보건복지부령으로 정하는 과태료 감면 신청서에 제1항에 따른 교육 또는 금연지원 서비스를 받았음을 증명하는 자료를 첨부하여 제출하는 경우에는 다음 각 호의 구분에 따른 기준에 따라 과태료를 감면할 수 있다. 다만, 과태료를 체납하고 있는 사람 또는 최근 2년간 법 제34조 제5항에 따라 과태료를 2회 이상 감면받은 사람에 대해서는 과태료를 감면할 수 없다.

1 제1항 제1호에 따른 교육을 받은 경우: 100분의 50 감경

2. 제1항 제2호에 따른 금연지원 서비스를 받은 경우: 전액 면제

⑤ 제4항 제1호에 따른 과태료의 감경은 「질서위반행위규제법」 제18조에 따른 자진납부자에 대한 과태료의 감경과 중복하여 적용하지 않는다.

⑥ 시·도지사 또는 시장·군수·구청장은 제3항에 따라 과태료의 부과를 유예받은 사람이 그 유예기간 이내에 제4항에 따른 자료를 제출하지 않은 경우에는 지체 없이 법 제34조 제3항에 따라 과태료를 부과해야 한다.

⑦ 시·도지사 또는 시장·군수·구청장은 제3항에 따라 과태료의 부과를 유예받은 사람이 그 유예기간 동안 법 제9조 제8항을 위반하여 금연구역에서 흡연을 한 사실이 적발된 경우에는 지체 없이 법 제34조 제3항에 따라 과태료를 부과해야 한다

규칙 **제22조의 2 【과태료 감면 신청서 등】** ① 영 제34조 제2항에 따른 교육 및 금연지원 서비스 신청서는 별지 제15호서식에 따른다.

② 영 제34조 제4항에 따른 과태료 감면 신청서는 별지 제16호서식에 따른다.

규칙 **제23조 【규제의 재검토】** 보건복지부장관은 제4조 제2항 및 별표 1에 따른 과음에 대한 경고문구의 표시방법에 대하여 2014년 1월 1일을 기준으로 3년마다(매 3년이 되는 해의 1월 1일 전까지를 말한다)그 타당성을 검토하여 개선 등의 조치를 하여야 한다.

시행령

【별표 1】 〈개정 2021.6.15〉

주류광고의 기준 (제10조 관련)

1. 음주행위를 지나치게 미화하는 표현을 하지 않을 것
2. 알코올분 17도 이상의 주류를 방송광고하지 않을 것
3. 주류의 판매촉진을 위해 광고노래를 사용하지 않을 것
4. 다음 각 목의 어느 하나에 해당하는 방송광고를 하지 않을 것
   가. 「방송법」에 따른 텔레비전방송, 데이터방송, 이동멀티미디어방송 및 「인터넷 멀티미디어 방송사업법」에 따른 인터넷 멀티미디어 방송을 통한 7시부터 22시까지의 방송광고
   나. 「방송법」에 따른 라디오방송을 통한 17시부터 다음 날 8시까지의 방송광고 및 8시부터 17시까지 미성년자를 대상으로 하는 프로그램 전후의 방송광고
5. 「영화 및 비디오물의 진흥에 관한 법률」에 따른 영화상영관에서 같은 법 제29조 제2항 제1호부터 제3호까지의 규정에 따른 상영등급으로 분류된 영화의 상영 전후에 광고를 상영하지 않을 것
6. 다음 각 목의 시설, 장소나 행사에서 광고를 하지 않을 것
   가. 「대중교통의 육성 및 이용촉진에 관한 법률」 제2조 제2호에 따른 대중교통수단 또는 같은 조 제3호에 따른 대중교통시설

나. 「택시운송사업의 발전에 관한 법률」 제2조 제1호에 따른 택시운송사업에 사용되는 자동차 또는 해당 자동차에 승객을 승차·하차시키거나 승객을 태우기 위해 대기하는 장소 또는 구역

다. 「청소년 보호법」 제2조 제1호에 따른 청소년을 대상으로 개최하는 행사

7. 「옥외광고물 등의 관리와 옥외광고산업 진흥에 관한 법률 시행령」 제3조 제1호에 따른 벽면 이용 간판 또는 같은 조 제5호에 따른 옥상간판을 이용하여 7시부터 22시까지 동영상 광고를 하지 않을 것. 다만, 「주류 면허 등에 관한 법률」 제3조에 따라 주류 제조면허를 받은 자가 주류 제조장 시설의 간판을 이용하여 자사(自社)의 주류를 광고하는 경우는 제외한다.

【별표 1의 2】 〈2016.06.21.〉

담배갑포장지에 대한 경고그림등의 표기방법 (제16조 제4항 및 제16조의2 제3항 관련)

1. **위치**

가. 담배갑포장지의 앞면·뒷면에 경고그림등을 표기하되, 상단에 표기한다.

나. 담배갑포장지의 옆면에 경고문구를 표기하되, 옆면 넓이의 100분의 30 이상의 크기로 표기한다.

2. **형태**

경고그림등은 사각형의 테두리 안에 표기한다. 다만, 담배 제품의 모양이 원통형으로 되어있는 등 불가피한 사유가 있는 경우에는 적절한 형태의 테두리 안에 표기한다.

3. **글자체**

경고그림등에 사용되는 글자는 고딕체로 표기한다.

4. **색상**

경고그림등에 사용되는 색상은 그 포장지와 보색 대비로 선명하게 표기한다. 다만, 경고그림의 색상은 보건복지부장관이 정하여 고시하는 경고그림의 색상을 그대로 표기한다.

비고

1. 위 표의 제2호에 따른 사각형의 테두리는 두께 2 밀리미터의 검정색 선으로 만들어야 한다.
2. 위 표의 제2호에 따른 사각형의 테두리 안에는 경고그림등 외의 다른 그림, 문구 등을 표기해서는 안 된다.

【별표 1의 3】 〈2016.06.21.〉

담배광고에 대한 경고문구등의 표기방법 (제16조의3 제4항 관련)

1. **위치**

담배광고의 하단 중앙에 경고문구등을 표기한다.

2. **형태**

경고문구등은 사각형의 테두리 안에 표기하되, 테두리 크기는 다음의 기준에 따른다. 다만, 담배광고의 면적이 다음 표에 해당하지 않는 경우에는 표준광고면적에 대한 테두리의 크기에 비례하여 소비자가 명확히 잘 볼 수 있는 크기로 하여야 한다.

(단위 : 밀리미터)

표준광고면적	테두리의 크기
B4 초과(257×364 초과)	112×25 초과
B4(257×364)	112×25
A4(210×297)	94×20
B5(182×257)	80×17.5
A5(148×210)	62×15
A5 미만(148×210 미만)	62×15 미만

3. 글자체

경고문구등에 사용되는 글자체는 고딕체로 표기한다.

4. 색상

경고문구등에 사용되는 색상은 담배광고의 도안 색상과 보색 대비로 선명하게 표기한다.

비 고

1. 위 표의 제2호에 따른 사각형의 테두리는 두께 2 밀리미터의 검정색 선으로 만들어야 한다.
2. 위 표의 제2호에 따른 사각형의 테두리 안에는 경고문구등 외의 다른 그림이나 문구 등을 표기해서는 안 된다.

【별표 1의 4】 〈개정 2021.11.30.〉

금연지도원의 직무범위 (제16조의5 제3항 관련)

직 무	직 무 범 위
1. 금연구역의 시설기준 이행 상태 점검	법 제9조 제4항에 따른 금연구역의 지정 여부를 점검하기 위한 다음 각 목의 상태 확인 업무 지원 가. 금연구역을 알리는 표지의 설치 위치 및 관리 상태 나. 금연구역의 재떨이 제거 등 금연 환경 조성 상태 다. 흡연실 설치 위치 및 설치 상태 라. 흡연실의 표지 부착 상태 마. 청소년 출입금지 표시 부착 상태
2. 금연구역에서의 흡연행위 감시 및 계도	금연구역에서의 흡연행위를 예방하기 위한 감시 활동 및 금연에 대한 지도·계몽·홍보
3. 금연을 위한 조치를 위반한 경우 관할 행정관청에 신고하거나 그에 관한 자료 제공	법 제9조 제8항을 위반한 사람을 발견한 경우 다음 각 목의 조치 가. 금연구역에서의 흡연행위 촬영 등 증거수집 나. 관할 행정관청에 신고를 하기 위한 위반자의 인적사항 확인 등
4. 금연홍보 및 금연교육 지원	가. 금연을 위한 캠페인 등 홍보 활동 나. 청소년 등을 대상으로 한 금연교육 다. 금연시설 점유자·소유자 및 관리자에 대한 금연구역 지정·관리에 관한 교육 지원
5. 금연 환경 조성을 위한 지도	법 제9조 제2항 및 제3항에 따른 담배자동판매기 설치 위치와 성인인증장치 부착 상태 확인 업무 지원

【별표 2】〈2023.9.26.〉

보건교육사의 등급별 자격기준 (제18조 제1항 관련)

등급	근 거 법 령
보건교육사 1급	보건교육사 1급 시험에 합격한 자
보건교육사 2급	1. 보건교육사 2급 시험에 합격한 자 2. 보건교육사 3급 자격을 취득한 후 보건복지부장관이 정하여 고시하는 보건교육 업무에 3년 이상 종사한 자
보건교육사 3급	보건교육사 3급 시험에 합격한 자

【별표 3】〈2008.12.31.〉

보건교육사 시험과목 (제18조의 2 제4항 관련)

구분	시 험 과 목
보건교육사 1급	보건프로그램 개발 및 평가, 보건교육방법론, 보건사업관리
보건교육사 2급	보건교육학, 보건학, 보건프로그램 개발 및 평가, 보건교육방법론, 조사방법론, 보건사업관리, 보건의사소통, 보건의료법규
보건교육사 3급	보건교육학, 보건학, 보건프로그램 개발 및 평가, 보건의료법규

【별표 4】〈2023.9.26.〉

보건교육사 국가시험 응시자격 (제18조의 3 제1항 관련)

등급	응 시 자 격
보건교육사 1급	1. 보건교육사 2급 자격을 취득한 후 시험일 현재 보건복지부장관이 정하여 고시하는 보건교육 업무에 3년 이상 종사한 자 2. 「고등교육법」에 따른 대학원 또는 이와 동등 이상의 교육과정에서 보건복지부령으로 정하는 보건교육 관련 교과목을 이수하고 석사 또는 박사학위를 취득한 후 시험일 현재 보건복지부장관이 정하여 고시하는 보건교육 업무에 2년 이상 종사한 자
보건교육사 2급	「고등교육법」 제2조에 따른 학교 또는 이와 동등 이상의 교육과정에서 보건복지부령으로 정하는 보건교육 관련 교과목을 이수하고 전문학사 학위 이상을 취득한 자
보건교육사 3급	1. 시험일 현재 보건복지부장관이 정하여 고시하는 보건교육 업무에 3년 이상 종사한 자 2. 2009년 1월 1일 이전에 보건복지부장관이 정하여 고시하는 민간단체의 보건교육사 양성과정을 이수한 자 3. 「고등교육법」 제2조에 따른 학교 또는 이와 동등 이상의 교육과정에서 보건복지부령으로 정하는 보건교육 관련 교과목 중 필수과목 5과목 이상, 선택과목 2과목 이상을 이수하고 전문학사 학위 이상을 취득한 자

【별표 5】 〈개정 2021.11.30〉

과태료의 부과기준 (제33조 제1항 관련)

1. 일반기준

가. 위반행위의 횟수에 따른 과태료의 부과기준은 최근 2년간 같은 위반행위로 과태료 부과처분을 받은 경우에 적용한다. 이 경우 위반행위에 대하여 과태료 부과처분을 한 날과 그 처분 후 다시 같은 위반행위를 한 날을 기준으로 하여 위반횟수를 계산한다.

나. 가목에 따라 가중된 부과처분을 하는 경우 가중처분의 적용 차수는 그 위반행위 전 부과처분 차수(가목에 따른 기간 내에 과태료 부과처분이 둘 이상 있었던 경우에는 높은 차수를 말한다)의 다음 차수로 한다.

다. 부과권자는 위반행위의 정도, 위반행위의 동기와 그 결과 등을 고려하여 과태료 금액을 줄일 필요가 있다고 인정되는 경우에는 제2호에 따른 과태료 금액의 2분의 1 범위에서 그 금액을 줄일 수 있다. 다만, 과태료를 체납하고 있는 위반행위자에 대해서는 그렇지 않다.

라. 부과권자는 다음의 어느 하나에 해당하는 경우에는 제2호에 따른 과태료 금액의 2분의 1 범위에서 그 금액을 늘릴 수 있다. 다만, 늘리는 경우에도 법 제34조에 따른 과태료 금액의 상한을 넘을 수 없다.

1) 법 위반상태의 기간이 3개월 이상인 경우

2) 그 밖에 위반행위의 정도, 위반행위의 동기와 그 결과 등을 고려하여 과태료 금액을 늘릴 필요가 있다고 인정되는 경우

2. 개별기준

(단위: 만원)

위반행위	근거 법조문	과태료 금액		
		1차 위반	2차 위반	3차 이상 위반
가. 거짓이나 그 밖의 부정한 방법으로 법 제6조의2 제1항에 따른 인증을 받은 경우	법 제34조 제1항 제1호	170	330	500
나. 법 제6조의2 제4항을 위반하여 인증표시나 이와 유사한 표시를 한 경우	법 제34조 제1항 제1호의2	170	330	500
다. 법 제8조의4 제2항을 위반하여 금주구역에서 음주를 한 경우	법 제34조 제3항 제1호	10만원의 범위에서 해당 지방자치단체의 조례로 정하는 금액		
라. 법 제9조 제2항을 위반하여 담배자동판매기를 설치하여 담배를 판매한 경우	법 제34조 제1항 제1호의3	170	330	500
마. 법 제9조 제3항을 위반하여 성인인증장치가 부착되지 않은 담배자동판매기를 설치하여 담배를 판매한 경우	법 제34조 제2항 제1호	75	150	300
바. 법 제9조 제8항을 위반하여 금연구역에서 흡연을 한 경우	법 제34조 제3항 제2호			
1) 법 제9조 제4항에 따라 공중이 이용하는 시설의 소유자·점유자 또는 관리자가 지정한 금연구역에서 흡연을 한 경우		10	10	10
2) 법 제9조 제5항에 따라 특별자치시장·특별자치도지사·시장·군수·구청장이 지정한 공동주택의 금연구역에서 흡연을 한 경우		5	5	5
3) 법 제9조 제6항에 따라 특별자치시장·특별자치도지사·시장·군수·구청장이 지정한 금연구역에서 흡연을 한 경우		10	10	10
4) 법 제9조 제7항에 따라 지방자치단체가 지정한 금연구역에서 흡연을 한 경우		10만원의 범위에서 해당 지방자치단체의 조례로 정하는 금액		
사. 법 제9조 제9항에 따른 시정명령을 따르지 않은 경우	법 제34조 제1항 제2호	170	330	500
아. 법 제9조의3을 위반하여 가향물질을 표시하는 문구나 그림·사진을 제품의 포장이나 광고에 사용한 경우	법 제34조 제1항 제3호	170	330	500
자. 법 제23조 제2항을 위반하여 자료를 제출하지 않거나 허위의 자료를 제출한 경우	법 제34조 제1항 제4호	170	330	500
차. 법 제28조에 따른 보고를 하지 않거나 허위로 보고한 경우와 관계공무원의 검사를 거부·방해 또는 기피한 경우	법 제34조 제2항 제3호	75	150	300

시행규칙

【별표 1】 〈 2021. 12. 3.〉

건강친화인증의 표시 (제3조의2 제4항 관련)

HEALTH FRIENDLY WORKPLACE

건강친화기업

건강친화기업의 영문 표기 Health Friendly의 머리글자 H와 F의 조합

- H(건강)와 F(친화기업)가 만나 모두의 행복한 웃음(Happy)을 만들어 냄.
- 전체적인 형태는 노동자의 건강한 웃음을 떠올리며 동시에 두 명의 사람이 어깨동무를 하고 창밖의 파란 하늘(행복한 내일)을 바라보고 있는 모습을 표현함.
- 두 개의 직선과 그 직선을 관통하고 포용하는 하나의 곡선은 노동자와 기업 그리고 이 둘을 이어주는 정부의 모습이며 하나가 되어 건강한 대한민국을 만드는 모두의 행복에 대한 의지를 나타냄.

【별표 2】 〈개정 2021.12.3〉

과음에 대한 경고문구의 표시방법 (제4조 제2항 관련)

1. **표기방법**

경고문구는 사각형의 선안에 한글로 "경고 : "라고 표시하고, 보건복지부장관이 정하는 경고문구중 하나를 선택하여 기재하여야 한다.

2. **글자의 크기 등**

가. 경고문구는 판매용 용기에 부착되거나 새겨진 상표 또는 경고문구가 표시된 스티커에 상표면적의 10분의 1 이상에 해당하는 면적의 크기로 표기하여야 한다.

나. 글자의 크기는 상표에 사용된 활자의 크기로 하되, 그 최소크기는 다음과 같다.

(1) 용기의 용량이 300밀리리터 미만인 경우: 7포인트 이상

(2) 용기의 용량이 300밀리리터 이상인 경우: 9포인트 이상

3. **색상**

경고문구의 색상은 상표도안의 색상과 보색관계에 있는 색상으로서 선명하여야 한다.

4. **글자체**
   고딕체

5. **표시위치**
   상표에 표기하는 경우에는 상표의 하단에 표기하여야 하며, 스티커를 사용하는 경우에는 상표밑의 잘 보이는 곳에 표기하여야 한다.

【별표 1의 3】 〈개정 2021.12.3.〉

금주구역을 알리는 안내표지를 설치하는 방법 (제5조 관련)

1. **안내표지 부착 위치**
   금주구역을 알리는 안내표지는 표지판이나 스티커의 형태로 해당 장소를 이용하는 일반 공중이 잘 볼 수 있도록 건물 담장, 벽면, 보도, 출입구 등에 설치하거나 부착해야 한다.

2. **안내표지 내용**
   가. 안내표지는 다음의 사항을 포함해야 한다.
   1) 금주를 상징하는 그림이나 문자

(예시 1)	(예시 2)	(예시 3)
	금 주 구 역	금 주

   2) 위반시 조치사항
   (예시)
   이 장소는 금주구역으로서 이 구역에서 음주를 할 수 없습니다. 이를 위반하는 경우에는 「국민건강증진법」 제34조 제3항 제1호에 따라 10만원 이하의 과태료가 부과됩니다.

   나. 지정된 금주구역의 규모나 구조에 따라 안내표지의 크기를 다르게 할 수 있으며, 바탕색 및 글씨 색상 등은 그 내용이 눈에 잘 띄도록 배색하여야 한다.

   다. 안내표지의 글자는 한글로 표기하되, 필요한 경우에는 영어나 일본어 또는 중국어 등 외국어를 함께 표기할 수 있다.

   라. 필요한 경우 안내표지 하단에 아래 사항을 기재할 수 있다.
   : 위반사항을 발견하신 분은 전화번호 ○○○ - ○○○○로 신고해주시기 바랍니다.

【별표 2】 〈개정 2018. 6. 29.〉

금연구역을 알리는 표지와 흡연실을 설치하는 기준·방법(제6조 제4항 관련)

1. 금연구역을 알리는 표지 설치 방법

가. 표지 부착

1) 법 제9조 제4항 각 호의 어느 하나에 해당하는 시설의 소유자·점유자 또는 관리자는 해당 시설 전체가 금연구역임을 나타내는 표지판 또는 스티커를 달거나 부착하여야 한다.

2) 법 제9조 제6항에 따라 금연구역을 지정한 특별자치시장·특별자치도지사·시장·군수·구청장은 지정된 장소가 금연구역임을 나타내는 표지판 또는 스티커를 설치하거나 부착하여야 한다.

3) 법 제9조 제4항에 따른 해당 시설의 표지판 또는 스티커는 해당 시설을 이용하는 자가 잘 볼 수 있도록 건물 출입구에 부착하여야 하며, 그 외 계단, 화장실 등 주요 위치에 부착한다.

4) 법 제9조 제6항에 따른 금연구역의 표지판 또는 스티커는 해당 구역을 이용하는 일반 공중이 잘 볼 수 있도록 건물 담장, 벽면, 보도(步道) 등에 설치하거나 부착하여야 한다.

5) 표지판 또는 스티커는 법 제9조 제4항에 따른 해당 시설의 소유자·점유자·관리자 또는 법 제9조 제6항에 따른 특별자치시장·특별자치도지사·시장·군수·구청장이 제작하여 부착하여야 한다. 다만, 보건복지부장관, 시·도지사 또는 시장·군수·구청장이 표지판 또는 스티커를 제공하는 경우에는 이를 부착할 수 있다.

나. 표지 내용

1) 각 목에 따른 표지판 또는 스티커에는 다음 사항이 포함되어야 한다.

가) 금연을 상징하는 그림 또는 문자

(예시)

	금 연 건 물 〈건물〉
	금 연 시 설 〈시설〉
	금 연 〈그 밖의 경우〉

나) 위반시 조치사항

(예시)

이 건물 또는 시설은 전체가 금연구역으로, 지정된 장소 외에서는 담배를 피울 수 없습니다. 이를 위반할 경우, 「국민건강증진법」에 따라 10만원 이하의 과태료가 부과됩니다.

2) 건물 또는 시설의 규모나 구조에 따라 표지판 또는 스티커의 크기를 다르게 할 수 있으며, 바탕색 및 글씨 색상 등은 그 내용이 눈에 잘 띄도록 배색하여야 한다.

3) 표지판 또는 스티커의 글자는 한글로 표기하되, 필요한 경우에는 영어, 일본어, 중국어 등 외국어를 함께 표기할 수 있다.

4) 필요한 경우 표지판 또는 스티커 하단에 아래 사항을 추가로 표시할 수 있다.

: 위반사항을 발견하신 분은 전화번호 ○○○ - ○○○○로 신고해주시기 바랍니다.

2. 흡연실을 설치하는 기준 및 방법

가. 흡연실의 설치 위치

1) 법 제9조 제4항 제6호, 제8호, 제9호, 제10호, 제11호, 제12호 및 제15호에 해당하는 시설의 소유자·점유자 또는 관리자가 흡연실을 설치하는 경우에는 의료기관 등의 이용자 및 어린이·청소년의 간접흡연 피해를 예방하기 위해 실외에 흡연실을 설치하여야 한다. 이 경우 흡연실은 옥상에 설치하거나 각 시설의 출입구로부터 10미터 이상의 거리에 설치하여야 한다.

2) 법 제9조 제4항 각 호의 어느 하나에 해당하는 시설 중 1)에 따른 시설 외 시설의 소유자·점유자 또는 관리자는 가급적 실외에 흡연실을 설치하되, 부득이한 경우 건물 내에 흡연실을 설치할 수 있다.

나. 흡연실의 표지 부착

1) 건물 내에 흡연실을 설치한 경우 해당 시설의 소유자·점유자 또는 관리자는 시설 전체가 금연구역이라는 표시와 함께 해당 시설을 이용하는 자가 잘 볼 수 있는 위치에 아래 예시와 같이 흡연실임을 나타내는 표지판을 달거나 부착하여야 한다.

흡 연 실

(예시)

2) 건물 또는 시설의 규모나 구조에 따라 표지판 또는 스티커의 크기를 다르게 할 수 있으며, 바탕색 및 글씨 색상 등은 그 내용이 눈에 잘 띄도록 배색하여야 한다.

3) 표지판 또는 스티커의 글자는 한글로 표기하되, 필요한 경우에는 영어, 일본어, 중국어 등 외국어를 함께 표기할 수 있다.

4) 실외에 흡연실을 설치하는 경우 흡연이 가능한 영역을 명확히 알 수 있도록 그 경계를 표시하거나, 표지판을 달거나 부착하여야 한다.

다. 흡연실의 설치 방법

1) 실외에 흡연실을 설치하는 경우 자연 환기가 가능하도록 하고, 부득이한 경우에는 별도로 환기시설을 설치하여야 한다. 이 경우 해당 흡연실을 덮을 수 있는 지붕 및 바람막이 등을 설치할 수 있다.

2) 건물 내에 흡연실을 설치하는 경우 해당 시설의 규모나 특성 및 이용자 중 흡연자 수 등을 고려하여 담배 연기가 실내로 유입되지 않도록 실내와 완전히 차단된 밀폐 공간으로 하여야 한다. 이 경우 공동으로 이용하는 시설인 사무실, 화장실, 복도, 계단 등의 공간을 흡연실로 사용하여서는 아니 된다.

3) 건물 내 흡연실에는 흡연실의 연기를 실외로 배출할 수 있도록 환풍기 등 환기시설을 설치하여야 한다.
4) 흡연실에 재떨이 등 흡연을 위한 시설 외에 개인용 컴퓨터 또는 탁자 등 영업에 사용되는 시설 또는 설비를 설치하여서는 아니 된다.

【별표 3】 삭제

【별표 4】 〈2010.03.19.〉

보건교육 관련 교과목 (제7조의2 관련)

구분	과 목 명	최소이수과목 및 학점
필수과목	보건교육학, 보건학, 보건프로그램 개발 및 평가, 보건교육방법론, 보건교육실습, 조사방법론, 보건사업관리, 보건의사소통, 보건의료법규	총 9과목 및 총 22학점 이수
선택과목	해부생리, 보건통계, 보건정보, 인간발달론, 사회심리학, 보건윤리, 환경보건, 역학, 질병관리, 안전교육, 생식보건, 재활보건, 식품위생, 정신보건, 보건영양, 건강과 운동, 구강보건, 아동보건, 노인보건, 학교보건, 산업보건, 지역사회보건	총 4과목 및 총 10학점 이수

비고 : 교과목의 명칭이 동일하지 아니하더라도 보건복지부장관 또는 보건복지부장관이 정하여 고시하는 보건교육 관련법인·단체가 교과의 내용이 동일한지 여부를 심사하여 동일하다고 인정하는 경우에는 동일 교과목으로 본다.

03 국민영양관리법·시행령·시행규칙

국민영양관리법

공포	2010. 3. 26	법률	제10191호
개정	2011. 6. 7	법률	제10789호
개정	2015. 12. 29	법률	제13643호
개정	2018. 12. 11	법률	제15877호
개정	2020. 4. 7	법률	제17198호
개정	2020. 8. 11	법률	제17472호
개정	2024. 1. 2	법률	제19886호

국민영양관리법시행령

공포	2010. 9. 27	대통령령	제22407호
개정	2012. 1. 6	대통령령	제23488호
개정	2013. 3. 23	대통령령	제24454호
개정	2015. 4. 29	대통령령	제26218호
개정	2020. 9. 11	대통령령	제31013호
개정	2022. 12. 20	대통령령	제33112호
개정	2023. 9. 26	대통령령	제33755호

국민영양관리법 시행규칙

공포	2010. 9. 27	보건복지부령	제22 호
개정	2015. 5. 19	보건복지부령	제315호
개정	2016. 12. 30	보건복지부령	제462호
개정	2020. 7. 7	보건복지부령	제817호
개정	2022. 12. 13	보건복지부령	제922호
개정	2025. 3. 11	보건복지부령	제1096호

제1장 총 칙

제1조 【목 적】 이 법은 국민의 식생활에 대한 과학적인 조사·연구를 바탕으로 체계적인 국가 영양정책을 수립·시행함으로써 국민의 영양 및 건강 증진을 도모하고 삶의 질 향상에 이바지하는 것을 목적으로 한다.

영 **제1조 【목적】** 이 영은 「국민영양관리법」에서 위임된 사항과 그 시행에 필요한 사항을 규정함을 목적으로 한다

규칙 **제1조 【목적】** 이 규칙은 「국민영양관리법」 및 「국민영양관리법 시행령」에서 위임된 사항과 그 시행에 필요한 사항을 규정함을 목적으로 한다.

제2조 【정 의】 이 법에서 사용하는 용어의 정의는 다음과 같다.

1. "식생활"이란 식문화, 식습관, 식품의 선택 및 소비 등 식품의 섭취와 관련된 모든 양식화된 행위를 말한다.
2. "영양관리"란 적절한 영양의 공급과 올바른 식생활 개선을 통하여 국민이 질병을 예방하고 건강한 상태를 유지하도록 하는 것을 말한다.
3. "영양관리사업"이란 국민의 영양관리를 위하여 생애주기 등 영양관리 특성을 고려하여 실시하는 교육·상담 등의 사업을 말한다.

제3조 【국가 및 지방자치단체의 의무】 ① 국가 및 지방자치단체는 올바른 식생활 및 영양관리에 관한 정보를 국민에게 제공하여야 한다.

② 국가 및 지방자치단체는 국민의 영양관리를 위하여 필요한 대책을 수립하고 시행하여야 한다.

③ 지방자치단체는 영양관리사업을 시행하기 위한 공무원을 둘 수 있다.

제4조 【영양사 등의 책임】 ① 영양사는 지속적으로 영양지식과 기술의 습득으로 전문능력을 향상시켜 국민영양개선 및 건강증진을 위하여 노력하여야 한다.

② 식품·영양 및 식생활 관련 단체와 그 종사자, 영양관리사업 참여자는 자발적 참여와 연대를통하여 국민의 건강증진을 위하여 노력하여야 한다.

제5조 【국민의 권리 등】 ① 누구든지 영양관리사업을 통하여 건강을 증진할 권리를 가지며, 성별, 연령, 종교, 사회적 신분 또는 경제적 사정 등을 이유로 이에 대한 권리를 침해받지 아니한다.

② 모든 국민은 올바른 영양관리를 통하여 자신과 가족의 건강을 보호·증진하기 위하여 노력하여야 한다.

제6조 【다른 법률과의 관계】 국민의 영양관리에 대하여 다른 법률에 특별한 규정이 있는 경우를 제외하고는 이 법에서 정하는 바에 따른다.

제 2 장 국민영양관리기본계획 등

제7조 【국민영양관리기본계획】 ① 보건복지부장관은 관계 중앙행정기관의 장과 협의하고 「국민건강증진법」 제5조에 따른 국민건강증진정책심의위원회이하 "위원회"라 한다)의 심의를 거쳐 국민영양관리기본계획이하 "기본계획"이라 한다)을 5년마다 수립하여야 한다.

② 기본계획에는 다음 각 호의 사항이 포함되어야 한다.

1. 기본계획의 중장기적 목표와 추진방향
2. 다음 각목의 영양관리사업 추진계획
   가. 제10조에 따른 영양·식생활 교육사업
   나. 제11조에 따른 영양취약계층 등의 영양관리사업
   다. 제13조에 따른 영양관리를 위한 영양 및 식생활 조사
   라. 그밖에 대통령령으로 정하는 영양관리사업
3. 연도별 주요 추진과제와 그 추진방법
4. 필요한 재원의 규모와 조달 및 관리 방안
5. 그밖에 영양관리정책수립에 필요한 사항

③ 보건복지부장관은 제1항에 따라 기본계획을 수립한 경우에는 관계 중앙행정기관의 장, 특별시장·광역시장·도지사·특별자치도지사(이하 "시·도지사"라 한다) 및 시장·군수·구청장(자치구의 구청장을 말한다. 이하 같다)에게 통보하여야 한다.

④ 제1항의 기본계획 수립에 따른 협의절차, 제3항의 통보방법 등에 관하여 필요한 사항은 보건복지부령으로 정한다.

영 **제2조 【영양관리사업의 유형】** 「국민영양관리법」(이하 "법"이라 한다) 제7조 제2항 제2호 라목에 따른 영양관리사업은 다음 각 호와 같다.

1. 법 제14조에 따른 영양소 섭취기준 및 식생활 지침의 제정·개정·보급 사업
2. 영양취약계층을 조기에 발견하여 관리할 수 있는 국가영양관리감시체계 구축 사업
3. 국민의 영양 및 식생활 관리를 위한 홍보 사업
4. 고위험군·만성질환자 등에게 영양관리식 등을 제공하는 영양관리서비스산업의 육성을 위한 사업
5. 그밖에 국민의 영양관리를 위하여 보건복지부장관이 필요하다고 인정하는 사업

제8조 【국민영양관리시행계획】 ① 시장·군수·구청장은 기본계획에 따라 매년 국민영양관리시행계획이하 "시행계획"이라 한다)을 수립·시행하여야 하며, 그 시행계획 및 추진실적을 시·도지사를 거쳐 보건복지부장관에게 제출하여야 한다.

② 보건복지부장관은 시·도지사로부터 제출된 시행계획 및 추진실적에 관하여 보건복지부령으로 정하는 방법에 따라 평가하여야 한다.

③ 시행계획의 수립 및 추진 등에 필요한 사항은 보건복지부령으로 정하는 기준에 따라 해당 지방자치단체의 조례로 정한다.

제9조 【국민영양정책 등의 심의】 위원회는 국민의 영양관리를 위하여 다음 각 호의 사항을 심의한다.

1. 국민영양정책의 목표와 추진방향에 관한 사항
2. 기본계획의 수립에 관한 사항
3. 그밖에 영양관리를 위하여 위원장이 필요하다고 인정한 사항

규칙 제2조 【국민영양관리기본계획 협의절차 등】 ① 보건복지부장관은 「국민영양관리법」(이하 "법"이라 한다) 제7조에 따른 국민영양관리기본계획(이하 "기본계획"이라 한다) 수립 시 기본계획안을 작성하여 관계 중앙행정기관의 장에게 통보하여야 한다.

② 보건복지부장관은 제1항에 따른 기본계획안에 관계 중앙행정기관의 장으로부터 수렴한 의견을 반영하여 「국민건강증진법」 제5조에 따른 국민건강증진정책심의위원회의 심의를 거쳐 기본계획을 확정한다.

규칙 제3조 【시행계획의 수립시기 및 추진절차 등】 ① 법 제7조 제3항에 따라 기본계획을 통보받은 시장·군수·구청장(자치구의 구청장을 말한다. 이하 같다)은 법 제8조에 따른 국민영양관리시행계획(이하 "시행계획"이라 한다)을 수립하여 매년 1월 말까지 특별시장·광역시장·도지사·특별자치도지사(이하 "시·도지사"라 한다)에게 보고하여야 하며, 이를 보고받은 시·도지사는 관할 시·군·구(자치구를 말한다. 이하 같다)의 시행계획을 종합하여 매년 2월 말까지 보건복지부장관에게 제출하여야 한다.

② 시장·군수·구청장은 제1항에 따른 시행계획을 「지역보건법」 제7조 제2항에 따른 지역보건의료계획의 연차별 시행계획에 포함하여 수립할 수 있다.

③ 시장·군수·구청장은 해당 연도의 시행계획에 대한 추진실적을 다음 해 2월 말까지 시·도지사에게 보고하여야 하며, 이를 보고받은 시·도지사는 관할 시·군·구의 추진실적을 종합하여 다음 해 3월 말까지 보건복지부장관에게 제출하여야 한다.

④ 시장·군수·구청장은 지역 내 인구의 급격한 변화 등 예측하지 못한 지역 환경의 변화에 따라 필요한 경우에는 관련 단체 및 전문가 등의 의견을 들어 시행계획을 변경할 수 있다.

⑤ 시장·군수·구청장은 제4항에 따라 시행계획을 변경한 때에는 지체 없이 이를 시·도지사에게 보고하여야 하며, 이를 보고받은 시·도지사는 지체없이 이를 보건복지부장관에게 제출하여야 한다.

제 3 장 영양관리사업

제10조 【영양·식생활 교육사업】 ① 국가 및 지방자치단체는 국민의 건강을 위하여 영양·식생활 교육을 실시하여야 하며 영양·식생활 교육에 필요한 프로그램 및 자료를 개발하여 보급하여야 한다.

② 제1항에 따른 영양·식생활 교육의 대상·내용·방법 등에 필요한 사항은 보건복지부령으로 정한다.

영 **제3조 【영양 및 식생활 조사의 유형】** 법 제13조 제1항 제4호에 따른 영양문제에 필요한 조사는 다음 각 호와 같다.

1. 식품의 영양성분 실태조사
2. 당·나트륨·트랜스지방 등 건강 위해가능 영양성분의 실태조사
3. 음식별 식품재료량 조사
4. 그 밖에 국민의 영양관리와 관련하여 보건복지부장관, 질병관리청장 또는 지방자치단체의 장이 필요하다고 인정하는 조사

제11조 【영양취약계층 등의 영양관리사업】 국가 및 지방자치단체는 다음 각 호의 영양관리사업을 실시할 수 있다.

1. 영유아, 임산부, 아동, 노인, 노숙인, 장애인 및 사회복지시설 수용자 등 영양취약계층을 위한 영양관리사업
2. 어린이집, 유치원, 학교, 집단급식소, 의료기관 및 사회복지시설 등 시설 및 단체에 대한 영양관리사업
3. 생활습관질병 등 질병예방을 위한 영양관리사업

제12조 【통계·정보】 ① 질병관리청장은 보건복지부장관과 협의하여 영양정책 및 영양관리사업 등에 활용할 수 있도록식품 및 영양에 관한 통계 및 정보를 수집·관리하여야 한다.

② 질병관리청장은 제1항에 따른 통계 및 정보를 수집·관리하기 위하여 필요한 경우 관련 기관 또는 단체에 자료를 요청할 수 있다.

③ 제2항에 따라 자료를 요청받은 기관 또는 단체는 이에 성실히 응하여야 한다.

제13조 【영양관리를 위한 영양 및 식생활조사】 ① 국가 및 지방자치단체는 지역사회의 영양문제에 관한 연구를 위하여 다음 각 호의 조사를 실시할 수 있다.

1. 식품 및 영양소 섭취조사
2. 식생활 행태조사
3. 영양상태조사
4. 그밖에 영양문제에 필요한 조사로서 대통령령으로 정하는 사항

② 질병관리청장은 보건복지부장관과 협의하여 국민의 식품섭취·식생활 등에 관한 국민 영양 및 식생활 조사를 매년 실시하고 그 결과를 공표하여야 한다.

③ 질병관리청장은 제2항에 따른 조사를 위하여 관련 기관·법인 또는 단체의 장에게 필요한 자료의 제출 또는 의견의 진술을 요청할 수 있다. 이 경우 요청을 받은 자는 정당한 사유가 없으면 이에 협조하여야 한다.

④ 제1항 및 제2항에 따른 조사의 방법과 그 밖에 필요한 사항은 대통령령으로 정한다

영 **제4조 【영양 및 식생활 조사의 시기와 방법 등】** ① 질병관리청장은 법 제13조 제1항 제1호부터 제3호까지 및 같은 조 제2항에 따른 조사를 「국민건강증진법」 제16조에 따른 국민건강영양조사에 포함하여 실시한다.

② 질병관리청장은 제3조 제1호 및 제2호에 따른 실태조사를 가공식품과 식품접객업소·집단급식소 등에서 조리·판매·제공하는 식품등에 대하여 질병관리청장이 정한 기준에 따라 매년 실시한다.

③ 질병관리청장은 제3조 제3호에 따른 조사를 식품접객업소 및 집단급식소 등의 음식별 식품재료에 대하여 질병관리청장이 정한 기준에 따라 매년 실시한다

영 **제4조의 2 【영양사의 실태 등의 신고】** ① 영양사는 법 제20조의2 제1항에 따라 그 실태와 취업상황 등을 법 제18조 제1항에 따른 면허증의 교부일(법률 제11440호 국민영양관리법 일부개정법률 부칙 제2조 제1항에 따라 신고를 한 경우에는 그 신고를 한 날을 말한다)부터 매 3년이 되는 해의 12월 31일까지 보건복지부장관에게 신고하여야 한다.

② 보건복지부장관은 법 제20조의2 제3항에 따라 신고 수리 업무를 법 제22조에 따른 영양사협회(이하 "협회"라 한다)에 위탁한다.

③ 제1항에 따른 신고의 방법 및 절차 등에 관하여 필요한 사항은 보건복지부령으로 정한다.

규칙 **제4조 【국민영양관리 시행계획 및 추진실적의 평가】** ① 보건복지부장관은 시행계획의 내용이 국가의 영양관리시책에 부합되지 아니하는 경우에는 조정을 권고할 수 있다.

② 보건복지부장관은 제3조에 따라 제출받은 추진실적을 현황분석·목표·활동전략의 적절성 등 보건복지부장관이 정하는 평가기준에 따라 평가하여야 한다.

③ 보건복지부장관은 제2항에 따라 추진실적을 평가하였을 때에는 그 결과를 공표할 수 있다.

제14조 【영양소 섭취기준 및 식생활 지침의 제정 및 보급】 ① 보건복지부장관은 국민건강증진에 필요한 영양소 섭취기준을 제정하고 정기적으로 개정하여 학계·산업계 및 관련 기관 등에 체계적으로 보급하여야 한다.

② 보건복지부장관은 관계 중앙행정기관의 장과 협의하여 다음 각 호의 분야에서 제1항에 따른 영양소 섭취기준을 적극 활용할 수 있도록 하여야 한다.

1. 「국민건강증진법」 제2조 제1호에 따른 국민건강증진사업
2. 「학교급식법」 제11조에 따른 학교급식의 영양관리
3. 「식품위생법」 제2조 제12호에 따른 집단급식소의 영양관리
4. 「식품등의 표시·광고에 관한 법률」 제5조에 따른 식품등의 영양표시
5. 「식생활교육지원법」 제2조 제2호에 따른 식생활 교육
6. 그 밖에 영양관리를 위하여 대통령령으로 정하는 분야

③ 보건복지부장관은 국민건강증진과 삶의 질 향상을 위하여 질병별·생애주기별 특성 등을 고려한 식생활 지침을 제정하고 정기적으로 개정·보급하여야 한다.

④ 제1항에 따른 영양소 섭취기준 및 제2항에 따른 식생활 지침의 주요 내용 및 발간 주기 등 세부적인 사항은 보건복지부령으로 정한다.

규칙 **제5조 【영양·식생활 교육의 대상·내용·방법 등】** ① 보건복지부장관, 시·도지사 및 시장·군수·구청장은 국민 또는 지역 주민에게 영양·식생활 교육을 실시하여야 하며, 이 경우 생애주기 등 영양관리 특성을 고려하여야 한다.

② 영양·식생활 교육의 내용은 다음 각 호와 같다.

1. 생애주기별 올바른 식습관 형성·실천에 관한 사항
2. 식생활 지침 및 영양소 섭취기준
3. 질병 예방 및 관리
4. 비만 및 저체중 예방·관리
5. 바람직한 식생활문화 정립
6. 식품의 영양과 안전
7. 영양 및 건강을 고려한 음식 만들기
8. 그밖에 보건복지부장관, 시·도지사 및 시장·군수·구청장이 국민 또는 지역 주민의 영양관리 및 영양개선을 위하여 필요하다고 인정하는 사항

규칙 **제6조 【영양소 섭취기준과 식생활 지침의 주요 내용 및 발간 주기 등】** ① 법 제14조 제1항에 따른 영양소 섭취기준에는 다음 각 호의 내용이 포함되어야 한다.

1. 국민의 생애주기별 영양소 요구량(평균 필요량, 권장 섭취량, 충분 섭취량 등) 및 상한 섭취량
2. 영양소 섭취기준 활용을 위한 식사 모형
3. 국민의 생애주기별 1일 식사 구성안
4. 그밖에 보건복지부장관이 영양소 섭취기준에 포함되어야 한다고 인정하는 내용

② 법 제14조 제3항에 따른 식생활 지침에는 다음 각 호의 내용이 포함되어야 한다.

1. 건강증진을 위한 올바른 식생활 및 영양관리의 실천
2. 생애주기별 특성에 따른 식생활 및 영양관리
3. 질병의 예방·관리를 위한 식생활 및 영양관리

4. 비만과 저체중의 예방·관리
5. 영양취약계층, 시설 및 단체에 대한 식생활 및 영양관리
6. 바람직한 식생활문화 정립
7. 식품의 영양과 안전
8. 영양 및 건강을 고려한 음식 만들기
9. 그밖에 올바른 식생활 및 영양관리에 필요한 사항

③ 영양소 섭취기준 및 식생활 지침의 발간 주기는 5년으로 하되, 필요한 경우 그 주기를 조정할 수 있다.

제 4 장 영양사의 면허 및 교육 등

제15조 【영양사의 면허】 ① 영양사가 되고자 하는 사람은 다음 각 호의 어느 하나에 해당하는 사람으로서 영양사 국가시험에 합격한 후 보건복지부장관의 면허를 받아야 한다.

1. 「고등교육법」에 따른 대학, 산업대학, 전문대학 또는 방송통신대학에서 식품학 또는 영양학을 전공한 자로서 교과목 및 학점이수 등에 관하여 보건복지부령으로 정하는 요건을 갖춘 사람
2. 외국에서 영양사면허(보건복지부장관이 정하여 고시하는 인정기준에 해당하는 면허를 말한다)를 받은 사람
3. 외국의 영양사 양성학교(보건복지부장관이 정하여 고시하는 인정기준에 해당하는 학교를 말한다)를 졸업한 사람

② 보건복지부장관은 제1항에 따른 국가시험의 관리를 보건복지부령으로 정하는 바에 따라 시험관리능력이 있다고 인정되는 관계 전문기관에 위탁할 수 있다.

③ 영양사 면허와 국가시험 등에 필요한 사항은 보건복지부령으로 정한다.

제15조의 2 【응시자격의 제한 등】 ① 부정한 방법으로 영양사 국가시험에 응시한 사람이나 영양사 국가시험에서 부정행위를 한 사람에 대해서는 그 수험을 정지시키거나 합격을 무효로 한다.

② 보건복지부장관은 제1항에 따라 수험이 정지되거나 합격이 무효가 된 사람에 대하여 처분의 사유와 위반 정도 등을 고려하여 보건복지부령으로 정하는 바에 따라 3회의 범위에서 영양사 국가시험 응시를 제한할 수 있다.

규칙 **제7조 【영양사 면허 자격 요건】** ① 법 제15조 제1항 제1호에서 "보건복지부령으로 정하는 요건을 갖춘 사람"이란 별표 1에 따른 교과목 및 학점을 이수하고 별표 1의2에 따른 학과 또는 학부(전공)를 졸업한 사람 및 제8조에 따른 영양사 국가시험의 응시일로부터 3개월 이내에 졸업이 예정된 사람을 말한다. 이 경우 졸업이 예정된 사람은 그 졸업예정시기에 별표 1에 따른 교과목 및 학점을 이수하고 별표 1의2에 따른 학과 또는 학부(전공)를 졸업하여야 한다.

② 법 제15조 제1항 제2호 및 제3호에서 "외국"이란 다음 각 호의 어느 하나에 해당하는 국가를 말한다.
1. 대한민국과 국교(國交)를 맺은 국가
2. 대한민국과 국교를 맺지 아니한 국가 중 보건복지부장관이 외교부장관과 협의하여 정하는 국가

규칙 **제8조 【영양사 국가시험의 시행과 공고】** ① 보건복지부장관은 매년 1회 이상 영양사 국가시험을 시행하여야 한다.
② 보건복지부장관은 영양사 국가시험의 관리를 시험관리능력이 있다고 인정하여 지정·고시하는 다음 각 호의 요건을 갖춘 관계전문기관(이하 "영양사 국가시험관리기관"이라 한다)으로 하여금 하도록 한다.
1. 정부가 설립·운영비용의 일부를 출연(出捐)한 비영리법인
2. 국가시험에 관한 조사·연구 등을 통하여 국가시험에 관한 전문적인 능력을 갖춘 비영리법인
③ 영양사 국가시험관리기관의 장이 영양사 국가시험을 실시하려면 미리 보건복지부장관의 승인을 받아 시험일시, 시험장소, 응시원서 제출기간, 응시 수수료의 금액 및 납부방법, 그밖에 영양사 국가시험의 실시에 관하여 필요한 사항을 시험 실시 30일 전까지 공고하여야 한다.

규칙 **제9조 【영양사 국가시험 과목 등】** ① 영양사 국가시험의 과목은 다음 각 호와 같다.
1. 영양학 및 생화학(기초영양학·고급영양학·생애주기영양학 등을 포함한다)
2. 영양교육, 식사요법 및 생리학(임상영양학·영양상담·영양판정 및 지역사회영양학을 포함한다)
3. 식품학 및 조리원리(식품화학·식품미생물학·실험조리·식품가공 및 저장학을 포함한다)
4. 급식, 위생 및 관계 법규(단체급식관리·급식경영학·식생활관리·식품위생학·공중보건학과 영양·보건의료·식품위생 관계 법규를 포함한다)
② 영양사 국가시험은 필기시험으로 한다.
③ 영양사 국가시험의 합격자는 전 과목 총점의 60퍼센트 이상, 매 과목 만점의 40퍼센트 이상을 득점하여야 한다.
④ 영양사 국가시험의 출제방법, 배점비율, 그밖에 시험 시행에 필요한 사항은 영양사 국가시험관리기관의 장이 정한다.

규칙 **제10조 【영양사 국가시험 응시제한】** 법 제15조의2 제2항에 따른 영양사 국가시험 응시제한의 기준은 별표 4와 같다.

규칙 **제11조 【시험위원】** 영양사 국가시험관리기관의 장은 영양사 국가시험을 실시할 때마다 시험과목별로 전문지식을 갖춘 사람 중에서 시험위원을 위촉한다.

규칙 **제12조 【영양사 국가시험의 응시 및 합격자 발표 등】** ① 영양사 국가시험에 응시하려는 사람은 영양사 국가시험관리기관의 장이 정하는 응시원서를 영양사 국가시험관리기관의 장에게 제출하여야 한다.

② 영양사 국가시험관리기관의 장은 영양사 국가시험을 실시한 후 합격자를 결정하여 발표한다.

③ 영양사 국가시험관리기관의 장은 합격자 발표 후 합격자에 대한 다음 각 호의 사항을 보건복지부장관에게 보고하여야 한다.

1. 성명, 성별 및 주민등록번호(외국인은 국적, 성명, 성별 및 생년월일)
2. 출신학교 및 졸업 연월일
3. 합격번호 및 합격 연월일

제16조 【결격사유】 다음 각 호의 어느 하나에 해당하는 사람은 영양사의 면허를 받을 수 없다.

1. 「정신건강증진 및 정신질환자 복지서비스 지원에 관한 법률」 제3조 제1호에 따른 정신질환자. 다만, 전문의가 영양사로서 적합하다고 인정하는 사람은 그러하지 아니하다.
2. 「감염병의 예방 및 관리에 관한 법률」 제2조 제13호에 따른 감염병환자 중 보건복지부령으로 정하는 사람
3. 마약·대마 또는 향정신성의약품 중독자
4. 영양사 면허의 취소처분을 받고 그 취소된 날부터 1년이 지나지 아니한 사람

규칙 **제14조 【감염병환자】** 법 제16조제2호에서 "감염병환자"란 「감염병의 예방 및 관리에 관한 법률」 제2조제4호나목에 따른 B형간염 환자를 제외한 감염병환자를 말한다

제17조 【영양사의 업무】 영양사는 다음 각 호의 업무를 수행한다.

1. 건강증진 및 환자를 위한 영양·식생활 교육 및 상담
2. 식품영양정보의 제공
3. 식단작성, 검식(檢食) 및 배식관리
4. 구매식품의 검수 및 관리
5. 급식시설의 위생적 관리
6. 집단급식소의 운영일지 작성
7. 종업원에 대한 영양지도 및 위생교육

제18조 【면허의 등록】 ① 보건복지부장관은 영양사의 면허를 부여할 때에는 영양사 면허대장에 그 면허에 관한 사항을 등록하고 면허증을 교부하여야 한다. 다만, 면허증 교부 신청일

기준으로 제16조에 따른 결격사유에 해당하는 자에게는 면허 등록 및 면허증 교부를 하여서는 아니 된다.
② 제1항에 따라 면허증을 교부받은 사람은 다른 사람에게 그 면허증을 빌려주어서는 아니 되고, 누구든지 그 면허증을 빌려서는 아니 된다.
③ 누구든지 제2항에 따라 금지된 행위를 알선하여서는 아니 된다.
④ 제1항에 따른 면허의 등록 및 면허증의 교부 등에 관하여 필요한 사항은 보건복지부령으로 정한다.

규칙 **제15조【영양사 면허증의 교부】** ① 영양사 국가시험에 합격한 사람은 합격자 발표 후 별지 제1호서식의 영양사 면허증 교부신청서에 다음 각 호의 서류를 첨부하여 보건복지부장관에게 영양사 면허증의 교부를 신청하여야 한다.

1. 다음 각 목의 구분에 따른 자격을 증명할 수 있는 서류
   가. 법 제15조 제1항 제1호 : 졸업증명서 및 별표 1에 따른 교과목 및 학점이수 확인에 필요한 증명서
   나. 법 제15조 제1항 제2호 : 면허증 사본
   다. 법 제15조 제1항 제3호 : 졸업증명서
2. 법 제16조 제1호 본문에 해당되지 아니함을 증명하는 의사의 진단서 또는 같은 호 단서에 해당하는 경우에는 이를 증명할 수 있는 전문의의 진단서
3. 법 제16조 제2호 및 제3호에 해당되지 아니함을 증명하는 의사의 진단서
4. 응시원서의 사진과 같은 사진(가로 3.5센티미터, 세로 4.5센티미터) 2장

② 보건복지부장관은 영양사 국가시험에 합격한 사람이 제1항에 따른 영양사 면허증의 교부를 신청한 날부터 14일 이내에 별지 제2호 서식의 영양사 면허대장에 그 면허에 관한 사항을 등록하고 별지 제3호 서식의 영양사 면허증을 교부하여야 한다. 다만, 법 제15조 제1항 제2호 및 제3호에 해당하는 사람의 경우에는 외국에서 영양사 면허를 받은 사실 등에 대한 조회가 끝난 날부터 14일 이내에 영양사 면허증을 교부한다.

규칙 **제16조【면허증의 재교부】** ① 영양사가 면허증을 잃어버리거나 면허증이 헐어 못 쓰게 된 경우, 성명 또는 주민등록번호의 변경 등 영양사 면허증의 기재사항이 변경된 경우에는 별지 제4호서식의 면허증(자격증) 재교부신청서에 다음 각 호의 서류를 첨부하여 보건복지부장관에게 제출하여야 한다. 이 경우 보건복지부장관은 「전자정부법」 제36조 제1항에 따른 행정정보의 공동이용을 통하여 주민등록표 등(초)본을 확인(주민등록번호가 변경된 경우만 해당한다)하여야 하며, 신청인이 확인에 동의하지 않는 경우에는 해당 서류를 첨부하도록 하여야 한다.

1. 영양사 면허증이 헐어 못 쓰게 된 경우 : 영양사 면허증
2. 성명 또는 주민등록번호 등이 변경된 경우 : 영양사 면허증 및 변경 사실을 증

명할 수 있는 다음 각 목의 구분에 따른 서류
가. 성명 변경 시 : 가족관계등록부 등의 증명서 중 기본증명서
나. 주민등록번호 변경 시 : 주민등록표 등(초)본(「전자정부법」 제36조 제1항에 따른 행정정보의 공동이용을 통한 확인에 동의하지 않는 경우에만 제출한다)
3. 사진(신청 전 6개월 이내에 모자 등을 쓰지 않고 촬영한 천연색 상반신 정면사진으로 가로 3.5센티미터, 세로 4.5센티미터의 사진을 말한다. 이하 같다) 2장

② 보건복지부장관은 제1항에 따라 영양사 면허증의 재교부 신청을 받은 경우에는 해당 영양사 면허대장에 그 사유를 적고 영양사 면허증을 재교부하여야 한다.

제19조 【명칭사용의 금지】 제15조에 따라 영양사 면허를 받지 아니한 사람은 영양사 명칭을 사용할 수 없다.

제20조 【보수교육】 ① 보건기관·의료기관·집단급식소 등에서 각각 그 업무에 종사하는 영양사는 영양관리수준 및 자질 향상을 위하여 보수교육을 받아야 한다.
② 제1항에 따른 보수교육의 시기·대상·비용 및 방법 등에 관하여 필요한 사항은 보건복지부령으로 정한다.

규칙 **제17조 【면허증의 반환】** 영양사가 제16조에 따라 영양사 면허증을 재발급받은 후 분실하였던 영양사 면허증을 발견하였거나, 법 제21조에 따라 영양사 면허의 취소처분을 받았을 때에는 그 영양사 면허증을 지체 없이 보건복지부장관에게 반환해야 한다

규칙 **제18조 【보수교육의 시기·대상·비용·방법 등】** ① 법 제20조에 따른 보수교육은 법 제22조에 따른 영양사협회(이하 "협회"라 한다)에 위탁한다.

② 협회의 장은 보수교육을 2년마다 실시해야 하며, 교육시간은 6시간 이상으로 한다. 다만, 해당 연도에 「식품위생법」 제56조 제1항 단서에 따른 교육을 받은 경우에는 법 제20조에 따른 보수교육을 받은 것으로 보며, 이 경우 이를 증명할 수 있는 서류를 협회의 장에게 제출해야 한다.

③ 보수교육의 대상자는 다음 각 호와 같다.
1. 「지역보건법」 제10조 및 제13조에 따른 보건소·보건지소(이하 "보건소·보건지소"라 한다), 「의료법」 제3조에 따른 의료기관(이하 "의료기관"이라 한다) 및 「식품위생법」 제2조 제12호에 따른 집단급식소(이하 "집단급식소"라 한다)에 종사하는 영양사
2. 「영유아보육법」 제7조에 따른 육아종합지원센터에 종사하는 영양사
3. 「어린이 식생활안전관리 특별법」 제21조에 따른 어린이급식관리지원센터에 종사하는 영양사
4. 「건강기능식품에 관한 법률」 제4조 제1항 제3호에 따른 건강기능식품판매업소에 종사하는 영양사

④ 제3항에 따른 보수교육 대상자 중 다음 각 호의 어느 하나에 해당하는 사람은 해당 연도의 보수교육을 면제한다. 이 경우 보수교육이 면제되는 사람은 해당 보수교육이 실시되기 전에 별지 제5호서식의 보수교육 면제신청서에 면제 대상자임을 인정할 수 있는 서류를 첨부하여 협회의 장에게 제출해야 한다.

1. 군복무 중인 사람
2. 본인의 질병 또는 그 밖의 불가피한 사유로 보수교육을 받기 어렵다고 보건복지부장관이 인정하는 사람

⑤ 보수교육은 집합교육, 온라인 교육 등 다양한 방법으로 실시해야 한다.

⑥ 보수교육의 교과과정, 비용과 그밖에 보수교육을 실시하는데 필요한 사항은 보건복지부장관의 승인을 받아 협회의 장이 정한다.

규칙 **제19조 【보수교육계획 및 실적 보고 등】** ① 협회의 장은 별지 제6호서식의 해당 연도 보수교육계획서를 해당 연도 1월 말까지, 별지 제7호서식의 해당 연도 보수교육 실적보고서를 다음 연도 2월 말까지 각각 보건복지부장관에게 제출하여야 한다.

② 협회의 장은 보수교육을 받은 사람에게 별지 제8호서식의 보수교육 이수증을 발급하여야 한다.

규칙 **제20조 【보수교육 관계 서류의 보존】** 협회의 장은 다음 각 호의 서류를 3년간 보존하여야 한다.

1. 보수교육 대상자 명단(대상자의 교육 이수 여부가 명시되어야 한다)
2. 보수교육 면제자 명단
3. 그 밖에 이수자의 교육 이수를 확인할 수 있는 서류

제20조의 2 【실태 등의 신고】 ① 영양사는 대통령령으로 정하는 바에 따라 최초로 면허를 받은 후부터 3년마다 그 실태와 취업상황 등을 보건복지부장관에게 신고하여야 한다.

② 보건복지부장관은 제20조 제1항의 보수교육을 이수하지 아니한 영양사에 대하여 제1항에 따른 신고를 반려할 수 있다.

③ 보건복지부장관은 제1항에 따른 신고 수리 업무를 대통령령으로 정하는 바에 따라 관련 단체 등에 위탁할 수 있다.

규칙 **제20조의 2 【영양사의 실태 등의 신고 및 보고】** ① 법 제20조의2 제1항 및 영 제4조의2 제1항에 따라 영양사의 실태와 취업상황 등을 신고하려는 사람은 별지 제8호의2 서식의 영양사의 실태 등 신고서에 다음 각 호의 서류를 첨부하여 협회의 장에게 제출하여야 한다.

1. 제19조 제2항에 따른 보수교육 이수증(이수한 사람만 해당한다)
2. 제18조 제4항에 따른 보수교육 면제 확인서(면제된 사람만 해당한다)

② 제1항에 따른 신고를 받은 협회의 장은 신고를 한 자가 제18조에 따른 보수교육을

이수하였는지 여부를 확인하여야 한다.

③ 협회의 장은 제1항에 따른 신고 내용과 그 처리 결과를 반기별로 보건복지부장관에게 보고하여야 한다. 다만, 법 제21조 제5항에 따라 면허의 효력이 정지된 영양사가 제1항에 따른 신고를 한 경우에는 신고 내용과 그 처리 결과를 지체 없이 보건복지부장관에게 보고하여야 한다.

규칙 **제21조【행정처분 및 청문 대장 등】** 보건복지부장관은 법 제21조에 따라 행정처분 및 청문을 한 경우에는 별지 제9호서식의 행정처분 및 청문 대장에 그 내용을 기록하고 이를 갖춰 두어야 한다.

제21조【면허취소 등】 ① 보건복지부장관은 영양사가 다음 각 호의 어느 하나에 해당하는 경우 그 면허를 취소할 수 있다. 다만, 제1호에 해당하는 경우 면허를 취소하여야 한다.

1. 제16조 제1호부터 제3호까지의 어느 하나에 해당하는 경우
2. 제2항에 따른 면허정지처분기간 중에 영양사의 업무를 하는 경우
3. 제2항에 따라 3회 이상 면허정지처분을 받은 경우

② 보건복지부장관은 영양사가 다음 각 호의 어느 하나에 해당하는 경우 6개월 이내의 기간을 정하여 그 면허의 정지를 명할 수 있다.

1. 영양사가 그 업무를 행함에 있어서 식중독이나 그밖에 위생과 관련한 중대한 사고 발생에 직무상의 책임이 있는 경우
2. 면허를 타인에게 대여하여 이를 사용하게 한 경우

③ 제1항, 제2항 및 제5항에 따른 행정처분의 세부적인 기준은 그 위반행위의 유형과 위반의 정도 등을 참작하여 대통령령으로 정한다.

④ 보건복지부장관은 제1항의 면허취소처분 또는 제2항의 면허정지처분을 하고자 하는 경우에는 청문을 실시하여야 한다.

⑤ 보건복지부장관은 영양사가 제20조의 2에 따른 신고를 하지 아니한 경우에는 신고할 때까지 면허의 효력을 정지할 수 있다.

제22조【영양사협회】 ① 영양사는 영양에 관한 연구, 영양사의 윤리 확립 및 영양사의 권익증진 및 자질향상을 위하여 대통령령으로 정하는 바에 따라 영양사협회이하 "협회"라 한다)를 설립할 수 있다.

② 협회는 법인으로 한다.

③ 협회에 관하여 이 법에 규정되지 아니한 사항은 「민법」 중 사단법인에 관한 규정을 준용한다.

제 5 장 보 칙

제23조 【임상영양사】 ① 보건복지부장관은 건강관리를 위하여 영양판정, 영양상담, 영양소모니터링 및 평가 등의 업무를 수행하는 영양사에게 영양사 면허 외에 임상영양사 자격을 인정할 수 있다.
② 제1항에 따른 임상영양사의 업무, 자격기준, 자격증 교부 등에 관하여 필요한 사항은 보건복지부령으로 정한다.
③ 제2항에 따라 자격증을 교부받은 사람은 다른 사람에게 그 자격증을 빌려주어서는 아니 되고, 누구든지 그 자격증을 빌려서는 아니 된다.
④ 누구든지 제3항에 따라 금지된 행위를 알선하여서는 아니 된다.

제23조의 2 【임상영양사의 자격취소 등】 ① 보건복지부장관은 임상영양사가 제23조 제3항을 위반하여 다른 사람에게 자격증을 빌려준 경우에는 그 자격을 6개월의 범위에서 정지시킬 수 있다.
② 보건복지부장관은 임상영양사가 제1항에 따라 3회 이상 자격정지처분을 받은 경우 그 자격을 취소할 수 있다.
③ 제1항 및 제2항에 따른 임상영양사에 대한 행정처분에 관하여는 제21조 제3항 및 제4항을 준용한다.

규칙 **제22조 【임상영양사의 업무】** 법 제23조에 따른 임상영양사(이하 "임상영양사"라 한다)는 질병의 예방과 관리를 위하여 질병별로 전문화된 다음 각 호의 업무를 수행한다.
1. 영양문제 수집·분석 및 영양요구량 산정 등의 영양판정
2. 영양상담 및 교육
3. 영양관리상태 점검을 위한 영양모니터링 및 평가
4. 영양불량상태 개선을 위한 영양관리
5. 임상영양 자문 및 연구
6. 그밖에 임상영양과 관련된 업무

규칙 **제23조 【임상영양사의 자격기준】** 임상영양사가 되려는 사람은 다음 각 호의 어느 하나에 해당하는 사람으로서 보건복지부장관이 실시하는 임상영양사 자격시험에 합격하여야 한다.
1. 제24조에 따른 임상영양사 교육과정 수료와 보건소·보건지소, 의료기관, 집단급식소 등 보건복지부장관이 정하는 기관에서 1년 이상 영양사로서의 실무경력을 충족한 사람
2. 외국의 임상영양사 자격이 있는 사람 중 보건복지부장관이 인정하는 사람

규칙 **제24조 【임상영양사의 교육과정】** ① 임상영양사의 교육은 보건복지부장관이 지정하는 임상영양사 교육기관이 실시하고 그 교육기간은 2년 이상으로 한다.

② 임상영양사 교육을 신청할 수 있는 사람은 영양사 면허를 가진 사람으로 한다.

규칙 **제25조【임상영양사 교육기관의 지정 기준 및 절차】** ① 제24조 제1항에 따른 임상영양사 교육기관으로 지정받을 수 있는 기관은 다음 각 호의 어느 하나의 기관으로서 별표 2의 임상영양사 교육기관 지정기준에 맞아야 한다.

1. 영양학, 식품영양학 또는 임상영양학 전공이 있는 「고등교육법」 제29조의 2에 따른 일반대학원, 특수대학원 또는 전문대학원
2. 임상영양사 교육과 관련하여 전문 인력과 능력을 갖춘 비영리법인

② 제1항에 따른 임상영양사 교육기관으로 지정받으려는 자는 별지 제10호서식의 임상영양사 교육기관 지정신청서에 다음 각 호의 서류를 첨부하여 보건복지부장관에게 제출하여야 한다.

1. 교수요원의 성명과 이력이 적혀 있는 서류
2. 실습협약기관 현황 및 협약 약정서
3. 교육계획서 및 교과과정표
4. 해당 임상영양사 교육과정에 사용되는 시설 및 장비 현황

③ 보건복지부장관은 제2항에 따른 신청이 제1항의 지정기준에 맞다고 인정하면 임상영양사 교육기관으로 지정하고, 별지 제11호서식의 임상영양사 교육기관 지정서를 발급하여야 한다.

규칙 **제26조【임상영양사 교육생 정원】** ① 보건복지부장관은 제25조 제3항에 따라 임상영양사 교육기관을 지정하는 경우에는 교육생 정원을 포함하여 지정하여야 한다.

② 임상영양사 교육기관의 장은 제1항에 따라 정해진 교육생 정원을 변경하려는 경우에는 별지 제12호서식의 임상영양사과정 교육생 정원 변경신청서에 제25조 제2항 각 호의 서류를 첨부하여 보건복지부장관에게 제출하여야 한다.

③ 보건복지부장관은 제2항에 따른 정원 변경신청이 제25조 제1항의 지정기준에 맞으면 정원 변경을 승인하고 지정서를 재발급하여야 한다.

규칙 **제27조【임상영양사 교육과정의 과목 및 수료증 발급】** ① 임상영양사 교육과정의 과목은 이론과목과 실습과목으로 구분하고, 과목별 이수학점 기준은 별표 3과 같다.

② 임상영양사 교육기관의 장은 임상영양사 교육과정을 마친 사람에게 별지 제13호서식의 임상영양사 교육과정 수료증을 발급하여야 한다.

규칙 **제28조【임상영양사 자격시험의 시행과 공고】** ① 보건복지부장관은 매년 1회 이상 임상영양사 자격시험을 시행하여야 한다. 다만, 영양사 인력 수급(需給) 등을 고려하여 시험을 시행하는 것이 적절하지 않다고 인정하는 경우에는 임상영양사 자격시험을 시행하지 않을 수 있다.

② 보건복지부장관은 임상영양사 자격시험의 관리를 다음 각 호의 요건을 갖춘 관계 전문기관(이하 "임상영양사 자격시험관리기관"이라 한다)으로 하여금 하도록 한다.

1. 정부가 설립·운영비용의 일부를 출연한 비영리법인
2. 자격시험에 관한 전문적인 능력을 갖춘 비영리법인

③ 제2항에 따라 임상영양사 자격시험을 실시하는 임상영양사 자격시험관리기관의 장은 보건복지부장관의 승인을 받아 임상영양사 자격시험의 일시, 시험장소, 시험과목, 시험방법, 응시원서 및 서류 접수, 응시 수수료의 금액 및 납부방법, 그밖에 시험 시행에 필요한 사항을 정하여 시험 실시 30일 전까지 공고하여야 한다.

규칙 **제29조 【임상영양사 자격시험의 응시자격 및 응시절차】** ① 임상영양사 자격시험에 응시할 수 있는 사람은 제23조 각 호의 어느 하나에 해당하는 사람으로 한다.

② 임상영양사 자격시험에 응시하려는 사람은 별지 제14호 서식의 임상영양사 자격시험 응시원서를 임상영양사 자격시험관리기관의 장에게 제출하여야 한다.

규칙 **제30조 【임상영양사 자격시험의 시험방법 등】** ① 임상영양사 자격시험은 필기시험으로 한다.

② 임상영양사 자격시험의 합격자는 총점의 60퍼센트 이상을 득점한 사람으로 한다.

③ 임상영양사 자격시험의 시험과목, 출제방법, 배점비율, 그밖에 시험 시행에 필요한 사항은 임상영양사 자격시험관리기관의 장이 정한다.

규칙 **제31조 【임상영양사 합격자 발표 등】** ① 임상영양사 자격시험관리기관의 장은 임상영양사 자격시험을 실시한 후 합격자를 결정하여 발표한다.

② 제1항의 합격자는 다음 각 호의 서류를 합격자 발표일로부터 10일 이내에 임상영양사 자격시험관리기관의 장에게 제출하여야 한다.

1. 제27조 제2항에 따른 수료증 사본 또는 외국의 임상영양사 자격증 사본
2. 영양사 면허증 사본
3. 사진 3장

③ 임상영양사 자격시험관리기관의 장은 합격자 발표 후 15일 이내에 다음 각 호의 서류를 보건복지부장관에게 제출하여야 한다.

1. 합격자의 성명, 주민등록번호, 영양사 면허번호 및 면허 연월일, 수험번호 등이 적혀 있는 합격자 대장
2. 제27조 제2항에 따른 수료증 사본 또는 외국의 임상영양사 자격증 사본
3. 사진 1장

규칙 **제32조 【임상영양사 자격증 교부】** ① 보건복지부장관은 제31조 제3항에 따라 임상영양사 자격시험관리기관의 장으로부터 서류를 제출받은 경우에는 임상영양사 자격인정대장에 다음 각 호의 사항을 적고, 합격자에게 별지 제15호서식의 임상영양사 자격증을 교부하여야 한다.

1. 성명 및 생년월일

2. 임상영양사 자격인정번호 및 자격인정 연월일
3. 임상영양사 자격시험 합격 연월일
4. 영양사 면허번호 및 면허 연월일

② 임상영양사의 자격증의 재교부에 관하여는 제16조를 준용한다. 이 경우 "영양사"는 "임상영양사"로, "면허증"은 "자격증"으로 본다.

규칙 **제33조 【수수료】** ① 영양사 국가시험에 응시하려는 사람은 법 제26조제3항에 따라 영양사 국가시험관리기관의 장이 보건복지부장관의 승인을 받아 결정한 수수료를 내야 한다.

② 제16조(제32조제2항에서 준용하는 경우를 포함한다)에 따라 면허증 또는 자격증의 재발급을 신청하거나 면허 또는 자격사항에 관한 증명을 신청하는 사람은 다음 각 호의 구분에 따른 수수료를 수입인지로 내거나 정보통신망을 이용하여 전자화폐 · 전자결제 등의 방법으로 내야 한다.

1. 면허증 또는 자격증의 재발급수수료: 2천원
2. 면허 또는 자격사항에 관한 증명수수료: 500원(정보통신망을 이용하여 발급받는 경우 무료)

③ 임상영양사 자격시험에 응시하려는 사람은 임상영양사 자격시험관리기관의 장이 보건복지부장관의 승인을 받아 결정한 수수료를 내야 한다.

규칙 **제34조 【규제의 재검토】** 보건복지부장관은 다음 각 호의 사항에 대하여 다음 각 호의 기준일을 기준으로 3년마다(매 3년이 되는 해의 1월 1일 전까지를 말한다) 그 타당성을 검토하여 개선 등의 조치를 하여야 한다. 〈개정 2025. 3. 11.〉

1. 제23조에 따른 임상영양사의 자격기준: 2015년 1월 1일
2. 제25조제1항 및 별표 2에 따른 임상영양사 교육기관 지정기준: 2015년 1월 1일

[본조신설 2015. 1. 5.]

제24조 【비용의 보조】 국가나 지방자치단체는 회계연도마다 예산의 범위에서 영양관리사업의 수행에 필요한 비용의 일부를 부담하거나 사업을 수행하는 법인 또는 단체에 보조할 수 있다.

제25조 【권한의 위임·위탁】 ① 이 법에 따른 보건복지부장관의 권한은 대통령령으로 정하는 바에 따라 그 일부를 시·도지사에게 위임할 수 있다.

② 이 법에 따른 보건복지부장관의 업무는 대통령령으로 정하는 바에 따라 그 일부를 관계 전문기관에 위탁할 수 있다.

영 **제10조 【업무의 위탁】** ① 보건복지부장관은 법 제25조 제2항에 따라 법 제20조에 따른 보수교육업무를 협회에 위탁한다.

② 보건복지부장관은 법 제25조 제2항에 따라 다음 각 호의 업무를 관계 전문기관에 위탁한다.

1. 법 제10조에 따른 영양·식생활 교육사업
2. 법 제11조에 따른 영양취약계층 등의 영양관리사업
3. 법 제12조에 따른 통계·정보의 수집·관리
4. 법 제13조에 따른 영양 및 식생활 조사
5. 법 제14조에 따른 영양소 섭취기준 및 식생활 지침의 제정·개정·보급
6. 법 제23조에 따른 임상영양사의 자격시험 관리

③ 제2항에서 "관계 전문기관"이란 다음 각 호의 어느 하나에 해당하는 기관 중에서 보건복지부장관이 지정하는 기관을 말한다.

1. 「고등교육법」에 따른 학교로서 식품학 또는 영양학 전공이 개설된 전문대학 이상의 학교
2. 협회
3. 정부가 설립하거나 정부가 운영비용의 전부 또는 일부를 지원하는 영양관리업무 관련 비영리법인
4. 그밖에 영양관리업무에 관한 전문 인력과 능력을 갖춘 비영리법인

영 **제10조의 2** 【민감정보 및 고유식별정보의 처리】 보건복지부장관(법 제15조제2항, 이 영 제4조의2제2항 및 제10조에 따라 보건복지부장관의 권한을 위탁받은 자를 포함한다) 또는 질병관리청장은 다음 각 호의 사무를 수행하기 위하여 불가피한 경우 「개인정보 보호법」 제23조에 따른 건강에 관한 정보, 같은 법 시행령 제19조제1호, 제2호 또는 제4호에 따른 주민등록번호, 여권번호 또는 외국인등록번호가 포함된 자료를 처리할 수 있다. 다만, 제8호의2의 사무의 경우에는 「개인정보 보호법」 제23조에 따른 건강에 관한 정보는 제외한다

1. 법 제10조에 따른 영양·식생활 교육사업에 관한 사무
2. 법 제11조에 따른 영양취약계층 등의 영양관리사업에 관한 사무
3. 법 제12조에 따른 통계·정보에 관한 사무
4. 법 제13조에 따른 영양관리를 위한 영양 및 식생활 조사에 관한 사무
5. 법 제15조에 따른 영양사 면허 및 국가시험 등에 관한 사무
6. 법 제16조에 따른 영양사 면허의 결격사유 확인에 관한 사무
7. 법 제18조에 따른 영양사 면허의 등록에 관한 사무
8. 법 제20조에 따른 영양사 보수교육에 관한 사무

8의2. 법 제20조의2에 따른 영양사의 실태와 취업상황 등의 신고에 관한 사무

9 . 법 제21조에 따른 영양사 면허취소처분 및 면허정지처분에 관한 사무

10. 법 제23조에 따른 임상영양사의 자격기준 및 국가시험에 관한 사무

제26조【수수료】 ① 지방자치단체의 장은 영양관리사업에 드는 경비 중 일부에 대하여 그 이용자로부터 조례로 정하는 바에 따라 수수료를 징수할 수 있다.

② 제1항에 따라 수수료를 징수하는 경우 지방자치단체의 장은 노인, 장애인, 「국민기초생활 보장법」에 따른 수급권자 등의 수수료를 감면하여야 한다.

③ 영양사의 면허를 받거나 면허증을 재교부 받으려는 사람 또는 국가시험에 응시하려는 사람은 보건복지부령으로 정하는 바에 따라 수수료를 내야 한다.

④ 제15조 제2항에 따라 영양사 국가시험 관리를 위탁받은 「한국보건의료인국가시험원법」에 따른 한국보건의료인국가시험원은 국가시험의 응시수수료를 보건복지부장관의 승인을 받아 시험관리에 필요한 경비에 직접 충당할 수 있다.

제27조【벌칙 적용에서의 공무원 의제】 제15조 제2항에 따라 위탁받은 업무에 종사하는 전문기관의 임직원은 「형법」 제129조부터 제132조까지의 규정에 따른 벌칙의 적용에서는 공무원으로 본다

제 6 장 벌 칙

제28조【벌칙】 ① 다음 각 호의 어느 하나에 해당하는 자는 1년 이하의 징역 또는 1천만원 이하의 벌금에 처한다.

1. 제18조 제2항 또는 제23조 제3항을 위반하여 다른 사람에게 영양사의 면허증 또는 임상영양사의 자격증을 빌려주거나 빌린 자
2. 제18조 제3항 또는 제23조 제4항을 위반하여 영양사의 면허증 또는 임상영양사의 자격증을 빌려주거나 빌리는 것을 알선한 자

② 제19조를 위반하여 영양사라는 명칭을 사용한 사람은 300만원 이하의 벌금에 처한다.

시행령

【별표】 〈2015.4.29.〉

행정처분 기준 (시행령 제5조 관련)

Ⅰ. 일반기준

1. 둘 이상의 위반행위가 적발된 경우에는 가장 중한 면허정지처분 기간에 나머지 각각의 면허정지처분 기간의 2분의 1을 더하여 처분한다.
2. 위반행위에 대하여 행정처분을 하기 위한 절차가 진행되는 기간 중에 반복하여 같은 위반행위를 하는 경우에는 그 위반횟수마다 행정처분 기준의 2분의 1씩 더하여 처분한다.
3. 위반행위의 횟수에 따른 행정처분의 기준은 최근 1년간 같은 위반행위를 한 경우에 적용한다.
4. 제3호에 따른 행정처분 기준의 적용은 같은 위반행위에 대하여 행정처분을 한 날과 그 처분 후 다시 적발된 날을 기준으로 한다.
5. 어떤 위반행위든 그 위반행위에 대하여 행정처분이 이루어진 경우에는 그 처분 이전에 이루어진 같은 위반행위에 대해서도 행정처분이 이루어진 것으로 보아 다시 처분해서는 아니 된다.
6. 제1호에 따른 행정처분을 한 후 다시 행정처분을 하게 되는 경우 그 위반행위의 횟수에 따른 행정처분의 기준을 적용할 때 종전의 행정처분의 사유가 된 각각의 위반행위에 대하여 각각 행정처분을 하였던 것으로 본다.

Ⅱ. 개별기준

위 반 행 위	근거 법령	행정처분		
		1차 위반	2차 위반	3차 위반
1. 법 제16조 제1호부터 제3호까지의 어느 하나에 해당하는 경우	법 제21조 제1항 제1호	면허취소		
2. 법 제21조 제1항에 따른 면허정지처분 기간 중에 영양사의 업무를 하는 경우	법 제21조 제1항 제2호	면허취소		
3. 영양사가 그 업무를 행함에 있어서 식중독이나 그밖에 위생과 관련한 중대한 사고 발생에 직무상의 책임이 있는 경우	법 제21조 제2항 제1호	면허정지 1개월	면허정지 2개월	면허취소
4. 면허를 타인에게 대여하여 사용하게 한 경우	법 제21조 제2항 제2호	면허정지 2개월	면허정지 3개월	면허취소

시행규칙

【별표 1】 〈개정 2019.9.27.〉

교과목 및 학점이수 기준 (시행규칙 제7조 제1항 관련)

다음 교과목 중 각 영역별 최소 이수과목(총 18과목) 및 학점(총 52학점) 이상을 전공과목(필수 또는 선택)으로 이수해야 한다.

영 역	교과목	유사인정과목	최소 이수과목 및 학점
기초	생리학	인체생리학, 영양생리학	총 2과목 이상 (6학점 이상)
	생화학	영양생화학	
	공중보건학	환경위생학, 보건학	
영양	기초영양학	영양학, 영양과 현대사회, 영양과 건강, 인체영양학	총 6과목 이상 (19학점 이상)
	고급영양학	영양화학, 고급인체영양학, 영양소 대사	
	생애주기 영양학	특수영양학, 생활주기영양학, 가족영양학, 영양과 (성장)발달	
	식사요법	식이요법, 질병과 식사요법	
	영양교육	영양상담, 영양교육 및 상담, 영양정보관리 및 상담	
	임상영양학	영양병리학	
	지역사회 영양학	보건영양학, 지역사회 영양 및 정책	
	영양판정	영양(상태)평가	
식품 및 조리	식품학	식품과 현대사회, 식품재료학	총 5과목 이상 (14학점 이상)
	식품화학	고급식품학, 식품(영양)분석	
	식품 미생물학	발효식품학, 발효(미생물)학	
	식품가공 및 저장학	식품가공학, 식품저장학, 식품제조 및 관리	
	조리원리	한국음식연구, 외국음식연구, 한국조리, 서양조리	
	실험조리	조리과학, 실험조리 및 관능검사[오감(五感)을 이용한 검사], 실험조리 및 식품평가, 실험조리 및 식품개발	
급식 및 위생	단체급식관리	급식관리, 다량조리, 외식산업과 다량조리	총 4과목 이상 (11학점 이상)
	급식경영학	급식경영 및 인사관리, 급식경영 및 회계, 급식경영 및 마케팅 전략	
	식생활관리	식생활계획, 식생활(과)문화, 식문화사	
	식품위생학	식품위생 및 (관계)법규	
	식품위생 관계 법규	식품위생법규	
실습	영양사 현장실습	영양사 실무	총 1과목 이상 (2학점 이상)

비고 : 1. 위의 교과목명이나 유사인정과목명에 "~ 및 실험", "~ 및 실습", "~ 실험", "~ 실습", "~ 학", "~ 연습", "~ I 과 II", "~ 관리", "~ 개론"을 붙여도 해당 교과목으로 인정할 수 있다.

2. 위의 영양사 현장실습 교과목은 80시간 이상(2주 이상) 이수하여야 하며, 영양사가 배치된 집단급식소, 의료기관, 보건소 등에서 현장 실습하여야 한다.

【별표 1의 2】 〈2015.5.19.〉

영양사 면허 취득에 필요한 학과, 학부(전공) 기준 (제7조 제1항 관련)

구 분	내 용
학 과	영양학과, 식품영양학과, 영양식품학과
학부(전공)	식품학, 영양학, 식품영양학, 영양식품학

【별표 2】

임상영양사 교육기관 지정기준 (시행규칙 제25조 제1항 관련)

<table>
<tr><th colspan="2">교수요원</th><th rowspan="2">실습협약기관
(각 호의 요건을 모두 갖추어야 한다)</th></tr>
<tr><th>전공전임 교수</th><th>실습지도 겸임교수</th></tr>
<tr><td>학생 10명당
1명 이상</td><td>학생 5명당
1명 이상</td><td>1. 보건소·보건지소, 의료기관, 그밖에 보건복지부장관이 인정하는 시설을 실습협약기관으로 지정해야 한다. 이 경우 의료기관은 실습협약기관에 반드시 포함되어야 한다.
2. 실습협약기관에는 임상영양사 1명 이상을 배치하여야 한다.
3. 실습협약기관에는 임상영양사 실습을 위한 별도의 교육훈련 프로그램을 갖추어야 한다.</td></tr>
</table>

【별표 3】

임상영양사 교육과정의 과목별 이수학점 기준 (제27조 제1항 관련)

구 분	과 목 명	학 점
이론과목	고급영양이론	3
	병태생리학	3
	임상영양치료	6
	고급영양상담 및 교육	2
	임상영양연구	2
실습과목	임상영양실습	8
계		24

비고
1. 이론과목에 대해서는 수업학기당 15시간을 1학점으로 인정하고, 실습과목에 대해서는 60시간을 1학점으로 인정한다.
2. 실습은 일주일에 40시간까지 인정하며, 최소 4학점 이상은 실습협약기관으로 지정된 의료기관에서 실습해야 한다.

【별표 4】 〈신설 2019.10.24.〉

영양사 국가시험 응시제한의 기준 (제10조 관련)

위반행위	응시제한 횟수
1. 시험 중에 대화·손동작 또는 소리 등으로 서로 의사소통을 하는 행위 2. 시험 중에 허용되지 않는 자료를 가지고 있거나 해당 자료를 이용하는 행위 3. 제12조 제1항에 따른 응시원서를 허위로 작성하여 제출하는 행위	1회
4. 시험 중에 다른 사람의 답안지 또는 문제지를 엿보고 본인의 답안지를 작성하는 행위 5. 시험 중에 다른 사람을 위해 답안 등을 알려주거나 엿보게 하는 행위 6. 다른 사람의 도움을 받아 답안지를 작성하거나 다른 사람의 답안지 작성에 도움을 주는 행위 7. 본인이 작성한 답안지를 다른 사람과 교환하는 행위 8. 시험 중에 허용되지 않는 전자장비·통신기기 또는 전자계산기기 등을 사용하여 답안을 작성하거나 다른 사람에게 답안을 전송하는 행위 9. 시험 중에 시험문제 내용과 관련된 물건(시험 관련 교재 및 요약자료를 포함한다)을 다른 사람과 주고받는 행위	2회
10. 본인이 대리시험을 치르거나 다른 사람으로 하여금 시험을 치르게 하는 행위 11. 사전에 시험문제 또는 답안을 다른 사람에게 알려주는 행위 12. 사전에 시험문제 또는 시험답안을 알고 시험을 치르는 행위	3회

04 농수산물의 원산지 표시 등에 관한 법률·시행령·시행규칙

농수산물의 원산지 표시 등에 관한 법률

구분	일자	종류	번호
제정	2010. 2. 4	법률	제10022호
개정	2015. 6. 22	법률	제13383호
개정	2016. 12. 2	법률	제14291호
개정	2020. 5. 26	법률	제17314호
개정	2021. 4. 13	법률	제18057호
개정	2021. 11. 30	법률	제18525호

농수산물의 원산지 표시 등에 관한 법률 시행령

구분	일자	종류	번호
공포	2010. 8. 11	대통령령	제22332호
개정	2016. 2. 3	대통령령	제26941호
개정	2017. 5. 29	대통령령	제28059호
개정	2019. 3. 14	대통령령	제29622호
개정	2019. 10. 29	대통령령	제30181호
개정	2021. 1. 15	대통령령	제31380호
개정	2022. 4. 27	대통령령	제32609호
개정	2023. 2. 24	대통령령	제33261호
개정	2023. 12. 12	대통령령	제33946호

농수산물의 원산지 표시 등에 관한 법률 시행규칙

구분	일자	종류	번호
공포	2010. 8. 11	농림축산식품부령	제141호
개정	2016. 2. 3	농림축산식품부령	제198호
개정	2017. 5. 30	농림축산식품부령	제263호
개정	2019. 1. 4	농림축산식품부령	제320호
개정	2020. 4. 27	농림축산식품부령	제423호
개정	2021. 12. 31	농림축산식품부령	제511호
개정	2023. 12. 8	농림축산식품부령	제618호
개정	2025. 1. 09	농림축산식품부령	제701호

제1장 총칙

제1조 【목 적】 이 법은 농산물 · 수산물과 그 가공품 등에 대하여 적정하고 합리적인 원산지 표시와 유통이력 관리를 하도록 함으로써 공정한 거래를 유도하고 소비자의 알권리를 보장하여 생산자와 소비자를 보호하는 것을 목적으로 한다

영 **제1조 【목적】** 이 영은 「농수산물의 원산지 표시 등에 관한 법률」에서 위임된 사항과 그 시행에 필요한 사항을 규정함을 목적으로 한다.

규칙 **제1조 【목적】** 이 규칙은 「농수산물의 원산지 표시 등에 관한 법률」 및 같은 법 시행령에서 위임된 사항과 그 시행에 필요한 사항을 규정함을 목적으로 한다.

제2조 【정 의】 이 법에서 사용하는 용어의 뜻은 다음과 같다.

1. "농산물"이란 「농업·농촌 및 식품산업 기본법」 제3조 제6호 가목에 따른 농산물을 말한다.
2. "수산물"이란 「수산업·어촌 발전 기본법」 제3조 제1호 가목에 따른 어업활동 및 같은 호 마목에 따른 양식업활동으로부터 생산되는 산물을 말한다.
3. "농수산물"이란 농산물과 수산물을 말한다.
4. "원산지"란 농산물이나 수산물이 생산·채취·포획된 국가·지역이나 해역을 말한다.

4의2. "유통이력"이란 수입 농산물 및 농산물 가공품에 대한 수입 이후부터 소비자 판매 이전까지의 유통단계별 거래명세를 말하며, 그 구체적인 범위는 농림축산식품부령으로 정한다.

5. "식품접객업"이란 「식품위생법」 제36조 제1항 제3호에 따른 식품접객업을 말한다.
6. "집단급식소"란 「식품위생법」 제2조 제12호에 따른 집단급식소를 말한다.
7. "통신판매"란 「전자상거래 등에서의 소비자보호에 관한 법률」 제2조 제2호에 따른 통신판매(같은 법 제2조 제1호의 전자상거래로 판매되는 경우를 포함한다. 이하 같다) 중 대통령령으로 정하는 판매를 말한다.
8. 이 법에서 사용하는 용어의 뜻은 이 법에 특별한 규정이 있는 것을 제외하고는 「농수산물 품질관리법」, 「식품위생법」, 「대외무역법」이나 「축산물 위생관리법」에서 정하는 바에 따른다.

영 **제2조 【통신판매의 범위】** 「농수산물의 원산지 표시에 관한 법률」(이하 "법"이라 한다) 제2조 제7호에서 "대통령령으로 정하는 판매"란 「전자상거래 등에서의 소비자보호에 관한 법률」 제12조에 따라 신고한 통신판매업자의 판매(전단지를 이용한 판매는 제외한다) 또는 같은 법 제20조 제2항에 따른 통신판매중개업자가 운영하는 사이버몰(컴퓨터 등과 정보통신설비를 이용하여 재화를 거래할 수 있도록 설정된 가상의 영업장을 말한다)을 이용한 판매를 말한다.

규칙 **제1조의 2 【유통이력의 범위】** 「농수산물의 원산지 표시 등에 관한 법률」(이하 "법"이라 한다) 제2조 제4호의2에 따른 유통이력의 범위는 다음 각 호와 같다.

1. 양수자의 업체(상호)명·주소·성명(법인인 경우 대표자의 성명) 및 사업자등록번호(법인인 경우 법인등록번호)
2. 양도 물품의 명칭, 수량 및 중량
3. 양도일

4. 제1호부터 제3호까지 외의 사항으로서 농림축산식품부장관이 유통이력 관리에 필요하다고 인정하여 고시하는 사항

제3조【다른 법률과의 관계】 이 법은 농수산물 또는 그 가공품의 원산지 표시와 수입 농산물 및 농산물 가공품의 유통이력 관리에 대하여 다른 법률에 우선하여 적용한다. 〈개정 2013. 7. 30., 2016. 12. 2., 2021. 11. 30.〉

제4조【농수산물의 원산지 표시의 심의】 이 법에 따른 농산물·수산물 및 그 가공품 또는 조리하여 판매하는 쌀·김치류 및 축산물(「축산물위생관리법」 제2조 제2호에 따른 축산물을 말한다. 이하 같다)의 원산지 표시 등에 관한 사항은 「농수산물 품질관리법」 제3조에 따른 농수산물품질관리심의회(이하 "심의회"라 한다)에서 심의한다.

제 2 장 원산지 표시 등

제5조【원산지 표시】 ① 대통령령으로 정하는 농수산물 또는 그 가공품을 수입하는 자, 생산·가공하여 출하하거나 판매(통신판매를 포함한다. 이하 같다)하는 자 또는 판매할 목적으로 보관·진열하는 자는 다음 각 호에 대하여 원산지를 표시하여야 한다.

1. 농수산물
2. 농수산물 가공품(국내에서 가공한 가공품은 제외한다)
3. 농수산물 가공품(국내에서 가공한 가공품에 한정한다)의 원료

② 다음 각 호의 어느 하나에 해당하는 때에는 제1항에 따라 원산지를 표시한 것으로 본다.

1. 「농수산물 품질관리법」 제5조 또는 「소금산업 진흥법」 제33조에 따른 표준규격품의 표시를 한 경우
2. 「농수산물 품질관리법」 제6조에 따른 우수관리인증의 표시, 같은 법 제14조에 따른 품질 인증품의 표시 또는 「소금산업 진흥법」 제39조에 따른 우수천일염인증의 표시를 한 경우

2의2. 「소금산업 진흥법」 제40조에 따른 천일염생산방식인증의 표시를 한 경우

3. 「소금산업 진흥법」 제41조에 따른 친환경천일염인증의 표시를 한 경우
4. 「농수산물 품질관리법」 제24조에 따른 이력추적관리의 표시를 한 경우
5. 「농수산물 품질관리법」 제34조 또는 「소금산업 진흥법」 제38조에 따른 지리적표시를 한 경우

5의2. 「식품산업진흥법」 제22조의2 또는 「수산식품산업의 육성 및 지원에 관한 법률」 제30조에 따른 원산지인증의 표시를 한 경우

5의3. 「대외무역법」 제33조에 따라 수출입 농수산물이나 수출입 농수산물 가공품의 원산지를 표시한 경우

6. 다른 법률에 따라 농수산물의 원산지 또는 농수산물 가공품의 원료의 원산지를 표시한 경우

③ 식품접객업 및 집단급식소 중 대통령령으로 정하는 영업소나 집단급식소를 설치·운영하는 자는 다음 각 호의 어느 하나에 해당하는 경우에 그 농수산물이나 그 가공품의 원료에 대하여 원산지(쇠고기는 식육의 종류를 포함한다. 이하 같다)를 표시하여야 한다. 다만, 「식품산업진흥법」 제22조의2 또는 「수산식품산업의 육성 및 지원에 관한 법률」 제30조에 따른 원산지인증의 표시를 한 경우에는 원산지를 표시한 것으로 보며, 쇠고기의 경우에는 식육의 종류를 별도로 표시하여야 한다.

1. 대통령령으로 정하는 농수산물이나 그 가공품을 조리하여 판매·제공(배달을 통한 판매·제공을 포

함한다)하는 경우

2. 제1호에 따른 농수산물이나 그 가공품을 조리하여 판매·제공할 목적으로 보관하거나 진열하는 경우

④ 제1항이나 제3항에 따른 표시대상, 표시를 하여야 할 자, 표시기준은 대통령령으로 정하고, 표시방법과 그 밖에 필요한 사항은 농림축산식품부와 해양수산부의 공동 부령으로 정한다.

영 **제3조【원산지의 표시대상】** ① 법 제5조제1항 각 호 외의 부분에서 "대통령령으로 정하는 농수산물 또는 그 가공품"이란 다음 각 호의 농수산물 또는 그 가공품을 말한다.

1. 유통질서의 확립과 소비자의 올바른 선택을 위하여 필요하다고 인정하여 농림축산식품부장관과 해양수산부장관이 공동으로 고시한 농수산물 또는 그 가공품
2. 「대외무역법」 제33조에 따라 산업통상자원부장관이 공고한 수입 농수산물 또는 그 가공품. 다만, 「대외무역법 시행령」 제56조 제2항에 따라 원산지 표시를 생략할 수 있는 수입 농수산물 또는 그 가공품은 제외한다.

② 법 제5조제1항 제3호에 따른 농수산물 가공품의 원료에 대한 원산지 표시대상은 다음 각 호와 같다. 다만, 물, 식품첨가물, 주정(酒精) 및 당류(당류를 주원료로 하여 가공한 당류가공품을 포함한다)는 배합 비율의 순위와 표시대상에서 제외한다.

1. 원료 배합 비율에 따른 표시대상
   가. 사용된 원료의 배합 비율에서 한 가지 원료의 배합 비율이 98퍼센트 이상인 경우에는 그 원료
   나. 사용된 원료의 배합 비율에서 두 가지 원료의 배합 비율의 합이 98퍼센트 이상인 원료가 있는 경우에는 배합 비율이 높은 순서의 2순위까지의 원료
   다. 가목 및 나목 외의 경우에는 배합 비율이 높은 순서의 3순위까지의 원료
   라. 가목부터 다목까지의 규정에도 불구하고 김치류 및 절임류(소금으로 절이는 절임류에 한정한다)의 경우에는 다음의 구분에 따른 원료
      1) 김치류 중 고춧가루(고춧가루가 포함된 가공품을 사용하는 경우에는 그 가공품에 사용된 고춧가루를 포함한다. 이하 같다)를 사용하는 품목은 고춧가루 및 소금을 제외한 원료 중 배합 비율이 가장 높은 순서의 2순위까지의 원료와 고춧가루 및 소금
      2) 김치류 중 고춧가루를 사용하지 아니하는 품목은 소금을 제외한 원료 중 배합 비율이 가장 높은 순서의 2순위까지의 원료와 소금
      3) 절임류는 소금을 제외한 원료 중 배합 비율이 가장 높은 순서의 2순위까지의 원료와 소금. 다만, 소금을 제외한 원료 중 한 가지 원료의 배합 비율이 98퍼센트 이상인 경우에는 그 원료와 소금으로 한다.
2. 제1호에 따른 표시대상 원료로서 「식품등의 표시·광고에 관한 법률」 제4조에 따른 식품등의 표시기준에서 정한 복합원재료를 사용한 경우에는 농림축산식품부장관과 해양수산부장관이 공동으로 정하여 고시하는 기준에 따른 원료

③ 제2항을 적용할 때 원료(가공품의 원료를 포함한다. 이하 이 항에서 같다) 농수산물의 명칭을 제품명 또는 제품명의 일부로 사용하는 경우에는 그 원료 농수산물이 같은 항에 따른 원산지 표시대상이 아니더라도 그 원료 농수산물의 원산지를 표시해야 한다. 다만, 원료 농수산물이 다음 각 호의 어느 하나에 해당하는 경우에는 해당 원료 농수산물의 원산지 표시를 생략할 수 있다.

1. 제1항 제1호에 따라 고시한 원산지 표시대상에 해당하지 않는 경우

2. 제2항 각 호 외의 부분 단서에 따른 식품첨가물, 주정 및 당류(당류를 주원료로 하여 가공한 당류가공품을 포함한다)의 원료로 사용된 경우
3. 「식품등의 표시·광고에 관한 법률」 제4조의 표시기준에 따라 원재료명 표시를 생략할 수 있는 경우

④ 삭제

⑤ 법 제5조 제3항에서 "대통령령으로 정하는 농수산물이나 그 가공품을 조리하여 판매·제공하는 경우"란 다음 각 호의 것을 조리하여 판매·제공하는 경우를 말한다. 이 경우 조리에는 날 것의 상태로 조리하는 것을 포함하며, 판매·제공에는 배달을 통한 판매·제공을 포함한다.

1. 쇠고기(식육·포장육·식육가공품을 포함한다. 이하 같다)
2. 돼지고기(식육·포장육·식육가공품을 포함한다. 이하 같다)
3. 닭고기(식육·포장육·식육가공품을 포함한다. 이하 같다)
4. 오리고기(식육·포장육·식육가공품을 포함한다. 이하 같다)
5. 양고기(식육·포장육·식육가공품을 포함한다. 이하 같다)

5의2. 염소(유산양을 포함한다. 이하 같다)고기(식육·포장육·식육가공품을 포함한다. 이하 같다)

6. 밥, 죽, 누룽지에 사용하는 쌀(쌀가공품을 포함하며, 쌀에는 찹쌀, 현미 및 찐쌀을 포함한다. 이하 같다)
7. 배추김치(배추김치가공품을 포함한다)의 원료인 배추(얼갈이배추와 봄동배추를 포함한다. 이하 같다)와 고춧가루

7의2. 두부류(가공두부, 유바는 제외한다), 콩비지, 콩국수에 사용하는 콩(콩가공품을 포함한다. 이하 같다)

8. 넙치, 조피볼락, 참돔, 미꾸라지, 뱀장어, 낙지, 명태(황태, 북어 등 건조한 것은 제외한다. 이하 같다), 고등어, 갈치, 오징어, 꽃게, 참조기, 다랑어, 아귀 및 주꾸미(해당 수산물가공품을 포함한다. 이하 같다)
9. 조리하여 판매·제공하기 위하여 수족관 등에 보관·진열하는 살아있는 수산물

⑥ 제5항 각 호의 원산지 표시대상 중 가공품에 대해서는 주원료를 표시해야 한다. 이 경우 주원료 표시에 관한 세부기준에 대해서는 농림축산식품부장관과 해양수산부장관이 공동으로 정하여 고시한다.

⑦ 농수산물이나 그 가공품의 신뢰도를 높이기 위하여 필요한 경우에는 제1항부터 제3항까지, 제5항 및 제6항에 따른 표시대상이 아닌 농수산물과 그 가공품의 원료에 대해서도 그 원산지를 표시할 수 있다. 이 경우 법 제5조 제4항에 따른 표시기준과 표시방법을 준수하여야 한다.

영 **제4조 【원산지 표시를 하여야 할 자】** 법 제5조 제3항에서 "대통령령으로 정하는 영업소나 집단급식소를 설치·운영하는 자"란 「식품위생법 시행령」 제21조 제8호 가목의 휴게음식점영업, 같은 호 나목의 일반음식점영업 또는 같은 호 마목의 위탁급식영업을 하는 영업소나 같은 법 시행령 제2조의 집단급식소를 설치·운영하는 자를 말한다.

영 **제5조 【원산지의 표시기준】** ① 법 제5조 제4항에 따른 원산지의 표시기준은 별표 1과 같다.
② 제1항에서 규정한 사항 외에 원산지의 표시기준에 관하여 필요한 사항은 농림축산식품부장관

과 해양수산부장관이 공동으로 정하여 고시한다.

규칙 **제3조【원산지의 표시방법】** 법 제5조 제4항에 따른 원산지의 표시방법은 다음 각 호의 구분과 같다.

1. 법 제5조 제1항에 따라 원산지를 표시하여야 하는 경우: 「농수산물의 원산지 표시 등에 관한 법률 시행령」(이하 "영"이라 한다) 제5조의 원산지의 표시기준에 따라 표시하되, 세부적인 표시방법은 별표 1부터 별표 3까지에 따를 것
2. 법 제5조 제3항에 따라 원산지를 표시하여야 하는 경우: 별표 3 및 별표 4에 따를 것

제6조【거짓 표시 등의 금지】 ① 누구든지 다음 각 호의 행위를 하여서는 아니 된다.

1. 원산지 표시를 거짓으로 하거나 이를 혼동하게 할 우려가 있는 표시를 하는 행위
2. 원산지 표시를 혼동하게 할 목적으로 그 표시를 손상·변경하는 행위
3. 원산지를 위장하여 판매하거나, 원산지 표시를 한 농수산물이나 그 가공품에 다른 농수산물이나 가공품을 혼합하여 판매하거나 판매할 목적으로 보관이나 진열하는 행위

② 농수산물이나 그 가공품을 조리하여 판매·제공하는 자는 다음 각 호의 행위를 하여서는 아니 된다.

1. 원산지 표시를 거짓으로 하거나 이를 혼동하게 할 우려가 있는 표시를 하는 행위
2. 원산지를 위장하여 조리·판매·제공하거나, 조리하여 판매·제공할 목적으로 농수산물이나 그 가공품의 원산지 표시를 손상·변경하여 보관·진열하는 행위
3. 원산지 표시를 한 농수산물이나 그 가공품에 원산지가 다른 동일 농수산물이나 그 가공품을 혼합하여 조리·판매·제공하는 행위

③ 제1항이나 제2항을 위반하여 원산지를 혼동하게 할 우려가 있는 표시 및 위장판매의 범위 등 필요한 사항은 농림축산식품부와 해양수산부의 공동 부령으로 정한다.

④ 「유통산업발전법」 제2조 제3호에 따른 대규모점포를 개설한 자는 임대의 형태로 운영되는 점포(이하 "임대점포"라 한다)의 임차인 등 운영자가 제1항 각 호 또는 제2항 각 호의 어느 하나에 해당하는 행위를 하도록 방치하여서는 아니 된다.

⑤ 「방송법」 제9조 제5항에 따른 승인을 받고 상품소개와 판매에 관한 전문편성을 행하는 방송채널사용사업자는 해당 방송채널 등에 물건 판매중개를 의뢰하는 자가 제1항 각 호 또는 제2항 각 호의 어느 하나에 해당하는 행위를 하도록 방치하여서는 아니 된다.

규칙 **제4조【원산지를 혼동하게 할 우려가 있는 표시 등】** 법 제6조 제3항에 따른 원산지를 혼동하게 할 우려가 있는 표시 및 위장판매의 범위는 별표 5와 같다.

제6조의 2【과징금】 ① 농림축산식품부장관, 해양수산부장관, 관세청장, 특별시장·광역시장·특별자치시장·도지사 또는 특별자치도지사(이하 "시·도지사"라 한다)는 제6조 제1항 또는 제2항을 2년간 2회 이상 위반한 자에게 그 위반금액의 5배 이하에 해당하는 금액을 과징금으로 부과·징수할 수 있다. 이 경우 제6조 제1항을 위반한 횟수와 같은 조 제2항을 위반한 횟수는 합산한다. 〈개정 2020.5.26.〉

② 제1항에 따른 위반금액은 제6조 제1항 또는 제2항을 위반한 농수산물이나 그 가공품의 판매금액으로서 각 위반행위별 판매금액을 모두 더한 금액을 말한다.

③ 제1항에 따른 과징금 부과·징수의 세부기준, 절차, 그 밖에 필요한 사항은 대통령령으로 정한다.

④ 농림축산식품부장관, 해양수산부장관, 관세청장, 시·도지사는 제1항에 따른 과징금을 내야 하는 자가 납부기한까지 내지 아니하면 국세 또는 지방세 체납처분의 예에 따라 징수한다.

영 **제5조의 2 【과징금의 부과 및 징수】** ① 법 제6조의2제1항에 따른 과징금의 부과기준은 별표 1의2와 같다.

② 농림축산식품부장관, 해양수산부장관, 관세청장 또는 특별시장 · 광역시장 · 특별자치시장 · 도지사 · 특별자치도지사(이하 "시 · 도지사"라 한다)나 시장 · 군수 · 구청장(자치구의 구청장을 말한다. 이하 같다)은 법 제6조의2제1항에 따라 과징금을 부과하려면 그 위반행위의 종류와 과징금의 금액 등을 명시하여 과징금을 낼 것을 과징금 부과대상자에게 서면으로 알려야 한다. 〈개정 2016. 11. 15., 2018. 12. 11., 2021. 12. 31.〉

③ 제2항에 따라 통보를 받은 자는 납부 통지일부터 30일 이내에 과징금을 농림축산식품부장관, 해양수산부장관, 관세청장, 시 · 도지사나 시장 · 군수 · 구청장이 정하는 수납기관에 내야 한다. 〈개정 2016. 6. 30., 2018. 12. 11., 2021. 12. 31., 2023. 12. 12.〉

④ 삭제 〈2023. 12. 12.〉

⑤ 과징금 납부 의무자는 「행정기본법」 제29조 각 호 외의 부분 단서에 따라 과징금 납부기한을 연기하거나 과징금을 분할 납부하려는 경우에는 납부기한 5일 전까지 과징금 납부기한의 연기나 과징금의 분할 납부를 신청하는 문서에 같은 조 각 호의 사유를 증명하는 서류를 첨부하여 농림축산식품부장관, 해양수산부장관, 관세청장, 시 · 도지사나 시장 · 군수 · 구청장에게 신청해야 한다. 〈개정 2023. 12. 12.〉

⑥ 농림축산식품부장관, 해양수산부장관, 관세청장, 시 · 도지사나 시장 · 군수 · 구청장이 「행정기본법」 제29조 각 호 외의 부분 단서에 따라 법 제6조의2제1항에 따른 과징금의 납부기한을 연기하는 경우 납부기한의 연기는 원래 납부기한의 다음 날부터 1년을 초과할 수 없다. 〈개정 2023. 12. 12.〉

⑦ 농림축산식품부장관, 해양수산부장관, 관세청장, 시 · 도지사나 시장 · 군수 · 구청장이 「행정기본법」 제29조 각 호 외의 부분 단서에 따라 법 제6조의2제1항에 따른 과징금을 분할 납부하게 하는 경우 각 분할된 납부기한 간의 간격은 4개월 이내로 하며, 분할 횟수는 3회 이내로 한다. 〈개정 2023. 12. 12.〉

⑧ 삭제 〈2023. 12. 12.〉

⑨ 제3항에 따라 과징금을 받은 수납기관은 지체 없이 그 사실을 농림축산식품부장관, 해양수산부장관, 관세청장, 시 · 도지사나 시장 · 군수 · 구청장에게 알려야 한다. 〈개정 2016. 6. 30., 2018. 12. 11., 2021. 12. 31.〉

⑩ 제1항부터 제9항까지에서 규정한 사항 외에 과징금의 부과 · 징수에 필요한 사항은 농림축산식품부와 해양수산부의 공동부령으로 정한다.

〈개정 2016. 6. 30.〉[본조신설 2015. 6. 1.]

제7조 【원산지 표시 등의 조사】 ① 농림축산식품부장관, 해양수산부장관, 관세청장, 시·도지사 또는 시장·군수·구청장은 제5조에 따른 원산지의 표시 여부·표시사항과 표시방법 등의 적정성을 확인하기 위하여 대통령령으로 정하는 바에 따라 관계 공무원으로 하여금 원산지 표시대상 농수산물이나 그 가공품을 수거하거나 조사하게 하여야 한다. 이 경우 관세청장의 수거 또는 조사 업무는 제5조 제1항의 원산지 표시 대상 중 수입하는 농수산물이나 농수산물 가공품(국내에서 가공한 가공품은 제외한다)에 한정한다.

② 제1항에 따른 조사 시 필요한 경우 해당 영업장, 보관창고, 사무실 등에 출입하여 농수산물이나 그 가공품 등에 대하여 확인·조사 등을 할 수 있으며 영업과 관련된 장부나 서류의 열람을 할 수 있다.

③ 제1항이나 제2항에 따른 수거·조사·열람을 하는 때에는 원산지의 표시대상 농수산물이나 그 가공품을 판매하거나 가공하는 자 또는 조리하여 판매·제공하는 자는 정당한 사유 없이 이를 거부·방해하거나 기피하여서는 아니 된다.

④ 제1항이나 제2항에 따른 수거 또는 조사를 하는 관계 공무원은 그 권한을 표시하는 증표를 지니고 이를 관계인에게 내보여야 하며, 출입 시 성명·출입시간·출입목적 등이 표시된 문서를 관계인에게 교부하여야 한다.

⑤ 농림축산식품부장관, 해양수산부장관, 관세청장이나 시·도지사는 제1항에 따른 수거·조사를 하는 경우 업종, 규모, 거래 품목 및 거래 형태 등을 고려하여 매년 인력·재원 운영계획을 포함한 자체 계획(이하 이 조에서 "자체 계획"이라 한다)을 수립한 후 그에 따라 실시하여야 한다.

⑥ 농림축산식품부장관, 해양수산부장관, 관세청장이나 시·도지사는 제1항에 따른 수거·조사를 실시한 경우 다음 각 호의 사항에 대하여 평가를 실시하여야 하며 그 결과를 자체 계획에 반영하여야 한다. 〈신설 2018.12.31.〉

1. 자체 계획에 따른 추진 실적
2. 그 밖에 원산지 표시 등의 조사와 관련하여 평가가 필요한 사항

⑦ 제6항에 따른 평가와 관련된 기준 및 절차에 관한 사항은 대통령령으로 정한다.

영 **제6조【원산지 표시 등의 조사】** ① 농림축산식품부장관과 해양수산부장관은 법 제7조 제1항에 따라 수거한 시료의 원산지를 판정하기 위하여 필요한 경우에는 검정기관을 지정·고시할 수 있다.

② 농림축산식품부장관 및 해양수산부장관은 원산지 검정방법 및 세부기준을 정하여 고시할 수 있다.

③ 농림축산식품부장관, 해양수산부장관, 관세청장이나 시·도지사는 법 제7조 제6항에 따라 원산지 표시대상 농수산물이나 그 가공품에 대한 수거·조사를 위한 자체 계획(이하 "자체계획"이라 한다)에 따른 추진 실적 등을 평가할 때에는 다음 각 호의 사항을 중심으로 평가해야 한다.

1. 자체계획 목표의 달성도
2. 추진 과정의 효율성
3. 인력 및 재원 활용의 적정성

영 **제6조의 2【원산지통합관리시스템의 구축·운영】** ① 농림축산식품부장관과 해양수산부장관은 법 제7조 제1항에 따른 원산지 조사 업무의 효율적인 운영을 위하여 원산지 표시 조사자료를 통합관리하는 시스템(이하 "원산지통합관리시스템"이라 한다)을 구축·운영할 수 있다.

② 농림축산식품부장관과 해양수산부장관은 원산지통합관리시스템의 운영을 위하여 관계 중앙행정기관의 장, 시·도지사 또는 시장·군수·구청장(자치구의 구청장을 말한다. 이하 같다)에게 정보제공을 요청할 수 있다. 이 경우 협조를 요청받은 관계 중앙행정기관의 장은 정당한 사유가 없으면 그 요청에 따라야 한다.

③ 농림축산식품부장관과 해양수산부장관은 원산지통합관리시스템 및 수입농산물등유통이력관리시스템의 운영을 위하여 관계 중앙행정기관의 장, 시 · 도지사나 시장 · 군수 · 구청장에게 정보제공을 요청할 수 있다. 이 경우 협조를 요청받은 관계 중앙행정기관의 장은 정당한 사유가 없으면 그 요청에 따라야 한다.

제8조【영수증 등의 비치】 제5조 제3항에 따라 원산지를 표시하여야 하는 자는 「축산물 위생관리법」 제31조나 「가축 및 축산물 이력관리에 관한 법률」 제18조 등 다른 법률에 따라 발급받은 원산지 등이 기재된 영수증이나 거래명세서 등을 매입일부터 6개월간 비치·보관하여야 한다. 〈개정 2016.12.2.〉

제9조【원산지 표시 등의 위반에 대한 처분 등】 ① 농림축산식품부장관, 해양수산부장관, 관세청장, 시·도지사 또는 시장·군수·구청장은 제5조나 제6조를 위반한 자에 대하여 다음 각 호의 처분을 할 수 있다. 다만, 제5조 제3항을 위반한 자에 대한 처분은 제1호에 한정한다. 〈개정 2020.5.26.〉

1. 표시의 이행·변경·삭제 등 시정명령
2. 위반 농수산물이나 그 가공품의 판매 등 거래행위 금지

② 농림축산식품부장관, 해양수산부장관, 관세청장, 시·도지사 또는 시장·군수·구청장은 다음 각 호의 자가 제5조를 위반하여 2년 이내에 2회 이상 원산지를 표시하지 아니하거나, 제6조를 위반함에 따라 제1항에 따른 처분이 확정된 경우 처분과 관련된 사항을 공표하여야 한다. 다만, 농림축산식품부장관이나 해양수산부장관이 심의회의 심의를 거쳐 공표의 실효성이 없다고 인정하는 경우에는 처분과 관련된 사항을 공표하지 아니할 수 있다. 〈개정 2020.5.26.〉

③ 제2항에 따라 공표를 하여야 하는 사항은 다음 각 호와 같다.

1. 제1항에 따른 처분 내용
2. 해당 영업소의 명칭
3. 농수산물의 명칭
4. 제1항에 따른 처분을 받은 자가 입점하여 판매한 「방송법」 제9조 제5항에 따른 방송채널사용사업자 또는 「전자상거래 등에서의 소비자보호에 관한 법률」 제20조에 따른 통신판매중개업자의 명칭
5. 그 밖에 처분과 관련된 사항으로서 대통령령으로 정하는 사항

④ 제2항의 공표는 다음 각 호의 자의 홈페이지에 공표한다.

1. 농림축산식품부
2. 해양수산부
3. 국립농산물품질관리원
4. 대통령령으로 정하는 국가검역·검사기관
5. 특별시·광역시·특별자치시·도·특별자치도, 시·군·구(자치구를 말한다)
6. 한국소비자원
7. 그 밖에 대통령령으로 정하는 주요 인터넷 정보제공 사업자

⑤ 제1항에 따른 처분과 제2항에 따른 공표의 기준·방법 등에 관하여 필요한 사항은 대통령령으로 정한다.

영 **제7조【원산지 표시 등의 위반에 대한 처분 및 공표】** ① 법 제9조 제1항에 따른 처분은 다음 각 호의 구분에 따라 한다.

1. 법 제5조 제1항을 위반한 경우: 표시의 이행명령 또는 거래행위 금지
2. 법 제5조 제3항을 위반한 경우: 표시의 이행명령
3. 법 제6조를 위반한 경우: 표시의 이행·변경·삭제 등 시정명령 또는 거래행위 금지

② 법 제9조 제2항에 따른 홈페이지 공표의 기준·방법은 다음 각 호와 같다.

1. 공표기간: 처분이 확정된 날부터 12개월
2. 공표방법

가. 농림축산식품부, 해양수산부, 관세청, 국립농산물품질관리원, 국립수산물품질관리원,

특별시·광역시·특별자치시·도·특별자치도(이하 "시·도"라 한다), 시·군·구(자치구를 말한다. 이하 같다) 및 한국소비자원의 홈페이지에 공표하는 경우: 이용자가 해당 기관의 인터넷 홈페이지 첫 화면에서 볼 수 있도록 공표

나. 주요 인터넷 정보제공 사업자의 홈페이지에 공표하는 경우: 이용자가 해당 사업자의 인터넷 홈페이지 화면 검색창에 "원산지"가 포함된 검색어를 입력하면 볼 수 있도록 공표

③ 법 제9조 제3항 제5호에서 "대통령령으로 정하는 사항"이란 다음 각 호의 사항을 말한다.

1. "「농수산물의 원산지 표시에 관한 법률」 위반 사실의 공표"라는 내용의 표제
2. 영업의 종류
3. 영업소의 주소(「유통산업발전법」 제2조 제3호에 따른 대규모점포에 입점·판매한 경우 그 대규모점포의 명칭 및 주소를 포함한다)
4. 농수산물 가공품의 명칭
5. 위반 내용
6. 처분권자 및 처분일
7. 법 제9조 제1항에 따른 처분을 받은 자가 입점하여 판매한 「방송법」 제9조 제5항에 따른 방송채널사용사업자의 채널명 또는 「전자상거래 등에서의 소비자보호에 관한 법률」 제20조에 따른 통신판매중개업자의 홈페이지 주소

④ 법 제9조 제4항 제4호에서 "대통령령으로 정하는 국가검역·검사기관"이란 국립수산물품질관리원을 말한다.

⑤ 법 제9조 제4항 제7호에서 "대통령령으로 정하는 주요 인터넷 정보제공 사업자"란 포털서비스(다른 인터넷주소·정보 등의 검색과 전자우편·커뮤니티 등을 제공하는 서비스를 말한다)를 제공하는 자로서 공표일이 속하는 연도의 전년도 말 기준 직전 3개월간의 일일평균 이용자수가 1천만명 이상인 정보통신서비스 제공자를 말한다.

제9조의 2 【원산지 표시 위반에 대한 교육】 ① 농림축산식품부장관, 해양수산부장관, 관세청장, 시·도지사 또는 시장·군수·구청장은 제9조 제2항 각 호의 자가 제5조 또는 제6조를 위반하여 제9조 제1항에 따른 처분이 확정된 경우에는 농수산물 원산지 표시제도 교육을 이수하도록 명하여야 한다.

② 제1항에 따른 이수명령의 이행기간은 교육 이수명령을 통지받은 날부터 최대 4개월 이내로 정한다.

③ 농림축산식품부장관과 해양수산부장관은 제1항 및 제2항에 따른 농수산물 원산지 표시제도 교육을 위하여 교육시행지침을 마련하여 시행하여야 한다.

④ 제1항부터 제3항까지의 규정에 따른 교육내용, 교육대상, 교육기관, 교육기간 및 교육시행지침 등 필요한 사항은 대통령령으로 정한다.

영 **제7조의 2 【농수산물 원산지 표시제도】** ① 법 제9조의2 제1항에 따른 농수산물 원산지 표시제도 교육(이하 이 조에서 "원산지 교육"이라 한다)은 다음 각 호의 내용을 포함하여야 한다.

1. 원산지 표시 관련 법령 및 제도
2. 원산지 표시방법 및 위반자 처벌에 관한 사항

② 원산지 교육은 2시간 이상 실시되어야 한다.

③ 원산지 교육의 대상은 법 제9조 제2항 각 호의 자 중에서 다음 각 호의 어느 하나에 해당하는 자로 한다.

1. 법 제5조를 위반하여 농수산물이나 그 가공품 등의 원산지 등을 표시하지 않아 법 제9조

제1항에 따른 처분을 2년 이내에 2회 이상 받은 자
2. 법 제6조를 위반하여 농수산물이나 그 가공품 등의 원산지 등을 거짓으로 표시하여 법 제9조 제1항에 따른 처분을 받은 자

④ 농림축산식품부장관, 해양수산부장관, 관세청장 또는 시·도지사는 제3항에 따른 원산지 교육을 받아야 하는 자(이하 이 항에서 "원산지 교육대상자"라 한다)에게 농림축산식품부와 해양수산부의 공동부령으로 정하는 사유가 있는 경우에는 원산지 교육대상자의 종업원 중 원산지 표시의 관리책임을 맡은 자에게 원산지 교육대상자를 대신하여 원산지 교육을 받게 할 수 있다.

⑤ 원산지 교육을 실시하는 교육기관은 다음 각 호와 같다.
1. 「농업·농촌 및 식품산업 기본법」 제11조의2에 따른 농림수산식품교육문화정보원
2. 농림축산식품부장관과 해양수산부장관이 공동으로 정하여 고시하는 교육전문기관 또는 단체

⑥ 제1항부터 제5항까지에서 정한 사항 외에 원산지 교육의 방법, 절차, 그 밖에 교육에 필요한 사항은 법 제9조의2 제3항에 따른 교육시행지침으로 정한다.

제10조 【농수산물의 원산지 표시에 관한 정보제공】 ① 농림축산식품부장관 또는 해양수산부장관은 농수산물의 원산지 표시와 관련된 정보 중 방사성물질이 유출된 국가 또는 지역 등 국민이 알아야 할 필요가 있다고 인정되는 정보에 대하여는 「공공기관의 정보공개에 관한 법률」에서 허용하는 범위에서 이를 국민에게 제공하도록 노력하여야 한다.

② 제1항에 따라 정보를 제공하는 경우 제4조에 따른 심의회의 심의를 거칠 수 있다.

③ 농림축산식품부장관 또는 해양수산부장관은 제1항에 따라 국민에게 정보를 제공하고자 하는 경우 「농수산물 품질관리법」 제103조에 따른 농수산물안전정보시스템을 이용할 수 있다.

제10조의 2 【수입 농산물 등의 유통이력 관리】 ① 농산물 및 농산물 가공품(이하 "농산물등"이라 한다)을 수입하는 자와 수입 농산물등을 거래하는 자(소비자에 대한 판매를 주된 영업으로 하는 사업자는 제외한다)는 공정거래 또는 국민보건을 해칠 우려가 있는 것으로서 농림축산식품부장관이 지정하여 고시하는 농산물등(이하 "유통이력관리수입농산물등"이라 한다)에 대한 유통이력을 농림축산식품부장관에게 신고하여야 한다.

② 제1항에 따른 유통이력 신고의무가 있는 자(이하 "유통이력신고의무자"라 한다)는 유통이력을 장부에 기록(전자적 기록방식을 포함한다)하고, 그 자료를 거래일부터 1년간 보관하여야 한다.

③ 유통이력신고의무자가 유통이력관리수입농산물등을 양도하는 경우에는 이를 양수하는 자에게 제1항에 따른 유통이력 신고의무가 있음을 농림축산식품부령으로 정하는 바에 따라 알려주어야 한다.

④ 농림축산식품부장관은 유통이력관리수입농산물등을 지정하거나 유통이력의 범위 등을 정하는 경우에는 수입 농산물등을 국내 농산물등에 비하여 부당하게 차별하여서는 아니 되며, 이를 이행하는 유통이력신고의무자의 부담이 최소화되도록 하여야 한다.

⑤ 제1항부터 제4항까지에서 규정한 사항 외에 유통이력 신고의 절차 등에 관하여 필요한 사항은 농림축산식품부령으로 정한다. [본조신설 2021. 11. 30.]

제10조의 3 【유통이력관리수입농산물등의 사후관리】 ① 농림축산식품부장관은 제10조의2에 따른 유통이력 신고의무의 이행 여부를 확인하기 위하여 필요한 경우에는 관계 공무원으로 하여금 유통이력신고

의무자의 사업장 등에 출입하여 유통이력관리수입농산물등을 수거 또는 조사하거나 영업과 관련된 장부나 서류를 열람하게 할 수 있다.

② 유통이력신고의무자는 정당한 사유 없이 제1항에 따른 수거 · 조사 또는 열람을 거부 · 방해 또는 기피하여서는 아니 된다.

③ 제1항에 따라 수거 · 조사 또는 열람을 하는 관계 공무원은 그 권한을 표시하는 증표를 지니고 이를 관계인에게 내보여야 하며, 출입할 때에는 성명, 출입시간, 출입목적 등이 표시된 문서를 관계인에게 내주어야 한다.

④ 제1항부터 제3항까지에서 규정한 사항 외에 유통이력관리수입농산물등의 수거 · 조사 또는 열람 등에 필요한 사항은 대통령령으로 정한다.

[본조신설 2021. 11. 30.]

제 3 장 보 칙

제11조 【명예감시원】 ① 농림축산식품부장관, 해양수산부장관, 시·도지사 또는 시장·군수·구청장은 「농수산물 품질관리법」 제104조의 농수산물 명예감시원에게 농수산물이나 그 가공품의 원산지 표시를 지도·홍보·계몽하거나 위반사항을 신고하게 할 수 있다.

② 농림축산식품부장관, 해양수산부장관, 시·도지사 또는 시장·군수·구청장은 제1항에 따른 활동에 필요한 경비를 지급할 수 있다.

제12조 【포상금 지급 등】 ① 농림축산식품부장관, 해양수산부장관, 관세청장, 시·도지사 또는 시장·군수·구청장은 제5조 및 제6조를 위반한 자를 주무관청이나 수사기관에 신고하거나 고발한 자에 대하여 대통령령으로 정하는 바에 따라 예산의 범위에서 포상금을 지급할 수 있다.

② 농림축산식품부장관 또는 해양수산부장관은 농수산물 원산지 표시의 활성화를 모범적으로 시행하고 있는 지방자치단체, 개인, 기업 또는 단체에 대하여 우수사례로 발굴하거나 시상할 수 있다.

③ 제2항에 따른 시상의 내용 및 방법 등에 필요한 사항은 농림축산식품부와 해양수산부의 공동 부령으로 정한다.

영 **제8조 【포상금】** ① 법 제12조 제1항에 따른 포상금은 1천만원의 범위에서 지급할 수 있다.

② 법 제12조 제1항에 따른 신고 또는 고발이 있은 후에 같은 위반행위에 대하여 같은 내용의 신고 또는 고발을 한 사람에게는 포상금을 지급하지 아니한다.

③ 제1항 및 제2항에서 규정한 사항 외에 포상금의 지급 대상자, 기준, 방법 및 절차 등에 관하여 필요한 사항은 농림축산식품부장관과 해양수산부장관이 공동으로 정하여 고시한다.

제13조 【권한의 위임 및 위탁】 이 법에 따른 농림축산식품부장관, 해양수산부장관 또는 관세청장의 권한은 그 일부를 대통령령으로 정하는 바에 따라 소속 기관의 장, 관계 행정기관의 장에게 위임 또는 위탁할 수 있다.

제13조의 2 【행정기관 등의 업무협조】 ① 국가 또는 지방자치단체, 그 밖에 법령 또는 조례에 따라 행정권한을 가지고 있거나 위임 또는 위탁받은 공공단체나 그 기관 또는 사인은 원산지 표시와 유통이력 관리제도의 효율적인 운영을 위하여 서로 협조하여야 한다. 〈개정 2021. 11. 30.〉

② 농림축산식품부장관, 해양수산부장관 또는 관세청장은 원산지 표시와 유통이력 관리제도의 효율적인

운영을 위하여 필요한 경우 국가 또는 지방자치단체의 전자정보처리 체계의 정보 이용 등에 대한 협조를 관계 중앙행정기관의 장, 시 · 도지사 또는 시장 · 군수 · 구청장에게 요청할 수 있다. 이 경우 협조를 요청받은 관계 중앙행정기관의 장, 시 · 도지사 또는 시장 · 군수 · 구청장은 특별한 사유가 없으면 이에 따라야 한다. 〈개정 2013. 3. 23., 2017. 10. 13., 2021. 11. 30.〉

③ 제1항 및 제2항에 따른 협조의 절차 등은 대통령령으로 정한다.

[본조신설 2011. 7. 25.]

영 **제9조 【권한의 위임】** ① 법 제13조에 따라 농림축산식품부장관은 농산물과 그 가공품에 관한 다음 각 호의 권한(제2호의3 및 제4호의2의 권한은 제외한다)을 국립농산물품질관리원장에게 위임하고, 해양수산부장관은 수산물과 그 가공품에 관한 다음 각 호의 권한(제2호의4 및 제7호의 권한은 제외한다)을 국립수산물품질관리원장에게 위임한다.

1. 법 제6조의2에 따른 과징금의 부과 · 징수
1의2. 법 제7조에 따른 원산지 표시대상 농수산물이나 그 가공품의 수거 · 조사, 자체 계획의 수립 · 시행, 자체 계획에 따른 추진 실적 등의 평가 및 이 영 제6조의2에 따른 원산지 통합관리시스템의 구축 · 운영
2. 법 제9조에 따른 처분 및 공표
2의2. 법 제9조의2에 따른 원산지 표시 위반에 대한 교육
2의3. 법 제10조에 따른 수산물 원산지 표시와 관련된 정보의 제공
2의4. 법 제10조의3에 따른 유통이력관리수입농산물등에 대한 사후관리
3. 법 제11조에 따른 명예감시원의 감독 · 운영 및 경비의 지급
4. 법 제12조에 따른 포상금의 지급
4의2. 법 제13조의2제2항에 따른 행정기관 등에 대한 전자정보처리 체계의 정보 이용 등에 대한 협조 요청
5. 법 제18조에 따른 과태료의 부과 · 징수
6. 제6조제2항에 따른 원산지 검정방법 · 세부기준 마련 및 그에 관한 고시
7. 제6조의2제2항에 따른 수입농산물등유통이력관리시스템의 구축 · 운영

② 국립농산물품질관리원장 및 국립수산물품질관리원장은 농림축산식품부장관 또는 해양수산부장관의 승인을 받아 제1항에 따라 위임받은 권한의 일부를 소속 기관의 장에게 재위임할 수 있다. 이 경우 국립농산물품질관리원장 및 국립수산물품질관리원장은 그 재위임한 내용을 고시해야 한다.

③ 삭제 [2021.12.31]

④ 관세청장은 법 제13조에 따라 수입 농수산물과 그 가공품에 관한 다음 각 호의 권한을 세관장에게 위임한다.

1. 법 제6조의2에 따른 과징금의 부과 · 징수
2. 법 제7조에 따른 원산지 표시대상 수입 농수산물이나 수입 농수산물가공품의 수거 · 조사
3. 법 제9조에 따른 처분 및 공표
4. 법 제9조의2에 따른 원산지 표시 위반에 대한 교육
5. 법 제12조에 따른 포상금의 지급
6. 법 제18조제1항제1호 · 제2호 · 제4호 및 같은 조 제2항제1호에 따른 과태료의 부과 · 징수

영 **제9조의 2 【고유식별정보의 처리】** 농림축산식품부장관, 해양수산부장관, 관세청장(제9조에 따

라 농림축산식품부장관, 해양수산부장관 또는 관세청장의 권한을 위임 · 재위임받은 자를 포함한다), 시 · 도지사나 시장 · 군수 · 구청장(해당 권한을 위임 · 재위임받은 자를 포함한다)은 다음 각 호의 사무를 수행하기 위하여 불가피한 경우 「개인정보 보호법 시행령」 제19조제1호, 제2호 또는 제4호에 따른 주민등록번호, 여권번호 또는 외국인등록번호가 포함된 자료를 처리할 수 있다. 〈개정 2013. 3. 23., 2015. 6. 1., 2017. 5. 29., 2018. 12. 11., 2019. 6. 18., 2021. 12. 31., 2022. 4. 27., 2023. 12. 12.〉

1. 법 제6조의2에 따른 과징금의 부과 · 징수에 관한 사무
1의2. 법 제7조에 따른 원산지 표시 등의 조사에 관한 사무
1의3. 법 제9조에 따른 원산지 표시 등의 위반에 대한 처분 및 공표에 관한 사무
1의4. 법 제9조의2에 따른 원산지 표시 위반 교육에 관한 사무
1의5. 법 제10조의3에 따른 유통이력관리수입농산물등의 사후관리에 관한 사무
2. 법 제11조에 따른 명예감시원 신고 및 경비지급에 관한 사무
3. 법 제12조에 따른 포상금 지급에 관한 사무
4. 제6조의2제1항에 따른 원산지통합관리시스템의 구축 · 운영에 관한 사무
5. 제6조의2제2항에 따른 수입농산물등유통이력관리시스템의 구축 · 운영에 관한 사무

[본조신설 2012. 1. 6.]

영 **제9조의 3 【행정기관 등의 업무협조 절차】** 농림축산식품부장관, 해양수산부장관 또는 관세청장은 법 제13조의2 제2항에 따라 전자정보처리 체계의 정보 이용 등에 대한 협조를 관계 중앙행정기관의 장, 시·도지사 또는 시장·군수·구청장에게 요청할 경우 다음 각 호의 사항을 구체적으로 밝혀야 한다.

1. 협조 필요 사유
2. 협조 기간
3. 협조 방법
4. 그 밖에 필요한 사항

제 4 장 벌 칙

제14조 【벌칙】 ① 제6조 제1항 또는 제2항을 위반한 자는 7년 이하의 징역이나 1억원 이하의 벌금에 처하거나 이를 병과(倂科)할 수 있다.
② 제1항의 죄로 형을 선고받고 그 형이 확정된 후 5년 이내에 다시 제6조 제1항 또는 제2항을 위반한 자는 1년 이상 10년 이하의 징역 또는 500만원 이상 1억5천만원 이하의 벌금에 처하거나 이를 병과할 수 있다.

제15조 【벌칙】 삭제

제16조【벌칙】 제9조 제1항에 따른 처분을 이행하지 아니한 자는 1년 이하의 징역이나 1천만원 이하의 벌금에 처한다.

제16조의 2【자수자에 대한 특례】 제6조 제1항 또는 제2항을 위반한 자가 자신의 위반사실을 자수한 때에는 그 형을 감경하거나 면제한다. 이 경우 제7조에 따라 조사권한을 가진 자 또는 수사기관에 자신의 위반사실을 스스로 신고한 때를 자수한 때로 본다.

제17조【양벌규정】 법인의 대표자나 법인 또는 개인의 대리인, 사용인, 그 밖의 종업원이 그 법인 또는 개인의 업무에 관하여 제14조 또는 제16조에 해당하는 위반행위를 하면 그 행위자를 벌하는 외에 그 법인이나 개인에게도 해당 조문의 벌금형을 과(科)한다. 다만, 법인 또는 개인이 그 위반행위를 방지하기 위하여 해당 업무에 관하여 상당한 주의와 감독을 게을리 하지 아니한 경우에는 그러하지 아니하다.

제18조【과태료】 ① 다음 각 호의 어느 하나에 해당하는 자에게는 1천만원 이하의 과태료를 부과한다. 〈개정 2011. 7. 25., 2016. 12. 2.〉

1. 제5조제1항 · 제3항을 위반하여 원산지 표시를 하지 아니한 자
2. 제5조제4항에 따른 원산지의 표시방법을 위반한 자
3. 제6조제4항을 위반하여 임대점포의 임차인 등 운영자가 같은 조 제1항 각 호 또는 제2항 각 호의 어느 하나에 해당하는 행위를 하는 것을 알았거나 알 수 있었음에도 방치한 자

3의2. 제6조제5항을 위반하여 해당 방송채널 등에 물건 판매중개를 의뢰한 자가 같은 조 제1항 각 호 또는 제2항 각 호의 어느 하나에 해당하는 행위를 하는 것을 알았거나 알 수 있었음에도 방치한 자

4. 제7조제3항을 위반하여 수거 · 조사 · 열람을 거부 · 방해하거나 기피한 자
5. 제8조를 위반하여 영수증이나 거래명세서 등을 비치 · 보관하지 아니한 자

② 다음 각 호의 어느 하나에 해당하는 자에게는 500만원 이하의 과태료를 부과한다. 〈개정 2021. 11. 30.〉

1. 제9조의2제1항에 따른 교육 이수명령을 이행하지 아니한 자
2. 제10조의2제1항을 위반하여 유통이력을 신고하지 아니하거나 거짓으로 신고한 자
3. 제10조의2제2항을 위반하여 유통이력을 장부에 기록하지 아니하거나 보관하지 아니한 자
4. 제10조의2제3항을 위반하여 같은 조 제1항에 따른 유통이력 신고의무가 있음을 알리지 아니한 자
5. 제10조의3제2항을 위반하여 수거 · 조사 또는 열람을 거부 · 방해 또는 기피한 자

③ 제1항 및 제2항에 따른 과태료는 대통령령으로 정하는 바에 따라 다음 각 호의 자가 각각 부과 · 징수한다. 〈개정 2021. 11. 30.〉

1. 제1항 및 제2항제1호의 과태료: 농림축산식품부장관, 해양수산부장관, 관세청장, 시 · 도지사 또는 시장 · 군수 · 구청장
2. 제2항제2호부터 제5호까지의 과태료: 농림축산식품부장관

영 **제10조【과태료의 부과기준】** 법 제18조 제1항 및 제2항에 따른 과태료의 부과기준은 별표 2와 같다.

시행령

【별표 1】〈개정 2021.1.5〉

원산지의 표시기준 (제5조 제1항 관련)

1. 농수산물
   가. 국산 농수산물
      1) 국산 농산물 : "국산"이나 "국내산" 또는 그 농산물을 생산·채취·사육한 지역의 시·도명이나 시·군·구명을 표시한다.
      2) 국산 수산물 : "국산"이나 "국내산" 또는 "연근해산"으로 표시한다. 다만, 양식 수산물이나 연안정착성 수산물 또는 내수면 수산물의 경우에는 해당 수산물을 생산·채취·양식·포획한 지역의 시·도명이나 시·군·구명을 표시할 수 있다.
   나. 원양산 수산물
      1) 「원양산업발전법」 제6조 제1항에 따라 원양어업의 허가를 받은 어선이 해외수역에서 어획하여 국내에 반입한 수산물은 "원양산"으로 표시하거나 "원양산" 표시와 함께 "태평양", "대서양", "인도양", "남빙양", "북빙양"의 해역명을 표시한다.
      2) 1)에 따른 표시 외에 연안국 법령에 따라 별도로 표시하여야 하는 사항이 있는 경우에는 1)에 따른 표시와 함께 표시할 수 있다.
   다. 원산지가 다른 동일 품목을 혼합한 농수산물
      1) 국산 농수산물로서 그 생산 등을 한 지역이 각각 다른 동일 품목의 농수산물을 혼합한 경우에는 혼합 비율이 높은 순서로 3개 지역까지의 시·도명 또는 시·군·구명과 그 혼합 비율을 표시하거나 "국산", "국내산" 또는 "연근해산"으로 표시한다.
      2) 동일 품목의 국산 농수산물과 국산 외의 농수산물을 혼합한 경우에는 혼합비율이 높은 순서로 3개 국가(지역, 해역 등)까지의 원산지와 그 혼합비율을 표시한다.
   라. 2개 이상의 품목을 포장한 수산물 : 서로 다른 2개 이상의 품목을 용기에 담아 포장한 경우에는 혼합 비율이 높은 2개까지의 품목을 대상으로 가목 2), 나목 및 제2호의 기준에 따라 표시한다.
2. 수입 농수산물과 그 가공품 및 반입 농수산물과 그 가공품
   가. 수입 농수산물과 그 가공품(이하 "수입농수산물등"이라 한다)은 「대외무역법」에 따른 원산지를 표시한다.
   나. 「남북교류협력에 관한 법률」에 따라 반입한 농수산물과 그 가공품(이하 "반입농수산물등"이라 한다)은 같은 법에 따른 원산지를 표시한다.
3. 농수산물 가공품(수입농수산물등 또는 반입농수산물등을 국내에서 가공한 것을 포함한다)
   가. 사용된 원료의 원산지를 제1호 및 제2호의 기준에 따라 표시한다.
   나. 원산지가 다른 동일 원료를 혼합하여 사용한 경우에는 혼합 비율이 높은 순서로 2개 국가(지역, 해역 등)까지의 원료 원산지와 그 혼합 비율을 각각 표시한다.
   다. 원산지가 다른 동일 원료의 원산지별 혼합 비율이 변경된 경우로서 그 어느 하나의 변경의 폭이 최대 15퍼센트 이하이면 종전의 원산지별 혼합 비율이 표시된 포장재를 혼합 비율이 변경된 날부터 1년의 범위에서 사용할 수 있다.
   라. 사용된 원료(물, 식품첨가물, 주정 및 당류는 제외한다)의 원산지가 모두 국산일 경우에는 원산지를 일괄하여 "국산"이나 "국내산" 또는 "연근해산"으로 표시할 수 있다.

마. 원료의 수급 사정으로 인하여 원료의 원산지 또는 혼합 비율이 자주 변경되는 경우로서 다음의 어느 하나에 해당하는 경우에는 농림축산식품부장관과 해양수산부장관이 공동으로 정하여 고시하는 바에 따라 원료의 원산지와 혼합 비율을 표시할 수 있다.

1) 특정 원료의 원산지나 혼합 비율이 최근 3년 이내에 연평균 3개국(회) 이상 변경되거나 최근 1년 동안에 3개국(회) 이상 변경된 경우와 최초 생산일부터 1년 이내에 3개국 이상 원산지 변경이 예상되는 신제품인 경우

2) 원산지가 다른 동일 원료를 사용하는 경우

3) 정부가 농수산물 가공품의 원료로 공급하는 수입쌀을 사용하는 경우

4) 그 밖에 농림축산식품부장관과 해양수산부장관이 공동으로 필요하다고 인정하여 고시하는 경우

【별표 1의 2】 〈개정 2023. 12. 12.〉

과징금의 부과기준 (제5조의2 제1항 관련)

1. 일반기준

가. 과징금 부과기준은 2년 이내 2회 이상 위반한 경우에 적용한다. 이 경우 위반행위로 적발된 날부터 다시 위반행위로 적발된 날을 각각 기준으로 하여 위반횟수를 계산한다.

나. 2년 이내 2회 위반한 경우에는 각각의 위반행위에 따른 위반금액을 합산한 금액을 기준으로 과징금을 산정·부과하고, 3회 이상 위반한 경우에는 해당 위반행위에 따른 위반금액을 기준으로 과징금을 산정·부과한다.

다. 법 제6조의2제2항에 따라 법 제6조제1항 위반 시 각 위반행위에 의한 판매금액은 해당 농수산물이나 농수산물 가공품의 판매량에 판매가격(해당 업소의 판매가격을 알 수 없는 경우에는 인근 2개 업소의 동일 품목 판매가격의 평균을 기준으로 한다. 다만, 평균가격을 산정할 수 없는 경우에는 해당 농수산물이나 농수산물 가공품의 매입가격에 30퍼센트를 가산한 금액을 기준으로 한다)을 곱한 금액으로 한다.

라. 법 제6조의2제2항에 따라 법 제6조제2항 위반 시 각 위반행위에 의한 판매금액은 다음 1) 및 2)에 따라 산출한다.

1) [음식 판매가격 × (음식에 사용된 원산지를 거짓표시한 해당 농수산물이나 그 가공품의 원가 / 음식에 사용된 총 원료 원가)] × 해당 음식의 판매인분 수

2) 1)에 따른 판매금액 산출이 곤란할 경우, 원산지를 거짓표시한 해당 농수산물이나 그 가공품(음식에 사용되어 판매한 것에 한정한다)의 매입가격에 3배를 곱한 금액으로 한다.

마. 통관 단계의 수입 농수산물과 그 가공품(이하 "수입농수산물등"이라 한다) 및 반입 농수산물과 그 가공품(이하 "반입농수산물등"이라 한다)의 위반금액은 세관 수입신고 금액으로 한다.

2. 세부 산출기준

가. 통관 단계의 수입농수산물등 및 반입농수산물등의 경우에는 위반 수입농수산물등 및 반입농수산물등의 세관 수입신고 금액의 100분의 10 또는 3억원 중 적은 금액

나. 가목을 제외한 농수산물 및 그 가공품(통관 단계 이후의 수입농수산물등 및 반입농수산물등을 포함한다)

위반금액	과징금의 금액
100만원 이하	위반금액 × 0.5
100만원 초과 500만원 이하	위반금액 × 0.7
500만원 초과 1,000만원 이하	위반금액 × 1.0
1,000만원 초과 2,000만원 이하	위반금액 × 1.5
2,000만원 초과 3,000만원 이하	위반금액 × 2.0
3,000만원 초과 4,500만원 이하	위반금액 × 2.5
4,500만원 초과 6,000만원 이하	위반금액 × 3.0
6,000만원 초과	위반금액 × 4.0(최고 3억원)

【별표 2】 〈개정 2022. 3.15〉

과태료의 부과기준 (제10조 관련)

1. 일반기준

가. 위반행위의 횟수에 따른 과태료의 가중된 부과기준은 최근 2년간 같은 유형(제2호 각목을 기준으로 구분한다)의 위반행위로 과태료 부과처분을 받은 경우에 적용한다. 이 경우 기간의 계산은 위반행위에 대하여 과태료 부과처분을 받은 날과 그 처분 후 다시 같은 위반행위를 하여 적발된 날을 기준으로 한다.

나. 가목에 따라 가중된 부과처분을 하는 경우 가중처분의 적용 차수는 그 위반행위 전 부과처분 차수(가목에 따른 기간 내에 과태료 부과처분이 둘 이상 있었던 경우에는 높은 차수를 말한다)의 다음 차수로 한다.

다. 부과권자는 다음의 어느 하나에 해당하는 경우에는 제2호의 개별기준에 따른 과태료 금액의 2분의 1 범위에서 그 금액을 줄일 수 있다. 다만, 과태료를 체납하고 있는 위반행위자에 대해서는 그렇지 않다.

1) 위반행위자가 자연재해·화재 등으로 재산에 현저한 손실이 발생했거나 사업여건의 악화로 중대한 위기에 처하는 등의 사정이 있는 경우

2) 그 밖에 위반행위의 정도, 위반행위의 동기와 그 결과 등을 고려하여 과태료를 줄일 필요가 있다고 인정되는 경우

라. 부과권자는 다음의 어느 하나에 해당하는 경우에는 제2호의 개별기준에 따른 과태료 금액의 2분의 1 범위에서 그 금액을 늘릴 수 있다. 다만, 늘리는 경우에도 법 제18조 제1항 및 제2항에 따른 과태료 금액의 상한을 넘을 수 없다.

1) 위반의 내용·정도가 중대하여 이해관계인 등에게 미치는 피해가 크다고 인정되는 경우

2) 그 밖에 위반행위의 정도, 위반행위의 동기와 그 결과 등을 고려하여 과태료를 늘릴 필요가 있다고 인정되는 경우

2. 개별기준

위 반 행 위	근거 법조문	과태료 금액			
		1차 위반	2차 위반	3차 위반	4차 위반
가. 법 제5조제1항을 위반하여 원산지 표시를 하지 않은 경우	법 제18조 제1항 제1호	5만원 이상 1,000만원 이하			
나. 법 제5조제3항을 위반하여 원산지 표시를 하지 않은 경우	법 제18조 제1항 제1호				
1) 쇠고기의 원산지를 표시하지 않은 경우		100만원	200만원	300만원	300만원
2) 쇠고기 식육의 종류만 표시하지 않은 경우		30만원	60만원	100만원	100만원
3) 돼지고기의 원산지를 표시하지 않은 경우		30만원	60만원	100만원	100만원
4) 닭고기의 원산지를 표시하지 않은 경우		30만원	60만원	100만원	100만원
5) 오리고기의 원산지를 표시하지 않은 경우		30만원	60만원	100만원	100만원
6) 양고기 또는 염소고기의 원산지를 표시하지 않은 경우		품목별 30만원	품목별 60만원	품목별 100만원	품목별 100만원
7) 쌀의 원산지를 표시하지 않은 경우		30만원	60만원	100만원	100만원
8) 배추 또는 고춧가루의 원산지를 표시하지 않은 경우		30만원	60만원	100만원	100만원
9) 콩의 원산지를 표시하지 않은 경우		30만원	60만원	100만원	100만원
10) 넙치, 조피볼락, 참돔, 미꾸라지, 뱀장어, 낙지, 명태, 고등어, 갈치, 오징어, 꽃게, 참조기, 다랑어, 아귀 및 주꾸미의 원산지를 표시하지 않은 경우		품목별 30만원	품목별 60만원	품목별 100만원	품목별 100만원
11) 살아있는 수산물의 원산지를 표시하지 않은 경우		5만원 이상 1,000만원 이하			
다. 법 제5조제4항에 따른 원산지의 표시방법을 위반한 경우	법 제18조 제1항 제2호	5만원 이상 1,000만원 이하			
라. 법 제6조제4항을 위반하여 임대점포의 임차인 등 운영자가 같은 조 제1항 각 호 또는 제2항 각 호의 어느 하나에 해당하는 행위를 하는 것을 알았거나 알 수 있었음에도 방치한 경우	법 제18조 제1항 제3호	100만원	200만원	400만원	400만원
마. 법 제6조제5항을 위반하여 해당 방송채널 등에 물건 판매중개를 의뢰한 자가 같은 조 제1항 각 호 또는 제2항 각 호의 어느 하나에 해당하는 행위를 하는 것을 알았거나 알 수 있었음에도 방치한 경우	법 제18조 제1항 제3호의2	100만원	200만원	400만원	400만원

위 반 행 위	근거 법조문	과태료 금액			
		1차 위반	2차 위반	3차 위반	4차 위반
바. 법 제7조제3항을 위반하여 수거·조사·열람을 거부·방해하거나 기피한 경우	법 제18조 제1항 제4호	100만원	300만원	500만원	500만원
사. 법 제8조를 위반하여 영수증이나 거래명세서 등을 비치·보관하지 않은 경우	법 제18조 제1항 제5호	20만원	40만원	80만원	80만원
아. 법 제9조의2제1항에 따른 교육이수 명령을 이행하지 않은 경우	법 제18조 제2항 제1호	30만원	60만원	100만원	100만원
자. 법 제10조의2제1항을 위반하여 유통이력을 신고하지 않거나 거짓으로 신고한 경우	법 제18조 제2항 제2호				
1) 유통이력을 신고하지 않은 경우		50만원	100만원	300만원	500만원
2) 유통이력을 거짓으로 신고한 경우		100만원	200만원	400만원	500만원
차. 법 제10조의2제2항을 위반하여 유통이력을 장부에 기록하지 않거나 보관하지 않은 경우	법 제18조 제2항 제3호	50만원	100만원	300만원	500만원
카. 법 제10조의2제3항을 위반하여 유통이력 신고의무가 있음을 알리지 않은 경우	법 제18조 제2항 제4호	50만원	100만원	300만원	500만원
타. 법 제10조의3제2항을 위반하여 수거·조사 또는 열람을 거부·방해 또는 기피한 경우	법 제18조 제2항 제5호	100만원	200만원	400만원	500만원

3. 제2호 가목 및 나목11)의 원산지 표시를 하지 않은 경우의 세부 부과기준

가. 농수산물(통관 단계 이후의 수입농수산물등 및 반입농수산물등을 포함하며, 통신판매의 경우는 제외한다)

1) 과태료 부과금액은 원산지 표시를 하지 않은 물량(판매를 목적으로 보관또는 진열하고 있는 물량을 포함한다)에 적발 당일 해당 업소의 판매가격을 곱한 금액으로 하고, 위반행위의 횟수에 따른 과태료의 부과기준은 다음 표와 같다.

과태료 부과금액(만원)		
1차 위반	2차 위반	3차 위반
1)의 금액	1)의 금액의 200퍼센트	1)의 금액의 300퍼센트

2) 1)의 해당 업소의 판매가격을 알 수 없는 경우에는 인근 2개 업소의 동일 품목 판매가격의 평균을 기준으로 한다. 다만, 평균가격을 산정할 수 없는 경우에는 해당 농수산물의 매입가격에 30퍼센트를 가산한 금액을 기준으로 한다.

3) 과태료 부과금액의 최소단위는 5만원으로 하고, 5만원 이상은 천원 미만을 버리고 부과하되, 부과되는 총액은 1천만원을 초과할 수 없다.

나. 농수산물 가공품(통관 단계 이후의 수입농수산물등 또는 반입농수산물등을 국내에서 가공한 것을 포함하며, 통신판매의 경우는 제외한다)

1) 가공업자

기준액(연간 매출액)	과태료 부과금액(만원)		
	1차 위반	2차 위반	3차 이상 위반
1억원 미만	20	30	60
1억원 이상 2억원 미만	30	50	100
2억원 이상 4억원 미만	50	100	200
4억원 이상 6억원 미만	100	200	400
6억원 이상 8억원 미만	150	300	600
8억원 이상 10억원 미만	200	400	800
10억원 이상 12억원 미만	250	500	1,000
12억원 이상 14억원 미만	400	600	1,000
14억원 이상 16억원 미만	500	700	1,000
16억원 이상 18억원 미만	600	800	1,000
18억원 이상 20억원 미만	700	900	1,000
20억원 이상	800	1,000	1,000

가) 연간 매출액은 처분 전년도의 해당 품목의 1년간 매출액을 기준으로 한다.

나) 신규영업·휴업 등 부득이한 사유로 처분 전년도의 1년간 매출액을 산출할 수 없거나 1년간 매출액을 기준으로 하는 것이 불합리한 것으로 인정되는 경우에는 전분기, 전월 또는 최근 1일 평균 매출액 중 가장 합리적인 기준에 따라 연간 매출액을 추계하여 산정한다.

다) 1개 업소에서 2개 품목 이상이 동시에 적발된 경우에는 각 품목의 연간 매출액을 합산한 금액을 기준으로 부과한다.

2) 판매업자: 가목의 기준을 준용하여 부과한다.

다. 통관 단계의 수입농수산물등 및 반입농수산물등

1) 과태료 부과금액은 수입농수산물등 및 반입농수산물등의 세관 수입신고 금액의 100분의 10에 해당하는 금액으로 한다.

2) 과태료 부과금액의 최소단위는 5만원으로 하고, 5만원 이상은 천원 미만을 버리고 부과하되 부과되는 총액은 1천만원을 초과할 수 없다.

라. 통신판매: 나목 1)의 기준을 준용하여 부과한다.

4. 제2호 다목의 원산지의 표시방법을 위반한 경우의 세부 부과기준

가. 농수산물(통관 단계 이후의 수입농수산물등 및 반입농수산물등을 포함하며, 통신판매의 경우와 식품접객업을 하는 영업소 및 집단급식소에서 조리하여 판매·제공하는 경우는 제외한다)

1) 제3호 가목의 기준에 따른 과태료 부과금액의 100분의 50을 부과한다.

2) 과태료 부과금액의 최소단위는 5만원으로 하고, 5만원 이상은 천원 미만을 버리고 부과한다.

나. 농수산물 가공품(통관 단계 이후의 수입농수산물등 또는 반입농수산물등을 국내에서 가공한 것을 포함하며, 통신판매의 경우는 제외한다)

1) 제3호 나목의 기준에 따른 과태료 부과금액의 100분의 50을 부과한다.

2) 과태료 부과금액의 최소단위는 5만원으로 하고, 5만원 이상은 천원 미만을 버리고 부과한다.

다. 통관 단계의 수입농수산물등 및 반입농수산물등

1) 과태료 부과금액은 제3호 다목의 기준에 따른 과태료 부과금액의 100분의 50에 해당하는 금액으로 한다.

2) 과태료 부과금액의 최소단위는 5만원으로 하고, 5만원 이상은 천원 미만을 버리고 부과한다.

라. 통신판매

1) 제3호 라목의 기준에 따른 과태료 부과금액의 100분의 50을 부과한다.

2) 과태료 부과금액의 최소단위는 5만원으로 하고, 5만원 이상은 천원 미만은 버리고 부과한다.

마. 식품접객업을 하는 영업소 및 집단급식소

위반행위	과태료 금액		
	1차 위반	2차 위반	3차 이상 위반
1) 삭제 〈2017. 5. 29.〉			
2) 쇠고기의 원산지 표시방법을 위반한 경우	25만원	100만원	150만원
3) 쇠고기 식육의 종류의 표시방법만 위반한 경우	15만원	30만원	50만원
4) 돼지고기의 원산지 표시방법을 위반한 경우	15만원	30만원	50만원
5) 닭고기의 원산지 표시방법을 위반한 경우	15만원	30만원	50만원
6) 오리고기의 원산지 표시방법을 위반한 경우	15만원	30만원	50만원
7) 양고기 또는 염소고기의 원산지 표시방법을 위반한 경우	품목별 15만원	품목별 30만원	품목별 50만원
8) 쌀의 원산지 표시방법을 위반한 경우	15만원	30만원	50만원
9) 배추 또는 고춧가루의 원산지 표시방법을 위반한 경우	15만원	30만원	50만원
10) 콩의 원산지 표시방법을 위반한 경우	15만원	30만원	50만원
11) 넙치, 조피볼락, 참돔, 미꾸라지, 뱀장어, 낙지, 명태, 고등어, 갈치, 오징어, 꽃게, 참조기, 다랑어, 아귀 및 주꾸미의 원산지 표시방법을 위반한 경우	품목별 15만원	품목별 30만원	품목별 50만원
12) 살아있는 수산물의 원산지 표시방법을 위반한 경우	제2호 나목11) 및 제3호 가목의 기준에 따른 부과금액의 100분의 50		

시행규칙

【별표 1】 〈개정 2023.12.8.〉

농수산물 등의 원산지 표시방법 (제3조 제1호 관련)

1. 적용대상

가. 영 별표 1 제1호에 따른 농수산물

나. 영 별표 1 제2호에 따른 수입 농수산물과 그 가공품 및 반입 농수산물과 그 가공품

2. 표시방법

가. 포장재에 원산지를 표시할 수 있는 경우

1) 위치: 소비자가 쉽게 알아볼 수 있는 곳에 표시한다.

2) 문자: 한글로 하되, 필요한 경우에는 한글 옆에 한문 또는 영문 등으로 추가하여 표시할 수 있다.

3) 글자 크기

가) 영 별표 1 제1호에 따른 농수산물과 영 별표 1 제2호에 따른 수입 농수산물 및 반입 농수산물

(1) 포장 표면적이 3,000㎠ 이상인 경우: 20포인트 이상

(2) 포장 표면적이 50㎠ 이상 3,000㎠ 미만인 경우: 12포인트 이상

(3) 포장 표면적이 50㎠ 미만인 경우: 8포인트 이상. 다만, 8포인트 이상의 크기로 표시하기 곤란한 경우에는 다른 표시사항의 글자 크기와 같은 크기로 표시할 수 있다.

(4) (1), (2) 및 (3)의 포장 표면적은 포장재의 외형면적을 말한다. 다만, 「식품 등의 표시·광고에 관한 법률」 제4조에 따른 식품 등의 표시기준에 따른 통조림·병조림 및 병제품에 라벨이 인쇄된 경우에는 그 라벨의 면적으로 한다.

나) 영 별표 1 제2호에 따른 수입 농수산물 가공품 및 반입 농수산물 가공품

(1) 10포인트 이상의 활자로 진하게(굵게) 표시해야 한다. 다만, 정보표시면 면적이 부족한 경우에는 10포인트보다 작게 표시할 수 있으나, 「식품 등의 표시·광고에 관한 법률」 제4조에 따른 원재료명의 표시와 동일한 크기로 진하게(굵게) 표시해야 한다.

(2) (1)에 따른 글씨는 각각 장평 90% 이상, 자간 −5% 이상으로 표시해야 한다. 다만, 정보표시면 면적이 100㎠ 미만인 경우에는 각각 장평 50% 이상, 자간 −5% 이상으로 표시할 수 있다.

다) 삭제 〈2023. 12. 8.〉

라) 삭제 〈2023. 12. 8.〉

4) 글자색: 포장재의 바탕색 또는 내용물의 색깔과 다른 색깔로 선명하게 표시한다.

5) 그 밖의 사항

가) 포장재에 직접 인쇄하는 것을 원칙으로 하되, 지워지지 아니하는 잉크·각인·소인 등을 사용하여 표시하거나 스티커(붙임딱지), 전자저울에 의한 라벨지 등으로도 표시할 수 있다.

나) 그물망 포장을 사용하는 경우 또는 포장을 하지 않고 엮거나 묶은 상태인 경우에는 꼬리표, 안쪽 표지 등으로도 표시할 수 있다.

나. 포장재에 원산지를 표시하기 어려운 경우(다목의 경우는 제외한다)

1) 푯말, 안내표시판, 일괄 안내표시판, 상품에 붙이는 스티커 등을 이용하여 다음의 기준에 따라 소비자가 쉽게 알아볼 수 있도록 표시한다. 다만, 원산지가 다른 동일 품목이 있는 경우에는 해당 품목

의 원산지는 일괄 안내표시판에 표시하는 방법 외의 방법으로 표시하여야 한다.

가) 푯말: 가로 8cm × 세로 5cm × 높이 5cm 이상

나) 안내표시판

(1) 진열대: 가로 7cm × 세로 5cm 이상

(2) 판매장소: 가로 14cm × 세로 10cm 이상

(3) 「축산물 위생관리법 시행령」 제21조제7호가목에 따른 식육판매업 또는 같은 조 제8호에 따른 식육즉석판매가공업의 영업자가 진열장에 진열하여 판매하는 식육에 대하여 식육판매표지판을 이용하여 원산지를 표시하는 경우의 세부 표시방법은 식품의약품안전처장이 정하여 고시하는 바에 따른다.

다) 일괄 안내표시판

(1) 위치: 소비자가 쉽게 알아볼 수 있는 곳에 설치하여야 한다.

(2) 크기: 나)(2)에 따른 기준 이상으로 하되, 글자 크기는 20포인트 이상으로 한다.

라) 상품에 붙이는 스티커: 가로 3cm × 세로 2cm 이상 또는 직경 2.5cm 이상이어야 한다.

2) 문자: 한글로 하되, 필요한 경우에는 한글 옆에 한문 또는 영문 등으로 추가하여 표시할 수 있다.

3) 원산지를 표시하는 글자(일괄 안내표시판의 글자는 제외한다)의 크기는 제품의 명칭 또는 가격을 표시한 글자 크기의 1/2 이상으로 하되, 최소 12포인트 이상으로 한다.

다. 살아 있는 수산물의 경우

1) 보관시설(수족관, 활어차량 등)에 원산지별로 섞이지 않도록 구획(동일 어종의 경우만 해당한다)하고, 푯말 또는 안내표시판 등으로 소비자가 쉽게 알아볼 수 있도록 표시한다.

2) 글자 크기는 30포인트 이상으로 하되, 원산지가 같은 경우에는 일괄하여 표시할 수 있다.

3) 문자는 한글로 하되, 필요한 경우에는 한글 옆에 한문 또는 영문 등으로 추가하여 표시할 수 있다.

【별표 2】 〈개정 2019.9.10.〉

농수산물 가공품의 원산지 표시방법 (제3조 제1호 관련)

1. 적용대상 : 영 별표 1 제3호에 따른 농수산물 가공품

2. 표시방법

가. 포장재에 원산지를 표시할 수 있는 경우

1) 위치 : 「식품등의 표시·광고에 관한 법률」 제4조의 표시기준에 따른 원재료명 표시란에 추가하여 표시한다. 다만, 원재료명 표시란에 표시하기 어려운 경우에는 소비자가 쉽게 알아볼 수 있는 위치에 표시하되, 구매시점에 소비자가 원산지를 알 수 있도록 표시해야 한다.

2) 문자 : 한글로 하되, 필요한 경우에는 한글 옆에 한문 또는 영문 등으로 추가하여 표시할 수 있다.

3) 글자 크기

가) 10포인트 이상의 활자로 진하게(굵게) 표시해야 한다. 다만, 정보표시면 면적이 부족한 경우에는 10포인트보다 작게 표시할 수 있으나, 「식품등의 표시·광고에 관한 법률」 제4조에 따른 원재료명의 표시와 동일한 크기로 진하게(굵게) 표시해야 한다.

나) 가)에 따른 글씨는 각각 장평 90% 이상, 자간 -5% 이상으로 표시해야 한다. 다만, 정보표시면 면적이 100㎠ 미만인 경우에는 각각 장평 50% 이상, 자간 -5% 이상으로 표시할 수 있다.

다) 삭제 〈2019.9.10.〉

라) 삭제 〈2019.9.10.〉

4) 글자색 : 포장재의 바탕색과 다른 단색으로 선명하게 표시한다. 다만, 포장재의 바탕색이 투명한 경우 내용물과 다른 단색으로 선명하게 표시한다.

5) 그 밖의 사항

가) 포장재에 직접 인쇄하는 것을 원칙으로 하되, 지워지지 아니하는 잉크·각인·소인 등을 사용하여 표시하거나 스티커, 전자저울에 의한 라벨지 등으로도 표시할 수 있다.

나) 그물망 포장을 사용하는 경우에는 꼬리표, 내찰 등으로도 표시할 수 있다.

다) 최종소비자에게 판매되지 않는 농수산물 가공품을 「가맹사업거래의 공정화에 관한 법률」에 따른 가맹사업자의 직영점과 가맹점에 제조·가공·조리를 목적으로 공급하는 경우에 가맹사업자가 원산지 정보를 판매시점 정보관리(POS, Point of Sales) 시스템을 통해 이미 알고 있으면 포장재 표시를 생략할 수 있다.

나. 포장재에 원산지를 표시하기 어려운 경우 : 별표 1 제2호 나목을 준용하여 표시한다.

【별표 3】 〈개정 2025. 1.9.〉

통신판매의 경우 원산지 표시방법 (제3조 제1호 및 제2호 관련)

1. 일반적인 표시방법

가. 표시는 한글로 하되, 필요한 경우에는 한글 옆에 한문 또는 영문 등으로 추가하여 표시할 수 있다. 다만, 매체 특성상 문자로 표시할 수 없는 경우에는 말로 표시하여야 한다.

나. 원산지를 표시할 때에는 소비자가 혼란을 일으키지 않도록 글자로 표시할 경우에는 글자의 위치 · 크기 및 색깔은 쉽게 알아 볼 수 있어야 하고, 말로 표시할 경우에는 말의 속도 및 소리의 크기는 제품을 설명하는 것과 같아야 한다.

다. 원산지가 같은 경우에는 일괄하여 표시할 수 있다. 다만, 제3호나목의 경우에는 일괄하여 표시할 수 없다.

2. 판매 매체에 대한 표시방법

가. 전자매체 이용

1) 글자로 표시할 수 있는 경우(인터넷, PC통신, 케이블TV, IPTV, TV 등)

가) 표시 위치: 제품명 또는 가격표시 옆 · 위 · 아래에 붙여서 원산지를 표시하거나, 자막 또는 별도의 창의 위치를 알려주는 표시를 첫 화면(소비자가 제품을 구매할 때 통상적으로 그 제품이나 그 제품의 판매업체를 확인할 수 있는 최초의 화면을 말한다)이나 제품명 또는 가격표시 옆 · 위 · 아래에 붙여서 표시하고 매체의 특성에 따라 자막 또는 별도의 창을 이용하여 원산지를 표시할 수 있다.

나) 표시 시기: 원산지를 표시하여야 할 제품이 화면에 표시되는 시점부터 원산지를 알 수 있도록 표시해야 한다.

다) 글자 크기: 제품명 또는 가격표시(최초 등록된 가격표시를 기준으로 한다)와 같거나 그보다 커야 한다. 다만, 별도의 창을 이용하여 표시할 경우에는 「전자상거래 등에서의 소비자보호에 관한 법률」 제13조제4항에 따른 통신판매업자의 재화 또는 용역정보에 관한 사항과 거래조건에 대한 표시·광고 및 고지의 내용과 방법을 따른다.

라) 글자색: 제품명 또는 가격표시와 같은 색으로 한다.

2) 글자로 표시할 수 없는 경우(라디오 등)

1회당 원산지를 두 번 이상 말로 표시하여야 한다.

나. 인쇄매체 이용(신문, 잡지 등)

1) 표시 위치: 제품명 또는 가격표시 주위에 표시하거나, 제품명 또는 가격표시 주위에 원산지 표시 위치를 명시하고 그 장소에 표시할 수 있다.

2) 글자 크기: 제품명 또는 가격표시 글자 크기의 1/2 이상으로 표시하거나, 광고 면적을 기준으로 별표 1 제2호가목3)가)의 기준을 준용하여 표시할 수 있다.

3) 글자색: 제품명 또는 가격표시와 같은 색으로 한다.

3. 판매 제공 시의 표시방법

가. 별표 1 제1호에 따른 농수산물 등의 원산지 표시방법

별표 1 제2호가목에 따라 원산지를 표시해야 한다. 다만, 포장재에 표시하기 어려운 경우에는 전단지, 스티커 또는 영수증(전자적 형태의 영수증을 포함한다. 이하 같다) 등에 표시할 수 있다.

나. 별표 2 제1호에 따른 농수산물 가공품의 원산지 표시방법

별표 2 제2호가목에 따라 원산지를 표시해야 한다. 다만, 포장재에 표시하기 어려운 경우에는 전단지, 스티커 또는 영수증 등에 표시할 수 있다.

다. 별표 4에 따른 영업소 및 집단급식소의 원산지 표시방법

별표 4 제1호 및 제3호에 따라 표시대상 농수산물 또는 그 가공품의 원료의 원산지를 포장재에 표시한다. 다만, 포장재에 표시하기 어려운 경우에는 전단지, 스티커 또는 영수증 등에 표시할 수 있다.

【별표 4】 〈개정 2025.1.9.〉

영업소 및 집단급식소의 원산지 표시방법 (제3조 제2호 관련)

1. 공통적 표시방법

가. 음식명 바로 옆이나 밑에 표시대상 원료인 농수산물명과 그 원산지를 한글로 표시하되, 필요한 경우에는 한글 옆에 한문 또는 영문 등을 추가로 표시할 수 있다. 다만, 모든 음식에 사용된 특정 원료의 원산지가 같은 경우 그 원료에 대해서는 다음 예시와 같이 일괄하여 표시할 수 있다.

[예시]

우리 업소에서는 "국내산 쌀"만 사용합니다.

우리 업소에서는 "국내산 배추와 고춧가루로 만든 배추김치"만 사용합니다.

우리 업소에서는 "국내산 한우 쇠고기"만 사용합니다.

우리 업소에서는 "국내산 넙치"만을 사용합니다.

나. 원산지의 글자 크기는 메뉴판이나 게시판 등에 적힌 음식명 글자 크기와 같거나 그 보다 커야 한다.

다. 원산지가 다른 2개 이상의 동일 품목을 섞은 경우에는 섞음 비율이 높은 순서대로 표시한다.

[예시 1] 국내산(국산)의 섞음 비율이 외국산보다 높은 경우

- 쇠고기

불고기(쇠고기: 국내산 한우와 호주산을 섞음), 설렁탕(우사골: 국내산 한우, 쇠고기: 호주산), 국내산 한우 갈비뼈에 호주산 쇠고기를 접착(接着)한 경우: 소갈비(갈비뼈: 국내산 한우, 쇠고

기: 호주산) 또는 소갈비(쇠고기: 호주산)

- 돼지고기, 닭고기 등: 고추장불고기(돼지고기: 국내산과 미국산을 섞음), 닭갈비(닭고기: 국내산과 중국산을 섞음)
- 쌀, 배추김치: 쌀(국내산과 미국산을 섞음), 배추김치(배추: 국내산과 중국산을 섞음, 고춧가루: 국내산과 중국산을 섞음)
- 넙치, 조피볼락 등: 조피볼락회(조피볼락: 국내산과 일본산을 섞음)

[예시 2] 국내산(국산)의 섞음 비율이 외국산보다 낮은 경우

- 불고기(쇠고기: 호주산과 국내산 한우를 섞음), 죽(쌀: 미국산과 국내산을 섞음), 낙지볶음(낙지: 일본산과 국내산을 섞음)

라. 쇠고기, 돼지고기, 닭고기, 오리고기, 넙치, 조피볼락 및 참돔 등을 섞은 경우 각각의 원산지를 표시한다.

[예시] 햄버그스테이크(쇠고기: 국내산 한우, 돼지고기: 덴마크산),모둠회(넙치: 국내산, 조피볼락: 중국산, 참돔: 일본산), 갈낙탕(쇠고기: 미국산, 낙지: 중국산)

마. 원산지가 국내산(국산)인 경우에는 “국산”이나 “국내산”으로 표시하거나 해당 농수산물이 생산된 특별시·광역시·특별자치시·도·특별자치도명이나 시·군·자치구명으로 표시할 수 있다.

바. 농수산물 가공품을 사용한 경우에는 그 가공품에 사용된 원료의 원산지를 표시하되, 다음 1) 및 2)에 따라 표시할 수 있다.

[예시] 부대찌개(햄(돼지고기: 국내산)), 샌드위치(햄(돼지고기: 독일산))

1) 외국에서 가공한 농수산물 가공품 완제품을 구입하여 사용한 경우에는 그 포장재에 적힌 원산지를 표시할 수 있다.

[예시] 소세지야채볶음(소세지: 미국산), 김치찌개(배추김치: 중국산)

2) 국내에서 가공한 농수산물 가공품의 원료의 원산지가 영 별표 1 제3호마목에 따라 원료의 원산지가 자주 변경되어 “외국산”으로 표시된 경우에는 원료의 원산지를 “외국산”으로 표시할 수 있다.

[예시] 피자(햄(돼지고기: 외국산)), 두부(콩: 외국산)

3) 국내산 쇠고기의 식육가공품을 사용하는 경우에는 식육의 종류 표시를 생략할 수 있다.

사. 농수산물과 그 가공품을 조리하여 판매 또는 제공할 목적으로 냉장고 등에 보관·진열하는 경우에는 제품 포장재에 표시하거나 냉장고 등 보관장소 또는 보관용기별 앞면에 일괄하여 표시한다. 다만, 거래명세서 등을 통해 원산지를 확인할 수 있는 경우에는 원산지표시를 생략할 수 있다.

아. 삭제 〈2017. 5. 30.〉

자. 표시대상 농수산물이나 그 가공품을 조리하여 배달을 통하여 판매·제공하는 경우에는 해당 농수산물이나 그 가공품 원료의 원산지를 포장재에 표시한다. 다만, 포장재에 표시하기 어려운 경우에는 전단지, 스티커 또는 영수증 등에 표시할 수 있다.

2. 영업형태별 표시방법

가. 휴게음식점영업 및 일반음식점영업을 하는 영업소

1) 원산지는 소비자가 쉽게 알아볼 수 있도록 업소 내의 모든 메뉴판 및 게시판(메뉴판과 게시판 중 어느 한 종류만 사용하는 경우에는 그 메뉴판 또는 게시판을 말한다)에 표시하여야 한다. 다만, 아래의 기준에 따라 제작한 원산지 표시판을 아래 2)에 따라 부착하는 경우에는 메뉴판 및 게시판에는 원산지 표시를 생략할 수 있다.

가) 표제로 “원산지 표시판”을 사용할 것

나) 표시판 크기는 가로 × 세로(또는 세로 × 가로) 29cm × 42cm 이상일 것

다) 글자 크기는 60포인트 이상(음식명은 30포인트 이상)일 것

라) 제3호의 원산지 표시대상별 표시방법에 따라 원산지를 표시할 것

마) 글자색은 바탕색과 다른 색으로 선명하게 표시

2) 원산지를 원산지 표시판에 표시할 때에는 업소 내에 부착되어 있는 가장 큰 게시판(크기가 모두 같은 경우 소비자가 가장 잘 볼 수 있는 게시판 1곳)의 옆 또는 아래에 소비자가 잘 볼 수 있도록 원산지 표시판을 부착하여야 한다. 게시판을 사용하지 않는 업소의 경우에는 업소의 주 출입구 입장 후 정면에서 소비자가 잘 볼 수 있는 곳에 원산지 표시판을 부착 또는 게시하여야 한다.

3) 1) 및 2)에도 불구하고 취식(取食)장소가 벽(공간을 분리할 수 있는 칸막이 등을 포함한다)으로 구분된 경우 취식장소별로 원산지가 표시된 게시판 또는 원산지 표시판을 부착해야 한다. 다만, 부착이 어려울 경우 타 위치의 원산지 표시판 부착 여부에 상관없이 원산지 표시가 된 메뉴판을 반드시 제공하여야 한다.

4) 전자적 매체를 활용한 메뉴판의 경우에는 제1호가목 본문 및 같은 호 나목에도 불구하고 별표 3 제2호가목1)가) 및 다)에 따른 표시방법으로 원산지를 표시할 수 있다.

나. 위탁급식영업을 하는 영업소 및 집단급식소

1) 식당이나 취식장소에 월간 메뉴표, 메뉴판, 게시판 또는 푯말 등을 사용하여 소비자(이용자를 포함한다)가 원산지를 쉽게 확인할 수 있도록 표시하여야 한다.

2) 교육 · 보육시설 등 미성년자를 대상으로 하는 영업소 및 집단급식소의 경우에는 1)에 따른 표시 외에 원산지가 적힌 주간 또는 월간 메뉴표를 작성하여 가정통신문(전자적 형태의 가정통신문을 포함한다)으로 알려주거나 교육 · 보육시설 등의 인터넷 홈페이지에 추가로 공개하여야 한다.

다. 장례식장, 예식장 또는 병원 등에 설치 · 운영되는 영업소나 집단급식소의 경우에는 가목 및 나목에도 불구하고 소비자(취식자를 포함한다)가 쉽게 볼 수 있는 장소에 푯말 또는 게시판 등을 사용하여 표시할 수 있다.

3. 원산지 표시대상별 표시방법

가. 축산물의 원산지 표시방법: 축산물의 원산지는 국내산(국산)과 외국산으로 구분하고, 다음의 구분에 따라 표시한다.

1) 쇠고기

가) 국내산(국산)의 경우 "국산"이나 "국내산"으로 표시하고, 식육의 종류를 한우, 젖소, 육우로 구분하여 표시한다. 다만, 수입한 소를 국내에서 6개월 이상 사육한 후 국내산(국산)으로 유통하는 경우에는 "국산"이나 "국내산"으로 표시하되, 괄호 안에 식육의 종류 및 출생국가명을 함께 표시한다.

[예시] 소갈비(쇠고기: 국내산 한우), 등심(쇠고기: 국내산 육우), 소갈비(쇠고기: 국내산 육우(출생국: 호주))

나) 외국산의 경우에는 해당 국가명을 표시한다.

[예시] 소갈비(쇠고기: 미국산)

2) 돼지고기, 닭고기, 오리고기 및 양고기(염소 등 산양 포함)

가) 국내산(국산)의 경우 "국산"이나 "국내산"으로 표시한다. 다만, 수입한 돼지 또는 양을 국내에서 2개월 이상 사육한 후 국내산(국산)으로 유통하거나, 수입한 닭 또는 오리를 국내에서 1개월 이상 사육한 후 국내산(국산)으로 유통하는 경우에는 "국산"이나 "국내산"으로 표시하되, 괄호 안

에 출생국가명을 함께 표시한다.

[예시] 삼겹살(돼지고기: 국내산), 삼계탕(닭고기: 국내산), 훈제오리(오리고기: 국내산), 삼겹살(돼지고기: 국내산(출생국: 덴마크)), 삼계탕(닭고기: 국내산(출생국: 프랑스)), 훈제오리(오리고기: 국내산(출생국: 중국))

나) 외국산의 경우 해당 국가명을 표시한다.

[예시] 삼겹살(돼지고기: 덴마크산), 염소탕(염소고기: 호주산), 삼계탕(닭고기: 중국산), 훈제오리(오리고기: 중국산)

나. 쌀(찹쌀, 현미, 찐쌀을 포함한다. 이하 같다) 또는 그 가공품의 원산지 표시방법: 쌀 또는 그 가공품의 원산지는 국내산(국산)과 외국산으로 구분하고, 다음의 구분에 따라 표시한다.

1) 국내산(국산)의 경우 "밥(쌀: 국내산)", "누룽지(쌀: 국내산)"로 표시한다.

2) 외국산의 경우 쌀을 생산한 해당 국가명을 표시한다.

[예시] 밥(쌀: 미국산), 죽(쌀: 중국산)

다. 배추김치의 원산지 표시방법

1) 국내에서 배추김치를 조리하여 판매·제공하는 경우에는 "배추김치"로 표시하고, 그 옆에 괄호로 배추김치의 원료인 배추(절인 배추를 포함한다)의 원산지를 표시한다. 이 경우 고춧가루를 사용한 배추김치의 경우에는 고춧가루의 원산지를 함께 표시한다.

[예시]

- 배추김치(배추: 국내산, 고춧가루: 중국산), 배추김치(배추: 중국산, 고춧가루: 국내산)
- 고춧가루를 사용하지 않은 배추김치: 배추김치(배추: 국내산)

2) 외국에서 제조·가공한 배추김치를 수입하여 조리하여 판매·제공하는 경우에는 배추김치를 제조·가공한 해당 국가명을 표시한다.

[예시] 배추김치(중국산)

라. 콩(콩 또는 그 가공품을 원료로 사용한 두부류·콩비지·콩국수)의 원산지 표시방법: 두부류, 콩비지, 콩국수의 원료로 사용한 콩에 대하여 국내산(국산)과 외국산으로 구분하여 다음의 구분에 따라 표시한다.

1) 국내산(국산) 콩 또는 그 가공품을 원료로 사용한 경우 "국산"이나 "국내산"으로 표시한다.

[예시] 두부(콩: 국내산), 콩국수(콩: 국내산)

2) 외국산 콩 또는 그 가공품을 원료로 사용한 경우 해당 국가명을 표시한다.

[예시] 두부(콩: 중국산), 콩국수(콩: 미국산)

마. 넙치, 조피볼락, 참돔, 미꾸라지, 뱀장어, 낙지, 명태, 고등어, 갈치, 오징어, 꽃게, 참조기, 다랑어, 아귀, 주꾸미, 가리비, 우렁쉥이, 전복, 방어 및 부세의 원산지 표시방법: 원산지는 국내산(국산), 원양산 및 외국산으로 구분하고, 다음의 구분에 따라 표시한다.

1) 국내산(국산)의 경우 "국산"이나 "국내산" 또는 "연근해산"으로 표시한다.

[예시] 넙치회(넙치: 국내산), 참돔회(참돔: 연근해산)

2) 원양산의 경우 "원양산" 또는 "원양산, 해역명"으로 한다.

[예시] 참돔구이(참돔: 원양산), 넙치매운탕(넙치: 원양산, 태평양산)

3) 외국산의 경우 해당 국가명을 표시한다.

[예시] 참돔회(참돔: 일본산), 뱀장어구이(뱀장어: 영국산)

바. 살아있는 수산물의 원산지 표시방법은 별표 1 제2호다목에 따른다.

【별표 5】〈2016.2.3.〉

원산지를 혼동하게 할 우려가 있는 표시 및 위장판매의 범위(제4조 관련)

1. 원산지를 혼동하게 할 우려가 있는 표시
   가. 원산지 표시란에는 원산지를 바르게 표시하였으나 포장재·푯말·홍보물 등 다른 곳에 이와 유사한 표시를 하여 원산지를 오인하게 하는 표시 등을 말한다.
   나. 가목에 따른 일반적인 예는 다음과 같으며 이와 유사한 사례 또는 그 밖의 방법으로 기망(欺罔)하여 판매하는 행위를 포함한다.
      1) 원산지 표시란에는 외국 국가명을 표시하고 인근에 설치된 현수막 등에는 "우리 농산물만 취급", "국산만 취급", "국내산 한우만 취급" 등의 표시·광고를 한 경우
      2) 원산지 표시란에는 외국 국가명 또는 "국내산"으로 표시하고 포장재 앞면 등 소비자가 잘 보이는 위치에는 큰 글씨로 "국내생산", "경기특미" 등과 같이 국내 유명 특산물 생산지역명을 표시한 경우
      3) 게시판 등에는 "국산 김치만 사용합니다"로 일괄 표시하고 원산지 표시란에는 외국 국가명을 표시하는 경우
      4) 원산지 표시란에는 여러 국가명을 표시하고 실제로는 그 중 원료의 가격이 낮거나 소비자가 기피하는 국가산만을 판매하는 경우
2. 원산지 위장판매의 범위
   가. 원산지 표시를 잘 보이지 않도록 하거나, 표시를 하지 않고 판매하면서 사실과 다르게 원산지를 알리는 행위 등을 말한다.
   나. 가목에 따른 일반적인 예는 다음과 같으며 이와 유사한 사례 또는 그 밖의 방법으로 기망하여 판매하는 행위를 포함한다.
      1) 외국산과 국내산을 진열·판매하면서 외국 국가명 표시를 잘 보이지 않게 가리거나 대상 농수산물과 떨어진 위치에 표시하는 경우
      2) 외국산의 원산지를 표시하지 않고 판매하면서 원산지가 어디냐고 물을 때 국내산 또는 원양산이라고 대답하는 경우
      3) 진열장에는 국내산만 원산지를 표시하여 진열하고, 판매 시에는 냉장고에서 원산지 표시가 안 된 외국산을 꺼내 주는 경우

05 보건범죄단속에 관한 특별 조치법·시행령·시행규칙

보건범죄단속에 관한 특별조치법

구분	일자	종류	번호	구분	일자	종류	번호
공포	1969. 8. 4	법률	제2137호	개정	2010. 1. 18	법률	제9932호
개정	2004. 12. 31	법률	제7292호	개정	2010. 5. 25	법률	제10310호
개정	2008. 2. 29	법률	제8852호	개정	2011. 6. 7	법률	제10788호
개정	2009. 2. 6	법률	제9432호	개정	2013. 3. 23	법률	제11690호
개정	2009. 12. 29	법률	제9840호	개정	2020. 12. 29	법률	제17761호

보건범죄단속에 관한 특별조치법 시행령

구분	일자	종류	번호
공포	1969. 11. 27	대통령령	제4326 호
개정	2004. 12. 23	대통령령	제14446호
개정	2008. 2. 29	대통령령	제2067 호
개정	2010. 3. 15	대통령령	제22075호

보건범죄단속에 관한 특별조치법 시행규칙

구분	일자	종류	번호
공포	1970. 5. 9	보건복지부령	제349호
개정	1989. 2. 28	보건복지부령	제827호
개정	1991. 7. 4	보건복지부령	제871호
개정	2008. 3. 3	보건복지가족부령	제 1 호
개정	2021. 7. 7	보건복지부령	제871호

제1조【목 적】 이 법은 부정식품 및 첨가물, 부정의약품 및 부정유독물의 제조나 무면허 의료행위 등의 범죄에 대하여 가중처벌 등을 함으로써 국민보건 향상에 이바지함을 목적으로 한다.

제2조【부정식품 제조 등의 처벌】 ①「식품위생법」 제37조 제1항, 제4항 및 제5항의 허가를 받지 아니하거나 신고 또는 등록을 하지 아니하고 제조·가공한 사람,「건강기능식품에 관한 법률」 제5조에 따른 허가를 받지 아니하고 건강기능식품을 제조·가공한 사람, 이미 허가받거나 신고된 식품, 식품첨가물 또는 건강기능식품과 유사하게 위조하거나 변조한 사람, 그 사실을 알고 판매하거나 판매할 목적으로 취득한 사람 및 판매를 알선한 사람,「식품위생법」 제6조, 제7조 제4항 또는「건강기능식품에 관한 법률」 제24조 제1항을 위반하여 제조·가공한 사람, 그 정황을 알고 판매하거나 판매할 목적으로 취득한 사람 및 판매를 알선한 사람은 다음 각 호의 구분에 따라 처벌한다.

1. 식품, 식품첨가물 또는 건강기능식품이 인체에 현저히 유해 경우 : 무기 또는 5년 이상의 징역에 처한다.
2. 식품, 식품첨가물 또는 건강기능식품의 가액(價額)이 소매가격으로 연간 5천만 원 이상인 경우 : 무기 또는 3년 이상의 징역에 처한다.
3. 제1호의 죄를 범하여 사람을 사상(死傷)에 이르게 경우 : 사형, 무기 또는 5년 이상의 징역에 처한다.

② 제1항의 경우에는 제조, 가공, 위조, 변조, 취득, 판매하거나 판매를 알선한 제품의 소매가격의 2배 이상 5배 이하에 상당하는 벌금을 병과(倂科)한다.

제3조【부정의약품 제조 등의 처벌】 ①「약사법」 제31조 제1항의 허가를 받지 아니하고 의약품을 제조한 사람, 그 정황을 알고 판매하거나 판매할 목적으로 취득한 사람 및 판매를 알선한 사람 또는 진료 목적으로 구입한 사람,「약사법」 제62조 제2호를 위반하여 주된 성분의 효능을 전혀 다른 성분의 효능으로 대체하거나 허가된 함량보다 현저히 부족하게 제조한 사람, 그 정황을 알고 판매하거나 판매할 목적으로 취득한 사람 및 판매를 알선한 사람 또는 진료 목적으로 구입한 사람, 이미 허가된 의약품과 유사하게 위조하거나 변조한 사람, 그 정황을 알고 판매하거나 판매할 목적으로 취득한 사람 및 판매를 알선한 사람 또는 진료 목적으로 구입한 사람은 다음 각 호의 구분에 따라 처벌한다.

1. 의약품이 인체에 현저히 유해한 경우 또는「약사법」 제53조에 따른 국가출하승인의약품 중 대통령령으로 정하는 의약품으로서 효능 또는 함량이 현저히 부족한 경우 : 무기 또는 5년 이상의 징역에 처한다.
2. 의약품의 가액이 소매가격으로 연간 1천만 원 이상인 경우 : 무기 또는 3년 이상의 징역에 처한다.
3. 제1호의 죄를 범하여 사람을 사상에 이르게 한 경우 : 사형, 무기 또는 5년 이상의 징역에 처한다.

② 제1항의 경우에는 제조, 위조, 변조, 취득, 판매, 판매를 알선하거나 구입한 제품의 소매가격의 2배 이상 5배 이하에 상당하는 벌금을 병과한다.

영 **제2조【용어의 정의】** 이 영에서 "주된 성분"이라 함은 의약품의 효능에 직접적인 영향을 미치는 주약으로서 부약·부형제 또는 첨가제등이 아닌 것을 말한다

영 **제3조【특정의약품】** 법 제3조 제1항 제1호의 규정에서 "대통령령으로 정하는 의약품"은 다음 각 호의 것을 말한다.

1. 항생물질과 그 제제 중 내복제 및 주사제

영 **제4조 【부정식품의 유해기준】** ① 법 제2조 제1항 제1호의 규정에 의한 "인체에 현저한 유해"의 기준은 다음 각 호와 같다.

1. 다류 : 허용 외의 착색료가 함유된 경우
2. 과자류 : 허용 외의 착색료나 방부제가 함유되거나, 비소가 2 ppm 이상 또는 납이 3 ppm 이상 함유된 경우
3. 빵류 : 허용 외의 방부제가 함유된 경우
4. 엿류 : 허용 외의 방부제가 함유된 경우
5. 시유 : 허용 외의 방부제가 함유되거나, 포스파타아제가 검출된 경우
6. 식육 및 어육제품 : 허용 외의 방부제가 함유되거나, 납이 3 ppm 이상 함유된 경우
7. 청량음료수 : 허용 외의 착색료나 방부제가 함유되거나, 비소가 0.3 ppm 이상 또는 납이 0.5 ppm 이상 함유된 경우
8. 장류 : 허용 외의 착색료나 방부제가 함유되거나, 비소가 5 ppm 이상 함유된 경우
9. 주류 : 허용 외의 착색료나 방부제가 함유되거나, 메틸알코올이 1 ml 당 1 mg 이상 함유된 경우
10. 분말 청량음료 : 허용 외의 착색료나 방부제가 함유되거나, 수용상태에서 비소가 0.3 ppm 이상 또는 납이 0.5 ppm 이상 함유된 경우

영 **제5조 【부정의약품 등의 유해기준 등】** ① 법 제3조제1항제1호의 규정에 의한 "인체에 현저한 유해"의 기준은 대한약전 또는 보건복지부장관이 지정하는 공정서에 극량이 표시된 의약품으로서 그 함량이 극량을 초과한 경우를 말한다. 〈개정 1994. 12. 23., 2008. 2. 29., 2010. 3. 15.〉

② 법 제3조제1항 및 제7조제1항의 규정에 의한 "효능 또는 함량의 현저한 부족"의 기준은 의약품 또는 화장품의 주된 성분의 총함량이 제조당시를 기준으로 하여 최소유효량에 미달하는 경우를 말한다

영 **제6조 【상금의 지급액】** ① 법 제9조제1항의 규정에 의한 상금의 지급액은 당해 사건으로 부과된 벌금액의 100분의 20상당액으로 하되, 상금의 총액은 50만원을 초과할 수 없다.

② 당해 사건이 검사의 기소유예처분을 받은 경우에는 전항의 규정에 불구하고 3만원이하의 범위안에서 그 공로, 범죄의 경중 기타의 사정을 참작하여 보건복지부장관이 정하는 금액으로 한다. 〈개정 1994. 12. 23., 2008. 2. 29., 2010. 3. 15.〉

영 **제7조 【시행규칙】** 이 영 시행에 관하여 필요한 사항은 보건복지부령으로 정한다. 〈개정 1994. 12. 23., 2008. 2. 29., 2010. 3. 15.〉

규칙 **제5조 【범죄통보의 처리】** ① 수사기관원 또는 감독청의 관계직원은 법 제9조의 규정에 의한 통보를 받은 때에는 지체없이 그 소속기관의 장에게 보고하여야 한다.

② 소속기관의 장은 전항의 보고를 받은 때에는 지체없이 그 통보인에게 통보증명서를 교부하여야 한다

제3조의 2 【재범자의 특수가중】 제2조 또는 제3조의 죄로 형을 받아 그 집행을 종료하거나 면제받은 후 3년 내에 다시 제2조 제1항 제1호 또는 제3조 제1항 제1호의 죄를 범한 사람은 사형, 무기 또는 5년 이상의 징역에 처한다.

제4조【부정유독물 제조 등의 처벌】 ① 「화학물질관리법」 제28조에 따른 영업허가를 받지 아니하거나 신고를 하지 아니하고 유해화학물질을 제조한 사람, 이미 허가되거나 신고한 유해화학물질과 유사하게 위조하거나 변조한 사람은 다음 각 호의 구분에 따라 처벌한다. 〈개정 2024. 2. 6.〉

1. 유해화학물질의 잔류 독성이 인체에 현저히 유해한 경우: 무기 또는 5년 이상의 징역에 처한다.
2. 유해화학물질의 가액이 소매가격으로 연간 100만원 이상인 경우: 무기 또는 3년 이상의 징역에 처한다.

② 제1항의 경우에는 제조, 사용, 위조 또는 변조한 제품의 소매가격의 2배 이상 5배 이하에 상당하는 벌금을 병과한다.

[전문개정 2011. 4. 12.][시행일: 2025. 8. 7.] 제4조

제5조【부정의료업자의 처벌】 「의료법」 제27조를 위반하여 영리를 목적으로 다음 각 호의 어느 하나에 해당하는 행위를 한 사람은 무기 또는 2년 이상의 징역에 처한다. 이 경우 100만원 이상 1천만원 이하의 벌금을 병과한다.

1. 의사가 아닌 사람이 의료행위를 업(業)으로 한 행위
2. 치과의사가 아닌 사람이 치과의료행위를 업으로 한 행위
3. 한의사가 아닌 사람이 한방의료행위를 업으로 한 행위

제6조【양벌규정】 법인의 대표자 또는 법인이나 개인의 대리인, 사용인 기타 종업원이 그 법인 또는 개인의 업무에 관하여 제2조 내지 제5조의 위반행위를 한 때에는 행위자를 처벌하는 외에 법인 또는 개인에 대하여도 각 본조의 예에 따라 처벌한다.

제7조【허가의 취소】 ① 이 법에 따라 처벌을 받았거나, 그 제품이 규격기준을 위반하여 인체에 유해하거나, 효능 또는 함량이 현저히 부족하다고 식품의약품안전처에서 검정된 영업에 대하여는 해당 허가, 면허 또는 등록을 관할하는 기관의 장은 보건복지부장관, 식품의약품안전처장 또는 환경부장관의 요구에 따라 그 허가, 면허 또는 등록을 취소하여야 한다.

② 제1항의 경우 이 법에 따라 영업이 취소된 자는 취소된 날부터(처벌을 받은 자는 그 형의 집행이 종료되거나 집행을 받지 아니하기로 확정된 후) 5년간 해당 업무에 종사하지 못한다.

제8조【유해 등의 기준】 제2조, 제3조, 제4조 및 제7조 중 "현저히 유해" 및 "현저히 부족"의 기준은 따로 대통령령으로 정한다.

제9조【상금 등】 ① 이 법에서 규정하는 범죄를 범죄가 발각되기 전에 수사기관 또는 감독청에 통보한 자 또는 검거한 자에게는 대통령령으로 정하는 바에 따라 상금을 지급한다.

② 타인으로 하여금 이 법에 따른 처벌 또는 행정처분을 받게 할 목적으로 거짓 정보를 제공한 사람은 1년 이상의 유기징역에 처한다.

규칙 **제6조【상금의 지급액】** ① 법 제9조의 규정에 의한 상금의 급여신청은 당해사건의 통보자 또는 검거자가 별지 제1호서식에 의한 신청서에 다음 각호의 서류를 첨부하여 보건복지부장관에게 제출하여야 한다.

1. 통보자 또는 검거자에 대한 범죄인지관서장의 증명서
2. 확정판결의 판결문등본 또는 검사의 기소유예 처분증명서

제10조【적용의 범위】 「축산물위생관리법」 제22조, 「주류 면허 등에 관한 법률」 제3조, 「농약관리법」 제3조 및 제8조에 따라 그 제조, 가공 또는 판매에 관하여 허가 또는 면허를 받거나 등록을 하여야 할 축산물, 주류 또는 유독성 농약은 각각 「식품위생법」 또는 「화학물질관리법」에 따른 식품, 유해화학물질의 예에 따라 이 법을 적용한다. 〈개정 2020. 12. 29., 2024. 2. 6.〉 [전문개정 2011. 4. 12.] [시행일: 2025. 8. 7.] 제10조

The Food Sanitation Act

06 공중위생관리법·시행령·시행규칙

공중위생관리법

개정	2016. 12. 17	법률	제14476호
개정	2017. 12. 12	법률	제15184호
개정	2018. 12. 11	법률	제15873호
개정	2020. 4. 7	법률	제17195호
개정	2021. 12. 21	법률	제18605호
개정	2023. 6. 13	법률	제19444호
개정	2024. 10. 22	법률	제20504호

공중위생관리법 시행령

개정	2016. 8. 2	대통령령	제27431호
개정	2019. 4. 9	대통령령	제29680호
개정	2020. 6. 2	대통령령	제30744호
개정	2024. 5. 28	대통령령	제34533호

공중위생관리법 시행규칙

개정	2016. 8. 4	보건복지부령	제428호
개정	2018. 5. 1	보건복지부령	제573호
개정	2019. 6. 12	보건복지부령	제632호
개정	2021. 7. 7	보건복지부령	제817호
개정	2022. 6. 22.	보건복지부령	제890호
개정	2025. 2. 28	보건복지부령	제1094호

제1조 【목 적】 이 법은 공중이 이용하는 영업의 위생관리등에 관한 사항을 규정함으로써 위생수준을 향상시켜 국민의 건강증진에 기여함을 목적으로 한다.

영 **제1조 【목적】** 이 영은 「공중위생관리법」에서 위임된 사항과 그 시행에 관하여 필요한 사항을 규정함을 목적으로 한다

규칙 **제1조 【목적】** 이 규칙은 「공중위생관리법」 및 같은 법 시행령에서 위임된 사항과 그 시행에 관하여 필요한 사항을 규정함을 목적으로 한다.

제2조 【정 의】 ① 이 법에서 사용하는 용어의 정의는 다음과 같다.

1. "공중위생영업"이라 함은 다수인을 대상으로 위생관리서비스를 제공하는 영업으로서 숙박업·목욕장업·이용업·미용업·세탁업·건물위생관리업을 말한다.
2. "숙박업"이라 함은 손님이 잠을 자고 머물 수 있도록 시설 및 설비등의 서비스를 제공하는 영업을 말한다. 다만, 농어촌에 소재하는 민박등 대통령령이 정하는 경우를 제외한다.
3. "목욕장업"이라 함은 다음 각목의 어느 하나에 해당하는 서비스를 손님에게 제공하는 영업을 말한다. 다만, 숙박업 영업소에 부설된 욕실 등 대통령령이 정하는 경우를 제외한다.
   가. 물로 목욕을 할 수 있는 시설 및 설비 등의 서비스
   나. 맥반석·황토·옥 등을 직접 또는 간접 가열하여 발생되는 열기 또는 원적외선 등을 이용하여 땀을 낼 수 있는 시설 및 설비 등의 서비스
4. "이용업"이라 함은 손님의 머리카락 또는 수염을 깎거나 다듬는 등의 방법으로 손님의 용모를 단정하게 하는 영업을 말한다.
5. "미용업"이라 함은 손님의 얼굴, 머리, 피부 및 손톱·발톱 등을 손질하여 손님의 외모를 아름답게 꾸미는 다음 각 목의 영업을 말한다.
   가. 일반미용업: 파마·머리카락자르기·머리카락모양내기·머리피부손질·머리카락염색·머리감기, 의료기기나 의약품을 사용하지 아니하는 눈썹손질을 하는 영업
   나. 피부미용업: 의료기기나 의약품을 사용하지 아니하는 피부상태분석·피부관리·제모(除毛)·눈썹손질을 하는 영업
   다. 네일미용업: 손톱과 발톱을 손질·화장(化粧)하는 영업
   라. 화장·분장 미용업: 얼굴 등 신체의 화장, 분장 및 의료기기나 의약품을 사용하지 아니하는 눈썹손질을 하는 영업
   마. 그 밖에 대통령령으로 정하는 세부 영업
   바. 종합미용업 : 가목부터 마목까지의 업무를 모두 하는 영업
6. "세탁업"이라 함은 의류 기타 섬유제품이나 피혁제품등을 세탁하는 영업을 말한다.
7. "건물위생관리업"이라 함은 공중이 이용하는 건축물·시설물등의 청결유지와 실내공기정화를 위한 청소등을 대행하는 영업을 말한다.

② 제1항 제2호부터 제4호까지, 제6호 및 제7호의 영업은 대통령령이 정하는 바에 의하여 이를 세분할 수 있다.

제6조의 2 【위생사의 면허 등】 ① 위생사가 되려는 사람은 다음 각 호의 어느 하나에 해당하는 사람으로서 위생사 국가시험에 합격한 후 보건복지부장관의 면허를 받아야 한다.

1. 전문대학이나 이와 같은 수준 이상에 해당된다고 교육부장관이 인정하는 학교(보건복지부장관이 정하여 고시하는 인정기준에 해당하는 외국의 학교를 포함한다. 이하 같다)에서 보건 또는 위생에 관한 교육과정을 이수한 사람
2. 「학점인정 등에 관한 법률」 제8조에 따라 전문대학을 졸업한 사람과 같은 수준 이상의 학력이 있는 것으로 인정되어 같은 법 제9조에 따라 보건 또는 위생에 관한 학위를 취득한 사람
3. 외국의 위생사 면허 또는 자격(보건복지부장관이 정하여 고시하는 인정기준에 해당하는 면허 또는 자격을 말한다)을 가진 사람

② 제1항에 따른 위생사 국가시험은 매년 1회 이상 보건복지부장관이 실시하며, 시험과목·시험방법·합격기준과 그 밖에 시험에 필요한 사항은 대통령령으로 정한다.

③ 보건복지부장관은 위생사 국가시험의 실시에 관한 업무를 「한국보건의료인국가시험원법」에 따른 한국보건의료인국가시험원에 위탁할 수 있다.

④ 위생사 국가시험에서 대통령령으로 정하는 부정행위를 한 사람에 대하여는 그 시험을 정지시키거나 합격을 무효로 한다.

⑤ 제4항에 따라 시험이 정지되거나 합격이 무효가 된 사람은 해당 위생사 국가시험 후에 치러지는 위생사 국가시험에 2회 응시할 수 없다.

⑥ 보건복지부장관은 위생사 면허를 부여하는 경우에는 보건복지부령으로 정하는 바에 따라 면허대장에 등록하고 면허증을 발급하여야 한다. 다만, 면허 발급 신청일 기준으로 제7항에 따른 결격사유에 해당하는 사람에게는 면허 등록 및 면허증 발급을 하여서는 아니 된다.

⑦ 다음 각 호의 어느 하나에 해당하는 사람은 위생사 면허를 받을 수 없다.

1. 「정신건강증진 및 정신질환자 복지서비스 지원에 관한 법률」 제3조 제1호에 따른 정신질환자. 다만, 전문의가 위생사로서 적합하다고 인정하는 사람은 그러하지 아니하다.
2. 「마약류 관리에 관한 법률」에 따른 마약류 중독자
3. 이 법, 「감염병의 예방 및 관리에 관한 법률」, 「검역법」, 「식품위생법」, 「의료법」, 「약사법」, 「마약류 관리에 관한 법률」 또는 「보건범죄 단속에 관한 특별조치법」을 위반하여 금고 이상의 실형을 선고받고 그 집행이 끝나지 아니하거나 그 집행을 받지 아니하기로 확정되지 아니한 사람

⑧ 제6항에 따른 면허의 등록, 수수료 및 면허증에 필요한 사항은 보건복지부령으로 정한다.

⑨ 제6항에 따라 면허증을 발급받은 사람은 다른 사람에게 그 면허증을 빌려주어서는 아니 되고, 누구든지 그 면허증을 빌려서는 아니 된다.

⑩ 누구든지 제9항에 따라 금지된 행위를 알선하여서는 아니 된다.

영 **제2조 【적용제외 대상】** ① 「공중위생관리법」(이하 "법"이라 한다) 제2조제1항제2호 단서에 따라 숙박업에서 제외되는 시설은 다음 각 호와 같다.

1. 「농어촌정비법」에 따른 농어촌민박사업용 시설
2. 「산림문화 · 휴양에 관한 법률」에 따라 자연휴양림 안에 설치된 시설
3. 「청소년활동 진흥법」 제10조제1호에 따른 청소년수련시설
4. 「관광진흥법」 제4조에 따라 등록한 외국인관광 도시민박업용 시설 및 한옥체험업용 시설

② 법 제2조제1항제3호 단서에 따라 목욕장업에서 제외되는 시설은 다음 각 호와 같다.

1. 숙박업 영업소에 부설된 욕실
2. 「체육시설의 설치 · 이용에 관한 법률」에 따른 종합체육시설업의 체온 관리실
3. 제1항 각 호의 어느 하나에 해당하는 시설에 부설된 욕실

영 **제6조의 2조 【위생사 국가시험의 시험방법 등】** ① 보건복지부장관은 법 제6조의 2 제1항에 따른 위생사 국가시험(이하 "위생사 국가시험"이라 한다)을 실시하려는 경우에는 시험일시, 시험장소 및 시험과목 등 위생사 국가시험 시행계획을 시험실시 90일 전까지 공고하여야 한다. 다만, 시험장소의 경우에는 시험실시 30일 전까지 공고할 수 있다.

② 위생사 국가시험은 다음 각 호의 구분에 따라 필기시험과 실기시험으로 실시한다.

1. 필기시험 : 다음 각 목의 시험과목에 대한 검정(檢定)
   가. 공중보건학
   나. 환경위생학
   다. 식품위생학
   라. 위생곤충학
   마. 위생 관계 법령(「공중위생관리법」, 「식품위생법」, 「감염병의 예방 및 관리에 관한 법률」, 「먹는물관리법」, 「폐기물관리법」 및 「하수도법」과 그 하위법령)
2. 실기시험 : 위생사 업무 수행에 필요한 지식 및 기술 등의 실기 방법에 따른 검정

③ 위생사 국가시험의 합격자 결정기준은 다음 각 호의 구분에 따른다.

1. 필기시험 : 각 과목 총점의 40퍼센트 이상, 전 과목 총점의 60퍼센트 이상 득점한 사람
2. 실기시험 : 실기시험 총점의 60퍼센트 이상 득점한 사람

④ 보건복지부장관은 위생사 국가시험을 실시할 때마다 시험과목에 대한 전문지식 또는 위생사 업무에 대한 풍부한 경험을 갖춘 사람 중에서 시험위원을 임명하거나 위촉한다. 이 경우 해당 시험위원에 대해서는 예산의 범위에서 수당과 여비를 지급할 수 있다.

⑤ 보건복지부장관은 법 제6조의 2 제3항에 따라 위생사 국가시험의 실시에 관한 업무를 「한국보건의료인국가시험원법」에 따른 한국보건의료인국가시험원에 위탁한다.

⑥ 법 제6조의 2 제4항에서 "대통령령으로 정하는 부정행위"란 다음 각 호의 어느 하나에 해당하는 행위를 말한다.

1. 대리시험을 의뢰하거나 대리로 시험에 응시하는 행위
2. 다른 수험생의 답안지를 보거나 본인의 답안지를 보여 주는 행위
3. 정보통신기기나 그 밖의 신호 등을 이용하여 해당 시험내용에 관하여 다른 사람과 의사소통하는 행위
4. 부정한 자료를 가지고 있거나 이용하는 행위
5. 그 밖의 부정한 수단으로 본인 또는 다른 사람의 시험 결과에 영향을 미치는 행위로서 보건복지부령으로 정하는 행위

⑦ 제1항부터 제6항까지에서 규정한 사항 외에 위생사 국가시험의 실시절차, 실시방법, 실시비용 및 업무위탁 등에 필요한 사항은 보건복지부장관이 정하여 고시한다.

영 **제6조의 3 【위생사의 업무】** 법 제8조의2제6호에서 “대통령령으로 정하는 업무”란 다음 각 호의 업무를 말한다.

1. 소독업무
2. 보건관리업무

영 **제8조 【공중위생감시원의 자격 및 임명】** ① 법 제15조에 따라 특별시장 · 광역시장 · 도지사(이하 “시 · 도지사”라 한다) 또는 시장 · 군수 · 구청장은 다음 각 호의 어느 하나에 해당하는 소

속 공무원 중에서 공중위생감시원을 임명한다.

1. 위생사 또는 환경기사 2급 이상의 자격증이 있는 사람
2. 「고등교육법」에 따른 대학에서 화학 · 화공학 · 환경공학 또는 위생학 분야를 전공하고 졸업한 사람 또는 법령에 따라 이와 같은 수준 이상의 학력이 있다고 인정되는 사람
3. 외국에서 위생사 또는 환경기사의 면허를 받은 사람
4. 1년 이상 공중위생 행정에 종사한 경력이 있는 사람

② 시 · 도지사 또는 시장 · 군수 · 구청장은 제1항 각 호의 어느 하나에 해당하는 사람만으로는 공중위생감시원의 인력확보가 곤란하다고 인정되는 때에는 공중위생 행정에 종사하는 사람 중 공중위생 감시에 관한 교육훈련을 2주 이상 받은 사람을 공중위생 행정에 종사하는 기간 동안 공중위생감시원으로 임명할 수 있다.

영 **제9조 【공중위생감시원의 업무범위】** 법 제15조에 따른 공중위생감시원의 업무는 다음 각호와 같다.

1. 법 제3조제1항의 규정에 의한 시설 및 설비의 확인
2. 법 제4조의 규정에 의한 공중위생영업 관련 시설 및 설비의 위생상태 확인 · 검사, 공중위생영업자의 위생관리의무 및 영업자준수사항 이행여부의 확인
3. 삭제
4. 법 제10조의 규정에 의한 위생지도 및 개선명령 이행여부의 확인
5. 법 제11조의 규정에 의한 공중위생영업소의 영업의 정지, 일부 시설의 사용중지 또는 영업소 폐쇄명령 이행여부의 확인
6. 법 제17조의 규정에 의한 위생교육 이행여부의 확인

규칙 **제11조 【위생사 국가시험의 부정행위】** 영 제6조의 2 제6항 제5호에서 "보건복지부령으로 정하는 행위"란 다음 각 호의 어느 하나에 해당하는 행위를 말한다.

1. 시험 중 다른 수험자와 시험과 관련된 대화를 하는 행위
2. 답안지(실기작품을 포함한다)를 교환하는 행위
3. 시험 중 시험문제 내용과 관련된 물건을 휴대하여 사용하거나 이를 주고받는 행위
4. 시험장 내외의 자로부터 도움을 받고 답안지(실기작품을 포함한다)를 작성하는 행위
5. 미리 시험문제를 알고 시험을 치른 행위
6. 다른 수험자와 성명 또는 수험번호를 바꾸어 제출하는 행위

규칙 **제11의 2조 【위생사 면허증의 발급】** ① 법 제6조의 2 제6항에 따라 위생사 면허를 받으려는 사람은 별지 제10호의2 서식의 위생사 면허증 발급신청서(전자문서로 된 신청서를 포함한다)에 다음 각 호의 서류(전자문서를 포함한다)를 첨부하여 보건복지부장관에게 제출하여야 한다.

1. 다음 각 목의 구분에 따른 서류
   가. 법 제6조의 2 제1항 제1호에 해당하는 사람 : 보건 또는 위생에 관한 이수증명서
   나. 법 제6조의 2 제1항 제2호에 해당하는 사람 : 보건 또는 위생에 관한 학위증명서 또는 졸업증명서
   다. 법 제6조의 2 제1항 제3호에 해당하는 사람 : 외국의 위생사 면허증 또는 자격증 사본
   라. 법률 제13983호 공중위생관리법 일부개정법률 부칙 제5조에 따라 위생사 국가 시험에 응시하여 합격한 사람 : 위생업무에 종사한 경력증명서

2. 법 제6조의 2 제7항 제1호 본문에 해당하지 아니함을 증명하는 의사의 진단서 또는 같은 호 단서에 해당한다는 사실을 증명할 수 있는 전문의의 진단서
3. 법 제6조의 2 제7항 제2호에 해당하지 아니함을 증명하는 의사의 진단서
4. 사진 2장

② 보건복지부장관은 제1항에 따른 면허증의 발급 신청이 적합하다고 인정하는 경우에는 다음 각 호의 사항이 포함된 면허대장에 해당 사항을 등록하고, 별지 제10호의3 서식의 위생사 면허증을 신청인에게 발급하여야 한다.
1. 면허번호 및 면허연월일
2. 성명·주소 및 주민등록번호
3. 위생사 국가시험 합격연월일
4. 면허취소 사유 및 취소연월일
5. 면허증 재교부 사유 및 재교부연월일
6. 그 밖에 보건복지부장관이 면허의 관리에 특히 필요하다고 인정하는 사항

【규칙】 **제11의 3조 【위생사 면허증의 재발급】** ① 위생사는 면허증을 잃어버리거나 못쓰게 된 경우에는 별지 제10호의4 서식의 위생사 면허증 재발급 신청서(전자문서로 된 신청서를 포함한다)에 다음 각 호의 서류(전자문서를 포함한다)를 첨부하여 보건복지부장관에게 제출하여야 한다.
1. 면허증 원본(면허증을 못쓰게 된 경우만 해당한다)
2. 분실사유서(면허증을 잃어버린 경우만 해당한다)
3. 사진 2장

② 위생사 면허증을 잃어버린 후 재발급 받은 사람이 잃어버린 면허증을 찾은 때에는 지체없이 보건복지부장관에게 그 면허증을 반납하여야 한다.

【규칙】 **제11조의 4조 【위생사 면허 등에 관한 수수료】** 법 제6조의 2 제6항에 따른 위생사 면허에 대한 수수료는 다음 각 호의 구분에 따른다. 이 경우 해당 수수료는 수입인지 또는 정보통신망을 이용하여 전자화폐 및 전자결제 등의 방법으로 납부한다.
1. 제11조의 2에 따른 위생사 면허증 발급 : 면제
2. 제11조의 3 및 제12조의 2에 따른 위생사 면허증 재발급·재부여 : 2천원
3. 위생사 면허에 관한 증명 : 500원. 다만, 정보통신망을 이용하여 신청하는 경우에는 해당 수수료를 면제한다.

【규칙】 **제12조의 2조 【위생사 면허의 재부여】** 법 제7조의 2 제1항 제1호에 따라 위생사 면허가 취소된 사람이 같은 조 제2항에 따라 다시 면허를 받으려는 경우에는 별지 제10호의 4호서식의 위생사 면허증 재부여 신청서(전자문서로 된 신청서를 포함한다)에 다음 각 호의 서류(전자문서를 포함한다)를 첨부하여 보건복지부장관에게 제출하여야 한다.
1. 면허취소의 원인이 된 사유가 소멸한 것을 증명하는 서류
2. 사진 2장

제7조의 2 【위생사의 면허 취소 등】 ① 보건복지부장관은 위생사가 다음 각 호의 어느 하나에 해당하는 경우에는 그 면허를 취소한다.

1. 제6조의 2 제7항 각 호의 어느 하나에 해당하게 된 경우
2. 면허증을 대여한 경우

② 위생사가 제1항 제1호에 따라 면허가 취소된 후 그 처분의 원인이 된 사유가 소멸된 때에는 보건복지부장관은 그 사람에 대하여 다시 면허를 부여할 수 있다.

제8조의 2【위생사의 업무범위】 위생사의 업무범위는 다음 각 호와 같다.

1. 공중위생영업소, 공중이용시설 및 위생용품의 위생관리
2. 음료수의 처리 및 위생관리
3. 쓰레기, 분뇨, 하수, 그 밖의 폐기물의 처리
4. 식품·식품첨가물과 이에 관련된 기구·용기 및 포장의 제조와 가공에 관한 위생관리
5. 유해 곤충·설치류 및 매개체 관리
6. 그 밖에 보건위생에 영향을 미치는 것으로서 대통령령으로 정하는 업무

제9조의 2【위영업의제한】 시 · 도지사 또는 시장 · 군수 · 구청장은 공익상 또는 선량한 풍속을 유지하기 위하여 필요하다고 인정하는 때에는 공중위생영업자 및 종사원에 대하여 영업시간 및 영업행위에 관한 필요한 제한을 할 수 있다. 〈개정 2024. 1. 30.〉

규칙 **제20조【위생서비스수준의 평가】** 법 제13조제4항에 따른 공중위생영업소의 위생서비스수준 평가(이하 "위생서비스평가"라 한다. 이하 같다)는 2년마다 실시하되, 공중위생영업소의 보건 · 위생관리를 위하여 특히 필요한 경우에는 보건복지부장관이 정하여 고시하는 바에 따라 공중위생영업의 종류 또는 제21조에 따른 위생관리등급별로 평가주기를 달리할 수 있다. 다만, 공중위생영업자가 「부가가치세법」 제8조제8항에 따른 휴업신고를 한 경우 해당 공중위생영업소에 대해서는 위생서비스평가를 실시하지 않을 수 있다.

규칙 **제21조【위생관리등급의 구분 등】** ①법 제13조제4항의 규정에 의한 위생관리등급의 구분은 다음 각호와 같다.

1. 최우수업소 : 녹색등급
2. 우수업소 : 황색등급
3. 일반관리대상 업소 : 백색등급

② 제1항의 규정에 의한 위생관리등급의 판정을 위한 세부항목, 등급결정 절차와 기타 위생서비스평가에 필요한 구체적인 사항은 보건복지부장관이 정하여 고시한다.

규칙 **제23조【위생교육】** ① 법 제17조에 따른 위생교육은 집합교육과 온라인 교육을 병행하여 실시하되, 교육시간은 3시간으로 한다.

② 위생교육의 내용은 「공중위생관리법」 및 관련 법규, 소양교육(친절 및 청결에 관한 사항을 포함한다), 기술교육, 그 밖에 공중위생에 관하여 필요한 내용으로 한다.

③ 동일한 공중위생영업자가 법 제2조제1항제5호 각 목 중 둘 이상의 미용업을 같은 장소에서 하는 경우에는 그 중 하나의 미용업에 대한 위생교육을 받으면 나머지 미용업에 대한 위생교육도 받은 것으로 본다.

④ 법 제17조제1항 및 제2항에 따른 위생교육 대상자 중 보건복지부장관이 고시하는 섬 · 벽지지역에서 영업을 하고 있거나 하려는 자에 대하여는 제9항에 따른 교육교재를 배부하여 이를 익히고 활용하도록 함으로써 교육에 갈음할 수 있다.

⑤ 법 제17조제1항 및 제2항에 따른 위생교육 대상자 중 「부가가치세법」 제8조제8항에 따른 휴업신고를 한 자에 대해서는 휴업신고를 한 다음 해부터 영업을 재개하기 전까지 위생교육을 유예할 수 있다.

⑥ 법 제17조제2항 단서에 따라 영업신고 전에 위생교육을 받아야 하는 자 중 다음 각 호의 어느 하나에 해당하는 자는 영업신고를 한 후 6개월 이내에 위생교육을 받을 수 있다.

1. 천재지변, 본인의 질병 · 사고, 업무상 국외출장 등의 사유로 교육을 받을 수 없는 경우
2. 교육을 실시하는 단체의 사정 등으로 미리 교육을 받기 불가능한 경우

⑦ 법 제17조제2항에 따른 위생교육을 받은 자가 위생교육을 받은 날부터 2년 이내에 위생교육을 받은 업종과 같은 업종의 영업을 하려는 경우에는 해당 영업에 대한 위생교육을 받은 것으로 본다.

⑧ 법 제17조제4항에 따른 위생교육을 실시하는 단체(이하 "위생교육 실시단체"라 한다)는 보건복지부장관이 고시한다.

⑨ 위생교육 실시단체는 교육교재를 편찬하여 교육대상자에게 제공하여야 한다.

⑩ 위생교육 실시단체의 장은 위생교육을 수료한 자에게 수료증을 교부하고, 교육실시 결과를 교육 후 1개월 이내에 시장 · 군수 · 구청장에게 통보하여야 하며, 수료증 교부대장 등 교육에 관한 기록을 2년 이상 보관 · 관리하여야 한다.

⑪ 제1항부터 제10항까지의 규정 외에 위생교육에 관하여 필요한 세부사항은 보건복지부장관이 정한다

07-1 먹는물관리법·시행령·시행규칙

먹는물관리법							
공포	1995. 1. 5	법률	제4903 호	개정	2015. 2. 3	법률	제13164호
개정	2007. 4. 11	법률	제8368 호	개정	2018. 6. 12	법률	제15652호
개정	2008. 3. 21	법률	제8952 호	개정	2018. 12. 24	법률	제16079호
개정	2010. 3. 22	법률	제10154호	개정	2021. 1. 5	법률	제17840호
개정	2010. 3. 31	법률	제10219호	개정	2024. 1. 3	법률	제20172호
개정	2013. 3. 22	법률	제11663호	개정	2024. 2. 20	법률	제203332호

먹는물관리법 시행령			
공포	1995. 5. 1	대통령령	제14639호
개정	2006. 6. 29	대통령령	제19571호
개정	2009. 6. 30	대통령령	제21590호
개정	2009. 12. 30	대통령령	제21927호
개정	2011. 3. 22	대통령령	제22715호
개정	2012. 7. 4	대통령령	제23932호
개정	2014. 11. 28	대통령령	제25784호
개정	2016. 5. 10	대통령령	제27129호
개정	2021. 2. 17	대통령령	제31453호
개정	2021. 9. 24	대통령령	제32014호
개정	2024. 2. 27	대통령령	제34258호
개정	2025. 2. 18	대통령령	제35272호

먹는물관리법 시행규칙			
공포	1995. 5. 1	환경부령	제10 호
개정	2008. 1. 29	환경부령	제274호
개정	2008. 9. 25	환경부령	제299호
개정	2009. 6. 30	환경부령	제336호
개정	2011. 3. 23	환경부령	제402호
개정	2011. 12. 30	환경부령	제438호
개정	2013. 2. 1	환경부령	제501호
개정	2016. 1. 8	환경부령	제635호
개정	2018. 1. 17	환경부령	제745호
개정	2018. 12. 13	환경부령	제788호
개정	2019. 12. 20	환경부령	제833호
개정	2022. 5. 30	환경부령	제987호
개정	2023 6. 1	환경부령	제1036호
개정	2024. 6. 18	환경부령	제1098호
개정	2025. 2. 21	환경부령	제1159호

제1장 총 칙

제1조【목 적】 이 법은 먹는 물의 수질과 위생을 합리적으로 관리하여 국민건강을 증진하는 데 이바지하는 것을 방지하고 생활환경을 개선하게 하는 것을 목적으로 한다.

제2조【책 무】 ① 국가와 지방자치단체는 모든 국민이 질 좋은 먹는 물을 공급받을 수 있도록 합리적인 시책을 마련하고, 먹는 물 관련영업자에 대하여 알맞은 지도와 관리를 하여야 한다.

② 먹는 물 관련영업자는 관계 법령으로 정하는 바에 따라 질 좋은 먹는 물을 안전하고 알맞게 공급하도록 하여야 한다.

제3조【정 의】 이 법에서 사용하는 용어의 뜻은 다음과 같다.

1. "먹는물"이란 먹는 데에 일반적으로 사용하는 자연 상태의 물, 자연 상태의 물을 먹기에 적합하도록 처리한 수돗물, 먹는샘물, 먹는염지하수(鹽地下水), 먹는해양심층수(海洋深層水)등을 말한다.
2. "샘물"이란 암반대수층(岩盤帶水層) 안의 지하수 또는 용천수 등 수질의 안전성을 계속 유지할 수 있는 자연 상태의 깨끗한 물을 먹는 용도로 사용할 원수(原水)를 말한다.
3. "먹는샘물"이란 샘물을 먹기에 적합하도록 물리적으로 처리하는 등의 방법으로 제조한 물을 말한다.

3의2. "염지하수"란 물속에 녹아있는 염분(鹽分) 등의 함량(含量)이 환경부령으로 정하는 기준 이상인 암반대수층 안의 지하수로서 수질의 안전성을 계속 유지할 수 있는 자연 상태의 물을 먹는 용도로 사용할 원수를 말한다.

3의3. "먹는염지하수"란 염지하수를 먹기에 적합하도록 물리적으로 처리하는 등의 방법으로 제조한 물을 말한다.

4. "먹는해양심층수"란 「해양심층수의 개발 및 관리에 관한 법률」 제2조 제1호에 따른 해양심층수를 먹는 데 적합하도록 물리적으로 처리하는 등의 방법으로 제조한 물을 말한다.
5. "수처리제(水處理劑)"란 자연 상태의 물을 정수(淨水) 또는 소독하거나 먹는물 공급시설의 산화방지 등을 위하여 첨가하는 제제를 말한다.
6. "먹는물공동시설"이란 여러 사람에게 먹는물을 공급할 목적으로 개발했거나 저절로 형성된 약수터, 샘터, 우물 등을 말한다.

6의2. "냉·온수기"란 용기(容器)에 담긴 먹는샘물 또는 먹는염지하수를 냉수·온수로 변환시켜 취수(取水)꼭지를 통하여 공급하는 기능을 가진 것을 말한다.

6의3. "냉·온수기 설치·관리자"란 「실내공기질 관리법」 제3조 제1항에 따른 다중이용시설에서 다수인에게 먹는샘물 또는 먹는염지하수를 공급하기 위하여 냉·온수기를 설치·관리하는 자를 말한다.

7. "정수기"란 물리적·화학적 또는 생물학적 과정을 거치거나 이들을 결합한 과정을 거쳐 먹는물을 제5조 제3항에 따른 먹는물의 수질기준에 맞게 취수 꼭지를 통하여 공급하도록 제조된 기구[해당 기구에 냉수·온수 장치, 제빙(製氷) 장치 등 환경부장관이 정하여 고시하는 장치가 결합되어 냉수·온수, 얼음 등을 함께 공급할 수 있도록 제조된 기구를 포함한다]로서, 유입수(流入水) 중에 들어있는 오염물질을 감소시키는 기능을 가진 것을 말한다.

7의2. "정수기 설치·관리자"란 「실내공기질 관리법」 제3조 제1항에 따른 다중이용시설에서 다수인에게 먹는물을 공급하기 위하여 정수기를 설치 및 관리하는 자를 말한다.

8. "정수기품질검사"란 정수기에 대한 구조, 재질, 정수 성능 등을 종합적으로 검사하는 것을 말한다.
9. "먹는물관련영업"이란 먹는샘물·먹는염지하수의 제조업·수입판매업·유통전문판매업, 수처리제 제

조업 및 정수기의 제조업·수입판매업을 말한다.

9의2. "유통전문판매업"이란 제품을 스스로 제조하지 아니하고 타인에게 제조를 의뢰하여 자신의 상표로 유통·판매하는 영업을 말한다.

규칙 **제1조의 2【염분 등의 함량】** 「먹는물관리법」(이하 "법"이라 한다) 제3조 제3호의 2에서 "염분(鹽分) 등의 함량(含量)이 환경부령으로 정하는 기준 이상"이란 염분 등 총용존고형물(總溶存固形物)의 함량이 2,000 mg/L 이상을 말한다.

제 2 장 먹는 물의 수질 관리

제5조【먹는 물 등의 수질 관리】 ① 환경부장관은 먹는 물, 샘물 및 염지하수의 수질 기준을 정하여 보급하는 등 먹는 물, 샘물 및 염지하수의 수질 관리를 위하여 필요한 시책을 마련하여야 한다.

② 환경부장관 또는 특별시장·광역시장·특별자치시장·도지사·특별자치도지사(이하 "시·도지사"라 한다)는 먹는 물, 샘물 및 염지하수의 수질검사를 실시하여야 한다.

③ 먹는 물, 샘물 및 염지하수의 수질 기준 및 검사 횟수는 환경부령으로 정한다.

④ 환경부장관은 제3항의 수질 기준 설정 등을 위하여 먹는물, 샘물 및 염지하수 중 위해 우려가 있는 물질 등 감시가 필요한 항목을 먹는물, 샘물 및 염지하수 수질감시항목으로 지정할 수 있다. 이 경우 먹는물, 샘물 및 염지하수 수질감시항목의 지정대상·지정절차, 감시항목별 감시기준 및 검사주기 등에 관한 세부사항은 환경부장관이 정하여 고시한다. 〈신설 2018.12.24.〉

⑤ 특별시·광역시·특별자치시·도·특별자치도(이하 "시·도"라 한다)는 먹는물, 샘물 및 염지하수의 수질 개선을 위하여 필요하다고 인정하는 경우에는 조례로 제3항에 따른 수질 기준 및 검사 횟수를 강화하여 정할 수 있다.

⑥ 시·도지사는 제5항에 따라 수질 기준 및 검사 횟수가 설정·변경된 경우에는 지체 없이 환경부장관에게 보고하고, 환경부령으로 정하는 바에 따라 이해관계자가 알 수 있도록 필요한 조치를 하여야 한다.

규칙 **제1조의 3【먹는 물의 수질관리】** 특별시장·광역시장·특별자치시장·도지사·특별자치도지사(이하 "시·도지사"라 한다)는 법 제5조 제4항에 따라 해당 특별시·광역시·특별자치시·도·특별자치도(이하 "시·도"라 한다)가 조례로 먹는 물의 수질 기준 및 검사 횟수를 강화하여 정한 때에는 이를 시·도의 공보에 공고하고, 인터넷 홈페이지에 게재하여야 한다.

제6조【먹는물 수질에 대한 공정시험 방법】 환경부장관은 먹는 물 검사를 정확하고 통일성 있게 하기 위하여 먹는 물 수질공정시험(水質公定試驗) 방법을 정하여 고시하여야 한다.

제7조【먹는물 수질감시원】 ① 이 법에 따른 관계공무원의 직무나 그밖에 먹는 물 수질에 관한 지도 등을 행하게 하기 위하여 환경부 , 시·도 , 시·군·구(자치구의 구청장을 말한다. 이하 같다)에 먹는 물 수질감시원을 둔다.

② 제1항에 따른 먹는 물 수질감시원의 자격, 임명, 직무범위, 그밖에 필요한 사항은 대통령령으로 정한다.

영 **제2조【먹는물 수질감시원】** ① 「먹는물관리법」(이하 "법"이라 한다) 제7조 제1항에 따른 먹는 물 수질 감시원은 환경부장관, 특별시장·광역시장·특별자치시장·도지사·특별자치도지사(이하 "시·도지사"라 한다) 또는 시장·군수·구청장(자치구의 구청장을 말한다. 이하 같다)이 다음 각 호

의 어느 하나에 해당하는 소속 공무원 중에서 임명한다. 〈개정 2017.10.17.〉

1. 수질환경기사 또는 위생사(법률 제13983호 공중위생관리법 일부개정법률 부칙 제7조 제2항에 따라 위생사로 보는 사람을 포함한다. 이하 같다)의 자격증이 있는 사람
2. 대학(「고등교육법」 제2조에 따른 학교를 말한다. 이하 같다)에서 상수도공학, 환경공학, 화학, 미생물학, 위생학 또는 식품학 등 관련분야의 학과·학부를 졸업한 사람이거나 법령에 따라 이와 같은 수준 이상의 학력이 있다고 인정되는 사람
3. 1년 이상 환경행정 또는 식품위생행정 분야의 사무에 종사한 사람

② 먹는 물 수질 감시원의 직무 범위는 다음 각 호와 같다.

1. 먹는 물의 수질관리에 관한 조사·지도 및 감시
2. 먹는 물 관련영업에 대한 조사·지도 및 감시

영 **제2조의 3 【샘물보전구역의 지정절차 등】** ① 시장·군수·구청장이나 먹는 샘물 제조업자는 환경부령으로 정하는 바에 따라 법 제8조의3 제1항에 따른 샘물보전구역(이하 "샘물보전구역"이라 한다)의 지정 또는 변경지정을 시·도지사에게 요청할 수 있다.

② 시·도지사는 샘물보전구역을 지정 또는 변경지정하려는 때에는 다음 각 호의 사항을 고려하여 그 범위를 정하여야 한다.

1. 샘물의 부존(賦存) 특성 및 이용 실태
2. 샘물의 수질 특성 및 오염 상태
3. 해당 지역 주변의 토지이용 현황 및 오염유발시설 설치 현황
4. 해당 지역의 지질 특성 및 지하수 이동속도

③ 시·도지사는 샘물보전구역을 지정 또는 변경지정하였을 때에는 다음 각 호의 사항을 고시하여야 한다.

1. 샘물보전구역의 명칭
2. 샘물보전구역의 소재지
3. 샘물보전구역의 면적
4. 샘물보전구역의 지정 또는 변경지정 연월일
5. 샘물보전구역의 지정 또는 변경지정 사유
6. 샘물보전구역의 범위가 표시된 축척 5천분의 1 이상 지형도면

④ 법 제8조의3 제2항 단서에서 "대통령령으로 정하는 경미한 사항을 변경하는 경우"란 다음 각 호의 어느 하나에 해당하는 경우를 말한다.

1. 샘물보전구역의 명칭 변경
2. 행정구역 변경에 따른 샘물보전구역의 소재지 변경
3. 샘물보전구역 면적의 100분의 10 범위에서의 감소

영 **제2조의 4 【주민 등의 의견청취】** 법 제8조의4 제1항 단서에서 "대통령령으로 정하는 경미한 사항"이란 제2조의3 제4항 제1호 및 제2호의 사항을 말한다.

제8조 【먹는 물 공동시설의 관리】 ① 먹는 물 공동시설 소재지의 특별자치시장·특별자치도지사·시장·군수·구청장(구청장은 자치구의 구청장을 말하며, 이하 "시장·군수·구청장"이라 한다)은 국민들에게 양질의 먹는 물을 공급하기 위하여 먹는 물 공동시설을 개선하고, 먹는 물 공동시설의 수질을 정기적으로 검사하며,

수질검사 결과 먹는 물 공동시설로 이용하기에 부적합한 경우에는 사용금지 또는 폐쇄조치를 하는 등 먹는 물 공동시설의 알맞은 관리를 위하여 환경부령으로 정하는 바에 따라 필요한 조치를 하여야 한다.
② 누구든지 먹는 물 공동시설의 수질을 오염시키거나 시설을 훼손하는 행위를 하여서는 아니 된다.
③ 먹는 물 공동시설의 관리대상, 관리방법, 그 밖에 필요한 사항은 환경부령으로 정한다.
④ 특별자치시·특별자치도·시·군·구는 먹는 물 공동시설의 수질 개선을 위하여 필요하다고 인정하는 경우에는 조례로 제3항에 따른 관리대상, 관리방법 등을 강화하여 정할 수 있다.
⑤ 시장·군수·구청장은 제4항에 따라 관리대상, 관리방법 등이 설정·변경된 경우에는 지체 없이 환경부장관에게 보고하고, 환경부령으로 정하는 바에 따라 이해관계자가 알 수 있도록 필요한 조치를 하여야 한다.
⑥ 시장·군수·구청장은 제1항에 따른 먹는 물 공동시설의 수질검사 결과를 환경부령으로 정하는 바에 따라 환경부장관에게 보고하여야 한다.
⑦ 환경부장관은 시장·군수·구청장에게 제1항에 따른 먹는 물 공동시설의 정기검사, 사용금지, 폐쇄조치 및 먹는 물 공동시설의 개선에 필요한 조치를 명할 수 있다.

제8조의 2 【냉·온수기 또는 정수기의 설치·관리】 ① 냉·온수기 설치·관리자 또는 정수기 설치·관리자는 환경부령으로 정하는 바에 따라 냉·온수기 또는 정수기의 설치 장소, 설치 대수 등을 시장·군수·구청장에게 신고하여야 한다. 신고한 사항 중 환경부령으로 정하는 중요한 사항을 변경하려는 때에도 또한 같다.
② 시장·군수·구청장은 제1항에 따른 신고 또는 변경신고를 받은 날부터 7일 이내에 신고 또는 변경신고 수리 여부를 신고인에게 통지하여야 한다.
③ 시장·군수·구청장이 제2항에서 정한 기간 내에 신고수리 여부 또는 민원 처리 관련 법령에 따른 처리기간의 연장을 신고인에게 통지하지 아니하면 그 기간(민원 처리 관련 법령에 따라 처리기간이 연장 또는 재연장된 경우에는 해당 처리기간을 말한다)이 끝난 날의 다음 날에 신고를 수리한 것으로 본다.
④ 냉·온수기 설치·관리자 또는 정수기 설치·관리자는 먹는물이 오염되기 쉬운 장소에 냉·온수기 또는 정수기를 설치하여서는 아니 된다.
⑤ 냉·온수기 설치·관리자 또는 정수기 설치·관리자는 냉·온수기 또는 정수기를 주기적으로 청소·소독하는 등 위생적으로 관리하여야 한다.
⑥ 제4항에 따른 냉·온수기 또는 정수기의 설치 금지 장소 및 제5항에 따른 냉·온수기 또는 정수기의 관리 방법에 관한 구체적인 기준은 환경부령으로 정한다.

【규칙】 **제2조 【먹는물 공동시설의 관리】** ① 제8조 제3항의 규정에 따른 먹는 물 공동시설의 관리대상은 다음 각 호와 같다.

1. 상시 이용인구가 50명 이상으로서 먹는 물 공동시설 소재지의 특별자치시장·특별자치도지사·시장·군수 또는 구청장(구청장은 자치구의 구청장을 말하며, 이하 "시장·군수·구청장"이라 한다)이 지정하는 시설
2. 상시 이용인구가 50명 미만으로서 시장·군수·구청장이 수질관리가 특히 필요하다고 인정하여 지정하는 시설

② 시장·군수·구청장은 제1항의 먹는 물 공동시설에 대하여 「환경분야 시험·검사 등에 관한 법률」 제6조 제1항 제6호에 따른 먹는 물 수질공정시험기준에 따라 수질검사를 정기적으로 실시하고, 주변청소 및 시설의 보수 등을 통하여 적절하게 관리하여야 한다.

③ 시장·군수·구청장은 제2항에 따른 먹는 물 공동시설에 대한 수질검사 결과가 「먹는 물 수질기준 및 검사 등에 관한 규칙」 제2조에 따른 수질기준(이하 "수질기준"이라 한다)에 부적합한 경우에는 지체 없이 먹는 물 공동시설에 대한 사용을 중단시키고 다음 각 호의 조치를 하여야 한다.

1. 먹는 물 공동시설 주변의 오염원 제거 및 청소
2. 먹는 물 공동시설 보강 및 소독
3. 먹는 물 공동시설로 유입되는 외부 오염원의 차단

④ 시장·군수·구청장은 제3항의 조치를 취한 후 재검사를 실시하고, 그 결과가 수질기준에 적합한 것으로 판정된 경우에는 시설의 사용재개 조치를 하여야 하며, 부적합한 것으로 판정된 경우에는 시설의 사용금지 조치를 하여야 한다.

⑤ 시장·군수·구청장은 제4항에 따라 사용금지 조치를 한 시설에 대하여 1년간 4회 이상 수질검사를 실시하고, 그 결과가 수질기준에 적합한 것으로 판정된 경우에는 시설의 사용재개 조치를 하여야 하며, 부적합한 것으로 판정된 경우에는 시설을 폐쇄할 수 있다.

⑥ 시장·군수·구청장은 법 제8조 제4항에 따라 해당 특별자치시·특별자치도·시·군·구(구는 자치구를 말하며, 이하 "시·군·구"라 한다)가 조례로 먹는 물 공동시설의 관리대상, 관리방법 등을 강화하여 정하는 때에는 이를 시·군·구의 공보에 공고하고, 인터넷 홈페이지에 게재하여야 한다.

⑦ 시장·군수·구청장은 법 제8조 제6항에 따라 다음 각 호의 사항을 포함한 먹는물공동시설의 수질검사 결과를 매분기 종료 후 다음 달 말일까지 시·도지사를 거쳐(특별자치시장 및 특별자치도지사는 제외한다) 환경부장관에게 보고하여야 한다.

1. 먹는물공동시설 관리대상 현황
2. 수질검사 결과
3. 수질기준을 초과한 먹는물공동시설에 대한 조치 내용 또는 계획

⑧ 그 밖에 먹는물공동시설의 관리를 위하여 필요한 사항은 환경부장관이 정한다.

규칙 **제2조의2 【냉 · 온수기 또는 정수기의 설치 · 관리】** ① 냉 · 온수기 설치 · 관리자 또는 정수기 설치 · 관리자는 법 제8조의2제1항에 따라 신고 또는 변경신고를 하는 때에는 별지 제1호서식의 냉 · 온수기, 정수기 설치 또는 변경설치 신고서(전자문서를 포함한다)를 시장 · 군수 · 구청장에게 제출하여야 한다. 〈개정 2013. 10. 30.〉

② 법 제8조의2제1항 후단에서 “환경부령으로 정하는 중요한 사항”이란 다음 각 호의 어느 하나에 해당하는 사항을 말한다. 〈신설 2013. 10. 30.〉

1. 신고인(설치 · 관리자)
2. 냉 · 온수기 또는 정수기 설치 대수

③ 시장 · 군수 · 구청장은 제1항에 따른 신고를 받으면 신고내용이 적정한지를 검토한 후 별지 제1호의2서식의 신고증명서를 발급하여야 한다. 〈개정 2013. 10. 30.〉

④ 법 제8조의2제6항에 따른 냉 · 온수기 또는 정수기의 설치금지 장소 및 관리방법에 관한 구체적 기준은 다음과 같다. 〈개정 2013. 10. 30., 2021. 7. 23., 2025. 2. 21.〉

1. 냉 · 온수기 또는 정수기 설치금지 장소
   가. 실외 또는 직사광선이 비추는 장소
   나. 화장실과 가까운 장소

다. 냉 · 난방기 앞

2. 냉 · 온수기 관리방법

가. 에어필터를 1년마다 1회 이상 정기적으로 교환할 것

나. 고온 · 고압증기소독방법, 약품과 증기소독의 병행방법 등으로 6개월마다 1회 이상 물과 접촉하는 부분에 대해 청소소독을 실시할 것. 다만, 약품소독을 하는 경우에는 약품이 냉 · 온수기에 잔류하지 않도록 할 것

다. 별지 제1호의3서식의 냉 · 온수기 관리카드를 비치하고, 기록을 유지할 것

라. 먹는샘물 또는 먹는염지하수(이하 "먹는샘물등"이라 한다)의 투입구, 취수 꼭지 및 물받이를 청결하게 관리할 것

3. 정수기 관리방법

가. 필터는 해당 정수기의 사용방법 설명서에 따라 정기적으로 교환할 것

나. 고온 · 고압증기소독방법, 약품과 증기소독의 병행방법, 전기분해방법 등으로 6개월마다 1회 이상 물과 접촉하는 부분에 대해 청소소독을 실시할 것. 이 경우, 소독에 사용한 약품이 정수기에 잔류하지 않도록 할 것

다. 별지 제1호의4서식의 정수기 관리카드를 비치하고, 기록을 유지할 것

라. 총대장균군 및 탁도 항목이 수질기준에 적합하도록 관리할 것

마. 먹는물 투입구, 취수 꼭지 및 물받이를 청결하게 관리할 것

[본조신설 2011. 3. 23.] [제목개정 2013. 10. 30.]

제 3 장 샘물 등의 개발 및 보존

제8조의 3 【샘물보전구역의 지정】 ① 시·도지사는 샘물의 수질보전을 위하여 다음 각 호의 어느 하나에 해당하는 지역 및 그 주변지역을 샘물보전구역(이하 "샘물보전구역"이라 한다)으로 지정할 수 있다.

1. 인체에 이로운 무기물질이 많이 들어있어 먹는샘물의 원수(原水)로 이용가치가 높은 샘물이 부존(賦存)되어 있는 지역
2. 샘물의 수량이 풍부하게 부존되어 있는 지역
3. 그 밖에 샘물의 수질보전을 위하여 필요한 지역으로서 대통령령으로 정하는 지역

② 시·도지사는 제1항에 따라 샘물보전구역을 지정하거나 그 지정을 변경하려면 관계 행정기관의 장과 협의하여야 한다. 다만, 대통령령으로 정하는 경미한 사항을 변경하려는 경우에는 그러하지 아니하다.

③ 둘 이상의 시·도의 행정구역에 걸쳐 샘물보전구역을 지정할 필요가 있는 경우에는 관계 시·도지사는 협의하여 이를 공동으로 지정하거나 지정할 자를 정한다.

④ 시·도지사는 제1항에 따라 샘물보전구역을 지정하거나 변경하면 지체 없이 이를 고시하고 환경부장관에게 보고하여야 하며, 시장·군수·구청장에게 이를 알려 일반인이 열람할 수 있도록 하여야 한다.

⑤ 샘물보전구역의 지정범위, 지정절차 등에 관한 사항은 대통령령으로 정한다.

제8조의 5 【샘물보전지역에서의 금지행위】 누구든지 샘물보전구역에서는 다음 각 호의 어느 하나에 해당하는 행위를 하여서는 아니 된다. 다만, 먹는샘물 제조시설 및 그 부속시설에 수반되는 시설로서 환경부령으로 정하는 시설을 환경부령으로 정하는 바에 따라 시·도지사의 허가를 받아 설치하는 경우에는 그러하지 아니하다.

1. 「가축전염병예방법」 제22조 제2항 본문에 따른 가축의 사체 매몰
2. 「폐기물관리법」 제2조 제8호에 따른 폐기물처리시설의 설치

3. 「토양환경보전법」 제2조 제4호에 따른 특정토양오염관리대상시설의 설치
4. 「물환경보전법」 제2조 제10호에 따른 폐수배출시설의 설치
5. 「하수도법」 제2조 제9호에 따른 공공하수처리시설 또는 같은 조 제10호에 따른 분뇨처리 시설의 설치
6. 「가축분뇨의 관리 및 이용에 관한 법률」 제2조 제3호에 따른 배출시설 또는 같은 조 제8호에 따른 처리시설의 설치
7. 그 밖에 대통령령으로 정하는 오염유발시설의 설치

제9조 【샘물 또는 염지하수의 개발허가 등】 ① 대통령령으로 정하는 규모 이상의 샘물 또는 염지하수(이하 "샘물등"이라 한다)를 개발하려는 자는 환경부령으로 정하는 바에 따라 시·도지사의 허가를 받아야 한다.

② 제1항에 따라 허가를 받은 자가 허가받은 사항 중 대통령령으로 정하는 중요한 사항을 변경하려면 변경허가를 받아야 하고, 그 밖의 사항을 변경하려면 변경신고를 하여야 한다.

③ 시·도지사는 제2항에 따른 변경신고를 받은 날부터 7일 이내에 변경신고 수리 여부를 신고인에게 통지하여야 한다.

④ 시·도지사가 제3항에서 정한 기간 내에 신고수리 여부 또는 민원 처리 관련 법령에 따른 처리기간의 연장을 신고인에게 통지하지 아니하면 그 기간(민원 처리 관련 법령에 따라 처리기간이 연장 또는 재연장된 경우에는 해당 처리기간을 말한다)이 끝난 날의 다음 날에 변경신고를 수리한 것으로 본다.

영 **제3조 【샘물 또는 염지하수의 개발허가 대상】** ① 법 제9조 제1항에서 "대통령령으로 정하는 규모 이상의 샘물 또는 염지하수(이하 "샘물 등"이라 한다)를 개발하려는 자"란 다음 각 호의 자를 말한다.

1. 법 제21조 제1항에 따라 먹는 샘물 또는 먹는 염지하수(이하 "먹는 샘물 등"이라 한다)의 제조업을 하려는 자
2. 1일 취수능력 300톤 이상의 샘물 등(「원수(原水)」의 일부를 음료류·주류 등의 원료로 사용하는 샘물 등을 말한다. 이하 기타샘물이라 한다)을 개발하고자 하는 자

② 제1항 제2호에 따른 취수능력을 산정할 때 샘물 등을 이미 개발·이용하고 있는 자가 취수시설을 증설하는 경우에는 전체취수능력을 기준으로 한다.

③ 법 제9조2항에서 "대통령령으로 정하는 중요한 사항"이란 다음 각 호와 같다.

1. 샘물 등의 개발 위치 및 면적
2. 취수계획량
3. 샘물 등의 용도

제10조 【샘물 등의 개발의 임시허가】 ① 시·도지사는 제9조에 따라 샘물등의 개발을 허가하기 전에 제13조 제1항에 따른 환경영향조사의 대상이 되는 샘물등을 개발하려는 자에게는 환경영향조사를 실시하고, 그에 관한 서류(이하 "조사서"라 한다)를 환경부령으로 정하는 기간에 제출할 것을 조건으로 샘물등의 개발을 임시 허가할 수 있다.

② 시·도지사는 제1항에 따라 임시 허가를 받은 자가 정당한 사유 없이 그 기간에 조사서를 제출하지 아니하면 임시 허가를 취소하여야 한다.

③ 제1항에 따라 샘물등의 개발의 임시 허가를 받은 자가 임시 허가를 받은 사항 중 대통령령으로 정하

는 사항을 변경하는 경우에는 그 사유가 발생한 날부터 1개월 이내에 환경부령으로 정하는 바에 따라 시·도지사에게 신고하여야 한다.
④ 시·도지사는 제3항에 따른 변경신고를 받은 날부터 7일 이내에 변경신고 수리 여부를 신고인에게 통지하여야 한다.
⑤ 시·도지사가 제4항에서 정한 기간 내에 신고수리 여부 또는 민원 처리 관련 법령에 따른 처리기간의 연장을 신고인에게 통지하지 아니하면 그 기간(민원 처리 관련 법령에 따라 처리기간이 연장 또는 재연장된 경우에는 해당 처리기간을 말한다)이 끝난 날의 다음 날에 변경신고를 수리한 것으로 본다.

규칙 **제4조 【샘물 등의 개발의 임시허가】** ① 법 제10조제1항에서 "환경부령으로 정하는 기간"이란 임시 허가를 받은 날부터 2년을 말한다. 다만, 시 · 도지사는 다음 각 호의 어느 하나에 해당하는 경우에는 1회에 한하여 6개월의 범위에서 그 기간을 연장할 수 있다.
1. 천재지변이나 그 밖의 재해로 인하여 환경영향조사를 수행할 수 없는 경우
2. 해당 샘물등의 개발의 환경영향조사 업무를 수행 중인 환경영향조사 대행자가 그 업무를 수행할 수 없게 된 경우

② 법 제10조제1항에 따른 샘물등의 개발의 임시 허가를 받으려는 자는 다음 각 호의 서류(전자문서를 포함한다)를 첨부하여 별지 제4호서식의 샘물등의 개발 임시 허가 신청서(전자문서를 포함한다)를 시 · 도지사에게 제출해야 한다.
1. 사업계획서
2. 수질오염방지시설 설치계획서
3. 원상복구계획서
4. 토지의 소유권 또는 사용 · 수익권을 증명할 수 있는 서류

③ 시 · 도지사는 제2항에 따른 임시 허가 신청을 받으면 사업계획, 오염방지시설 설치계획 등이 적절한지 등을 검토한 후 별지 제5호서식의 샘물 · 염지하수 개발 임시 허가증을 발급해야 한다

제13조 【환경영향조사】 ① 제9조에 따라 샘물 등의 개발허가를 받으려는 자 중 먹는 샘물 등의 제조업을 하려는 자와 그 밖에 1일 취수능력이 대통령령으로 정하는 기준에 해당하는 규모의 샘물 등을 개발하려는 자는 샘물 등의 개발로 주변 환경에 미치는 영향과 주변 환경으로부터 발생하는 해로운 영향을 예측·분석하여 이를 줄일 수 있는 방안에 관한 환경영향조사를 실시하여야 하며, 조사서를 작성하여 제9조에 따라 허가를 신청할 때에 시·도지사에게 제출하여야 한다.
② 제1항에 따른 환경영향조사의 항목, 조사방법, 평가기준, 조사서의 작성, 그밖에 필요한 사항은 환경부령으로 정한다.

영 **제4조 【환경영향조사대상】** 법 제13조 제1항 중 "그밖에 1일 취수능력이 대통령령으로 정하는 기준에 해당하는 규모의 샘물 등을 개발하려는 자"란 제3조 제1항 제2호에 해당하는 자를 말한다.

규칙 **제7조 【환경영향조사】** 법 제13조에 따른 환경영향조사의 조사항목, 조사방법, 평가기준 및 조사서의 작성 등은 별표 1에 따른다. 다만, 별표 1에 따른 조사방법과 같은 수준 이상의 신뢰도가 있는 방법이 있으면 그 방법으로 할 수 있다.

규칙 **제7조의 2【환경영향조사서의 보존기간 등】** ① 법 제14조의2 제1항에서 "환경부장관이 정하는 조사서 작성의 기초가 되는 자료"란 다음 각 호의 자료를 말한다.

1. 지하수, 우물 또는 샘 등의 조사자료
2. 잠재오염원 현황자료
3. 기상 및 수문(水文)자료
4. 지형 및 수리지질 조사자료
5. 지구물리 탐사자료
6. 양수(揚水)시험 및 수리상수(水理常數: 지하 수류의 침투 또는 투수에 관한 흙의 성질을 대표하는 계수를 말한다) 자료
7. 공내검층(孔內檢層: 관정 내부의 지층검사) 측정자료
8. 환경지질학적 조사자료
9. 원수 및 주변수의 수질 조사자료

② 법 제14조의2 제1항에서 "환경부령으로 정하는 기간"이란 다음 각 호의 구분에 따른 날부터 5년을 말한다.

1. 법 제12조 제2항 전단에 따른 유효기간의 연장을 위하여 환경영향조사의 실시를 대행한 경우 : 법 제12조 제2항 전단에 따라 유효기간의 연장 허가를 받은 날
2. 법 제14조에 따라 환경영향조사의 실시를 대행한 경우 : 법 제9조 제1항에 따라 샘물등의 개발 허가를 받은 날

③ 법 제14조의2 제3항에 따른 거짓이나 부실 작성의 구체적인 기준은 별표 1의2와 같다.

제14조【환경영향조사의 대행】 제9조에 따라 샘물등의 개발허가를 받으려는 자 중 제13조 제1항에 따라 환경영향조사의 대상이 되는 샘물 등을 개발하려는 자는 조사서를 작성할 때에 제15조에 따라 등록한 환경영향조사 대행자(이하 "조사대행자"라 한다)에게 환경영향조사의 실시를 대행하게 하여야 한다.

제14조의 2【환경영향조사 준수사항】 ① 조사대행자는 조사서와 환경부장관이 정하는 조사서 작성의 기초가 되는 자료를 환경부령으로 정하는 기간(이하 이 조에서 "보존기간"이라 한다) 동안 보존하여야 한다. 다만, 조사서를 전자문서의 양식으로 작성하여 환경부장관이 정하여 고시하는 방법에 따라 정보통신망 등을 통하여 보존기간 동안 공개한 경우에는 그러하지 아니한다.

② 조사대행자는 다음 각 호의 사항을 지켜야 한다.

1. 다른 조사서의 내용을 복제하여 조사서를 작성하지 아니할 것
2. 조사서와 그 작성의 기초가 되는 자료를 거짓으로 또는 부실하게 작성하지 아니할 것
3. 등록증이나 명의를 다른 사람에게 대여하거나 도급받은 환경영향조사업무를 일괄하여 하도급하지 아니할 것
4. 측정장비를 갖추어 측정하여 그 결과를 조사서의 작성 등에 활용하는 경우에는 그 측정장비에 대하여 「환경분야 시험·검사 등에 관한 법률」 제11조에 따른 정도검사(精度檢査)를 받을 것

③ 제2항 제2호에 따른 거짓이나 부실 작성의 구체적인 기준에 관하여는 환경부령으로 정한다.

제16조【결격 사유】 다음 각 호의 어느 하나에 해당하는 자는 제15조에 따른 등록을 할 수 없다.

1. 피성년후견인 또는 피한정후견인
2. 파산선고를 받고 복권되지 아니한 자

3. 이 법을 위반하여 징역의 실형을 선고받고 그 집행이 종료(집행이 종료된 것으로 보는 경우를 포함한다)되거나 집행이 면제된 날부터 2년이 지나지 아니한 자
4. 이 법을 위반하여 징역형의 집행유예를 선고받고 유예기간 중에 있는 자
5. 제17조에 따라 등록이 취소(이 조 제1호 또는 제2호에 해당하여 등록이 취소된 경우는 제외한다)된 후 2년이 지나지 아니한 자
6. 임원 중 제1호부터 제5호까지의 규정 중 어느 하나에 해당하는 자가 있는 법인

제18조 【환경영향심사】 ① 시·도지사는 제13조 제1항에 따라 제출된 조사서를 환경부장관에게 보내 기술적 심사를 받아야 한다.
② 환경부장관은 제1항에 따른 조사서에 대한 기술적 심사를 할 때 대통령령으로 정하는 바에 따라 전문가의 의견을 들을 수 있다.

영 **제5조 【환경영향심사위원회】** ① 법 제18조 제2항에 따른 전문가의 의견을 듣기 위하여 지방환경관서를 둘 수 있다.
② 위원회는 위원장을 포함한 30명 이내의 위원으로 구성하되, 지구물리, 응용지질, 수질환경의 3개 분야로 나누어 분야별 각 10명 이내의 위원으로 구성한다.
③ 위원장은 지방환경관서의 장이 되고, 위원은 다음 각 호의 어느 하나에 해당하는 자 중에서 지방환경관서의 장이 위촉하거나 임명한다.
1. 대학에서 지구물리, 응용지질 및 수질환경 등 전문 분야의 관련학과 조교수 이상인 자
2. 국·공립연구기관에서 지하수 분야의 연구·개발업무에 10년 이상 종사한 자로서 연구관 이상인 자
3. 제1호의 해당 전문 분야 박사학위 취득자
4. 제1호의 해당 전문 분야 석사학위 취득 후 5년 이상 그 분야에 관한 연구나 실무경험이 있는 자
5. 「국가기술자격법」에 따른 제1호의 해당 전문 분야 기술사 자격을 취득한 자
6. 그밖에 제1호부터 제5호까지의 규정에 해당하는 자와 동등한 자격이 있다고 지방환경관서의 장이 인정하는 자

④ 지방환경관서의 장은 위원회의 위원이 다음 각 호의 어느 하나에 해당하는 경우에는 해당 위원을 해촉(解囑) 또는 해임할 수 있다.
1. 심신장애로 인하여 직무를 수행할 수 없게 된 경우
2. 직무와 관련된 비위사실이 있는 경우
3. 직무태만, 품위손상이나 그 밖의 사유로 인하여 위원으로 적합하지 아니하다고 인정되는 경우
4. 위원 스스로 직무를 수행하는 것이 곤란하다고 의사를 밝히는 경우

⑤ 위원회의 구성·운영 등에 관한 세부적인 사항은 환경부장관이 정한다.

규칙 **제10조 【영업등의 허가】** ① 법 제21조제1항부터 제3항까지, 제6항 및 제7항에 따라 먹는샘물등의 제조업의 허가, 수처리제 제조업의 등록, 먹는샘물등의 수입판매업의 등록, 먹는샘물등의 유통전문판매업 또는 정수기의 제조업 · 수입판매업의 신고를 하려는 자는 법 제20조에 따른 기준에 맞는 시설을 갖추고, 별지 제8호서식의 신청서(전자문서를 포함한다) 또는 별지 제10호 서식의 정수기의 제조업 · 수입판매업 신고서(전자문서를 포함한다)에 다음 각 호의 구분에 따른 서

류(전자문서를 포함한다)를 첨부하여 시 · 도지사에게 제출해야 한다. 〈개정 2011. 3. 23., 2021. 7. 23., 2025. 2. 21.〉

1. 먹는샘물등의 제조업의 경우
   가. 제조시설 및 설비명세서(평면도를 포함한다)
   나. 제조공정 설명서
   다. 취수정별 취수예정량
   라. 취수정설비명세서(취수정의 위치도를 포함한다)
   마. 취수정 형성상태(形成狀態)를 촬영한 텔레비전-카메라 검층(檢層)필름
   바. 배수시설 명세서(먹는염지하수의 제조업으로 한정한다)
   사. 수질오염방지시설 명세서(먹는염지하수의 제조업으로 한정한다)
2. 수처리제 제조업의 경우
   가. 제조시설 및 설비명세서(평면도를 포함한다)
   나. 품목별 제조공정 설명서
3. 먹는샘물등의 수입판매업의 경우
   가. 사업계획서(수입처를 포함한다)
   나. 보관시설명세서
   다. 원수(原水)가 법 제3조제2호 및 제3호의2에서 규정하고 있는 수질의 안전성을 계속 유지할 수 있는 자연 상태의 깨끗한 물인지를 증명하는 서류(먹는샘물등의 수입판매업의 등록 신청일 전 최근 1년 이내에 발급된 것으로 한정한다)
   라. 원수가 「먹는물 수질기준 및 검사 등에 관한 규칙」 별표 1에 따른 먹는물의 수질기준에 맞는 물인지를 증명하는 서류(먹는샘물등의 수입판매업의 등록 신청일 전 최근 1년 이내에 발급된 것으로 한정한다)

3의2. 먹는샘물등의 유통전문판매업의 경우
   가. 사업계획서(제조자의 사업계획서를 포함한다)
   나. 보관시설명세서(「식품위생법 시행령」 제21조제5호나목3)에 따른 유통전문판매업의 신고를 한 자의 경우에는 해당 영업신고증으로 갈음할 수 있다)

4. 정수기의 제조업의 경우
   가. 정수기의 품목 · 형식별 제조공정 설명서
   나. 정수기의 품질검사성적서(법 제36조제1항에 따라 고시하는 정수기의 기준과 규격에 관한 검사성적서를 말한다. 이하 이 조에서 같다)
   다. 정수기의 사후관리계획서(불량제품 반품 및 교환방법, 필터 공급방법, 주요부품의 표준화 계획 및 판매된 제품에 대한 사후관리방법 등을 포함한다. 이하 같다)
5. 정수기 수입판매업의 경우
   가. 사업계획서(수입처를 포함한다)
   나. 보관시설명세서
   다. 정수기의 품질검사성적서
   라. 정수기의 사후관리계획서

② 법 제21조제1항 후단에서 "환경부령으로 정하는 중요한 사항"이란 제조공장의 소재지에 관한 사항을 말한다.

③ 법 제21조제2항 후단에서 "환경부령으로 정하는 중요한 사항"이란 다음 각 호의 어느 하나에 해당하는 사항을 말한다.

1. 제조공장의 소재지
2. 제조품목

④ 법 제21조제3항 후단에서 "환경부령으로 정하는 중요한 사항"이란 수입처에 관한 사항을 말한다.

⑤ 법 제21조제6항 후단에서 "환경부령으로 정하는 중요한 사항"이란 다음 각 호의 어느 하나에 해당하는 사항을 말한다. 〈신설 2011. 3. 23., 2021. 7. 23.〉

1. 제품명
2. 제조자
3. 보관시설의 소재지

⑥ 법 제21조제7항 후단에서 "환경부령으로 정하는 중요한 사항"이란 다음 각 호의 어느 하나에 해당하는 사항을 말한다. 〈개정 2011. 3. 23., 2021. 7. 23.〉

1. 제조공장의 소재지
2. 제조 또는 수입제품의 품명 및 형식

⑦ 법 제21조제1항부터 제3항까지, 제6항 및 제7항에 따라 변경허가를 받거나 변경등록 또는 변경신고를 하려는 자는 별지 제9호서식의 신청서 · 신고서(전자문서를 포함한다) 또는 별지 제10호서식의 정수기의 제조업 · 수입판매업 변경신고서(전자문서를 포함한다)에 다음 각 호의 서류를 첨부하여 변경 전에 시 · 도지사에게 제출해야 한다. 〈개정 2008. 9. 25., 2011. 3. 23., 2021. 7. 23.〉

1. 허가증 · 등록증 또는 신고증명서 원본
2. 변경내용을 증명하는 서류(전자문서를 포함한다)
3. 삭제 〈2017. 11. 20.〉

⑧ 시 · 도지사는 다음 각 호의 구분에 따라 허가증, 등록증 또는 신고증명서를 각각 발급하여야 한다. 〈개정 2011. 3. 23.〉

1. 먹는샘물등의제조업의 허가 또는 변경허가를 한 경우 : 별지 제11호서식의 먹는샘물 · 먹는염지하수제조업 허가증
2. 수처리제 제조업의 등록 또는 변경등록을 한 경우 : 별지 제12호서식의 수처리제 제조업 등록증
3. 먹는샘물등의 수입판매업의 등록 또는 변경등록을 한 경우 : 별지 제13호서식의 먹는샘물 · 먹는염지하수 수입판매업 등록증

3의2. 먹는샘물등의 유통전문판매업 신고 또는 변경신고를 한 경우 : 별지 제13호의2서식의 먹는샘물 · 먹는염지하수 유통전문판매업 신고증명서

4. 정수기의 제조업 · 수입판매업의 신고 또는 변경신고를 한 경우 : 별지 제14호서식의 정수기의 제조업 · 수입판매업 신고증명서

⑨ 법 제21조제7항에 따라 정수기 품질검사를 받으려는 자는 별지 제10호의2서식의 정수기 품질검사 신청서에 다음 각 호의 서류를 첨부하여 제36조제13항에 따라 고시한 품질검사기관에 제출해야 한다. 〈신설 2011. 3. 23., 2018. 12. 13., 2019. 12. 20., 2021. 7. 23., 2025. 2. 21.〉

1. 정수장치의 종류 및 기능 명세서[주요부품의 기능 및 제원(諸元: 부품의 치수나 무게 등의 성능과 특성을 나타낸 수적 지표)을 포함한다]
2. 구조도면
3. 제품 안내서

4. 재질의 무해성 증빙서류
5. 사후관리계획서
6. 필터의 원산지 증명서류(수입품인 경우로 한정한다)
7. 법 제37조제1항에 따라 환경부장관이 정하여 고시한 기준에 따른 정수기의 용기나 포장의 표시 사항

⑩ 제9항에 따라 정수기 품질검사 신청을 받은 품질검사기관은 품질검사 결과 적합한 제품에 대하여 별지 제10호의3서식 또는 별지 제10호의4서식의 품질검사성적서를 발급해야 한다. 〈신설 2011. 3. 23., 2025. 2. 21.

제 4 장 영 업

제19조 【판매 등의 금지】 누구든지 먹는데 제공할 목적으로 다음 각 호의 어느 하나에 해당 하는 것을 판매하거나 판매할 목적으로 채취, 제조, 수입, 저장, 운반 또는 진열하지 못한다.

1. 먹는 샘물 등을 외의 물이나 그 물을 용기(容器)에 넣은 것
2. 제21조 제1항에 따른 허가를 받지 아니한 먹는 샘물 등이나 그 물을 용기에 넣은 것
3. 제26조 제1항에 따른 수입신고를 하지 아니한 먹는 샘물 등이나 그 물을 용기에 넣은 것
4. 삭제

제20조 【시설기준】 먹는 물 관련영업을 하려는 자는 환경부령으로 정하는 기준에 적합한 시설을 갖추어야 한다.

제21조 【영업의 허가 등】 ① 먹는샘물등의 제조업을 하려는 자는 환경부령으로 정하는 바에 따라 시·도지사의 허가를 받아야 한다. 환경부령으로 정하는 중요한 사항을 변경하려는 때에도 또한 같다.

② 수처리제 제조업을 하려는 자는 환경부령으로 정하는 바에 따라 시·도지사에게 등록하여야 한다. 환경부령으로 정하는 중요한 사항을 변경하려는 때에도 또한 같다.

③ 먹는샘물등의 수입판매업을 하려는 자는 환경부령으로 정하는 바에 따라 시·도지사에게 등록하여야 한다. 환경부령으로 정하는 중요한 사항을 변경하려는 때에도 또한 같다.

④ 시·도지사는 제3항에 따른 등록 또는 변경등록의 신청을 받은 날부터 7일 이내에 등록 또는 변경등록 여부를 신청인에게 통지하여야 한다.

⑤ 시·도지사가 제4항에서 정한 기간 내에 등록 여부 또는 민원 처리 관련 법령에 따른 처리기간의 연장을 신청인에게 통지하지 아니하면 그 기간(민원 처리 관련 법령에 따라 처리기간이 연장 또는 재연장된 경우에는 해당 처리기간을 말한다)이 끝난 날의 다음 날에 등록 또는 변경등록을 한 것으로 본다.

⑥ 먹는샘물등의 유통전문판매업을 하려는 자는 환경부령으로 정하는 바에 따라 시·도지사에게 신고하여야 한다. 환경부령으로 정하는 중요한 사항을 변경하려는 때에도 또한 같다.

⑦ 정수기의 제조업 또는 수입판매업을 하려는 자는 제43조 제1항에 따라 환경부장관이 지정한 기관의 검사를 받고 환경부령으로 정하는 바에 따라 시·도지사에게 신고하여야 한다. 환경부령으로 정하는 중요한 사항을 변경하려는 때에도 또한 같다.

⑧ 시·도지사는 제6항 또는 제7항에 따른 신고 또는 변경신고를 받은 날부터 7일 이내에 신고 또는 변경신고 수리 여부를 신고인에게 통지하여야 한다.

⑨ 시·도지사가 제8항에서 정한 기간 내에 신고수리 여부 또는 민원 처리 관련 법령에 따른 처리기간의 연장을 신고인에게 통지하지 아니하면 그 기간(민원 처리 관련 법령에 따라 처리기간이 연장 또는 재

연장된 경우에는 해당 처리기간을 말한다)이 끝난 날의 다음 날에 신고 또는 변경신고를 수리한 것으로 본다.

⑩ 시·도지사는 제1항에 따른 허가를 할 때에는 제18조에 따른 조사서의 심사결과에 따라 1일 취수량(取水量)을 제한하는 등의 필요한 조건을 붙일 수 있다.

⑪ 제1항부터 제9항까지의 규정에 따라 영업허가를 받거나 등록 또는 신고를 한 자가 그 영업을 휴업·재개업 또는 폐업하거나, 허가받은 사항이나 등록 또는 신고한 사항 중 가벼운 사항을 변경하려면 환경부령으로 정하는 바에 따라 시·도지사에게 신고하여야 한다.

제22조 【샘물 등의 수위·수량·수질 관리】 ① 제21조 제1항에 따라 먹는 샘물 등의 제조업 허가를 받은 자(이하 "먹는 샘물 등의 제조업자"라 한다)는 환경부령으로 정하는 바에 따라 샘물 등의 수위, 수량, 수질을 자동으로 연속하여 측정·기록할 수 있는 자동계측기(이하 "자동계측기"라 한다)를 적정하게 설치 및 운영·관리하여야 한다.

② 시·도지사는 먹는 샘물 등의 제조업자에게 환경부령으로 정하는 바에 따라 자동계측기의 측정결과(이하 "측정결과"라 한다)를 제출하게 할 수 있다.

③ 시·도지사는 환경부장관이 지정하는 지하수 관련 전문기관에 제2항에 따라 받은 측정결과를 분석하게 할 수 있다.

④ 시·도지사는 측정결과를 분석한 결과 샘물 등이 제5조 제3항 또는 제4항에 따른 수질 기준에 부적합하다고 확인되거나 제11조 제2항에 따른 1일 취수량을 초과하여 취수되고 있다고 인정하면 먹는 샘물 등의 제조업자의 취수를 제한하거나 중단하게 할 수 있다.

⑤ 시·도지사는 제3항에 따른 측정결과의 분석에 소요되는 비용을 같은 항에 따른 지하수 관련 전문기관에 지원할 수 있다.

제24조 【영업허가 등의 제한】 다음 각 호의 어느 하나에 해당하면 제21조 제1항부터 제4항까지의 규정에 따른 허가를 받거나 등록 또는 신고를 할 수 없다.

1. 영업을 하려는 자(법인인 경우에는 임원을 포함한다. 이하 이 조에서 같다)가 피성년후견인이거나 피한정후견인일 때
2. 영업을 하려는 자가 파산선고를 받고 복권되지 아니한 자일 때
3. 영업을 하려는 자가 이 법을 위반하여 징역의 실형을 선고받고 그 집행이 종료(집행이 종료된 것으로 보는 경우를 포함한다)되거나 집행이 면제되지 아니한 자일 때
4. 제48조 제1항부터 제3항까지의 규정에 따라 영업의 허가나 등록이 취소된 후 1년이 지나지 아니한 자(법인인 경우에는 그 대표자를 포함한다)가 다시 같은 업종의 영업을 하려 할 때
5. 제48조 제1항부터 제3항까지의 규정에 따라 영업의 허가나 등록이 취소된 후 1년이 지나지 아니하였는데도 같은 장소에서 먹는샘물등의 제조업이나 수처리제 제조업을 하려 할 때
6. 지반침하, 수자원의 고갈 등 환경에 심각한 피해나 위해를 끼치거나 끼칠 우려가 있어 환경부령으로 정하는 기준에 해당될 때(먹는샘물등의 제조업의 경우만 해당한다)

제25조 【영업의 승계】 ① 먹는물 관련영업자가 그 영업을 양도하거나 사망한 때 또는 법인인 먹는물 관련영업자가 합병한 경우에는 그 양수인·상속인 또는 합병 후 존속하는 법인이나 합병으로 설립되는 법인이 그 영업자의 지위를 승계한다.

② 다음 각 호의 어느 하나에 해당하는 사유로 영업 시설·설비의 전부를 인수한 자는 종전의 영업자의 지위를 승계한다. 이 경우 종전의 영업자에 대한 영업허가와 등록은 그 효력을 잃는다.

1. 「민사집행법」에 따른 경매
2. 「채무자 회생 및 파산에 관한 법률」에 따른 환가
3. 「국세징수법」·「관세법」 또는 「지방세징수법」에 따른 압류재산의 매각
4. 그 밖에 제1호부터 제3호까지의 규정에 준하는 절차

③ 제1항이나 제2항에 따라 영업자의 지위를 승계한 자는 환경부령으로 정하는 바에 따라 1개월 이내에 시·도지사에게 신고하여야 한다.

제26조 【수입신고 등】 ① 먹는샘물등, 수처리제 또는 그 용기를 수입하려는 자는 환경부령으로 정하는 바에 따라 시·도지사에게 신고하여야 한다

② 시·도지사는 제1항에 따른 신고를 받은 날부터 25일 이내에 신고수리 여부를 신고인에게 통지하여야 한다.

③ 시·도지사가 제2항에서 정한 기간 내에 신고수리 여부 또는 민원 처리 관련 법령에 따른 처리기간의 연장을 신고인에게 통지하지 아니하면 그 기간(민원 처리 관련 법령에 따라 처리기간이 연장 또는 재연장된 경우에는 해당 처리기간을 말한다)이 끝난 날의 다음 날에 신고를 수리한 것으로 본다.

④ 시·도지사는 필요하다고 인정하면 제1항에 따라 신고한 먹는샘물등, 수처리제 또는 그 용기를 통관절차 완료 전에 관계 공무원이나 관계 검사기관으로 하여금 필요한 검사를 하게 할 수 있다. 이 경우 수입항(수입물품이 「관세법」에 따른 보세구역에서 반출되는 경우에는 그 물품의 보관장소를 말한다. 이하 이 항에서 같다)이 다른 시·도지사의 관할구역에 위치한 경우에는 그 수입항이 위치한 시·도의 관계 검사기관에 검사를 요청할 수 있다.

⑤ 시·도지사는 제31조에 따른 수질개선부담금을 2회 이상 내지 아니한 먹는샘물등의 수입판매업자에게는 제4항에 따라 실시하는 검사를 거부할 수 있다.

제27조 【품질관리인】 ① 먹는 샘물 등의 제조업자, 수처리제 제조업자, 정수기 제조업자는 품질관리인을 두어야 한다. 다만, 개인인 먹는 샘물 등의 제조업자, 수처리제 제조업자 또는 정수기 제조업자가 제4항에 따른 품질관리인의 자격을 갖추고 제2항에 따른 업무를 직접 수행하는 경우에는 품질관리인을 따로 두지 아니할 수 있다.

② 품질관리인은 먹는 샘물, 수처리제 또는 정수기를 제조하는 과정에서 품질을 관리하고, 제조 시설을 위생적으로 관리하여야 한다.

③ 먹는 샘물 등의 제조업자, 수처리제 제조업자, 정수기 제조업자는 제2항에 따른 품질관리인의 업무를 방해하여서는 아니 되며, 그로부터 업무수행에 필요한 요청을 받으면 정당한 사유가 없으면 요청에 따라야 한다.

④ 품질관리인의 자격기준은 대통령령으로 정한다.

영 **제6조 【품질관리인의 자격기준】** 법 제27조 제4항에 따른 품질관리인의 자격기준은 다음 각 호와 같다.

1. 먹는샘물등의 제조업 및 수처리제 제조업의 경우에는 다음 각 목의 어느 하나에 해당하는 사람
   가. 수질환경산업기사 이상 또는 위생사의 자격증이 있는 사람
   나. 대학에서 상수도공학, 환경공학, 화학, 미생물학, 위생학 또는 식품학 등 관련분야의 학과·학부를 졸업한 사람이거나 법령에 따라 이와 같은 수준 이상의 학력이 있다고

인정되는 사람

다. 1년 이상 환경행정 또는 식품위생행정 분야의 업무에 종사한 사람

2. 정수기의 제조업의 경우에는 다음 각 목의 어느 하나에 해당하는 사람

가. 수질환경산업기사 이상, 품질경영산업기사 이상 또는 위생사의 자격증이 있는 사람

나. 대학에서 상수도공학, 환경공학, 화학, 미생물학, 위생학, 품질관리 또는 품질경영 분야의 학과·학부를 졸업한 사람이거나 법령에 따라 이와 같은 수준 이상의 학력이 있다고 인정되는 사람

다. 수질환경, 위생, 품질관리, 품질경영 또는 정수기 제조 분야에 2년 이상 종사한 사람

제28조【품질관리교육】 ① 제27조 제1항 단서에 따라 품질관리인을 두지 아니한 개인인 먹는샘물등의 제조업자, 수처리제 제조업자 또는 정수기 제조업자는 환경부장관이 실시하는 품질관리교육(이하 "품질관리교육"이라 한다)을 정기적으로 받아야 하고, 같은 항 본문에 따른 먹는샘물등의 제조업자, 수처리제 제조업자 또는 정수기 제조업자는 품질관리인으로 하여금 정기적으로 품질관리교육을 받도록 하여야 한다.

② 제27조에 따른 품질관리인이 되려는 자는 미리 제1항에 따른 교육을 받아야 한다. 다만, 품질관리인이 특별한 사정 등 부득이한 사유로 미리 교육을 받을 수 없으면 품질관리인이 된 후에 교육을 받을 수 있다.

③ 제1항과 제2항에 따른 품질관리에 관한 교육의 실시기관 및 내용 등에 관하여는 환경부령으로 정한다.

④ 환경부장관은 제1항과 제2항에 따른 교육에 드는 경비를 교육 대상자나 교육 대상자를 고용한 자로부터 징수할 수 있다.

규칙 **제16조【수입신고 등】** ① 먹는샘물등, 수처리제 또는 그 용기를 수입하려는 자는 법 제26조제1항에 따라 별지 제16호서식의 수입신고서(전자문서를 포함한다)에 다음 각 호의 서류(전자문서를 포함한다)를 1부씩 첨부하여 시 · 도지사에게 제출하여야 한다. 〈개정 2011. 3. 23., 2017. 11. 30., 2025. 2. 21.〉

1. 수입판매업등록증 사본

1의2. 송장 · 선적증명서 등 수입 사실을 증명할 수 있는 서류

2. 원수가 「먹는물 수질기준 및 검사 등에 관한 규칙」 별표 1에 따른 먹는물의 수질기준에 맞는 물인지를 증명하는 서류(먹는샘물등만 해당하며, 신고일 전 최근 1년 이내에 발급된 것으로 한정한다)

3. 제조일자를 증명할 수 있는 서류(제조자가 제품의 제조일자를 표시한 경우는 제외한다)

4. 자가기준 및 자가규격검토서(수처리제만 해당한다)

5. 원수가 법 제3조제2호 및 제3호의2에서 규정하고 있는 수질의 안전성을 계속 유지할 수 있는 자연 상태의 깨끗한 물인지를 증명하는 서류(신고일 전 최근 1년 이내에 발급된 것으로 한정한다)

② 시 · 도지사는 제1항에 따른 수입신고를 받으면 별표 4의 검사방법에 따라 검사해야 한다. 다만, 법 제31조제1항에 따른 수질개선부담금(이하 "부담금"이라 한다)을 2회 이상 내지 않은 먹는샘물등의 수입판매업자에게는 법 제26조제5항에 따라 검사를 거부할 수 있다. 〈개정 2011. 3. 23., 2021. 7. 23.〉

③ 제2항에 따른 검사결과 법 제36조제1항 및 제2항에 따른 기준과 규격에 적합한 때에는 별지 제17호서식의 수입신고증명서를 발급하여야 한다. 〈개정 2011. 3. 23.〉

규칙 **제17조 【품질관리교육】** ① 법 제28조 제1항 및 제2항에 따른 품질관리교육은 다음 각 호의 구분에 따른다.

1. 신규교육: 품질관리인의 업무를 수행하기 전에 1회. 다만, 특별한 사정 등 부득이한 사유로 미리 교육을 받을 수 없는 경우에는 다음 각 목의 구분에 따른 기간 내에 신규교육을 받아야 한다.
   가. 정수기 제조업자가 두는 품질관리인: 품질관리인의 업무를 수행한 날부터 2년 이내
   나. 품질관리인을 두지 않는 개인인 정수기 제조업자: 품질관리인의 업무를 수행한 날부터 2년 이내
   다. 가목 및 나목 외의 경우: 품질관리인의 업무를 수행한 날부터 1년 이내
2. 정기교육: 신규교육 또는 직전의 정기교육을 수료한 날(제2항에 따라 신규교육이 면제된 경우에는 해당 품질관리교육을 수료한 날)부터 3년이 되는 날이 속하는 해의 1월 1일부터 12월 31일까지

② 제1항에도 불구하고 품질관리인이 퇴직 후 같은 업종의 품질관리인으로 다시 채용된 경우로서 다시 채용된 날 이전 2년 이내에 품질관리교육을 수료한 사람에 대해서는 제1항 제1호에 따른 신규교육을 면제한다.

③ 품질관리에 관한 교육의 실시기관은 국립환경인력개발원 또는 먹는샘물등의 제조, 수처리제 제조 및 정수기 제조 관련단체 등 환경부장관이 지정하는 단체 및 기관으로 한다.

규칙 **제18조 【교육과정 등】** ① 법 제28조 제3항에 따라 먹는 샘물 등의 제조업자, 수처리제 제조업자, 정수기 제조업자 및 품질관리인이 마쳐야 할 교육과정은 다음 각 호와 같다.

1. 먹는 샘물 등의 제조업자 과정
2. 수처리제 제조업자 과정
3. 정수기 제조업자 과정
4. 먹는 샘물 등의 제조업 품질관리인 과정
5. 수처리제 제조업 품질관리인 과정
6. 정수기 제조업 품질관리인 과정

② 제1항제1호부터 제3호까지의 규정에 따른 교육과정의 교육기간은 1일 이내로 하고, 제1항제4호부터 제6호까지의 규정에 따른 교육과정의 교육기간은 2일 이내로 한다. 이 경우 교육시간은 1일 7시간 이내로 한다.

③ 제1항 및 제2항에 따른 교육과정은 과정의 성격, 교육여건 등을 고려하여 집합교육 또는 이에 상응하는 인터넷을 이용한 교육과정으로 운영할 수 있다.

규칙 **제19조 【교육계획】** ① 교육실시기관의 장은 매년 11월 30일까지 먹는 샘물 등의 제조업자, 수처리제 제조업자, 정수기 제조업자 및 품질관리인에 대한 다음 해의 교육계획을 환경부장관에게 제출하여 승인을 받아야 한다.

② 제1항에 따른 교육계획에는 다음 각 호의 사항이 포함되어야 한다.

1. 교육의 기본방향
2. 교육 수요조사의 결과 및 교육수요 장기추계
3. 교육과정별 교육과목·기간 및 인원
4. 그밖에 교육에 필요한 사항

제29조 【건강진단】 ① 먹는 샘물 등의 제조에 종사하는 종업원(제조업자가 직접 제조에 종사하는 경우에는 제조업자를 포함한다)은 건강진단을 받아야 한다. 다만, 다른 법령에 따라 같은 내용의 건강진단을 받은 경우에는 이 법에 따른 건강진단으로 갈음할 수 있다.

② 먹는샘물등의 제조업자는 제1항에 따른 건강진단을 받지 아니한 사람과 건강진단을 받은 결과 다른 사람에게 위해를 끼칠 우려가 있는 질병이 있다고 인정되는 사람을 그 업무에 종사하게 하여서는 아니 된다.

③ 제1항에 따른 건강진단의 실시방법 등과 제2항에 따라 영업에 종사하지 못하는 질병의 종류는 환경부령으로 정한다.

제31조 【수질개선부담금의 부과·징수】 ① 환경부장관은 공공의 지하수자원을 보호하고 먹는물의 수질개선에 이바지하도록 제9조에 따라 샘물등의 개발허가를 받은 자, 먹는샘물등의 제조업자 및 수입판매업자에게 수질개선부담금(이하 "부담금"이라 한다)을 부과·징수할 수 있다.

② 부담금은 제9조에 따라 샘물등의 개발허가를 받은 자와 먹는샘물등의 제조업자에게는 샘물등의 취수량을 기준으로, 먹는샘물등의 수입판매업자에게는 먹는샘물등의 수입량을 기준으로 다음 각 호의 금액을 더한 금액의 3배의 범위에서 대통령령으로 정하는 바에 따라 부과·징수한다.

1. 「지방공기업법」 제21조에 따른 상수도 원가 및 하수도 원가
2. 「수도법」 제71조에 따른 원인자부담금
3. 「하수도법」 제61조에 따른 원인자부담금
4. 다음 각 목의 물이용부담금을 평균한 금액
   가. 「한강수계 상수원수질개선 및 주민지원 등에 관한 법률」 제19조 제1항에 따른 물이용부담금
   나. 「낙동강수계 물관리 및 주민지원 등에 관한 법률」 제32조 제1항에 따른 물이용부담금
   다. 「금강수계 물관리 및 주민지원 등에 관한 법률」 제30조 제1항에 따른 물이용부담금
   라. 「영산강·섬진강수계 물관리 및 주민지원 등에 관한 법률」 제30조 제1항에 따른 물이용부담금
5. 「환경정책기본법」 제47조 제1항 제1호에 따른 국가환경개선사업 중 상수도 및 수질보전 부문의 세출

③ 제9조에 따라 샘물등의 개발허가를 받은 자는 취수량을 측정할 수 있는 계측기(計測器)를 설치·관리하고, 환경부령으로 정하는 바에 따라 측정 결과를 환경부장관에게 제출하여야 한다.

④ 제1항과 제2항에 따른 부담금의 부과대상, 부과금액, 부과·징수의 방법과 절차, 그 밖에 필요한 사항은 대통령령으로 정한다.

⑤ 환경부장관은 제1항에 따라 부담금을 내야 할 자가 정하여진 기한까지 부담금을 내지 아니하면 가산금을 징수한다. 이 경우 가산금에 관하여는 「국세징수법」 제21조 및 제22조를 준용한다.

⑥ 제1항·제2항 및 제5항에 따라 징수한 부담금과 가산금은 「환경정책기본법」에 따른 환경개선특별회계의 세입으로 한다.

⑦ 환경부장관은 제6항에 따른 환경개선특별회계의 세입 중 샘물등의 개발허가를 받은 자와 먹는샘물등의 제조업자 중 대통령령으로 정하는 자로부터 징수한 부담금 및 가산금의 100분의 40에 상당하는 금액을 해당 취수정(取水井)이 위치한 특별자치시, 특별자치도, 시, 군 또는 구에 지급하여야 한다.

⑧ 환경부장관은 제55조에 따라 시·도지사에게 부담금 및 가산금의 징수에 관한 권한을 위임하면 징수된 부담금 및 가산금의 일부를 대통령령으로 정하는 바에 따라 징수비용으로 지급할 수 있다.

⑨ 환경부장관은 제8조의3 제1항에 따라 샘물보전구역을 지정한 시·도지사에게 해당 샘물의 개발로 인하여 징수한 수질개선부담금의 일부를 대통령령으로 정하는 바에 따라 지원할 수 있다.

⑩ 환경부장관이나 제8항에 따른 시·도지사는 부담금이나 가산금을 내야 할 자가 정하여진 기한까지 내지 아니하면 국세 체납처분의 예 또는 「지방행정제재·부과금의 징수 등에 관한 법률」에 따라 징수한다.

⑪ 환경부장관은 체납된 부담금을 징수하기 위하여 「지방세기본법」 제86조에 따라 지방자치단체의 장에게 지방세 과세정보를 요구할 수 있다. 이 경우 지방자치단체의 장은 특별한 사유가 없으면 이에 따라야 한다.

제31조의 2 【부담금의 이의신청특례】 ① 제31조제1항 및 제2항에 따른 부담금을 부과받은 자는 부과된 부담금에 대하여 이의가 있는 경우에는 부과받은 날부터 30일 이내에 이의를 신청할 수 있다.

② 환경부장관은 제1항에 따른 이의신청을 받았을 때에는 그 신청을 받은 날부터 15일 이내에 이를 심의하여 그 결과를 신청인에게 서면으로 알려야 한다.

③ 제1항 및 제2항에 따른 이의신청의 방법, 심의 및 그 결과 통지 등에 필요한 사항은 환경부령으로 정한다.

④ 제1항부터 제3항까지에서 규정한 사항 외에 이의신청에 관한 사항은 「행정기본법」 제36조(같은 조 제2항 단서는 제외한다)에 따른다.

영 **제7조 【부담금의 부과대상】** ① 법 제31조 제1항에 따른 수질개선부담금(이하 "부담금"이라 한다)의 부과대상은 다음 각 호와 같다.

1. 법 제9조에 따라 개발허가를 받은 자로서 다음 각 목의 구분에 따른 자가 취수한 샘물등
   가. 기타샘물의 개발허가를 받은 자가 취수한 샘물등
   나. 음료류를 제조하기 위하여 먹는샘물등의 제조설비를 사용하는 자가 취수한 샘물등
2. 법 제21조 제1항에 따라 먹는 샘물 등의 제조업 허가를 받은 자(이하 "먹는 샘물 등의 제조업자"라 한다)가 취수한 샘물
3. 법 제21조 제3항에 따라 먹는 샘물 등의 수입판매업의 등록을 받은 자(이하 "먹는 샘물 등의 수입판매업자"라 한다)가 수입한 먹는 샘물

② 제1항에 따른 부과대상 중 다음 각 호의 어느 하나에 해당하는 것은 부담금의 부과대상에서 제외한다.

1. 수출하는 것
2. 우리나라에 주재하는 외국군대 또는 주한외국공관에 납품하는 것
3. 「재난 및 안전관리 기본법」 제66조 제3항 제1호에 따라 이재민의 구호를 위하여 지원·제공하는 것
4. 법 제13조 제1항에 따른 환경영향조사 및 법 제18조 제1항에 따른 환경영향심사를 위하여 취수한 샘물 등

③ 제1항 각 호에 해당하는 자는 환경부령으로 정하는 바에 따라 제2항에 따른 부담금의 부과대상에서 제외되는 것에 관한 증빙서류를 매 분기별로 환경부장관에게 제출하여야 한다.

제32조 【부담금의 징수유예와 분할납부 등】 ① 환경부장관은 부담금의 납부기한 전에 부담금 납부의무자가 다음 각 호의 어느 하나에 해당하는 사유로 부담금을 낼 수 없다고 인정되면 징수를 유예하거나

그 금액을 분할하여 내게 할 수 있다.

1. 천재지변이나 그 밖의 재해를 입어 제조업자 등의 재산에 상당한 손실이 있는 경우
2. 사업에 손실을 입어 경영상으로 심각한 위기에 처하게 된 경우
3. 그밖에 제1호와 제2호에 준하는 사유 등으로 징수유예나 분할납부가 불가피하다고 인정되는 경우

② 환경부장관은 제1항에 따라 징수를 유예한 경우에는 그 유예 금액에 상당하는 담보의 제공을 요구할 수 있다.

③ 환경부장관은 해당 납부의무자가 다음 각 호의 어느 하나에 해당하면 제1항에 따른 징수유예를 취소하고 체납액을 한꺼번에 징수할 수 있다. 이 경우 환경부장관은 미리 그 사실을 납부의무자에게 알려야 한다.

1. 체납액을 지정한 기한까지 내지 아니한 경우
2. 담보변경 등 담보의 보전에 필요한 환경부장관의 정당한 요구에 따르지 아니한 경우
3. 재산상황이 좋아지거나 다른 사정의 변화로 그 유예가 필요 없다고 인정되는 경우

④ 제1항에 따른 징수유예의 기간, 분할납부의 횟수, 신청방법 등에 필요한 사항은 대통령령으로 정한다.

제33조 【수질개선부담금의 용도】 제31조에 따라 징수된 수질개선부담금은 다음 각 호의 어느 하나에 해당하는 용도에만 사용한다. 다만, 제31조 제8항에 따라 징수비용으로 교부한 금액은 해당 수질개선부담금을 부과·징수하는 데에 드는 경비 등으로 사용하여야 한다.

1. 제5조 제1항에 따른 먹는 물의 수질관리시책 사업비의 지원
2. 제5조 제2항에 따른 먹는 물의 수질검사 실시 비용의 지원

2의2. 제8조 제1항에 따른 먹는 물 공동시설의 관리를 위한 비용의 지원

3. 그밖에 공공의 지하수 자원을 보호하기 위하여 대통령령으로 정하는 용도

영 **제15조 【수질개선부담금의 용도】** 법 제33조 제3호에서 "대통령령으로 정하는 용도"란 다음 각 호의 어느 하나에 해당하는 용도를 말한다.

1. 「지하수법」 제12조에 따른 지하수보전구역의 지정을 위한 조사의 실시
2. 지하수자원의 개발 · 이용 및 보전 · 관리를 위한 기초조사와 복구사업의 실시
3. 법 제31조제9항에 따른 샘물보전구역을 지정한 시 · 도지사에 대한 지원

제5장 기준과 표시 등

제36조【기준과 규격】 ① 환경부장관은 먹는 샘물 등, 수처리제, 정수기 또는 그 용기의 종류, 성능, 제조방법, 보존방법, 유통기한, 사후관리 등에 관한 기준과 성분에 관한 규격을 정하여 고시할 수 있다.

② 환경부장관은 제1항에 따른 기준과 규격이 정하여지지 아니한 먹는 샘물 등은 그 제조업자에게 자가기준(自家基準)과 자가규격을 제출하게 하여, 제43조에 따라 지정된 검사기관의 검사를 거쳐 이를 그 먹는 샘물 등, 수처리제, 정수기 또는 용기는 기준과 규격으로 인정할 수 있다.

③ 제1항 및 제2항에 따른 기준과 규격에 맞지 아니한 먹는 샘물 등, 수처리제, 정수기 또는 용기를 판매하거나 판매할 목적으로 제조, 수입, 저장, 운반, 진열하거나 그 밖의 영업상으로 사용하지 못한다.

제37조【표시기준】 ① 환경부장관은 먹는 샘물 등, 수처리제(水處理劑), 정수기의 용기나 포장의 표시, 제품명(製品名)의 사용에 필요한 기준을 정하여 고시하여야 한다.

② 먹는 물 관련영업자는 제1항에 따른 표시기준에 맞게 표시하지 아니한 먹는 샘물, 수처리제 또는 정수기를 판매하거나 판매할 목적으로 제조·수입·진열 또는 운반하거나 영업상 사용하여서는 아니 된다.

제38조【수출용 제품의 먹는 샘물 등의 기준, 규격, 표시기준】 ① 수출용으로 제조하는 먹는 샘물 등, 수처리제, 정수기 또는 그 용기의 기준, 규격, 표시 기준은 제36조 제1항·제2항 및 제37조에도 불구하고 먹는 샘물 등을 수입하는 자가 요구하는 기준, 규격, 표시기준을 따를 수 있다.

② 먹는 물 관련 영업자가 제1항에 따라 수입하는 자가 요구하는 기준, 규격, 표시기준을 따라 먹는 샘물 등, 수처리제, 정수기 또는 그 용기의 제조하려 할 때에는 환경부령으로 정하는 바에 따라 이를 증명하는 서류 등을 시·도지사에게 제출하여야 한다.

제39조【광고의 제한】 ① 환경부장관은 공익상 필요하다고 인정하면 대통령령으로 정하는 바에 따라 먹는 샘물에 관한 광고를 금지하거나 제한할 수 있다.

② 시·도지사는 먹는 샘물 등의 제조업자와 수입판매업자가 제1항에 따른 금지 또는 제한을 위반하면 그 먹는 샘물 등의 수입 또는 판매를 제한하거나 광고물의 제거 등 시정에 필요한 명령이나 조치를 할 수 있다.

【규칙】 제31조【광고 제한의 기준, 방법 및 절차 등】 ① 법 제39조 및 영 제17조 제2항에 따른 먹는 샘물등의 광고 제한의 기준은 다음 각 호의 어느 하나에 해당하는 것으로 한다.

1. 객관적이고 과학적인 근거자료에 따라 표현하지 않은 경우
2. 삭제
3. 수돗물에 대한 불신을 조장하는 표현을 사용한 경우

② 환경부장관은 먹는샘물등의 제조업자와 수입판매업자(이하 "먹는샘물등 영업자"라 한다)가 제1항에 따른 기준을 위반한 경우에는 해당 먹는샘물등 영업자에게 그 사실을 서면(전자문서를 포함한다)으로 통지하여야 한다.

③ 먹는샘물등 영업자는 제2항에 따른 결과를 통지받은 날부터 1개월 이내에 환경부장관에게 이의를 신청할 수 있다.

④ 환경부장관은 제2항 및 제3항에 따른 통지 및 이의 신청 결과를 관할 시·도지사에게 통보하여야 한다.

제40조【거짓 또는 과대 표시·광고의 금지 등】 ① 먹는 샘물 등, 수처리제, 정수기와 그 용기·포장의 명칭, 제조 방법·품질 등에 관하여 거짓 또는 과대의 표시·광고를 하거나 의약품과 혼동할 우려가 있는

표시·광고를 하여서는 아니 된다.
② 제1항에 따른 거짓 또는 과대의 표시·광고의 범위, 그밖에 필요한 사항은 환경부령으로 정한다.

제40조의 2 【유사표시의 사용금지】 이 법에 따른 먹는 샘물 등이 아닌 경우에는 먹는 샘물 등으로 오인될 우려가 있는 "샘물", "생수" 등의 제품명을 사용하거나 그 밖의 표시를 하여 제공 또는 판매를 하여서는 아니 된다.

규칙 **제32조 【거짓 또는 과대 표시·광고의 금지 등】** 법 제40조에 따른 거짓 또는 과대의 표시·광고의 범위는 용기·포장·라디오·텔레비전·신문·잡지·음곡·영상·인쇄물·간판, 그밖의 방법에 따라 먹는 샘물 등·수처리제·정수기 및 그 용기·포장의 명칭·제조방법·품질 또는 사용에 대한 정보를 알리는 행위 중 다음 각 호의 어느 하나에 해당하는 것을 말한다.

1. 먹는 샘물 등 및 수처리제의 경우
   가. 법 제21조 제1항부터 제4항까지에 규정에 따라 허가받은 사항 또는 등록한 사항 또는 신고한 사항이나 법 제26조 제1항에 따라 수입신고한 사항과 다른 내용의 표시·광고
   나. 제품 중에 함유된 성분과 다른 내용의 표시·광고
   다. 제조연월일이나 유통기한을 표시할 때 사실과 다른 내용의 표시·광고
   라. "최고"·"특수" 등의 표현이나 "특수제법" 등의 모호한 표현으로 소비자를 현혹시킬 우려가 있는 표시·광고
   마. 의약품으로 혼동할 우려가 있는 내용의 표시·광고
   바. 체험사례 등을 이용하는 광고
2. 정수기의 경우
   가. 법 제21조 제5항에 따라 신고한 사항과 다른 내용의 표시·광고
   나. "최고"·"특수" 등의 표현이나 "특수제법" 등의 모호한 표현으로 소비자를 현혹시킬 우려가 있는 표시·광고
   다. 유효 정수량을 표시할 때 실제 정수량과 다른 내용의 표시·광고
   라. 실제 정수기능과 다른 기능의 표시·광고
   마. 비교대상 및 기준을 구체적으로 밝히지 아니하거나 객관적인 근거 없이 다른 회사제품과 비교하는 표시·광고
   바. 다른 회사제품을 비방하는 광고
   사. 체험사례 등을 이용하는 광고

제 6 장 검 사

제41조 【자가품질검사의 의무】 ① 먹는 샘물 등의 제조업자는 환경부령으로 정하는 바에 따라 그가 제조하는 제품이 제36조 제1항 또는 제2항에 따른 기준과 규격에 적합한지를 자가 검사(檢査)하고 그 기록을 보존하여야 한다.
② 제1항의 경우에 시·도지사는 먹는 샘물 등의 제조업자가 직접 검사하는 것이 적합하지 아니하면 제43조에 따라 지정된 검사기관에 위탁하여 검사하게 할 수 있다.

제41조의 2 【유통 중인 먹는 샘물 등의 품질검사】 ① 환경부장관 또는 시·도지사는 먹는 샘물 등이

제5조에 따른 수질 기준에 적합한지 여부, 제36조에 따른 기준과 규격의 적정 준수 여부를 확인하기 위하여 소속 공무원으로 하여금 유통 중인 먹는 샘물 등을 수거하여 조사하게 할 수 있다.

② 제1항에 따라 수거를 하는 소속 공무원에 관하여는 제42조 제2항을 준용한다.

규칙 **제33조 【자가품질검사】** ① 법 제41조 제1항에 따른 자가 품질 검사는 다음 각 호의 구분에 따른다.

1. 먹는 샘물 등의 제조업자의 경우 : 별표 6의 검사기준. 다만, 제12조 제3항 본문에 따라 전산망을 통하여 자료를 제출한 경우에는 그 일부를 면제할 수 있다.
2. 수처리제 제조업자의 경우 : 생산품목별 월 1회 이상(검사항목은 법 제36조에 따른 수처리제의 기준과 규격에 관한 고시에서 정한 항목에 따른다)
3. 정수기의 제조업자의 경우 : 별표 7의 검사기준

② 제1항에 따른 검사성적서는 2년간 보존하여야 한다.

제42조 【출입·검사·수거 등】 ① 환경부장관 또는 시·도지사는 샘물 개발에 따른 환경영향 조사를 하거나 먹는 물 관련영업으로 인한 국민건강상의 위해를 방지하고 검사기관의 적정 운영 여부를 확인하기 위하여 필요하다고 인정되면 다음 각 호의 조치를 할 수 있다.

1. 샘물 개발허가를 받은 자, 먹는 물 관련영업자 및 제43조에 따라 지정된 검사기관이나 그 밖의 관계인에게 필요한 보고를 명하는 것
2. 관계공무원에게 영업장소·사무소·창고·제조소·저장소·판매소(이하 "사업장"이라 한다) 또는 이와 유사한 장소에 출입하여 판매를 목적으로 하거나 영업상 사용하는 원재료·제품·용기·포장 또는 제조·영업시설 등을 검사하는 것
3. 제2호의 검사에 필요한 최소량의 원재료, 제품, 용기·포장 등을 무상으로 수거(收去)하는 것
4. 관계공무원이 영업관계의 장부, 서류, 검사와 관련된 자료를 열람하게 하는 것

② 제1항에 따라 출입, 검사, 수거 또는 열람을 하려는 공무원은 그 권한을 표시하는 증표를 지니고 이를 관계인에게 내보여야 한다.

제43조 【검사기관의 지정】 ① 환경부장관은 제42조제1항제3호에 따라 거두어들인 원재료, 제품, 용기 등의 검사와 제5조제2항에 따른 먹는물의 수질검사를 위한 기관을 지정할 수 있다. 지정받은 기관(이하 “검사기관”이라 한다)이 지정받은 사항 중 환경부령으로 정하는 중요 사항을 변경하려는 경우에는 환경부장관에게 신고하여야 한다.

② 환경부장관은 제1항 후단에 따른 변경신고를 받은 날부터 20일 이내에 변경신고 수리 여부를 신고인에게 통지하여야 한다. 〈신설 2021. 1. 5.〉

③ 환경부장관이 제2항에서 정한 기간 내에 신고수리 여부 또는 민원 처리 관련 법령에 따른 처리기간의 연장을 신고인에게 통지하지 아니하면 그 기간(민원 처리 관련 법령에 따라 처리기간이 연장 또는 재연장된 경우에는 해당 처리기간을 말한다)이 끝난 날의 다음 날에 변경신고를 수리한 것으로 본다. 〈신설 2021. 1. 5.〉

④ 검사기관은 먹는물 수질검사기관, 수처리제 검사기관, 정수기 품질검사기관, 정수기 성능검사기관으로 구분한다. 〈개정 2021. 1. 5.〉

⑤ 다음 각 호의 어느 하나에 해당하는 자는 제1항에 따른 검사기관으로 지정받을 수 없다. 〈신설 2008. 3. 21., 2015. 2. 3., 2018. 12. 24., 2021. 1. 5.〉

1. 피성년후견인 또는 피한정후견인

2. 이 법을 위반하여 징역의 실형을 선고받고 그 집행이 끝나거나(집행이 끝난 것으로 보는 경우를 포함한다) 집행이 면제된 날부터 2년이 지나지 아니한 자
3. 이 법을 위반하여 징역형의 집행유예를 선고받고 그 집행유예기간 중에 있는 자
4. 제8항에 따라 지정이 취소된 후 4년이 지나지 아니한 자
5. 임원 또는 기관의 대표자 중에 제1호부터 제4호까지의 규정 중 어느 하나에 해당하는 자가 있는 법인이나 기관

⑥ 환경부장관은 제1항에 따라 검사기관의 지정을 신청받거나 검사기관으로 지정하면 수질의 측정 · 분석에 관한 능력을 평가할 수 있다. 〈개정 2008. 3. 21., 2021. 1. 5.〉

⑦ 제1항에 따라 지정받은 정수기품질검사기관은 정수기품질검사를 공정하게 처리하기 위하여 정수기품질심의위원회를 둘 수 있다. 〈개정 2008. 3. 21., 2021. 1. 5.〉

⑧ 환경부장관은 검사기관이 다음 각 호의 어느 하나에 해당하면 그 지정을 취소하거나 6개월 이내의 기간을 정하여 업무정지처분을 할 수 있다. 다만, 제1호, 제1호의2, 제2호 및 제3호에 해당하면 그 지정을 취소하여야 한다. 〈개정 2008. 3. 21., 2010. 3. 22., 2014. 1. 21., 2021. 1. 5., 2024. 2. 20.〉

1. 거짓이나 그 밖의 부정한 방법으로 지정을 받은 경우

1의2. 제5항 각 호의 어느 하나에 해당하는 경우. 다만, 법인 또는 기관의 임원이나 대표자 중에 제5항제1호부터 제4호까지의 규정 중 어느 하나에 해당하는 자가 있는 경우 그 임원이나 대표자를 3개월 이내에 바꾸어 임명하면 그 지정을 취소하지 아니한다.

2. 이 법 또는 다른 법률(제43조에 따른 검사기관의 검사를 받도록 규정한 법률만 해당한다)에 따른 검사를 하면서 고의나 중대한 과실로 거짓의 검사성적서를 발급하거나 제12항에 따른 검사결과의 기록을 거짓으로 작성한 경우
3. 업무정지처분 기간 중 검사업무를 대행한 경우
4. 지정받은 후 1년 이내에 검사대행 업무를 시작하지 아니하거나 계속해서 1년 이상 그 실적이 없는 경우
5. 제1항에 따른 변경신고를 하지 아니한 경우
6. 제6항에 따른 평가 결과 제9항에서 정하는 평가 기준에 미달된 경우
7. 제9항에 따른 기술 인력 및 시설 기준에 미달된 경우
8. 제12항에 따른 준수사항을 지키지 아니한 경우
9. 제14항을 위반하여 검사업무를 재위탁하거나 재위탁을 받은 경우

⑨ 제1항부터 제6항까지의 규정에 따라 검사기관으로 지정받기 위하여 갖추어야 할 기술인력과 시설기준, 검사기관의 지정신청과 지정, 평가 기준 등에 관한 사항은 환경부령으로 정한다. 〈개정 2008. 3. 21., 2021. 1. 5.〉

⑩ 제7항에 따른 정수기 품질검사기관의 기능과 정수기품질심의위원회의 구성, 임기, 기능 등에 관하여 필요한 사항은 환경부령으로 정한다. 〈개정 2008. 3. 21., 2021. 1. 5.〉

⑪ 제8항에 따른 행정처분의 세부적인 기준은 환경부령으로 정한다. 〈개정 2008. 3. 21., 2021. 1. 5.〉

⑫ 검사기관은 수질검사 방법, 검사결과의 기록 · 보존 등 환경부령으로 정하는 준수사항을 지켜야 한다. 〈신설 2010. 3. 22., 2021. 1. 5.〉

⑬ 검사업무를 담당하는 기술 인력은 환경부령으로 정하는 바에 따라 환경부장관이 시행하는 교육을 받아야 한다. 이 경우 환경부장관은 교육 경비를 교육대상자를 고용한 자로부터 징수할 수 있다. 〈신설 2010. 3. 22., 2021. 1. 5.〉

⑭ 검사기관이 검사를 하는 경우 검사업무를 재위탁하거나 재위탁을 받아서는 아니 된다. 〈신설 2024. 2. 20.〉

제43조의2【검사기관 기술인력의 자격정지】 ① 환경부장관은 제43조제1항에 따라 지정받은 검사기관에서 이 법 또는 다른 법률(제43조에 따른 검사기관의 검사를 받도록 규정한 법률만 해당한다)에 따른 검사를 담당하는 기술인력이 다음 각 호의 어느 하나에 해당하는 경우에는 「국가기술자격법」 제10조제3항에 따른 국가기술자격 검정별 소관 주무부장관에게 해당 사실을 통보하여야 한다.

1. 검사를 하면서 고의 또는 중대한 과실로 거짓의 검사성적서를 발급하거나 거짓의 검사결과기록을 작성한 경우
2. 검사기관의 업무정지처분 기간 중 검사업무를 수행한 경우

② 제1항에 따라 해당 사실을 통보받은 주무부장관은 1년의 범위에서 해당 기술인력의 국가기술자격을 정지시켜야 한다.

③ 제2항에 따른 국가기술자격의 정지기간 등에 관하여 필요한 사항은 대통령령으로 정한다.

[본조신설 2024. 2. 20.]

〖규칙〗 제35조【검사기관의 지정 등】 ① 법 제43조 제7항에 따라 먹는물 수질검사기관·수처리제 검사기관 및 정수기 성능검사기관(이하 "먹는물 수질검사기관등"이라 한다)의 지정을 받으려는 자가 갖추어야 하는 기술인력 및 시설·장비 기준은 별표8과 같다.

② 먹는물 수질검사기관등의 지정을 받으려는 자는 별지 제36호서식의 지정신청서(전자문서를 포함한다)에 다음 각 호의 서류(전자문서를 포함한다)를 첨부하여 국립환경과학원장 또는 지방환경관서의 장(영 제20조 제2항 제6호의 2에 따라 위임된 분야의 먹는물 수질검사기관에 한정한다. 이하 제3항 및 제8항에서 같다)에게 제출하여야 한다. 이 경우 국립환경과학원장 또는 지방환경관서의 장은 「전자정부법」 제36조 제1항에 따른 행정정보의 공동이용을 통하여 제1호의 기술능력을 증명하는 국가기술자격증, 사업자등록증 및 법인 등기사항증명서(법인의 경우에만 해당한다)를 확인하여야 하며, 신청인이 국가기술자격증 및 사업자등록증의 확인에 동의하지 아니하면 그 사본을 신청인이 직접 첨부하도록 하여야 한다.

1. 기술능력을 증명하는 서류
2. 검사설비와 기계 및 기구의 현황
3. 검사수수료에 관한 사항 등을 포함한 검사업무에 관한 사항

③ 국립환경과학원장 또는 지방환경관서의 장은 제2항 본문에 따라 제출받은 지정신청서의 내용에 보완이 필요하다고 판단되는 경우에는 기간을 정하여 신청인에게 보완을 요구할 수 있다.

④ 국립환경과학원장 또는 지방환경관서의 장은 지정을 신청한 자가 다음 각 호의 어느 하나에 해당하는 경우에는 지정신청서를 반려할 수 있다.

1. 제3항에 따른 보완 요구를 받은 자가 기간 내에 정당한 사유 없이 보완을 하지 않은 경우
2. 제8항에 따른 수질측정·분석에 관한 능력 평가에서 부적합 판정을 받은 경우

⑤ 국립환경과학원장 또는 지방환경관서의 장은 제2항에 따른 신청에 대하여 먹는물 수질검사기관등으로 지정하는 경우에는 별지 제37호서식의 지정서를 내주어야 한다.

⑥ 다음 각 호의 어느 하나에 해당하는 기관은 먹는물 수질검사기관(바이러스 및 원생동물검사 분야는 제외한다) 및 수처리제 검사기관으로 지정된 것으로 본다. 이 경우 법 제36조 제2항에 따른 자가기준과 자가규격에 관한 검사는 제1호의 기관에서만 할 수 있다.

1. 국립환경과학원

2. 유역환경청 또는 지방환경청
3. 시·도 보건환경연구원
4. 특별시·광역시의 상수도연구소·수질검사소

⑦ 보건소, 시·군·구의 정수관리·수도관리 업무 담당기관, 「국군조직법」 제15조 제2항에 따라 육군에 설치되는 의무 담당 부대 및 「한국수자원공사법」 제3조 제2항에 따른 한국수자원공사의 지사는 먹는물 수질검사기관으로 지정된 것으로 본다. 이 경우 다음 각 호의 검사만 할 수 있다.

1. 「수도법 시행규칙」 제23조에 따른 검사
2. 「먹는물 수질기준 및 검사 등에 관한 규칙」 제4조 제1항 제1호 가목(1)·(2), 나목 (1)·(2), 다목(총트리할로메탄은 제외한다) 및 같은 항 제2호 가목 또는 같은 조 제2항 제2호에 따른 검사
3. 「수도법 시행규칙」 제22조의3 제4항에 따른 검사
4. 그 밖에 다른 법령에 따른 수질검사(제1호부터 제3호까지의 규정에 따른 검사항목으로 한정한다)

⑧ 국립환경과학원장은 먹는물 수질검사기관등의 지정을 신청한 기관(제2항에 따라 지방환경관서의 장에게 신청한 기관을 포함한다)과 먹는물 수질검사기관등으로 지정되거나 지정된 것으로 보는 기관에 대하여 시료의 허용오차 범위 등 국립환경과학원장이 고시하는 기준에 따라 수질측정·분석에 관한 능력을 평가할 수 있다.

⑨ 법 제43조 제1항 후단에서 "환경부령으로 정하는 중요사항"이란 다음 각 호의 어느 하나와 같다.

1. 법 제43조 제1항 전단에 따라 지정받은 기관(이하 "검사기관"이라 한다)의 사무실 또는 실험실 소재지
2. 검사기관의 명칭 또는 상호
3. 검사기관의 임원이나 대표자
4. 검사기관이 갖추어야 할 기술인력

⑩ 검사기관으로 지정받은 자가 제9항 각 호의 어느 하나의 사항을 변경하는 경우에는 변경한 날부터 30일 이내에 별지 제38호서식의 변경신고서(전자문서를 포함한다)에 그 변경내용을 증명하는 서류(전자문서를 포함한다)와 검사기관 지정서를 첨부하여 국립환경과학원장 또는 지방환경관서의 장에게 제출하여야 한다.

⑪ 법 제43조 제2항에 따른 정수기 품질검사기관은 정수기의 품질검사에 필요한 적정한 기술인력과 검사장비를 갖추었다고 인정되는 법인·단체 중에서 환경부장관이 지정하여 고시한다.

규칙 **제36조의 3 【검사기관 기술인력 교육】** ① 검사기관에서 검사업무를 담당하는 기술인력은 다음 각 호의 구분에 따른 기간에 법 제43조 제11항에 따른 교육을 받아야 한다.

1. 신규교육: 최초로 검사업무에 종사한 날부터 1년 이내. 다만, 별표 8 제1호 마목의 기술인력은 국립환경인력개발원 등 환경부장관이 지정하는 기관이 개설하는 수질분야 시료채취 및 현장측정 교육을 이수하는 것으로 신규교육을 갈음한다.
2. 정기교육: 신규교육 또는 직전의 정기교육을 받은 날부터 3년이 되는 날이 속하는 해의 1월 1일부터 12월 31일까지

② 제1항에 따른 교육의 실시기관은 국립환경인력개발원 등 환경부장관이 지정하는 기관으로 한다.

③ 제1항에 따른 교육기간은 3일 이내로 하고, 교육과정은 다음 각 호와 같다.

1. 먹는물 검사기관 기술인력과정
2. 수처리제 검사기관 기술인력과정
3. 정수기 성능검사기관 기술인력 과정
4. 먹는물 시료채취 기술인력과정

④ 교육실시기관의 장은 매년 11월 31일까지 다음 각 호의 사항이 포함된 다음 해의 교육계획을 수립하여 환경부장관의 승인을 받아야 한다.
1. 교육의 기본방향
2. 교육 수요조사의 결과 및 교육수요 장기추세
3. 교육과정별 교육과목·기간 및 인원
4. 그 밖에 교육에 필요한 사항

제44조【소비자보호】 정수기 제조업자와 정수기 수입판매업자(이하 이 조에서 "제조업자 등"이라 한다)는 소비자보호를 위하여 환경부령으로 정하는 소비자보호센터를 설치·운영하여야 한다. 다만, 제조업자 등을 조합원으로 하여 「중소기업협동조합법」 제32조에 따라 설립인가를 받은 협동조합(이하 이 조에서 "협동조합"이라 한다) 이 소비자보호센터를 설치·운영하는 경우에는 그 협동조합에 가입한 제조업자 등이 각각 소비자보호센터를 설치·운영하는 것으로 본다.

제58조【벌칙】 다음 각 호의 어느 하나에 해당하는 자는 3년 이하의 징역이나 3천만원 이하의 벌금에 처한다. 이 경우 징역과 벌금을 병과할 수 있다. 〈개정 2008. 3. 21., 2010. 3. 22., 2012. 6. 1., 2013. 3. 22., 2014. 1. 21., 2021. 1. 5., 2024. 2. 20.〉

1. 제8조제2항을 위반한 자

1의2. 제8조의5를 위반한

2. 제19조제3호를 위반한 자
3. 제21조제2항에 따라 등록을 하지 아니하고 수처리제 제조업을 하거나 거짓이나 그 밖의 부정한 방법으로 등록한 자
4. 제21조제3항에 따라 등록을 하지 아니하고 먹는샘물등의 수입판매업을 하거나 거짓이나 그 밖의 부정한 방법으로 등록한 자

4의2. 제21조제6항에 따른 신고를 하지 아니하고 먹는샘물등의 유통전문판매업을 하거나 거짓이나 그 밖의 부정한 방법으로 신고한 자

5. 제21조제7항에 따른 신고를 하지 아니하고 정수기의 제조업이나 수입판매업을 하거나 거짓이나 그 밖의 부정한 방법으로 신고한 자
6. 제26조제1항에 따른 신고를 하지 아니하거나 거짓된 신고를 하고 먹는샘물등 또는 그 용기를 수입한 자
7. 제36조제3항을 위반하여 먹는샘물등 또는 그 용기를 판매하거나 판매할 목적으로 제조, 수입, 저장, 운반, 진열하거나 그 밖의 영업상으로 사용한 자

7의2. 거짓이나 그 밖의 부정한 방법으로 제43조제1항에 따른 검사기관으로 지정을 받은 자

7의3. 제43조제1항에 따라 지정받은 검사기관에서 이 법 또는 다른 법률에 따른 검사를 하면서 고의로 거짓의 검사성적서를 발급하거나 검사결과기록을 작성한 자

7의4. 제43조제8항에 따른 업무정지처분 기간 중 검사업무를 한 자

8. 제45조제1항, 제47조제1항 · 제4항 또는 제47조의2제1항에 따른 명령을 이행하지 아니한 자
9. 제48조제1항에 따른 영업정지명령을 위반하여 먹는샘물등의 제조업이나 수입판매업을 한 자

제59조 【벌칙】 다음 각 호의 어느 하나에 해당하는 자는 1년 이하의 징역이나 1천만원 이하의 벌금에 처한다. 〈개정 2008. 3. 21., 2010. 3. 22., 2012. 6. 1., 2013. 3. 22., 2014. 1. 21., 2018. 12. 24., 2021. 1. 5., 2024. 2. 20.〉

1. 제9조에 따른 허가 또는 변경허가를 받지 아니하고 샘물등을 개발하거나 거짓이나 그 밖의 부정한 방법으로 허가나 변경허가를 받아 샘물등을 개발한 자
2. 제11조제2항이나 제21조제10항에 따른 조건을 위반한 자
3. 제13조제1항에 따른 조사서를 거짓으로 작성한 자

3의2. 제14조의2제2항제1호를 위반하여 다른 조사서를 무단으로 복제하여 조사서를 작성한 자

3의3. 제14조의2제2항제2호를 위반하여 조사서를 거짓으로 작성한 자

3의4. 제14조의2제2항제3호를 위반하여 등록증이나 명의를 다른 사람에게 대여하거나 일괄하여 하도급한 자

4. 제15조에 따른 조사 대행자의 등록을 하지 아니하고 환경영향조사 대행 업무를 한 자
5. 제21조제2항에 따라 변경등록을 하지 아니하고 수처리제 제조업을 한 자
6. 제21조제3항에 따라 변경등록을 하지 아니하고 먹는샘물등의 수입판매업을 한 자

6의2. 제21조제6항에 따른 변경신고를 하지 아니하고 먹는샘물등의 유통전문판매업을 한 자

7. 제21조제7항에 따른 정수기의 제조업이나 수입판매업의 변경신고를 하지 아니하고 정수기의 제조업이나 수입판매업을 한 자
8. 제26조제1항에 따른 신고를 하지 아니하거나 거짓된 신고를 하고 수처리제나 그 용기를 수입한 자
9. 제27조제1항 또는 제3항이나 제40조제1항을 위반한 자
10. 제27조제2항을 위반한 자

10의2. 삭제 〈2024. 12. 31.〉

11. 제36조제3항을 위반하여 수처리제 또는 그 용기를 판매하거나 판매할 목적으로 제조, 수입, 저장, 운반, 진열하거나 그 밖의 영업상으로 사용한 자
12. 제36조제3항을 위반하여 정수기를 판매하거나 판매할 목적으로 제조, 수입, 저장, 운반, 진열하거나 그 밖의 영업상으로 사용한 자
13. 제39조제1항에 따른 광고의 금지 또는 제한을 위반한 자
14. 제39조제2항에 따른 명령을 이행하지 아니한 자

14의2. 제40조의2를 위반하여 정수기, 먹는샘물등으로 오인될 우려가 있는 "정수기", "샘물", "생수" 등의 제품명을 사용하거나 그 밖의 표시를 하여 제공 또는 판매를 한 자

15. 제41조제1항에 따른 자가 검사를 실시하지 아니한 자
16. 제42조에 따른 출입 · 검사 또는 수거를 거부 · 방해 또는 기피한 자

16의2. 제43조제1항에 따라 지정받은 검사기관에서 이 법 또는 다른 법률에 따른 검사를 하면서 중대한 과실로 사실과 다른 검사성적서를 발급하거나 검사결과기록을 작성한 자

17. 제46조나 제47조제2항에 따른 폐쇄, 압류 · 폐기를 거부, 방해 또는 기피한 자
18. 제48조제1항에 따른 영업정지명령을 위반하여 수처리제 제조업을 한 자

18의2. 제48조제1항에 따른 영업정지명령을 위반하여 먹는샘물등의 유통전문판매업을 한 자

19. 제48조제1항에 따른 영업정지명령을 위반하여 정수기의 제조업이나 수입 판매업을 한 자

07-2 먹는 물 수질기준 및 검사 등에 관한 규칙

고시	1995. 5. 1	환경부령	제11 호
개정	1996. 5. 21	환경부령	제19 호
개정	1999. 2. 11	환경부령	제65 호
개정	2000. 7. 1	환경부령	제95 호
개정	2002. 6. 21	환경부령	제122호
개정	2006. 6. 29	환경부령	제210호
개정	2007. 12. 26	환경부령	제262호
전면개정	2008. 2. 4	환경부령	제276호
개정	2009. 9. 4	환경부령	제347호
개정	2010. 8. 4	환경부령	제377호
개정	2014. 4. 30	환경부령	제553호
개정	2015. 11. 23	환경부령	제621호
개정	2018. 12. 26	환경부령	제792호
개정	2019. 12. 20	환경부령	제833호
개정	2021. 9. 16	환경부령	제942호
개정	2023. 11. 17	환경부령	제1061호

제1장 총 칙

제1조 【목 적】 이 규칙은 「먹는물관리법」 제5조 제3항 및 제29조 제3항과 「수도법」 제26조 제2항, 제29조 제1항·제3항, 제32조 제1항·제3항, 제53조 및 제55조 제1항에 따른 수질기준 및 수질검사 횟수와 관련종사자의 건강진단 등에 관한 사항을 규정함을 목적으로 한다.

제2조 【수질기준】 ① 「먹는물관리법」 제5조 제3항 및 「수도법」 제26조 제2항에 따른 먹는 물(「먹는물관리법」 제3조 제1호에 따른 먹는 물을 말하며, 같은 법 제3조 제2호 제3조 제3호의 2 및 제6호에 따른 샘물, 염지하수 및 먹는 물 공동시설의 물 등을 포함한다. 이하 같다)의 수질기준은 별표 1과 같다.

【별표 1】〈개정 2021.9.16〉

먹는 물의 수질기준 (제2조 관련)

1. 미생물에 관한 기준
   가. 일반세균은 1mL 중 100CFU(Colony Forming Unit)를 넘지 아니할 것. 다만, 샘물 및 염지하수의 경우에는 저온일반세균은 20CFU/mL, 중온일반세균은 5CFU/mL를 넘지 아니하여야 하며, 먹는샘물, 먹는염지하수 및 먹는해양심층수의 경우에는 병에 넣은 후 4℃를 유지한 상태에서 12시간 이내에 검사하여 저온일반세균은 100CFU/mL, 중온일반세균은 20CFU/mL를 넘지 아니할 것
   나. 총 대장균군은 100mL(샘물·먹는샘물, 염지하수·먹는염지하수 및 먹는해양심층수의 경우에는 250mL)에서 검출되지 아니할 것. 다만, 제4조 제1항 제1호 나목 및 다목에 따라 매월 또는 매 분기 실시하는 총 대장균군의 수질검사 시료(試料) 수가 20개 이상인 정수시설의 경우에는 검출된 시료 수가 5퍼센트를 초과하지 아니하여야 한다.
   다. 대장균·분원성 대장균군은 100mL에서 검출되지 아니할 것. 다만, 샘물·먹는샘물, 염지하수·먹는염지하수 및 먹는해양심층수의 경우에는 적용하지 아니한다.
   라. 분원성 연쇄상구균·녹농균·살모넬라 및 쉬겔라는 250mL에서 검출되지 아니할 것(샘물·먹는샘물, 염지하수·먹는염지하수 및 먹는해양심층수의 경우에만 적용한다)
   마. 아황산환원혐기성포자형성균은 50mL에서 검출되지 아니할 것(샘물·먹는샘물, 염지하수·먹는염지하수 및 먹는해양심층수의 경우에만 적용한다)
   바. 여시니아균은 2L에서 검출되지 아니할 것(먹는물공동시설의 물의 경우에만 적용한다)
2. 건강상 유해영향 무기물질에 관한 기준
   가. 납은 0.01㎎/L를 넘지 아니할 것
   나. 불소는 1.5㎎/L(샘물·먹는샘물 및 염지하수·먹는염지하수의 경우에는 2.0㎎/L)를 넘지 아니할 것
   다. 비소는 0.01㎎/L(샘물·염지하수의 경우에는 0.05㎎/L)를 넘지 아니할 것
   라. 셀레늄은 0.01㎎/L(염지하수의 경우에는 0.05㎎/L)를 넘지 아니할 것
   마. 수은은 0.001㎎/L를 넘지 아니할 것
   바. 시안은 0.01㎎/L를 넘지 아니할 것
   사. 크롬은 0.05㎎/L를 넘지 아니할 것
   아. 암모니아성 질소는 0.5㎎/L를 넘지 아니할 것
   자. 질산성 질소는 10㎎/L를 넘지 아니할 것
   차. 카드뮴은 0.005㎎/L를 넘지 아니할 것
   카. 붕소는 1.0㎎/L를 넘지 아니할 것(염지하수의 경우에는 적용하지 아니한다)
   타. 브롬산염은 0.01㎎/L를 넘지 아니할 것(수돗물, 먹는샘물, 염지하수·먹는염지하수, 먹는해양심층수 및 오존으로 살균·소독 또는 세척 등을 하여 먹는물로 이용하는 지하수만 적용한다)
   파. 스트론튬은 4mg/L를 넘지 아니할 것(먹는염지하수 및 먹는해양심층수의 경우에만 적용한다)
   하. 우라늄은 30㎍/L를 넘지 않을 것[수돗물(지하수를 원수로 사용하는 수돗물을 말한다), 샘물, 먹는샘물, 먹는염지하수 및 먹는물공동시설의 물의 경우에만 적용한다)]
3. 건강상 유해영향 유기물질에 관한 기준
   가. 페놀은 0.005㎎/L를 넘지 아니할 것
   나. 다이아지논은 0.02㎎/L를 넘지 아니할 것

다. 파라티온은 0.06㎎/L를 넘지 아니할 것
라. 페니트로티온은 0.04㎎/L를 넘지 아니할 것
마. 카바릴은 0.07㎎/L를 넘지 아니할 것
바. 1,1,1-트리클로로에탄은 0.1㎎/L를 넘지 아니할 것
사. 테트라클로로에틸렌은 0.01㎎/L를 넘지 아니할 것
아. 트리클로로에틸렌은 0.03㎎/L를 넘지 아니할 것
자. 디클로로메탄은 0.02㎎/L를 넘지 아니할 것
차. 벤젠은 0.01㎎/L를 넘지 아니할 것
카. 톨루엔은 0.7㎎/L를 넘지 아니할 것
타. 에틸벤젠은 0.3㎎/L를 넘지 아니할 것
파. 크실렌은 0.5㎎/L를 넘지 아니할 것
하. 1,1-디클로로에틸렌은 0.03㎎/L를 넘지 아니할 것
거. 사염화탄소는 0.002㎎/L를 넘지 아니할 것
너. 1,2-디브로모-3-클로로프로판은 0.003㎎/L를 넘지 아니할 것
더. 1,4-다이옥산은 0.05㎎/L를 넘지 아니할 것

4. 소독제 및 소독부산물질에 관한 기준

(샘물·먹는샘물·염지하수·먹는염지하수·먹는해양심층수 및 먹는물공동시설의 물의 경우에는 적용하지 아니한다)

가. 잔류염소(유리잔류염소를 말한다)는 4.0㎎/L를 넘지 아니할 것
나. 총트리할로메탄은 0.1㎎/L를 넘지 아니할 것
다. 클로로포름은 0.08㎎/L를 넘지 아니할 것
라. 브로모디클로로메탄은 0.03㎎/L를 넘지 아니할 것
마. 디브로모클로로메탄은 0.1㎎/L를 넘지 아니할 것
바. 클로랄하이드레이트는 0.03㎎/L를 넘지 아니할 것
사. 디브로모아세토니트릴은 0.1㎎/L를 넘지 아니할 것
아. 디클로로아세토니트릴은 0.09㎎/L를 넘지 아니할 것
자. 트리클로로아세토니트릴은 0.004㎎/L를 넘지 아니할 것
차. 할로아세틱에시드(디클로로아세틱에시드, 트리클로로아세틱에시드 및 디브로모아세틱에시드의 합으로 한다)는 0.1㎎/L를 넘지 아니할 것
카. 포름알데히드는 0.5㎎/L를 넘지 아니할 것

5. 심미적(審美的) 영향물질에 관한 기준

가. 경도(硬度)는 1,000㎎/L(수돗물의 경우 300㎎/L, 먹는염지하수 및 먹는해양심층수의 경우 1,200㎎/L)를 넘지 아니할 것. 다만, 샘물 및 염지하수의 경우에는 적용하지 아니한다.
나. 과망간산칼륨 소비량은 10㎎/L를 넘지 아니할 것
다. 냄새와 맛은 소독으로 인한 냄새와 맛 이외의 냄새와 맛이 있어서는 아니될 것. 다만, 맛의 경우는 샘물, 염지하수, 먹는샘물 및 먹는물공동시설의 물에는 적용하지 아니한다.
라. 동은 1㎎/L를 넘지 아니할 것
마. 색도는 5도를 넘지 아니할 것
바. 세제(음이온 계면활성제)는 0.5㎎/L를 넘지 아니할 것. 다만, 샘물·먹는샘물, 염지하수·먹는염지하수

및 먹는해양심층수의 경우에는 검출되지 아니하여야 한다.

사. 수소이온 농도는 pH 5.8 이상 pH 8.5 이하이어야 할 것. 다만, 샘물, 먹는샘물 및 먹는물공동시설의 물의 경우에는 pH 4.5 이상 pH 9.5 이하이어야 한다.

아. 아연은 3㎎/L를 넘지 아니할 것

자. 염소이온은 250㎎/L를 넘지 아니할 것(염지하수의 경우에는 적용하지 아니한다)

차. 증발잔류물은 수돗물의 경우에는 500㎎/L, 먹는염지하수 및 먹는해양심층수의 경우에는 미네랄 등 무해성분을 제외한 증발잔류물이 500㎎/L를 넘지 아니할 것

카. 철은 0.3㎎/L를 넘지 아니할 것. 다만, 샘물 및 염지하수의 경우에는 적용하지 아니한다.

타. 망간은 0.3㎎/L(수돗물의 경우 0.05㎎/L)를 넘지 아니할 것. 다만, 샘물 및 염지하수의 경우에는 적용하지 아니한다.

파. 탁도는 1NTU(Nephelometric Turbidity Unit)를 넘지 아니할 것. 다만, 지하수를 원수로 사용하는 마을상수도, 소규모급수시설 및 전용상수도를 제외한 수돗물의 경우에는 0.5NTU를 넘지 아니하여야 한다.

하. 황산이온은 200㎎/L를 넘지 아니할 것. 다만, 샘물, 먹는샘물 및 먹는물공동시설의 물은 250㎎/L를 넘지 아니하여야 하며, 염지하수의 경우에는 적용하지 아니한다.

거. 알루미늄은 0.2㎎/L를 넘지 아니할 것

6. 방사능에 관한 기준

(염지하수의 경우에만 적용한다)

가. 세슘(Cs-137)은 4.0mBq/L를 넘지 아니할 것

나. 스트론튬(Sr-90)은 3.0mBq/L를 넘지 아니할 것

다. 삼중수소는 6.0Bq/L를 넘지 아니할 것

제3조【수질검사 신청】 ① 먹는 물의 수질검사를 받으려는 자는「별지 제1호」서식의 수질검사신청서를「먹는물관리법」제43조 제1항에 따라 지정된 먹는 물 수질검사기관에 제출하여야 한다.

② 제1항에 따라 먹는 물 수질검사기관이 수질검사를 실시하면「별지 제2호」서식의 먹는 물 수질검사성적서를 발급하여야 한다.

제4조【수질검사 횟수】 ①「수도법」제29조 제1항, 제53조 및 제55조 제1항에 따라 일반수도사업자, 전용상수도 설치자 및 소규모급수시설을 관할하는 시장·군수·구청장(자치구의 구청장을 말한다. 이하 같다)은 다음 각 호의 구분에 따라 수질검사를 실시하여야 한다.

1. 광역상수도 및 지방상수도의 경우

가. 정수장에서의 검사

(1) 별표 1 중 냄새, 맛, 색도, 탁도(濁度), 수소이온 농도 및 잔류염소에 관한 검사 : 매일 1회 이상

(2) 별표 1 중 일반세균, 총 대장균군, 대장균 또는 분원성 대장균군, 암모니아성 질소, 질산성 질소, 과망간산칼륨 소비량 및 증발잔류물에 관한 검사 : 매주 1회 이상. 다만, 일반세균, 총 대장균군, 대장균 또는 분원성 대장균군을 제외한 항목에 대하여 지난 1년간 수질검사를 실시한 결과 별표 1에 따른 수질기준의 10퍼센트{ 정량한계치(「환경분야 시험·검사 등에 관한 법률」제6조 제1항 제6호에 따른 환경오염공정시험기준으로 검출할 수 있는 최저농도를 말한다. 이하 같다)가 수질기준의 10퍼센트를 넘는 항목의 경우에는 그 항목의 정량한계치} 를 초과한 적이 없는 항목에 대하여는 매월 1회 이상

(3) 별표 1의 제1호부터 제3호까지 및 제5호에 관한 검사 : 매월 1회 이상. 다만, 일반세균, 총 대장균군, 대장균 또는 분원성 대장균군, 암모니아성 질소, 질산성 질소, 과망간산칼륨 소비량, 냄새, 맛, 색도, 수소이온 농도, 염소이온, 망간, 탁도 및 알루미늄을 제외한 항목에 대하여 지난 3년간 수질검사를 실시한 결과 별표 1에 따른 수질기준의 10퍼센트(정량한계치가 수질기준의 10퍼센트를 넘는 항목의 경우에는 그 항목의 정량한계치)를 초과한 적이 없는 항목에 대하여는 매 분기 1회 이상

(4) 별표 1의 제4호에 관한 검사 : 매 분기 1회 이상. 다만, 총 트리할로메탄, 클로로포름, 브로모디클로로메탄 및 디브로모클로로메탄은 매월 1회 이상

나. 수도꼭지에서의 검사

(1) 별표 1 중 일반세균, 총 대장균군, 대장균 또는 분원성 대장균군, 잔류염소에 관한 검사 : 매월 1회 이상

(2) 정수장별 수도관 노후지역에 대한 일반세균, 총 대장균군, 대장균 또는 분원성 대장균군, 암모니아성 질소, 동, 아연, 철, 망간, 염소이온 및 잔류염소에 관한 검사 : 매월 1회 이상

다. 수돗물 급수과정별 시설에서의 수질검사

별표 1 중 일반세균, 총 대장균군, 대장균 또는 분원성 대장균군, 암모니아성 질소, 총트리할로메탄, 동, 수소이온 농도, 아연, 철, 탁도 및 잔류염소에 관한 급수과정별 시설[정수장, 정수장으로부터 물을 공급받는 주배수지를 기준으로 하여 급수구역별로 주배수지 전후, 급수구역 유입부, 급수구역 내 가압장(加壓場) 유출부, 광역 및 외부수수계통(外部授受系統)의 수수지점, 정수계통이 다른 계통과 합쳐지는 지점, 급수구역 배관 말단의 수도꼭지]에서의 수질검사 : 매 분기 1회 이상

2. 마을상수도·전용상수도 및 소규모급수시설의 경우

가. 별표 1 중 일반세균, 총 대장균군, 대장균 또는 분원성 대장균군, 불소, 암모니아성 질소, 질산성 질소, 냄새, 맛, 색도, 망간, 탁도, 알루미늄, 잔류염소, 붕소 및 염소이온에 관한 검사 : 매 분기 1회 이상. 다만, 붕소 및 염소이온은 원수가 해수인 경우에만 검사하며, 지난 3년간 수질검사를 실시한 결과 별표 1에 따른 수질기준의 10퍼센트(정량한계치가 수질기준의 10퍼센트를 넘는 항목의 경우에는 그 항목의 정량한계치)를 초과한 적이 없는 항목에 대하여는 매 반기 1회 이상

나. 별표 1 중 우라늄에 관한 검사: 매 분기 1회 이상. 다만, 지난 3년간 수질검사를 실시한 결과 별표 1에 따른 수질기준의 10퍼센트를 초과한 적이 없는 경우에는 매년 1회 이상

다. 별표 1 중 제1호부터 제5호까지의 전항목 검사 : 매년 1회 이상. 다만, 지난 3년간 수질검사를 실시한 결과 별표 1에 따른 수질기준의 10퍼센트(정량한계치가 수질기준의 10퍼센트를 넘는 항목의 경우에는 그 항목의 정량한계치)를 초과한 적이 없는 항목에 대하여는 3년에 1회 이상

② 「먹는물관리법」 제8조에 따라 먹는 물 공동시설을 관리하는 시장·군수·구청장은 다음 각 호의 기준에 따라 수질검사를 실시하여야 한다.

1. 별표 1의 전항목 검사 : 매년 1회 이상
2. 별표 1 중 일반세균, 총대장균군, 대장균 또는 분원성 대장균군, 암모니아성 질소, 질소, 과망간산칼륨 소비량에 관한 검사 : 매 분기 1회 이상

③ 제1항 제1호 나목에 따른 수질검사는 별표 2에 따라 추출되는 수도꼭지에 대하여 실시한다. 이 경우

저수조를 통하여 수돗물이 공급되는 수도꼭지가 총검사대상의 20퍼센트 이상이 되도록 한다.

④ 일반수도사업자, 전용상수도 설치자 및 소규모급수시설을 관할하거나 먹는 물 공동시설을 관리하는 시장·군수·구청장은 제1항 또는 제2항에 따라 수질검사를 실시한 결과 수질기준을 초과하면 수질기준에 적합할 때까지 수시로 검사를 실시하고 필요한 조치를 하여야 한다.

⑤ 일반수도사업자, 전용상수도 설치자 및 소규모급수시설을 관할하거나 먹는 물 공동시설을 관리하는 시장·군수·구청장은 제1항 또는 제2항의 수질검사 외에 특정물질 등으로 인한 위생상 위해가 우려되면 그 물질에 대한 수질검사를 실시하고 필요한 조치를 하여야 한다.

⑥ 일반수도사업자는 제3항에 따라 수질검사를 실시한 결과 수질이 1년 동안 지속적으로 수질기준에 적합한 경우에는 수질검사지점을 변경할 수 있다.

【별표 2】

검사대상 수도꼭지의 추출기준 (제4조 제3항 관련)

급수 인구(명)	수질검사대상 수도꼭지의 수(개)
5,000 미만	1
5,000 이상 ~ 50,000 미만	급수인구 5,000 명당 1
50,000 이상 ~ 100,000 미만	급수인구 7,000 명당 1 + 2
100,000 이상 ~ 500,000 미만	급수인구 8,000 명당 1 + 4
500,000 이상 ~ 1,000,000 미만	급수인구 15,000 명당 1 + 33
1,000,000 이상	급수인구 30,000 명당 1 + 66

비고 : 검사대상 수도꼭지의 수를 산정할 때 소수점 이하 자리는 올려서 계산한다.

제5조 【건강진단】 ①「먹는물관리법」 제29조 제1항 및 「수도법」 제32조 제1항(같은 법 제53조에 따라 준용되는 경우를 포함한다)에 따라 건강진단을 받아야 하는 자는 다음 각 호의 구분에 따라 장티푸스, 파라티푸스 및 세균성 이질 병원체의 감염 여부에 관하여 건강진단을 받아야 한다. 다만, 소화기계통 전염병이 먹는 샘물 또는 먹는 염지하수(이하 "먹는 샘물 등"이라 한다)의 제조공장 또는 수도의 취수장·배수지 부근에서 발생하였거나 발생할 우려가 있는 경우에는 즉시 건강진단을 받아야 한다.

1. 「먹는물관리법」 제29조 제1항에 따라 먹는 샘물 등의 취수·제조·가공·저장·이송시설에서 종사하는 자와 「수도법」 제32조 제1항(같은 법 제53조에 따라 준용되는 경우를 포함한다)에 따라 취수·정수 또는 배수시설에서 종사하는 자 및 그 시설 안에 거주하는 자 : 6개월마다 1회
2. 「먹는물관리법」 제29조 제1항에 따른 먹는 샘물 등의 제조업에 종사하는 자로서 제1호 외의 자 : 환경부장관이 전염병의 예방 등을 위하여 필요하다고 인정하는 경우

② 제1항에 따른 건강진단은 관할 보건소 또는 특별시장·광역시장 또는 도지사(이하 "시·도지사"라 한다)가 지정하는 지정의료기관에서 실시한다.

③ 「먹는물관리법」 제29조 제3항에 따라 영업에 종사하지 못하는 질병의 종류는 장티푸스, 파라티푸스, 세균성 이질 병원체의 감염 및 소화기계통 전염병으로 한다.

제6조 【수질검사결과의 통보】 ① 광역상수도사업자와 지방상수도사업자는 매월 실시한 정수장 및 수도꼭지에서의 수질검사 및 조치결과를 별지 제3호서식에 따라 다음 달 10일까지, 분기마다 실시한 급수과정시설별 수질검사 및 조치결과는 별지 제4호서식에 따라 그 분기가 끝나는 달의 다음 달 10일까지 각각

시 · 도지사에게 통보해야 하며, 시 · 도지사는 이를 취합하여 다음 달 15일까지 환경부장관에게 통보해야 한다.

② 전용상수도 설치자는 분기마다 실시한 수질검사 및 조치결과를 별지 제5호서식에 따라 매 분기 종료 후 10일 이내에 관할 특별시장 · 광역시장 또는 시장 · 군수에게 제출하여야 한다. 이 경우 시장 · 군수는 제출받은 수질검사 및 조치결과를 같은 별지 서식에 따라 매 분기 종료 후 15일 이내에 도지사에게 통보해야 한다.

③ 시 · 도지사는 제2항에 따라 제출받거나 통보받은 수질검사 및 조치결과를 취합하여 매 분기 종료 후 20일 이내에 환경부장관에게 통보해야 한다.

④ 마을상수도사업자와 소규모급수시설을 관할하는 시장 · 군수 · 구청장은 분기마다 실시한 수질검사 및 조치결과를 별지 제5호서식에 따라 매 분기 종료 후 15일 이내에 시 · 도지사에게 통보해야 하며, 시 · 도지사는 이를 취합하여 매 분기 종료 후 20일 이내에 환경부장관에게 통보해야 한다.

⑤ 먹는물공동시설을 관리하는 시장 · 군수 · 구청장은 분기마다 실시한 수질검사 및 조치결과를 별지 제6호서식에 따라 매 분기 종료 후 15일 이내에 시 · 도지사에게 통보해야 하며, 시 · 도지사는 이를 취합하여 매 분기 종료 후 20일 이내에 환경부장관에게 통보해야 한다.

제7조 【수질검사성적서 등의 보존】 ① 일반수도사업자, 전용상수도 설치자 및 소규모급수시설을 관할하거나 먹는 물 공동시설을 관리하는 시장·군수·구청장은 제4조에 따른 수질검사결과를 3년간 보존하여야 한다.

② 먹는 샘물 등의 제조업자 또는 일반수도사업자는 제5조에 따라 실시한 건강진단결과를 3년간 보존하여야 한다.

제8조 【규제의 재검토】 삭제

08 감염병의 예방 및 관리에 관한 법률·시행령·시행규칙

감염병의 예방 및 관리에 관한 법률

전부개정	2009. 12. 30	법률	제 9847호
개정	2012. 5. 23	법률	제11439호
개정	2013. 3. 22	법률	제11645호
개정	2014. 3. 18	법률	제12444호
개정	2018. 3. 27	법률	제15534호
개정	2018. 12. 30	법률	제16101호
개정	2020. 3. 4	법률	제17067호
개정	2021. 3. 9	법률	제17920호
개정	2022. 6. 10	법률	제18893호
개정	2023. 6. 13	법률	제19441호
개정	2024. 1. 30	법률	제20171호

감염병의 예방 및 관리에 관한 법률 시행령

전부개정	2010. 12. 29	대통령령	제22564호
개정	2013. 3. 23	대통령령	제24454호
개정	2016. 6. 28	대통령령	제27277호
개정	2018. 6. 12	대통령령	제28962호
개정	2018. 9. 18	대통령령	제29180호
개정	2020. 6. 2	대통령령	제30743호
개정	2021. 6. 8	대통령령	제31744호
개정	2022. 3. 22	대통령령	제32553호
개정	2023. 6. 27	대통령령	제33589호
개정	2024. 4. 23	대통령령	제34449호
개정	2025. 6. 2	대통령령	제35574호

감염병의 예방 및 관리에 관한 법률 시행규칙

전부개정	2010. 12. 30	보건복지부령	제 32호
개정	2011. 12. 8	보건복지부령	제 92호
개정	2013. 3. 23	보건복지부령	제185호
개정	2016. 6. 30	보건복지부령	제416호
개정	2018. 6. 12	보건복지부령	제576호
개정	2018. 9. 27	보건복지부령	제593호
개정	2020. 6. 4	보건복지부령	제734호
개정	2021. 5. 24	보건복지부령	제799호
개정	2022. 5. 4	보건복지부령	제885호
개정	2023. 7. 13	보건복지부령	제949호
개정	2024. 4. 23	보건복지부령	제1008호
개정	2025. 6. 2	보건복지부령	제1114호

제 1 장 총 칙

제1조 【목 적】 이 법은 국민건강에 위해(危害)가 되는 감염병의 발생과 유행을 방지하고, 그 예방 및 관리를 위하여 필요한 사항을 규정함으로써 국민건강의 증진 및 유지에 이바지함을 목적으로 한다.

제2조 【정 의】 이 법에서 사용하는 용어의 뜻은 다음과 같다.

1. "감염병"이란 제1급감염병, 제2급감염병, 제3급감염병, 제4급감염병, 기생충감염병, 세계보건기구 감시대상 감염병, 생물테러감염병, 성매개감염병, 인수(人獸)공통감염병 및 의료관련감염병을 말한다.
2. "제1급감염병"이란 생물테러감염병 또는 치명률이 높거나 집단 발생의 우려가 커서 발생 또는 유행 즉시 신고하여야 하고, 음압격리와 같은 높은 수준의 격리가 필요한 감염병으로서 다음 각 목의 감염병을 말한다. 다만, 갑작스러운 국내 유입 또는 유행이 예견되어 긴급한 예방·관리가 필요하여 질병관리청장이 보건복지부장관과 협의하여 지정하는 감염병을 포함한다.
   가. 에볼라바이러스병
   나. 마버그열
   다. 라싸열
   라. 크리미안콩고출혈열
   마. 남아메리카출혈열
   바. 리프트밸리열
   사. 두창
   아. 페스트
   자. 탄저
   차. 보툴리눔독소증
   카. 야토병
   타. 신종감염병증후군
   파. 중증급성호흡기증후군(SARS)
   하. 중동호흡기증후군(MERS)
   거. 동물인플루엔자 인체감염증

너. 신종인플루엔자
더. 디프테리아

3. "제2급감염병"이란 전파가능성을 고려하여 발생 또는 유행 시 24시간 이내에 신고하여야 하고, 격리가 필요한 다음 각 목의 감염병을 말한다. 다만, 갑작스러운 국내 유입 또는 유행이 예견되어 긴급한 예방 · 관리가 필요하여 질병관리청장이 보건복지부장관과 협의하여 지정하는 감염병을 포함한다.
가. 결핵(結核)
나. 수두(水痘)
다. 홍역(紅疫)
라. 콜레라
마. 장티푸스
바. 파라티푸스
사. 세균성이질
아. 장출혈성대장균감염증
자. A형간염
차. 백일해(百日咳)
카. 유행성이하선염(流行性耳下腺炎)
타. 풍진(風疹)
파. 폴리오
하. 수막구균 감염증
거. b형헤모필루스인플루엔자
너. 폐렴구균 감염증
더. 한센병
러. 성홍열
머. 반코마이신내성황색포도알균(VRSA) 감염증
버. 카바페넴내성장내세균목(CRE) 감염증
서. E형간염

4. "제3급감염병"이란 그 발생을 계속 감시할 필요가 있어 발생 또는 유행 시 24시간 이내에 신고하여야 하는 다음 각 목의 감염병을 말한다. 다만, 갑작스러운 국내 유입 또는 유행이 예견되어 긴급한 예방 · 관리가 필요하여 질병관리청장이 보건복지부장관과 협의하여 지정하는 감염병을 포함한다.
가. 파상풍(破傷風)
나. B형간염
다. 일본뇌염
라. C형간염
마. 말라리아
바. 레지오넬라증
사. 비브리오패혈증
아. 발진티푸스

자. 발진열(發疹熱)
차. 쯔쯔가무시증
카. 렙토스피라증
타. 브루셀라증
파. 공수병(恐水病)
하. 신증후군출혈열(腎症侯群出血熱)
거. 후천성면역결핍증(AIDS)
너. 크로이츠펠트-야콥병(CJD) 및 변종크로이츠펠트-야콥병(vCJD)
더. 황열
러. 뎅기열
머. 큐열(Q熱)
버. 웨스트나일열
서. 라임병
어. 진드기매개뇌염
저. 유비저(類鼻疽)
처. 치쿤구니야열
커. 중증열성혈소판감소증후군(SFTS)
터. 지카바이러스 감염증
퍼. 매독(梅毒)

5. "제4급감염병"이란 제1급감염병부터 제3급감염병까지의 감염병 외에 유행 여부를 조사하기 위하여 표본감시 활동이 필요한 다음 각 목의 감염병을 말한다. 다만, 질병관리청장이 지정하는 감염병을 포함한다.
가. 인플루엔자
나. 삭제
다. 회충증
라. 편충증
마. 요충증
바. 간흡충증
사. 폐흡충증
아. 장흡충증
자. 수족구병
차. 임질
카. 클라미디아감염증
타. 연성하감
파. 성기단순포진
하. 첨규콘딜롬
거. 반코마이신내성장알균(VRE) 감염증
너. 메티실린내성황색포도알균(MRSA) 감염증
더. 다제내성녹농균(MRPA) 감염증

러. 다제내성아시네토박터바우마니균(MRAB) 감염증
머. 장관감염증
버. 급성호흡기감염증
서. 해외유입기생충감염증
어. 엔테로바이러스감염증
저. 사람유두종바이러스 감염증

6. "기생충감염병"이란 기생충에 감염되어 발생하는 감염병 중 질병관리청장이 고시하는 감염병을 말한다.
7. 삭제
8. "세계보건기구 감시대상 감염병"이란 세계보건기구가 국제공중보건의 비상사태에 대비하기 위하여 감시대상으로 정한 질환으로서 질병관리청장이 고시하는 감염병을 말한다.
9. "생물테러감염병"이란 고의 또는 테러 등을 목적으로 이용된 병원체에 의하여 발생된 감염병 중 질병관리청장이 고시하는 감염병을 말한다.
10. "성매개감염병"이란 성 접촉을 통하여 전파되는 감염병 중 질병관리청장이 고시하는 감염병을 말한다.
11. "인수공통감염병"이란 동물과 사람 간에 서로 전파되는 병원체에 의하여 발생되는 감염병 중 질병관리청장이 고시하는 감염병을 말한다.
12. "의료관련감염병"이란 환자나 임산부 등이 의료행위를 적용받는 과정에서 발생한 감염병으로서 감시활동이 필요하여 질병관리청장이 고시하는 감염병을 말한다.
13. "감염병환자"란 감염병의 병원체가 인체에 침입하여 증상을 나타내는 사람으로서 제11조제6항의 진단 기준에 따른 의사, 치과의사 또는 한의사의 진단이나 제16조의2에 따른 감염병병원체 확인기관의 실험실 검사를 통하여 확인된 사람을 말한다.
14. "감염병의사환자"란 감염병병원체가 인체에 침입한 것으로 의심이 되나 감염병환자로 확인되기 전 단계에 있는 사람을 말한다.
15. "병원체보유자"란 임상적인 증상은 없으나 감염병병원체를 보유하고 있는 사람을 말한다.

15의2. "감염병의심자"란 다음 각 목의 어느 하나에 해당하는 사람을 말한다.

가. 감염병환자, 감염병의사환자 및 병원체보유자(이하 "감염병환자등"이라 한다)와 접촉하거나 접촉이 의심되는 사람(이하 "접촉자"라 한다)
나. 「검역법」 제2조제7호 및 제8호에 따른 검역관리지역 또는 중점검역관리지역에 체류하거나 그 지역을 경유한 사람으로서 감염이 우려되는 사람
다. 감염병병원체 등 위험요인에 노출되어 감염이 우려되는 사람

16. "감시"란 감염병 발생과 관련된 자료, 감염병병원체 · 매개체에 대한 자료를 체계적이고 지속적으로 수집, 분석 및 해석하고 그 결과를 제때에 필요한 사람에게 배포하여 감염병 예방 및 관리에 사용하도록 하는 일체의 과정을 말한다.

16의2. "표본감시"란 감염병 중 감염병환자의 발생빈도가 높아 전수조사가 어렵고 중증도가 비교적 낮은 감염병의 발생에 대하여 감시기관을 지정하여 정기적이고 지속적인 의과학적 감시를 실시하는 것을 말한다.

17. "역학조사"란 감염병환자등이 발생한 경우 감염병의 차단과 확산 방지 등을 위하여 감염병환자등의 발생 규모를 파악하고 감염원을 추적하는 등의 활동과 감염병 예방접종 후 이상반응 사례가

발생한 경우나 감염병 여부가 불분명하나 그 발병원인을 조사할 필요가 있는 사례가 발생한 경우 그 원인을 규명하기 위하여 하는 활동을 말한다.

18. "예방접종 후 이상반응"이란 예방접종 후 그 접종으로 인하여 발생할 수 있는 모든 증상 또는 질병으로서 해당 예방접종과 시간적 관련성이 있는 것을 말한다.
19. "고위험병원체"란 생물테러의 목적으로 이용되거나 사고 등에 의하여 외부에 유출될 경우 국민 건강에 심각한 위험을 초래할 수 있는 감염병병원체로서 보건복지부령으로 정하는 것을 말한다.
20. "관리대상 해외 신종감염병"이란 기존 감염병의 변이 및 변종 또는 기존에 알려지지 아니한 새로운 병원체에 의해 발생하여 국제적으로 보건문제를 야기하고 국내 유입에 대비하여야 하는 감염병으로서 질병관리청장이 보건복지부장관과 협의하여 지정하는 것을 말한다.
21. "의료·방역 물품"이란 「약사법」 제2조에 따른 의약품·의약외품, 「의료기기법」 제2조에 따른 의료기기 등 의료 및 방역에 필요한 물품 및 장비로서 질병관리청장이 지정하는 것을 말한다

규칙 **제5조【고위험병원체의 종류】** 법 제2조 제19호에 따른 고위험병원체의 종류는 별표 1과 같다.

규칙 **제5조5【감염병 치료제·백신 개발에 관한 시험·분석】** ① 법 제8조의6제4항에 따라 감염병 치료제·백신 개발에 관한 시험·분석을 의뢰하려는 자는 의뢰신청서에 연구계획서 등 시험 또는 분석에 필요한 자료를 첨부하여 질병관리청장에게 제출해야 한다.

② 제1항에 따라 감염병 치료제·백신 개발에 관한 시험 또는 분석을 의뢰받은 질병관리청장은 치료제·백신 후보 물질의 특성을 고려하여 미생물학적 분석법, 혈청학적 분석법, 면역학적 분석법, 동물시험 관련 분석법 등으로 시험·분석을 할 수 있다.

③ 질병관리청장은 제2항에 따른 시험·분석을 위하여 필요하다고 인정하는 경우에는 전문가의 의견을 들을 수 있다.

④ 법 제8조의6제4항에 따라 감염병 치료제·백신 개발에 관한 시험·분석을 의뢰하려는 자는 법 제8조의6제5항에 따라 시험·분석의 대상 및 방법 등을 고려하여 질병관리청장이 정하여 고시하는 수수료를 수입인지로 내거나 정보통신망을 이용하여 전자화폐·전자결제 등의 방법으로 내야 한다. 〈개정 2025. 6. 2.〉

⑤ 제1항부터 제4항까지에서 규정한 사항 외에 시험·분석 및 수수료에 관하여 필요한 사항은 질병관리청장이 정하여 고시한다.

[본조신설 2022. 3. 22.][제5조의4에서 이동 〈2023. 12. 29.〉]

제4조【국가 및 지방자치단체의 책무】 ① 국가 및 지방자치단체는 감염병환자등의 인간으로서의 존엄과 가치를 존중하고 그 기본적 권리를 보호하며, 법률에 따르지 아니하고는 취업 제한 등의 불이익을 주어서는 아니 된다.

② 국가 및 지방자치단체는 감염병의 예방 및 관리를 위하여 다음 각 호의 사업을 수행하여야 한다.

1. 감염병의 예방 및 방역대책
2. 감염병환자 등의 진료 및 보호
3. 감염병 예방을 위한 예방접종계획의 수립 및 시행
4. 감염병에 관한 교육 및 홍보
5. 감염병에 관한 정보의 수집·분석 및 제공
6. 감염병에 관한 조사·연구
7. 감염병병원체(감염병병원체 확인을 위한 혈액, 체액 및 조직 등 검체를 포함한다) 수집·검사·보

존·관리 및 약제내성 감시(藥劑耐性 監視)
8. 감염병 예방을 위한 전문인력의 양성
9. 감염병 관리정보 교류 등을 위한 국제협력
10. 감염병의 치료 및 예방을 위한 약품 등의 비축
11. 감염병 관리사업의 평가
12. 기후변화, 저출산·고령화 등 인구변동 요인에 따른 감염병 발생조사·연구 및 예방대책 수립
13. 한센병의 예방 및 진료 업무를 수행하는 법인 또는 단체에 대한 지원
14. 감염병 예방 및 관리를 위한 정보시스템의 구축 및 운영
15. 해외 신종감염병의 국내 유입에 대비한 계획 준비, 교육 및 훈련
16. 해외 신종감염병 발생 동향의 지속적 파악, 위험성 평가 및 관리대상 해외 신종감염병의 지정
17. 관리대상 해외 신종감염병에 대한 병원체 등 정보 수집, 특성 분석, 연구를 통한 예방과 대응체계 마련, 보고서 발간 및 지침(매뉴얼을 포함한다) 고시

③ 국가·지방자치단체(교육감을 포함한다)는 감염병의 효율적 치료 및 확산방지를 위하여 질병의 정보, 발생 및 전파 상황을 공유하고 상호 협력하여야 한다.

④ 국가 및 지방자치단체는 「의료법」에 따른 의료기관 및 의료인단체와 감염병의 발생 감시·예방을 위하여 관련 정보를 공유하여야 한다.

제5조 【의료인 등의 책무와 권리】 ① 「의료법」에 따른 의료인 및 의료기관의 장 등은 감염병 환자의 진료에 관한 정보를 제공받을 권리가 있고, 감염병 환자의 진단 및 치료 등으로 인하여 발생한 피해에 대하여 보상받을 수 있다.

② 「의료법」에 따른 의료인 및 의료기관의 장 등은 감염병 환자의 진단·관리·치료 등에 최선을 다하여야 하며, 보건복지부장관, 질병관리청장 또는 지방자치단체의 장의 행정명령에 적극 협조하여야 한다

③ 「의료법」에 따른 의료인 및 의료기관의 장 등은 국가와 지방자치단체가 수행하는 감염병의 발생 감시와 예방·관리 및 역학조사 업무에 적극 협조하여야 한다.

제6조 【국민의 권리와 의무】 ① 국민은 감염병으로 격리 및 치료 등을 받은 경우 이로 인한 피해를 보상받을 수 있다.

② 국민은 감염병 발생 상황, 감염병 예방 및 관리 등에 관한 정보와 대응방법을 알 권리가 있고, 국가와 지방자치단체는 신속하게 정보를 공개하여야 한다.

③ 국민은 의료기관에서 이 법에 따른 감염병에 대한 진단 및 치료를 받을 권리가 있고, 국가와 지방자치단체는 이에 소요되는 비용을 부담하여야 한다.

④ 국민은 치료 및 격리조치 등 국가와 지방자치단체의 감염병 예방 및 관리를 위한 활동에 적극 협조하여야 한다.

제 2 장 기본계획 및 사업

제7조 【감염병 예방 및 관리계획의 수립 등】 ① 질병관리청장은 보건복지부장관과 협의하여 감염병의 예방 및 관리에 관한 기본계획(이하 "기본계획"이라 한다)을 5년마다 수립 · 시행하여야 한다.

② 기본계획에는 다음 각 호의 사항이 포함되어야 한다.
1. 감염병 예방 · 관리의 기본목표 및 추진방향
2. 주요 감염병의 예방 · 관리에 관한 사업계획 및 추진방법

2의2. 감염병 대비 의료·방역 물품의 비축 및 관리에 관한 사항
3. 감염병 전문인력의 양성 방안
3의2. 「의료법」 제3조제2항 각 호에 따른 의료기관 종별 감염병 위기대응역량의 강화 방안
4. 감염병 통계 및 정보통신기술 등을 활용한 감염병 정보의 관리 방안
5. 감염병 관련 정보의 의료기관 간 공유 방안
6. 그 밖에 감염병의 예방 및 관리에 필요한 사항

③ 특별시장·광역시장·특별자치시장·도지사·특별자치도지사(이하 "시·도지사"라 한다)와 시장·군수·구청장(자치구의 구청장을 말한다. 이하 같다)은 기본계획에 따라 시행계획을 수립·시행하여야 한다.

④ 질병관리청장, 시·도지사 또는 시장·군수·구청장은 기본계획이나 제3항에 따른 시행계획의 수립·시행에 필요한 자료의 제공 등을 관계 행정기관 또는 단체에 요청할 수 있다.

⑤ 제4항에 따라 요청받은 관계 행정기관 또는 단체는 특별한 사유가 없으면 이에 따라야 한다.

제8조【감염병관리사업지원기구의 운영】 ① 질병관리청장 및 시·도지사는 제7조에 따른 기본계획 및 시행계획의 시행과 국제협력 등의 업무를 지원하기 위하여 민간전문가로 구성된 감염병관리사업지원기구를 둘 수 있다

② 국가 및 지방자치단체는 감염병관리사업지원기구의 운영 등에 필요한 예산을 지원할 수 있다.

③ 제1항 및 제2항에 따른 감염병관리사업지원기구의 설치·운영 및 지원 등에 필요한 사항은 대통령령으로 정한다.

제8조의 2【감염병병원】 ① 국가는 감염병의 연구·예방, 전문가 양성 및 교육, 환자의 진료 및 치료 등을 위한 시설, 인력 및 연구능력을 갖춘 중앙감염병전문병원을 설립하거나 지정하여 운영한다. 〈개정 2023. 8. 16.〉

② 국가는 감염병환자의 진료 및 치료 등을 위하여 권역별로 보건복지부령으로 정하는 일정규모 이상의 병상(음압병상 및 격리병상을 포함한다)을 갖춘 권역별 감염병전문병원을 설립하거나 지정하여 운영한다. 이 경우 인구 규모, 지리적 접근성 등을 고려하여 권역을 설정하여야 한다. 〈개정 2021. 10. 19., 2023. 8. 16.〉

③ 국가는 예산의 범위에서 제1항 및 제2항에 따른 중앙감염병전문병원 또는 권역별 감염병전문병원을 설립하거나 지정하여 운영하는 데 필요한 예산을 지원할 수 있다. 〈개정 2023. 8. 16.〉④ 보건복지부장관은 제1항 및 제2항에 따른 중앙감염병전문병원 및 권역별 감염병전문병원의 효율적인 의료 자원 관리와 감염병 정보의 수집·분석·활용을 위하여 의료자원정보시스템을 구축·운영할 수 있다. 이 경우 의료자원정보시스템은 제40조의5에 따른 감염병관리통합정보시스템과 연계할 수 있다. 〈신설 2025. 4. 1.〉

⑤ 국가는 제1항에 따른 중앙감염병전문병원의 업무에 관한 자문 등을 수행하기 위하여 중앙감염병전문병원에 감염병임상위원회를 설치할 수 있다. 〈신설 2023. 8. 16., 2025. 4. 1.〉

⑥ 제1항 및 제2항에 따른 중앙감염병전문병원 또는 권역별 감염병전문병원을 설립하거나 지정하여 운영하는 데 필요한 절차, 방법, 지원내용과 제4항에 따른 의료자원정보시스템 구축·운영 등에 필요한 사항은 대통령령으로 정한다.

〈개정 2023. 8. 16., 2025. 4. 1.〉[본조신설 2015. 12. 29.][시행일: 2025. 10. 2.] 제8조의2

제8조의 3【내성균 관리대책】 ① 보건복지부장관은 내성균 발생 예방 및 확산 방지 등을 위하여 제9조에 따른 감염병관리위원회의 심의를 거쳐 내성균 관리대책을 5년마다 수립·추진하여야 한다.
② 내성균 관리대책에는 정책목표 및 방향, 진료환경 개선 등 내성균 확산 방지를 위한 사항 및 감시체계 강화에 관한 사항, 그 밖에 내성균 관리대책에 필요하다고 인정되는 사항이 포함되어야 한다.
③ 내성균 관리대책의 수립 절차 등에 관하여 필요한 사항은 대통령령으로 정한다.

제8조의 4【업무의 협조】 ① 보건복지부장관은 내성균 관리대책의 수립·시행을 위하여 관계 공무원 또는 관계 전문가의 의견을 듣거나 관계 기관 및 단체 등에 필요한 자료제출 등 협조를 요청할 수 있다.
② 보건복지부장관은 내성균 관리대책의 작성을 위하여 관계 중앙행정기관의 장에게 내성균 관리대책의 정책목표 및 방향과 관련한 자료 또는 의견의 제출 등 필요한 협조를 요청할 수 있다.
③ 제1항 및 제2항에 따른 협조 요청을 받은 자는 정당한 사유가 없으면 이에 따라야 한다.

제8조의 5【긴급상황실】 ① 질병관리청장은 감염병 정보의 수집·전파, 상황관리, 감염병이 유입되거나 유행하는 긴급한 경우의 초동조치 및 지휘 등의 업무를 수행하기 위하여 상시 긴급상황실을 설치·운영하여야 한다.
② 제1항에 따른 긴급상황실의 설치·운영에 필요한 사항은 대통령령으로 정한다.

영 **제1조의 2【감염병관리사업지원기구의 설치·운영】** ①「감염병의 예방 및 관리에 관한 법률」(이하 "법"이라 한다) 제8조 제1항에 따라 보건복지부에 중앙감염병사업지원기구를, 특별시·광역시·도·특별자치도(이하 "시·도"라 한다)에 보건복지부장관이 정하는 바에 따라 시·도감염병사업지원기구를 둔다.
② 중앙감염병사업지원기구의 구성원은 다음 각 호의 어느 하나에 해당하는 사람 중에서 보건복지부장관이 위촉한다.
1. 「의료법」 제2조 제1호에 따른 의료인으로서 감염병 관련 분야에서 근무한 사람
2. 「고등교육법」에 따른 대학 또는 「공공기관의 운영에 관한 법률」에 따른 공공기관의 감염병 관련 분야에서 근무한 사람
3. 감염병 예방 및 관리에 관한 전문지식과 경험이 풍부한 사람
4. 역학조사 및 방역 분야 등에 관한 전문지식과 경험이 풍부한 사람
5. 그 밖에 보건복지부장관이 감염병관리사업의 지원에 필요하다고 인정하는 사람
③ 중앙감염병사업지원기구는 그 업무수행에 필요한 경우에는 관계 기관·단체 및 전문가 등에게 자료 또는 의견의 제출 등을 요청할 수 있다.
④ 중앙감염병사업지원기구는 매 반기별로 보건복지부장관이 정하는 바에 따라 그 활동현황 등을 보건복지부장관에게 보고하여야 한다.
⑤ 질병관리청장은 중앙감염병사업지원기구에 예산의 범위에서 다음 각 호의 비용을 지원을 할 수 있다.
1. 자료수집, 조사, 분석 및 자문 등에 소요되는 비용
2. 국내외 협력사업의 추진에 따른 여비 및 수당 등의 경비
3. 그 밖에 보건복지부장관이 업무수행을 위하여 특히 필요하다고 인정하는 경비
⑥ 제2항부터 제5항까지에서 규정한 사항 외에 중앙감염병사업지원기구의 설치·운영 및 지원 등에 필요한 세부사항은 보건복지부장관이 정한다.
⑦ 시·도감염병사업지원기구의 구성원 위촉, 자료제출 요청, 활동현황 보고 및 비용지원 등에

관하여는 제2항부터 제6항까지의 규정을 준용한다. 이 경우 "보건복지부장관"은 "특별시장·광역시장·도지사·특별자치도지사(이하 "시·도지사"라 한다)"로, "중앙감염병사업지원기구"는 "시·도감염병사업지원기구"로 본다.

영 **제1조의 3 【감염병전문병원의 지정 등】** ① 법 제8조의 2 제1항에 따른 감염병전문병원(이하 "중앙감염병병원"이라 한다)으로 지정받을 수 있는 의료기관(「의료법」 제3조에 따른 의료기관을 말한다. 이하 "의료기관"이라 한다)은 「의료법」 제3조의 3 또는 제3조의 4에 따른 종합병원 또는 상급종합병원으로서 보건복지부장관이 정하여 고시하는 의료기관으로 한다.

② 중앙감염병병원의 지정기준은 별표 1과 같다.

③ 보건복지부장관은 중앙감염병병원을 지정하는 경우에는 그 지정기준 또는 업무수행 등에 필요한 조건을 붙일 수 있다.

④ 보건복지부장관은 중앙감염병병원을 지정한 경우에는 지정서를 교부하고, 보건복지부 인터넷 홈페이지에 그 지정내용을 게시하여야 한다.

⑤ 중앙감염병병원은 매 분기별로 보건복지부장관이 정하는 바에 따라 그 업무추진 현황 등을 보건복지부장관에게 보고하여야 한다.

⑥ 보건복지부장관은 법 제8조의 2 제3항에 따라 중앙감염병병원에 대해서는 기획재정부장관과 협의하여 건축비용, 운영비용 및 설비비용 등을 지원할 수 있다.

⑦ 제3항부터 제6항까지에서 규정한 사항 외에 중앙감염병병원의 지정절차 및 경비지원 등에 필요한 세부사항은 보건복지부장관이 정하여 고시한다.

영 **제1조의 4 【권역별 감염병전문병원의 지정】** ① 법 제8조의 2 제2항에 따른 권역별 감염병전문병원(이하 "권역별 감염병병원"이라 한다)으로 지정받을 수 있는 의료기관은 「의료법」 제3조의 3 또는 제3조의 4에 따른 종합병원 또는 상급종합병원으로서 보건복지부장관이 정하여 고시하는 의료기관으로 한다.

② 권역별 감염병병원의 지정기준은 별표 1의2와 같다.

③ 질병관리청장은 법 제8조의 2 제2항에 따라 권역별 감염병병원을 지정하는 경우에는 다음 각 호의 사항을 종합적으로 고려하여야 한다.

1. 해당 권역에서의 의료자원의 분포 수준
2. 해당 권역에서의 주민의 인구와 생활권의 범위
3. 해당 권역에서의 감염병의 발생 빈도 및 관리 수준
4. 해당 권역에서의 항만 및 공항 등의 인접도
5. 그 밖에 보질병관리청장이 권역별 감염병 관리와 관련하여 특히 필요하다고 인정하는 사항

④ 질병관리청장은 권역별 감염병병원을 지정하기 위하여 필요한 경우에는 지방자치단체의 장, 관계 공공기관 또는 관계 단체 등의 의견을 듣거나 자료의 제출을 요청할 수 있다.

⑤ 권역별 감염병병원에 대한 지정조건의 부과, 지정서의 교부, 지정사실의 공표, 업무추진 현황 보고, 경비 지원, 지정절차 등에 필요한 세부사항의 고시 등에 관하여는 제1조의 3 제3항부터 제7항까지의 규정을 준용한다.

영 **제1조의 5 【내성균 관리대책의 수립】** ① 보건복지부장관은 법 제8조의 3 제1항에 따른 내성균 관리대책(이하 "내성균 관리대책"이라 한다)에 포함된 사항 중 보건복지부장관이 정하는 중요 사항을 변경하려는 경우에는 법 제9조 제1항에 따른 감염병관리위원회의 심의를 거쳐야 한다.

② 보건복지부장관은 내성균 관리대책을 수립하거나 변경한 경우에는 보건복지부의 인터넷 홈페이지에 게재하고, 관계 중앙행정기관의 장, 「국민건강보험법」에 따른 건강보험심사평가원의 원장, 그 밖에 내성균 관련 기관·법인·단체의 장에게 그 내용을 알려야 한다.

③ 제1항 및 제2항에서 규정한 사항 외에 내성균 관리대책의 수립 및 변경에 필요한 세부 사항은 질병관리청장이 정한다.

영 **제1조의 6 【긴급상황실의 설치·운영】** ① 법 제8조의 5에 따라 설치하는 긴급상황실(이하 "긴급상황실"이라 한다)은 다음 각 호의 설치·운영 요건을 모두 갖추어야 한다.

1. 신속한 감염병 정보의 수집·전파와 감염병 위기상황의 종합관리 등을 위한 정보통신체계를 갖출 것
2. 감염병 위기상황의 효율적 대처를 위한 시설·장비 및 그 운영·관리체계를 갖출 것
3. 긴급상황실의 24시간 운영에 필요한 전담인력을 확보할 것
4. 긴급상황실의 업무를 원활하게 수행하기 위한 운영규정 및 업무매뉴얼을 마련할 것

② 긴급상황실의 설치·운영에 관한 세부사항은 질병관리청장이 정한다.

규칙 **제5조의 3 【권역별 감염병전문병원의 병상규모】** 법 제8조의 2 제2항에서 "보건복지부령으로 정하는 일정규모 이상의 병상"이란 36병상 이상의 병상을 말한다.

제9조 【감염병관리위원회】 ① 감염병의 예방 및 관리에 관한 주요 시책을 심의하기 위하여 질병관리청에 감염병관리위원회(이하 "위원회"라 한다)를 둔다.

② 위원회는 다음 각 호의 사항을 심의한다.

1. 기본계획의 수립
2. 감염병 관련 의료 제공
3. 감염병에 관한 조사 및 연구
4. 감염병의 예방·관리 등에 관한 지식 보급 및 감염병환자등의 인권 증진
5. 제20조에 따른 해부명령에 관한 사항
6. 제32조 제3항에 따른 예방접종의 실시기준과 방법에 관한 사항

6의2. 제33조의2 제1항에 따라 제24조의 필수예방접종 및 제25조의 임시예방접종에 사용되는 의약품(이하 "필수예방접종약품등"이라 한다)의 사전 비축 및 장기 구매에 관한 사항

6의3. 제33조의2 제2항에 따른 필수예방접종약품등의 공급의 우선순위 등 분배기준, 그 밖에 필요한 사항의 결정

7. 제34조에 따른 감염병 위기관리대책의 수립 및 시행
8. 제40조 제1항 및 제2항에 따른 예방·치료 의료·방역 물품의 사전 비축, 장기 구매 및 생산에 관한 사항

8의2. 제40조의2에 따른 의료·방역 물품(「약사법」에 따른 의약품 및 「의료기기법」에 따른 의료기기로 한정한다) 공급의 우선순위 등 분배기준, 그 밖에 필요한 사항의 결정

8의3. 제40조의6에 따른 개발 중인 백신 또는 의약품의 구매 및 공급에 필요한 계약에 관한 사항

9. 제71조에 따른 예방접종 등으로 인한 피해에 대한 국가보상에 관한 사항
10. 내성균 관리대책에 관한 사항
11. 그 밖에 감염병의 예방 및 관리에 관한 사항으로서 위원장이 위원회의 회의에 부치는 사항

영 **제2조【감염병관리위원회 위원의 임무 및 임기】** ① 법 제9조 제1항에 따른 감염병관리위원회(이하 "위원회"라 한다) 위원장은 위원회를 대표하고 위원회의 사무를 총괄한다.

② 위원회 부위원장은 위원장을 보좌하며 위원장이 부득이한 사유로 직무를 수행할 수 없을 때에는 그 직무를 대행한다.

③ 위원회 위원 중 위촉위원의 임기는 2년으로 한다.

④ 위원회 위원의 자리가 빈 경우 그 보궐위원의 임기는 전임위원 임기의 남은 기간으로 한다.

제10조【위원회의 구성】 ① 위원회는 위원장 1명과 부위원장 1명을 포함하여 30명 이내의 위원으로 구성한다.

② 위원장은 질병관리청장이 되고, 부위원장은 위원 중에서 위원장이 지명하며, 위원은 다음 각 호의 어느 하나에 해당하는 사람 중에서 위원장이 임명하거나 위촉하는 사람으로 한다. 이 경우 공무원이 아닌 위원이 전체 위원의 과반수가 되도록 하여야 한다

1. 감염병의 예방 또는 관리 업무를 담당하는 공무원
2. 감염병 또는 감염관리를 전공한 의료인
3. 감염병과 관련된 전문지식을 소유한 사람
4. 「지방자치법」 제165조에 따른 시·도지사협의체가 추천하는 사람
5. 「비영리민간단체 지원법」 제2조에 따른 비영리민간단체가 추천하는 사람
6. 그 밖에 감염병에 관한 지식과 경험이 풍부한 사람

③ 위원회의 업무를 효율적으로 수행하기 위하여 위원회의 위원과 외부 전문가로 구성되는 분야별 전문위원회를 둘 수 있다.

④ 제1항부터 제3항까지에서 규정한 사항 외에 위원회 및 전문위원회의 구성·운영 등에 관하여 필요한 사항은 대통령령으로 정한다.

영 **제7조【전문위원회의 구성】** ① 법 제10조 제3항에 따라 위원회에 다음 각 호의 분야별 전문위원회를 둔다.

1. 예방접종 전문위원회
2. 예방접종피해보상 전문위원회
3. 후천성면역결핍증 전문위원회
4. 결핵 전문위원회
5. 역학조사 전문위원회
6. 인수(人獸)공통감염 전문위원회
7. 감염병 위기관리 전문위원회
8. 감염병 연구기획 전문위원회
9. 항생제 내성(耐性) 전문위원회
10. 검역 전문위원회

② 전문위원회는 각각 위원장 1명을 포함한 25명 이내의 위원으로 구성한다.

③ 전문위원회 위원장은 위원회 위원 중에서 위원회의 위원장이 임명한다.

④ 전문위원회 위원은 위원회 위원 중에서 위원회 위원장이 임명하거나 관련 학회와 단체 또는 위원회 위원의 추천을 받아 위원회의 위원장이 위촉한다.

제 3 장 신고 및 보고

제11조 【의사 등의 신고】 ① 의사, 치과의사 또는 한의사는 다음 각 호의 어느 하나에 해당하는 사실(제16조 제6항에 따라 표본감시 대상이 되는 제4급감염병으로 인한 경우는 제외한다)이 있으면 소속 의료기관의 장에게 보고하여야 하고, 해당 환자와 그 동거인에게 보건복지부장관이 정하는 감염 방지 방법 등을 지도하여야 한다. 다만, 의료기관에 소속되지 아니한 의사, 치과의사 또는 한의사는 그 사실을 관할 보건소장에게 신고하여야 한다.

1. 감염병환자등을 진단하거나 그 사체를 검안(檢案)한 경우
2. 예방접종 후 이상반응자를 진단하거나 그 사체를 검안한 경우
3. 감염병환자등이 제1급감염병부터 제3급감염병까지에 해당하는 감염병으로 사망한 경우
4. 감염병환자로 의심되는 사람이 감염병병원체 검사를 거부하는 경우

② 제16조의2에 따른 감염병병원체 확인기관의 소속 직원은 실험실 검사 등을 통하여 보건복지부령으로 정하는 감염병환자등을 발견한 경우 그 사실을 그 기관의 장에게 보고하여야 한다.

③ 제1항 및 제2항에 따라 보고를 받은 의료기관의 장 및 제16조의2에 따른 감염병병원체 확인기관의 장은 제1급감염병의 경우에는 즉시, 제2급감염병 및 제3급감염병의 경우에는 24시간 이내에, 제4급감염병의 경우에는 7일 이내에 보건복지부장관 또는 관할 보건소장에게 신고하여야 한다.

④ 육군, 해군, 공군 또는 국방부 직할 부대에 소속된 군의관은 제1항 각 호의 어느 하나에 해당하는 사실(제16조 제6항에 따라 표본감시 대상이 되는 제4급감염병으로 인한 경우는 제외한다)이 있으면 소속 부대장에게 보고하여야 하고, 보고를 받은 소속 부대장은 제1급감염병의 경우에는 즉시, 제2급감염병 및 제3급감염병의 경우에는 24시간 이내에 관할 보건소장에게 신고하여야 한다.

⑤ 제16조 제1항에 따른 감염병 표본감시기관은 제16조 제6항에 따라 표본감시 대상이 되는 제4급감염병으로 인하여 제1항 제1호 또는 제3호에 해당하는 사실이 있으면 보건복지부령으로 정하는 바에 따라 질병관리청장 또는 관할 보건소장에게 신고하여야 한다

⑥ 제1항부터 제5항까지의 규정에 따른 감염병환자등의 진단 기준, 신고의 방법 및 절차 등에 관하여 필요한 사항은 보건복지부령으로 정한다.

규칙 **제6조 【의사 등의 감염병 발생신고】** ① 법 제11조제1항 각 호 외의 부분 단서, 제3항 및 제4항에 따라 같은 조 제1항제1호, 제3호 및 제4호에 해당하는 사실을 신고하려는 의사, 치과의사, 한의사, 의료기관의 장 또는 소속 부대장은 별지 제1호의3서식의 감염병 발생 · 사망(검안) 신고서(전자문서로 된 신고서를 포함한다)를 질병관리청장에게 정보시스템을 이용하여 제출하거나 감염병환자, 감염병의사환자 또는 병원체보유자(이하 "감염병환자등"이라 한다) 또는 신고인의 소재지를 관할하는 보건소장에게 정보시스템 또는 팩스를 이용하여 제출해야 한다. 다만, 제1급감염병의 경우에는 신고서를 제출하기 전에 질병관리청장 또는 관할 보건소장에게 구두, 전화 등의 방법으로 알려야 한다.

② 법 제11조제3항에 따라 신고를 하려는 감염병병원체확인기관의 장은 별지 제1호의5서식의 병원체 검사결과 신고서(전자문서로 된 신고서를 포함한다)를 질병관리청장에게 정보시스템을 이용하여 제출하거나 해당 감염병병원체 확인을 의뢰한 기관의 소재지를 관할하는 보건소장에게 정보시스템 또는 팩스를 이용하여 제출해야 한다. 다만, 제1급감염병의 경우에는 신고서를 제출하기 전에 질병관리청장 또는 관할 보건소장에게 구두, 전화 등의 방법으로 알려야 한다.

③ 법 제11조제2항 및 제3항에 따라 보고 및 신고를 해야 하는 감염병은 제1급감염병부터 제3급

감염병까지로 한다

④ 법 제11조제5항에 따라 같은 조 제1항제1호 및 제3호에 해당하는 사실을 신고하려는 감염병 표본감시기관은 질병관리청장이 정하는 표본감시기관용 신고서(전자문서로 된 신고서를 포함한다)를 질병관리청장이나 감염병환자등 또는 표본감시기관의 소재지를 관할하는 보건소장에게 정보시스템 또는 팩스를 이용하여 제출해야 한다

⑤ 법 제11조제6항에 따른 감염병환자등의 진단 기준은 별표 2와 같으며, 그 밖의 세부 사항은 질병관리청장이 정하여 고시한다

규칙 **제7조 【의사 등의 예방접종 후 이상반응 신고】** ① 법 제11조 제1항 각 호 외의 부분 단서, 제3항 및 제4항에 따라 같은 조 제1항 제2호에 해당하는 사실을 신고하려는 의사, 치과의사, 한의사, 의료기관의 장 또는 소속 부대장은 별지 제2호서식의 예방접종 후 이상반응 발생신고서(전자문서로 된 신고서를 포함한다)를 질병관리청장에게 정보시스템을 이용하여 제출하거나 이상반응자의 소재지를 관할하는 보건소장에게 정보시스템 또는 팩스를 이용하여 제출해야 한다.

② 법 제11조 제1항부터 제5항까지의 규정에 따라 신고하여야 하는 예방접종 후 이상반응자의 범위는 별표 3과 같다.

제12조 【그 밖의 신고의무자】 ① 다음 각 호의 어느 하나에 해당하는 사람은 제1급감염병부터 제3급감염병까지에 해당하는 감염병 중 보건복지부령으로 정하는 감염병이 발생한 경우에는 의사, 치과의사 또는 한의사의 진단이나 검안을 요구하거나 해당 주소지를 관할하는 보건소장에게 신고하여야 한다.

1. 일반가정에서는 세대를 같이하는 세대주. 다만, 세대주가 부재중인 경우에는 그 세대원
2. 학교, 병원, 관공서, 회사, 공연장, 예배장소, 선박·항공기·열차 등 운송수단, 각종 사무소·사업소, 음식점, 숙박업소 또는 그 밖에 여러 사람이 모이는 장소로서 보건복지부령으로 정하는 장소의 관리인, 경영자 또는 대표자

② 제1항에 따른 신고의무자가 아니더라도 감염병환자 등 또는 감염병으로 인한 사망자로 의심되는 사람을 발견하면 보건소장에게 알려야 한다.

③ 제1항에 따른 신고의 방법과 기간 및 제2항에 따른 통보의 방법과 절차 등에 관하여 필요한 사항은 보건복지부령으로 정한다.

규칙 **제8조 【그 밖의 신고대상 감염병】** 법 제12조 제1항 각 호 외의 부분 중에서 "보건복지부령으로 정하는 감염병"이란 다음 각 호의 감염병을 말한다.

1. 결핵
2. 홍역
3. 콜레라
4. 장티푸스
5. 파라티푸스
6. 세균성이질
7. 장출혈성대장균감염증
8. A형간염

② 법 제12조 제1항 제2호에서 "보건복지부령으로 정하는 장소"란 다음 각 호의 장소를 말한다.

1. 「모자보건법」 제2조제10호에 따른 산후조리원
2. 「공중위생관리법」 제2조에 따른 목욕장업소, 이용업소, 미용업소

규칙 **제9조 【그 밖의 신고의무자의 신고】** 법 제12조 제1항 및 제2항에 따라 그 밖의 신고의무자는 다음 각 호의 사항을 서면, 구두(口頭), 전보, 전화 또는 컴퓨터통신의 방법으로 보건소장에게 지체 없이 신고하거나 알려야 한다.

1. 신고인의 성명, 주소와 감염병환자 등 또는 사망자와의 관계
2. 감염병환자 등 또는 사망자의 성명, 주소 및 직업
3. 감염병환자 등 또는 사망자의 주요 증상 및 발병일

제13조 【보건소장 등의 보고 등】 ① 제11조 및 제12조에 따라 신고를 받은 보건소장은 그 내용을 관할 특별자치시장 · 특별자치도지사 또는 시장 · 군수 · 구청장에게 보고하여야 하며, 보고를 받은 특별자치시장 · 특별자치도지사는 질병관리청장에게, 시장 · 군수 · 구청장은 질병관리청장 및 시 · 도지사에게 이를 각각 보고하여야 한다

② 제1항에 따라 보고를 받은 질병관리청장, 시 · 도지사 또는 시장 · 군수 · 구청장은 제11조제1항제4호에 해당하는 사람(제1급감염병 환자로 의심되는 경우에 한정한다)에 대하여 감염병병원체 검사를 하게 할 수 있다.

③ 제1항에 따른 보고의 방법 및 절차 등에 관하여 필요한 사항은 보건복지부령으로 정한다.

규칙 **제10조 【보건소장 등의 보고】** 법 제13조제1항에 따라 보고하려는 보건소장은 다음 각 호의 구분에 따른 시기에 별지 제1호의3서식의 감염병 발생 · 사망(검안) 신고서, 별지 제1호의5서식의 병원체 검사결과 신고서(전자문서로 된 신고서를 포함한다) 또는 별지 제2호서식의 예방접종 후 이상반응 발생보고서(전자문서로 된 보고서를 포함한다)를 특별자치시장 · 특별자치도지사(관할 구역 안에 지방자치단체인 시 · 군이 있는 특별자치도의 도지사는 제외한다. 이하 이 조에서 같다) 또는 시장 · 군수 · 구청장(자치구의 구청장을 말한다. 이하 같다)에게 정보시스템을 이용하여 제출해야 하고, 보고를 받은 특별자치시장 · 특별자치도지사 또는 시장 · 군수 · 구청장은 해당 신고서 또는 발생보고서를 질병관리청장 및 특별시장 · 광역시장 · 도지사에게 정보시스템을 이용하여 각각 제출해야 한다.

1. 제1급감염병의 발생, 사망, 병원체 검사결과의 보고: 법 제11조 및 제12조에 따라 신고를 받은 후 즉시
2. 제2급감염병 및 제3급감염병의 발생, 사망 및 병원체 검사결과의 보고: 법 제11조 및 제12조에 따라 신고를 받은 후 24시간 이내
3. 제4급감염병의 발생 및 사망의 보고: 법 제11조 및 제12조에 따라 신고를 받은 후 7일 이내
4. 예방접종 후 이상반응의 보고: 법 제11조에 따라 신고를 받은 후 즉시

제14조 【인수공통감염병의 통보】 ①「가축전염병예방법」 제11조 제1항 제2호에 따라 신고를 받은 국립가축방역기관장, 신고대상 가축의 소재지를 관할하는 시장·군수·구청장 또는 시·도 가축방역기관의 장은 같은 법에 따른 가축전염병 중 다음 각 호의 어느 하나에 해당하는 감염병의 경우에는 즉시 질병관리본부장에게 통보하여야 한다.

1. 탄저
2. 고병원성조류인플루엔자
3. 광견병
4. 그밖에 대통령령으로 정하는 인수공통감염병

② 제1항에 따른 통보를 받은 질병관리청장은 감염병의 예방 및 확산 방지를 위하여 이 법에 따른 적절한 조치를 취하여야 한다

③ 제1항에 따른 신고 또는 통보를 받은 행정기관의 장은 신고자의 요청이 있는 때에는 신고자의 신원을 외부에 공개하여서는 아니 된다.

④ 제1항에 따른 통보의 방법 및 절차 등에 관하여 필요한 사항은 보건복지부령으로 정한다.

영 **제9조 【그 밖의 인수공통감염병】** 법 제14조 제1항 제4호에서 "대통령령으로 정하는 인수공통감염병"이란 동물인플루엔자를 말한다.

제15조 【감염병환자 등의 파악 및 관리】 보건소장은 관할구역에 거주하는 감염병환자 등에 관하여 제11조 및 제12조에 따른 신고를 받았을 때에는 보건복지부령으로 정하는 바에 따라 기록하고 그 명부(전자문서를 포함한다)를 관리하여야 한다.

규칙 **제12조 【감염병환자등의 명부 작성 및 관리】** ① 보건소장은 법 제15조에 따라 별지 제4호 서식의 감염병환자 등의 명부를 작성하고 이를 3년간 보관하여야 한다.

② 보건소장은 법 제15조에 따라 별지 제5호 서식의 예방접종 후 이상반응자의 명부를 작성하고 이를 10년간 보관하여야 한다.

제 4 장 감염병 감시 및 역학조사 등

제16조 【감염병 표본감시 등】 ① 질병관리청장은 감염병의 표본감시를 위하여 질병의 특성과 지역을 고려하여 「보건의료기본법」에 따른 보건의료기관이나 그 밖의 기관 또는 단체를 감염병 표본감시기관으로 지정할 수 있다.

② 질병관리청장, 시·도지사 또는 시장·군수·구청장은 제1항에 따라 지정받은 감염병 표본감시기관(이하 "표본감시기관"이라 한다)의 장에게 감염병의 표본감시와 관련하여 필요한 자료의 제출을 요구하거나 감염병의 예방·관리에 필요한 협조를 요청할 수 있다. 이 경우 표본감시기관은 특별한 사유가 없으면 이에 따라야 한다.

③ 질병관리청장, 시·도지사 또는 시장·군수·구청장은 제2항에 따라 수집한 정보 중 국민 건강에 관한 중요한 정보를 관련 기관·단체·시설 또는 국민들에게 제공하여야 한다.

④ 질병관리청장, 시·도지사 또는 시장·군수·구청장은 표본감시활동에 필요한 경비를 표본감시기관에 지원할 수 있다.

⑤ 질병관리청장은 표본감시기관이 다음 각 호의 어느 하나에 해당하는 경우에는 그 지정을 취소할 수 있다.

1. 제2항에 따른 자료 제출 요구 또는 협조 요청에 따르지 아니하는 경우
2. 폐업 등으로 감염병 표본감시 업무를 수행할 수 없는 경우
3. 그 밖에 감염병 표본감시 업무를 게을리하는 등 보건복지부령으로 정하는 경우

⑥ 제1항에 따른 표본감시의 대상이 되는 감염병은 제4급감염병으로 하고, 표본감시기관의 지정 및 지정취소의 사유 등에 관하여 필요한 사항은 보건복지부령으로 정한다.

⑦ 질병관리청장은 감염병이 발생하거나 유행할 가능성이 있어 관련 정보를 확보할 긴급한 필요가 있다고 인정하는 경우 「공공기관의 운영에 관한 법률」에 따른 공공기관 중 대통령령으로 정하는 공공기

관의 장에게 정보 제공을 요구할 수 있다. 이 경우 정보 제공을 요구받은 기관의 장은 정당한 사유가 없는 한 이에 따라야 한다.

⑧ 제7항에 따라 제공되는 정보의 내용, 절차 및 정보의 취급에 필요한 사항은 대통령령으로 정한다.

제16조의 2 【감염병병원체 확인기관】 ① 다음 각 호의 기관(이하 "감염병병원체 확인기관"이라 한다)은 실험실 검사 등을 통하여 감염병병원체를 확인할 수 있다.

1. 질병관리청
2. 국립검역소
3. 「보건환경연구원법」 제2조에 따른 보건환경연구원
4. 「지역보건법」 제10조에 따른 보건소
5. 「의료법」 제3조에 따른 의료기관 중 진단검사의학과 전문의가 상근(常勤)하는 기관
6. 「고등교육법」 제4조에 따라 설립된 의과대학 중 진단검사의학과가 개설된 의과대학
7. 「결핵예방법」 제21조에 따라 설립된 대한결핵협회(결핵환자의 병원체를 확인하는 경우만 해당한다)
8. 「민법」 제32조에 따라 한센병환자 등의 치료·재활을 지원할 목적으로 설립된 기관(한센병환자의 병원체를 확인하는 경우만 해당한다)
9. 인체에서 채취한 검사물에 대한 검사를 국가, 지방자치단체, 의료기관 등으로부터 위탁받아 처리하는 기관 중 진단검사의학과 전문의가 상근하는 기관

② 질병관리청장은 감염병병원체 확인의 정확성·신뢰성을 확보하기 위하여 감염병병원체 확인기관의 실험실 검사능력을 평가하고 관리할 수 있다. 〈개정 2020.8.11.〉

③ 제2항에 따른 감염병병원체 확인기관의 실험실 검사능력 평가 및 관리에 관한 방법, 절차 등에 관하여 필요한 사항은 보건복지부령으로 정한다.

영 **제10조 【공공기관】** 법 제16조 제7항 전단에서 "대통령령으로 정하는 공공기관"이란 「국민건강보험법」에 따른 건강보험심사평가원 및 국민건강보험공단을 말한다.

영 **제11조 【제공 정보의 내용】** 법 제16조 제7항에 따라 요구할 수 있는 정보의 내용에는 다음 각 호의 사항이 포함될 수 있다.

1. 감염병환자, 감염병의사환자 또는 병원체보유자(이하 "감염병환자등"이라 한다)의 성명·주민등록번호·성별·주소·전화번호·직업·감염병명·발병일 및 진단일
2. 감염병환자등을 진단한 의료기관의 명칭·주소지·전화번호 및 의사 이름

규칙 **제14조 【감염병 표본감시기관의 지정 등】** ① 법 제16조제1항에 따라 질병관리청장은 표본감시 대상 감염병별로 다음 각 호의 구분에 따른 기관 · 시설 · 단체 또는 법인 중에서 특별시장 · 광역시장 · 도지사 · 특별자치도지사(이하 "시 · 도지사"라 한다)의 추천을 받아 감염병 표본감시기관(이하 "표본감시기관"이라 한다)을 지정할 수 있다.

1. 인플루엔자: 다음 각 목의 기관 · 시설 · 단체 또는 법인
   가. 「지역보건법」 제10조에 따른 보건소 중 보건의료원
   나. 법 제16조의2제1항제3호 · 제5호 및 제9호에 따른 기관
   다. 의료기관 중 소아과 · 내과 · 가정의학과 · 이비인후과 진료과목이 있는 의료기관
2. 제4급감염병 중 기생충감염병에 해당하는 감염병: 다음 각 목의 기관 · 시설 · 단체 또는 법인

가. 「지역보건법」 제10조에 따른 보건소
나. 법 제16조의2제1항제3호 · 제5호 및 제9호에 따른 기관
다. 의료기관 중 의원 · 병원 및 종합병원
라. 기생충감염병에 관한 연구 및 학술발표 등을 목적으로 결성된 학회
마. 기생충감염병의 예방 및 관리를 목적으로 설립된 비영리법인

3. 제4급감염병(인플루엔자 및 기생충감염병은 제외한다. 이하 이 호에서 같다): 다음 각 목의 기관 · 시설 · 단체 또는 법인
가. 「지역보건법」 제10조에 따른 보건소
나. 법 제16조의2제1항제3호 · 제5호 및 제9호에 따른 기관
다. 의료기관 중 의원 · 병원 및 종합병원
라. 제4급감염병에 관한 연구 및 학술발표 등을 목적으로 결성된 학회

② 질병관리청장은 제1항에 따라 표본감시기관을 지정한 경우에는 해당 표본감시기관에 별지 제5호의2서식의 표본감시기관 지정서를 발급해야 한다.

③ 질병관리청장은 법 제16조제5항에 따라 표본감시기관이 다음 각 호의 어느 하나에 해당하는 경우에는 그 지정을 취소할 수 있다.
1. 표본감시 업무를 게을리하는 경우
2. 그 밖에 법 제11조제5항에 따른 신고 실적이 없는 등 질병관리청장이 표본감시기관으로서 표본감시 업무를 계속하여 수행할 수 없다고 인정하는 경우

④ 질병관리청장은 제3항에 따라 표본감시기관의 지정을 취소한 경우에는 별지 제5호의3서식의 표본감시기관 지정취소 통보서에 따라 그 사실을 해당 표본감시기관에 통보해야 한다.

제17조 【실태조사】 ① 질병관리청장, 시 · 도지사 및 시장 · 군수 · 구청장은 감염병의 예방 및 관리에 관한 정책을 효과적으로 수립 · 시행하기 위하여 다음 각 호의 구분에 따라 실태조사를 실시하고, 그 결과를 공표하여야 한다.
1. 감염병 및 내성균 발생 등에 대한 실태조사: 질병관리청장 또는 시 · 도지사
2. 의료기관의 감염관리 현황에 대한 실태조사: 질병관리청장, 시 · 도지사 또는 시장 · 군수 · 구청장

② 질병관리청장, 시 · 도지사 또는 시장 · 군수 · 구청장은 제1항에 따른 조사를 위하여 의료기관 등 관계 기관 · 법인 및 단체의 장에게 필요한 자료의 제출 또는 의견의 진술을 요청할 수 있다. 이 경우 요청을 받은 자는 정당한 사유가 없으면 이에 협조하여야 한다.

③ 제1항에 따른 실태조사에 포함되어야 할 사항과 실태조사의 시기, 방법, 절차 및 공표 등에 관하여 필요한 사항은 보건복지부령으로 정한다.

규칙 **제15조 【실태조사의 방법 및 절차 등】** ① 법 제17조제1항에 따른 실태조사(이하 "실태조사"라 한다)에 포함되어야 할 사항은 다음 각 호와 같다. 〈개정 2017. 6. 2., 2018. 9. 27., 2020. 6. 4., 2020. 9. 11., 2025. 6. 2.〉
1. 감염병 실태조사
가. 감염병환자등의 연령별 · 성별 · 지역별 분포 등에 관한 사항
나. 감염병환자등의 임상적 증상 및 경과 등에 관한 사항
다. 감염병환자등의 진단 · 검사 · 처방 등 진료정보에 관한 사항
라. 감염병의 진료 및 연구와 관련된 인력 · 시설 및 장비 등에 관한 사항
마. 감염병에 대한 각종 문헌 및 자료 등의 조사에 관한 사항

바. 그 밖에 감염병의 관리를 위하여 질병관리청장이 특히 필요하다고 인정하는 사항

2. 내성균 실태조사
   가. 항생제 사용 실태에 관한 사항
   나. 내성균의 유형 및 발생경로 등에 관한 사항
   다. 내성균의 연구와 관련된 인력 · 시설 및 장비 등에 관한 사항
   라. 내성균에 대한 각종 문헌 및 자료 등의 조사에 관한 사항
   마. 그 밖에 내성균의 관리를 위하여 질병관리청장이 특히 필요하다고 인정하는 사항
3. 의료기관 감염관리 실태조사
   가. 「의료법」 제47조에 따라 의료기관에 두는 감염관리위원회와 감염관리실의 설치 · 운영 등에 관한 사항
   나. 의료기관의 감염관리 인력 · 장비 및 시설 등에 관한 사항
   다. 의료기관의 감염관리체계에 관한 사항
   라. 의료기관의 감염관리 교육 및 감염예방에 관한 사항
   마. 그 밖에 의료기관의 감염관리에 관하여 질병관리청장이 특히 필요하다고 인정하는 사항

② 실태조사의 실시 주기는 다음 각 호의 구분에 따른다. 〈신설 2020. 6. 4., 2020. 9. 11., 2025. 6. 2.〉
1. 감염병 실태조사: 3년
2. 내성균 실태조사: 매년
3. 의료기관 감염관리 실태조사: 3년

③ 질병관리청장, 시 · 도지사 또는 시장 · 군수 · 구청장이 필요하다고 인정하는 경우에는 제2항에도 불구하고 다음 각 호의 구분에 따라 실태조사를 수시로 실시할 수 있다. 〈신설 2025. 6. 2.〉
1. 감염병 실태조사: 질병관리청장 또는 시 · 도지사
2. 의료기관 감염관리 실태조사: 질병관리청장, 시 · 도지사 또는 시장 · 군수 · 구청장

④ 실태조사의 방법은 다음 각 호와 같다. 〈개정 2017. 6. 2., 2020. 6. 4., 2025. 6. 2.〉
1. 감염병환자등 또는 내성균과 관련된 환자에 대한 설문조사 및 검체(檢體) 검사
2. 의료기관의 진료기록부 등에 대한 자료조사
3. 국민건강보험 및 의료급여 청구 명세 등에 대한 자료조사
4. 일반 국민에 대한 표본 설문조사 및 검체 검사

⑤ 질병관리청장, 시 · 도지사 또는 시장 · 군수 · 구청장은 실태조사를 전문연구기관 · 단체나 관계 전문가에게 의뢰하여 실시할 수 있다. 〈개정 2017. 6. 2., 2020. 6. 4., 2020. 9. 11., 2025. 6. 2.〉

⑥ 질병관리청장, 시 · 도지사 또는 시장 · 군수 · 구청장은 법 제17조제1항에 따라 실태조사의 결과를 질병관리청, 시 · 도 또는 시 · 군 · 구의 인터넷 홈페이지 등에 공표해야 한다. 〈신설 2020. 6. 4., 2020. 9. 11., 2025. 6. 2.〉

⑦ 제1항부터 제6항까지의 규정에서 정한 사항 외에 실태조사에 필요한 사항은 질병관리청장이 정한다. 〈개정 2017. 6. 2., 2020. 6. 4., 2020. 9. 11., 2025. 6. 2.〉

규칙 **제16조 【역학조사반원증】** 「감염병의 예방 및 관리에 관한 법률 시행령」(이하 "영"이라 한다) 제16조제2항에 따른 역학조사반원증은 별지 제6호서식과 같다

규칙 **제16의 2조【역학조사의 요청 등】** ① 법 제18조의2제1항에 따라 역학조사의 실시를 요청하려는 의료인 또는 의료기관의 장은 별지 제6호의2서식을 작성하여 질병관리청장, 시 · 도지사 또는 시장 · 군수 · 구청장에게 제출해야 한다. 〈개정 2020. 9. 11., 2025. 6. 2.〉

② 질병관리청장, 시 · 도지사 또는 시장 · 군수 · 구청장은 제1항에 따른 요청을 접수하면, 역학조사를 실시하는 경우에는 역학조사 계획을 수립하여 요청자에게 서면으로 통보하고, 역학조사를 실시하지 아니하는 경우에는 그 사유를 명시하여 서면으로 통보해야 한다. 〈개정 2020. 9. 11., 2025. 6. 2.〉

규칙 **제16의 3조【역학조사인력교육과정】** 제16조의3(역학조사인력 교육과정) 법 제18조의3제1항에 따른 교육 · 훈련 과정의 세부기준은 별표 3의2와 같다. 〈개정 2016. 6. 30.〉

제18조【역학조사】 ① 질병관리청장 시·도지사 또는 시장·군수·구청장은 감염병이 발생하여 유행할 우려가 있거나, 감염병 여부가 불분명하나 발병원인을 조사할 필요가 있다고 인정하면 지체 없이 역학조사를 하여야 하고, 그 결과에 관한 정보를 필요한 범위 에서 해당 의료기관에 제공하여야 한다. 다만, 지역 확산 방지 등을 위하여 필요한 경우 다른 의료기관에 제공하여야 한다. 〈개정 2019.12.3.〉

② 질병관리청장, 시·도지사 또는 시장·군수·구청장은 역학조사를 하기 위하여 역학조사반을 각각 설치하여야 한다.

③ 누구든지 질병관리청장, 시·도지사 또는 시장·군수·구청장이 실시하는 역학조사에서 다음 각 호의 행위를 하여서는 아니 된다.

1. 정당한 사유 없이 역학조사를 거부·방해 또는 회피하는 행위
2. 거짓으로 진술하거나 거짓 자료를 제출하는 행위
3. 고의적으로 사실을 누락·은폐하는 행위

④ 제1항에 따른 역학조사의 내용과 시기·방법 및 제2항에 따른 역학조사반의 구성·임무 등에 관하여 필요한 사항은 대통령령으로 정한다.

제18조의 2【역학조사의 요청】 ①「의료법」에 따른 의료인 또는 의료기관의 장은 감염병 또는 알 수 없는 원인으로 인한 질병이 발생하였거나 발생할 것이 우려되는 경우 질병관리청장, 시 · 도지사 또는 시장 · 군수 · 구청장에게 제18조에 따른 역학조사를 실시할 것을 요청할 수 있다.

② 제1항에 따른 요청을 받은 질병관리청장, 시 · 도지사 또는 시장 · 군수 · 구청장은 역학조사의 실시 여부 및 그 사유 등을 지체 없이 해당 의료인 또는 의료기관 개설자에게 통지하여야 한다.

③ 제1항에 따른 역학조사 실시 요청 및 제2항에 따른 통지의 방법 · 절차 등 필요한 사항은 보건복지부령으로 정한다

제18조의 3【역학조사인력의 양성】 ① 질병관리청장은 제60조의2에 따른 역학조사관 또는 수습역학조사관에 대하여 정기적으로 역학조사에 관한 교육 · 훈련을 실시할 수 있다.

② 제1항에 따른 대상별 교육 · 훈련 과정 및 그 밖에 필요한 사항은 보건복지부령으로 정한다

제18조의 4【자료제출 요구 등】 ① 질병관리청장, 시 · 도지사 또는 시장 · 군수 · 구청장은 제18조에 따른 역학조사 등을 효율적으로 시행하기 위하여 관계 중앙행정기관의 장, 대통령령으로 정하는 기관 · 단체 등에 대하여 역학조사에 필요한 자료제출을 요구할 수 있다.

② 질병관리청장 또는 시·도지사는 감염병과 관련하여 「재난 및 안전관리 기본법」 제38조제2항에 따른 주의 이상의 위기경보가 발령된 경우에는 제18조에 따른 역학조사를 효율적으로 시행하기 위하여 법인·단체·개인 등에 대하여 역학조사에 필요한 자료제출을 요구할 수 있다.
③ 질병관리청장은 제18조에 따른 역학조사를 실시하는 경우 필요에 따라 관계 중앙행정기관의 장에게 인력 파견 등 필요한 지원을 요청할 수 있다.
④ 제1항 및 제2항에 따른 자료제출 요구 및 제3항에 따른 지원 요청 등을 받은 자는 특별한 사정이 없으면 이에 따라야 한다.
⑤ 제1항 및 제2항에 따른 자료제출 요구 및 제3항에 따른 지원 요청 등의 범위와 방법 등에 관하여 필요한 사항은 대통령령으로 정한다

제18조의5【감염병 교육의 실시】① 국가기관의 장 및 지방자치단체의 장은 소속 공무원 및 직원 등에 대하여 감염병의 예방·관리 및 위기 대응을 위한 교육(이하 "감염병 교육"이라 한다)을 연 1회 이상 실시하고, 그 결과를 질병관리청장에게 제출하여야 한다.
② 「공공기관의 운영에 관한 법률」 제4조에 따른 공공기관의 장은 소속된 임직원 및 종사자에게 감염병 교육을 실시할 수 있다.
③ 질병관리청장은 제1항 및 제2항에 따른 감염병 교육을 효과적으로 실시하기 위하여 관련 교육과정을 개발하여 보급하여야 한다.
④ 제1항 및 제2항에 따른 감염병 교육의 대상과 범위, 내용 및 방법, 제3항에 따른 교육과정 개발 및 보급 등에 필요한 사항은 대통령령으로 정한다

영 **제12조【역학조사의 내용】** ① 법 제18조 제1항에 따른 역학조사에 포함되어야 하는 내용은 다음 각 호와 같다.
1. 감염병환자 등의 인적 사항
2. 감염병환자 등의 발병일 및 발병 장소
3. 감염병의 감염원인 및 감염경로
4. 감염병환자 등에 관한 진료기록
5. 그밖에 감염병의 원인 규명과 관련된 사항

② 법 제29조에 따른 역학조사에 포함되어야 하는 내용은 다음 각 호와 같다.
1. 예방접종 후 이상반응자의 인적 사항
2. 예방접종기관, 접종일시 및 접종내용
3. 예방접종 후 이상반응에 관한 진료기록
4. 예방접종약에 관한 사항
5. 그밖에 예방접종 후 이상반응의 원인 규명과 관련된 사항

영 **제13조【역학조사의 시기】** 법 제18조 제1항 및 제29조에 따른 역학조사는 다음 각 호의 구분에 따라 해당 사유가 발생하면 실시한다.
1. 질병관리청장이 역학조사를 하여야 하는 경우
   가. 둘 이상의 시·도에서 역학조사가 동시에 필요한 경우
   나. 감염병 발생 및 유행 여부 또는 예방접종 후 이상반응에 관한 조사가 긴급히 필요한 경우

다. 시·도지사의 역학조사가 불충분하였거나 불가능하다고 판단되는 경우

2. 시·도지사 또는 시장·군수·구청장(자치구의 구청장을 말한다. 이하 같다)이 역학조사를 하여야 하는 경우

가. 관할 지역에서 감염병이 발생하여 유행할 우려가 있는 경우

나. 관할 지역 밖에서 감염병이 발생하여 유행할 우려가 있는 경우로서 그 감염병이 관할구역과 역학적 연관성이 있다고 의심되는 경우

다. 관할 지역에서 예방접종 후 이상반응 사례가 발생하여 그 원인 규명을 위한 조사가 필요한 경우

영 **제15조 【역학조사반의 구성】** ① 법 제18조제1항 및 제29조에 따른 역학조사를 하기 위하여 질병관리청에 중앙역학조사반을 두고, 시 · 도에 시 · 도역학조사반을 두며, 시 · 군 · 구(자치구를 말한다. 이하 같다)에 시 · 군 · 구역학조사반을 둔다.

② 중앙역학조사반은 30명 이상, 시 · 도역학조사반 및 시 · 군 · 구역학조사반은 각각 10명 이상의 반원으로 구성한다.

③ 역학조사반의 반장은 법 제60조에 따른 방역관 또는 법 제60조의2에 따른 역학조사관으로 한다.

④ 역학조사반원은 다음 각 호의 어느 하나에 해당하는 사람 중에서 질병관리청장, 시 · 도지사 및 시장 · 군수 · 구청장이 각각 임명하거나 위촉한다.

1. 방역, 역학조사 또는 예방접종 업무를 담당하는 공무원
2. 법 제60조의2에 따른 역학조사관 또는 수습역학조사관
3. 「농어촌 등 보건의료를 위한 특별조치법」에 따라 채용된 공중보건의사
4. 「의료법」 제2조제1항에 따른 의료인
5. 그 밖에 감염병 등과 관련된 분야의 전문가 등으로서 질병관리청장, 시 · 도지사 및 시장 · 군수 · 구청장이 역학조사를 위해 필요하다고 인정하는 사람

⑤ 역학조사반은 감염병 분야와 예방접종 후 이상반응 분야로 구분하여 운영하되, 분야별 운영에 필요한 사항은 질병관리청장이 정한다.

영 **제16조 【역학조사반의 임무 등】** ① 역학조사반의 임무는 다음 각 호와 같다.

1. 중앙역학조사반

가. 역학조사 계획의 수립, 시행 및 평가

나. 역학조사의 실시 기준 및 방법의 개발

다. 시·도역학조사반 및 시·군·구역학조사반에 대한 교육·훈련

라. 감염병에 대한 역학적인 연구

마. 감염병의 발생·유행 사례 및 예방접종 후 이상반응의 발생 사례 수집, 분석 및 제공

바. 시·도역학조사반에 대한 기술지도 및 평가

2. 시·도 역학조사반

가. 관할 지역 역학조사 계획의 수립, 시행 및 평가

나. 관할 지역 역학조사의 세부 실시 기준 및 방법의 개발

다. 중앙역학조사반에 관할 지역 역학조사 결과 보고

라. 관할 지역 감염병의 발생·유행 사례 및 예방접종 후 이상반응의 발생 사례 수집, 분석 및 제공

마. 시·군·구역학조사반에 대한 기술지도 및 평가

3. 시·군·구 역학조사반

가. 관할 지역 역학조사 계획의 수립 및 시행

나. 시·도역학조사반에 관할 지역 역학조사 결과 보고

다. 관할 지역 감염병의 발생·유행 사례 및 예방접종 후 이상반응의 발생 사례 수집, 분석 및 제공

② 역학조사를 하는 역학조사반원은 보건복지부령으로 정하는 역학조사반원증을 지니고 관계인에게 보여 주어야 한다.

③ 질병관리청장, 시·도지사 또는 시장·군수·구청장은 역학조사반원에게 예산의 범위에서 역학조사 활동에 필요한 수당과 여비를 지급할 수 있다.

제19조 【건강진단】 성매개감염병의 예방을 위하여 종사자의 건강진단이 필요한 직업으로 보건복지부령으로 정하는 직업에 종사하는 사람과 성매개감염병에 감염되어 그 전염을 매개할 상당한 우려가 있다고 특별자치시장 · 특별자치도지사 또는 시장 · 군수 · 구청장이 인정한 사람은 보건복지부령으로 정하는 바에 따라 성매개감염병에 관한 건강진단을 받아야 한다.

제20조 【해부명령】 ① 질병관리청장 국민건강에 중대한 위협을 미칠 우려가 있는 감염병으로 사망한 것으로 의심이 되어 시체를 해부(解剖)하지 아니하고는 감염병 여부의 진단과 사망의 원인규명을 할 수 없다고 인정하면 그 시체의 해부를 명할 수 있다.

② 제1항에 따라 해부를 하려면 미리 「장사 등에 관한 법률」 제2조 제16호에 따른 연고자(같은 호 각목에 규정된 선순위자가 없는 경우에는 그 다음 순위자를 말한다. 이하 "연고자"라 한다)의 동의를 받아야 한다. 다만, 소재불명 및 연락두절 등 미리 연고자의 동의를 받기 어려운 특별한 사정이 있고 해부가 늦어질 경우 감염병 예방과 국민건강의 보호라는 목적을 달성하기 어렵다고 판단되는 경우에는 연고자의 동의를 받지 아니하고 해부를 명할 수 있다.

③ 질병관리청장은 감염병 전문의, 해부학, 병리학 또는 법의학을 전공한 사람을 해부를 담당하는 의사로 지정하여 해부를 하여야 한다.

④ 제3항에 따른 해부는 사망자가 걸린 것으로 의심되는 감염병의 종류별로 질병관리청장이 정하여 고시한 생물학적 안전 등급을 갖춘 시설에서 실시하여야 한다.

⑤ 제3항에 따른 해부를 담당하는 의사의 지정, 감염병 종류별로 갖추어야 할 시설의 기준, 해당 시체의 관리 등에 관하여 필요한 사항은 보건복지부령으로 정한다.

제20조의 2 【시신의 장사방법 등】 ① 질병관리청장은 감염병환자등이 사망한 경우(사망 후 감염병병원체를 보유하였던 것으로 확인된 사람을 포함한다) 감염병의 차단과 확산 방지 등을 위하여 필요한 범위에서 그 시신의 장사방법 등을 제한할 수 있다.

② 질병관리청장은 제1항에 따른 제한을 하려는 경우 연고자에게 해당 조치의 필요성 및 구체적인 방법·절차 등을 미리 설명하여야 한다.

③ 질병관리청장 화장시설의 설치·관리자에게 제1항에 따른 조치에 협조하여 줄 것을 요청할 수 있으며, 요청을 받은 화장시설의 설치·관리자는 이에 적극 협조하여야 한다.

④ 제1항에 따른 제한의 대상·방법·절차 등 필요한 사항은 보건복지부령으로 정한다.

제 5 장 고위험병원체

제21조【고위험병원체의 분리, 분양·이동 및 이동 신고】 ① 감염병환자, 식품, 동식물, 그 밖의 환경 등으로부터 고위험병원체를 분리한 자는 지체 없이 고위험병원체의 명칭, 분리된 검체명, 분리 일자 등을 질병관리청장에게 신고하여야 한다.

② 고위험병원체를 분양·이동받으려는 자는 사전에 고위험병원체의 명칭, 분양 및 이동계획 등을질병관리청장에게 신고하여야 한다.

③ 고위험병원체를 이동하려는 자는 사전에 고위험병원체의 명칭과 이동계획 등을 질병관리청장에게 신고하여야 한다.

④ 질병관리청장은 제1항부터 제3항까지의 신고를 받은 경우 그 내용을 검토하여 이 법에 적합하면 신고를 수리하여야 한다.

⑤ 질병관리청장은 제1항에 따라 고위험병원체의 분리신고를 받은 경우 현장조사를 실시할 수 있다.

⑥ 고위험병원체를 보유·관리하는 자는 매년 고위험병원체 보유현황에 대한 기록을 작성하여 질병관리청장에게 제출하여야 한다.

⑦ 제1항부터 제3항까지에 따른 신고 및 제6항에 따른 기록 작성·제출의 방법 및 절차 등에 관하여 필요한 사항은 보건복지부령으로 정한다.

제22조【고위험병원체의 반입 허가 등】 ① 감염병의 진단 및 학술 연구 등을 목적으로 고위험병원체를 국내로 반입하려는 자는 다음 각 호의 요건을 갖추어 질병관리청장의 허가를 받아야 한다.

1. 제23조 제1항에 따른 고위험병원체 취급시설을 설치·운영할 것
2. 고위험병원체의 안전한 수송 및 비상조치 계획을 수립할 것
3. 보건복지부령으로 정하는 요건을 갖춘 고위험병원체 전담관리자를 둘 것

② 제1항에 따라 허가받은 사항을 변경하려는 자는 질병관리청장의 허가를 받아야 한다. 다만, 대통령령으로 정하는 경미한 사항을 변경하려는 경우에는 질병관리청장에게 신고하여야 한다.

③ 제1항에 따라 고위험병원체의 반입 허가를 받은 자가 해당 고위험병원체를 인수하여 이동하려면 대통령령으로 정하는 바에 따라 그 인수 장소를 지정하고 제21조 제1항에 따라 이동계획을 질병관리청장에게 미리 신고하여야 한다.

④ 제1항부터 제3항까지의 규정에 따른 허가 또는 신고의 방법과 절차 등에 관하여 필요한 사항은 보건복지부령으로 정한다.

영 **제18조【고위험병원체의 반입 허가 변경신고 사항】** 법 제22조 제2항 단서에서 "대통령령으로 정하는 경미한 사항"이란 다음 각 호의 사항을 말한다.

1. 고위험병원체의 반입 허가를 받은 자(자연인인 경우로 한정한다)의 성명·주소 및 연락처
2. 고위험병원체의 반입 허가를 받은 자(법인인 경우로 한정한다)의 명칭·주소 및 연락처와 그 대표자의 성명 및 연락처
3. 고위험병원체 전담관리자의 성명·직위 및 연락처

영 **제19조【고위험병원체 인수 장소 지정】** 법 제22조제3항에 따라 고위험병원체를 인수하여 이동하려는 자는 질병관리청장이 정하는 장소 중에서 인수 장소를 지정하여야 한다. 〈개정 2020. 9. 11.〉

영 **제19조의2【고위험병원체 취급시설의 설치 · 운영 허가 및 신고】** ① 법 제23조제1항에 따른 고위험병원체 취급시설(이하 "고위험병원체 취급시설"이라 한다)의 안전관리 등급의 분류와 허가 또는 신고의 대상이 되는 고위험병원체 취급시설은 별표 1의4와 같다. 〈개정 2020. 6. 2.〉

② 질병관리청장은 고위험병원체 취급시설의 안전관리 등급별로 다음 각 호의 사항에 대한 설치 · 운영의 허가 및 신고수리 기준을 정하여 고시하여야 한다. 〈개정 2020. 6. 2., 2020. 9. 11.〉

1. 고위험병원체 취급시설의 종류
2. 고위험병원체의 검사 · 보유 · 관리 및 이동에 필요한 설비 · 인력 및 안전관리
3. 고위험병원체의 검사 · 보유 · 관리 및 이동의 과정에서 인체에 대한 위해(危害)가 발생하는 것을 방지할 수 있는 시설(이하 "인체 위해방지시설"이라 한다)의 설비 · 인력 및 안전관리

③ 법 제23조제2항 및 별표 1의4에 따라 허가대상이 되는 고위험병원체 취급시설을 설치 · 운영하려는 자는 보건복지부령으로 정하는 허가신청서에 다음 각 호의 서류를 첨부하여 질병관리청장에게 제출하여야 한다. 〈개정 2020. 9. 11.〉

1. 고위험병원체 취급시설의 설계도서 또는 그 사본
2. 고위험병원체 취급시설의 범위와 그 소유 또는 사용에 관한 권리를 증명하는 서류
3. 인체 위해방지시설의 기본설계도서 또는 그 사본
4. 제2항에 따른 허가기준을 갖추었음을 증명하는 서류

④ 질병관리청장은 제3항에 따른 허가신청서를 제출받은 날부터 60일 이내에 허가 여부를 신청인에게 통지하여야 한다. 이 경우 허가를 하는 때에는 보건복지부령으로 정하는 고위험병원체 취급시설 설치 · 운영허가서를 발급하여야 한다. 〈개정 2020. 9. 11.〉

⑤ 법 제23조제2항 및 별표 1의4에 따라 신고대상이 되는 고위험병원체 취급시설을 설치 · 운영하려는 자는 보건복지부령으로 정하는 신고서에 다음 각 호의 서류를 첨부하여 질병관리청장에게 제출하여야 한다. 〈개정 2020. 9. 11.〉

1. 제2항에 따른 신고수리 기준을 갖추었음을 증명하는 서류
2. 제3항제1호부터 제3호까지의 서류

⑥ 질병관리청장은 제5항에 따른 신고서를 제출받은 날부터 60일 이내에 신고수리 여부를 신고인에게 통지하여야 한다. 이 경우 신고수리를 하는 때에는 보건복지부령으로 정하는 고위험병원체 취급시설 설치 · 운영 신고확인서를 발급하여야 한다.

〈개정 2020. 9. 11.〉[본조신설 2018. 6. 12.]

제23조【고위험병원체의 안전관리 등】 ① 고위험병원체를 검사, 보유, 관리 및 이동하려는 자는 그 검사, 보유, 관리 및 이동에 필요한 시설(이하 "고위험병원체 취급시설"이라 한다)을 설치·운영하여야 한다.

② 고위험병원체 취급시설을 설치·운영하려는 자는 고위험병원체 취급시설의 안전관리 등급별로 질병관리청장의 허가를 받거나 질병관리청장에게 신고하여야 한다.

③ 제2항에 따라 허가를 받은 자는 허가받은 사항을 변경하려면 변경허가를 받아야 한다. 다만, 대통령령으로 정하는 경미한 사항을 변경하려면 변경신고를 하여야 한다.

④ 제2항에 따라 신고한 자는 신고한 사항을 변경하려면 변경신고를 하여야 한다.

⑤ 제2항에 따라 허가를 받거나 신고한 자는 고위험병원체 취급시설을 폐쇄하는 경우 그 내용을 질병관리청장에게 신고하여야 한다.

⑥ 질병관리청장은 제2항, 제4항 및 제5항에 따른 신고를 받은 경우 그 내용을 검토하여 이 법에 적합하

면 신고를 수리하여야 한다.

⑦ 제2항에 따라 허가를 받거나 신고한 자는 고위험병원체 취급시설의 안전관리 등급에 따라 대통령령으로 정하는 안전관리 준수사항을 지켜야 한다.

⑧ 질병관리청장은 고위험병원체를 검사, 보유, 관리 및 이동하는 자가 제7항에 따른 안전관리 준수사항 및 제9항에 따른 허가 및 신고 기준을 지키고 있는지 여부 등을 점검할 수 있다.

⑨ 제1항부터 제5항까지의 규정에 따른 고위험병원체 취급시설의 안전관리 등급, 설치·운영 허가 및 신고의 기준과 절차, 폐쇄 신고의 기준과 절차 등에 필요한 사항은 대통령령으로 정한다.

제23조의 2【고위험병원체 취급시설의 허가취소 등】 질병관리청장은 제23조 제2항에 따라 고위험병원체 취급시설 설치·운영의 허가를 받거나 신고를 한 자가 다음 각 호의 어느 하나에 해당하는 경우에는 그 허가를 취소하거나 고위험병원체 취급시설의 폐쇄를 명하거나 1년 이내의 기간을 정하여 그 시설의 운영을 정지하도록 명할 수 있다. 다만, 제1호에 해당하는 경우에는 허가를 취소하거나 고위험병원체 취급시설의 폐쇄를 명하여야 한다.

1. 속임수나 그 밖의 부정한 방법으로 허가를 받거나 신고한 경우
2. 제23조 제3항 또는 제4항에 따른 변경허가를 받지 아니하거나 변경신고를 하지 아니하고 허가 내용 또는 신고 내용을 변경한 경우
3. 제23조 제7항에 따른 안전관리 준수사항을 지키지 아니한 경우
4. 제23조 제9항에 따른 허가 또는 신고의 기준에 미달한 경우

제23조의 3【생물테러감염병병원체의 보유허가 등】 ① 감염병의 진단 및 학술연구 등을 목적으로 생물테러감염병을 일으키는 병원체 중 보건복지부령으로 정하는 병원체(이하 "생물테러감염병병원체"라 한다)를 보유하고자 하는 자는 사전에 질병관리청장의 허가를 받아야 한다. 다만, 감염병의사환자로부터 생물테러감염병병원체를 분리한 후 보유하는 경우 등 대통령령으로 정하는 부득이한 사정으로 사전에 허가를 받을 수 없는 경우에는 보유 즉시 허가를 받아야 한다.

② 제22조 제1항에 따라 국내반입허가를 받은 경우에는 제1항에 따른 허가를 받은 것으로 본다.

③ 제1항에 따라 허가받은 사항을 변경하고자 하는 경우에는 질병관리청장의 변경허가를 받아야 한다. 다만, 고위험병원체를 취급하는 사람의 변경 등 대통령령으로 정하는 경미한 사항을 변경하려는 경우에는 질병관리청장에게 변경신고를 하여야 한다.

④ 제1항부터 제3항까지의 규정에 따른 허가, 변경허가 또는 변경신고의 방법 및 절차 등에 관하여 필요한 사항은 보건복지부령으로 정한다.

제23조의 4【고위험병원체의 취급기준】 ① 고위험병원체는 다음 각 호의 어느 하나에 해당하는 사람만 취급할 수 있다.

1. 「고등교육법」 제2조 제4호에 따른 전문대학 이상의 대학에서 보건의료 또는 생물 관련 분야를 전공하고 졸업한 사람 또는 이와 동등한 학력을 가진 사람
2. 「고등교육법」 제2조 제4호에 따른 전문대학 이상의 대학을 졸업한 사람 또는 이와 동등 이상의 학력을 가진 사람으로서 보건의료 또는 생물 관련 분야 외의 분야를 전공하고 2년 이상의 보건의료 또는 생물 관련 분야의 경력이 있는 사람
3. 「초·중등교육법」 제2조 제3호에 따른 고등학교·고등기술학교를 졸업한 사람 또는 이와 동등 이상의 학력을 가진 사람으로서 4년 이상의 보건의료 또는 생물 관련 분야의 경력이 있는 사람

② 누구든지 제1항 각 호의 어느 하나에 해당하지 아니하는 사람에게 고위험병원체를 취급하도록 하여서

는 아니 된다.

③ 제1항 각 호의 학력 및 경력에 관한 구체적인 사항은 보건복지부령으로 정한다.

제23조의 5【고위험병원체 취급 교육】 ① 고위험병원체를 취급하는 사람은 고위험병원체의 안전한 취급을 위하여 매년 필요한 교육을 받아야 한다.

② 질병관리청장은 제1항에 따른 교육을 보건복지부령으로 정하는 전문 기관 또는 단체에 위탁할 수 있다.

③ 제1항 및 제2항에 따른 교육 및 교육의 위탁 등에 필요한 사항은 보건복지부령으로 정한다.

제 6 장 예방접종

제24조【필수예방접종】 ① 특별자치시장 · 특별자치도지사 또는 시장 · 군수 · 구청장은 다음 각 호의 질병에 대하여 관할 보건소를 통하여 필수예방접종(이하 "필수예방접종"이라 한다)을 실시하여야 한다

1. 디프테리아
2. 폴리오
3. 백일해
4. 홍역
5. 파상풍
6. 결핵
7. B형간염
8. 유행성이하선염
9. 풍진
10. 수두
11. 일본뇌염
12. b형헤모필루스인플루엔자
13. 폐렴구균
14. 인플루엔자
15. A형간염
16. 사람유두종바이러스 감염증
17. 그룹 A형 로타바이러스 감염증
18. 그 밖에 질병관리청장이 감염병의 예방을 위하여 필요하다고 인정하여 지정하는 감염병

② 특별자치시장 · 특별자치도지사 또는 시장 · 군수 · 구청장은 제1항에 따른 필수예방접종업무를 대통령령으로 정하는 바에 따라 관할구역 안에 있는 「의료법」에 따른 의료기관에 위탁할 수 있다

③ 특별자치시장 · 특별자치도지사 또는 시장 · 군수 · 구청장은 필수예방접종 대상 아동 부모에게 보건복지부령으로 정하는 바에 따라 필수예방접종을 사전에 알려야 한다. 이 경우 「개인정보 보호법」 제24조에 따른 고유식별정보를 처리할 수 있다.

영 **제20조【예방접종 업무의 위탁】** ① 특별자치도지사 또는 시장·군수·구청장은 법 제24조 제2항 및 제25조 제2항에 따라 보건소에서 시행하기 어렵거나 보건소를 이용하기 불편한 주민 등에 대한 예방접종업무를 「의료법」 제3조에 따른 종합병원, 병원, 요양병원(의사가 의료행위를 하는 곳만 해당한다) 또는 의원 중에서 특별자치도지사 또는 시장·군수·구청장이 지정하는 의료기관에

위탁할 수 있다. 이 경우 특별자치도지사 또는 시장·군수·구청장은 위탁한 기관을 공고하여야 한다.

② 특별자치도지사 또는 시장·군수·구청장은 제1항에 따라 예방접종업무를 위탁할 때에는 다음 각 호의 사항이 포함된 위탁계약서를 작성하여야 한다.

1. 예방접종업무의 위탁범위에 관한 사항
2. 위탁계약 기간에 관한 사항
3. 위탁계약 조건에 관한 사항
4. 위탁계약 해지에 관한 사항

③ 제1항에 따라 예방접종업무를 위탁한 경우의 예방접종 비용 산정 및 비용 상환 절차 등에 관하여 필요한 사항은 질병관리청장이 정하여 고시한다.

영 **제20조의 2【예방접종내역의 사전확인】** 법 제24조 제1항 및 제25조 제1항에 따라 예방접종을 하는 보건소장과 법 제24조 제2항(법 제25조 제2항에서 준용하는 경우를 포함한다)에 따라 예방접종을 위탁받은 의료기관의 장(이하 "보건소장등"이라 한다)은 법 제26조의 2 제1항 본문에 따라 예방접종을 받으려는 사람 또는 법정대리인에게 다음 각 호의 사항에 대하여 서면으로 동의를 받아야 한다.

1. 예방접종 내역을 확인한다는 사실
2. 예방접종 내역에 대한 확인 방법

영 **제26조의 2【의료인에 대한 방역업무 종사명령】** ① 질병관리청장, 시 · 도지사 또는 시장 · 군수 · 구청장은 법 제60조의3제1항에 따라 방역업무 종사명령을 하는 경우에는 방역업무 종사명령서를 발급해야 한다. 이 경우 해당 명령서에는 방역업무 종사기관, 종사기간 및 종사업무 등이 포함되어야 한다. 〈개정 2020. 9. 11., 2025. 6. 2.〉

② 법 제60조의3제1항에 따른 방역업무 종사기간은 30일 이내로 한다. 다만, 본인이 사전에 서면으로 동의하는 경우에는 그 기간을 달리 정할 수 있다.

③ 질병관리청장, 시 · 도지사 또는 시장 · 군수 · 구청장은 제2항에 따른 방역업무 종사기간을 연장하는 경우에는 해당 종사기간이 만료되기 전에 본인의 동의를 받아야 한다. 이 경우 그 연장기간은 30일을 초과할 수 없되, 본인이 동의하는 경우에는 그 연장기간을 달리 정할 수 있다. 〈개정 2020. 9. 11., 2025. 6. 2.〉

④ 질병관리청장, 시 · 도지사 또는 시장 · 군수 · 구청장은 제3항에 따라 방역업무 종사기간을 연장하는 경우에는 방역업무 종사명령서를 새로 발급해야 한다.

〈개정 2020. 9. 11., 2025. 6. 2.〉[본조신설 2016. 6. 28.]

영 제26조의4【국가첨단백신개발센터 운영 등】① 법 제63조의2제1항에 따른 국가첨단백신개발센터(이하 "첨단백신센터"라 한다)의 장(이하 "센터장"이라 한다)은 정관에서 정하는 바에 따라 질병관리청장이 임명한다.

② 센터장은 매 회계연도 시작 전까지 다음 연도의 사업계획서와 수입 · 지출예산서를 이사회의 의결을 거쳐 질병관리청장에게 제출해야 한다. 이를 변경하려는 경우에도 같다.

③ 제1항 및 제2항에서 규정한 사항 외에 첨단백신센터의 운영 등에 필요한 사항은 정관으로 정한다.

[본조신설 2025. 6. 2.]

영 **제26조의5【첨단백신센터의 업무】** 법 제63조의3제1항제4호에서 "대통령령으로 정하는 업무"란 다음 각 호의 업무를 말한다.

1. 인공지능을 활용한 감염병 치료제 · 백신 개발 지원 업무
2. 감염병 치료제 · 백신 개발을 위한 시험 · 분석의 지원 업무

[본조신설 2025. 6. 2.]

제25조【임시예방접종】 ① 특별자치시장 · 특별자치도지사 또는 시장 · 군수 · 구청장은 다음 각 호의 어느 하나에 해당하면 관할 보건소를 통하여 임시예방접종(이하 "임시예방접종"이라 한다)을 하여야 한다.

1. 질병관리청장이 감염병 예방을 위하여 특별자치시장 · 특별자치도지사 또는 시장 · 군수 · 구청장에게 예방접종을 실시할 것을 요청한 경우
2. 특별자치시장 · 특별자치도지사 또는 시장 · 군수 · 구청장이 감염병 예방을 위하여 예방접종이 필요하다고 인정하는 경우

② 제1항에 따른 임시예방접종업무의 위탁에 관하여는 제24조제2항을 준용한다.

제26조【예방접종의 공고】 특별자치시장 · 특별자치도지사 또는 시장 · 군수 · 구청장은 임시예방접종을 할 경우에는 예방접종의 일시 및 장소, 예방접종의 종류, 예방접종을 받을 사람의 범위를 정하여 미리 인터넷 홈페이지에 공고하여야 한다. 다만, 제32조제3항에 따른 예방접종의 실시기준 등이 변경될 경우에는 그 변경 사항을 미리 인터넷 홈페이지에 공고하여야 한다.

제26조의 2【예방접종 내역의 사전확인】 ① 보건소장 및 제24조 제2항(제25조 제2항에서 준용하는 경우를 포함한다)에 따라 예방접종업무를 위탁받은 의료기관의 장은 예방접종을 하기 전에 대통령령으로 정하는 바에 따라 예방접종을 받으려는 사람 본인 또는 법정대리인의 동의를 받아 해당 예방접종을 받으려는 사람의 예방접종 내역을 확인하여야 한다. 다만, 예방접종을 받으려는 사람 또는 법정대리인의 동의를 받지 못한 경우에는 그러하지 아니하다.

② 제1항 본문에 따라 예방접종을 확인하는 경우 제33조의4에 따른 예방접종통합관리시스템을 활용하여 그 내역을 확인할 수 있다.

제27조【예방접종증명서】 ① 질병관리청장, 특별자치시장 · 특별자치도지사 또는 시장 · 군수 · 구청장은 필수예방접종 또는 임시예방접종을 받은 사람 본인 또는 법정대리인에게 보건복지부령으로 정하는 바에 따라 예방접종증명서를 발급하여야 한다.

② 특별자치시장 · 특별자치도지사 또는 시장 · 군수 · 구청장이 아닌 자가 이 법에 따른 예방접종을 한 때에는 질병관리청장, 특별자치시장 · 특별자치도지사 또는 시장 · 군수 · 구청장은 보건복지부령으로 정하는 바에 따라 해당 예방접종을 한 자로 하여금 예방접종증명서를 발급하게 할 수 있다.

③ 제1항 및 제2항에 따른 예방접종증명서는 전자문서를 이용하여 발급할 수 있다.

제28조【예방접종 기록의 보존 및 보고 등】 ① 특별자치시장 · 특별자치도지사 또는 시장 · 군수 · 구청장은 필수예방접종 및 임시예방접종을 하거나, 제2항에 따라 보고를 받은 경우에는 보건복지부령으로 정하는 바에 따라 예방접종에 관한 기록을 작성 · 보관하여야 하고, 특별자치시장 · 특별자치도지사는 질병관리청장에게, 시장 · 군수 · 구청장은 질병관리청장 및 시 · 도지사에게 그 내용을 각각 보고하여야 한다.

② 특별자치시장 · 특별자치도지사 또는 시장 · 군수 · 구청장이 아닌 자가 이 법에 따른 예방접종을 하면

보건복지부령으로 정하는 바에 따라 특별자치시장 · 특별자치도지사 또는 시장 · 군수 · 구청장에게 보고하여야 한다

제29조 【예방접종에 관한 역학조사】 질병관리청장, 시·도지사 또는 시장·군수·구청장은 다음 각 호의 구분에 따라 조사를 실시하고, 예방접종 후 이상반응 사례가 발생하면 그 원인을 밝히기 위하여 제18조에 따라 역학조사를 하여야 한다.

1. 질병관리청장 : 예방접종의 효과 및 예방접종 후 이상반응에 관한 조사
2. 시·도지사 또는 시장·군수·구청장 : 예방접종 후 이상반응에 관한 조사

제30조 【예방접종피해조사반】 ① 제71조 제1항 및 제2항에 규정된 예방접종으로 인한 질병·장애·사망의 원인 규명 및 피해 보상 등을 조사하고 제72조 제1항에 따른 제3자의 고의 또는 과실 유무를 조사하기 위하여 질병관리청에 예방접종피해조사반을 둔다.

② 제1항에 따른 예방접종피해조사반의 설치 및 운영 등에 관하여 필요한 사항은 대통령령으로 정한다.

영 **제21조 【예방접종피해조사반의 구성 등】** ① 법 제30조 제2항에 따른 예방접종피해조사반(이하 "피해조사반"이라 한다)은 10명 이내의 반원으로 구성한다.

② 피해조사반원은 질병관리청장이 소속 공무원이나 다음 각 호의 어느 하나에 해당하는 사람 중에서 임명하거나 위촉한다.

1. 예방접종 및 예방접종 후 이상반응 분야의 전문가
2. 「의료법」 제2조 제1항에 따른 의료인

③ 피해조사반은 다음 각 호의 사항을 조사하고, 그 결과를 예방접종피해보상 전문위원회에 보고하여야 한다.

1. 제31조 제2항에 따라 시·도지사가 제출한 기초조사 결과에 대한 평가 및 보완
2. 법 제72조 제1항에서 규정하는 제3자의 고의 또는 과실 유무
3. 그밖에 예방접종으로 인한 피해보상과 관련하여 예방접종피해보상 전문위원회가 결정하는 사항

④ 제3항에 따라 피해조사를 하는 피해조사반원은 보건복지부령으로 정하는 예방접종피해조사반원증을 지니고 관계인에게 보여 주어야 한다.

⑤ 질병관리청장은 피해조사반원에게 예산의 범위에서 피해조사 활동에 필요한 수당과 여비를 지급할 수 있다.

⑥ 피해조사반의 운영에 관한 세부사항은 예방접종피해보상 전문위원회의 의결을 거쳐 질병관리청장이 정한다.

제31조 【예방접종 완료 여부의 확인】 ① 특별자치시장 · 특별자치도지사 또는 시장 · 군수 · 구청장은 초등학교와 중학교의 장에게 「학교보건법」 제10조에 따른 예방접종 완료 여부에 대한 검사 기록을 제출하도록 요청할 수 있다.

② 특별자치시장 · 특별자치도지사 또는 시장 · 군수 · 구청장은 「유아교육법」에 따른 유치원의 장과 「영유아보육법」에 따른 어린이집의 원장에게 보건복지부령으로 정하는 바에 따라 영유아의 예방접종 여부를 확인하도록 요청할 수 있다.

③ 특별자치시장 · 특별자치도지사 또는 시장 · 군수 · 구청장은 제1항에 따른 제출 기록 및 제2항에 따른

확인 결과를 확인하여 예방접종을 끝내지 못한 영유아, 학생 등이 있으면 그 영유아 또는 학생 등에게 예방접종을 하여야 한다

규칙 **제25조 【예방접종 여부의 확인 요청】** 법 제31조 제2항에 따라 특별자치도지사 또는 시장·군수·구청장은 「유아교육법」에 따른 유치원의 장과 「영유아보육법」에 따른 어린이집의 원장으로 하여금 영유아의 예방접종 여부를 확인하기 위하여 필수예방접종을 받은 영유아의 예방접종증명서를 확인하도록 요청할 수 있다.

제32조 【예방접종의 실시주간 및 실시기준 등】 ① 질병관리청장은 국민의 예방접종에 대한 관심을 높여 감염병에 대한 예방접종을 활성화하기 위하여 예방접종주간을 설정할 수 있다.
② 누구든지 거짓이나 그 밖의 부정한 방법으로 예방접종을 받아서는 아니 된다.
③ 예방접종의 실시기준과 방법 등에 관하여 필요한 사항은 보건복지부령으로 정한다

제33조 【예방접종약품의 계획 생산】 ① 질병관리청장은 예방접종약품의 국내 공급이 부족하다고 판단되는 경우 등 보건복지부령으로 정하는 경우에는 예산의 범위에서 감염병의 예방접종에 필요한 수량의 예방접종약품을 미리 계산하여 「약사법」 제31조에 따른 의약품 제조업자(이하 "의약품 제조업자"라 한다)에게 생산하게 할 수 있으며, 예방접종약품을 연구하는 자 등을 지원할 수 있다.
② 질병관리청장은 보건복지부령으로 정하는 바에 따라 제1항에 따른 예방접종약품의 생산에 드는 비용의 전부 또는 일부를 해당 의약품 제조업자에게 미리 지급할 수 있다.

제33조의 2 【예방접종약품등의 비축 등】 ① 질병관리청장은 제24조에 따른 필수예방접종 및 제25조에 따른 임시예방접종이 원활하게 이루어질 수 있도록 하기 위하여 필요한 필수예방접종약품등을 위원회의 심의를 거쳐 미리 비축하거나 장기 구매를 위한 계약을 미리 할 수 있다.
② 질병관리청장은 제1항에 따라 비축한 필수예방접종약품등의 공급의 우선순위 등 분배기준, 그 밖에 필요한 사항을 위원회의 심의를 거쳐 정할 수 있다.

제33조의 3 【필수예방접종약품등의 생산계획 등의 보고】 「약사법」 제31조 및 같은 법 제42조에 따른 품목허가를 받거나 신고를 한 자 중 필수예방접종의약품등을 생산·수입하거나 하려는 자는 보건복지부령으로 정하는 바에 따라 필수예방접종약품등의 생산·수입 계획(계획의 변경을 포함한다) 및 실적을 질병관리청장에게 보고하여야 한다.

규칙 **제27조 【예방접종약품의 계획 생산】** ① 법 제33조 제1항에 따라 질병관리청장이 의약품 제조업자로 하여금 예방접종약품을 미리 생산하게 할 수 있는 경우는 다음 각 호와 같다.
1. 예방접종약품의 원료를 외국으로부터 수입하여야 하는 경우
2. 시범접종에 사용할 목적으로 생산하게 하는 경우
3. 예방접종약품의 생산기간이 6개월 이상 걸릴 경우
4. 예방접종약품의 국내 공급이 부족하다고 판단될 경우

② 질병관리청장은 법 제33조 제2항에 따라 예방접종약품의 생산에 드는 비용을 다음 각 호의 구분에 따라 의약품 제조업자에게 미리 지급할 수 있다.
1. 제1항 제1호에 따른 원료의 수입에 드는 금액의 전액
2. 제1항 제2호에 따른 예방접종약품의 제조에 드는 금액의 전액

3. 제1항 제3호에 따른 예방접종약품의 제조에 드는 금액의 2분의 1 제7장 감염 전파의 차단 조치

제33조의 4【예방접종통합관리시스템의 구축·운영 등】 ① 질병관리청장은 예방접종업무에 필요한 각종 자료 또는 정보의 효율적 처리와 기록·관리업무의 전산화를 위하여 예방접종통합관리시스템(이하 "통합관리시스템"이라 한다)을 구축·운영하여야 한다.

② 질병관리청장은 통합관리시스템을 구축·운영하기 위하여 다음 각 호의 자료를 수집·관리·보유할 수 있으며, 관련 기관 및 단체에 필요한 자료의 제공을 요청할 수 있다. 이 경우 자료의 제공을 요청받은 기관 및 단체는 정당한 사유가 없으면 이에 따라야 한다.

1. 예방접종 대상자의 인적사항(「개인정보 보호법」 제24조에 따른 고유식별정보 등 대통령령으로 정하는 개인정보를 포함한다)
2. 예방접종을 받은 사람의 이름, 접종명, 접종일시 등 예방접종 실시 내역
3. 예방접종 위탁 의료기관 개설 정보, 예방접종 피해보상 신청 내용 등 그 밖에 예방접종업무를 하는 데에 필요한 자료로서 대통령령으로 정하는 자료

③ 보건소장 및 제24조 제2항(제25조 제2항에서 준용하는 경우를 포함한다)에 따라 예방접종업무를 위탁받은 의료기관의 장은 이 법에 따른 예방접종을 하면 제2항 제2호의 정보를 대통령령으로 정하는 바에 따라 통합관리시스템에 입력하여야 한다.

④ 질병관리청장은 대통령령으로 정하는 바에 따라 통합관리시스템을 활용하여 예방접종 대상 아동 부모에게 자녀의 예방접종 내역을 제공하거나 예방접종증명서 발급을 지원할 수 있다. 이 경우 예방접종 내역 제공 또는 예방접종증명서 발급의 적정성을 확인하기 위하여 법원행정처장에게 「가족관계의 등록 등에 관한 법률」 제11조에 따른 등록전산정보자료를 요청할 수 있으며, 법원행정처장은 정당한 사유가 없으면 이에 따라야 한다.

⑤ 통합관리시스템은 예방접종업무와 관련된 다음 각 호의 정보시스템과 전자적으로 연계하여 활용할 수 있다.

1. 「초·중등교육법」 제30조의4에 따른 교육정보시스템
2. 「유아교육법」 제19조의2에 따른 유아교육정보시스템
3. 「민원 처리에 관한 법률」 제12조의2 제3항에 따른 통합전자민원창구 등 그 밖에 보건복지부령으로 정하는 정보시스템

⑥ 제1항부터 제5항까지의 정보의 보호 및 관리에 관한 사항은 이 법에서 규정된 것을 제외하고는 「개인정보 보호법」의 규정에 따른다.

제34조【감염병 위기관리대책의 수립·시행】 ① 보건복지부장관 및 질병관리청장은 감염병의 확산 또는 해외 신종감염병의 국내 유입으로 인한 재난상황에 대처하기 위하여 위원회의 심의를 거쳐 감염병 위기관리대책(이하 "감염병 위기관리대책"이라 한다)을 수립·시행하여야 한다.

② 감염병 위기관리대책에는 다음 각 호의 사항이 포함되어야 한다.

1. 재난상황 발생 및 해외 신종감염병 유입에 대한 대응체계 및 기관별 역할
2. 재난 및 위기상황의 판단, 위기경보 결정 및 관리체계
3. 감염병위기 시 동원하여야 할 의료인 등 전문인력, 시설, 의료기관의 명부 작성
4. 의료용품의 비축방안 및 조달방안
5. 재난 및 위기상황별 국민행동요령, 동원 대상 인력, 시설, 기관에 대한 교육 및 도상연습 등 실제

상황대비 훈련

5의2. 감염취약계층에 대한 유형별 보호조치 방안 및 사회복지시설의 유형별·전파상황별 대응방안

6. 그 밖에 재난상황 및 위기상황 극복을 위하여 필요하다고 보건복지부장관 및 질병관리청장이 인정하는 사항

③ 보건복지부장관 및 질병관리청장은 감염병 위기관리대책에 따른 정기적인 훈련을 실시하여야 한다.

④ 감염병 위기관리대책의 수립 및 시행 등에 필요한 사항은 대통령령으로 정한다.

제34조의 2 【감염병 위기 시 정보공개】 ① 질병관리청장은 국민의 건강에 위해가 되는 감염병 확산으로 인하여 「재난 및 안전관리 기본법」 제38조 제2항에 따른 주의 이상의 위기경보가 발령되면 감염병 환자의 이동경로, 이동수단, 진료의료기관 및 접촉자 현황 등 국민들이 감염병 예방을 위하여 알아야 하는 정보를 정보통신망 게재 또는 보도자료 배포 등의 방법으로 신속히 공개하여야 한다.

② 질병관리청장, 시·도지사 및 시장·군수·구청장은 제1항에 따라 공개한 정보가 그 공개목적의 달성 등으로 공개될 필요가 없어진 때에는 지체 없이 그 공개된 정보를 삭제하여야 한다.

③ 누구든지 제1항에 따라 공개된 사항이 다음 각 호의 어느 하나에 해당하는 경우에는 질병관리청장, 시·도지사 또는 시장·군수·구청장에게 서면이나 말로 또는 정보통신망을 이용하여 이의신청을 할 수 있다.

1. 공개된 사항이 사실과 다른 경우
2. 공개된 사항에 관하여 의견이 있는 경우

④ 질병관리청장, 시·도지사 또는 시장·군수·구청장은 제3항에 따라 신청한 이의가 상당한 이유가 있다고 인정하는 경우에는 지체 없이 공개된 정보의 정정 등 필요한 조치를 하여야 한다.

⑤ 제1항부터 제3항까지에 따른 정보공개 및 삭제와 이의신청의 범위, 절차 및 방법 등에 관하여 필요한 사항은 보건복지부령으로 정한다

규칙 **제28조 【감염병관리기관의 지정】** ① 법 제36조 제1항 및 제2항에 따른 감염병관리기관은 「의료법」 제3조 제2항 제3호 가목 및 마목에 따른 병원 및 종합병원 중에서 지정한다.

② 법 제36조 제1항 및 제2항에 따라 감염병관리기관을 지정한 보건복지부장관, 질병관리청장, 시·도지사 또는 시장·군수·구청장은 해당 감염병관리기관의 장에게 별지 제19호서식의 감염병관리기관 지정서를 발급해야 한다.

제35조 【시·도별 감염병 위기관리대책의 수립 등】 ① 질병관리청장은 제34조제1항에 따라 수립한 감염병 위기관리대책을 시 · 도지사에게 알려야 한다.

② 시 · 도지사는 제1항에 따라 통보된 감염병 위기관리대책에 따라 특별시 · 광역시 · 특별자치시 · 도 · 특별자치도(이하 "시 · 도"라 한다)별 감염병 위기관리대책을 수립 · 시행하여야 한다.

제35조의 2 【재난 시 의료인에 대한 거짓 진술 등의 금지】 누구든지 감염병에 관하여 「재난 및 안전관리 기본법」 제38조 제2항에 따른 주의 이상의 예보 또는 경보가 발령된 후에는 의료인에 대하여 의료기관 내원(內院)이력 및 진료이력 등 감염 여부 확인에 필요한 사실에 관하여 거짓 진술, 거짓 자료를 제출하거나 고의적으로 사실을 누락·은폐하여서는 아니 된다.

제36조 【감염병관리기관의 지정 등】 ① 보건복지부장관, 질병관리청장 또는 시 · 도지사는 보건복지부령으로 정하는 바에 따라 「의료법」 제3조에 따른 의료기관을 감염병관리기관으로 지정하여야 한다.

② 시장 · 군수 · 구청장은 보건복지부령으로 정하는 바에 따라 「의료법」에 따른 의료기관을 감염병관리

기관으로 지정할 수 있다.

③ 제1항 및 제2항에 따라 지정받은 의료기관(이하 "감염병관리기관"이라 한다)의 장은 감염병을 예방하고 감염병환자등을 진료하는 시설(이하 "감염병관리시설"이라 한다)을 설치하여야 한다. 이 경우 보건복지부령으로 정하는 일정규모 이상의 감염병관리기관에는 감염병의 전파를 막기 위하여 전실(前室) 및 음압시설(陰壓施設) 등을 갖춘 1인 병실을 보건복지부령으로 정하는 기준에 따라 설치하여야 한다.

④ 보건복지부장관, 질병관리청장, 시 · 도지사 또는 시장 · 군수 · 구청장은 감염병관리시설의 설치 및 운영에 드는 비용을 감염병관리기관에 지원하여야 한다.

⑤ 감염병관리기관이 아닌 의료기관이 감염병관리시설을 설치 · 운영하려면 보건복지부령으로 정하는 바에 따라 특별자치시장 · 특별자치도지사 또는 시장 · 군수 · 구청장에게 신고하여야 한다. 이 경우 특별자치시장 · 특별자치도지사 또는 시장 · 군수 · 구청장은 그 내용을 검토하여 이 법에 적합하면 신고를 수리하여야 한다.

⑥ 보건복지부장관, 질병관리청장, 시 · 도지사 또는 시장 · 군수 · 구청장은 감염병 발생 등 긴급상황 발생 시 감염병관리기관에 진료개시 등 필요한 사항을 지시할 수 있다

제37조【감염병 위기 시 감염병관리기관의 설치 등】 ① 보건복지부장관,질병관리청장, 시·도지사 또는 시장·군수·구청장은 감염병환자가 대량으로 발생하거나 제36조에 따라 지정된 감염병관리기관만으로 감염병환자 등을 모두 수용하기 어려운 경우에는 다음 각 호의 조치를 취할 수 있다.

1. 제36조에 따라 인증된 감염병관리기관이 아닌 의료기관을 일정기간 동안 감염병관리기관으로 지정
2. 격리소·요양소 또는 진료소의 설치·운영

② 제1항 제1호에 따라 인증된 감염병관리기관의 장은 보건복지부령으로 정하는 바에 따라 감염병관리시설을 설치하여야 한다.

③ 보건복지부장관, 질병관리청장, 시·도지사 또는 시장·군수·구청장은 제2항에 따른 시설의 설치 및 운영에 드는 비용을 감염병관리기관에 지원하여야 한다.

④ 제1항 제1호에 따라 지정된 감염병관리기관의 장은 정당한 사유 없이 제2항의 명령을 거부할 수 없다.

⑤ 보건복지부장관, 질병관리청장, 시·도지사 또는 시장·군수·구청장은 감염병 발생 등 긴급상황 발생 시 감염병관리기관에 진료개시 등 필요한 사항을 지시할 수 있다.

제38조【감염병환자 등의 입소 거부 금지】 감염병관리기관은 정당한 사유 없이 감염병환자 등의 입소(入所)를 거부할 수 없다.

제39조【감염병관리시설 등의 설치 및 관리방법】 감염병관리시설 및 제37조에 따른 격리소·요양소 또는 진료소의 설치 및 관리방법 등에 관하여 필요한 사항은 보건복지부령으로 정한다.

제39조의 2【감염병관리시설 평가】 질병관리청장, 보건복지부장관, 시·도지사 및 시장·군수·구청장은 감염병관리시설을 정기적으로 평가하고 그 결과를 시설의 감독·지원 등에 반영할 수 있다. 이 경우 평가의 방법, 절차, 시기 및 감독·지원의 내용 등은 보건복지부령으로 정한다.

제39조의 3【감염병의 심자격리시설지정】 ① 시 · 도지사 또는 시장 · 군수 · 구청장은 감염병 발생 또는 유행 시 감염병의심자를 격리하기 위한 시설(이하 "감염병의심자 격리시설"이라 한다)을 지정하여야 한다. 다만, 「의료법」 제3조에 따른 의료기관은 감염병의심자 격리시설로 지정할 수 없다. 〈개정 2020. 12. 15., 2024. 1. 30.〉

② 질병관리청장 또는 시 · 도지사는 감염병의심자가 대량으로 발생하거나 제1항에 따라 지정된 감염병의심자 격리시설만으로 감염병의심자를 모두 수용하기 어려운 경우에는 제1항에 따라 감염병의심자 격리시설로 지정되지 아니한 시설을 일정기간 동안 감염병의심자 격리시설로 지정할 수 있다. 〈개정 2020. 8. 11., 2020. 12. 15.〉

③ 제1항 및 제2항에 따른 감염병의심자 격리시설의 지정 및 관리 방법 등에 필요한 사항은 보건복지부령으로 정한다. 〈개정 2020. 12. 15.〉

[본조신설 2018. 3. 27.]

[제목개정 2020. 12. 15.]

규칙 **제31조 【감염병관리시설 등의 설치 기준 등】** ① 법 제36조 제2항 후단 및 법 제39조에 따른 감염병관리시설, 격리소·요양소 또는 진료소의 설치 기준은 다음 각 호와 같으며, 그 밖의 세부사항은 질병관리본부장이 정한다.

1. 감염병관리시설 : 다음 각 목의 구분에 따른다.
   가. 300개 이상의 병상을 갖춘 감염병관리기관 : 별표 4의2의 기준에 적합한 음압병실을 1개 이상 설치할 것
   나. 300개 미만의 병상을 갖춘 감염병관리기관 : 외부와 격리된 진료실 또는 격리된 병실을 1개 이상 설치할 것
2. 격리소·요양소 : 「의료법 시행규칙」 제34조에 따른 의료기관의 시설 기준 중 의원에 해당하는 시설을 갖추거나 임시숙박시설 및 간이진료시설을 갖출 것
3. 진료소 : 「의료법 시행규칙」 제34조에 따른 의료기관의 시설 기준 중 의원에 해당하는 시설을 갖추거나 「지역보건법」 제13조에 따른 보건지소일 것

② 삭제

규칙 **제31조의 2 【감염병관리시설 평가】** ① 법 제39조의 2에 따른 감염병관리시설에 대한 정기적 평가의 평가항목은 다음 각 호와 같다.

1. 감염병관리시설의 시설기준 적합성
2. 감염병관리시설의 근무인력 적정성
3. 감염병관리시설의 진료 및 운영실적
4. 그 밖에 감염병관리시설의 설치·운영 및 관리의 적정성을 위하여 질병관리청장이 필요하다고 인정하는 사항

② 법 제39조의 2에 따른 감염병관리시설에 대한 정기적 평가는 모든 감염병관리시설을 대상으로 서면평가의 방법에 따라 실시한다. 다만, 감염병관리기관의 장이 요청하거나 서면평가 결과 추가적 확인이 필요한 경우에는 방문평가의 방법으로 실시할 수 있다.

③ 질병관리청장, 시·도지사 또는 시장·군수·구청장은 법 제39조의 2에 따른 감염병관리시설의 평가를 위하여 필요한 경우에는 감염병관리기관의 장에게 자료의 제출을 요청할 수 있다.

④ 질병관리청장 시·도지사 또는 시장·군수·구청장은 제2항에 따른 평가를 실시하는 경우에는 감염병관리기관의 장에게 다음 각 호의 구분에 따라 평가실시일, 평가항목 및 세부 평가일정에 관한 사항을 알려야 한다.

1. 평가실시일 및 평가항목 : 평가실시일 90일 전
2. 세부 평가일정 : 평가실시일 7일 전

⑤ 질병관리청장, 시·도지사 또는 시장·군수·구청장은 필요하다고 인정하는 경우에는 감염병관

리시설에 대한 평가를 관계 전문기관 또는 전문단체에 의뢰하여 실시할 수 있다.

⑥ 질병관리청장, 시·도지사 또는 시장·군수·구청장은 감염병관리시설에 대한 평가결과에 따라 시정을 요구하거나 운영비를 차등하여 지원할 수 있다.

⑦ 제2항부터 제6항까지에서 정한 사항 외에 감염병관리시설에 대한 평가방법, 평가절차 및 지도·감독 등에 필요한 세부사항은 질병관리청장이 정하여 고시한다.

규칙 **제31조의 3【감염병 의심자 격리시설 지정기준등】** ① 법 제39조의3제1항 및 제2항에 따른 감염병의심자를 격리하기 위한 시설(이하 "감염병의심자 격리시설"이라 한다)의 지정 기준은 다음 각 호와 같다. 〈개정 2021. 5. 24., 2023. 9. 22.〉

1. 독립된 건물로서 여러 개의 방으로 구획되어 있을 것
2. 구획된 각 방마다 샤워시설과 화장실이 모두 구비되어 있을 것
3. 음압병상을 보유한 「의료법」에 따른 의료기관에 근접하여, 감염병의심자의 이송이 가능한 거리에 위치할 것
4. 감염병의심자 격리시설의 규모는 해당 특별시 · 광역시 · 특별자치시 · 도 · 특별자치도의 인구, 지리적 여건, 교통 등을 고려하여 정할 것

② 시 · 도지사 또는 시장 · 군수 · 구청장은 감염병 확산을 방지하기 위하여 감염병의심자와 다른 사람과의 접촉을 차단하여야 하며, 격리기간 동안 감염병의심자의 생활에 불편함이 없도록 필요한 조치를 해야 한다.

〈개정 2021. 5. 24., 2025. 6. 2.〉

제40조【생물테러감염병 등에 대비한 의약품 및 장비의 비축】 ① 질병관리청장은 생물테러감염병 및 그 밖의 감염병의 대유행이 우려되면 위원회의 심의를 거쳐 예방·치료 의약품 및 장비 등의 품목을 정하여 미리 비축하거나 장기 구매를 위한 계약을 미리 할 수 있다.

② 질병관리청장은 「약사법」 제31조 제2항에도 불구하고 생물테러감염병이나 그 밖의 감염병의 대유행이 우려되면 예방·치료 의약품을 정하여 의약품 제조업자에게 생산하게 할 수 있다.

③ 질병관리청장은 제2항에 따른 예방·치료 의약품의 효과와 이상반응에 관하여 조사하고, 이상반응 사례가 발생하면 제18조에 따라 역학조사를 하여야 한다.

제40조의 2【감염병대비 의약품 공급의 우선순위 등 분배기준】 질병관리청장은 생물테러감염병이나 그 밖의 감염병의 대유행에 대비하여 제40조 제1항 및 제2항에 따라 비축하거나 생산한 의료·방역 물품(「약사법」에 따른 의약품 및 「의료기기법」에 따른 의료기기로 한정한다) 공급의 우선순위 등 분배기준, 그 밖에 필요한 사항을 위원회의 심의를 거쳐 정할 수 있다. 이 경우 분배기준을 정할 때에는 다음 각 호의 어느 하나에 해당하는 지역에 의료·방역 물품이 우선 분배될 수 있도록 노력하여야 한다.

1. 감염병 확산으로 인하여 「재난 및 안전관리 기본법」 제60조에 따른 특별재난지역으로 선포된 지역
2. 감염병이 급속히 확산하거나 확산될 우려가 있는 지역으로서 치료병상 현황, 환자 중증도 등을 고려하여 질병관리청장이 정하는 지역

제40조의 3【수출금지 등】 ① 보건복지부장관은 제1급감염병의 유행으로 그 예방·방역 및 치료에 필요한 의약외품, 의약품 등 보건복지부령으로 정하는 물품(이하 "의약외품등"이라 한다)의 급격한 가격상승 또는 공급부족으로 국민건강을 현저하게 저해할 우려가 있을 때에는 그 의약외품등의 수출이나 국외 반출을 금지할 수 있다.

② 보건복지부장관은 제1항에 따른 금지를 하려면 미리 관계 중앙행정기관의 장과 협의하여야 하고, 금지 기간을 미리 정하여 공표하여야 한다.

규칙 **제31조의 4【수출금지 등】** 법 제40조의3 제1항에서 "의약외품, 의약품 등 보건복지부령으로 정하는 물품"이란 다음 각 호의 어느 하나에 해당하는 물품을 말한다.

1. 「약사법」 제2조 제7호에 따른 의약외품에 해당하는 마스크
2. 「약사법」 제2조 제7호에 따른 의약외품에 해당하는 손 소독용 외용 소독제
3. 감염병 예방을 위하여 착용하는 보호장비
4. 그 밖에 제1급감염병의 예방·방역 및 치료에 필요한 물품으로서 보건복지부장관이 정하여 고시하는 물품

제41조【감염병환자 등의 관리】 ① 감염병 중 특히 전파 위험이 높은 감염병으로서 제1급감염병 및 질병관리청장 고시한 감염병에 걸린 감염병환자등은 감염병관리기관에서 입원치료를 받아야 한다.

② 질병관리청장, 시·도지사 또는 시장·군수·구청장은 다음 각 호의 어느 하나에 해당하는 사람에게 자가(自家)치료, 제37조 제1항 제2호에 따라 설치·운영하는 시설에서의 치료(이하 "시설치료"라 한다) 또는 의료기관 입원치료를 하게 할 수 있다.다.

1. 제1항에도 불구하고 의사가 자가치료 또는 시설치료가 가능하다고 판단하는 사람
2. 제1항에 따른 입원치료 대상자가 아닌 사람
3. 감염병의심자

③ 보건복지부장관, 질병관리청장, 시·도지사 또는 시장·군수·구청장은 다음 각 호의 어느 하나에 해당하는 사람에게 자가(自家) 또는 감염병관리시설에서 치료하게 할 수 있다.

1. 중증도의 변경이 있는 경우
2. 의사가 입원치료의 필요성이 없다고 판단하는 경우
3. 격리병상이 부족한 경우 등 질병관리청장이 전원등의 조치가 필요하다고 인정하는 경우

④ 제1항부터 제3항까지의 규정에 따른 자가치료 및 입원치료의 방법 및 절차 등에 관하여 필요한 사항은 대통령령으로 정한다.

⑤ 제1항 및 제2항에 따른 입원치료, 자가치료, 시설치료의 방법 및 절차, 제3항에 따른 전원등의 방법 및 절차 등에 관하여 필요한 사항은 대통령령으로 정한다

제41조의 2【사업주의 협조의무】 ① 사업주는 근로자가 이 법에 따라 입원 또는 격리되는 경우 「근로기준법」 제60조 외에 그 입원 또는 격리기간 동안 유급휴가를 줄 수 있다. 이 경우 사업주가 국가로부터 유급휴가를 위한 비용을 지원 받을 때에는 유급휴가를 주어야 한다.

② 사업주는 제1항에 따른 유급휴가를 이유로 해고나 그 밖의 불리한 처우를 하여서는 아니 되며, 유급휴가 기간에는 그 근로자를 해고하지 못한다. 다만, 사업을 계속할 수 없는 경우에는 그러하지 아니하다.

③ 국가는 제1항에 따른 유급휴가를 위한 비용을 지원할 수 있다.

④ 제3항에 따른 비용의 지원 범위 및 신청·지원 절차 등 필요한 사항은 대통령령으로 정한다.

제42조【감염병에 관한 강제처분】 ① 질병관리청장, 시·도지사 또는 시장·군수·구청장은 해당 공무원으로 하여금 다음 각 호의 어느 하나에 해당하는 감염병환자등이 있다고 인정되는 주거시설, 선박·항공기·열차 등 운송수단 또는 그 밖의 장소에 들어가 필요한 조사나 진찰을 하게 할 수 있으며, 그 진찰 결과 감염병환자등으로 인정될 때에는 동행하여 치료받게 하거나 입원시킬 수 있다.

1. 제1급감염병
2. 제2급감염병 중 결핵, 홍역, 콜레라, 장티푸스, 파라티푸스, 세균성이질, 장출혈성대장균감염증, A형간염, 수막구균 감염증, 폴리오, 성홍열 또는 보건복지부장관이 정하는 감염병
3. 삭제
4. 제3급감염병 중 보건복지부장관이 정하는 감염병
5. 세계보건기구 감시대상 감염병
6. 삭제

② 질병관리청장, 시·도지사 또는 시장·군수·구청장은 제1급감염병이 발생한 경우 해당 공무원으로 하여금 감염병의심자에게 다음 각 호의 어느 하나에 해당하는 조치를 하게 할 수 있다. 이 경우 해당 공무원은 감염병 증상 유무를 확인하기 위하여 필요한 조사나 진찰을 할 수 있다. 〈신설 2020.3.4.〉

1. 자가(自家) 또는 시설에 격리
2. 유선·무선 통신, 정보통신기술을 활용한 기기 등을 이용한 감염병의 증상 유무 확인

③ 질병관리청장, 시·도지사 또는 시장·군수·구청장은 제2항에 따른 조사나 진찰 결과 감염병환자등으로 인정된 사람에 대해서는 해당 공무원과 동행하여 치료받게 하거나 입원시킬 수 있다.

④ 질병관리청장, 시·도지사 또는 시장·군수·구청장은 제1항·제2항에 따른 조사·진찰이나 제13조 제2항에 따른 검사를 거부하는 사람(이하 이 조에서 "조사거부자"라 한다)에 대해서는 해당 공무원으로 하여금 감염병관리기관에 동행하여 필요한 조사나 진찰을 받게 하여야 한다.

⑤ 제1항부터 제4항까지에 따라 조사·진찰·격리·치료 또는 입원 조치를 하거나 동행하는 공무원은 그 권한을 증명하는 증표를 지니고 이를 관계인에게 보여주어야 한다.

⑥ 질병관리청장, 시·도지사 또는 시장·군수·구청장은 제2항부터 제4항까지 및 제7항에 따른 조사·진찰·격리·치료 또는 입원 조치를 위하여 필요한 경우에는 관할 경찰서장에게 협조를 요청할 수 있다. 이 경우 요청을 받은 관할 경찰서장은 정당한 사유가 없으면 이에 따라야 한다.

⑦ 질병관리청장, 시·도지사 또는 시장·군수·구청장은 조사거부자를 자가 또는 감염병관리시설에 격리할 수 있으며, 제4항에 따른 조사·진찰 결과 감염병환자등으로 인정될 때에는 감염병관리시설에서 치료받게 하거나 입원시켜야 한다.

⑧ 질병관리청장, 시·도지사 또는 시장·군수·구청장은 감염병의심자 또는 조사거부자가 감염병환자등이 아닌 것으로 인정되면 제2항 또는 제7항에 따른 격리 조치를 즉시 해제하여야 한다.

⑨ 질병관리청장, 시·도지사 또는 시장·군수·구청장은 제7항에 따라 조사거부자를 치료·입원시킨 경우 그 사실을 조사거부자의 보호자에게 통지하여야 한다. 이 경우 통지의 방법·절차 등에 관하여 필요한 사항은 제43조를 준용한다.

⑩ 제8항에도 불구하고 정당한 사유 없이 격리 조치가 해제되지 아니하는 경우 감염병의심자 및 조사거부자는 구제청구를 할 수 있으며, 그 절차 및 방법 등에 대해서는 「인신보호법」을 준용한다. 이 경우 "감염병의심자 및 조사거부자"는 "피수용자"로, 격리 조치를 명한 "보건복지부장관, 시·도지사 또는 시장·군수·구청장"은 "수용자"로 본다(다만, 「인신보호법」 제6조 제1항 제3호는 적용을 제외한다).

⑪ 제1항부터 제4항까지 및 제7항에 따라 조사·진찰·격리·치료를 하는 기관의 지정 기준, 제2항에 따른 감염병의심자에 대한 격리나 증상여부 확인 방법 등 필요한 사항은 대통령령으로 정한다.

영 **제22조의 3【감염병관리 통합정보시스템】** ① 법 제40조의5제2항제1호에서 "「개인정보 보호법」 제24조에 따른 고유식별정보 등 대통령령으로 정하는 개인정보"란 다음 각 호의 구분에 따른 정보를 말한다.

1. 감염병환자등이 대한민국 국민인 경우: 성명, 주민등록번호, 주소, 직업 및 연락처
2. 감염병환자등이 외국인인 경우: 「출입국관리법」 제32조 각 호에 따른 외국인등록사항 및 연락처
3. 감염병환자등이 외국국적동포인 경우: 「재외동포의 출입국과 법적 지위에 관한 법률 시행령」 제7조제1항 각 호에 따른 국내거소 신고사항 및 연락처

② 법 제40조의5제2항제2호에서 "대통령령으로 정하는 자료"란 다음 각 호의 자료를 말한다.

1. 법 제11조부터 제14조까지의 규정에 따른 신고, 보고 및 통보를 통하여 수집된 자료
2. 법 제16조제2항 전단에 따른 감염병의 표본감시 관련 자료
3. 법 제18조제1항 본문에 따른 역학조사의 결과에 관한 정보
4. 법 제76조의2제1항 및 제2항에 따라 수집된 감염병환자등 및 감염병의심자에 관한 정보
5. 의료기관별 다음 각 목의 의료자원 현황에 관한 자료
   가. 「의료법」 제2조제1항에 따른 의료인
   나. 「약사법」 제2조제4호에 따른 의약품
   다. 의료 시설 · 장비 및 물품
6. 그 밖에 감염병환자등에 대한 예방 · 관리 · 치료 업무에 필요한 자료로서 질병관리청장이 정하여 고시하는 자료

③ 법 제40조의5제3항제6호에서 "대통령령으로 정하는 정보시스템"이란 다음 각 호의 정보시스템을 말한다.

1. 통합관리시스템
2. 「119구조 · 구급에 관한 법률」 제10조의2제2항제4호에 따른 119구급이송 관련 정보망
3. 「검역법」 제29조의2제1항에 따른 검역정보시스템
4. 「국민건강보험법」 제13조에 따른 국민건강보험공단의 정보시스템
5. 「국민건강보험법」 제62조에 따른 건강보험심사평가원의 정보시스템
6. 「선박의 입항 및 출항 등에 관한 법률」 제50조제1항에 따른 항만운영정보시스템
7. 「야생생물 보호 및 관리에 관한 법률」 제34조의7제1항에 따른 야생동물의 질병진단 관련 정보를 처리하는 정보시스템
8. 「여권법」 제8조제2항에 따른 여권정보통합관리시스템
9. 「응급의료에 관한 법률」 제15조제1항에 따른 응급의료정보통신망
10. 「초 · 중등교육법」 제30조의4제1항에 따른 교육정보시스템
11. 「출입국관리법」에 따른 출입국관리정보를 처리하는 정보시스템
12. 그 밖에 질병관리청장이 감염병환자등에 대한 예방 · 관리 · 치료 업무를 위해 필요하다고 인정하는 정보시스템

영 **제23조의 4【감염병환자등의 격리 등을 위한 감염병관리기관의 지정】** ① 법 제42조 제4항 및 제7항에 따라 감염병환자등에 대한 조사·진찰을 하거나 격리·치료 등을 하는 감염병관리기관으로 지정받을 수 있는 기관은 법 제36조 제1항 및 제2항에 따라 지정받은 감염병관리기관(이하 "감염병관리기관"이라 한다)으로서 감염병환자등

을 위한 1인 병실[전실(前室) 및 음압시설(陰壓施設)을 갖춘 병실을 말한다]을 설치한 감염병관리기관으로 한다.

② 질병관리청장, 시·도지사 또는 시장·군수·구청장은 법 제42조 제11항에 따라 조사·진찰·격리·치료를 하는 감염병관리기관을 지정하는 경우에는 법 제39조의2에 따른 감염병관리시설에 대한 평가 결과를 고려하여야 한다.

③ 질병관리청장, 시·도지사 또는 시장·군수·구청장은 법 제42조 제11항에 따라 조사·진찰·격리·치료를 하는 감염병관리기관을 지정한 경우에는 질병관리청장이 정하는 바에 따라 지정서를 발급하여야 한다.

제43조【감염병환자 등의 입원 통지】 ① 질병관리청장, 시·도지사 또는 시장·군수·구청장은 감염병환자 등이 제41조에 따른 입원치료가 필요한 경우에는 그 사실을 입원치료 대상자와 그 보호자에게 통지하여야 한다.

② 제1항에 따른 통지의 방법·절차 등에 관하여 필요한 사항은 보건복지부령으로 정한다.

제43조의 2【격리자에 대한 격리 통지】 ①질병관리청장 시·도지사 또는 시장·군수·구청장은 제42조 제2항·제3항 및 제7항, 제47조 제3호 또는 제49조 제1항 제14호에 따른 입원 또는 격리 조치를 할 때에는 그 사실을 입원 또는 격리 대상자와 그 보호자에게 통지하여야 한다.

② 제1항에 따른 통지의 방법·절차 등에 관하여 필요한 사항은 보건복지부령으로 정한다. 〈신설 2020.3.4.〉

제44조【수감 중인 환자의 관리】 교도소장은 수감자로서 감염병에 감염된 자에게 감염병의 전파를 차단하기 위한 조치와 적절한 의료를 제공하여야 한다.

제45조【업무 종사의 일시 제한】 ① 감염병환자 등은 보건복지부령으로 정하는 바에 따라 업무의 성질상 일반인과 접촉하는 일이 많은 직업에 종사할 수 없고, 누구든지 감염병환자 등을 그러한 직업에 고용할 수 없다.

② 제19조에 따른 성매개감염병에 관한 건강진단을 받아야 할 자가 건강진단을 받지 아니한 때에는 같은 조에 따른 직업에 종사할 수 없으며, 해당 영업을 영위하는 자는 건강진단을 받지 아니한 자를 그 영업에 종사하게 하여서는 아니 된다.

규칙 **제33조【업무 종사의 일시 제한】** ① 법 제45조제1항에 따라 일시적으로 업무 종사의 제한을 받는 감염병환자등은 다음 각 호의 감염병에 해당하는 감염병환자등으로 하고, 그 제한 기간은 감염력이 소멸되는 날까지로 한다

1. 콜레라
2. 장티푸스
3. 파라티푸스
4. 세균성이질
5. 장출혈성대장균감염증
6. A형간염

② 법 제45조 제1항에 따라 업무 종사의 제한을 받는 업종은 다음 각 호와 같다.

1. 「식품위생법」 제2조 제12호에 따른 집단급식소
2. 「식품위생법」 제36조 제1항 제3호 따른 식품접객업

제46조 【건강진단 및 예방접종 등의 조치】 질병관리청장, 시·도지사 또는 시장·군수·구청장은 보건복지부령으로 정하는 바에 따라 다음 각 호의 어느 하나에 해당하는 사람에게 건강진단을 받거나 감염병 예방에 필요한 예방접종을 받게 하는 등의 조치를 할 수 있다.

1. 감염병환자 등의 가족 또는 그 동거인
2. 감염병 발생지역에 거주하는 사람 또는 그 지역에 출입하는 사람으로서 감염병에 감염되었을 것으로 의심되는 사람
3. 감염병환자 등과 접촉하여 감염병에 감염되었을 것으로 의심되는 사람

제47조 【감염병 유행에 대한 방역조치】 질병관리청장, 시·도지사 또는 시장·군수·구청장은 감염병이 유행하면 감염병 전파를 막기 위하여 다음 각 호에 해당하는 모든 조치를 하거나 그에 필요한 일부 조치를 하여야 한다.

1. 감염병환자등이 있는 장소나 감염병병원체에 오염되었다고 인정되는 장소에 대한 다음 각 목의 조치
   가. 일시적 폐쇄
   나. 일반 공중의 출입금지
   다. 해당 장소 내 이동제한
   라. 그 밖에 통행차단을 위하여 필요한 조치
2. 의료기관에 대한 업무 정지
3. 감염병의심자를 적당한 장소에 일정한 기간 입원 또는 격리시키는 것
4. 감염병병원체에 오염되었거나 오염되었다고 의심되는 물건을 사용·접수·이동하거나 버리는 행위 또는 해당 물건의 세척을 금지하거나 태우거나 폐기처분하는 것
5. 감염병병원체에 오염된 장소에 대한 소독이나 그 밖에 필요한 조치를 명하는 것
6. 일정한 장소에서 세탁하는 것을 막거나 오물을 일정한 장소에서 처리하도록 명하는 것

제48조 【오염장소 등의 소독조치】 ① 육군·해군·공군 소속부대의 장, 국방부직할부대의 장 및 제12조 제1항 각 호의 어느 하나에 해당하는 사람은 감염병환자 등이 발생한 장소나 감염병병원체에 오염되었다고 의심되는 장소에 대하여 의사, 한의사 또는 관계 공무원의 지시에 따라 소독이나 그밖에 필요한 조치를 하여야 한다.

② 제1항에 따른 소독 등의 조치에 관하여 필요한 사항은 보건복지부령으로 정한다.

제 8 장 예방조치

제49조 【감염병의 예방조치】 ① 질병관리청장, 시·도지사 또는 시장·군수·구청장은 감염병을 예방하기 위하여 다음 각 호에 해당하는 모든 조치를 하거나 그에 필요한 일부 조치를 하여야 한다.

1. 관할 지역에 대한 교통의 전부 또는 일부를 차단하는 것
2. 흥행, 집회, 제례 또는 그 밖의 여러 사람의 집합을 제한하거나 금지하는 것
3. 건강진단, 시체 검안 또는 해부를 실시하는 것
4. 감염병 전파의 위험성이 있는 음식물의 판매·수령을 금지하거나 그 음식물의 폐기나 그 밖에 필요한 처분을 명하는 것

5. 인수공통감염병 예방을 위하여 살처분(殺處分)에 참여한 사람 또는 인수공통감염병에 드러난 사람 등에 대한 예방조치를 명하는 것
6. 감염병 전파의 매개가 되는 물건의 소지·이동을 제한·금지하거나 그 물건에 대하여 폐기, 소각 또는 그 밖에 필요한 처분을 명하는 것
7. 선박·항공기·열차 등 운송 수단, 사업장 또는 그 밖에 여러 사람이 모이는 장소에 의사를 배치하거나 감염병 예방에 필요한 시설의 설치를 명하는 것
8. 공중위생에 관계있는 시설 또는 장소에 대한 소독이나 그 밖에 필요한 조치를 명하거나 상수도·하수도·우물·쓰레기장·화장실의 신설·개조·변경·폐지 또는 사용을 금지하는 것
9. 쥐, 위생해충 또는 그 밖의 감염병 매개동물의 구제(驅除) 또는 구제시설의 설치를 명하는 것
10. 일정한 장소에서의 어로(漁撈)·수영 또는 일정한 우물의 사용을 제한하거나 금지하는 것
11. 감염병 매개의 중간 숙주가 되는 동물류의 포획 또는 생식을 금지하는 것
12. 감염병 유행기간 중 의료인·의료업자 및 그 밖에 필요한 의료관계요원을 동원하는 것
13. 감염병병원체에 오염된 건물에 대한 소독이나 그 밖에 필요한 조치를 명하는 것
14. 감염병의심자를 적당한 장소에 일정한 기간 입원 또는 격리시키는 것

② 시·도지사 또는 시장·군수·구청장은 제1항 제8호 및 제10호에 따라 식수를 사용하지 못하게 하려면 그 사용금지기간 동안 별도로 식수를 공급하여야 하며, 제1항 제1호·제2호·제6호·제8호·제10호 및 제11호에 따른 조치를 하려면 그 사실을 주민에게 미리 알려야 한다.

제49조의 2【감염취약계층의 보호 조치】 ① 보건복지부장관, 시·도지사 또는 시장·군수·구청장은 호흡기와 관련된 감염병으로부터 저소득층과 사회복지시설을 이용하는 어린이, 노인, 장애인 및 기타 보건복지부령으로 정하는 대상(이하 "감염취약계층"이라 한다)을 보호하기 위하여 「재난 및 안전관리 기본법」 제38조 제2항에 따른 주의 이상의 위기경보가 발령된 경우 감염취약계층에게 의료·방역 물품(「약사법」에 따른 의약외품으로 한정한다) 지급 등 필요한 조치를 취할 수 있다.

② 질병관리청장, 시·도지사 또는 시장·군수·구청장은 「재난 및 안전관리 기본법」 제38조 제2항에 따른 주의 이상의 위기경보가 발령된 경우 감염취약계층이 이용하는 「사회복지사업법」 제2조 제4호의 사회복지시설에 대하여 소독이나 그 밖에 필요한 조치를 명할 수 있다.

③ 제1항에 따른 감염병의 종류, 감염취약계층의 범위 및 지급절차 등에 관하여 필요한 사항은 보건복지부령으로 정한다.

제50조【그 밖의 감염병 예방조치】 ① 육군·해군·공군 소속 부대의 장, 국방부직할부대의 장 및 제12조 제1항 제2호에 해당하는 사람은 감염병환자등이 발생하였거나 발생할 우려가 있으면 소독이나 그 밖에 필요한 조치를 하여야 하고, 특별자치도지사 또는 시장·군수·구청장과 협의하여 감염병 예방에 필요한 추가 조치를 하여야 한다.

② 교육부장관 또는 교육감은 감염병 발생 등을 이유로 「학교보건법」 제2조 제2호의 학교에 대하여 「초·중등교육법」 제64조에 따른 휴업 또는 휴교를 명령하거나 「유아교육법」 제31조에 따른 휴업 또는 휴원을 명령할 경우 보건복지부장관과 협의하여야 한다.

제51조【소독 의무】 ① 특별자치시장 · 특별자치도지사 또는 시장 · 군수 · 구청장은 감염병을 예방하기 위하여 청소나 소독을 실시하거나 쥐, 위생해충 등의 구제조치(이하 "소독"이라 한다)를 하여야 한다. 이 경우 소독은 사람의 건강과 자연에 유해한 영향을 최소화하여 안전하게 실시하여야 한다.

② 제1항에 따른 소독의 기준과 방법은 보건복지부령으로 정한다.

③ 공동주택, 숙박업소 등 여러 사람이 거주하거나 이용하는 시설 중 대통령령으로 정하는 시설을 관리 · 운영하는 자는 보건복지부령으로 정하는 바에 따라 감염병 예방에 필요한 소독을 하여야 한다.
④ 제3항에 따라 소독을 하여야 하는 시설의 관리 · 운영자는 제52조제1항에 따라 소독업의 신고를 한 자에게 소독하게 하여야 한다. 다만, 「공동주택관리법」 제2조제1항제15호에 따른 주택관리업자가 제52조제1항에 따른 소독장비를 갖추었을 때에는 그가 관리하는 공동주택은 직접 소독할 수 있다

영 **제24조【소독을 해야 하는 시설】** 법 제51조 제3항에 따라 감염병 예방에 필요한 소독을 하여야 하는 시설은 다음 각 호와 같다.

1. 「공중위생관리법」에 따른 숙박업소(객실 수 20실 이상인 경우만 해당한다), 「관광진흥법」에 따른 관광숙박업소
2. 「식품위생법 시행령」 제21조 제8호(마목은 제외한다)에 따른 식품접객업 업소(이하 "식품접객업소"라 한다) 중 연면적 300 제곱미터 이상의 업소
3. 「여객자동차 운수사업법」에 따른 시내버스·농어촌버스·마을버스·시외버스·전세버스·장의자동차, 「항공안전법」에 따른 항공기 및 「공항시설법」에 따른 공항시설, 「해운법」에 따른 여객선, 「항만법」에 따른 연면적 300 제곱미터 이상의 대합실, 「철도사업법」 및 「도시철도법」에 따른 여객운송 철도차량과 역사(驛舍) 및 역 시설
4. 「유통산업발전법」에 따른 대형마트, 전문점, 백화점, 쇼핑센터, 복합쇼핑몰, 그 밖의 대규모 점포와 「전통시장 및 상점가 육성을 위한 특별법」에 따른 전통시장
5. 「의료법」 제3조 제3호에 따른 종합병원·병원·요양병원·치과병원 및 한방병원
6. 「식품위생법」 제2조 제12호에 따른 집단급식소(한 번에 100명 이상에게 계속적으로 식사를 공급하는 경우만 해당한다)

6의2. 「식품위생법 시행령」 제21조 제8호 마목에 따른 위탁급식영업을 하는 식품접객업소 중 연면적 300 제곱미터 이상의 업소

7. 「건축법 시행령」 별표 1 제2호 라목에 따른 기숙사

7의2. 「화재예방, 소방시설 설치·유지 및 안전관리에 관한 법률 시행령」 별표 2 제8호 가목에 따른 합숙소(50명 이상을 수용할 수 있는 경우만 해당한다)

8. 「공연법」에 따른 공연장(객석 수 300석 이상인 경우만 해당한다)
9. 「초·중등교육법」 제2조 및 「고등교육법」 제2조에 따른 학교
10. 「학원의 설립·운영 및 과외교습에 관한 법률」에 따른 연면적 1천제곱미터 이상의 학원
11. 연면적 2천제곱미터 이상의 사무실용 건축물 및 복합용도의 건축물
12. 「영유아보육법」에 따른 어린이집 및 「유아교육법」에 따른 유치원(50명 이상을 수용하는 어린이집 및 유치원만 해당한다)
13. 「공동주택관리법」에 따른 공동주택(300세대 이상인 경우만 해당한다

제52조【소독업의 신고 등】 ① 소독을 업으로 하려는 자(제51조제4항 단서에 따른 주택관리업자는 제외한다)는 보건복지부령으로 정하는 시설 · 장비 및 인력을 갖추어 특별자치시장 · 특별자치도지사 또는 시장 · 군수 · 구청장에게 신고하여야 한다. 신고한 사항을 변경하려는 경우에도 또한 같다.
② 특별자치시장 · 특별자치도지사 또는 시장 · 군수 · 구청장은 제1항에 따른 신고를 받은 경우 그 내용을 검토하여 이 법에 적합하면 신고를 수리하여야 한다.
③ 특별자치시장 · 특별자치도지사 또는 시장 · 군수 · 구청장은 제1항에 따라 소독업의 신고를 한 자(이하 "소독업자"라 한다)가 다음 각 호의 어느 하나에 해당하면 소독업 신고가 취소된 것으로 본다.

1. 「부가가치세법」 제8조제8항에 따라 관할 세무서장에게 폐업 신고를 한 경우
2. 「부가가치세법」 제8조제9항에 따라 관할 세무서장이 사업자등록을 말소한 경우
3. 제53조제1항에 따른 휴업이나 폐업 신고를 하지 아니하고 소독업에 필요한 시설 등이 없어진 상태가 6개월 이상 계속된 경우

④ 특별자치시장 · 특별자치도지사 또는 시장 · 군수 · 구청장은 제3항에 따른 소독업 신고가 취소된 것으로 보기 위하여 필요한 경우 관할 세무서장에게 소독업자의 폐업 여부에 대한 정보 제공을 요청할 수 있다. 이 경우 요청을 받은 관할 세무서장은 「전자정부법」 제36조제1항에 따라 소독업자의 폐업 여부에 대한 정보를 제공하여야 한다

규칙 **제37조 【소독업의 신고】** ① 법 제52조 제1항 전단에 따라 소독을 업(業)으로 하려는 자가 갖추어야 하는 시설·장비 및 인력 기준은 별표 8과 같다.

② 법 제52조 제1항에 따라 소독을 업으로 하려는 자는 별지 제24호 서식의 소독업 신고서에 시설·장비 및 인력 명세서를 첨부하여 특별자치도지사 또는 시장·군수·구청장에게 제출하여야 한다.

③ 특별자치도지사 또는 시장·군수·구청장은 제1항에 따라 신고를 수리(受理)하였을 때에는 별지 제25호 서식의 소독업 신고증을 신고자에게 발급하여야 한다.

제53조 【소독업의 휴업 등의 신고】 ① 소독업자가 그 영업을 30일 이상 휴업하거나 폐업하려면 보건복지부령으로 정하는 바에 따라 특별자치시장 · 특별자치도지사 또는 시장 · 군수 · 구청장에게 신고하여야 한다.

② 소독업자가 휴업한 후 재개업을 하려면 보건복지부령으로 정하는 바에 따라 특별자치시장 · 특별자치도지사 또는 시장 · 군수 · 구청장에게 신고하여야 한다. 이 경우 특별자치도지사 또는 시장 · 군수 · 구청장은 그 내용을 검토하여 이 법에 적합하면 신고를 수리하여야 한다

제54조 【소독의 실시 등】 ① 소독업자는 보건복지부령으로 정하는 기준과 방법에 따라 소독하여야 한다.

② 소독업자가 소독하였을 때에는 보건복지부령으로 정하는 바에 따라 그 소독에 관한 사항을 기록·보존하여야 한다.

규칙 **제40조 【소독의 방법 및 소독에 관한 사항의 기록 등】** ① 법 제54조 제1항에 따른 소독의 대상과 방법은 각각 별표 5 및 별표 6과 같다.

② 법 제54조 제1항에 따라 소독을 실시한 소독업자는 별지 제28호 서식의 소독증명서를 소독을 실시한 시설의 관리·운영자에게 발급하여야 한다.

③ 소독업자는 법 제54조 제2항에 따라 별지 제29호 서식의 소독실시대장에 소독에 관한 사항을 기록하고, 이를 2년간 보존하여야 한다.

제55조 【소독업자 등에 대한 교육】 ① 소독업자(법인인 경우에는 그 대표자를 말한다. 이하 이 조에서 같다)는 소독에 관한 교육을 받아야 한다.

② 소독업자는 소독업무 종사자에게 소독에 관한 교육을 받게 하여야 한다.

③ 제1항 및 제2항에 따른 교육의 내용과 방법, 교육시간, 교육비 부담 등에 관하여 필요한 사항은 보건복지부령으로 정한다.

규칙 **제41조 【소독업자 등에 대한 교육】** ① 법 제55조 제1항에 따라 소독업자는 소독업의 신고를 한 날부터 6개월 이내에 별표 9의 교육과정에 따른 소독에 관한 교육을 받아야 한다. 다만, 신고를 한 날이 본문에 따른 교육을 받은 날(해당 교육이 종료된 날을 말한다)부터 3년이 지나지 아

니한 경우에는 그러하지 아니하다.

② 법 제55조 제2항에 따라 소독업자는 소독업무 종사자에게 소독업무에 종사한 날부터 6개월 이내에 별표 9의 교육과정에 따른 소독에 관한 교육을 받게 해야 하고, 그 후에는 직전의 교육이 종료된 날부터 3년이 되는 날이 속하는 달의 말일까지 1회 이상 보수교육을 받게 해야 한다.

③ 제1항과 제2항에 따른 소독업자 등에 대한 교육은 질병관리청장이 지정하는 기관이 실시하며, 질병관리청장이 교육기관을 지정하는 경우에는 별지 제30호서식의 교육기관 지정서를 교육기관에 발급해야 한다.

④ 제1항과 제2항에 따른 교육에 필요한 경비는 교육을 받는 자가 부담한다.

제56조【소독업무의 대행】 특별자치시장 · 특별자치도지사 또는 시장 · 군수 · 구청장은 제47조제5호, 제48조제1항, 제49조제1항제8호 · 제9호 · 제13호, 제50조 및 제51조제1항 · 제3항에 따라 소독을 실시하여야 할 경우에는 그 소독업무를 소독업자가 대행하게 할 수 있다.

제57조【서류제출 및 검사 등】 ① 특별자치시장 · 특별자치도지사 또는 시장 · 군수 · 구청장은 소속 공무원으로 하여금 소독업자에게 소독의 실시에 관한 관계 서류의 제출을 요구하게 하거나 검사 또는 질문을 하게 할 수 있다.

② 제1항에 따라 서류제출을 요구하거나 검사 또는 질문을 하려는 소속 공무원은 그 권한을 표시하는 증표를 지니고 이를 관계인에게 보여주어야 한다.

제58조【시정명령】 특별자치시장 · 특별자치도지사 또는 시장 · 군수 · 구청장은 소독업자가 다음 각 호의 어느 하나에 해당하면 1개월 이상의 기간을 정하여 그 위반 사항을 시정하도록 명하여야 한다. [개정 2023.6.13]

1. 제52조제1항에 따른 시설 · 장비 및 인력 기준을 갖추지 못한 경우
2. 제55조제1항에 따른 교육을 받지 아니하거나 소독업무 종사자에게 같은 조 제2항에 따른 교육을 받게 하지 아니한 경우

제59조【영업정지 등】 ① 특별자치시장 · 특별자치도지사 또는 시장 · 군수 · 구청장은 소독업자가 다음 각 호의 어느 하나에 해당하면 영업소의 폐쇄를 명하거나 6개월 이내의 기간을 정하여 영업의 정지를 명할 수 있다. 다만, 제5호에 해당하는 경우에는 영업소의 폐쇄를 명하여야 한다.

1. 제52조제1항 후단에 따른 변경 신고를 하지 아니하거나 제53조제1항 및 제2항에 따른 휴업, 폐업 또는 재개업 신고를 하지 아니한 경우
2. 제54조제1항에 따른 소독의 기준과 방법에 따르지 아니하고 소독을 실시하거나 같은 조 제2항을 위반하여 소독실시 사항을 기록 · 보존하지 아니한 경우
3. 제57조에 따른 관계 서류의 제출 요구에 따르지 아니하거나 소속 공무원의 검사 및 질문을 거부 · 방해 또는 기피한 경우
4. 제58조에 따른 시정명령에 따르지 아니한 경우
5. 영업정지기간 중에 소독업을 한 경우

② 특별자치시장 · 특별자치도지사 또는 시장 · 군수 · 구청장은 제1항에 따른 영업소의 폐쇄명령을 받고도 계속하여 영업을 하거나 제52조제1항에 따른 신고를 하지 아니하고 소독업을 하는 경우에는 관계 공무원에게 해당 영업소를 폐쇄하기 위한 다음 각 호의 조치를 하게 할 수 있다.

1. 해당 영업소의 간판이나 그 밖의 영업표지 등의 제거 · 삭제
2. 해당 영업소가 적법한 영업소가 아님을 알리는 게시물 등의 부착

③ 제1항에 따른 행정처분의 기준은 그 위반행위의 종류와 위반 정도 등을 고려하여 보건복지부령으로 정한다.

제 9 장 방역관, 검역위원 및 예방위원 등

제60조 【방역관】 ① 질병관리청장 및 시·도지사는 감염병 예방 및 방역에 관한 업무를 담당하는 방역관을 소속 공무원 중에서 임명한다. 다만, 감염병 예방 및 방역에 관한 업무를 처리하기 위하여 필요한 경우에는 시장·군수·구청장이 방역관을 소속 공무원 중에서 임명할 수 있다.

② 방역관은 제4조 제2항 제1호부터 제7호까지의 업무를 담당한다. 다만, 질병관리청장 소속 방역관은 같은 항 제8호의 업무도 담당한다.

③ 방역관은 감염병의 국내 유입 또는 유행이 예견되어 긴급한 대처가 필요한 경우 제4조 제2항 제1호 및 제2호에 따른 업무를 수행하기 위하여 통행의 제한 및 주민의 대피, 감염병의 매개가 되는 음식물·물건 등의 폐기·소각, 의료인 등 감염병 관리인력에 대한 임무부여 및 방역물자의 배치 등 감염병 발생 지역의 현장에 대한 조치권한을 가진다.

④ 감염병 발생지역을 관할하는 「경찰법」 제2조에 따른 경찰관서 및 「소방기본법」 제3조에 따른 소방관서의 장, 「지역보건법」 제10조에 따른 보건소의 장 등 관계 공무원 및 그 지역 내의 법인·단체·개인은 정당한 사유가 없으면 제3항에 따른 방역관의 조치에 협조하여야 한다.

⑤ 제1항부터 제4항까지 규정한 사항 외에 방역관의 자격·직무·조치권한의 범위 등에 관하여 필요한 사항은 대통령령으로 정한다.

제60조의 2 【역학조사관】 ① 감염병 역학조사에 관한 사무를 처리하기 위하여 질병관리청 소속 공무원으로 100명 이상, 시 · 도 소속 공무원으로 각각 2명 이상의 역학조사관을 두어야 한다. 이 경우 시 · 도 역학조사관 중 1명 이상은 「의료법」 제2조제1항에 따른 의료인 중 의사로 임명하여야 한다.

② 시장 · 군수 · 구청장은 역학조사에 관한 사무를 처리하기 위하여 필요한 경우 소속 공무원으로 역학조사관을 둘 수 있다. 다만, 인구수 등을 고려하여 보건복지부령으로 정하는 기준을 충족하는 시 · 군 · 구의 장은 소속 공무원으로 1명 이상의 역학조사관을 두어야 한다.

③ 역학조사관은 다음 각 호의 어느 하나에 해당하는 사람으로서 제18조의3에 따른 역학조사 교육 · 훈련 과정을 이수한 사람 중에서 임명한다.

1. 방역, 역학조사 또는 예방접종 업무를 담당하는 공무원
2. 「의료법」 제2조제1항에 따른 의료인
3. 그 밖에 「약사법」 제2조제2호에 따른 약사, 「수의사법」 제2조제1호에 따른 수의사 등 감염병 · 역학 관련 분야의 전문가

④ 질병관리청장, 시 · 도지사 또는 시장 · 군수 · 구청장은 소속 공무원을 역학조사관으로 임명하기 위하여 제18조의3에 따른 역학조사 교육 · 훈련 과정을 이수하도록 하여야 할 경우 해당 공무원을 수습역학조사관으로 임명하여야 한다.

⑤ 역학조사관은 감염병의 확산이 예견되는 긴급한 상황으로서 즉시 조치를 취하지 아니하면 감염병이 확산되어 공중위생에 심각한 위해를 가할 것으로 우려되는 경우 일시적으로 제47조제1호 각 목의 조치를 할 수 있다. 다만, 수습역학조사관은 방역관 또는 역학조사관의 지휘를 받는 경우에 한정하여 일시적으로 제47조제1호 각 목의 조치를 할 수 있다.

⑥ 「국가경찰과 자치경찰의 조직 및 운영에 관한 법률」 제12조 및 제13조에 따른 경찰관서 및 「소방기본법」 제3조에 따른 소방관서의 장, 「지역보건법」 제10조에 따른 보건소의 장 등 관계 공무원은 정당한 사유가 없으면 제5항에 따른 역학조사관 및 수습역학조사관의 조치에 협조하여야 한다.

⑦ 역학조사관 및 수습역학조사관은 제5항에 따른 조치를 한 경우 즉시 질병관리청장, 시 · 도지사 또는 시장 · 군수 · 구청장에게 보고하여야 한다.

⑧ 질병관리청장, 시 · 도지사 또는 시장 · 군수 · 구청장은 제1항 · 제2항 및 제4항에 따라 임명된 역학조사관 및 수습역학조사관에게 예산의 범위에서 직무 수행에 필요한 비용 등을 지원할 수 있다.

⑨ 제1항부터 제8항까지 규정한 사항 외에 역학조사관 및 수습역학조사관의 자격 · 직무 · 권한 · 비용지원 등에 관하여 필요한 사항은 대통령령으로 정한다.

제60조의 3 【한시적 종사명령】 ① 질병관리청장, 시 · 도지사 또는 시장 · 군수 · 구청장은 감염병의 유입 또는 유행이 우려되거나 이미 발생한 경우 기간을 정하여 「의료법」 제2조제1항의 의료인에게 제36조 및 제37조에 따라 감염병관리기관으로 지정된 의료기관 또는 제8조의2에 따라 설립되거나 지정된 중앙감염병전문병원 또는 권역별 감염병전문병원에서 방역업무에 종사하도록 명할 수 있다.

② 질병관리청장은 감염병이 유입되거나 유행하는 긴급한 경우 제60조의2 제3항 제2호 또는 제3호에 해당하는 자를 기간을 정하여 방역관으로 임명하여 방역업무를 수행하게 할 수 있다.

③ 질병관리청장 , 시·도지사 또는 시장·군수·구청장은 감염병의 유입 또는 유행으로 역학조사인력이 부족한 경우 제60조의2 제3항 제2호 또는 제3호에 해당하는 자를 기간을 정하여 역학조사관으로 임명하여 역학조사에 관한 직무를 수행하게 할 수 있다.

④ 제2항 또는 제3항에 따라 질병관리청장 , 시·도지사 또는 시장·군수·구청장이 임명한 방역관 또는 역학조사관은 「국가공무원법」 제26조의5에 따른 임기제공무원으로 임용된 것으로 본다.

⑤ 제1항에 따른 종사명령 및 제2항·제3항에 따른 임명의 기간·절차 등 필요한 사항은 대통령령으로 정한다.

영 **제25조 【방역관의 자격 및 직무 등】** ① 법 제60조 제1항에 따른 방역관은 감염병 관련 분야의 경험이 풍부한 4급 이상 공무원 중에서 임명한다. 다만, 시·군·구 소속 방역관은 감염병 관련 분야의 경험이 풍부한 5급 이상 공무원 중에서 임명할 수 있다.

② 법 제60조 제3항에 따른 조치권한 외에 방역관이 가지는 감염병 발생지역의 현장에 대한 조치권한은 다음 각 호와 같다.

1. 감염병의심자를 적당한 장소에 일정한 기간 입원조치 또는 격리조치
2. 감염병병원체에 오염된 장소 또는 건물에 대한 소독이나 그 밖에 필요한 조치
3. 일정한 장소에서 세탁하는 것을 막거나 오물을 일정한 장소에서 처리하도록 명하는 조치
4. 인수공통감염병 예방을 위하여 살처분에 참여한 사람 또는 인수공통감염병에 드러나 사람 등에 대한 예방조치

③ 삭제

영 **제26조 【역학조사관 및 수습역학조사관의 직무 등】** ① 삭제

② 역학조사관은 다음 각 호의 업무를 담당한다.

1. 역학조사 계획 수립
2. 역학조사 수행 및 결과 분석
3. 역학조사 실시 기준 및 방법의 개발

4. 역학조사 기술지도
5. 역학조사 교육훈련
6. 감염병에 대한 역학적인 연구

③ 삭제

④ 질병관리청장 및 시·도지사는 역학조사관에게 예산의 범위에서 연구비와 여비를 지급할 수 있다.

영 **제26조의 2【의료인에 대한 방역업무 종사명령】** ① 질병관리청장 또는 시·도지사는 법 제60조의 3 제1항에 따라 방역업무 종사명령을 하는 경우에는 방역업무 종사명령서를 발급하여야 한다. 이 경우 해당 명령서에는 방역업무 종사기관, 종사기간 및 종사업무 등이 포함되어야 한다.

② 법 제60조의 3 제1항에 따른 방역업무 종사기간은 30일 이내로 한다. 다만, 본인이 사전에 서면으로 동의하는 경우에는 그 기간을 달리 정할 수 있다.

③ 질병관리청장 또는 시·도지사는 제2항에 따른 방역업무 종사기간을 연장하는 경우에는 해당 종사기간이 만료되기 전에 본인의 동의를 받아야 한다. 이 경우 그 연장기간은 30일을 초과할 수 없되, 본인이 동의하는 경우에는 그 연장기간을 달리 정할 수 있다.

④ 질병관리청장 또는 시·도지사는 제3항에 따라 방역업무 종사기간을 연장하는 경우에는 방역업무 종사명령서를 새로 발급하여야 한다.

영 **제26조의 3【방역관등의 임명】** ① 질병관리청장은 법 제60조의3 제2항에 따라 방역관을 임명하는 경우에는 임명장을 발급해야 한다. 이 경우 해당 임명장에는 직무수행기간이 포함되어야 한다.

② 질병관리청장, 시·도지사 또는 시장·군수·구청장은 법 제60조의3 제3항에 따라 역학조사관을 임명하는 때에는 임명장을 발급해야 한다. 이 경우 해당 임명장에는 직무수행기간이 포함되어야 한다.

③ 방역관 또는 역학조사관의 직무수행기간, 직무수행기간 연장 및 직무수행기간 연장에 따른 임명장의 발급 등에 관하여는 제26조의2 제2항부터 제4항까지의 규정을 준용한다.

제61조【검역위원】 ① 시·도지사는 감염병을 예방하기 위하여 필요하면 검역위원을 두고 검역에 관한 사무를 담당하게 하며, 특별히 필요하면 운송수단 등을 검역하게 할 수 있다.

② 검역위원은 제1항에 따른 사무나 검역을 수행하기 위하여 운송수단 등에 무상으로 승선하거나 승차할 수 있다.

③ 제1항에 따른 검역위원의 임명 및 직무 등에 관하여 필요한 사항은 보건복지부령으로 정한다.

규칙 **제43조【검역위원의 임명 및 직무】** ① 법 제61조 제1항에 따라 시·도지사는 보건·위생 분야에 종사하는 소속 공무원 중에서 검역위원을 임명할 수 있다.

② 검역위원의 직무는 다음 각 호와 같다.

1. 역학조사에 관한 사항
2. 감염병병원체에 오염된 장소의 소독에 관한 사항
3. 감염병환자 등의 추적, 입원치료 및 감시에 관한 사항
4. 감염병병원체에 오염되거나 오염이 의심되는 물건 및 장소에 대한 수거, 파기, 매몰 또는 폐쇄에 관한 사항
5. 검역의 공고에 관한 사항

제62조 【예방위원】 ① 특별자치시장 · 특별자치도지사 또는 시장 · 군수 · 구청장은 감염병이 유행하거나 유행할 우려가 있으면 특별자치도 또는 시 · 군 · 구(자치구를 말한다. 이하 같다)에 감염병 예방 사무를 담당하는 예방위원을 둘 수 있다.

② 제1항에 따른 예방위원은 무보수로 한다. 다만, 특별자치시 · 특별자치도 또는 시 · 군 · 구의 인구 2만명당 1명의 비율로 유급위원을 둘 수 있다.

③ 제1항에 따른 예방위원의 임명 및 직무 등에 관하여 필요한 사항은 보건복지부령으로 정한다.

규칙 **제44조 【예방위원의 임명 및 직무】** ① 법 제62조제1항에 따라 특별자치도지사 또는 시장·군수·구청장은 다음 각 호의 어느 하나에 해당하는 사람 중에서 예방위원을 임명 또는 위촉할 수 있다.

1. 의사, 한의사, 수의사, 약사 또는 간호사
2. 「고등교육법」 제2조에 따른 학교에서 공중보건 분야 학과를 졸업한 사람
3. 공중보건 분야에 근무하고 있는 소속 공무원
4. 그밖에 공중보건 분야에 관한 학식과 경험이 풍부하다고 인정하는 사람

② 예방위원의 직무는 다음 각 호와 같다.

1. 역학조사에 관한 사항
2. 감염병 발생의 정보수집 및 판단에 관한 사항
3. 위생교육에 관한 사항
4. 감염병환자 등의 관리 및 치료에 관한 기술자문에 관한 사항
5. 그밖에 감염병 예방을 위하여 필요한 사항

규칙 **제44조의 2 【국가첨단백신개발센터의 사업에 관한 수수료】** 개발센터는 법 제63조의3제2항에 따라 같은 조 제1항 각 호의 사업에 관한 수수료와 그 밖의 실비를 징수하려는 경우에는 다음 각 호의 사항을 적은 서류를 질병관리청장에게 제출하여 승인을 받아야 한다.

1. 수수료나 실비의 종류 및 내용
2. 수수료나 실비의 요율 및 산정 기준
3. 그 밖에 수수료나 실비의 징수에 필요한 사항

② 제1항에 따른 수수료와 실비는 정보통신망을 이용하여 전자화폐 · 전자결제 등의 방법으로 내야 한다

제63조 【한국건강관리협회】 ① 제2조 제6호에 따른 기생충감염병에 관한 조사·연구 등 예방사업을 수행하기 위하여 한국건강관리협회(이하 "협회"라 한다)를 둔다.

② 협회는 법인으로 한다.

③ 협회에 관하여는 이 법에서 정한 사항 외에는 「민법」 중 사단법인에 관한 규정을 준용한다.

제 10 장 경 비

제64조 【특별자치도·시·군·구가 부담할 경비】 다음 각 호의 경비는 특별자치시 · 특별자치도와 시 · 군 · 구가 부담한다.

1. 제4조제2항제13호에 따른 한센병의 예방 및 진료 업무를 수행하는 법인 또는 단체에 대한 지원 경비의 일부

2. 제24조제1항 및 제25조제1항에 따른 예방접종에 드는 경비
3. 제24조제2항 및 제25조제2항에 따라 의료기관이 예방접종을 하는 데 드는 경비의 전부 또는 일부
4. 제36조에 따라 특별자치시장 · 특별자치도지사 또는 시장 · 군수 · 구청장이 지정한 감염병관리기관의 감염병관리시설의 설치 · 운영에 드는 경비
5. 제37조에 따라 특별자치시장 · 특별자치도지사 또는 시장 · 군수 · 구청장이 설치한 격리소 · 요양소 또는 진료소 및 같은 조에 따라 지정된 감염병관리기관의 감염병관리시설 설치 · 운영에 드는 경비

5의2. 제39조의3에 따라 시장 · 군수 · 구청장이 지정한 감염병의심자 격리시설의 설치 · 운영에 드는 경비

6. 제47조제1호 및 제3호에 따른 교통 차단 또는 입원으로 인하여 생업이 어려운 사람에 대한 「국민기초생활 보장법」 제2조제6호에 따른 최저보장수준 지원
7. 제47조, 제48조, 제49조제1항제8호 · 제9호 · 제13호 및 제51조제1항에 따라 특별자치시 · 특별자치도와 시 · 군 · 구에서 실시하는 소독이나 그 밖의 조치에 드는 경비
8. 제49조제1항제7호 및 제12호에 따라 특별자치시장 · 특별자치도지사 또는 시장 · 군수 · 구청장이 의사를 배치하거나 의료인 · 의료업자 · 의료관계요원 등을 동원하는 데 드는 수당 · 치료비 또는 조제료

8의2. 제49조제1항제12호의2에 따라 특별자치시장 · 특별자치도지사 또는 시장 · 군수 · 구청장이 동원한 의료기관 병상, 연수원 · 숙박시설 등 시설의 운영비 등 경비

9. 제49조제2항에 따른 식수 공급에 드는 경비

9의2. 제60조의3제1항부터 제3항까지에 따라 시장 · 군수 · 구청장이 의료인 등을 방역업무에 종사하게 하는 데 드는 수당 등 경비

10. 제62조에 따른 예방위원의 배치에 드는 경비

10의2. 제70조의6제1항에 따라 특별자치시장 · 특별자치도지사 또는 시장 · 군수 · 구청장이 실시하는 심리지원에 드는 경비

10의3. 제70조의6제2항에 따라 특별자치시장 · 특별자치도지사 또는 시장 · 군수 · 구청장이 위탁하여 관계 전문기관이 심리지원을 실시하는 데 드는 경비

11. 그 밖에 이 법에 따라 특별자치시 · 특별자치도와 시 · 군 · 구가 실시하는 감염병 예방 사무에 필요한 경비

제65조【시·도가 부담할 경비】 다음 각 호의 경비는 시·도가 부담한다.

1. 제4조제2항제13호에 따른 한센병의 예방 및 진료 업무를 수행하는 법인 또는 단체에 대한 지원 경비의 일부

1의2. 제35조제2항에 따른 시 · 도의 위기대응 훈련에 드는 경비

2. 제36조에 따라 시 · 도지사가 지정한 감염병관리기관의 감염병관리시설의 설치 · 운영에 드는 경비
3. 제37조에 따른 시 · 도지사가 설치한 격리소 · 요양소 또는 진료소 및 같은 조에 따라 지정된 감염병관리기관의감염병관리시설 설치 · 운영에 드는 경비

3의2. 제39조의3에 따라 시 · 도지사가 지정한 감염병의심자 격리시설의 설치 · 운영에 드는 경비

4. 제41조 및 제42조에 따라 내국인 감염병환자등의 입원치료, 조사, 진찰 등에 드는 경비
5. 제46조에 따른 건강진단, 예방접종 등에 드는 경비
6. 제49조제1항제1호에 따른 교통 차단으로 생업이 어려운 자에 대한 「국민기초생활 보장법」 제2조제6호에 따른 최저보장수준 지원

6의2. 제49조제1항제12호에 따라 시 · 도지사가 의료인 · 의료업자 · 의료관계요원 등을 동원하는 데 드는 수당 · 치료비 또는 조제료

6의3. 제49조제1항제12호의2에 따라 시 · 도지사가 동원한 의료기관 병상, 연수원 · 숙박시설 등 시설의 운영비 등 경비

7. 제49조제2항에 따른 식수 공급에 드는 경비

7의2. 제60조의3제1항부터 제3항까지에 따라 시 · 도지사가 의료인 등을 방역업무에 종사하게 하는 데 드는 수당 등 경비

8. 제61조에 따른 검역위원의 배치에 드는 경비

8의2. 제70조의6제1항에 따라 시 · 도지사가 실시하는 심리지원에 드는 경비

8의3. 제70조의6제2항에 따라 시 · 도지사가 위탁하여 관계 전문기관이 심리지원을 실시하는 데 드는 경비

9. 그 밖에 이 법에 따라 시 · 도가 실시하는 감염병 예방 사무에 필요한 경비

제66조【시·도가 보조할 경비】 시 · 도(특별자치시 · 특별자치도는 제외한다)는 제64조에 따라 시 · 군 · 구가 부담할 경비에 관하여 대통령령으로 정하는 바에 따라 보조하여야 한다

영 **제27조【시·도의 보조 비율】** 법 제66조에 따른 시 · 도[특별자치시 및 특별자치도(관할 구역 안에 지방자치단체인 시 · 군이 없는 특별자치도를 말한다)는 제외한다]의 경비 보조액은 시 · 군 · 구가 부담하는 금액의 3분의 2로 한다. .

제67조【국고 부담 경비】 다음 각 호의 경비는 국가가 부담한다.

1. 제4조 제2항 제2호에 따른 감염병환자등의 진료 및 보호에 드는 경비
2. 제4조 제2항 제4호에 따른 감염병 교육 및 홍보를 위한 경비
3. 제4조 제2항 제8호에 따른 감염병 예방을 위한 전문인력의 양성에 드는 경비
4. 제16조 제4항에 따른 표본감시활동에 드는 경비

4의2. 제18조의 3에 따른 교육·훈련에 드는 경비

5. 제20조에 따른 해부에 필요한 시체의 운송과 해부 후 처리에 드는 경비

5의2. 제20조의 2에 따라 시신의 장사를 치르는 데 드는 경비

6. 제33조에 따른 예방접종약품의 생산 및 연구 등에 드는 경비

6의2. 제33조의2 제1항에 따른 필수예방접종약품등의 비축에 드는 경비

6의3. 제36조 제1항에 따라 보건복지부장관 또는 질병관리청장이 지정한 감염병관리기관의 감염병관리시설의 설치·운영에 드는 경비

7. 제37조에 따라 보건복지부장관 또는 질병관리청장이 설치한 격리소·요양소 또는 진료소 및 같은 조에 따라 지정된 감염병관리기관의감염병관리시설 설치·운영에 드는 경비

7의2. 제39조의 3에 따라 보건복지부장관이 지정한 접촉자 격리시설의 설치·운영에 드는 경비

8. 제40조 제1항에 따라 위원회의 심의를 거친 품목의 비축 또는 장기구매를 위한 계약에 드는 경비
9. 삭제

9의2. 제49조 제1항 제12호에 따라 국가가 의료인·의료업자·의료관계요원 등을 동원하는 데 드는 수당·치료비 또는 조제료

9의3. 제60조의 3 제1항부터 제3항까지에 따라 국가가 의료인 등을 방역업무에 종사하게 하는 데 드는 수당 등 경비

9의4. 제60조의3 제1항부터 제3항까지에 따라 국가가 의료인 등을 방역업무에 종사하게 하는 데 드는 수당 등 경비

9의5. 제70조의6 제1항에 따라 국가가 실시하는 심리지원에 드는 경비

9의6. 제70조의6 제2항에 따라 국가가 위탁하여 관계 전문기관이 심리지원을 실시하는 데 드는 경비

10. 제71조에 따른 예방접종 등으로 인한 피해보상을 위한 경비

제68조 【국가가 보조할 경비】 국가는 다음 각 호의 경비를 보조하여야 한다.

1. 제4조 제2항 제13호에 따른 한센병의 예방 및 진료업무를 수행하는 법인 또는 단체에 대한 지원경비의 일부
2. 제65조 및 제66조에 따라 시·도가 부담할 경비의 2분의 1 이상

제69조 【본인으로부터 징수할 수 있는 경비】 특별자치도지사 또는 시장·군수·구청장은 보건복지부령으로 정하는 바에 따라 제41조 및 제42조에 따른 입원치료비 외에 본인의 지병이나 본인에게 새로 발병한 질환 등으로 입원, 진찰, 검사 및 치료 등에 드는 경비를 본인이나 그 보호자로부터 징수할 수 있다.

규칙 **제45조 【본인으로부터 징수할 수 있는 경비】** 법 제69조에 따라 본인이나 그 보호자로부터 징수할 수 있는 경비는 다음 각 호와 같다.

1. 진찰비, 치료비, 검사료
2. 수술비
3. 입원료
4. 그밖에 진료에 든 경비

제70조 【손실보상】 ① 보건복지부장관, 시·도지사 및 시장·군수·구청장은 다음 각 호의 어느 하나에 해당하는 손실을 입은 자에게 제70조의 2의 손실보상심의위원회의 심의·의결에 따라 그 손실을 보상하여야 한다.

1. 제36조 및 제37조에 따른 감염병관리기관의 지정 또는 격리소 등의 설치·운영으로 발생한 손실

1의2. 제39조의 3에 따른 접촉자 격리시설의 설치·운영으로 발생한 손실

2. 이 법에 따른 조치에 따라 감염병환자, 감염병의사환자 등을 진료한 의료기관의 손실
3. 이 법에 따른 의료기관의 폐쇄 또는 업무 정지 등으로 의료기관에 발생한 손실
4. 제47조 제1호, 제4호 및 제5호, 제48조 제1항, 제49조 제1항 제4호, 제6호부터 제10호까지, 제12호 및 제13호에 따른 조치로 인하여 발생한 손실
5. 감염병환자등이 발생·경유하거나 보건복지부장관, 시·도지사 또는 시장·군수·구청장이 그 사실을 공개하여 발생한 「국민건강보험법」 제42조에 따른 요양기관의 손실로서 제1호부터 제4호까지의 손실에 준하고, 제70조의 2에 따른 손실보상심의위원회가 심의·의결하는 손실

② 제1항에 따른 손실보상금을 받으려는 자는 보건복지부령으로 정하는 바에 따라 손실보상 청구서에 관련 서류를 첨부하여 보건복지부장관, 시·도지사 또는 시장·군수·구청장에게 청구하여야 한다.

③ 제1항에 따른 보상액을 산정함에 있어 손실을 입은 자가 이 법 또는 관련 법령에 따른 조치의무를 위반하여 그 손실을 발생시켰거나 확대시킨 경우에는 보상금을 지급하지 아니하거나 보상금을 감액하여 지급할 수 있다.

④ 제1항에 따른 보상의 대상·범위와 보상액의 산정, 제3항에 따른 지급 제외 및 감액의 기준 등에 관하여 필요한 사항은 대통령령으로 정한다.

제70조의 2 【손실보상심의위원회】 ① 제70조에 따른 손실보상에 관한 사항을 심의·의결하기 위하여 보건복지부 및 시·도에 손실보상심의위원회(이하 "심의위원회"라 한다)를 둔다.

② 위원회는 위원장 2인을 포함한 20인 이내의 위원으로 구성하되, 보건복지부에 설치된 심의위원회의 위원장은 보건복지부차관과 민간위원이 공동으로 되며, 시·도에 설치된 심의위원회의 위원장은 부시장 또는 부지사와 민간위원이 공동으로 된다.

③ 심의위원회 위원은 관련 분야에 대한 학식과 경험이 풍부한 사람과 관계 공무원 중에서 대통령령으로 정하는 바에 따라 보건복지부장관 또는 시·도지사가 임명하거나 위촉한다.

④ 심의위원회는 제1항에 따른 심의·의결을 위하여 필요한 경우 관계자에게 출석 또는 자료의 제출 등을 요구할 수 있다.

⑤ 그 밖의 심의위원회의 구성과 운영 등에 관하여 필요한 사항은 대통령령으로 정한다.

제70조의 3 【의료인 또는 의료기관 개설자에 대한 재정적 지원】 ① 질병관리청장, 시·도지사 및 시장·군수·구청장은 이 법에 따른 감염병의 발생 감시, 예방·관리 및 역학조사업무에 조력한 의료인 또는 의료기관 개설자에 대하여 예산의 범위에서 재정적 지원을 할 수 있다.

② 제1항에 따른 지원 내용, 절차, 방법 등 지원에 필요한 사항은 대통령령으로 정한다.

제70조의 4 【감염병환자 등에 대한 생활지원】 ① 질병관리청장 시·도지사 및 시장·군수·구청장은 이 법에 따라 입원 또는 격리된 사람에 대하여 예산의 범위에서 치료비, 생활지원 및 그 밖의 재정적 지원을 할 수 있다.

② 시·도지사 및 시장·군수·구청장은 제1항에 따른 사람 및 제70조의 3 제1항에 따른 의료인이 입원 또는 격리조치, 감염병의 발생 감시, 예방·관리 및 역학조사업무에 조력 등으로 자녀에 대한 돌봄 공백이 발생한 경우 「아이돌봄 지원법」에 따른 아이돌봄서비스를 제공하는 등 필요한 조치를 하여야 한다.

③ 제1항 및 제2항에 따른 지원·제공을 위하여 필요한 사항은 대통령령으로 정한다.

제71조 【예방접종 등에 따른 피해의 국가보상】 ① 국가는 제24조 및 제25조에 따라 예방접종을 받은 사람 또는 제40조 제2항에 따라 생산된 예방·치료 의약품을 투여받은 사람이 그 예방접종 또는 예방·치료 의약품으로 인하여 질병에 걸리거나 장애인이 되거나 사망하였을 때에는 대통령령으로 정하는 기준과 절차에 따라 다음 각 호의 구분에 따른 보상을 하여야 한다.

1. 질병으로 진료를 받은 사람 : 진료비 전액 및 정액 간병비
2. 장애인이 된 사람 : 일시보상금
3. 사망한 사람 : 대통령령으로 정하는 유족에 대한 일시보상금 및 장제비

② 제1항에 따라 보상받을 수 있는 질병, 장애 또는 사망은 예방접종약품의 이상이나 예방접종 행위자 및 예방·치료 의약품 투여자 등의 과실 유무에 관계없이 해당 예방접종 또는 예방·치료 의약품을 투여받은 것으로 인하여 발생한 피해로서 보건복지부장관이 인정하는 경우로 한다.

③ 질병관리청장은 제1항에 따른 보상청구가 있은 날부터 120일 이내에 제2항에 따른 질병, 장애 또는 사망에 해당하는지를 결정하여야 한다. 이 경우 미리 위원회의 의견을 들어야 한다.

④ 제1항에 따른 보상의 청구, 제3항에 따른 결정의 방법과 절차 등에 관하여 필요한 사항은 대통령령으로 정한다.

제72조 【손해배상청구권과의 관계 등】 ① 국가는 예방접종약품의 이상이나 예방접종 행위자, 예방·치료 의약품의 투여자 등 제3자의 고의 또는 과실로 인하여 제71조에 따른 피해보상을 하였을 때에는 보상액의 범위에서 보상을 받은 사람이 제3자에 대하여 가지는 손해배상청구권을 대위한다.

② 예방접종을 받은 자, 예방·치료 의약품을 투여받은 자 또는 제71조 제1항 제3호에 따른 유족이 제3자로부터 손해배상을 받았을 때에는 국가는 그 배상액의 범위에서 제71조에 따른 보상금을 지급하지 아니하며, 보상금을 잘못 지급하였을 때에는 해당 금액을 국세 징수의 예에 따라 징수할 수 있다.

제73조 【국가보상을 받을 권리의 양도 등 금지】 제70조 및 제71조에 따라 보상받을 권리는 양도하거나 압류할 수 없다.

제 11 장 보 칙

제74조 【비밀누설의 금지】 이 법에 따라 건강진단, 입원치료, 진단 등 감염병 관련 업무에 종사하는 자 또는 종사하였던 자는 그 업무상 알게 된 비밀을 다른 사람에게 누설하여서는 아니 된다.

제74조의 2 【자료의 제공 요청 및 검사】 ① 질병관리청장, 시·도지사 또는 시장·군수·구청장은 감염병관리기관의 장 등에게 감염병관리시설, 제37조에 따른 격리소·요양소 또는 진료소, 제39조의 3에 따른 접촉자 격리시설의 설치 및 운영에 관한 자료의 제공을 요청할 수 있으며, 소속 공무원으로 하여금 해당 시설에 출입하여 관계 서류나 시설·장비 등을 검사하게 하거나 관계인에게 질문을 하게 할 수 있다.

② 제1항에 따라 출입·검사를 행하는 공무원은 그 권한을 표시하는 증표를 지니고 이를 관계인에게 제시하여야 한다.

제75조 【청 문】 시 도지사 또는 시장·군수·구청장은 제59조 제1항에 따라 영업소의 폐쇄를 명하려면 청문을 하여야 한다.

제76조 【위임 및 위탁】 이 법에 따른 보건복지부장관의 권한은 대통령령으로 정하는 바에 따라 그 일부를 질병관리청장 또는 시·도지사에게 위임할 수 있다.

② 이 법에 따른 질병관리청장의 권한 또는 업무는 대통령령으로 정하는 바에 따라 그 일부를 시·도지사에게 위임하거나 관련 기관 또는 관련 단체에 위탁할 수 있다

제76의 2 【정보 제공 요청 및 정보 확인 등】 ① 질병관리청장 또는 시 · 도지사는 감염병 예방 · 관리 및 감염 전파의 차단을 위하여 필요한 경우 관계 중앙행정기관(그 소속기관 및 책임운영기관을 포함한다)의 장, 지방자치단체의 장(「지방교육자치에 관한 법률」 제18조에 따른 교육감을 포함한다), 「공공기관의 운영에 관한 법률」 제4조에 따른 공공기관, 의료기관 및 약국, 법인 · 단체 · 개인에 대하여 감염병환자등, 감염병의심자 및 예방접종을 받은 자에 관한 다음 각 호의 정보 제공을 요청할 수 있으며, 요청을 받은 자는 이에 따라야 한다.

1. 성명, 「주민등록법」 제7조의2제1항에 따른 주민등록번호, 주소 및 전화번호(휴대전화번호를 포함한다) 등 인적사항
2. 「의료법」 제17조에 따른 처방전 및 같은 법 제22조에 따른 진료기록부등
3. 「국민건강보험법」 제5조에 따른 가입자 및 피부양자 또는 「의료급여법」 제3조에 따른 수급권

자에 관한 정보 중 장애중증도, 장애유형, 소득분위 등 감염병 예방 · 관리를 위하여 필요한 정보로서 대통령령으로 정하는 정보

4. 진료이력, 투약정보, 상병내역 등 「국민건강보험법」 제47조에 따른 요양급여비용의 청구와 지급에 관한 정보 및 「의료급여법」 제11조에 따른 급여비용의 청구와 지급에 관한 정보로서 대통령령으로 정하는 정보
5. 질병관리청장이 정하는 기간의 출입국관리기록
6. 그 밖에 이동경로를 파악하기 위하여 대통령령으로 정하는 정보

② 질병관리청장, 시 · 도지사 또는 시장 · 군수 · 구청장은 감염병 예방 · 관리 및 감염 전파의 차단을 위하여 필요한 경우 감염병환자등 및 감염병의심자의 위치정보를 「국가경찰과 자치경찰의 조직 및 운영에 관한 법률」에 따른 경찰청, 시 · 도경찰청 및 경찰서(이하 이 조에서 "경찰관서"라 한다)의 장에게 요청할 수 있다. 이 경우 질병관리청장, 시 · 도지사 또는 시장 · 군수 · 구청장의 요청을 받은 경찰관서의 장은 「위치정보의 보호 및 이용 등에 관한 법률」 제15조 및 「통신비밀보호법」 제3조에도 불구하고 「위치정보의 보호 및 이용 등에 관한 법률」 제5조제7항에 따른 개인위치정보사업자, 「전기통신사업법」 제2조제8호에 따른 전기통신사업자에게 감염병환자등 및 감염병의심자의 위치정보를 요청할 수 있고, 요청을 받은 개인위치정보사업자와 전기통신사업자는 정당한 사유가 없으면 이에 따라야 한다.

③ 질병관리청장은 제1항 및 제2항에 따라 수집한 정보를 관련 중앙행정기관의 장, 지방자치단체의 장, 국민건강보험공단 이사장, 건강보험심사평가원 원장, 「보건의료기본법」 제3조제4호의 보건의료기관(이하 "보건의료기관"이라 한다) 및 그 밖의 단체 등에게 제공할 수 있다. 이 경우 보건의료기관 등에 제공하는 정보는 감염병 예방 · 관리 및 감염 전파의 차단을 위하여 해당 기관의 업무에 관련된 정보로 한정한다.

④ 질병관리청장은 감염병 예방 · 관리 및 감염 전파의 차단을 위하여 필요한 경우 제3항 전단에도 불구하고 다음 각 호의 정보시스템을 활용하여 보건의료기관에 제1항제5호에 따른 정보 및 같은 항 제6호에 따른 이동경로 정보를 제공하여야 한다. 이 경우 보건의료기관에 제공하는 정보는 해당 기관의 업무에 관련된 정보로 한정한다.

1. 국민건강보험공단의 정보시스템
2. 건강보험심사평가원의 정보시스템
3. 감염병의 국내 유입 및 확산 방지를 위하여 질병관리청장이 필요하다고 인정하여 지정하는 기관의 정보시스템

⑤ 의료인, 약사 및 보건의료기관의 장은 의료행위를 하거나 의약품을 처방 · 조제하는 경우 제4항 각 호의 어느 하나에 해당하는 정보시스템을 통하여 같은 항에 따라 제공된 정보를 확인하여야 한다. [

⑥ 제3항 및 제4항에 따라 정보를 제공받은 자는 이 법에 따른 감염병 관련 업무 이외의 목적으로 정보를 사용할 수 없으며, 업무 종료 시 지체 없이 파기하고 질병관리청장에게 통보하여야 한다.

⑦ 질병관리청장, 시 · 도지사 또는 시장 · 군수 · 구청장은 제1항 및 제2항에 따라 수집된 정보의 주체(이하 "정보주체"라 한다)에게 다음 각 호의 사실을 통지하여야 한다.

1. 감염병 예방 및 감염 전파의 차단을 위하여 필요한 정보가 수집되었다는 사실
2. 제1호의 정보가 다른 기관에 제공되었을 경우 그 사실
3. 제2호의 경우에도 이 법에 따른 감염병 관련 업무 이외의 목적으로 정보를 사용할 수 없으며, 업무 종료 시 지체 없이 파기된다는 사실

⑧ 제3항 및 제4항에 따라 정보를 제공받은 자가 이 법의 규정을 위반하여 해당 정보를 처리한 경우에는 「개인정보 보호법」 에 따른다.

⑨ 제3항에 따른 정보 제공의 대상 · 범위 및 제7항에 따른 통지의 방법 등에 관하여 필요한 사항은 보건복지부령으로 정한다

제76의 3【개인정보처리 보고서 작성 및 공개】 ① 질병관리청장은 제76조의2제7항에 따른 정보주체에 대한 통지 등 개인정보처리에 관한 보고서(이하 "개인정보처리 보고서"라 한다)를 매년 작성하여야 한다.

② 시 · 도지사 또는 시장 · 군수 · 구청장은 제76조의2제7항에 따른 정보주체에 대한 통지 관련 자료를 질병관리청장에게 제출하여야 한다.

③ 질병관리청장은 제1항에 따라 작성된 개인정보처리 보고서를 보건복지부령으로 정하는 바에 따라 다음 연도 상반기까지 질병관리청의 인터넷 홈페이지에 공개하여야 한다.

④ 개인정보처리 보고서의 작성 및 자료제출에 필요한 사항은 보건복지부령으로 정한다.

제76의 4【감염병 정보의 분석 및 연구)】 ① 질병관리청장은 감염병 예방 · 관리 및 감염 전파의 차단을 위하여 필요한 경우 다음 각 호의 정보를 분석하거나 감염병 관련 연구에 이용할 수 있다.

1. 제11조제5항에 따른 신고 및 제13조에 따른 보고를 통하여 수집한 정보
2. 제18조에 따른 역학조사 정보
3. 제28조의 예방접종 기록 정보
4. 제29조의 예방접종에 관한 역학조사 정보
5. 제76조의2제1항 및 제2항에 따라 제공받은 정보
6. 그 밖에 감염병 예방 · 관리 및 감염 전파의 차단을 위하여 필요한 정보로서 질병관리청장이 정하는 정보

② 질병관리청장이 제1항에 따라 개인정보를 이용하는 경우에는 「개인정보 보호법」 제2조제1호의2에 따른 가명처리(이하 이 조에서 "가명처리"라 한다)를 하여야 한다. 다만, 다음 각 호의 어느 하나에 해당하는 경우에는 그러하지 아니하다.

1. 병상배정 등 긴급한 조치가 필요하여 가명처리를 할 시간적 여유가 없는 경우
2. 예방접종 후 이상반응 대응, 감염병 후유증 관리, 감염취약계층 지원 등 가명처리한 개인정보로는 원활한 업무 수행이 어려운 경우

③ 제1항에 따라 개인정보를 이용하는 경우에는 그 법적 근거, 목적 및 범위 등에 관하여 필요한 사항을 「개인정보 보호법」 제18조제4항에 따라 관보 또는 인터넷 홈페이지 등에 게재하여야 한다. 다만, 제2항 각 호 외의 부분 본문에 따라 가명처리하여 이용하는 경우에는 그러하지 아니하다.

제 12 장 벌 칙

제77조【벌 칙】 다음 각 호의 어느 하나에 해당하는 자는 5년 이하의 징역 또는 5천만원 이하의 벌금에 처한다.

1. 제22조 제1항 또는 제2항을 위반하여 고위험병원체의 반입 허가를 받지 아니하고 반입한 자
2. 제23조의3 제1항을 위반하여 보유허가를 받지 아니하고 생물테러감염병병원체를 보유한 자
3. 제40조의3 제1항을 위반하여 의약외품등을 수출하거나 국외로 반출한 자

제78조 【벌 칙】 다음 각 호의 어느 하나에 해당하는 자는 3년 이하의 징역 또는 3천만원 이하의 벌금에 처한다.

1. 제23조 제2항에 따른 허가를 받지 아니하거나 같은 조 제3항 본문에 따른 변경허가를 받지 아니하고 고위험병원체 취급시설을 설치·운영한 자
2. 제23조의3 제3항에 따른 변경허가를 받지 아니한 자
3. 제74조를 위반하여 업무상 알게 된 비밀을 누설한 자

제79조 【벌 칙】 다음 각 호의 어느 하나에 해당하는 자는 2년 이하의 징역 또는 2천만원 이하의 벌금에 처한다

1. 제18조제3항을 위반한 자
2. 제21조제1항부터 제3항까지 또는 제22조제3항에 따른 신고를 하지 아니하거나 거짓으로 신고한 자

2의2. 제21조제5항에 따른 현장조사를 정당한 사유 없이 거부 · 방해 또는 기피한 자

2의3. 제23조제2항에 따른 신고를 하지 아니하고 고위험병원체 취급시설을 설치 · 운영한 자

3. 제23조제8항에 따른 안전관리 점검을 거부 · 방해 또는 기피한 자

3의2. 제23조의2에 따른 고위험병원체 취급시설의 폐쇄명령 또는 운영정지명령을 위반한 자

3의3. 제49조제4항을 위반하여 정당한 사유 없이 폐쇄 명령에 따르지 아니한 자

4. 제60조제4항을 위반한 자(다만, 공무원은 제외한다)
5. 제76조의2제6항을 위반한 자

제79조의 2 【벌 칙】 다음 각 호의 어느 하나에 해당하는 자는 1년 이하의 징역 또는 2천만원 이하의 벌금에 처한다

1. 제18조의4제4항을 위반하여 같은 조 제2항에 따른 질병관리청장 또는 시 · 도지사의 자료제출 요구를 받고 이를 거부 · 방해 · 회피하거나, 거짓자료를 제출하거나 또는 고의적으로 사실을 누락 · 은폐한 자
2. 제23조의4제1항을 위반하여 고위험병원체를 취급한 자
3. 제23조의4제2항을 위반하여 고위험병원체를 취급하게 한 자
4. 제76조의2제1항을 위반하여 질병관리청장 또는 시 · 도지사의 요청을 거부하거나 거짓자료를 제공한 의료기관 및 약국, 법인 · 단체 · 개인
5. 제76조의2제2항 후단을 위반하여 경찰관서의 장의 요청을 거부하거나 거짓자료를 제공한 자

제79조의 3 【벌 칙】 다음 각 호의 어느 하나에 해당하는 자는 1년 이하의 징역 또는 1천만원 이하의 벌금에 처한다.

1. 제41조 제1항을 위반하여 입원치료를 받지 아니한 자
2. 제41조 제2항을 위반하여 입원 또는 치료를 거부한 자
3. 제41조 제3항을 위반하여 자가 또는 감염병관리시설에서 치료를 거부한 자
4. 제42조 제1항·제2항 제1호·제3항 또는 제7항에 따른 입원 또는 격리 조치를 거부한 자
5. 제47조 제3호 또는 제49조 제1항 제14호에 따른 입원 또는 격리 조치를 위반한 자

[본조신설 2020.3.4., 종전 제79조의3은 제79조의4로 이동

제79조의 4 【벌 칙】 다음 각 호의 어느 하나에 해당하는 자는 500만원 이하의 벌금에 처한다.

1. 제1급감염병 및 제2급감염병에 대하여 제11조에 따른 보고 또는 신고 의무를 위반하거나 거짓으로 보고 또는 신고한 의사, 치과의사, 한의사, 군의관, 의료기관의 장 또는 감염병병원체 확인기관의 장
2. 제1급감염병 및 제2급감염병에 대하여 제11조에 따른 의사, 치과의사, 한의사, 군의관, 의료기관의 장 또는 감염병병원체 확인기관의 장의 보고 또는 신고를 방해한 자〈신설 2018.3.27.〉[제79조의3에서 이동 〈2020.3.4.〉]

제80조 【벌 칙】 다음 각 호의 어느 하나에 해당하는 자는 300만원 이하의 벌금에 처한다.

1. 제3급감염병 및 제4급감염병에 대하여 제11조에 따른 보고 또는 신고 의무를 위반하거나 거짓으로 보고 또는 신고한 의사, 치과의사, 한의사, 군의관, 의료기관의 장, 감염병병원체 확인기관의 장 또는 감염병 표본감시기관
2. 제3급감염병 및 제4급감염병에 대하여 제11조에 따른 의사, 치과의사, 한의사, 군의관, 의료기관의 장, 감염병병원체 확인기관의 장 또는 감염병 표본감시기관의 보고 또는 신고를 방해한 자

2의2. 제13조 제2항에 따른 감염병병원체 검사를 거부한 자

3. 제37조 제4항을 위반하여 감염병관리시설을 설치하지 아니한 자
4. 삭제 〈2020.3.4.〉
5. 제42조에 따른 강제처분에 따르지 아니한 자(제42조 제1항·제2항 제1호·제3항 및 제7항에 따른 입원 또는 격리 조치를 거부한 자는 제외한다)
6. 제45조를 위반하여 일반인과 접촉하는 일이 많은 직업에 종사한 자 또는 감염병환자등을 그러한 직업에 고용한 자
7. 제47조(같은 조 제3호는 제외한다) 또는 제49조 제1항(같은 항 제3호 중 건강진단에 관한 사항과 같은 항 제14호는 제외한다)에 따른 조치에 위반한 자
8. 제52조 제1항에 따른 소독업 신고를 하지 아니하거나 거짓이나 그 밖의 부정한 방법으로 신고하고 소독업을 영위한 자
9. 제54조 제1항에 따른 기준과 방법에 따라 소독하지 아니한 자

제81조 【벌 칙】 다음 각 호의 어느 하나에 해당하는 자는 200만원 이하의 벌금에 처한다.

1. 삭제
2. 삭제
3. 제12조 제1항에 따른 신고를 게을리한 자
4. 세대주, 관리인 등으로 하여금 제12조 제1항에 따른 신고를 하지 아니하도록 한 자
5. 삭제
6. 제20조에 따른 해부명령을 거부한 자
7. 제27조에 따른 예방접종증명서를 거짓으로 발급한 자
8. 제29조를 위반하여 역학조사를 거부·방해 또는 기피한 자
9. 제45조 제2항을 위반하여 성매개감염병에 관한 건강진단을 받지 아니한 자를 영업에 종사하게 한 자
10. 제46조 또는 제49조 제1항 제3호에 따른 건강진단을 거부하거나 기피한 자
11. 정당한 사유 없이 제74조의2 제1항에 따른 자료 제공 요청에 따르지 아니하거나 거짓 자료를 제공한 자, 검사나 질문을 거부·방해 또는 기피한 자

제82조 【양벌규정】 법인의 대표자나 법인 또는 개인의 대리인, 사용인, 그 밖의 종업원이 그 법인 또는 개인의 업무에 관하여 제77조부터 제81조까지의 어느 하나에 해당하는 위반행위를 하면 그 행위자를 벌하는 외에 그 법인 또는 개인에게도 해당 조문의 벌금형을 과(科)한다. 다만, 법인 또는 개인이 그 위반행위를 방지하기 위하여 해당 업무에 관하여 상당한 주의와 감독을 게을리하지 아니한 경우에는 그러하지 아니하다.

제83조 【과태료】 ① 다음 각 호의 어느 하나에 해당하는 자에게는 1천만원 이하의 과태료를 부과한다.

1. 제23조제3항 단서 또는 같은 조 제4항에 따른 변경신고를 하지 아니한 자
2. 제23조제5항에 따른 신고를 하지 아니한 자
3. 제23조의3제3항 단서에 따른 변경신고를 하지 아니한 자
4. 제35조의2를 위반하여 거짓 진술, 거짓 자료를 제출하거나 고의적으로 사실을 누락·은폐한 자

② 제49조제1항제2호의2의 조치를 따르지 아니한 관리자·운영자에게는 300만원 이하의 과태료를 부과한다.

③ 다음 각 호의 어느 하나에 해당하는 자에게는 100만원 이하의 과태료를 부과한다.

1. 제28조제2항에 따른 보고를 하지 아니하거나 거짓으로 보고한 자
2. 제33조의3에 따른 보고를 하지 아니하거나 거짓으로 보고한 자

2의2. 제41조제3항에 따른 전원등의 조치를 거부한 자

3. 제51조제3항에 따른 소독을 하지 아니한 자
4. 제53조제1항 및 제2항에 따른 휴업·폐업 또는 재개업 신고를 하지 아니한 자
5. 제54조제2항에 따른 소독에 관한 사항을 기록·보존하지 아니하거나 거짓으로 기록한 자

④ 다음 각 호의 어느 하나에 해당하는 자에게는 10만원 이하의 과태료를 부과한다.

1. 제49조제1항제2호의2 또는 제2호의3의 조치를 따르지 아니한 이용자
2. 제49조제1항제2호의4의 조치를 따르지 아니한 자

⑤ 제1항부터 제4항까지에 따른 과태료는 대통령령으로 정하는 바에 따라 보건복지부장관, 질병관리청장, 관할 시·도지사 또는 시장·군수·구청장이 부과·징수한다.

■ **감염병의 예방 및 관리에 관한 법률 시행규칙 【별표 1】** 〈개정 2023. 7. 13.〉

고위험병원체의 종류 (제5조 관련)

1. 세균 및 진균

가. 페스트균(*Yersinia pestis*)

나. 탄저균(*Bacillus anthracis*). 다만, 탄저균 중 탄저균 스턴(*Bacillus anthracis* Sterne)은 제외한다.

다. 브루셀라균(*Brucella melitensis, Brucella suis*)

라. 비저균(*Burkholderia mallei*)

마. 멜리오이도시스균(*Burkholderia pseudomallei*)

바. 보툴리눔균(*Clostridium botulinum*)

사. 이질균 (*Shigella dysenteriae* type 1)

아. 클라미디아 시타시(*Chlamydia psittaci*)

자. 큐열균(*Coxiella burnetii*)

차. 야토균(*Francisella tularensis*)

카. 발진티푸스균(*Rickettsia prowazekii*)

타. 홍반열 리케치아균(*Rickettsia rickettsii*)

파. 콕시디오이데스균(*Coccidioides immitis, Coccidioides posadasii*)

하. 콜레라균(*Vibrio cholerae* O1 · O139)

2. 바이러스 및 프리온

가. 헤르페스 B 바이러스(Cercopithecine herpesvirus 1, Herpes B virus)

나. 크리미안 콩고 출혈열 바이러스(Crimean-Congo haemorrhagic fever virus)

다. 이스턴 이콰인 뇌염 바이러스(Eastern equine encephalitis virus)

라. 에볼라 바이러스(Ebola virus)

마. 헨드라 바이러스(Hendra virus)

바. 라싸 바이러스(Lassa virus)

사. 마버그 바이러스(Marbug virus)

아. 원숭이폭스 바이러스(Monkeypox virus)

자. 니파 바이러스(Nipah virus)

차. 리프트 벨리열 바이러스(Rift Valley fever virus)

카. 남아메리카 출혈열 바이러스(South American haemorrhagic fever; Flexal, Guanarito, Junin, Machupo, Sabia)

타. 황열 바이러스 (Yellow fever virus)

파. 서부 마 뇌염 바이러스 (Western equine encephalitis virus)

하. 진드기 매개뇌염 바이러스(Tick-borne encephalitis complex virus; Central European tick-borne encephalitis virus, Far Eastern tick-borne encephalitis virus, Siberian tick-borne encephalitis virus, Kyasanur Forest disease virus, Omsk haemorrhagic fever virus)

거. 두창 바이러스(Variola virus)

너. 소두창 바이러스(Variola minor virus, Alastrim)

더. 베네주엘라 이콰인 뇌염 바이러스(Venezuelan equine encephalitis virus)

러. 중증 급성호흡기 증후군 코로나 바이러스(SARS-CoV)

머. 조류 인플루엔자 인체감염증 바이러스(인체 유래 H5N1, H7N7, H7N9). 다만, 해당 바이러스 중 세계보건기구가 백신 후보로 인정하는 바이러스(백신 후보주) 제외한다.

버. 고위험 인플루엔자 바이러스(1918 influenza virus의 8개 병원성 유전자중 하나 이상의 유전자를 포함하는 influenza virus)

서. 전염성 해면상 뇌병증 병원체(Transmission of spongiform encephalopathy agent; Bovine spongiform encephalopathy prion, variant Creutzfeldt-Jakob disease prion)

어. 중동 호흡기 증후군 코로나 바이러스(MERS-CoV)

저. 차파레 바이러스(Chapare virus)

처. 루요 바이러스(Lujo virus)

커. 폴리오바이러스(Poliovirus). 다만, 폴리오바이러스 중 사빈 타입(Sabin type) 1, 2 또는 3에 해당하는 바이러스와 세계보건기구가 백신으로 인정하여 승인을 받은 바이러스(백신주)는 제외한다.

3. 그 밖에 질병관리청장이 외부에 유출될 경우 공중보건상 위해 우려가 큰 세균, 진균, 바이러스 또는 프리온으로서 긴급한 관리가 필요하다고 인정하여 지정 · 공고하는 병원체

■ 감염병의 예방 및 관리에 관한 법률 시행규칙 【별표 5】〈개정 2019. 9. 27.〉

소독의 기준 (제35조 제1항, 제36조 제2항 및 제40조 제1항 관련)

1. 콜레라, 장티푸스, 파라티푸스, 세균성이질, 장출혈성대장균, A형간염의 경우

가. 분뇨, 토사물(吐瀉物) 및 이의 처치에 사용한 기구·천·종이 등

나. 시체

다. 감염병환자 또는 시체에 사용한 의류, 침구, 운반기구 등

라. 간호인 또는 감염병환자와 접촉한 사람 및 이들이 사용한 의류, 침구 등

마. 감염병환자의 음식물찌꺼기, 감염병환자가 사용한 식기, 기구, 서적 등

바. 병실의 바닥 등

사. 우물, 주방, 주방기구, 물통 등

아. 화장실, 수세변기구, 쓰레기통, 하수구 등 불결한 장소

자. 옥내 및 옥외에 대한 청소

차. 고인 물이나 습기가 찬 장소에 대한 매몰 또는 배수

카. 실내의 충분한 채광 및 환기

2. 성홍열, 디프테리아, 수막구균성수막염의 경우

가. 콧물, 가래침, 고름, 부스럼딱지 및 이의 처치에 사용한 기구, 천, 종이 등

나. 시체

다. 감염병환자 또는 시체에 사용한 의류, 침구, 운반기구 등

라. 간호인 또는 감염병환자와 접촉한 사람 및 이들이 사용한 의류, 침구 등

마. 감염병환자의 음식물찌꺼기, 감염병환자가 사용한 식기, 기구, 서적 등

바. 병실의 바닥, 기구, 벽 등

사. 옥내 및 옥외에 대한 청소

아. 고인 물이나 습기가 찬 장소에 대한 매몰 또는 배수
자. 실내의 충분한 채광 및 환기

3. 발진티푸스의 경우

가. 콧물, 가래침 및 이의 처치에 사용한 기구·천·종이 등
나. 시체
다. 감염병환자 또는 시체에 사용한 의류, 침구, 운반기구 등
라. 간호인 또는 감염병환자와 접촉한 사람 및 이들이 사용한 의류, 침구 등
마. 병실의 바닥 등
바. 이가 서식하기 쉬운 물건
사. 옥내 및 옥외에 대한 청소
아. 고인 물이나 습기가 찬 장소에 대한 매몰 또는 배수
자. 실내의 충분한 채광 및 환기

4. 페스트의 경우

가. 혈액, 콧물, 가래침, 고름 및 이의 처치에 사용한 기구·천·종이 등
나. 시체
다. 감염병환자 또는 시체에 사용한 의류, 침구, 운반기구 등
라. 간호인 또는 감염병환자와 접촉한 사람 및 이들이 사용한 의류, 침구 등
마. 감염병환자가 사용한 식기, 기구, 서적 등
바. 병실의 바닥, 기구, 벽 등
사. 쥐(서족, 鼠族)가 서식하거나 지나다니는 장소
아. 이가 서식하기 쉬운 물건 또는 장소
자. 옥내 및 옥외에 대한 청소
차. 고인 물이나 습기가 찬 장소에 대한 매몰 또는 배수
카. 실내의 충분한 채광 및 환기

5. 일본뇌염, 말라리아의 경우

가. 하수구, 고인 물, 잡초, 농수로 등
나. 모기가 발생하고 서식하기 쉬운 장소
다. 옥내 및 옥외에 대한 청소
라. 고인 물이나 습기가 찬 장소에 대한 매몰 또는 배수
마. 실내의 충분한 채광 및 환기

제30판

최신 식품위생관계법규

초 판 발 행 | 1997년 8월 1일
30판1쇄발행 | 2025년 8월 14일

편 저 자 | 한국식품영양학회
발 행 인 | 이성범
발 행 처 | 문운당
주 소 | 서울시 종로구 혜화로5길 16 (명륜1가 45-3)
전 화 | (02)762-6010
팩 스 | 영업 (02)745-0265 / 편집 (02)762-8758
이 메 일 | 영업 munun2@daum.net
편집 munundang@naver.com
홈페이지 | http://munundang.co.kr

ISBN 979-11-5692-819-5 93590

정가 33,000원